文明志

万年来，人类科学与艺术的演进

沈福伟 著

上海人民出版社

卷 首 语

　　文明的创造是人类主宰世界的进程，是人类认识和开发自然的结果，也是人类智慧迸发火花，使创造精神催发出一个个人间奇迹的验证。

　　文明就是创造，就是智慧。这烈火般腾空而起照彻夜空的光亮，呼唤着人类在改造自然的劳动中，也改变着自身，提炼自身，从而使自身摆脱野蛮、愚昧与贫困。诚然，人类在踏上几乎并无边际的征途时，也为自身埋伏并制造了同样并无休止的困扰与挫折，可是文明像时空一样，一旦启动，便没有力量可以阻挡它前进的脚步。仰赖虔诚的信念与抱负，凭着对知识的忠贞、对财富的追求和对幸福的执著，人类的意志推动着文明的车轮滚滚向前。时至21世纪，人类不但与时光同步，而且正在攀登新的高峰。这高峰使人类超越了自身，走出了地球；这高峰使人类智慧奔向更为宽广的海洋，使生命充满了活力，给人间带来新的希望。

　　人类缔造了文明，开拓出一个光怪陆离、熙来攘往的世界。随着时光流逝，由创造的冲动孕育的文明之花，有些已经消失，已被遗忘；有些仍留存在记忆中，可以哺育今人；有些由它产生的疑窦，至今令人大惑不解。然而更多的历史遗产使人类能够毫不迟疑地践着前人的足迹，坚持不懈地去探索科学的真谛，走向更加美好的明天。这正是文明的力量、知识的源泉。

目　录

1

第一章

土地和水：生命的根子

物质世界的两种不同表述：五行与四元

地球哺育了人类，地球也造就了人类。人类赖以生活的地球由地壳、地幔和地核三大部分组成，表面积约5.1亿平方千米。其中陆地面积约1.5亿平方千米，占29％；海洋面积约3.6亿平方千米，占71％。陆地面积中分布着大大小小的湖泊、江河和溪流，还有占10％的长年冰盖的南极洲，因此实际上我们所拥有的陆地面积只占地球的四分之一，四分之三都是水的世界。

人类的生存必须有空气、水和土地。刚走上文明征途的人类，还无法认识那无形的空气，只有水和土地是有形的可以把握的物质。古人早有"童山不可栖"之说，"童山"就是没有植被的石山，对植物是如此，对人类而言，土和水更是不可或缺的。地球上最早的生命是细菌、蓝藻和一些单细胞组织，它们源自海洋，然后走向陆地，之后出现了各种动植物，后来又有了属于灵长类的猿，再从猿到直立的人。最新的科学发现，确认了亚洲是人类最早的发源地。埃及和中国在20世纪都发现了作为人类与古猿最古老祖先类人猿的化石。20世纪80年代，中国的古生物学家发现了中华曙猿，将类人猿的起源前推到距今4 500万年以前。1996年，中国科学家又发现了距今4 000万年的世纪曙猿，已经是高级的灵长类动物。中国发现的这二批类人猿化石的年代，都比美国古人类学家20世纪在埃及发现的类人猿化石的年代要早许多。后来在亚洲又有了新的发现。1997年一批法国古生物学家在缅甸中部蒲甘发现了邦塘巴黑尼亚猿化石，2009年一个国际科学考察小组确认了缅甸发现的类人猿化石，是一个距今3 700万年的灵长类化石，出现在灵长类中包括猿猴和原始人科动物的类人猿一类与另一类灵长类哺乳动物刚刚开始分化的时期，证实了人类的祖先并非出自非洲，而是来自亚洲。

土地和水是人类生命的源泉，几乎是与生俱来。它给人类提供了氧气、食物、饮料和使其生命得以延续的一切。海洋吸收了太阳能，又慢慢地向外散发能量，通过海洋植物进行光合作用，给人类提供了地球上70%的氧气；同时还吸收了大量二氧化碳，这些二氧化碳是大气的60倍。海洋蒸发的淡水每年有44亿立方千米，通过降水再返回陆地，给人类提供生存所需的淡水。

古代的中国人将阴阳看做天地之气。他们以为一阴一阳是自然界两种基本的相互矛盾又相互依存的物质，是万物的根源，天地的造化，是蕴藏在万物之中的基本属性。它们的运动变化构成了万物变化的原因，主宰着物质世界的运动变化。《老子》在公元前6世纪总结了自公元前11世纪以来便已存在的这种学说，将万物的起源和普遍属性归结为"万物负阴而抱阳，冲气以为和"。那么万物到底是由哪些要素构成的呢？西周时代出现的五行说，是中国古代科学家和思想家对万物起源和构成的最早解释。

五种元素相杂相生形成了我们生存的世界，这是中国古代哲人的观念。郑国的太史史伯提到五行相杂时，用的是西周时"先王"的语言，这种思想以为万物是以土与金、木、水、火相杂而成的（《国语·郑语》）。最早用文字记下来的是《尚书·洪范》。《洪范》这篇文章是周武王在推翻暴虐的商纣王之后向商王室的贤臣箕子请教怎样实施王道治理国家的时候，箕子向周武王讲述的道理。箕子举了鲧治水失败、大禹治水成功的例子，说明不能违背天帝的意愿。鲧因为不明白水动态的性质是"润下"，用围堵的办法去治理泛滥的洪水，于是遭到惩罚而死；大禹得到天帝的授意，用疏浚的办法治水，获得成功，全在他懂得"洪范九畴"。"洪范九畴"是指人们当时认识到的九条自然规律，最重要的是要懂得地球上存在着水、火、木、金、土五种最常见的物质形态，它们之间组成了一个有机的整体，使世界处于不断的运行之中。这就是早在4 000多年前，已被中国的先民认识到的"五行"思想。它向人们警示，唯有按照"五行"的特性去做事，才能获得成功。"五行"在中国是被当作自然规律来认识的，为了使人们能够接受，它被假托成"天帝的意愿"，谁违背了它，谁注定要遭受灭顶之灾。

生活在东亚大地上的先民，在跨入文明社会的初期，就已通过他们从事的农业和手工业的生产实践，体验到在土地之外，还有水、木、火、金这些重要性不亚

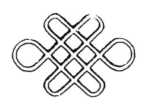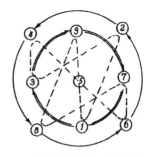

《洛书》中国结、阴阳气旋

于土的元素的存在。自公元前7世纪以来，在《管子》《墨子》等文献中出现的五种元素生成说，是中国古代哲人最早试图回答五行相生问题的一份答卷，大致自那时以来，人们已普遍认为水生木、木生火、火生土、土生金、金生水。在《春秋左传》中还有一种解释五种元素相互制约的学说：水胜火、火胜金、金胜木、木胜土、土胜水。五种元素相生、相胜（相克）是古人对自然现象观察的一种极为生动的归纳。他们看到了水是树木的命根子，水又可以制胜火；土是森林大火所形成，土生成了金属，金属是由土所包容；林木是火灾的自然成因，而林木可以制止水土流失；火既是物质归还到土（灰尘），又是冶炼金属所必须的手段，可以使矿石变成人类需要的冶炼物；金属和各种矿体被认为是水的生成要素，是由沙金的蕴藏环境和金属冶炼过程中由高温产生的液体所致，而金属、矿藏、岩体可以抑制树木和植物的生长。这样五种元素的相互促进、相互制约，被我们的祖先认为造成了大自然、促成了自然环境的演变，以致构成了人类生存的外部环境，也就是人类的生态环境。

《尚书·洪范》将五行排列为水、火、木、金、土。称作"水曰润下，火曰炎上，木曰曲直，金曰从革，土爰稼穑"。按照五类物质的性能，一环扣一环。古人是用五行去对应万物的分属——

水：常温下流动的物质和事物都归属为水。水色为黑。水克火而生木。

火：所有燃烧现象、光电现象都列作火。火色为红。火生土而克金。

木：一切植物、可燃物质都属木。木色为绿。木生火而克土。

金：指来自土中的提炼物，一切金属都得列入。金克木而生水。

土：一切氧化（燃烧）后不能再燃的物质如土、石、砂、灰等归入土。土克水而生金。

用运动着的五种元素表示的五行关系，是普遍存在于大自然中物与物之间的生克关系。在生与克的对立统一矛盾中，彼此都必须适当，才能取得相对平衡。打破平衡，事物就会向另一方向倾斜发展，形成新的变化，传统文化将它称作吉

凶、福祸。

在五行说流行的同时，还有以"阴阳之序"作为天地运转规律的学说。阴阳概念在公元前11世纪的《易经》中已经初露端倪，而阴阳两者之间的关系，最早用文字表述出来的是公元前780年周太史伯阳父，这一年西周三条大河（泾水、渭水、洛水）都发生地震，伯阳父预见到西周快要灭亡，说："周将亡矣！夫天地之气，不失其序，若过其序，民乱之也。阳伏而不能出，阴迫而不能烝，于是有地震。"他认为三条大河同时暴发地震，"是阳失其所而镇阴也。阳伏而在阴，川源必塞，国必亡"。《国语·周语》记下了伯阳父的这段话，不出10年，西周果然灭亡了。阴阳作为天地之气必须调顺，一旦失调，或互易其位，那么一定会发生大灾，招致国破家亡。伯阳父是一位精通天文地理的高级官员，他将存在于天地之间的"气"，分化成相生相克的阴阳二气，作为天体运行规律的准则，至少在公元前8、9世纪之际，已被中国的科学家掌握了。二百年后哲学家老子在《道德经》中，更进一步明明白白地提出了宇宙起源于"道"，这个"道"出于"道法自然"，是人们无法捉摸、无以名之的，能说的只是"周行而不殆，可以为天地母"而已，是始终在运动着，并产生了天地的东西。之后，才有"道生一，一生二，三生万物"，以为由"道"化生出元气，由元气产生阴阳二气，然后阴阳和合而生成天地万物。老子的"道"也就是伯阳父论述的"气"，二者之间颇有一致的地方。而伯阳父"阴阳之序"的理念，至少要比希腊哲学家提出"气"是构成宇宙起源的四大元素之一的学说早了200年。

不用说，文明的进程会给生活在世界上其他地方的人们提出同样的问题，要求他们去揭开地球之谜，开释生命的奥秘。

古代印度对宇宙万物的观念是从各种祭典中逐渐完善的，从赞歌（四吠陀）、净行书到奥义书，分成三大系列，大致在公元前一千纪中逐步形成。印度人将万物分成有情界（天、人、动物、植物）和物器界（地、水、火、风、气）。物质世界（即物器界）中最基本的是地、水、火，三者是无处不在的基本元素。三个基本元素混合的结果，组成了现实的物质。地是基本元素地二、水一、火一合成；水是基本元素水二、地一、火一合成；火是基本元素火二、水一、地一合成。后又从三要素发展成五要素说。五要素以为梵天（主宰宇宙的神）生气，从气生风，从风生火，从火生水，从水生地，终于完成了物质世界。

在印度最古老的哲学流派数论派的理论中，这构成物质世界的五个基本元素被称作五大，保存在6世纪由真谛译成汉语的《金七十论》中。《金七十论》将"气"译作"空"，五大是空、风、火、水、地，与五种人类的感官（五唯）色、声、香、味、触相配合，构成整个自然界。数论派认为：空是声，风是声+触，火是声+触+

色,水是声+触+色+味,地是声+触+色+味+香。从认识论立论,数论派将五唯看做是无差别的微细物质,五大是有差别的粗物质,主张声味生空大,声触二合生风大,色声触三合生火大,色声味触四合生水大,五触全合生地大。五合既成,便有了现实的物质世界。

印度数论派哲学可能受到希腊哲学的启发,在最初的三元素火、水、地之外,更有了空(气)和风。照中国的五行说,则五大元素中没有气和风,却从土中生出了金,从水中分出了木。这是中国的古哲对博物界中的矿藏和植物很早便有了充分认识的佐证。气在《尚书·洪范》中只是火的一种属性,称作"火曰炎上",还没有重要到成为一大基本元素。而在公元前2000年以前两河流域的古城尼波尔(Nippur)的古碑铭中,是将太阳称作"火球"的,太阳作为万物生长的要素,是跟"火"联系在一起的。火也是阳光、热度的代称。

古希腊的哲学家从探讨世界的本质入手,在公元前6世纪到前5世纪的200年中,提出了世界是由四大元素组成的学说,这四大元素分别是水、气、地和火。

将水和气当作宇宙生成的基本要素,最早是由伊奥尼亚学派的哲学家提出的。这个学派的三个主要代表人物泰利士(Thales,约公元前624—前550年)、安纳西门特(Anaximandes,约公元前611—前547年)和安纳西米尼(Anaximenes,约公元前588—前524年),都生在小亚细亚的伊奥尼亚地区,他们创立的学派因此称作伊奥尼亚学派。伊奥尼亚学派的创立者泰利士被列入七圣之一,长于数学和天文学,精通水利、土木工程。他认为宇宙的本质是物质的,提出水是万物的本体,一切由水产生,亦返归于水,地是一个平圆体,浮在水面之上。他的继任者安纳西门特认为,构成宇宙的是一种无形的不定的物质,这种物质展布空间,没有边际,所以永不衰竭。他探索物种起源,以为太初之时,地是液体,后来因蒸发而渐干燥,有了生物,逐渐由低级到高级。他甚至想象人类早先是生活在水中的鱼类,后来有了陆地,原来的鳍渐渐变成了四肢。这种认无定形物质为宇宙本体的学说,后来到了安纳西米尼便变成了展布在无限空间中具有内在的巨大力量、不断运动而产生宇宙万物的气。他将宇宙产生归结成两种结果:一种是升温的稀化作用,由此气变成火,火升入气中,形成星辰;另一种是降温凝集作用,由此气变为云,云再凝集而成水、土、岩石。照他看来,世界最终仍将分解回归为气,在安纳西米尼时代,即公元前6世纪,关于宇宙形成的四大要素气、水、火、地,这一说法已经逐步明朗。

到了出生在小亚细亚伊弗索斯的希拉克利特(约公元前535—前475年),他不仅明确主张万物都在不断的生息运动之中,而且提出了万物皆出于火的命题。他说:"世界并非哪个神或哪个人所造就,而是一团永劫的灵火,以前如此,现在如此,将来永远也是如此。"他认为原始的火变气,气又变成水,水变成地,这是向下运动;与之相反的是向上的运动,由地变水,水又化成气,气最后成了火。所有这些变化,无论向上之道或向下之道都是按照一定的程序发生,火是万物之中最理性的元素,也是最活跃、最充满生机的元素,火是与生命和理性完全一致的。

古希腊哲学家关于世界成因的四要素说,最终归结到"气",这和后来科学家提出的宇宙生成的星云说有一定的共同之处。四元学说将人类的智慧提升到一个超脱了地球立足于宇宙的高度,这早在2 500年以前就十分明朗了。现代科学更弄清楚了大自然中各种生物维持生命所需要的营养化学元素虽然不少,但在物体全部原生质中,氧、碳、氢、氮和磷五种元素便占97%以上,另外的3%是由硫、钙、镁、钾等元素所构成。生态系统的生产者绿色植物(或藻类)在利用光能将二氧化碳和水转变为有机体时,也还需氮、磷等无机营养元素,才能顺利完成光合作用。地球表面上空充满着空气。1981年国际宇宙航行联合会将陆地、海洋、大气层和宇宙空间分别称为人类的第一、第二、第三和第四环境。虽然地球稠密的大气层仅有120千米的距离,此外的区域已属于太空的范畴,但是它在一定范围内还是以地球作用为主要影响因素,这个范围被称作地球空间。若按地球引力作用范围来定,其半径约6.5万千米。科学界常把地球赤道上空35 786千米的静止轨道及其以下的空间称为近地空间。

地球表层是地球与宇宙、地球各大圈层之间相互交流的通道,大气的交流包括辐射量、热量、水分等,都是通过大气才通达各个圈层的。不妨说,空气与海水流动是温度差异推动的,之后又带动热量交流,成为温度差别缩小的因素。可见,大气在地球表层的能量平衡与分布极其重要。大气又承担着水分的循环,将集中在海洋里的水分不断从海洋送往大陆,使地球不致像月球和火星那样成为一片荒漠,推动陆地成为生态系统的基地,造成生命的出现。空气具有巨大的神力,因为地球表面笼罩着一层厚厚的大气。1654年意大利人托里切利在马得堡做过一个实验,将两个铜制的半球合成一个空心的铜球,然后抽去球内空气,球壳在外面的空气压力下牢固地贴在一起。这时用四匹骏马,分别从铜球相反方向通过绳子向前拉去,但铜球并无丝毫分离,直到每边加到八匹马时,才勉强将铜球拉开,马得堡半球实验证明了空间有大气存在,大气有巨大的压力。

空气在一定条件下,能形成极其坚固的墙壁。物体的振动导致周围空气不断被压缩形成疏密相间的纵波,纵波的传送速度叫声速。与物体在空气中的振动类似,一切物体在空气中单向运动时,物体前进方向的空气就被压缩,物体运动速度越快,前方空气被压缩得越快,最终会形成一个密度很大的压缩空气层,这座无形的空气墙壁足以使最坚硬无比的钢铁被撞得粉碎,这就是飞机达到音速时常会发生爆炸的原因。大气看不见、摸不着、闻不到，但它和其他物质一样具有质量。地球表面的大气层厚度，从气象学测量极光出现的最大高度1 000—1 200千米作为它的厚度，估算质量约有5 250万亿吨。地面上每平方米大约要承受10吨大气的压力，人的总面积以2平方米计，必然要承受20吨大气的压力。再加上地球内部也有地气，会引发火山爆发和地震，天然气等可燃地气更会引起燃烧和爆炸等自然现象。

总之，古希腊哲人倡导的四大元素，若还要排个先后，那么占首位的只能是"气"了。"气"是生命的物质基础和功能，人体的生命机能正是靠"气"来维持的。这就是四元说的根本可贵所在。

跨越洪水传说下的地质年代

生活在大洋包围、河港纵横、沼泽遍地、山洪时生的环境中，洪水给人类带来的可怖景象和巨大的灾祸，曾是以往成千上万年间我们的先辈在劫后余生中难以忘怀和必须时刻戒备的头等大事。有关人类起源的洪水传说，恰好是这种口耳相传的古老记忆留下的印迹。

世界上各民族都有自己的洪水传说。流传最广的是以色列民族保存在《旧约》中的诺亚方舟的故事。

《旧约》中最古老的《摩西五书》，在公元前6世纪业已编定。《创世记》是其中最古老的一篇文字，书中讲述希伯来民族的保护神耶和华创造了天地万物，但人类繁衍生息以后，有了许多恶行，于是耶和华决意用洪水毁灭旧世界，另创一个洁净的新世界。耶和华将他的旨意告诉了年已600岁的诺亚，要诺亚一家躲进事先用歌斐木打造的方舟，漂流四方。诺亚听从了耶和华的嘱咐，将他的妻子、三个儿子和儿媳都搬到了方舟上，随船带上生活必需品，连禽兽都是成双成对。七天之后，洪水便淹没了大地。在诺亚600岁的第二个月的17日，海洋的泉源终于崩溃，巨大的水柱从地下喷发；天窗也打开来了，大雨从天而降，接连下了40个昼夜，洪水涨个不停。诺亚和他的妻子，还有他的三个儿子闪（Shem）、含（Ham）、雅弗（Japheth），以及他们三个的妻子，多亏方舟才生存了下来。洪水越涨越猛，漫遍了大地，将所有的高山都淹没了，一切生命都遭灭顶之灾，唯有诺亚的方舟幸免于难。后来大风扬起，天窗闭合，洪水逐渐退落，可是整个地球都成了一片汪洋，要使地面上的高山重新显露也极费劲，这场洪水总共历时150天才止息。在第七个月的17日，诺亚的方舟还在阿拉拉山（土耳其东部亚美尼亚地方）的顶上呢！到了第十个月的头一天，仍然如此。40天后，诺亚打开了方舟的窗，放出一只鸽子去试探哪里有陆地可靠，结果非常失望。七天之后他又放出鸽子，到晚上回来时，鸽子的嘴里衔来一枚橄榄叶，诺亚才知道洪水已退落了。到了翌年的元旦，洪水完全退尽了。诺亚才敢走出密封的方舟。第二个月的20日，大地完全复苏了。靠方舟生活下来的男女和禽畜，使人间生活悄悄地恢复过来。

洪水是大自然对成长中人类的考验。无论耶和华还是别的什么神，都只能是人格化或神性化的大自然。

在同样古老的伊朗神话中，世界的创造和更新也是与海洋、山洪联系在一起的。伊朗古经《阿维斯塔》中的天神阿胡拉·马兹达是一个人身有翼的形象，他执掌宇宙的轮轴，在公元前2000年的石刻图像上，有时表现为长有牛角的形象。阿胡拉·马兹达代表了光明，常常和太阳相连，锡斯坦哈蒙湖上有一座神山，在神话中叫光明山，或称晨曦山，是太阳升起的地方。后来世界受到破坏，天神为了改造世界，运用法力使光明山沉没海中，后来从海上升起一个神灵收拾残局，再缔造了一个全新的世界。这神正是新的天帝。在这个神话中，海洋同样在摧毁旧世界创造新世界的作为中是最具生命力的动因。

巴比伦神话中，最高的神灵是三位一体主宰宇宙的神，分别是天神亚奴、地神皮尔和水神伊阿，他们分管天、地和水。天和地之外，便是地面以下的水，三者构成了整个宇宙，人类是附属于大地的。

埃及的神话，相信每一种事物都可以有一个保护神。古埃及人认定天地开辟以前处于混沌状态的化身，是个名叫诺（Nu）的水神。这一宇宙形成的信念，表示埃及人相信泰初是水的世界，是浮动的液体。从诺开始，有了太阳神拉（Ra），天的化身诺特（Nut），地的化身格卜（Geb），分化天和地的水中精灵苏（Shu），苏也是空间的维护神。太阳神拉每天要和黑暗神赛特（Set）斗争，直到次日太阳重新升起，于是光明再度战胜黑暗，恶终于为善所败。

在这幅人类最初面向大自然的观景图像中，地是通过海洋和天相接，太阳神也是从诺的身上生出来的。太阳神的图像是鹰头人身，上面有太阳的圆光，一只手中执着象征权力的豺头权杖，另一只手执着生命的信物。埃及的君主法老都被称作"太阳之子"，与太阳是父子关系。太阳神的化身在初升时称哈马克斯（Harmakhis）或霍拉斯（Horus），由一头鹰作象征；早晨称克普勒（Khepera），头上有一只蜣螂，并有展开的翅膀；中午才称拉，这时的太阳最热最强；日落时称阿顿（Atun）或顿。方尖碑就是为供奉太阳神而建筑的。在埃及古老的神庙有这样一幅壁画，形象地展示了埃及人所理解的天、地、水三者的关系——大地的父亲苏张开双手擎起了他头上的诺特，诺特的身子通常是青色的，有时还加上一条条的星辰,苏伸开双脚压住了在他下面的格卜,因为格卜是他的儿子,格卜的母亲是诺特。埃及人认为水是大地的父亲,而空气是大地的母亲。

在埃及的古老文献中,那些象征智慧和科学的神都和一场洪水联系到了一起。埃及人相信他们的全部知识和学问都是月神索斯(Thoth)的恩赐。索斯创造了象形文字,发明了数学、测量学、建筑学、天文学、医学和外科学,他还是一位法术强大的魔法师。希拉波利斯城的祭司们把那些法力无边的魔法书的作者统统归到索斯的名下,还将许多神圣的经卷连同著名的《亡灵书》,都奉为索斯的手笔。古埃及人坚信最初统治他们的国王,便是这些将自己最有益于人类的发明带到人间的神。据说在地球上统治了长达3 226年的索斯,便是其中之一。索斯在埃及神庙和陵墓的壁画中,常常是一只朱鹭,或者是生着朱鹭的头,身子却是一个男人。

比索斯还要早,他的兄长格卜的儿子奥西里斯(Osiris)也是一个月神。埃及在奥西里斯治理下,从野蛮状态中醒悟过来。他教埃及人开垦土地,种植谷物、大麦和葡萄,甚至还制定了一部法典,使埃及人学会崇敬主宰他们生死的神。奥西里斯于是离开埃及,周游列国,好使世界各地逐渐接受文明的恩惠。他的妻弟赛特却是一个恶神,煽动他宫中的72个成员起而推翻他的统治。赛特在奥西里斯回国后的一次宴会上,设置了一个精美的涂着金箔的木箱,让出席宴会的都去试试,谁能恰好躺进箱子,便可得到这件奖品。这箱子本来就是按照奥西里斯的身材打造的,因此出席宴会的宾客没有一个合身的,只有奥西里斯能躺进里面,真是天衣无缝。阴谋推翻他的赛特和他的密谋者便一拥而上,将箱盖牢牢钉死,再用铅水密封,然后把箱子扔进了尼罗河,漂到了尼罗河三角洲东部的沼泽地里。奥西里斯的妻子智慧女神伊西斯在索斯的帮助下,终于找到了那只木箱,把它藏在一个神秘的地方。然而赛特却发现了木箱,将奥西里斯的尸体碎成14块,抛弃在不同的地方。伊西斯划着一只小船,终于在尼罗河上找到了奥西里斯的尸体,靠着索斯的魔咒,重新将奥西里斯复原了。复活后的奥西里斯成了冥界的国王,和索斯一起治理着冥界,主宰着死者的灵魂接受最后的审判,在"大天平"上过秤,由奥西里斯作出最后的裁决。

《亡灵书》第175章讲到索斯和奥西里斯一起,为了惩戒人类的邪恶,共同制造了一场大洪水。经过劫难后的人类后来再度繁衍、生长,奥西里斯和索斯便相继统治了埃及。索斯统治着埃及人的日常生活,从古王国、中王国到新王国时代,索斯一直是真正辅佐法老的保护神。大洪水不但和这两位代表人间良知和智慧的神王联系到一起,而且奥西里斯自身也是死后从水中救起才获得复活。水之作为生命的象征,是毋庸讳言的了。

将以色列人从400年的奴隶生涯(公元前1650—前1230年)中解脱出来的摩

摩西在西奈山受律（10世纪《圣经》插图）

西（Moses），是犹太人宗教形成和奠基时期的一个杰出人物。公元1世纪生活在耶路撒冷的历史学家弗拉维斯·约瑟弗斯在他的著作《犹太的古迹》中，解释摩西的得名，就是由于他"自水中救起"，因为埃及人把水叫做mou，对救起的溺水者叫做eses，这两个字连成一起便是摩西。《旧约·出埃及记》讲的便是这一段历史。摩西诞生时，有一个埃及的预言家告诉法老，以色列将要出现一个人，长大后将会使埃及法老相形见绌，他的美德将超过一切人，并将永垂不朽。法老闻讯后，便下令将以色列出生的所有男婴都扔进河里淹死。摩西也无法逃脱这个厄运，在他出生仅三个月时，父母就将他放进一只涂了沥青和柏油的蒲草箱里，扔到了尼罗河里，任其漂流。正在下游洗澡的法老的女儿听见了婴儿的哭声，便将婴儿救了起来。摩西于是在法老的宫廷里被抚养成人，学会了埃及人所有的学问，包括数学、几何学、星象学、哲学，还有亚述字母和占星术，掌握预测未来的巫术、占卜等埃及魔法的奥秘。后来摩西得到机会，便率领以色列人走出埃及，到了西奈半岛，创立了犹太教。

在这些由神话传说组成的人类对遥远历史的回忆中，汹涌澎湃的水是生命的象征，是文明的洗礼，它扫荡的是污浊的旧世界，创造的却是一个更加文明、更加进步、更加繁荣的新世界。

走出采集经济的怪圈

经过了几十万年，最后在一万多年前，人类躲过了绵延数千年的严寒，走出冰河时代，迎来了后冰期逐渐温湿的气候，人类过的仍是采集和渔猎的生活。英国考古学家柴尔德列出身上长毛的古象和人类，对比他们各自在这场大变动中的命运。古象为了适应冰河时代的严峻气候，在其后代的身上长出了更多的毛，结果在冰河期结束后逃不了种群灭绝的命运。人类的祖先，不曾进行过那种为适应特殊环境的缓慢的体质变化，但却找到了驾驭火和用皮做衣的方法，因此，他们既能像古象一样顺利地面对寒冷，而且也能灵活地适应变得温湿的冰后期的环境。他的结论是绝对适应一种特殊的环境，非但不利于生存与生殖，到末了还会成为致命的束缚。从长期着眼，有用的还是对正在变化中的环境产生的适应能力。这种适应能力，是伴随着神经系统的成长进而是大脑的成长和完善的。

　　人类靠着自然赋予又久经磨炼不断开化的脑筋，具备了创造文明的根本条件，其他的自然禀赋也都和这个灵巧的神经系统相联结，朝着同一个目的使劲。结果人类很早就能发出远较其他动物更富于变化的声音，有了自己的语言。

　　根据人类使用的切割工具，考古学家将过去的历史分成由旧石器时期与新石器时期组成的石器时代、青铜器时代和铁器时代。在新石器时代，人类在依靠渔、猎和采集野果、嫩根、茎叶、蛞蝓和贝类为生的采集经济之外，开始种植植物和饲养牲畜来掌握自己的食物来源。增加生产，繁殖更多的人口，便有了可能。

　　土地和水是栽培植物最基本的条件，所以人类早已将两者当作了命根子。农耕使人类展开了生产食物的经济，稻谷、小麦、大麦、粟（小米）、黍、玉米、薯蓣、马铃薯等粮食作物早在七八千年前已被人工栽种，直到今天仍然是许多民族的口

法国南部加尔桥，罗马时代的引水桥

11

粮。人类也开始挑选可提供食物的草、根和树木加以栽培，凭着所能供给的饲料与出于保卫和食用的需要，驯养了狗、猪、鸡、羊、牛、马等家畜，这些是中国人习称的"六畜"。

中国的长江流域由于受水热条件控制，属于湿地农作区域，是稻作文化的诞生地。从距今7 000年前浙江余姚河姆渡文化出土的骨耜，可以看出稻作文化的发达。湖南道县玉蟾洞出土的碳化稻谷和人类居住遗址，距今已有18 000年之久。距今8 200—7 800年的湖南澧县彭头山出土的栽培稻，杂有野生稻。余姚河姆渡、吴兴钱山漾、苏州草鞋山、澧县八十垱出土的籼稻、粳稻，以及饲养的家畜猪、狗、水牛，都有6 000年以上的历史。

黄河流域属于旱地农作区域，中下游地区在当时属亚热带气候，在中游地带性土壤母质是黄土或黄土状土，野生植物驯化后最早被栽培的粮食作物是粟。从磁山·裴李岗文化、仰韶文化到龙山文化（公元前6000—前2000年），都有出土物证明粟是当地的原生作物，且在北方栽培历史甚久。河北武安磁山遗址经1976—1978年发掘，证实公元前6000年中国已栽种粟，年代之久，至少和希腊阿吉萨遗址出土距今7 950—6 960年的黍相当。

小麦和大麦是世界上种植最普遍的谷类作物，同样是野草的家植形态，小麦的祖先丁克尔麦和野爱默麦，都野生在山丘地区。丁克尔麦粒很小，生在巴尔干、克里米亚、小亚细亚和高加索，史前时代在巴尔干和中欧已经栽种，现在小亚细

中国四川都江堰

亚仍有生长。爱默麦最早在埃及、小亚细亚和西欧获得栽培。现代做面包的小麦是爱默麦经杂交后的一个变种，在两河流域、中亚细亚、伊朗和印度出土的最早的小麦都属于这一种。中国栽培小麦、大麦，有甘肃民乐县东灰山遗址1987年的出土实物，有5 000年的历史。大麦和小麦一样，也是由山地野草经栽培、改良才获得成功，北非、巴勒斯坦、小亚细亚、外高加索、伊朗、阿富汗等地都早有生长。约旦河谷长达几千年的耶利哥遗址中，就有9 000多年前的两行大麦（Hordeum distichum）和两粒小麦（Triticum dicoccum）了。当时人们还处在没有陶器的新石器时代，但出土了100多件碳化谷物、豆类和水果的标本，还有一些泥砖上的作物印痕，大麦和小麦便是这样被发现的。耶利哥遗址在早到中石器时代的文化层中发现的房屋建筑，打破了早先那种认为农业必须发展到一定水准，到定居村落出现后才会有房屋建筑的观点。

玉米是美洲特有的粮食作物，16世纪以后才传遍世界。位于中美洲墨西哥高原的特瓦肯遗址，在公元前5000—前3000多年前的柯克卡塔兰时期文化层中，发现了多种栽培作物，还出土了和玉米加工相关的磨盘和磨棒。这个遗址中的磨制石器最早出现在公元前7000年左右，定居村落属于公元前3000年，那里的族群驯化了一系列和西亚不同的植物，使之成为人类生存必需的粮食。在那里，陶器是公元前2300年才从外地输入进来的。

农业发展到一定程度，可以辅助采集经济供给人类粮食、蔬果，人类便走出穴居、半穴居和巢居，开始制作陶器，过起定居生活来，致使人口获得增加。这种以锄（耜）耕为主要方式的农业使用骨耜、石铲，可以将土地使用年限从一二年延长到四五年甚或更长，实行熟荒耕作制。中国完成这一进步，是在公元前6000—前3000年前的农业繁荣阶段。长江流域的河姆渡文化为适应多水潮湿的环境，在公元前5000年已有了木构干栏式地面房屋建筑。在河姆渡第二文化层还发现了井壁用200多根木棍叠架的长方形竖井，井底距地表1 035米，是定居生活中可以见到的最早水井。在甘肃秦安大地湾，公元前3500年以后仰韶文化晚期有了平地起筑的房屋。

家畜的饲养通常开始在栽培作物之后。农业的成功、粮食的积累、人口增长的加速和作为狩猎对象的肉食资源

傣族干栏建筑

的减少,促使猪的驯养成为现实,以满足不断增长的肉食资源的开发。中国是世界上最早饲养猪的国家,广西甑皮岩遗址出土的家猪骨是公元前7000年的埋葬物。家猪在中国从古到今,始终是最重要的家养动物。中国家猪的祖先,根据考古资料,是更新世中晚期已遍布全国的欧洲野猪(Sus scrofa)。当时还有李氏野猪(Sus lydekkeri),但分布范围很小,这种野猪在新石器时代文化层中没有见到。在中国的北方,家猪和人都吃小米。对公元前2000年的山西襄汾陶寺遗址出土的人骨和猪骨进行食性分析,可知他们都摄取过大量的C_4植物,遗址中的小米遗存很多。小米就属于C_4植物,当时的猪除了吃小米,还吃小米的壳。公元前6000年武安磁山遗址中发现300多个长方形土坑,其中80个土坑放的小米下还有完整的猪和狗。这些小米换算成重量有5万公斤,可以看出当时农业生产已经达到的规模,以及可能将粮食和猪狗用作祭祀的情景。

中国新石器时代饲养的家畜,有以食肉为主的狗,以杂食为主的鸡、猪,以食草为主的牛、羊。

狗作为狩猎和护家之用,豢养很早。公元前1万年,纳土芬文化中出现了家狗。中国在河南舞阳贾湖遗址出土过11条分别埋在居住地和墓地里的狗,是考古发现最早的资料,但比纳土芬文化晚了两三千年。

距今11 000年前,伊朗札格罗斯山北麓萨威·克米野营地遗址已经养羊。中国家养牛羊都晚于西亚,中国北方畜养黄牛是在公元前5000年以后。在山东大汶口文化早期(公元前4300—前3500年)邳县刘林遗址中,曾出土170多件猪下颚骨,8件羊下颚骨,50件牛下颚骨,说明公元前4000多年北方已经养羊。公元前2000年左右的甘肃永靖大何庄遗址和秦魏家遗址中有50多块羊的下颌骨,羊的肩胛骨且曾被当作卜骨使用。

裴李岗发现的家鸡,经对附跖骨进行鉴定,比野鸡相差0.2毫米,测定的年代是公元前5935±480年,如果成立,就是迄今发现的最早的家鸡,家鸡起源于印度的说法就该重新考虑了。

马的家养至少在公元前3000年的伊朗已经实现,1 000年后扩展到了美索不达米亚,公元前16世纪的商代中期,马匹开始和中原地区的中国人联系到了一起。

究竟哪个地方首先展开农耕文化呢? 1982年在上埃及阿斯旺附近瓦迪·库巴亚干涸的山涧中发掘6处遗址,都是旧石器时代晚期堆积层和砂丘层,离现在已有17 000年至18 300年。砂丘层内遗留着尼罗河涨水期的积水痕迹和鱼类残骸;堆积层中可以见到羚羊骨骼和大量的细石器,还发现了可以确定为栽培种属的裸麦的碳化物,以及与磨石等石器共存的碳化的小麦。在埃及的原始农作遗址,还有年代稍晚一些的阿布·辛贝勒和科姆·奥博等一系列遗址,它们将古埃及人利用尼罗河泛滥进行耕作的实况,十分难得地留给了1万多年后的现代人。瓦迪·库巴亚的古迹将农业起源的时间推前到1.8万年前,否定了公元前8000年左右西亚两河流域最早展开农耕的说法。最早教会我们先辈从事播种的,是那条在文明史上永远占有重要位置的尼罗河。尼罗河可以通航的地方从北纬4°左右开始,顺流而下,直达地中海,可通航的地方长达4 700千米。尼罗河从北纬22°处流入埃及,将上游肥沃的沉积物倾注到沿途各地,所经之处,都是肥沃的"黑土"(Khem)。每年7月河泛期开始,到10月结束,河水上升到8月23日进入高潮,以9月26日、10月15日两次达到河泛期的最高峰,此后便逐渐减退。从11月到翌年1月,播种期接踵而至,节庆活动也随之而起。进入4月初,收获完毕,于是闭藏期开始,为年末播种准备。这种一年河泛、种植、闭藏三季轮转的历法,全由尼罗河独特的定期泛滥所致。

仰赖尼罗河定期泛滥的洪水而展开的世界最早的农事,是以水的崇拜为内涵的对生命的追求。一年一度泛滥的河水,提供了水和土壤,给当地人贡献了可靠和丰富的食物,庄稼的播种和收割,好比植物死而复苏,将古埃及对死神的崇拜和再生的祈求联结在一起。埃及人崇拜的谷神或江河之神奥西里斯,据说生前和族群生活在一起,死后又是冥间的主宰者,这体现了神灵崇拜的神秘信念和再生的祈求完全一致。奥西里斯早先是叙利亚的一个农业神,到了埃及成为孟德士的神祇,在孟斐斯化身隼鹰苏克和牡牛哈比。哈比又是尼罗河神,意思是"富足的源泉"。在雕刻的图像中,哈比全身青色,手执水瓶,河水便从瓶中流出。罗马作家普鲁塔克记述奥西里斯死在阿色月17日,阿色月是亚历山大历的11月,正是河泛结束河水重新纳入尼罗河河床之时。奥西里斯听信谗言自己钻进合身的箱子被赛特所害而牺牲的行为,暗示着年年泛滥的尼罗河主宰着庄稼的种植和收获,象征着生命的重新开始。在11月17日前四天,要举行盛大的祭礼,这祭礼是纪念奥西里斯,同时也是祈求奥西里斯的赐益。

在整个古王朝时期,法老代行着神的权威——那保证土地繁荣的魔力。到第三朝,首都从上埃及亚毕陀斯迁到三角洲顶端的孟斐斯,法老便将丰饶和富足的源泉从尼罗河归到了日神的名下,第五朝的法老正式成了日神之子,和财富的本源结合成一体了。在中王国(第十二朝)时期,奥西里斯上升为全埃及崇拜的神,地位和日神相仿。这时尼罗河对埃及的重要,已非早先只是种植瓜果、蔬菜,收获粮食作物作为采集渔猎经济的辅助,而是发展到主要种植粮食作物、构筑定居生活所需的房屋,来维护自身的生存、壮大和繁衍族群了。埃及最早的农业聚落全是沿着尼罗河两岸排列的,这是公元前2000年前后埃及农业社会真实的图景。

有意思的是,1225年泉州人赵汝适写作的《诸蕃志·大食国》,曾对尼罗河农业作了一段简练而生动的描述：

> 农民耕种无水旱之忧，有溪涧之水足以灌溉。其源不知从出。当农隙时，其水止平两岸。及农务将兴，渐渐泛溢，日增一日。差官一员，视水候至，广行劝集，齐时耕种，足用之后，水退如初。

这种在尼罗河退潮（从11月到翌年6月）期间与时跟进在河床两岸播种的办法，是在干旱地区缺少雨水自然灌溉条件下特有的一种非人工灌溉的农业。它促成了得天独厚的埃及农民最早从大自然获益，进而使全社会致富，进而领头步入了文明社会。

尼罗河使埃及人首先撇开按太阴月计年的历法，按照365天的太阳年为历法的根据，太阴月并没有一个一定的日数，只是一年大致和太阳年相当。巴比伦承认的是一个354天的太阴年。埃及人为了正确预言洪水，就要有一个和太阴年相符合的太阳历。他们的办法是当洪水到达开罗附近时，将晨曦隐没众星之前出现在地平线上的最后的星——天狼星（埃及人叫作Sothis）作为观察的起点。天狼星和太阳同时升起，埃及人发现这种现象大致每隔365天重现一次，便将它定作太阳历一年的天数。但洪水的到来并不十分准确，由此产生的时差不超过6个小时，即1/4天。要明白这一点，得有一段时间出现农事循环上的差错才能矫正过来。这种太阳历在公元前4236年开始采用，后来成为旧大陆一切太阳历的始祖。那个靠对天狼星的观察而确定太阳年的预言者，就是能够观察天象及时指导农事的权威人士，埃及法老的权威至少有很大一部分是得力于太阳历的应用。

太阳历是农业经济发展的产物，而农业经济的拓展，最终使人类走出了在采集经济制约下难免族群灭绝的怪圈，这是人类在开发自然资源的大变革中，第一次取得的划时代胜利。从此以后，人类便开始牢牢地掌握了自己的命运，顺利地走上了文明之路。为此，人类所付出的代价是长达12 000年以上的漫长岁月和艰苦劳动。

第二章
文明中心的交替

城市文明的兴起

走出采集经济,既要有相当普遍的农耕作为后盾,还要有发达的制陶业,甚至只有到了发展冶炼业,彻底放弃以石器、骨器、木器为工具而改用青铜器的时代到来了,人类才真正开始建立文明社会。

文明的启动同样是个漫长的历程。不同聚落的族群通过逐渐扩大的农事和畜牧活动在更宽广的地域上展开,必然促使人类之间的联系拓展了,加强了。随之而来的是,对荒地的开垦、灌溉工程的进行、堤坝的修筑,提出了更高的科学知识与技术要求,组织与管理这类生产活动,是取得有保证的丰收、繁荣的牧场和代代相传的定居生活必不可少的重要环节,同时也凸显出财富与权力集中到最高层次的过程。

国际学术界给我们勾勒的人类社会的进步,是一个概念完整的三部曲:石器时代的蒙昧社会通过"食物生产革命"("农业革命")进入新石器时代的野蛮社会;野蛮社会经过"城市革命"进入青铜器时代和铁器时代的文明社会;最后是前工业社会经过"工业革命"进入工业社会。

城市诞生的基本条件,是出现聚居在一大块平整的土地上规模大大超过了农业聚落中的族群，它容纳的人口已不止数千，而是成千上万，甚或几万。然而这样平整而适宜于人居周围又恰好是进行农耕或放牧的良好场地，在初始阶段的农业社会中是并不存在的。无论可耕地还是可居地，都是在近水地区经人工开垦和平整而成。只有到了公元前3500年在两河流域开始出现第一批颇具规模的城市的时候，才被人们创造出来。在使用石器或铜石并用时代，作为生产要素的资本和劳动，如果要加以比较，那么劳力这个因素一定是尤其重要的因素，是诸种因素中的重中之重；资本的投入，或者说是生产成本中的非劳力因素，相对而言要次要得多，微弱得多；甚至可能出现，在生产工具愈来愈进步、生产规模愈来愈大、劳动强度也随之更加膨胀的情况下，资本的投放都会转变成劳力的投入。无论如何，这是氏族社会崩溃之后，社会上出现奴隶劳动并构筑成阶级分化的国家的一个前提和重要因素。战争对于实现这个目标无疑是个非常规的手段，在财富和人口双重增长的情况下，战争往往会成为取得新土地、水源和劳动力的一个不失时机的策略，解决不同利益集团之间冲突的手段，开辟新一轮社会进步的途径。于是，文明社会的进程必然会有战争相伴随。征服的结果，表现在许多例子中，都是用武力培植了城市文明，将原先自给自足的村落变成了工商兼有的城市。在两河流域，直到公元前2500年，阿卡德的闪族统治者萨冈统一了巴比伦地区，成立了一个帝国。乌尔和其他城市的国王相继起而仿效。到了公元前1800年，巴比伦地区才被巴比伦城的国王汉谟拉比统一成一个有共同的都城、法典、历法和政府制度的国家，早先的邦国才沦落成王国的一个组成部分。

在地区向国家过渡的进程中，它的社会职能也由组织生产扩展到管理社会和进行战争。手工业从农业分离出来，既扩大了社会分工，也增加了商品生产，商业也随着不同族群间日益增长的接触而刺激着不同地域的人对商品交换的需求。脱离了家庭工业方式的手工业，不但有了使用轮子可以大量生产各种精巧陶器的制陶业，还用砖块按照旧有的式样建造房屋。苏美尔人和亚述人因此发现了拱顶建筑原理；商代的中国人则在建造砖木混合结构房屋的同时，发明了版筑夯土技术。一些站在文明社会前列的人，像埃及人那样，为了寻找有魔力的石头，发现了金属的价值和使石头变成金属的秘密。银子和铅在埃及的史前坟墓里就有了，两河流域则在公元前3000年以前也有大量的使用。锡在公元前3000年以后不久，在苏美尔和印度河流域，被当作铜的合金制造出了各种青铜器。铜的冶炼，早在公元前6000年在小亚细亚的安纳托利亚地区已崭露头角了。当时从伊拉克到地中海沿岸，出现了设防的聚落。公元前1400年，小亚细亚和亚述率先进入制造铁器的时代。但世界上大部分地区直到1 000年之后，还在使用铜器、骨器、蚌器，甚至石器。

最初的商业活动，来自农业社会对奢侈品和用于祭礼的特殊用品的追求。这些物品全都由外地运去。埃及新石器时代的村庄中已有红海和地中海的贝壳；稍后埃及坟墓中又出现了从西奈半岛和努比亚运进的孔雀石，阿拉伯的松香，伊朗高原的青金石，出产在爱琴海梅罗岛、阿拉伯和埃塞俄比亚的黑曜石，甚至还有紫水晶和蓝宝石。在两河流域的最早聚落中，也有黑曜石和天河石珠子，它们是从亚美尼亚运去的，其中有些可能远到印度。在亚述和叙利亚，也很早就有从亚美尼亚等外地运去的黑曜石，随后又出现了青金石和蓝宝石。在波斯湾北岸的苏萨以及中亚细亚的安诺，外来物品也很早就有了。这些早先被视作奢侈品的东西，在一两千年后成了埃及和苏美尔的必需品。埃及人习惯了用孔雀石涂眼皮，用它那种绿颜色去抵抗强烈的太阳光，而碳酸铜也有消除热带苍蝇带来的眼疾的作用。因此孔雀石被当作具有魔力的石头，被十分慎重地加以调制。类似女性生殖器的贝壳，被当作护身符以祈求丰产，因此在非洲和亚洲的许多地方变成了一种硬通货，成了钱币的代用品。红玉髓、蓝宝石、青金石、玛瑙和生金都因为人们相信它们具有给人带来财富、成功、多子和长寿的力量，在几千年中世代相传，并且在更加广阔的地域扩散开来，成为人们追求好运的象征。

生活在尼罗河和美索不达米亚的居民，他们相信金子、宝石和贝壳里隐藏着一种不为人所左右的来自大自然的魔力或法术，这种魔力叫做Mana。如果把宝石刻成符箓，或做某种特殊的记号，再将它按压到柔软的黏土上，便成了封泥，可以将印痕留下来，让它显出一种神圣的禁忌（Tabus）来保护封泥所附着的东西，好使所有人都将其作为财产和确定所有权的信物加以卫护。这就是最初在亚述地方的新石器时代聚落中使用，后来在幼发拉底河向东一直到伊朗通行的印章，以及在埃及与地中海沿岸使用的符箓。印章后来成了一种刺激商业和流通的信物，被文明世界广泛地使用。

开采具有魔力的石头，运送贝壳、金属到适用的地点，与商业活动几乎是同时展开的。居住在冲积平原和河边平地上的居民，可以取得丰富的食物，但却缺乏营造文明生活所需的建筑材料和重要原料。尼罗河流域的陡峭岩体能够提供一种理想的燧石，但要取得建筑神庙、王陵的石料却要从远途运去，那里缺乏供建筑和造船用的木料，甚至连矿沙、砂石和具有魔力的石头也很难取得。苏美尔、信德和旁遮普这些相邻近的古文明，也都深受缺乏重要原料之累，于是为适应广大公共工程和正规贸易所需的经济机制应运而生了，为保护运输、支援商人以及为日益集中的财富配置军队，出现了管理国家和日常事务的官吏和书记、负责祭典和占卜的祭司，这些都是城市诞生的前提。在农民和猎人之外，祭司、官吏、商人、工匠和士兵，代表了新的阶级，他们修筑了比农业聚落面积更大、功能更齐全的城市。建立在更新颖、更进步的专门制造业和对外贸易基础上的城市经济，迅速地刺激了人口的增加，加快了文明的进程。

凭借远途运输实现的商业活动，扩大了不同族群之间的联系，促使一个个日益膨胀的经济圈相互衔接起来。不断扩大的贸易活动要求人类以最大的效率去开发孕育在大自然中的风力、浮力、机械力和畜力，这些涉足物理学和力学领域的知识，船只、风帆、风箱、织机、冶金和车子，都被发明和使用上了。

考古学家从地下发掘到的庙堂什物、武器、陶轮制造的罐子、珠宝，以及由熟练的工匠成批制造的产品，显示了自从进入城市革命以后，人们修筑了可以长期保存的坟墓、庙宇、宫室和工场，从出土物可以看出许多外来的物品已经融入当地日常生活，成为常用物品。

在美索不达米亚南部的苏美尔，一批城市陆续诞生：伊利陀、乌尔、伊立克、拉加什、那沙、朱卢伯；稍后在北部阿加德也有了基什、杰姆特那沙、阿比斯、伊什卢纳、马利。伊利陀是极古的一座城市，遗址在幼发拉底河左岸，离两河汇合处80千米，那里有世界上最古的观象台和刻写文字的泥版。在伊利陀的北面，幼发拉底河一条支流旁的科里巴克（Churippak），是传说中洪水首先淹没的一座城市。乌卢克（Uruk），即《圣经》中的伊勒克、希腊地理学中的安谷城，不但是个古都，也是一个"典籍之都"，拥有最早的图书馆。至于那座周围高10米、厚30米的巴比伦城，更是一座奠基在砖头之上的大都市。有人估计，公元前2500年，有些城市的居民已有8 000到12 000人。

在信德的古老居民点摩亨约达罗（Mohenjodaro），大街小巷紧密地排列着两层房屋，面积达到2.6平方千米，至少已有4 500年历史了。在印度河的另一座古城查荷达罗，辟有专门的珠宝匠居住区，有了专业工匠集中的居住区。

文明的奇迹是由城市创造，并由城市留存下来的。

在伊立克，居住区之外，用泥版筑起了金字塔式的塔庙（Ziggurat），泥版中渗了一层沥青，高出地面10.5米，顶面有900平方米。山顶有一个用白色的泥砖砌成的墙围着的神龛，龛上设置了一个为天神下降凡间用的梯子；山麓下还散落着一群更加堂皇的庙宇。在苏美尔其他城市的遗址上，也都有同样古老的文化遗物。伊立克的庙毁了又建，至少有四次，每一次都是越造越大，装饰的花纹也更加细致，并且漆了黑色、红色和白色，最后一次更在黑色的沥青上嵌入珍珠母和红玉髓，替代了泥制的圆锥体。神殿内壁的泥塑动物群，后来改成了石雕或贝雕的饰带，最后又捶打成大群铜兽，换下早先的泥像。阿卡德的杰姆德那沙，同样有着一段财富累积、技术改进、专业分工、商业发展的历史。铅、银和青金石的输入扩大了对外贸易，黏性的釉彩、轻便的战车都已出现。

尼罗河畔巨大的金字塔和卢克索的神庙，向人们默默地倾诉着悠久岁月难以磨损的不朽伟绩。沿着尼罗河,阿比托斯、孟斐斯、底比斯这些古老的雄伟都城用叠起的石头向后人昭示了逝去的古老文明。

  埃及和苏美尔是世界上最早制造玻璃珠和玻璃制品的民族。公元前7000年最早问世的玻璃制品,是埃及人在沙中提取黄金,用苏打作溶剂而发现。埃及人用它制作铸型护身符。凡含二氧化硅的矿物,如石英、燧石、玉髓、白长石、正长石、辉石、角闪石等石英岩矿物,经1 480℃—1 550℃的高温烧炼而成的玉石,可以称作最早的人造宝石。公元前3000年,埃及人和苏美尔人制作了首批玻璃器。据英国学者罗卡斯研究,古埃及玻璃的原料是一种含钠钙的硅酸盐类的自然物,通常取之苏打和石灰石,比现代玻璃含有更多的铁和铝的氧化物,还有氧化锰和碱、少许的镁。乳色玻璃从方解石($CaCO_3$)精制,埃及称作雪花石膏。西奈半岛和东部沿海蕴藏极富。瓦迪·基拉维和埃尔·阿玛纳以东的赫脱纳,是最早开采的矿场。在第一朝塞卡拉的墓葬中发现很多。第五朝时出现了黑色、蓝色和绿色的玻璃珠,后来又有了镶嵌用的玻璃。第十八朝阿门诺菲斯一世(公元前1557—前1530年)时,埃及已能制造紫、黑、蓝、绿、红、白、黄七种彩色玻璃。此后底比斯和埃尔·阿玛纳的玻璃制品更精益求精,运销海外。制品因化学成分不同引起色彩变化。赤色是由于铜的红色氧化物造成。锡的氧化物可以制成白色不透明玻璃。黑色是含铜和锰所致。绿色由铜的混合物引起。黄色是锑铅混合物造成。埃及蓝玻璃有深蓝、明蓝和蓝绿三种,深蓝起于钴的渗入,埃及和波斯、高加索交流,才引入了钴。紫色,由于含有锰的混合物。后来,在公元前1000年,印度也开始制造玻璃。中国在汉代对埃及玻璃称作"流离",是经过印度人的传递。印度最早称玻璃Sisakara,这个名称在周代已经传到中国,译作"枝斯",可能早到公元前10世纪已经输入中国。

  城市经济的特殊需要,促成了图像文字的诞生。在伊立克和杰姆德那沙都出土过泥质算板,上面录有符号和数目字,是属于庙宇的账单。在华拉出土的一批公元前3000年以后的书板上,既有寺庙的账单,也有用作教科书的符号表,都是楔形文字。在伊立克和杰姆德那沙的算板中,有D=1,0=10,D=60,0=600。这些数字构成了苏美尔人和后来的巴比伦人使用的60进位制。用这些数字,有了简单的乘法和除法,而且在公元前1000年的时候,在原先只有1到9的记号之后补上了0的符号。埃及在公元前3200年的时候已经有了比苏美尔更加成熟的象形文字,另外一些符号则保留了会意文字的价值,用作指示词。不久埃及人就发明了一种有24个符号的字母表,每个符号代表一个单独的子音,可以拼写任何一个字,但指示词仍保留着沿用下来。克里特岛上的米诺亚人在公元前2000年以前也有了他们自己的文字,留下来的文献中很多是账单和物品清单。

  城市文明是财富集中到一定程度的产物,它标志着金属冶炼、建筑工程和远距离商品交换达到了一定的规模,同时出现的还有王权、文字、法典和制度化的宗庙(或神庙)祭祀。

城市诞生后,首先在埃及、巴比伦和中国中部确立了三大文明中心,随后扩散到周边的亚述、叙利亚、伊朗、俾路支、信德、旁遮普、克里特、希腊诸岛和安纳托里亚高原,然后才是希腊本土、库班草原和里海地区。

中国作为东亚文明的发源地,在新石器时代南方长江流域比之北方黄河流域原本步子要快些,可是到了冶炼青铜的时代反而放慢了脚步。在一定程度上,不能不归咎于铜矿资源在长江流域发现较少、开发较晚,而铁器时代却迟迟未到。在公元前2000年后的一千多年中,长江流域和中南半岛呵叻高原上的青铜文化到底存在着什么样的联系,现在尚是一大待解的谜团。

迄今发现最早的中国古城是湖南澧县城头山古城址,始于公元前4000年的大溪文化时代。河南郑州西山仰韶时代城址,约为公元前3000年。两处城址都是圆形,墙外有壕沟。龙山时代的古城,在黄河和长江流域已发现了约60座,多数规模极小,在10万平方米左右。长江中游的史前城址规模最大的有湖北石家河城址,由环形壕围成的面积约180万平方米。中原地区最大的史前城址是山西襄汾的陶寺遗址,2000年发现的陶寺中期文化遗址面积有280万平方米,接近3平方千米。考古界有推测是尧、舜都城的说法。同一时期,在长江下游的余姚良渚文化遗址,近年发现了面积为290万平方米的莫角山城址,引起了各方的关注。

进入文明时代以后,夏、商、西周是中国城市发展的最初阶段。《史记·五帝本纪》用聚、邑、都的发展序列来表示城市文明的形成,说这一过程成形在公元前2200年左右的虞舜时代,“舜一年而所居成聚,二年成邑,三年成都”。《左传》庄公二十八年解释邑与都的区别在于“凡邑,有宗庙先君之主曰都,无曰邑”。相当于夏都的河南偃师二里头,相当于殷都的河南安阳小屯,以及西周初期的周原,都发现了宗庙的遗址,虽然考古发掘未见城垣,但作为宗庙所在地象征着统一的华夏民族的主权,这已被历史所证实。偃师二里头确已粗具都邑规模,面积在400万平方米以上。遗址内既有形制巨大的宫殿建筑和大型墓葬,还有铸造铜器、制陶、制骨、制玉和石器的作坊,出土了青铜器和玉器。另一处夏城是河南荥阳大师姑遗址,西距偃师二里头遗址70千米,北靠邙山,紧临黄河,面积达51万平方米,为重要军事和政治都会。偃师尸乡沟商代早期城址由内城、外城和宫城组成,确有都城特点。河南郑州商城是商前期都城,安阳殷墟是商后期都城遗址,出土过众多的青铜器、玉器、工艺品和甲骨文字。较小的商城还有湖北黄陂盘龙城、山西垣曲商城。西周燕国早期都邑在北京房山琉璃河发现,显示了公元前1000年西周诸侯的都市风貌。东周都城均有城墙,由宫城和郭城组成,主要宫殿设在制高点,城内有水井和排水设施,分布着冶铁、铸铜、制骨、烧陶等手工作坊。这些城市有山东临淄齐故城、山西侯马晋都新田、河北邯郸赵城、易县燕下都、河南洛阳东周王城、湖北江陵楚纪南城、陕西咸阳的秦咸阳城。3 000年前在东亚文明中心建立起来的大小不一的城市,布满了黄河与长江之间广大的地区,它们的出现使地球的这一角显得朝气蓬勃、欣欣向荣。

文明中心的演变

城市诞生和随之而来在全世界展开的一场城市革命,使世界文明从此稳固地在康庄大道上迈开了前进的步子。诚然,这步伐因时因地而有先后快慢的不同,而且各个文明实体所形成的自身的特色,是任何其他实体所难以替代的。虽说难以替代,但并非永远不能替代。文明创造的历史提供的是一个万花筒,是一个无所不包、无所不在的生命与意志的世界,在这个世界中曾经有过的固然是实在的,然而未曾有过的却是难以预料的。创造是个不停地转动的轮子,推动着文明去战胜、去替代愚昧、野蛮和贫困。创造的主体是人类,文明则是人类一手培植的树,生活在地球各处不同种族的人各自在他们栖息的地方培育着生命的树木,这树木长大了,繁茂了,成了一片森林的海洋,于是许多人从不同的地方朝着共同的方向走到了一起,聚在了一起。这就是历史,这就是永不止息的文明的创造。

最初的四个梯级:1 000年一大步

文明的树在公元前8000年还只是寥若晨星的三棵。一棵在埃及的尼罗河三角洲,一棵在幼发拉底河和底格里斯河汇流的下美索不达米亚,一棵在长江的中下游。磨制石器、陶器和农业的开始,是这些文明的基本特征。中国长江中游,湖北省道县玉蟾洞遗址出土稻谷早到公元前16000年以前,但鉴别未精,有指作野生稻的。有可能这是世界稻作文明最早的遗址。在长江下游,浙江萧山的上山遗址也发现了公元前8000年的稻谷。沿着长江,出现了东亚文明最早的文化遗址。

公元前5000年,文明共有五个中心。哈姆族的尼罗河文明向上游拓展,最早发明了祭司用的象形文字(hieroglyphic)。两河流域的苏美尔文明继续欣欣向荣,创造了一年十二个月的太阴历,成为"肥沃新月"地区的文明中心。这里的冶炼业从探索红铜和砷铜入手,向前迈进;使用楔形文字,制成书版保存,这种文字有300多个符号,各自代表一个音节,闪族、希提人和波斯人在3 000多年中都采用这种方式书写。

印度河河谷文明加入到文明中心的行列中,并迅速壮大,出土的印章刻有动物及符号。居民种植棉花，以这里为最早。这里的居民有接近地中海型的达罗毗陀人（Dravidians），也有黑人。他们是从西北方入侵的雅利安人到达印度次大陆前最早的农民。

中国北方黄河中游陕西、河北、河南发现磁山·裴李岗文化，有大量陶器、石磨盘、石磨棒和碳化的黍，以及家养的猪、狗、鸡、牛。磁山文化的绝对年代为公元前6000年至前5600年。在河南渑池县仰韶村发现的仰韶文化是闻名世界的农业文明，从公元前5000年起，延续了2 000年之久。中国南方长江下游钱塘江口浙江余姚县滋生的河姆渡文化，拥有亚洲最古老的稻谷实物遗存，当地居民大量使用骨耜从事农耕，驯养了猪、狗和水牛，陶器中出现了由釜和支脚结合的炊器鼎和两足异形鬶。依靠饲养的家蚕，制作了最早的丝织品。这是中国长江三角洲十分进步的一处文化遗址，是长江流域的文明中心，从公元前5000年起，延续了2 000年之久。中国在五个文明中心中占了两个。

公元前3500年，世界文明步入新的历史阶段，开创了以铸造青铜器为主要工艺手段的城市文明生活。在苏美尔诞生了第一批城市，乌尔和伊立克处于最早问世的第一批城市的最前列。公元前2200年，闪族夺取了巴比伦城，建立起巴比伦帝国。城市遍布在长达900千米的地面上。埃及也同时进入青铜时期，在尼罗河和西奈半岛建立了一批城市，分布区长达1 000千米。同一时期，印度河文明的城市已具有相当规模，青铜制作十分精细。出现在公元前2500年的摩亨约达罗，是座规划过的市镇，建立在高高的堤坝上，房屋都由土坯砖筑成。摩亨约达罗和上游的哈拉巴均有卫城和大谷仓，是达罗毗陀人建立的城市，分布区长达1 600千米。这些城市的繁荣期在公元前2500年。

这一时期，中国黄河流域的中原文化向东西两方扩展，东支大汶

古巴比伦城王宫伊什塔门

口文化和龙山文化,西支齐家文化,都有冶铸的早期铜器发现,属于自然铜的冶炼。龙山文化以前的早期城址已发现50多座。山东莒县和诸城县的大汶口文化的陶尊上发现陶文,是汉字的远祖。中国长江文化由下游向中、上游推进,出现了下游的良渚文化,中游的屈家岭文化、湖北龙山文化,上游的巴蜀文化。

世界文明仍然是五个中心,但在地域上已大为拓展,以冶金为主的手工业给城市文明奠定了牢固的基石。

公元前2000年,世界文明开始跨入铁器时代,城市文明继续壮大。埃及、"肥沃新月"、印度河和中国中原地区四个传统文明,在以后的1000年中继续保持着领先的地位,并以创造的文字,形成各自独立的文明标帜。埃及的领土在公元前15世纪一度扩展到叙利亚、腓尼基和巴勒斯坦。巴比伦在汉谟拉比时代获得统一。印度河文明拓展到文底耶山以北的恒河平原。由于公元前1600年手持铁器的雅利安人自开布尔山口入侵,迫使印度河原住居民向东开发恒河泽地,由此展开了使用梵文(Sanskrit)的吠陀时期。中国北方黄河中游先后成立夏和商两个王朝,创造了以龟甲兽骨为书板的象形文字甲骨文。中国南方长江流域作为文明中心的地位,却因北方首先出现统一王朝而低落,而且这种趋势在以后相当一段时间中仍然有增无减,难以扭转其渐趋弱势的走向。

小亚细亚由于冶铸铁器成功,崛起而成新一轮文明中心。使用铁器的海克索斯人和希提人先后从卡巴杜西亚侵入幼发拉底河。老家在安纳托里亚高原中部哈里斯河的希提人属于蒙古利亚族,在公元前15世纪建立了一个帝国,将埃及、"肥沃新月"和爱琴世界民族连成一体。世界文明中心虽然仍是五个,但内涵已起变化。

遍及五大洲的铁器时代文明进程

进入公元前1000年之后,历史经历了一大转折,陆地上的车子和马文化,海洋上帆船的应用,加速了世界文明的进程。许多新兴民族凭着他们的智慧、毅力和找到的资源,缔建起各式各样的文明社会,使文化圈的振波空前扩大,彼此接触,强化了原先远隔崇山峻岭和辽阔海洋的各个文明中心之间的相互交流。地中海东部许多民族抢先使用铁制的武器和马匹,战胜强敌,战争的规模因此更加扩大,战争的破坏力也愈演愈烈。通过战争,使文明的整合,冲破地域、民族和信仰的不同,空前激烈地进行下去。在以后的1000年中,几个使用铁器的骑马民族在愈来愈广阔的天地间建立起多民族的帝国,强迫其他民族并入这些新近崛起的文明联合体,来扩大自己的权势和财富。文明的传播开始以跨越大陆的兼并方式,展开你争我夺的格斗,使人类面临更加严峻的考验。文明古国埃及先后遭受斐利斯丁人、亚述人、波斯人、马其顿人和罗马人的入侵。公元前525年波斯王大流士

希腊雅典卫城

征服了埃及,埃及从此失去了独立的地位,逐渐退出了文明中心的序列。

疆域东起印度河,西至埃及和希腊的波斯帝国崛起,升格为西亚的文明中心。

克里特、塞浦路斯、爱琴海、黑海,包括吕西亚、西里西亚在内的小亚细亚半岛和埃及,连同希腊本土形成希腊文明圈。希腊人接受了腓尼基人发明的22个字母的拼音文字,再添上元音,完成了拼音文字,由此奠定了西方语文的基石。

航海民族腓尼基和阿拉伯人(奥山人、希米雅尔人、卡塔坂人),用他们的金工技艺、商业和航海知识,在地中海、红海和厄立特里海(阿拉伯海)形成另外一个文明中心。

与此同时,印度和中国的土地上,北方各国的兼并战争正在进行中,数以百计的小国并成少数几个大国。北印度经16个大国争雄,被摩揭陀统一。中国经过春秋、战国时期,到公元前369年形成战国七雄的局面,公元前221年被秦始皇统而为一,缔定了南北一统中央集权的秦帝国。经过改革的汉字小篆,成为全国通用的标准文字。

为旧大陆摒弃在外的美洲,也逐步滋生出本地的农业文明。公元前12世纪中叶,在中美洲萌生的奥尔梅卡(Olmeca)文明,在墨西哥湾沿岸靠近现在韦拉克鲁斯并与塔瓦斯科毗邻的地区发展起来,是中美洲文明形成时期(公元前1500—公元300年)最早和最有影响的文明,它是前古典时期的玛雅(Maya)文明和墨西哥南部阿尔万山区的萨波特卡(Zapoteca)文明的先驱。奥尔梅卡文明有类似埃及的象形文字和用树皮或蹬羚皮制作的书,他们使用365天的太阳历,信奉羽蛇神灵,食品是玉米、豆类和瓜类,流行人祭。祭祀中心拉文塔从公元前1160年起存在了1 800年,是中美洲文明的母体。奥尔梅卡文明后来被墨西哥中央谷地的特奥蒂瓦坎文明和古典时期(300—900年)的玛雅文明(又称新玛雅帝国)所继承。奥尔梅卡文化的一些基本特性一直流存后古典时期(900—1550年)托尔特卡人(Tolteca)、阿尔万山区的米斯特卡人(Mixteca)和阿兹特克人(Azteca)的文化中心。

这个时期的世界文明中心发展到了六个。

进入公元1世纪，文化交流的步伐随着新的工具的发明与广泛应用，和跨越洲界的帝国的不断出现，致使人口的移动、军事的征伐、商业与宗教活动的踊跃，都以前所未有的规模进行着。在1 200年间，世界文明中心由六个发展到了八个。

玛雅文明大城蒂卡尔的宗教礼仪中心

奥古斯都登位后，罗马帝国进入了极盛时期，疆域包有整个地中海，西边跨过大西洋抵达英伦三岛，地中海作为帝国的内海，被称作罗马海。然而宗教与文化的迥异，使帝国在395年一分为二，西罗马以意大利罗马城为中心，统有西欧和北非，东罗马以拜占庭为中心，将东欧、俄罗斯、希腊和小亚细亚列入圈内，形成两大文明区。波斯帝国瓦解后，虽然不能抵御马其顿的蹂躏，其后成立的安息和乌弋山离，却成了在东方抗击罗马势力的中流砥柱，继续在中亚和近东维持着一大文明中心的地位。7世纪中叶，阿拉伯人创立伊斯

波斯古都波斯帕里斯遗迹

兰教后，从麦加出发，东征西讨，领土自锡尔河到大西洋滨的苏西亚那的哈里发帝国，名义上一直维持到1258年巴格达最后落入旭烈兀统率的蒙古大军之手，实际上早已四分五裂。从文明体系立论，帝国的东部是一个波斯—叙利亚文明区，波斯作为什叶派的大本营，在波斯湾及其邻近地区影响深远；帝国的西部和红海地区才是阿拉伯文明区，地中海成为基督教和伊斯兰教的文化界线和角逐的战场。在地中海两端的伊比利亚半岛更有一个伍麦叶王朝的后裔阿卜杜勒·赖哈曼一世建立的

罗马城中心遗址

拜占庭城（君士坦丁堡）雄伟的金门

科尔多瓦王朝,持续了275年(756—1031年),在这里基督教与伊斯兰教国家互相攻战,一直到1212年穆斯林军队在德·托罗萨战役惨败后,穆斯林在伊比里亚才大势已去,只留下一个格拉纳达的奈斯尔小王朝,靠着著名的红宫(Alhambra)铭刻在文明的史册上。最后在1492年1月2日,这些莫尔人才被迫撤走。西西里岛的埃米尔则早在1091年就被诺曼人赶走了。地中海世界在这期间仍维持着一分为四的文明体系。

在南亚次大陆,印度教糅合佛教教义,在9世纪完成了替代婆罗门教的宗教改革,成为全印度的宗教,并向东南亚传播。到12世纪末,在西北印度、恒河流域和西印度,以及南印度这三大区域中,只有西北印度由于伽色尼王国和古尔王国信奉逊尼派教义,逐渐接受了伊斯兰教,开始阿拉伯化,其他两个地区以印度教为主,融合成一大文明体系。南印度朱罗向苏门答腊和马来半岛的扩张,使印度教继续在东南亚西部海岛国家有所传扬。

在东亚,中国经过南北朝的分裂,到隋唐仍然维持着大一统的局面,10世纪时经历了五代十国而有北宋的统一,中国北方虽有辽、金政权,西部有西夏,但都崇信佛教,唯有塔里木盆地周边开始伊斯兰化。在东部沿海,中国向朝鲜半岛、日本列岛以及越南半岛北部传扬佛教和儒家文化,扩大了汉文化文明体系的地域范围。

美洲的文明中心由早先的一处增加到二处。一处是玛雅文化。中美洲的玛雅人在公元初建立了城市,后来在洪都拉斯西部和危地马拉高原建立了他们的帝国,从4世纪一直维持到8世纪。后来城邦国家在两大集团操控下发生了大战,结束了古典时期。自9世纪以后的600年中,他们处于新帝国时期。玛雅人使用的历法比同时代基督教的历法更完善,他们使用类似埃及的象形文字手抄书籍,有3万个词汇。他们用巨大的雕塑装饰寺庙和宫殿。古典时期的玛雅在8个世纪中建立了100多座城市,人口在5万人以上的就有20座,帕伦克、科本、蒂卡尔是最著名的城市,城中有高耸的金字塔、石碑和广场。玛雅人建造的平顶金字塔,十分精美,用作宗教祭祀和观测天象,其大小仅当特奥蒂瓦坎太阳神金字塔的二十分之一。玛雅后

蒂卡尔七殿广场

玛雅壁画

期遗迹完好地保存在尤卡坦半岛东岸和邻近的拉斯穆赫雷斯岛、科苏梅尔岛。尤卡坦西北部的奇陈—伊查（Chichen-Itza）是后古典时期最宏伟的城市，已发现七座金字塔和一座巨大的城堡，由1 000根圆柱组成的环廊建筑在中心广场。玛雅人不使用拱形建筑。建筑风格一种是纯玛雅风格的，另一种接受了墨西哥谷地托尔特卡人的式样，神庙使用了羽蛇神形象的石柱。玛雅文明到14世纪已经衰败。

　　另一处是南美洲秘鲁沿海和山区的前印加文化和印加（Inca）文化。北部山区的前印加文化，最古老的是查文德万塔尔（Chavin de Huantar）文明，有石造的平顶金字塔。沿海地区的前印加文化，以分布在秘鲁沿海北部和中部的奇穆（Chimu）文化最著名，奇穆王国都城昌昌，是一座长约12英里、宽约5英里的城市，城墙宏伟，城内有自成群的平顶金字塔、宫殿、花园、市场、民宅和堡垒。同类遗址还有特鲁希略附近的太阳神金字塔、月亮神金字塔，以及利马附近宏大的帕拉蒙加堡垒，堡垒墙体用泥浆抹光，装饰着海鸟和猛兽的图像。八个要塞绵延在沿海到安第斯山脉之间。印加文化的代表是首都库斯科及其周围地区的建筑群，它们将印加人高超的建筑技术体现得十分完美。库斯科中心广场上的科里坎查神庙属于最富丽堂皇的神庙之列，不幸为征服者夷为平地。为保卫库斯科而修筑的萨克萨瓦曼城堡、奥扬泰坦博城堡，更是固若金汤的巨型石造建筑。萨克萨瓦曼城堡曾被人喻为西半球最令人叹为观止的遗迹。

东西方文化冲突下文明的融通

　　在1200—1580年间，进入第七阶段的世界文明，经历了翻天覆地的巨变。自1096年后，到1270年为止，四分五裂的欧洲在梵蒂冈教宗的号召下，组织起基督教十字军，先后八次到地中海东部伊斯兰教统治区和塞尔柱土耳其人以及阿拉伯人争夺地盘，第四次十字军东征（1202—1204年）后君士坦丁堡亦因此遭了殃，但伊斯兰文明从此对欧洲文明产生的影响远远胜过了十字军的东征。此后,地中海西部两个小国,为了打破利凡特和红海贸易的垄断权,展开了对新航路和新世界的争夺战。1494年西班牙、葡萄牙抢先一步,达成了瓜分海外新世界的托尔德西拉斯协议。在大西洋上葡属佛得角群岛以西370里格(1里格=5.57千米)处确立了自北极到南极的分界线,其西的新土地归西班牙,其东的归属葡萄牙。西、葡两国凭着这种全新的海权理念,装备了有新式火器、罗盘的新颖帆船(Full rigged Ship),闯入尚未有条约规范的海域,去占领海外新领地。到1580年西班牙国王兼任葡萄牙国王,两国合并60年,文明体系虽然依旧维持着八大中心的格局,但划时代的变化已在孕育着,准备向下个阶段过渡。

16世纪西欧掀起的宗教改革,将基督教推上新教的舞台,为民族复兴和谋求海外发展竖立旗帜。信奉希腊正教的东欧,在向北推进的伊斯兰教胁迫下,终于在1453年失去了拜占庭的庇护,唯有归属奥斯曼土耳其。使用大炮、滑膛枪和其他长距离武器的奥斯曼人在拜占庭的心脏君士坦丁堡建立的帝国,使之成为伊斯兰教最强大的君主。波斯—叙利亚文明体系的西部边界因此瓦解,由于伊拉克一分为二(西部为阿拉伯的伊拉克,东部为波斯的伊拉克)而后撤,但在中亚细亚和阿拉伯海仍未退缩,在东非沿岸亦有进展。奥斯曼人继占领拜占庭后,在1517年灭掉了埃及马木鲁克王朝,最终替代了拜占庭帝国和阿拉伯哈里发帝国,使伊斯兰教势力的焦点移向西方。早先围绕着地中海展开的四个辉煌的文明中心,一下变成了三个,世界文明的中心因此转移到了西方。

这一时期的美洲,仍然是两个文明中心。但土著文明遭受欧洲殖民者入侵的厄运,使他们原先的文明失去昔日的光辉,进入尾声。墨西哥中央谷地在新古典时期发展起来的托尔特卡文化,以图拉城为首都,在12世纪中叶又有奇奇梅卡文化加入进来。13世纪中叶,阿兹特克文明在吸收托尔特卡—奇奇梅卡文化后,在墨西哥高原滋长发育,首都特诺奇蒂特兰(Tenochtitlan)建成在一座湖中,是西班牙人到达以前美洲最重要的城市之一。秘鲁的印加文明信奉太阳神维拉科查(Veracocha,又称因蒂,Inti),使用的盖楚瓦(Quechua)语言迄今还在这里居住的1 000万人中通用。他们在距离首都库斯科70英里群山围抱的崖岩上建造的石头城马丘比丘(Machu Picchu),是一座14世纪的山城,城中有许多宫室、神庙、广场、桥梁,以及观象台和墓地,各种建筑的台阶总数在3 000级以上。这座耸立在安第斯山脉悬崖上的古城,从未被西班牙人或克里奥尔人、梅斯蒂索人发现,直到1911年,美国考古学家海拉姆·宾汉才向世人打开了这个大约在1527年左右由于内战或天花传染而遭废弃的古城之谜。马丘比丘代表了掌控着从厄瓜多尔到智利南部幅员辽阔的印加帝国最后的文明,它神秘存在的历史被喻作人间奇迹。

同一时期在印度恒河流域立国的是德里苏丹（1206—1526年）王朝，1526年被突厥人巴贝尔统率的穆斯林军队灭亡。由此开创的莫卧儿帝国，决意统一各自为政的地方势力，将疆域扩充到米华拉（拉贾斯坦邦）、古查拉特、信德、孟加拉和哥达瓦纳（德干高原）。南亚次大陆多数君主都皈依于伊斯兰教信徒。莫卧儿帝国使用波斯文和波斯官吏，使波斯文明在北印度和西海岸根基深厚。南印度两大国巴玛尼（1347—1687年）与维查耶纳加（1336—1565年），彼此相互对抗达两个世纪。信奉伊斯兰教的巴玛尼在印度教僧侣辅政下，向南印度唯一的印度教国家维查耶纳加挑战，将它灭掉。但南印度仍是印度教最后的文明中心。南亚次大陆依旧是北方信奉伊斯兰教，南方皈依印度教，分化为两大文明。但印度教势力已因统治集团的转向伊斯兰教而大为削弱。

　　东亚文明中心自1368年起摆脱了蒙元的统治，中国在明朝（1368—1644年）治理下，仍是这个地区的文明中心。有变化的是，它的西部边疆已逐步在伊斯兰教和喇嘛教的掌控下，趋于半独立化。

　　自1580年起，到1884年期间，世界文明跨入了它的第八个阶段，文明中心由于欧洲殖民势力的扩张，从八个增加到了十个。

　　西班牙在16世纪占领了西印度群岛，继而征服墨西哥，吞并秘鲁，除了巴西在1532年正式归属葡萄牙，拉丁美洲全归西班牙统治。1598年以后，西班牙更占领了新墨西哥，1777年西班牙与葡萄牙订立圣伊尔台芳索条约，使巴西的领土超过了1494年条约的规定，西部直抵安第斯山脉，比早先多了150万平方英里。18世纪中叶，西班牙帝国极盛时期的领土达到1 054万平方千米，超过古罗马帝国的二倍，仅次于忽必烈汗国。西班牙和葡萄牙是欧洲国家首先向海外扩张而崛起的两个文明中心。1826年，墨西哥、秘鲁、智利、大哥伦比亚（1830年分为哥伦比亚、委内瑞拉和厄瓜多尔3国）、阿根廷、巴拉圭、玻利维亚、中美洲联邦（1838年分成危地马拉、萨尔瓦多、洪都拉斯、尼加拉瓜、哥斯达黎加5国）脱离西班牙独立。海地（原属法国）、巴西（原属葡萄牙）亦宣告独立。此后独立的美洲国家有乌拉圭（1828）和多米尼加（1844）。古巴（1902）和巴拿马（1903）的独立已在20世纪，但整个拉丁美洲仍是西班牙和葡萄牙两个文明中心的辐射区。

　　英国从16世纪起通过海外竞争，与西班牙、法国、荷兰、俄国角逐，最终称霸全球，成为世界上最先进入产业革命的国家。海外领土遍布北美、南非、东非、西非、马来亚、婆罗洲和重要的战略地点。在印度，1763年的巴黎和约使英国的势力凌驾于法国之上，1846年英国完全占领了印度。1882年取得埃及。1886年吞并缅甸。1787年后吞并澳大利亚，1839年占领新西兰。1841年取得中国香港，以后进逼中国西部边疆。英国的势力扩展到世界各处的海峡和咽喉地区，号称"日不落帝国"。英国崛起成为第一个工业文明中心。

欧洲各国中,法国、荷兰、德国、奥匈帝国和俄国,各自通过殖民扩张、发动战争,扩充自己的领土,占有新的资源,成为一个个文明中心。

奥斯曼土耳其帝国和清政府统治下的中国,在强邻进逼下,是八个欧洲国家之外,仅存的两个仍然享有文明中心地位的古国。

伦敦鸟瞰

法国凡尔赛宫花园俯瞰

电气化时代走向一体化的文明进程

文明进程的第九个梯级从19世纪末叶展开。

1884年有14国参加的柏林会议,到1885年达成协议,确认刚果自由邦的独立地位,宣布分割非洲的"有效占领"原则,非洲最后被分割完毕。此后经过

华盛顿美国国会

1914—1918年和1939—1945年的两次世界大战，到1970年大部分非洲国家宣告独立，帝国主义殖民体系成为历史名词。这一阶段的文明中心是11个。

欧洲八国，英国、法国、德国、荷兰、俄国、西班牙、葡萄牙、奥匈帝国，前七国仍拥有它们的殖民地、附属国，奥匈帝国在1918年瓦解，只有七国仍保持着中心国家的地位。

美国自1776年独立后，经过南北战争，到19世纪末国内生产总值已超过英国，列居世界第一，在两次世界大战中起着举足轻重的作用。作为新一代头号强国，成为一个文明中心。

日本自1868年经明治维新，推行西化，增强国力，吞并琉球和朝鲜，对中国蚕食鲸吞，台湾和东北三省相继被其侵占。1937年7月7日日本发动卢沟桥事变，大规模侵占中国领土，直到1945年8月15日向同盟国无条件投降。中国是亚洲的一个文明中心。

亚洲的另一个文明中心土耳其，在列强的侵吞下，所属欧洲、非洲和亚洲的领土先后被列强订立的各种密约所分割。1923年土耳其与协约国订立的洛桑条约，准许土耳其拥有78万平方千米的领土，还不到它全盛时期的四分之一。

中国经过两次世界大战，遭受的损失巨大。世界六大文明古国（埃及、伊拉克、印度、波斯、希腊、中国），前五国相继从文明中心名单中勾掉，唯有中国在风雨飘摇之中，拖着遍体鳞伤的肢体还坚挺地站着。

1970年以后，特别是1990年苏联解体和东欧剧变，世界局势在两大阵营的冷战之后有了新的变化，文明中心由11个增加到12个。文明进程上到第10个梯级。

美洲有三个文明中心，超级大国美国在大西洋和太平洋继续起着文明中心的作用。墨西哥和巴西，在早先西班牙和葡萄牙的传统下，滋生成新一轮文明中心。

欧洲的文明体系，逐渐演变成由欧盟主宰的西半部，和以俄罗斯为主体的东半部两大部分。自1967年7月欧洲共同体六国正式结成经济同盟以后，1993年11月1日正式易名为欧洲联盟。1995年，欧洲联盟的成员有法国、德国、意大利、卢森堡、比利时、荷兰、英国、爱尔兰、丹麦、希腊、西班牙、葡萄牙、奥地利、瑞典、芬兰,计15国。2004年5月1日,欧盟正式接纳波兰、捷克、斯洛伐克、匈牙利、斯洛文尼亚、塞浦路斯、马耳他、爱沙尼亚、拉脱维亚、立陶宛共10个国家为成员国,发展到25个成员国。2007年1月1日起,罗马尼亚、保加利亚相继成为欧盟的成员国,欧盟成员增至27国,人口增至4.8亿,总部设在布鲁塞尔。欧洲的东半部则是另一个文明中心俄罗斯,继续保持着军事强国的地位。

非洲产生了两个文明中心。埃及摆脱了英国的保护,1953年6月正式成立埃及共和国。独立后的埃及重新恢复了它在阿拉伯国家中文明中心的地位。另一个是在黑非洲,南非联邦作为非洲经济最发达的国家,居民70%是黑人,白种人为荷兰和英国血统。它的崛起成为黑非洲文明中心,十分顺理成章。

亚洲的文明中心增加到五个。土耳其、中国、日本三个之外,还有1950年独立的印度,归入文明中心国家的行列。东南亚作为一个具有共同文化的经济实体,1967年成立东南亚联盟,有五个成员国,后来扩充到10国(马来西亚、新加坡、泰国、菲律宾、印度尼西亚、文莱、越南、老挝、柬埔寨、缅甸),现已发展成一个文明体系。

文明中心的诞生是人类利用土地和人力,开发和利用资源的结果,体现了人类社会的发展自始至终与自然环境相依为命的关系。人类在开发自然的过程中也壮大了自身,证明了人力资源才是最大的资源。作为数千年古国的中国,即使在最困难的时期也未被驱赶出世界民族之林,从一个方面看,不也是由于它拥有世界上最多的人口,和相当长的时期中那数一数二的包括土地在内的自然资源!

第三章

人类的新生：创建农艺世家

从植物猎手到园艺高手

　　农艺作物是经过遍布在全世界五大洲的农民辛勤劳动，和对植物生长规律长期探索之后，才出现的人间奇迹。在人类历史上先后有过好多个作物栽培的发源地。1935年俄国研究作物变异的植物生理学家瓦维洛夫，提出了他对农业起源有八大中心的理论，八个中心分别是东亚、印度、中亚、西南亚、地中海区域、东非、中美洲和南美安第斯山地。在这个观念体系中，中国无疑是东亚地区的主角，因为中国是个地域辽阔的植物王国，植物和栽培作物分布极广，从北纬53°的满洲里到北纬18°的海南岛南部边缘，加上直到北纬3°附近曾母暗沙的南海诸岛，几乎囊括了五带植物。这一中心的栽培植物有136种，占全世界666种主要粮食、蔬菜、瓜果等作物总数的20.4%。中国原产的作物有全世界五大粮食作物中的稻米，世界三大饮料中的茶，著名香料肉桂，四大切花中的月季、菊花，以及给人类带来巨大经济利益的大豆。中国的果木几乎囊括了全世界各地的品种，世界各国所有的果树近40科，而中国栽培的果树分属37科，300多种，品种不下万余个。中国又是许多栽培花卉和观赏树木的发源地。杜鹃、报春、龙胆这三种中国天然名花早已享誉世界。中国拥有珙桐、腊梅、结香、牡丹、黄牡丹、大花香水月季、栀子花、梅花、桂花、南天竹、鹅掌楸、金花茶等举世无双的珍贵花卉。难怪英国园艺学者E. H. 威尔逊要在《中国，园林的母亲》（1929）这部名著中，热情讴歌中国众多的花卉和果木，使许多国家的花园获益匪浅了。他写道：

> 中国确是园林的母亲，许多国家的花园正好得益于她出产的那些首屈一指的植物，从早春开花的连翘、玉兰，夏季的牡丹、蔷薇，秋天的菊花，无一不是中国献给园林的观赏花木；还有现代月季的亲本，温室的杜鹃、樱草，可口的桃子、橘子、柠檬、柚子等果木。总而言之，美国或欧洲的园林中，都有了中国的代表植物，而这些植物都是乔木、灌木、草本和藤本系列中的一流上品。就是说，欧美的花园、公园中不能没有中国产的观赏植物。或者说，若无中国产的观赏植物的栽培，也就不成其为优美的花园、公园了。

自然，中国在千百年中也从世界各地引种、培育、改良了许多优秀的农艺作物和观赏花木。今天在中国人最主要的粮食作物中，有大麦、小麦、玉米、蜀黍、马铃薯和红薯等从欧洲、非洲、美洲引进的作物；有重要的经济作物美洲棉（大陆棉）、蓝靛、芝麻、烟草、咖啡、橡胶树；美味的水果，如葡萄、石榴、西瓜、苹果、菠萝、香柚；可口的蔬菜，如菠菜、西红柿和黄瓜；美丽的香花茉莉、素馨、水仙、郁金香、夜来香、美人蕉、唐菖蒲、香石竹和君子兰。这就极大地丰富了中国人的饮食文化、日常生活和审美世界。

3 000年中植物的世界性交流，是园艺与农作栽培技术精益求精，不断提高与改进的成果，它在丰富人类生活的同时，改善了人们的健康与生态环境。它们的普遍存在是园艺学与作物学最好的记录。下面提供的100种园艺与大田作物的历史资料，将使人们从回顾以往人类走过的足迹中，看到更有希望的美好未来。

第一次生命对人类来说，是太过艰困了。那是个大自然的世界，或者说是个动物世界。要到人类发现并培植庄稼，才真正使自己获得了生存与拓展的空间，才有了第二次生命。但这是一个长达万年的，与第一次生命的获得同样十分艰辛的历程。

根据尼罗河谷地、西亚、东亚、下撒哈拉非洲、欧洲、南亚、东南亚、中美洲、南美安第斯山区的考古发现，人类将栽培植物列作一项生产活动，少说也有一万年历史了。促成这项活动的是最近一次冰川时代结束以后，逐渐趋于干燥的环境，使得那些从洞穴走出来或从树居走下地来的人类，在他们的聚居地过着冬天从事狩猎仍回洞穴居住，夏天则在野外建立临时的野营棚，在采集植物、渔猎之外，开始栽培植物，来补充向来仰赖自然所赐予的食物的不足。他们的栽培知识是从采集野生的蔬果、豆类、谷物获得，最早种植的可能是瓜果、蔬菜，然后才学会种植粮食作物小麦、稻谷、粟、黍和玉米。最早的栽培作物是在尼罗河谷地发现的，1982年在埃及南部阿斯旺附近瓦迪·库巴亚干涸的山涧中发现了6处旧石器时代晚期的堆积层，遗址堆积中有化石和砂丘层，是尼罗河泛滥平原常见的两种堆积层。在堆积层中与磨石、石器共存的小麦、裸麦碳化谷粒，经鉴定，确认是栽培种属。尼罗河谷地因此至少在公元前16300—前15000年间已有栽培农业，尽管在那里采集经济仍然居于主要地位，栽培植物还只是开了个头，但由此已透射出了农业生活的第一道曙光。

对照20世纪考古学的新发现，N.I.瓦维洛夫关于世界农业起源八个中心的结论已有重新修改的必要。人们将会看到农业的起源，也即人类正式有了使生命得以延伸的生产活动，是以公元前8000年到前5000年为最早的启动期，从那时起，遍布在五大洲的农业，按照发生与发达的先后，加以有序的排列，最早的八个中心将是：埃及尼罗河谷地，小亚细亚、高加索和巴尔干地区，两河流域（美索不达米亚），东非高原（埃塞俄比亚高原和努比亚），长江中下游地区的稻作文化，黄河中下游的旱地文化（粟、黍），印度北部地区（五河流域），以及中美洲的玉米文化。中国这一个地跨五带的国家，在八个中心中就同时拥有两个中心。

在这张农艺作物起源的时序表中，涉及的粮食作物有小麦、大麦、水稻、粟、黍和玉米，这样几种人类最主要的粮食作物。在农艺作物的起源中，只有找到了这些粮食作物，才算真正开始了植物的栽培，帮助人类跨进了农艺的大门。和农业的开始相适应的是，人类从此找到了定居生活的门扉。在世界各地，有一些地方是先有农业，后豢养家畜，有些地方是先驯养家畜（譬如食草又易于驯服的羊），随后才种植粮食。但要养猪，一定要有饲料才行，所以六畜之中，猪是继羊、狗、鸡之后才出现的家畜，猪和牛、马都只能排在最后一轮。

小麦是世界粮食作物中分布最广、栽培面积最大的禾本科作物，尼罗河以外的地区中，约旦河谷长达几千年的耶利哥遗址中的两粒小麦（Triticum dicoccum）、两行大麦（Hordeum dicoccum），也有9 000多年历史了。中国境内出土的小麦，不过5 000年，新疆孔雀河古墓沟发现的墓葬中，伴同古尸出土的小麦粒是3 800年前的遗存，比甘肃民乐县东灰山遗址出土的小麦要早近千年。中国的北部地区是粟的老家，河北武安磁山遗址在1978年出土的粟，已有8 000年历史。中国长江流域是稻作文化的发祥地，稻是中国南方地区主要作物，产量居世界第一，历久不变，在秦岭、淮河一线以南栽培稻至少已有8 000年之久，湖南道县玉蟾岩遗址出土稻谷早到18 000—22 000年前，其中或有野生稻；湖南澧县彭头山出土的是杂有野生稻的栽培稻，距今8 200—7 800年，是完全可以确定的。苏州东郊昆山绰墩遗址，2003年发现了13块距今6 000年前的水稻田，最大的一块有10多个平方米，有可能成为最早的稻田剖面样板。中国的野生稻，偏粳的远比南亚的多，长江中下游遗址已超过100处，其中包括浙江余姚河姆渡在内的5个最有名的遗址，都是籼稻、粳稻共存。现在已知的5个最古老的粳稻栽培遗址，有浙江的河姆渡、罗家角，江苏的仙蠡墩、草鞋山和绰墩，都已有6 000—7 000年历史，认为长江流域是粳稻的起源地和主要分布中心，应该是切合实际的。

现在种植面积仅次于小麦、水稻，产量几乎可比小麦的玉米，是原产热带美洲的禾本科粮食作物，性喜高温，适宜疏松的土壤。在美洲许多古遗址中都有保存。经碳14测定，玉米穗轴的年代已有5 000—7 000年之久。在公元1500年前后，印第安人培育的200多个玉米品种，使玉米果穗增大了四五倍，籽粒颜色有红、白、黄、蓝、紫多种。16世纪起，玉米走出美洲，传遍了世界，跻身世界主要粮食作物之林。

美洲在玉米之外，还是马铃薯的故乡。东北非洲则将那里原产的蜀黍（又称高粱，Sorghum vulgaris）推向世界，成为世界四大谷类作物之一。非洲和东南亚又都是重要的辅助粮食薯蓣属植物的主要产地。所以五大洲对于粮食作物也是各有贡献。同样，五大洲也对重要的经济作物，如香料（丁香、豆蔻、胡椒、肉桂、芦荟）、甘蔗、咖啡、茶、可可、烟草、棉花、橡胶树，以及瓜果、蔬菜、豆类、花卉、树木和药用植物的生产和繁衍，各有不同的建树。有了全世界人类的共同努力，才将一个具有原始生态的植物世界改造成了更加千姿百态和繁荣昌盛的农艺世界。

千里稻禾的源头

稻（Oryza sativa），是禾本科一年生草本。小穗有芒或无芒，稃上通常有毛，颖果。原产地分布在西起印度东北阿萨姆、中国云南，东至长江中下游一线，中国南部长江中下游地区是最早和最重要的原生中心。稻是中国南方地区主要作物，产量居世界第一。此外，朝鲜半岛、日本群岛和东南亚、南印度都是重要的稻作区。今天全世界有20亿人口以稻米为他们的主要口粮。稻作适合于气候温暖湿润、沼泽河流众多的地区，中国秦岭、淮河以南的广大地区栽培稻至少有9 000年以上的历史。稻的类型和品种很多，按形态特征、生理特性和品种亲缘关系的差异,分籼稻、粳稻;按对光照长短和生育期,分早稻、中稻和晚稻;按对土壤水分的适应性,分水稻、深水稻、陆稻(旱稻);按米粒内淀粉的性质,分黏稻和糯稻。米粒是中国南方居民的主要粮食,并可制米酒和淀粉;秆和米糠可作饲料或工业原料。全球经鉴定确认的野生稻有22种,中国有4种,分布在八个省(台湾的野生稻在1977年消失),其中云南有3个种,7个类群。云南是稻作文化的一个重要的变异中心。云南籼稻,分白壳、麻壳两大类,白壳有大白谷型、二白谷型、软米型、老鼠牙型;麻壳有麻渣谷型、花谷型、大粒型。云南粳稻分有稃毛和无稃毛两大类,有稃毛有黑谷型、麻早谷型、背子谷型、毫公型;无稃毛有一般光壳型、大粒型、镰刀谷型、橄榄谷型。云南和阿萨姆都处在亚热带高原,稻作有籼、粳两种,在现代种植中呈现出按海拔高度垂直分布,在海拔1 750米以下是籼稻地带,海拔1 750—2 000米是籼稻、粳稻交错地带,海拔2 000米以上是粳稻地带。同时存在籼稻、粳稻未分化品种和野生稻。Oryza sativa的野生种,现已确定为Oriza rufipogon,但有一年生,多年生,还有多年生与一年生的中间型。南亚存在的一年生普通野生稻,被命名为专门的种(Oryza nivara Sharma et Shastry, 1965);中国存在的是多年生普通野生稻,它的历史就更长了。

由于长江中下游不断发现新石器时代早期的稻作遗存,将稻作的历史前推到万年以上,长江下游又是东亚稻作文化最重要的传播中心,从考古发现的事实立论,农学界逐渐倾向于将长江下游作为栽培稻的起源地区,改以"阿萨姆、云南"作为稻作遗传变异的聚集地区。中国的野生稻,偏粳的远比南亚的多,将东亚(中国和东南亚)视作粳稻的主要起源地和分布中心是有一定依据的。中国境内史前稻作的分布主要在淮河以南,集中在长江中下游。到1998年为止,出土遗址共137处,其中长江下游44处,占32.1%;长江中游57处,占41.6%;长江上游10处,占7.2%;淮河流域9处,占6.6%;黄河流域6处,占4.4%;渤海湾2处,占1.5%,东南沿海9处,占6.6%。长江中下游合计有101处,占73.7%以上,有充分的考古学证据支持这里是稻作栽培的最早中心。重要遗址有浙江余姚河姆渡、桐乡罗家角、吴兴钱山漾、江苏苏州草鞋山、湖南澧县八十垱,均为籼稻、粳稻共存;距今7 000年的河姆渡更杂有野生稻,显示出栽培稻初期野生与农作并存现象。长江中游澧县彭头山出土栽培稻并杂有野生稻,距今8 200—7 800年。长江下游最早的水稻田是马家浜时期遗存,多数分布在太湖流域。2003年在昆山发掘的绰墩遗址,和河姆渡、罗家角、仙蠡墩、草鞋山一起,是现在已知的5个最古老的粳稻栽培遗址,其中3个遗址是籼粳混合遗存。

中国稻作的分布地区在很长时期中,向北都以渭水、河套以东的黄河一线为界。到了汉代,甚至在北京的狐奴、山东金乡的山阳郡开辟过数千顷稻田。7世纪后随着南方的进一步开发,围水造田、开山辟田成为拓展农田、提高稻作产量的重要措施。实行稻麦轮作复种的一年两熟制在云南和沿江地区普遍展开,改变了过去南方单一种稻的局面。种植小麦,使南方的旱地得到充分利用,粮食生产趋于多样化。到两宋时代,有更大的发展。长江下游普遍推行稻作深耕密植,除草、施肥,加强田间管理,保证了"有秋之利"。土地的充分利用,表现在圩田、涂田、架田、梯田等土地利用方法被推广使用。梯田在四川、广东、江西、浙江、福建等山区普遍用作促进南方山区的农业生产,有水源自流灌溉的地方更可以种植水稻,"虽不得雨,岁亦倍收",大大提高了水稻的亩产量。双季稻自汉代出现在气温较高的岭南地区,到宋代,已向北推进到福建、贵州。原产占城(越南中南部)具有耐旱、结实早等特点的占城稻,在10世纪先在广东、福建引种,1011年前后,由政府出面,从福建推广到江淮和浙东、浙西,在长江流域普遍种植。占城稻又育成了"早占城"(生长期60日)、中熟品种"红占城"和晚熟品种"寒占城",丰富了南方水稻品种,使多熟种植得到了进一步发展。明清时期稻作面积面临与经济作物、园艺作物争地的局面,进一步提高了以深耕八九寸为度和看苗施肥等农业技术。

20世纪在人口压力和传统农业的改造浪潮中,良种推广被提到了前所未有的高度。1935年在南京的中央农业实验所下设立了全国稻麦改进所,作为指导稻麦生产的最高技术机构,水稻专家丁颖用印度野生稻和广东栽培稻杂交,在1936年获得了世界上第一株"千粒穗"的稻禾,轰动了东亚和南亚的稻作科学界。1973年湖南的袁隆平在世界上首次育成强优势三系杂交水稻,被誉为"世界杂交水稻之父"。经他育成的良种推广后,使中国水稻的亩产从1950年的140公斤,提高到1998年的450公斤。他从事超级杂交稻的培育,以亩产900公斤以上为目标,将向第三世界国家推广。

主宰人类食物结构的小麦

小麦(Triticum spp.),禾本科一两年生草本。世界粮食作物中分布最广、栽培面积最大的便是小麦。麦与粟、黍相比是后起之秀。六七千年前中国农业初始阶段,是北粟南稻,原因在麦子粒食,口感不如小米,因此最初播种极少。中国远古时代的五谷有黍、稷(粟)、麦、菽、麻,加上稻算是六谷。大麦、小麦的种植远较本土原生的粟、黍要晚。大麦、小麦的原产地是地中海东部的近东地区。大约在冰河期结束后的1万年前,近东地区逐渐干燥化,小麦和大麦被采集来加以驯化,约旦河谷长达几千年的耶利哥遗址中,就有早到9 000多年前的两行大麦和两粒小麦了。公元前3500年以后，苏美尔人在巴比伦创建了最早的一批城市，开始用大麦和双粒小麦的面粉烘烤出松软的面包、酿造啤酒，将椰枣加工成果汁。在同样早的时间里，埃及人也有了用小麦烤成的面包。1988年美国的考古队在卢克索和阿斯旺之间发现了一处早期的面包坊和酿酒坊，在那里，面包和啤酒都是用小麦酿造而成。啤酒曾是埃及的国酒，原料是小麦、大麦或椰枣，先做成半生半熟的面团，渗入甜枣汁后拌匀过滤，开始发酵后，将制成的酒倒入罐中密封。这种啤酒的口味当然与今天的啤酒完全不同。

在埃及神话中，是伊西斯女神教会了人们种植谷物，用它们烤面包，公元前40世纪，那时的人已懂得发酵，制作松软的面包，可以不再吃发黏的死面饼了。在古王国时期，就有了16种名称不同的面包，有的面包中间有一个凹穴，用来放蔬菜或鸡蛋，有点像今天的比萨饼。古王国和中王国时期，面包还是工人得到的实物工资，古王国时期，规定的最低生活水准是每天5个圆面包和两罐啤酒，实际上人们用这个作为交易的计算单位，5个面包可以换1条鱼，或者1条束腰带。埃及在公元前3000年左右国家形成以后，农业产品显得重要起来，粮食多了，尼罗河和法尤姆绿洲的鱼类取代了传统的肉食。据希罗多德报道，在上埃及阿斯旺一带，人们常常吃鳄鱼。牛、绵羊、山羊被成批喂养后杀吃。古埃及人喜欢将肉烤来吃。公元前二千纪以后，上层人士就很少吃猪肉了，猪是普通人家的食物，这种饮食结构后来传给了中东、印度，甚至传到了欧洲。

欧洲最初栽培的植物性食物是两种原始的斯佩尔特小麦（单粒小麦和双粒小麦），这是公元前7000年以后逐渐定居下来的希腊人开始的原始农业，之后又种植了收成更加稳定的大麦。公元前5000年以后，生活在中欧的制作带纹陶器的居民，得益于摩尔达维亚地区的农业，主要靠种植两种原始的斯佩尔特小麦获得谷物，经过加工，可以适合贮藏，然后磨成粗粒和面粉，在设在地面下的圆顶炉里烘成面包。公元前4000年以后，大麦和矮秆小麦的收成渐趋稳定，成为重要口粮。进入青铜时代，欧洲的东部和中部受大西洋暖湿空气的影响，早期的小麦品种逐渐被大麦和小米替代，欧洲人也开始以小米为口粮了。

在美索不达米亚，一份公元前1700年苏美尔人的楔形文字文书，记下了美索不达米亚市场上供应的农副产品，有小麦、大麦、双粒小麦和小米等谷物；豆类有菜豆、扁豆和豌豆，可以补充由于肉类供应减少引起的蛋白质不足；蔬菜有洋葱、大蒜、葱、芥末、萝卜、胡萝卜、松露和蘑菇；调料有盐、醋、香芹、芫荽、刺柏果、薄荷；水果有苹果、梨、无花果、阿月浑子、椰枣、石榴和葡萄；市场上出售的肉类食物有牛、猪、鹿、狍子、羚羊、鸽子、山鹑、鸭子、海鸟，多达50种的鱼，甲壳类动物（乌龟、贝类）、蚂蚱，油脂类食品有牛奶、黄油和多达18种的奶酪，各种动物油、植物油,以及甜食的主要来源蜂蜜,啤酒、葡萄酒更是大众化的饮料,至于面包,名目之多,竟达到了300种。埃及人将主餐放到晚上,但一日三餐都少不了面包、蛋糕和啤酒。

　　希腊人开始定居农业,主要在公元前1500年以后,他们用双粒小麦烤面包,将大麦煮粥或撒在羹汤中作配料。公元前800年以后,随着移民的增加,人口有了明显的增长。在公元前5世纪,希腊人形成了自己的饮食文化,但动物性食物在古希腊已经属于紧俏产品,在沿海地区生活的人主要靠吃鱼,在内陆地区主要靠吃肉,而可食用的动物主要来源是家畜,有猪、绵羊、山羊和鸡。公元前3世纪希腊医生尼贡德在他残留下来的著作中,曾记述了希腊人烹饪的一道菜,他们将羊羔或鸡煮熟后,放入用香油和捣碎的麦子搅拌的调料里,用盖子蒙紧后,趁热和面包一起进食。这说明希腊人和过去的埃及人不同,他们爱将肉类煮熟了吃,并且喜欢事先将调料放在油里浸,烧菜时还离不了用上麦粉。那时使用的小麦一定是很多的了。但是古希腊的农业生产还远远不能适应社会的实际需求,只有在收成好的年头,成年男子才能吃饱饭,一般妇女、儿童和老人,即使在丰年也不能得到足够的食物。希腊人消费的粮食,相当一部分要通过海上从黑海和地中海东部地区运来。

公元200年前后伊格尔石柱上雕刻的一次家庭宴饮

　　罗马帝国时期,城市逐步扩张,城市所需粮食是海上运输的一项重要项目,意大利半岛的城市多半要靠从埃及运去的谷物,才能维持正常的生活。光是那座拥有100万人口的首都罗马城,每年就要吃掉40万吨的粮食,粮食的供需关系变得十分紧张,在地中海地区粮食生产的商品化程度有了很大的发展。

　　中国境内栽培大麦、小麦,大约有5 000年历史,有1987年民乐县荒漠沙滩的东灰山遗址出土物可以证实。新疆孔雀河古墓沟发现距今3 800年的墓葬中,

古罗马时代日耳曼地区贵族的饮食与
意大利半岛相近，公元1世纪时首席主教
基碑上刻有在沙发上进食的图像

出土古尸的陪葬物中有小麦粒。最迟在商代，大麦、小麦已从中国西部传到华北地区，小麦称"麦"、称"来"，大麦称"牟"。小麦分二种，一种秋播，来年收获，叫"宿麦"（冬小麦）；一种春播，秋天收获，叫"旋麦"。宿麦可以越冬，不与粟、黍等北方大秋作物争地，收获季节可补上夏初青黄不接的空荒，种植较广。战国时期，河南已推广种麦（《礼记·月令》）。但先秦时代小麦产量不大，北方主要种植耐干旱的小米（粟、黍、稷），南方长江流域以稻作为主。东汉时代小麦在北方粮食作物中的地位，才逐渐与粟并立。在长江流域，自唐代开始，特别是南宋时代，普遍推行稻麦轮作复种，实行夏稻冬麦，使原先一些一年一熟的地区变成一年两熟，改变了原先南方单一种稻的局面，南方的旱地得到充分开发。12世纪以来有些地区实行两年三作制，用麦—豆（或粟）—黍（或高粱）倒茬，实现两年三熟，小麦复种指数显著提高。据《天工开物》在16世纪末的估算，小麦在北方居民口粮中已与黍、稷、稻、粱平分秋色，占了一半。在江淮以南地区，则小麦仅占二十分之一。进入19世纪后，粮食商品化的结果是，小麦的主要产区集中在山东、河北、东北、河南、四川等地。沿海各省普遍推行稻麦倒茬，扩大了小麦播种面积，提高了亩产。1897年面临农业改革的中国，开始在安徽寿县引种美国小麦。当时孙荔轩通过他的美国朋友弄来麦种，更将中华良种小麦与美麦人工交合，选取良种。1906年北京的农工商部农事试验场、沈阳的奉天农业试验场，都将改良小麦列入试验项目。南京金陵大学农科的美国人裴义礼引进美国小麦，培育自交系新种，育成"金陵大学26号"新种，1924年开始在国内示范推广。在10多年中，金陵大学育成小麦品种10多个，最好的是沈宗瀚培育的"金陵大学2905号"，1935年育成后推广。二战后，北京大学农学院引进美国堪萨斯州的早洋麦，取名"农大1号"。1949年东北引种美国小麦Minn 2761，改名"松花江2号"，落户中国。这些新种扩大了小麦播种区，使小麦增产幅度有很大提高。小麦现在是长江以北地区的主要粮食作物。

落户欧美的大豆

　　大豆(Glycine max),现在用来统称黄豆、青豆、黑豆,是原产中国的豆科一年生草本。种子椭圆形或近球形,有黄、青、褐、黑、双色等。北方栽培极多,东北出产的尤其著名。种子富含蛋白质、脂肪,供食用、榨油。大豆在二三千年前是北方主要的粮食作物"菽",在五谷中仅次于黍、稷、麦,位居第四。豆油供食用、点灯及油漆,在现代工业上仍是油漆、甘油的制造原料,蛋白质可制塑料、药品。茎、叶、荚壳是家畜的饲料。

　　中国栽培大豆有5 000年历史。大豆最早叫荏菽。《诗·大雅·生民》追叙后稷当尧的农师,已栽种荏菽。《夏小正》中有种菽的农事。是早期各种粮食作物中唯一的油料来源。历来对"五谷"的概念虽有不同,但豆、麦始终列入其中,不可或缺,《吕氏春秋·审时》记述6种主要粮食作物中亦有大豆。"菽麦不辨"早在西周时代已被认为是欠缺常识的标志。《诗经》中的豆类有荏菽、菽,都指大豆。3 000年前周成王建都洛邑,东北的山戎派人献戎菽(《逸周书·王会》),戎菽,郑玄说是"巨豆"。当时东北出产的大豆因形体巨大显得很突出。春秋战国时代"菽粟"更上升到和黍稷并列,成为北方的主粮。《墨子·尚贤》认为套种菽粟,可以使"民足乎食"。大豆耐旱,可以保岁备荒,可以作"豆饭",豆叶可做"藿羹",根瘤沤肥,可与禾谷类作物轮作。所以受到当局的重视。南北朝时期,江南的旱地也多种麦、菽。到16世纪,五谷中的麻、菽二者已退出粮食作物,"功用已全入蔬饵膏馔之中"(《天工开物》)。这时大豆的种植,由北而南,已经遍及海内。在17世纪,广东的农作物中最卖不起价的要数菽粟了,"贱如菽粟"(《广东新语》卷25),已成了岭南的俗谚。

　　大豆在战国时代东传朝鲜,公元1世纪,日本从朝鲜和山东引入大豆。7世纪后,大豆由广东传入越南和泰国。菲律宾和爪哇都是在康熙年间从中国引种大豆。马来西亚迟到1746年也栽种大豆。欧洲人得知大豆是在1712年。直到1739年,传教士将大豆种苗引种法国,大豆才初次在欧洲落户。1790年英国丘园也引种了大豆。1840年大豆在意大利找到了新的生长地。1873年奥地利维也纳举办万国博览会时,展出大豆的13个品种,从此大豆名声大振,成为一种新的极富营养的农作物出现在世界各地。大豆的原名"菽",由此成为各国的外来语融入本国,英国称soya、美国称soy,法文、意大利文称soia,拉丁文称coja,德文称sojabohn。

朝鲜、印度以"豆子"、"黄豆"或"豆"来称呼。美国农业部为改良大豆品种花费了不少工夫,将印度、日本、中国东北所产黄豆加以千次以上的育种试验,到1907年选出良种600种,使美国大豆品种从1903年的8种,增加到1908年的50种。一些品种至今在美国仍是栽培的最佳品系,部分良种返销中国,使大豆的品种得到改善,产量有了提高。现在中国的大豆产量仅次于美国。

别称印度大麦的蜀黍

蜀黍（Sorghum vulgaris）,是世界四大谷类作物之一,又称高粱、蜀秫、芦穄,也是东北非向世界各地传播的一种禾本科粮食作物。东北非是野生蜀黍属（Andropogonae, Arundinacea Eusorghums）的衍生中心。按照贾伯尔在1950年的分类,Subgenus Eusorghum 由南非传入印度和东南亚,Para-sorghum 由东非和南非经印度、东南亚越洋,来到澳大利亚和墨西哥。另据 J. D. 史诺登 1955年的分类,现在 Eusorghum 的31个栽培种有28个见于非洲,其中东北非有20个,西非11个,南非12个,西非栽培的品种大多从东北非传去。东北非20个品种中有11个是西非没有的,西非11个品种,却只有4个是东北非所未见的。公元前3000年苏丹和埃塞俄比亚开始在旱季到尼罗河东支各河的河床中栽种蜀黍,这种栽培技术先由班图语民族传给库施人。在公元10世纪,东非沿海的桑给人栽种的蜀黍叫杜拉（Dhura）。现在埃及栽种许多蜀黍,仍然使用杜拉这个名称。印度在公元前1000年左右开始种蜀黍,是由近东的移民传人,使用的名字Jowar从近东的Jo或Yuva借来,原意是"大麦"。不久,传到伊朗,波斯语称作"印度大麦"（juar-i-hindi）。从中东蜀黍再传到北非和欧洲。埃及人在拜占庭时期以前不种蜀黍。蜀黍在公元1世纪普林尼生活时期才传到意大利。

从考古发现的蜀黍实物鉴定,可以知道中国黄河流域居民栽种蜀黍比印度要早。在仰韶遗址中发现的实物,到1937年由一名日本古植物学家认作 Andropoagan Sorghum var. Vulgaris, or Common Sorghum。后来甘肃民乐县东灰山遗址也发现了高粱、小麦、大麦、粟、稷等谷物（此"稷"可能是黍的一个变种,黏性不如黍——引者）,C_{14}测定的年代是5 000±159年。以上两项发现,证明公元前3000年黄河中、上游的居民已栽种蜀黍了。以后在江苏北部的西周遗址,河北、辽宁的战国时期遗址中,都发现过蜀黍。考古发现指明,中国最初在黄河和淮河流域栽种蜀黍,当时可能叫粱,粱是粟、黍中优质品种的称谓。《齐民要术》中的粮食作物,在麦（大麦、小麦、瞿麦）、稻（水稻、旱稻）、豆之外,有谷、黍、穄、粱、秫。穄是黍中不黏的一种，等于糜子，(《后汉书·乌桓传》)《吕氏春秋·本味》有"饭之美者，阳山之穄"。秫是稷之黏者；剩下的就是粱了，粱在《诗经》中就有了。张华《博物志》称"地种蜀黍，年久多蛇"，是文献上较早对蜀黍的记载。蜀黍是个后起的名称。此后蜀黍在东北和西南都有栽培。3世纪末的《抱朴子》将蜀黍称作"四川之稷"，是四川种蜀黍的早期文献记录，将蜀黍当作黍的一个变种。《齐民要术》列举的粮食作物有穄、秫（黏高粱），并将蜀黍列入西南地区的外来食物。

蜀黍的普遍种植，根据徐光启《农政全书》卷二十五，已是元代以后的事了。从此蜀黍才逐渐成为华北和东北地区居民的一种主粮，供应市场。值得一提的是，近人对稷的解释不同，李时珍以为稷是黍的一个变种，不黏或黏性不如黍。孙炎《尔雅注》以为稷是粟的别称。清代学者程瑶田《九谷考》、王念孙《广雅疏证》以稷是清人所称的高粱。由蜀黍出土实物鉴定之早，或可推测古代蜀黍实是稷的一种黏性变种，因而汉代就有了秫酒。后来蜀黍又传入伊朗，古代伊朗不种蜀黍，中世纪以后才有susu，此名借自中文蜀黍。

救荒食物红薯

中国古代栽种的薯蓣属植物是甘薯（Dioscorea esculenta），俗称山薯、红山药，汉代以后在中国南方交、广两地已有栽培。薯蓣自古以来是西非最重要的食物，主要品种有白薯、黄薯等六种，刚果是西非最早种植薯蓣的地方。《南方草木状》记述甘藷（薯）最早，"皮紫而肉白，蒸鬻食之，味如薯蓣，蒸啖，切如米粒，以充粮糒，是名藷粮"。从3世纪起已是海南岛居民的优质口粮，后来在岭南推广，11世纪时成为广东的主粮。明代《农政全书》已开始分辨薯蓣（Dioscorea batatas）和山薯，与元明之际由吕宋传入的番薯（Ipomoea batatas）也都不同。

番薯又名朱薯，俗称红薯、地瓜，旋花科蔓性草本植物，是明代传入的美洲粮食作物。据陈世元《金薯传习录》一书记载，番薯是福建长乐人陈振龙在万历二十一年（1593）从吕宋引种后在福建沿海繁衍的。何乔远《闽书》卷一百五十称，"番薯，万历中闽人得之外国"。又说，"闽人多贾吕宋岛焉。其国有朱薯，被野连山而是"。虽然朱薯在吕宋到处都有，"然吝而不与中国人。中国人截取其蔓咫许，挟小盒中以来"。据周亮工《闽小记》，番薯传到福建，最初在漳州引种，以后推广到泉州、莆田、长乐、福清。龚显曾《亦园脞牍》卷六引苏琰《朱薯疏》

称，万历十二、十三年（1584—1585年）泉州洋舶将薯种带回晋江五都试植，是福建从吕宋引种朱薯最早的了。另据《东莞凤岗陈氏族谱》，东莞人陈益1582年从越南把薯种带回东莞，在泉州引种红薯之前。

由于番薯不占耕地，瘠土砂砾地都可筑垅栽种，不怕海风吹刮，产量又高，根茎含大量淀粉和营养质，切片晒干容易储藏，是一种极具经济价值的救荒渡灾作物。陈振龙有见于此，在吕宋就向当地农民学习种植技术，得获"传授法则"，将薯苗在福州南台自家后门纱帽池锄地试种。同时，指示他的儿子陈经纶向福建巡抚金学曾力陈番薯有"六益、八利，功同五谷"，建议在全省推广。翌年大旱，金学曾关照各地普遍栽种番薯，渡过灾荒，于是福建各地都栽上了番薯，番薯也因此有了"金薯"之名。番薯的品种于是愈加增多。乾隆年《马巷厅志》第12卷称，番薯"俗呼地瓜，有来自文莱国中，种名文莱，形圆皮白肉黄而松，最美；有土薯，形似茄，皮紫、白二色，白者为佳；有芋薯似文莱而皮红；鹦哥番似文莱而肉不松"。产量最高的是寸金薯，"种之经年，一颗可得十数斤，尤宜于山麓墙阴，浯州所产独多"。此后番薯的栽种地域由闽、浙而推及山东、河南、河北，在18世纪中叶，番薯在华北平原获得很大的推广。与早先的白薯、黄薯不同，农民普遍以红薯相称。饮水思源，人们在福州乌石山建立了一座先薯祠，用来纪念推广番薯功绩卓著的陈振龙。由于番薯的大量栽培，人们已难辨甘薯与番薯之别，因此甘薯成了番薯的别名，番薯也就彻底地华化了。

玉米的传播

玉米（Zea mays），原产热带美洲的禾本科一年生草本。有强大的根系，秆粗壮，性喜高温，需水较多，适宜于疏松的土壤。玉米的种植面积仅次于小麦和水稻，产量仅逊于小麦。别名很多，最常用的是玉蜀黍、包谷，还有包芦、包米、珍珠米等称呼，最早的称呼是番麦、西天麦。玉米在美洲的许多古遗址中，都被保存了下来。玉米穗轴的年代，经 C_{14} 测定，分别已有 5 000 至 7 000 年之久了。野生玉米植株细小，到公元1500年前后，印第安人培育的200多个玉米品种，使玉米果穗增大了四五倍，籽粒的颜色在红、白、黄之外，还有蓝色和紫色。哥伦布在美洲见到玉米后，在报告中称赞这种名叫马希兹的食物，"甘甜可口"。此后，玉米开始在欧洲繁殖，到了西班牙之后，一路由法国传到英国，再经威尼斯进入德国，17世纪末传入俄国。意大利北部，虽然早到16世纪晚期已种植玉米，并且给那里的农家带来了新的转机，但一直要到19世纪早期才成为向人们提供热量的重要食物，那时意大利南部已经普遍以面条为主食了。到16世纪，非洲和土耳其、伊朗都开始栽种玉米，随后中国和东南亚各国也都知道玉米这种高产粮食作物具有很强的适应性，对土壤要求不高，用途又广，可以酿酒、磨粉作饲料，秆则用作燃料。

玉米在16世纪初或由陆路传到甘肃，或从西亚经海路取道缅甸传入云南大理和湖北襄城。《襄城县志》（1551）、河南《巩县志》（1551）、云南《大理府志》（1563）中的玉麦，是玉米最早的称呼；在北方则称番麦，或西天麦。其种籽或许是到麦加朝圣的穆斯林带回中国的。嘉靖三十九年（1560）甘肃《平凉府志》最早对番麦做了植物形态的描述："番麦，一曰西天麦，苗叶如蜀秫而肥短，末有穗如稻而非实。实如塔，如桐子大，生节间，花垂红绒在塔末，长五六寸，三月种，八月收。"云南栽种玉麦可能早到15世纪，因为云南在13世纪已和麦加之间建立交通关系，据兰茂（1397—1476年）《滇南本草》卷二，玉麦须入药，可以"宽肠下气"，玉麦须即玉米雌蕊花丝。李时珍《本草纲目》有这样的话："玉蜀黍种出西土，种者亦罕。"西土即西亚，或地中海地区，来自伊斯兰国家。那个地区的国家在15世纪初就和明朝有了邦交，极有可能是阿拉伯人在西班牙人之前已和美洲有了某种联系；还有一种可能是那些往来于孟加拉湾和东非海岸的郑和麾下的宝船，确有冲过好望角甚至到达美洲的，于是玉米也传入了中国南部地区。最初起名玉麦，看来是湖北人又将玉麦叫作玉蜀黍的，因它的形态类似蜀黍和麦，于是在南方有玉蜀黍或玉麦之称。如果是这样，那么就有可能给哥伦布到达美洲以前确已有比他更早去过美洲的阿拉伯人或中国人这么一个重大历史问题，提供了有力的证据。

玉米的高产、耐饥、栽培和采收的省工，适合丘陵地带栽培。到19世纪初，四川、陕西、湖北、湖南的山田都种上了玉米，作为"山农之粮"，米、麦则被用来酿酒磨粉。20世纪以来，开始从国外引进玉米良种，采用新法选育玉米杂交良种，到1937年玉米年产量达到6 500万吨，大部分供作民食。到40年代初，玉米已成西南地区的重要作物，在北方的山西、陕西、河北，玉米在粮食作物中也愈来愈重要。1930年美国玉米良种"金皇后"等马齿品种引进山西以后，使玉米增产幅度达到50%—160%。以后不断引进美国杂交玉米，扩大了玉米的种植面积。在中国南方，玉米有春播、夏播和秋播，经与小麦、薯类、豆类、棉花套种，播种面积迅速扩大。1946年玉米在华北农家食用粮食中已占到66%，在东北地区更高达88%。20世纪70年代后期，异地培育的项目从早先的北种南繁发展到南种北育。"中单2号"从1977年起，在20多个省区推广，20年中，一直居全国玉米品种的首位和第二位。育成的新种种植面积达6 500多万亩，使中国成为仅次于美国的玉米大国。

马铃薯的环球旅行

马铃薯（Solanum tuberosum），茄科茄属多年生草本。地下块茎有卵形、圆形、桶形、梨形和柱形，可作一年生或一年两季栽培。皮色可分黄、白、红、紫诸色；植株形态有直立、半直立和匍匐状；品种有早熟、中熟和晚熟种；多用块茎繁殖。原生南美洲秘鲁安第斯山区和智利沿海，现在是世界上主要粮食作物之一。

马铃薯是种适应性强、耐寒、产量高、用途广的高产作物，富含淀粉、蛋白质和维生素，可做粮食、蔬菜、制造酒精和淀粉的原料。根据秘鲁古墓器物图案，可以推测印第安人栽培马铃薯至少有4 000年以上的历史。在秘鲁的村落中，马铃薯叫巴巴，西班牙语因此也叫巴巴，在1525年将它带到西班牙引种，最初只是生食马铃薯的块茎。1565年西班牙国王菲利普二世将巴巴献给罗马教皇。但直到法王路易十六时代，法国王室赞赏的仍只是马铃薯娇艳的花朵。法国农学家巴曼奇是最早使欧洲人认识马铃薯食用价值的一人，他为路易十六烹调了20多种可口的马铃薯菜肴，并在巴黎郊区开辟示范田向农民推广。17世纪初期马铃薯直接从智利传入英国和爱尔兰，德国西南部的莱茵兰—普法尔茨州的茨维布吕肯公国也是在17世纪开始种植土豆，随后在洪斯吕克山、洛林和萨克森地区加以推广，土豆菜成了日常菜单。1771—1772年和19世纪早期发生在中欧的饥荒，最终促使这一地区的土豆作为救荒食物和牲畜的饲料得到普遍的种植。由于马铃薯不易贮藏，又不便运输，而运用蒸馏技术将它酿成烧酒，可以使得原本只有贵族和中产阶级才能享受的烧酒的价格大为下降，手工业者也成了烧酒的消费者。于是在18世纪晚期欧洲现代饮食体系产生时，土豆和咖啡、烧酒一起，被看成最有影响的创新，成为文化上的指导规范。

中国人可能是美洲以外世界上最早知道有马铃薯这种食物的国家。据《梁书》，公元499年，有一名中国僧侣慧深从美洲的扶桑国漂洋归国，回到荆州，他向当局报告，一路上经过哪些国家，扶桑国的人养鹿，就像中国畜牛，"以乳为酪"；又说那里"多蒲桃。其地无铁有铜，不贵金银"。这地方很像是太平洋西岸墨西哥的印第安人居住地。那里的人直到西班牙人登上美洲的土地，从不知道用铁；至于"蒲桃"这种植物，原来指"葡萄"，但也可能是当地一种土语发音的译词，马铃薯的西班牙语patata，也是从印第安语中借来，当初慧深也就借用了早先就有的"蒲桃"的译名来称呼马铃薯。但是慧深并没有将马铃薯移植到中国。

中国在17世纪首先在台湾种上了马铃薯。1650年荷兰人亨利·斯特儒（H. Struys）在台湾见到这种作物，称作"荷兰豆"，是从荷兰引种。1700年福建《松溪县志》记述马铃薯"色黑而圆，味苦甘"，这时的马铃薯还不怎么可口。18世纪的《台湾府志》中也有荷兰豆。《植物名实图考》另有一个名称"阳芋"，这"阳"（yam）大约从英文或法文译出，意思是薯芋。

马铃薯的环球旅行是在18世纪，非洲、欧洲、印度和亚洲许多地区都开始大面积种植。七年战争期间，普鲁士屡次遭到法国、俄国和奥匈帝国的入侵，地表上的农作物被摧毁，普鲁士人却靠生长在地下的马铃薯度过了灾难。马铃薯在欧洲弥补了谷物收成不足造成的粮食短缺。一亩马铃薯足可维持一家人的生计，这使欧洲人最后摆脱了中世纪短缺经济下的粥食习惯。荷兰人将马铃薯传到俄国、日本和中国。俄国人早先用"荷兰薯"称呼马铃薯。马铃薯养活了更多的人。在俄国和东欧，马铃薯代替面包成为贫苦百姓的主要食物，挽救了不断因瘟疫和饥荒导致的人口下降。

马铃薯传到中国有许多别名，在广东叫爪哇薯，又称荷兰薯；东北、福建、四川叫洋芋；江苏、浙江叫洋山芋；在东北又称土豆，辽宁也叫地豆；山西称山药蛋；河北名地蛋；广西叫番鬼慈菇。不同品种的马铃薯分别从不同国家引进。黑龙江的马铃薯称洋芋，是从俄国引种。1906年奉天农事试验场从纽约州引种红、白两种马铃薯。海外华人从美国带到福建的有黄皮茄，传入广东的叫兰花。加拿大传教士将红眼窝带到四川，法国传教士在四川栽培的是大白芋子和黄洋芋，德国教士在山东引种的是沃尔发，俄国教士传入吉林的是麻土豆。于是中国成了各国马铃薯品种荟萃的国度。20世纪30年代从英国、美国不断引进优良品种加以培育。抗日战争时期，为了弥补粮食的严重不足，想方设法扩大马铃薯的播种面积，美国育种专家戴兹创在1942年12月来华考察四川、贵州、陕西、甘肃、青海五省的马铃薯，培育出抗病高产的西北果和火玛，推广了杂交育种的红纹白和700万。20世纪50年代又从苏联、捷克、波兰引进良种，1986年全国播种面积扩大到8 700多万亩。现在全世界马铃薯种植面积4亿亩，中国占了1/4，产量仅次于俄国。

第四章
当美化生活的园丁

古老的纺织原料棉花

棉花是有悠久历史的一种重要的衣料棉布的纤维来源。在五千年前，亚非欧三大洲的古文明地区，用穿衣来区分，有亚洲东部以大麻、苎麻、葛布为主的麻类服装，亚洲西部和地中海地区以亚麻为主的亚麻类服装，和亚洲南部、非洲东部的棉类服装。毛类服装是以上地区的冬服，丝类服装是亚洲东部偏南地区的辅助服装。和产自植物的棉、麻织物不同，毛类和丝类织物是动物产品。

棉花是锦葵科棉属灌木或草本植物。已知的原生种有20多个，以后培育出亚洲棉、非洲棉、陆地棉、海岛棉4个栽培种，可以分成粗绒棉和细绒棉两大类。粗绒棉有亚非大陆培植的亚洲棉（Gossypium arboreum）和非洲棉（Gossypium herbaceum），亚洲棉又称树棉，非洲棉又称草棉，直到16世纪，中国的古籍一直将这两类棉花称作木棉；细绒棉有产在美洲的陆地棉（G.Hirsutum）和海岛棉（G. Barbadense），在19世纪的中国，将这类棉花通称美棉。棉花的传播最初是靠风力和海流等自然因素，因此在各地兴起很早。

亚洲是棉花的老家，那里有一种茎高5米野生的树棉，分布在中南半岛的北部,所以树棉亦称亚洲棉,又称中棉,但野生种亦遍布在赤道非洲、埃塞俄比亚和上埃及,近年来一部分研究者倾向于东南亚起源说,但还没有找到充足的证据。古印度哈拉巴文化的摩亨约达罗发现过栽培棉,公元前2600—前1900年,那里有过丰富的城市生活,要算是世界上最早栽种棉花的城市了,

印度棉布的印花工序

后来这座古城毁坏湮灭。大约公元前1000年,棉布纺织开始在北印度兴起,后来向东传入阿萨姆、孟加拉、中国云贵高原和岭南地区。自公元前5—前4世纪,云贵高原和伊洛瓦底江流域的居民称这种棉花树叫梧木、梧桐木或橦木,和云贵高原西部澜沧江流域的景颇族语言中的棉花树相同。南北朝时期广西的古绿藤、唐代云南南部的娑罗树,都是树棉在中国不同地区民族中的称谓。在中国南方的壮、泰语中,"梧"和"吾"相同,意思是"儿子","梧桐"就是"桐子",意思同斯里兰卡僧伽罗语中的"棉花"完全一样。在3世纪以前,中国南方许多民族用树棉出产的棉花织棉布,称作白叠(Bhardudji),这个名词在梵文中指野生棉,由于古代在中南半岛和云南一带野生的是树棉,所以有了这个名词。滇西的哀牢族是当时最好的棉布纺织者。阿拉伯语虽然也用al-qutun, al-qo' don称棉花,但阿拉伯栽培棉花不属于最早的类型,他们在这方面的知识来自亚洲东部或印度,是可以肯定的。

4世纪初写成的《华阳国志》,是一本专记公元前4世纪以来中国西南地区历史、物产和风俗的书,书中指出永昌郡(云南西部、四川西南部和缅甸北部)地方有梧桐木,长出的花像丝一样柔软,当地人用它来织成布,可以宽到5尺(约合1.2米),质地洁白,不容易被污染,俗称桐华布,桐华与桐子是一个意思,都是用亚洲棉织成的棉布。根据《山海经》,永昌郡的原住民哀牢族在公元前5世纪已经建立了自己的国家,他们纺织桐华布,还出产称作"帛叠"的印花布,"帛叠"是一种花布的染色工艺,原名Batik,最古老的帛叠染布采用"掩隔"(Ikat)染色法,先染丝,后织布,对不需要染色的部分,用椰子纤维或蜜蜡捆缚或涂抹以后,再将丝束投入染缸,染成预拟的色泽。这种染色技术在中南半岛、马来西亚、苏门答腊、加里曼丹、松巴、棉兰老等地都很流行。所以公元前6—前5世纪写成的《尚书·禹贡》说南方的"岛夷卉服",古人眼中的岛夷,是指华南沿海和东南亚各地居民;卉服是指葛越、木棉之类织成的植物纤维布;卉原指草,草的常见色是青色,所以

也可以指用草棉织成的色布。1978年福建崇安武夷山船棺（悬棺）中发现一批青灰色棉布，大约是用蓝靛染色，时间在公元前1200年，此后这种棉纺技术就被传承下去。云南哀牢族生产的帛叠和白色的桐华布不同，大约和印度的蓝棉布差不多。印度北部的恒河平原早在佛陀时代已有分工精细的纺织业，贝纳勒斯从此成了棉纺中心。当时的耆那教经典中，把棉布分成蓝棉布、土布和孟加拉棉布，孟加拉的棉纺织技术在公元前4—前3世纪随着印度移民进入哀牢族居住地，这使当地的棉纺技艺有了新的起色。

新疆尼雅东汉墓葬出土棉布上的丰收女神形象

草棉又称非洲棉、阿拉伯棉，但现在的研究者已确证阿拉伯并非草棉的原生中心。草棉是一年生草本或亚灌木，茎干小于树棉，高仅1.5米，疏被柔毛，纤维短，所以称小棉，生长期仅130天左右，适合在中国西北高纬度沙质土壤的干旱地区栽种。非洲的西苏丹曾发现过草棉的原生种，但直到公元前6世纪，埃及才知道有草棉。后来经过红海地区，草棉传入西亚和中亚，进入葱岭以东繁殖是在战国时代。古代草棉曾野生于信德，因此草棉经中亚传入中国新疆，也曾借用梵文中的"白叠"。到5、6世纪，新疆东部吐鲁番盆地的高昌国普遍栽培草棉，取白叠子织布，织出来的布，可以供应其他地方的需要，"布甚软白，交市用焉"（《梁书》卷五十四）。由于大量生产，因此可以充作通货使用了。11世纪新疆的于阗和中原通贡的花蕊布，正是有名的草棉布。宋元时代，通过海路，从泰国、印度和阿拉伯运到中国的棉布为数十分可观。

草棉，汉译古贝或吉贝，在中国南方也是很早就用人工栽培了。这个名词从孟加拉语Kapase中借来，源出梵文Karpāsa，Karpāssi，泛指栽培棉。在中国南方这种栽培棉多半是指草棉，但也兼指栽培的树棉。《尚书·禹贡》称，"岛夷卉服，厥篚织贝"，"织贝"是古贝、吉贝最早的音译，借自中南半岛巴纳尔语的kopaih。在南方，白叠子则是野生的树棉。唐代玄应《一切经音义》卷一注劫波育："或言劫贝者讹也，正言迦波罗，高昌名氎，可以为布。罽宾（迦毕试，Karpisa，今喀布尔以北帕格姆——引者）以南大者成树；以北形小，状如土葵；有壳，剖以出华，如柳絮，可纫以为布。"明白指出兴都库什山以北是草棉栽培区，棉铃小；以南主要是树棉生长区。草棉在中国南方栽培，大约在公元前后，岭南地区的少数民族便有了以古贝木织成的五色斑布，万震在《南州异物志》中记下了岭南地区的许

文明志

——万年来，人类科学与艺术的演进

多民族用古贝木织成美观的五色斑布，连福建的闽越人也把棉花叫作"吉贝"。6世纪以后，不论草棉还是树棉，在中国南方都以人工大量种植，用来纺织棉布，于是棉布多称吉贝布，仅和木棉科的木棉相区别。两广的壮族、黎族妇女成为古贝（或称吉贝）棉纺技术的主要传习者。10世纪以后，棉花产量大增，连五岭以北的楚地居民，在秋冬季节也习惯用木棉为衣了。12世纪下半叶，长江以南都已普遍栽棉。到16世纪连淮北也种上了木棉，草棉由闽广北上长江，进入了黄河流域。

草棉在中国西北的新疆，自汉代以来就从中亚引进，加以栽培。1959年新疆民丰县东汉合葬墓中出土了两块用作餐巾的蓝白印花布，男尸穿的白布衣裤和女尸的手帕，都是2世纪时的棉织物。往后属于4世纪初楼兰废弃以前的罗布淖尔墓葬中，发现过3片合缝棉布鞋。1964年在吐鲁番阿斯塔那13号晋墓中，有陶俑穿著棉布衣裤，于阗屋于来克遗址的北朝墓葬，也出土过褡裢布和蓝白印花棉布。除了棉布，还发现了棉花和棉籽。和阗附近的多莫科，

新疆库木吐剌石窟彩色泥塑菩萨印花服饰

在1906年就发现过南北朝时期的棉花，后来在1959年，更在巴楚的脱库孜沙来晚唐遗址发现了9世纪时的棉籽，经中国农业科学院鉴定，是草棉的种子，和《梁书》记述新疆高昌国出产一种像茧子大小的植物叫白叠子，完全吻合，当地人用它织成软白的布，输出换货。中亚细亚普遍栽种这种棉花纤维短、但适合高纬度沙质土壤的草棉，欧洲人不明来由，以为是地上生羊，长出羊毛，用来纺织。这是由于欧洲人到中世纪还只知道生产羊毛，于是以为亚洲的一些地方居然会从地上长出羊毛来了。草棉在13世纪下半叶，由新疆、甘肃进入陕西，到了16世纪，来自西北的草棉和由闽广北上江淮的另外一路草棉在河南会合，完成了棉花在中国南北传播的全过程。素以丝麻为衣料的中国，于是一变而成了产棉大国，棉织业像印度一样，成了这个古老国家的新兴产业，举国无分南北，普遍乐于穿著价格比较低廉而又能御寒的棉衣了。

那时世界上的棉纺业集中在亚洲，其他地方需要棉布，大多靠亚洲运去。中国和印度的棉布质优价廉，享誉寰球。

在欧洲，只有西班牙南部摩尔人占据的格拉纳达、科尔多瓦地区才知道种棉花，生产印花布、白棉布和细棉布。英国人在1554年由于荷兰人和瓦龙人带进那

英国人使用蒸汽织布机生产品质可以和印度棉布匹敌的优质棉布,减少印度棉布的进口(1834)

不勒斯粗斜条棉布——一种亚麻和棉花的混纺布,才知道有棉布,可是200年后,英国便成了棉布的一大消费国。英国的棉织业1641年才起步,这一年,英国从塞浦路斯和士麦那进口棉花,在曼彻斯特公司主持下,建立了棉纺织业,开始纺织讨人喜欢的斜条纹棉布、染色棉布、凸花条纹布。17世纪英国的棉纺织业集中在兰开夏地区,产品还很低劣,难以和印度棉布相比。当时的英国,只是古查拉特和孟加拉等地出产的印度精棉布的一个销售市场。印度棉布靠着东印度公司的商业运作,在18世纪后期畅销欧洲,款式新颖、花样繁多、色彩丰富的印度印花布和价廉物美的花色棉布同时占领了英国市场。1665年英国强占牙买加后,靠着从西班牙殖民者手中掠取的金银,购买印度棉布,同时又将非洲奴隶贩运到美洲去赚钱。伦敦的奴隶贩子,将进口的印度印花布再出口到西非,从那里取得奴隶,再贩到美洲去,从中捞取高额利润。因此,英国对印度棉布的生意愈做愈大,1680年以后,印度每年向英国出口的棉布达到100万匹,其中的2/3是由东印度公司经办的。东印度公司将印度棉布销到西非、加勒比海,并流入南美洲,从中大获其利。棉布最初在英国市场上只用作毯子和棉被,或者供小孩和平民穿著,到1700年前后,连贵族妇女也看好印度棉织品,用来作衣料、坐垫、床上用品和帷幔,这时印度细棉布大多从卡里科特运去,所以英国人用Callicoes来称呼它。

棉布从亚洲蜂拥英伦,连英国的传统手工艺羊毛业和丝绸纺织业也因此岌岌可危,英国政府只好来个釜底抽薪,在1700年下令禁止输入印度、中国和波斯的染色棉布,在1720年,进一步禁止公民使用或穿著在英国或别处染色的印花棉布。然而东印度公司仍操纵着白棉布和棉纱的进口。后来曼彻斯特开始生产半棉半麻的纺织品,对1720年的法令有所修改,但禁止从外国输入印花棉布的条款却一直使用到1774年以后。

英国的棉织业由于工人的工资很低和劳动力不足,在很长一段时间里都无法兴旺起来,这使英国人的注意力转向利用机械运作驱动棉纺织工艺的改进,来振兴这一行业。棉纺织从棉纱开始,世界各地从来是手工操作,1767年勃拉克本的哈格里夫斯制成了一架可以同时纺织8支棉纱的珍妮机,虽然仍是手纺机,但是比妇女在家里操作的单锭纺车,已经高明得多,后来更提高到可以同时纺织100支纱。阿克莱特(Arkwright)为了纺织制造袜子所需的棉纱,在1768年发明了水力纺纱机(Water frame),获得了专利,1770年他在诺丁汉建立了第一座纱厂,开始展示出机械的功能远胜手工操作。当时英国的手纺机只能纺织纬线的纱,经线仍和以前一样,使用从爱尔兰或汉堡运去的麻线,而水力纺纱机最适合制作比麻线更加坚固的经线,可以织出纯棉制品,阿克莱特自己开办织布厂,生产棉布,从此英国有了本国生产的纯棉纺织品,早先颁布的禁令便随之废除。1792年他的工场雇用的工人已有5 000人,当时纺织业的熟练工多半是妇女,但妇女不愿进工场,到1790年这种水力纺纱机也仅150架。

另一种能制造细纱的骡子(mule)纺纱机,是塞默尔·克朗普顿在1775年的发明,经过改进,到1790年用这种纺纱机纺出的细纱可以织出印花布了,才正式公布于世。骡子纺纱机像手纺机一样,可以在家中安置使用,利用屋顶阁楼和废弃的马厩、牛栏,就可开机纺织,因此深受农民和社会的关注,迅速得到推广,但一贫如洗的克朗普顿却无力申报专利,只得用60英镑的低价出售了自己的设计。

更加重要的是,1785年诺丁汉郡帕皮尔威克的鲁滨孙工厂安装了第一台专为棉纺厂制造的蒸汽机,不久,许多工厂也都陆续装置了这种新型的发动机,棉纺厂从此获得了新的动力,走上了机械化的道路。这种蒸汽发动机其实是和阿克莱特获得他的水力纺纱机专利的同一年诞生的,之后,苏格兰机械师詹姆斯·瓦特在1769年改进了托马斯·塞维和托马斯·纽考门发明的蒸汽机,增加了汽缸,加大了蒸汽功率,得到了国会的认可。接着,也是在1785年,埃德·卡特莱特发明的动力织布机正式问世,这样一来,棉纺织业完全可以按部就班地在机械化道路上飞驰了。

不久,骡子纺纱机在1792年被格拉斯哥的凯利(Kelly)改用水力,加以推广,克朗普顿本人也在1803年使用了这种水力纺纱机,接下来,在19世纪出现了使用蒸汽机发动的强力织布机,纺织业因此有了飞速的发展。在1820—1833年的十

北美新奥尔良港将棉包运输出口的繁忙景象

多年中,英格兰和苏格兰拥有的蒸汽织布机的数目从14 150台增加到了10万台。这使英国的棉布由进口货变成大宗的出口货,在1813—1833年间,棉织品的出口值猛增了15.5倍。这时英国织出的棉布已经可以和印度媲美了。

工业革命首先在棉织业中获得了长足的进步,使英国成为世界上拥有新式棉织工业的国家,从棉织业的改革中得到了巨大的利益。到19世纪30年代中期,车间里旋转的骡子纺纱机,在无需多少人手的情况下,就能将成千支细纱转成纱锭,再用强力织布机织出精细的棉布了。

这时早先从利凡特运到英国的棉花,已经远远不能满足棉织业的需求了。英国开始将目光转向独立后的美国,1784年利物浦和美国正式通航后,这里很快就成了美国棉花的主要进口港。到1833年,这项交易已占到由利物浦运到兰开夏棉纺厂棉花量的90%了。19世纪初,美国南部各州为扩大出口的需要,开始出现使用黑奴的棉花种植园,从1807年田纳西州试种棉花起,按每公顷棉花田约需20名奴隶计算,成群的黑奴从非洲被运到美国,美国南部各州迅速成为英国的棉花种植园。种植园面积不断扩大,在1820年出现了面积达2 000公顷的棉花种植园,但美国南部有的是未经开垦的土地,到1850年,约有400万公顷的土地种上了棉花,然而适合种植棉花的土地却足有2亿公顷之多!

在19世纪,棉花已是美国南部各州作物之王,棉花的产值在1850年达到

8 000万美元,1860年更飙升到近2亿美元。这时的美国,在棉花生产领域次于印度和中国,位居第三了。英国在1845年制造了2.8亿千克的棉织品,所用的棉花有80%是取自北美奴隶种植的美棉,英国在1807年已宣布废除奴隶制,但兰开夏的棉布不正是靠了吸取美国南部种植园中奴隶的血汗,才制造出来的吗?作

美国邦联的盾徽上刻有棉花、烟草和甘蔗三大庄稼,对南部各州的发展起着至关重要的作用

为工业革命火车头的英国棉织业,确是靠了美国南方各州使用奴隶的辛勤劳动而顺利增长的。只是在1861—1865年爆发的美国内战,才使美棉的出口遭了殃,于是英国人又从印度运进大量棉花,印度原棉出口值从350万英镑一下升到了3 600万英镑。美国内战一结束,美棉重新成为英国市场的主角,从印度运到英国的原棉出口值降到了800万英镑。原本在19世纪初,英国还是印度棉布的主要市场,然而到1830年,一切都颠倒了过来,英国兰开夏的棉布占领了加尔各答的市场,而且在以后的年代中,还一路飙升,致使靠了改进交通运输和转化经营方式去适应英国市场的特殊需求,曾一度获利并满怀信心的印度王公和土地承包商,却因此而损失惨重。

　　到了19世纪末,中国才想到要靠引进美棉,建立新式的棉纺织工业了。1892年,中国为适应使用机器打造纺织工业的需求,从南美洲引进了纤维长、棉铃大、产量高的陆地棉(Gossypium hirsutum),简称美棉,首先在湖北棉区试种,可是因为没有经验,效果不佳。1901年实业家张謇在南通引种陆地棉,才初见成效。清末推广美棉最积极的是山东,到1909年大有进展,产量比本地棉要高。1915年农林部在华北正定、华东南通、华中武昌三地设立三大植棉试验场,推广美棉。1918年起,山东成为大规模推广美棉的重要基地,引进的美棉以脱里司、金氏、隆斯太三种最多。1922年南京培育出驯化美棉的爱字棉。1931年从亚洲棉和美洲棉选育31个品种,在长江流域和黄河中下游七省试种,从中选出斯字棉4号在黄河流域推广,德字棉531号为长江流域推广新品种,美棉从此在北方和南方全面推广。20世纪40年代从美国引进岱字棉,产量比脱字棉、爱字棉又提高许多。60年代以后从美国引入"美棉15"良种,此后一段时间中,这个品种一直是最重要的棉花品种,棉花的产量因此迅速得到提高。1982年以来,中国棉花的产量跃居世界第

一,成了世界上最大的棉产国。

亚麻与胡麻

亚麻（Linum usitatissimum, Linum angustifoliurr），亚麻科一年生草本。地中海东部是亚麻的原产地。在里海、黑海和波斯湾之间,古代亚麻一直是野生的,伊朗人采取亚麻籽榨油,从来不用来纺织。最早栽培亚麻榨油是在埃及第五朝,从十二朝后,埃及开始用亚麻纤维纺织,后来亚麻布成为地中海居民普遍制作衣服的材料,它的历史比起棉布要晚一些。

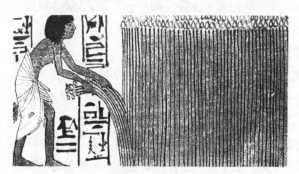

公元前1200年埃及人收获亚麻

在中国,亚麻是一种从外域引进的植物,最初和芝麻同名,总称胡麻。陶弘景《别录》说,胡麻"本生大宛,故名胡麻"。大宛是中亚费尔干纳盆地的古国,中国北方最初是从中亚获得种植亚麻的知识,就把它叫作胡麻了。这种性喜凉爽的亚麻,至少在西汉时代就在山西汾水流域加以栽培了。所以《淮南子》称,"汾水濛浊,而宜胡麻"。据《别录》,亚麻最初生上党川泽,称"山西胡麻"。此后,亚麻便在中国北方繁殖起来。俄国药物学家勃莱特史耐德在《中国植物》(第2卷第204页)中以为,"古代中国人不知有亚麻,现今在华北山区(或其他地区)和蒙古南部还有种植,但只是为了麻籽可以取油,不是为了用它的纤维"。其实,古代中国在名称上因为习惯使用"胡麻"一名,有和芝麻相混的地方。亚麻在内蒙古、山西、湖北、四川都有栽培,在湖北、四川靠近长江流域的地方,亚麻还有一个名字叫山脂。现在东北各省栽培亚麻的比较多。

用途甚广的红花

红花（Carthamus tinctorius），又名红蓝花、燕支花,或通称黄蓝,是原产埃塞俄比亚的菊科一年生草本。夏季开橘黄色头状花,在古代是重要的红色染料和药用植物。最早栽培红花的是埃及，已有3 500年历史。后来在中亚繁殖。张华《博物志》说黄蓝花种是张骞从西域带回，公元前2世纪，在西北地区开始栽培，北方人采花用来染绯黄。到3世纪，黄河中游、河南北部和河北南部都有栽培，并且开始替代价格昂贵的茜草，在染料的练染上加以推广。《齐民要术》在6世纪初有红花栽种法和红花饼的制法，可以作胭脂，合香泽、面脂、手药，作紫粉、米粉、香粉。当时城郊良田一顷种红花，可岁收绢300匹，收子200斛，和麻子同价。《神农本草经》中用茜根治血疽，到东汉时，张仲景以红花替代，功效已在茜根之上。

　　用作染料，红花色泽胜过茜草，性又耐久，加之提炼红色素的熔点也低，工艺上值得推广，自5世纪以后，便能取代茜根染朱，取得廉价的红色染料。黄河中下游和秦岭山脉的灵武、北海、汉中、唐安、德阳是唐代红蓝的著名产地。此后，红花在长江中游大量栽培，五岭南北普遍种植，染织界采用乌梅汁作微酸浴的溶剂，根据红花素用量的递减，取得大红、莲红、桃红、银红、水红等不同色光和色阶的红色染料（《天工开物·彰施》）。在北方，自宋代以来，红花又是染紫的重要原料，"盖不先青而改绯为脚，用紫草少，诚可夺朱"（《云麓漫钞》）。在工艺上经过改良，用红花染紫，大大减少了仅在西南山野中生长的紫草的应用。这种以重色为紫的办法，效果极佳，紫色鲜明，时人称为"北紫"。红花在染帛之余，又用来制燕脂（燕支），供妇女化妆，自六朝以来直至16世纪更是历久不衰，是红色化妆品中的王牌产品。9世纪后南方才有用紫铆（矿）作原料染帛而成的胡燕脂，这种胡燕脂多半从泰国和马来半岛进口，13世纪后产量减少，红花所制燕脂仍然在市面上领先。

　　在中国这个自周代以来就以红色寓意喜庆、华贵的国家中，红色染料在丝、棉、毛、麻各类织物中始终处于前列，在制漆、造纸和装饰工艺以及化妆品中，也不相上下。红花作为红、紫染料的重要来源，在化学染料兴起前，始终是最重要的供应者，雄霸染坛，长达1 500年之久，直至16世纪而不衰。近代红蓝花数湖南出产最多，销售到东南沿海各地，获利不在棉花之下。民间俗谚因称，"红白花以染物，其直同于所染"（吴其濬《植物名实图考》）。足见经济作物中红花之重要，不下于棉花。

染紫佳材苏木

　　苏木（Caesalpinia sappan），豆科常绿小乔木，又称苏枋、苏方。热带亚洲原产。心材苏方坚重，赭褐色，结构细，供细木工用作器具，浸液可作红色染料。根材作黄色染料。苏方入药，用作行血祛瘀药，主治血滞经闭、跌打损伤。苏方一名译自马来语sěpang，或泰语supan，主产地是柬埔寨和泰国。晋代只知道苏方出在越南中部以南中南半岛各地，《南方草木状》说苏枋"出九真南，人以染绛，渍以大庾之水，则色愈深"。当时苏木运到广东，多当作染红的原料，与北方染红用茜草、红花不同。隋唐时代，在红河流域有移栽，云南亦产苏木。《唐本草》称，"苏枋木自南海昆仑来，而交州、爱州亦有之。……其木人用染绛色"。《诸蕃志》卷下载："苏木出真腊国，树如松柏，叶如冬青，山谷郊野在在有之，听民采取，去皮晒干，其色红赤，可染绯紫，俗号曰窊木。"窊木即泰语sa wat的音译。《岛夷志略》中的苏木产地，多在真腊和泰国中部的遏、罗斛、素攀。泰国所产苏木，自元明以来，大量运进中国，当时泰国的苏木已"如薪之广，颜色绝胜他国出者"（马欢《瀛涯胜览》暹罗条）。当时苏木在泰国"其贱如薪"（《殊域周咨录》卷8暹罗），大批海运中国，马六甲、苏门答腊也是苏木的输出国。中国南方通常染红以苏木为底（罗愿:《尔雅翼》），但红花光华耐久，胜过苏木，丝织品染红仍多靠红花。苏木则用途更广，因此广东、海南栽培苏木也比过去要盛。

古称胡麻的芝麻

芝麻（Sesamum oriental），是一种脂麻科的油料作物，古称胡麻，又名方茎、巨胜、油麻、脂麻。赤道非洲是芝麻的原产地，拥有12个品种，而印度芝麻仅2种。古代巴比伦人所需油料都从芝麻取得。芝麻也是伊朗高原、黑海东部地区在2 000多年前种植的油料作物。《本草经》以为胡麻和胡豆都是从大宛引种。沈括《梦溪笔谈》称作油麻，以为"古者中国止有大麻，其实为蕡。汉使张骞始自大宛得油麻种来，故名胡麻，以别中国大麻也"。胡麻这个名称其实在北方是后起的。在长江流域，四五千年前已有芝麻了。浙江吴兴钱三漾遗址就有碳化的芝麻和蚕豆。蚕豆称"虌"，即虎豆（《山海经》郭璞注）；芝麻在南方到底称什么，还不能确定，可能叫"油麻"。在北方，芝麻来自伊朗高原。伊朗芝麻东传中亚，费尔干纳山谷中芝麻生长繁茂，安集延、诺门坎地区成了主要产地，芝麻在当地油料作物中位居第一，波斯语名Kunjut，是汉代传入黄河流域后借用的"巨胜"。葛洪《抱朴子》称，胡麻以一叶两荚的为巨胜。陶弘景将淳黑、茎方的叫巨胜，圆茎的叫胡麻（亚麻）。《广志》说："胡麻一名方茎，服之不老"。《孝经援神契》也说巨胜延年。苏敬《唐本草》开始将角有八棱的叫巨胜，四棱的是胡麻（亚麻）。7世纪时可能北方芝麻还只有八棱的一种，麻子也只有黑白两色，"都以乌者良，白者劣尔"（《唐本草》）。后来才有四棱、六棱、八棱的，麻子在黑白两色外，更有棕红或黄色。现在黄河以南，各地都有栽培。

咖啡老家是非洲

咖啡（Coffea arabica, Coffea liberica），现在是世界上三大饮料之一，与茶、可可相并列，年产量达到600万吨，在西半球尤其是白种人最喜爱的饮料。天然含糖的咖啡豆经过适当的烘焙呈褐色，冲水便成可口的饮料。如果过度烘焙咖啡豆，会呈暗黑色。现在世界上主产咖啡的是巴西，巴西一国的产量，从1900年起便占了世界上的3/4，它生产的咖啡在20世纪抢占了全世界的咖啡市场。人们开始喝咖啡，主要是由于它含有的咖啡因能提神。但实际上，咖啡除了含有咖啡因，还含有对人体健康有利的多种生物活性复合物，如抗氧化剂、矿物质（钾、铁、锌）、烟酸和内脂。咖啡中所含的抗氧化剂——绿原酸的含量有7%—9%，大大超过咖啡因的含量。咖啡豆经过适当烘焙产生的化合物，使咖啡能够预防2型糖尿病、抑郁和自杀、酒精中毒、肝硬化，以及帕金森氏病和阿尔茨海默氏症等多种疾病。

尽管今天巴西一国生产的咖啡便十分可观，咖啡的故乡却在亚非大陆交界的红海两岸。咖啡这种茜草科常绿灌木或小乔木，全世界有70多种，最主要的是小粒种，原产地在埃塞俄比亚高原和赤道非洲。考古发掘使人们推想，在公元前2000年时，阿高人已在埃塞俄比亚高原栽培咖啡。直到现在，埃塞俄比亚西南部的咖维（Kawi）地区还有成片野生的咖啡。"咖啡"这个字因咖维而得名。在近海的哈拉尔地区，咖啡栽种比较普遍，大约在13世纪左右，阿拉伯人从哈拉尔引进咖啡，在也门栽培（《伊斯兰百科辞典》Kahwa条）。后来传入利凡特，不久风行中东，在15世纪成为穆斯林的大众饮料。

居住在埃塞俄比亚高原北部的盖拉人，也饮咖啡，他们的办法是将咖啡豆搅拌在牛乳里，但直到17世纪末，咖啡在埃塞俄比亚人中并未被重视。在红海对岸的阿西尔和也门的高原地区，咖啡一经传入，便逐渐成为一种重要的经济作物。由于阿拉伯品种的繁衍，被称作阿拉伯咖啡的小粒咖啡（Coffea arabica）从此闻名世界，此外还有原产几内亚、安哥拉，欧洲人称作利比里亚咖啡的大粒咖啡（Coffea liberica），和原产刚果热带雨林的甘弗拉咖啡，即中粒咖啡（Coffea canephora）。17世纪初取道南非北上的英国和荷兰船，开始在也门的木哈停靠，就是为了装运咖啡。欧洲人因此称作木哈咖啡。英国的牛津在1605年开设了第一家咖啡馆，不到一个世纪，欧洲的咖啡馆便有了三千家之多。1643年在巴黎也有了咖啡馆。接着是伦敦在1652年开了一家咖啡馆，汉堡在1671年也有了咖啡

1652年伦敦刚开张的咖啡馆，也出售茶

威尼斯的咖啡馆（弗赖堡，1698）

馆。一直到18世纪，对欧洲人来说，咖啡仍然是一种特别的奢侈消费品，但是在17世纪末，欧洲的许多地方都已有了咖啡馆。土耳其人又将咖啡传到维也纳和德国，在德国，新式的沙龙对推广咖啡的消费所起的作用，比咖啡馆要大得多。咖啡的味道极佳，它的价格虽高，却能提升参与社交的人群的身份，因此在18世纪早期，咖啡逐渐成为欧洲中上层社会中一种足以替代含酒精饮料的时尚消费品。在各国的宫廷中，为了去除咖啡的苦味，又用上了一种来自亚洲的时尚调料食糖，使咖啡变得又香又甜。加糖的咖啡一下子在欧洲国家中成了高级别的饮料，像文化比较落后的斯堪的纳维亚半岛北部，普遍地在咖啡中加盐。社会群体的行为通常会仿效更高的社会阶层，市民因此模仿贵族，都喝咖啡，咖啡一旦成了大众饮料，贵族又转而改饮更加时髦的饮料茶了。

欧洲人开始设法在本地栽种咖啡，好减少大量进口引起的费用支出。1710年咖啡树苗第一次从爪哇运到阿姆斯特丹的植物园中培育，咖啡开始在欧洲落脚。1720年后法国航海商将咖啡树苗移栽到马提尼克岛和法属圭亚那，于是美洲也有了咖啡园。巴西设法从圭亚那弄到咖啡种子，在亚马孙河口的贝伦港加以移栽，从此咖啡产量大增，1850年，巴西出产的咖啡便占到世界的一半了。

1884年在法国海外领地上作工的华工，把咖啡树苗运到台湾的高雄和台中加以培育。1908年来自马来西亚和爪哇的咖啡种子在海南岛那大和石壁地区引种成功，以后在岛内文昌、万宁等地推广，继而广东、广西和云南都有了咖啡园，20世纪50年代后产量逐有增加，中国也成了咖啡世家中的一员。中国栽培小粒种的产地有台湾、福建、广东、广西、云南和四川。大粒咖啡原产利比里亚和几内亚湾的近海、低海拔地区，可以高达10米，中国仅海南岛有少量种植。20世纪90年代，人们发现云南是咖啡的最佳生长地后，世界著名的麦氏和雀巢咖啡相继到云南开辟原料基地。

饮誉全球的中国饮料：茶

茶（Camellia sinensis），山茶科山茶属常绿灌木。革质叶，长椭圆状披针形或倒卵状披针形，边缘有锯齿。性喜润湿性气候，年均温度10℃以上，日照适度，海拔2 000米以下的山岳及丘陵地形酸性土壤。用种子扦插或压条繁殖。作为世界三大饮料之一的茶，现已成为世界上170多个国家，20亿以上人口的大众饮料。中国被誉为世界茶树故乡，原产中国南方。茶的饮用和栽种在中国起源极早，传说神农尝百草，已经有茶。公元前一千年，《尚书·顾命》这部古书中有"咤"，就是茶。后来又有荼（读如涂）的古称。各地方言中，茶还有茗、荈、蔎、槚（苦茶）、葭萌、芳荈、过罗、物罗、游冬、酪奴等不同名称。茶有解毒的药性，《神农本草经》记着，"神农尝百草，日遇七十二毒，得茶而解之"。齐景公（公元前547—前490年）时晏子有吃苔菜的记事，陆羽《茶经》引作茗菜，是茶很早用作食料的证据。《神农食经》以为"茶茗久服，令人有力、悦志"。华佗《食论》则称道饮茶"可以益思"。汉代以来，由于认识到茶有提神、舒气、消食、遣困、解热的作用，开始在日常生活中出现饮茶的风尚。中国西南的云南、四川澜沧江流域是中国茶的老家。全世界已发现茶亚属茶组类40个，云南即有31个种，2个亲种。云南的茶树集中在15个地州的61个具，分属山茶属、茶亚属、茶组的五室茶系、五柱茶系、秃房茶系和茶系等4系25个种，2个变种。在已定名的普洱茶、大理茶，滇缅茶等种外，17个种和1个变种是国内首次发现，分别定名为广南茶、大苞茶、马关茶、哈尼茶、园基茶、多瓣茶、老黑茶、德宏茶、陇川茶、多脉茶、多萼茶、紫果茶、拟细萼茶、高树茶、疏齿茶、元江茶。新变种定名苦茶。云南茶大叶、中叶、小叶种一应俱全。经国家鉴定确认为国家资源的良种有127个，占全国660个良种材料的19.3%，在15个产茶省中名列榜首。沿澜沧江、怒江、元江森林均有野生的大茶树，有散生，也有成林成片的。勐海巴达区贺松大黑山上，有一枝称作巴达大茶树的野生型茶树，树龄已有1 700多年。勐海县南糯山上，还有一株树龄500多年的栽培型大茶树王。

茶与佛教高僧的坐禅

晋代以后，中原地区主客相待或酒宴之际，开始以茶代酒。长江流域和南方各地普遍栽茶。盛唐以后，茶饮在中原地区亦加以推广，成为无论贫富都流行的一种社会风尚。湖北天门人陆羽，青年时隐居浙江吴兴苕溪，钻研茶学，著成《茶经》三卷，流传世界各地，日本、韩国、英、美等国都有译本。陆羽论茶，味性寒，能解热渴、去烦闷、舒关节、长精神，但要讲究采茶、制茶的方法。采摘要合时，在二至四月间，趁早晨露水干时采摘，天雨、晴而多云都不能采；制作要精，须经采、蒸、捣、拍、焙等多道工序。不但如此，连烹茶、饮茶都有一定的规范。唐人以为烹茶用山水（即矿泉水——引者）最好，张文新《煎茶水记》列出了当时公认的适宜烹茶的用水20种，并注重使用产茶地的水烹茶最好。苏廙《仙芽传》更提出作汤16法，有16种汤。这些饮茶之道推广成社会习俗，正式形成了中国特有的茶文化。后世日本的茶道是借鉴唐代饮茶的风尚而提出。

唐代饮茶成风，产地遍布全国50多个州郡，相当于现在云南、四川、贵州、广东、广西、福建、浙江、江苏、安徽、江西、湖北、湖南、河南、陕西、甘肃等15个省区，都出产茶叶，形成了迄今为止茶叶产地的基本格局，茶园遍布在江淮之间和江南各地。到了宋代饮茶更变成和米、盐一样，列入开门七件事（柴、米、油、盐、酱、醋、茶）中，为多数中国人生活所必需。西藏、回纥等游牧民族也将饮茶列为重要生活资料，以解肉食、奶酪的油腻。唐宋两代饮茶用团茶或饼茶。元代以制造散茶和末茶为主，开始出现和后来蒸青生产过程近似的制茶工艺。明代更普遍由蒸青改为炒青，使茶叶焙制工艺逐步科学化，饮茶时不再掺入盐、椒等渗合物，以清香为上，开启了与现代饮茶习俗相仿的清茶阶段。而且在绿茶之外丰富了茶叶的品种，红茶、黑茶、花茶亦大批生产，进一步适应了日渐宽广的销路。

辽代茶饮图（辽墓壁画）

　　唐代形成的茶文化，通过佛教寺院，首先在奈良时代（710—794年）传入东邻日本，但专门用作药茶。平安时代初期，遣唐学问僧将唐僧嗜茶的习俗带入日本。805年天台宗高僧最澄从中国返回日本，带了浙江的茶籽，栽种在近江（滋贺县）阪木村的国台山麓。但直至真言宗大师空海在806年归国时带回更多的茶种，分植各地，杭州径山寺茶才成日本茶的祖本。京都山城附近曾在815年后奉嵯峨天皇之令栽种茶树，用作税收上交，但未几便衰败了。到了宋代，日僧荣西在1168年到中国巡礼，归国时再度引入茶种，在肥前的背振山上栽种。后来山城的高辨（明惠上人）从荣西得到茶种，在栂尾的寺院里提倡饮茶，从镰仓时代（1192—1333年）到室町时代（1338—1573年）中叶，栂尾在日本产茶地中名列榜首，各地茶种，大都出自这里。荣西宣传吃茶养生，1214年向幕府将军源实朝进茶，获得赞赏。从此茶叶生产在寺院中传承下去。1259年日僧南浦昭明入宋，1277年归国，继承余杭径山虚堂智愚法统，将茶子、茶台子、茶道具一式带回崇福寺，受伏见上皇召见。他和明惠上人将径山茶宴礼仪传入日本，结合乡土民俗，演化而成日本茶道。14世纪日本的入元僧在寺庙中推广唐式茶会，吸引信徒聚会饮茶、赛茶、猜茶，唐式茶会通过日本禅僧在当地落户。到15世纪中叶村田珠光继承荣西教义，总结为茶道，16世纪初经千利休（1522—1591年）推广，开创大众化的和美茶，融入日本传统美学意识，茶道遂成为日本社会风习，组成以抹茶为主流的茶道。

　　朝鲜的饮茶风气在新罗善德王（632—647年）时已经发端，知道饮茶。《三国史记》说，828年新罗使者大廉从中国带回茶种，种在地理山上，开始培育茶树。高丽时期（918—1391年），饮茶渐成风气。当时高丽所产茶叶，味道苦涩，只有中国的腊茶和团茶最受欢迎。压成龙凤花纹的团茶，常随宋使运入高丽，十分珍贵。

各地寺院僧侣都讲究饮茶。

茶在亚洲西部，虽经回纥人的传递，早在唐代已有流传，但由于茶叶都需从中国长途运输，质量难保，价格不菲，未能推广。直到蒙古西征，才将饮茶之风带到了伊朗、俄罗斯和印度。蒙古文、土耳其文、波斯文、印地文、俄文、新希腊文中，都根据中国北方读音，有"茶"（tcha）这个字。后来葡萄牙文也用"茶"，是根据广州人读音 cha。欧洲文献中最先介绍茶的是意大利人巴蒂斯塔·雷慕西奥（Giam Battista Ramusio，1485—1557年），他在1554年注释《马可·波罗游记》时介绍了茶的功用，他还出版了《旅行丛书》，收入《茶的摘记》、《华茶杂摘》、《旅行札记》三书。他说大家将中国茶视作贵重食品，"这茶生长在中国四川嘉州府，它的鲜叶或干叶，用水煎沸，空腹饮用"，可以去身热、头痛、胃痛、腰痛或关节痛，帮助消化。雷慕西奥关于茶的知识，特别是它的产地，是极其有限的。1560年葡萄牙传教士克鲁兹根据他在广东的经历，写了《中国茶杂录》，葡萄牙人大约是最早将茶叶从海上带到欧洲去的，但记录不明。1575年西班牙传教士马丁·德·赫拉达在福建见到当地人喝茶，还要加上糖渍的蜜饯。1582年起走遍半个中国的意大利耶稣会会士利玛窦写了一部《中国札记》，到他死后1615年才由金尼阁编集出版，他虽然亲自体会了中国社会的饮茶礼节，但他却以为"中国人饮用它为期不会很久"，他只知道茶是野生山林的植物，期待欧洲不久也会在自己的土地上有同样的发现。他向欧洲人传递了"经常饮用，则被认为有益健康"的中国观点。

1610年荷兰船首先将茶叶从澳门经爪哇运到欧洲，费时三载之久。这批茶叶最初被放到出售香料的店铺里销售，茶的药理作用明显地大为减弱，因此欧洲人要经过半个多世纪，才由医学界开始体会到茶的功能。当年荷兰人运到欧洲的是刚在中国开始制作的福建小种红茶。荷兰医生本特科是在欧洲第一次将茶当药物，开给病人的，他把茶当作万应灵药，那时已是1684年了。从此茶叶作为一种有效的保健饮料，随着海运的增长，在欧洲不胫而走。荷兰人由于和福建、台湾做买卖，他们从闽南话学到了茶叫 thee，后来法语称作 thé，英语称作 tea。原先意大利人利玛窦称茶用 cia，这个名称却没有在本国通用，意大利人也从法语称茶作 te。在茶叶贸易中超过荷兰人后来居上的是英国商船，1637年4艘英国帆船首次抵达广州，将112磅的茶叶运回了英国。英国茶商托马斯·伽罗韦在1657年创办了伦敦的伽罗韦茶业公司，大肆宣传茶是一种价格昂贵的饮料，可以增进王公贵族和富豪的健康。1660年斯图亚特王朝复辟，查理二世娶了葡萄牙公主凯瑟琳，英国王室因此受到葡国茶会礼仪的感染。设在爪哇万丹的英国东印度公司，在1664年向英王进献每磅价值40先令总共2磅2盎司一筒的优质中国茶，两年后再

19世纪东印度公司在广州的茶叶贸易（绢画）

次进献22磅中国茶,于是茶叶源源不绝从
中国直接运入英伦三岛。英人饮茶逐渐替
代早先饮酒的恶习,增强了国民体质。英
国在以后的三百年中成了嗜好红茶的一大
消费国。到17世纪末,每年平均进口2万
磅茶叶。伦敦的茶馆充塞了大街小巷。巴
黎和莫斯科也相继饮茶成风。到1840年
前,英国每年进口华茶在3 000万磅以上。

享受英国式下午茶的巴黎妇女（1923）

　　1678年英国商船第一次将中国茶运
到北美洲各地,于是新大陆的欧洲人也可
以喝上茶叶了,1690年波士顿开设了北美
洲第一家茶叶代销店,英国殖民当局从中收取高额的税收。1721年后茶叶从英
国成批流入北美大陆,英国殖民当局从中征收高额的茶税,却不准北美13州派船
到欧洲或英国去运茶,新英格兰四州最先从英国学会了在午餐以后和傍晚饮茶的
习惯,后来又扩大到北美13州的许多家庭。北美大陆的英国侨民每年要从英国
运进20万磅茶叶,但英国航海法令限制北美大陆打造的船只参与亚洲贸易,他们
既不能喝到当年的新茶,还要为此付出一大笔转运费和茶税,拥有22 000人的波
士顿出现了茶党、茶队,专门经营茶叶。1773年英国颁发的新税法将茶叶税改成
固定的商业税以后,积怨已久的波士顿市民在12月16日晚上,纷纷登上拒绝离境

1774年波士顿倾茶事件引发北美13州独立战争

的英国东印度公司的货船，将价值18 000英镑的茶叶倒入大海。英国宣布封锁港口，双方冲突进一步升级，13州居民开始对英武装抵抗，爆发了一场声势浩大的独立战争。1776年7月4日在费城通过《独立宣言》，正式宣告北美合众国的独立，并且继续进行反英的武装斗争，直到取得胜利。于是美国立即派遣商船到中国运输茶叶。在1785年5月从广州返抵纽约的美国帆船"中国皇后"号，第一次给独立后的美利坚合众国带去了当年的新茶，使美国人喝上了期盼已久的新鲜茶叶，享受到了摆脱殖民羁索后的欢庆气息。从此以后，中美贸易蒸蒸日上。向来是欧洲人殖民地的美洲，竟因一场茶叶战争而从此出现了一个独立的民主国家。

　　茶叶以及由此引发的利益是如此巨大，于是欧洲各国都希望移植种苗，在本国栽茶。1744年第一批茶树的苗木，由一名到过广东的瑞典船长送给植物分类学家林奈，栽种在他的植物园中。此后英国为了改变从中国进口茶叶造成的贸易逆差，决意在印度成立茶园，试种茶叶。充当先锋的是1793年英国第一次向中国派出的马卡尔尼使团。马卡尔尼在1794年归国时，将他们从浙江舟山弄到的几种茶树苗木和茶籽，在印度加尔各答植物园栽种。1834年印度成立了茶园，然而长期徘徊不进。1852年印度茶叶开始向英国输出，但数量有限，而且香味低淡，靠了用华茶拼和，冒充华茶出售。后来印度制茶技术提高，茶的香味过于浓烈，又用清淡的华茶拼和，打出的却是印度茶叶的品牌，靠了这些不正当的手法，使印度茶叶在1889年的伦敦市场上的份额超过了中国。而印度的制茶技术却全靠英国人悄悄地从中国民间取得。1843—1861年间，英国人福琼（Robert Fortune，1812—1880年）先后4次到中国东南地区采集植物苗木，1848年以后受英国东印度公司委派，几次到武夷山采集茶树苗木，并找到了一批制茶工人，经香港抵达加尔各答。东印度公司在印度开办茶叶工业，不但离不开中国优良茶种，连技术工人也原班引进。致使1860年后，印度红茶和锡兰红茶在国际市场上与华茶展开竞争。中国茶叶外销从1883年开始减少，从此以后，颇有一段时间，印度红茶占有国际市场的2/3。

1900年前后的印度阿萨姆茶园

　　现代中国名茶已形成绿茶、红茶、乌龙茶（青茶）、白茶、花茶和砖茶六大类，以绿茶、红茶产量最大。目前，华茶的产量和长期以来占世界茶产量第一的印度已不相上下，年产量在70万吨左右。中国茶园面积居世界第一。全球有50多个国家种茶，中国和印度各占总产量的三分之一，肯尼亚名列第三。中国虽是茶的故乡，又是饮茶大国，但世界上人均饮茶最多的还是英国，其次才是中国。在世界上消费茶叶的180个国家中，饮茶的人口超过20亿，中国仍然是人口最多的产茶国。中国的祁门红茶、正山小种红茶、武夷山白毫、云南普洱茶和福建铁观音，是享誉世界的名茶。

改变人类食料的甘蔗种植

　　今日世界上食糖的来源有3/5来自蔗糖，其余的取自甜菜糖。甘蔗是一种高度可达5米的禾本科热带草本植物，原产中南半岛和中国云南，云南现在还有野生的甘蔗。仅云南种植的就有甘蔗属6个种（割手密种、斑茅种、金猫尾种、河八王种、热带种、中国种）、1个变种。《楚辞·招魂》中的"柘"是甘蔗最早的译名，大约起源于尼格罗—澳大利亚语，或云南、广西边境的一种民族语言。司马相如《子虚赋》中有诸柘，张衡《南都赋》和许慎《说文解字》都写作藷蔗，柘、蔗的音读都和马来语中tĕbu的第一个音节相近。3世纪时中国才有干蔗、都蔗、甘蔗这些

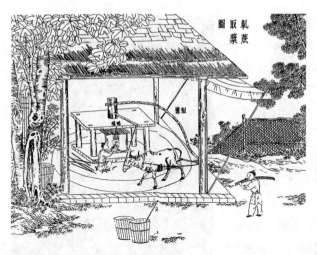

图取轧浆蔗

中国取蔗浆法（明代《天工开物》插图）

复合名词。

最初人们使用的糖料有蜂蜜、饴糖和取自甜菜的沙糖。波斯、印度和中亚细亚的康国、安国在中世纪都出产纯度较高的沙糖，叫石蜜。属于中国的越南北部，在2世纪后已用甘蔗制糖，越南语中的甘蔗就叫蜜（mia），用甘蔗汁晒干成饴糖也叫石蜜。中文称糖叫石蜜，看来是从分布在南方云南、广西的骆越民族那里借来。当时中国本部不会制作沙糖。647年北印度摩揭陀国的使者到长安，介绍印度沙糖甘美，引得唐太宗李世民派人到印度去请制蜜的技师，用南方出产的甘蔗榨糖，再加上牛乳，这种糖比国外的食糖更白更甜。半个世纪后，四川白沙糖又精益求精，胜过了印度沙糖。敦煌文书中有专门研究甘蔗种植和制作蔗糖的文件，译作《煞割令》。此后，蔗糖便在中国流行起来。但长江流域所产甘蔗受到气温和技术制约，不能大量种植，要到10世纪后，福建、广东和四川的广汉、遂宁大规模种植甘蔗，制糖业才大有起色。13世纪福建的永春种甘蔗熬糖，和埃及交流制糖技术，得到马可·波罗的赞扬。当时爪哇、马六甲、孟加拉、斯里兰卡都产甘蔗。

阿拉伯人对甘蔗的栽培和制造蔗糖作过贡献。闪语中的Cane（甘蔗）相当于阿拉伯语的qanāh（芦苇）、糖浆qandi，是从波斯语qand传来，这个词可能和汉语的"甘"有关系，所以有人以为公元5世纪甘蔗已传入波斯。法里斯和艾海瓦兹在8世纪以后都种植甘蔗，还有著名的制糖厂。不久，叙利亚沿海地区有了甘蔗田和制糖厂，埃及也在8世纪后引种甘蔗。于是沿着地中海南岸，靠了温润的气候，甘蔗传到了摩洛哥的休达，又渡过地中海，生长在伊比利亚半岛的南部。在伊本·哈克尔的《地理志》中，靠近大西洋的远苏斯也种上了甘蔗，这里是西马格里布最富庶的地区了。西班牙的阿拉伯人还将桃子、稻谷、棉花、橘子等西亚栽培的作物一起传入那里。在欧洲人眼中，甘蔗无疑是一种阿拉伯人特有的甘甜可口的水果，而且更是制作精美食糖的来源。十字军一次又一次地涌入地中海东部地区，在这里养成了新的嗜好，尤其喜爱香水、香料、糖果等东方热带产品。香料中最重要的是蔗糖，阿拉伯语Sukkar，是从波斯语Shakar（出自梵语Sarkara）转来，成了古法兰西语Zuchre，又变成英语的Sugar。以前欧洲人用蜂蜜做甜食，从12世纪起蔗糖成为传入西方的第一种美食，令欧洲人为之迷醉、羡慕，从此欧洲人踏上了不可一日无糖的道路，无法回头了。1190年去世的推罗人威廉，曾以正确无误的记载描述了自1095年到1184年的十字军生活，留下了在他的家乡种植甘蔗的许多生动的资料。欧洲人从阿拉伯人那里学会了品味糖果和制造各种糖水，有了蔗糖，就有了各种不含酒精的可口的饮料，有了蔷薇露、紫花地丁露和其他各种各样的果子露、糖食和糖果，而这些在波斯人和阿拉伯人那里，都早已是不可或缺的生活习俗了。

蔗糖这种价格昂贵的美食在13世纪的欧洲，还只能在王公贵族和高级神职人员的餐桌上看到。1288年，英国王室消费的食糖是2 700千克，每千克食糖在1319年伦敦的售价是4先令，享用高价的进口糖变成一种炫耀财富和身价的举动。往后欧洲进口的食糖虽因渠道增多价格有所下降，但欧洲只有西班牙南部和西西里岛出产甘蔗。葡萄牙人在1418年航抵马德拉群岛后，从西西里引种甘蔗，在马德拉、亚速尔群岛和圣多美岛加以推广。1480年西班牙在加那利群岛也开辟了甘蔗种植园，这些种植园全靠使用非洲的奴隶生产甘蔗、葡萄等制糖、酿酒的作物，满足不断增长的欧洲市场的需求。

甘蔗在西半球成为一种使经营者获取高额利润的作物，是在西班牙人占领西印度群岛、葡萄牙人统治巴西之后才得到实现。哥伦布在第二次航行（1493—1496年）时将甘蔗带到美洲，西班牙人在伊斯帕尼奥拉岛上开辟了种植园，1510年第一批从非洲运去的奴隶到达这里，当时被哥伦布带去的新疾病（猩红热、斑疹伤寒、百日咳、腺鼠疫和天花）害得人口减低到只有10万人了，殖民者想出了从非洲运送黑奴去开辟财源，1510年有了第一批从非洲运去的奴隶，在种植园中垦殖。1516年在那里建立了第一家糖厂。1530年这个岛上已经有了12个以上的甘蔗种植园了。16世

在高温下操作的糖坊（1823年画）

1720年前在英国时髦的银质糖盒

纪,墨西哥、秘鲁、古巴、圣多明各和波多黎各都生产了甘蔗糖。1531年葡萄牙船队将甘蔗带到巴西的巴伊亚海岸,下一年立足圣维圣特,在那里种甘蔗、葡萄、小麦等作物。自从1548年马罗来的犹太难民在这里大量移栽甘蔗后,一个半世纪中,制糖业成了巴西的经济基础。巴伊亚、阿里尼达都由制糖业发展成重要的城市。1576年巴伊亚就有47个糖厂,1600年这个数目在巴西增加到近百个。蔗糖是巴西的主要出口货,17世纪欧洲市场上的食糖主要靠巴西供应,糖价因此一路下降,往酒和咖啡中加糖成为时兴。欧洲人每年糖的平均量从初期的50克持续递增,18世纪英国人更因嗜茶而使糖的消费大增,1800年欧洲人糖的年消费量达到了1 100克以上,主要从17世纪中叶起,欧洲人的饮食体系中开始出现一系列含糖相当多的食物,但除了英国以外,进口糖的绝大多数都被供应给上层社会消费了。其中有些含糖量高的饮料,如利口酒、汽水、冰淇淋和巧克力夹心糖,都要迟到20世纪才真正成为大众化的饮食。不过直到17世纪中期,英国人、法国人都还不知道有甘蔗。

在西班牙和葡萄牙之后,英国、法国和荷兰相继到美洲去开疆拓土。西印度群岛,最早由荷兰人在巴巴多斯岛开辟甘蔗种植园,到1647年才成功。1655年英国从西班牙手中夺走了牙买加岛,将势力扩张到大安的列斯群岛,从荷兰人手中夺取维尔京群岛,在这些岛上开辟甘蔗园,建立糖厂,并且种植烟草、棉花、咖啡、热带水果、蓼蓝等作物,使用奴隶劳动,为本国供应低价的工业原料和日常生活用品。特别是甘蔗的种植,获利最多,甘蔗售价既高,回报又极丰厚,用15个奴隶,一天内就可种下4 000平方米的甘蔗,在每年1月至5月的收获季节里,可得1吨糖。由于需求与日俱增,所以产量稳定。1670年成为当时最大的蔗糖生产基地的巴巴多斯岛,共有4万人挤在这个430平方千米的小岛上。到1700年,全岛已有900个甘蔗种植园进行了施肥改造,来增加土地的肥力。1725年岛上的土地已全部开垦完了,出口到英格兰和威尔士的糖高到1万多吨,占了英属西印度群岛产量的一半,以后便逐年下降。随后跟上来的是背风群岛中的圣·基茨(圣·克里斯多夫岛),在18世纪中期,它供应的糖占了英国进口量的42%。比巴巴多斯大得多的牙买加(总面积10 830平方千米),拥有的可耕地超过了英属西印度群岛中其他岛屿可耕地的面积,在1720年后甘蔗种植量逐年超过巴巴多斯,1748年出口到英国的糖达到17 399吨,到1815年更增加到73 489吨。这时在加勒比海岛上使用的黑奴,已是白人移民的12倍了。

19世纪，古巴成为世界食糖市场的生力军，登上世界舞台。古巴的糖产量在19世纪60年代是50万吨，到1900年已达到100万吨，列入世界上食糖的一个重要供应国。印度尼西亚的爪哇在甘蔗种植园单一经济的发展下，也大有起色。但不久适合在气候凉爽温和地区栽种的甜菜，由于球根含糖丰富，产量稳定，受到广泛注意，在欧洲市场上开始替代蔗糖成为新的食糖来源。

使世界陷入吞云吐雾的烟草

美洲是茄科植物的老家，现在有120个国家种植的烟草是和马铃薯、西红柿同科的草本植物。可以分成红花烟草（Nicotiana tabacum）和黄花烟草（Nicotiana rustica）。烟草可以分离出约4 000种化学物质，所含的生物碱（尼古丁）是使人上瘾的主要物质，具有强烈的兴奋作用，所起的作用和海洛因、可卡因相当。根据英国皇家学会的实验报告，1665年人们就知道烟草有毒了。一包香烟提炼出的2滴尼古丁可以毒死一头牛。可是烟草从16世纪传到欧洲时，却被当成了可治百病的仙草。印第安人中的南部玛雅人知道利用烟草，已有3 500年历史。烟草的栽培在那里大致和玉米一样古老。公元前1500年，玛雅人在宗教仪式上就以抽烟作为献祭的方式，在烟雾缭绕中达到与天神沟通的境地。世居北美休伦湖、伊利湖和安大略湖的休伦人，世代流传着一则古老的故事：老远的时代发生的一场大灾，使得人们祈求天神降临救灾，于是美丽的女神驾着祥云，自天而降，告诉人们她已将他们需要的食品送了来。待女神升天后，在她坐过的地方，右边长出了玉米，在左边长着马铃薯，在正中长出的烟草，是上天安排给他们排忧解愁的礼物。烟草来历之久，和它在印第安人生活中的重要，是可想而知了。

印第安人用吸烟表示庆贺，凡遇聚会、迎宾、献祭，吸烟是必不可少的举止。玛雅人用棕榈叶

印第安人称烟草是女神的礼物

或玉米叶将烟叶裹在里面,然后点火抽烟。后来的阿兹特克人和印加人是用烟草碾碎、点燃、抽吸,而在北美东部的印第安人则逐渐开始使用长条形的烟管或短嘴的烟斗,烟管的形状也各不同,俄亥俄的霍普韦尔人、阿德拉人用石头烟管。还有一种丫形烟管,可以一边用嘴抽烟,一边用鼻吸烟。而且烟草的制作也有了变化,东北的印第安人用桦树皮粉混在烟草中吸烟,缅因州人用虾粉搅在烟草中抽。烟斗上常常雕刻的是动物或人像,顶端有一个瓶形的烟槽。无论烟管还是烟斗,都是为了抽烟而制作的。但是人们也可以不点火就服用烟草,将烟草嚼、吃或当作饮料和汤药喝下肚。

西班牙语中的烟草叫 Tobacco,是因为哥伦布在 1492 年到了中美洲的一个叫 Tobacco 的小岛,看到了印第安人用管子将点火后起烟的烟叶往嘴里吞咽,于是就叫烟草是 Tobacco。当地人通常称作醉草或神草,也可叫作 Petun, Picietl。哥伦布将圣萨尔瓦多岛岛民送给他的"金色叶子"带回了欧洲。这种金色的叶子当年只有几个西班牙人知道使用,罗德里格·德杰伊是在 10 月 28 日到达古巴以后,才看到印第安人用棕榈叶或玉米叶卷着烟叶,在一头点上火后便从口和鼻中吞云吐雾的。他回到西班牙后居然也当着公众表现吸烟,于是他被关进监狱。当他出狱后,令他兴奋的是,他的同胞居然已学会了吸烟,就像他当年第一次目睹印第安人吸烟时一样。

1571 年西班牙医生蒙德尼斯的论文,称烟草是医治疑难杂症的灵丹妙药

葡萄牙人开始在美洲以外的大西洋岛屿中栽培烟草,是在 1512 年。由于烟草可以赢利,葡萄牙人从 1548 年起,开始在巴西开辟烟草种植园,1558 年里斯本市场上有了烟草出售。西班牙人从 16 世纪起就把烟草当做治病的药草。1569 年塞维利亚医生蒙德尼斯认为这是一种神奇的药草,他在《药物学》中列出了用烟草可以治愈的 36 种病,可治牙痛、肠寄生虫、破伤风,人们甚至一度认为,这种神药可以治疗癌症。

法国在 1556 年已从巴西带进烟草,但当时几乎还无人知道这种特别的草本植物。1559 年葡萄牙国王准备和法国国王的妹妹谈论婚事,法国派乔·尼科特·德维尔曼到里斯本,回国时将葡萄牙的烟具和烟草带进法国,法国王后甚至用烟草来医治儿子法朗西斯二

世的偏头痛。不久烟草被罗马人所熟知，意大
利、德国、匈牙利和北欧也都有了烟草。1565年
烟草传入英国，20年间就成了水手手中不可缺
少的物品。1575年德雷克爵士将红花烟草带回
国，由于它口味更香，立刻使烟草走红了。1586
年长杆陶土烟管从弗吉尼亚传到普利茅斯，从
此吸烟在英国时髦起来。1580年葡萄牙将烟草
传到土耳其，又进入印度和日本。烟草在那时
也开始流入中国，先后有两条路：北路从日本经
朝鲜半岛传入东北，再进入关内；明朝最后一

17世纪欧洲人用烟斗抽烟

个君主崇祯（1628—1644年）时期，驻防在山海关以北对付清兵的明军，为了避寒
解愁，人人都吸上了烟，身上都离不了烟杆。政府屡禁不绝，1640年只得开禁了事。
南路从菲律宾传到福建，再扩散到广东、江西、浙江等地，16世纪中叶葡萄牙人将烟
草传入广东，葡萄牙文tabaco被译作淡巴菰。短短几十年中，弄得男女老少都吸上
了烟，南方北方都种上了烟草。一亩烟田的收入是种粮食的10倍。这都是在1640
年前的事，从此烟草就不再是西半球的特产了，连东半球也都成了它的市场。

　　英国在北美的殖民地，最初是靠了成本低、产出高、还能运到欧洲去赚钱的
烟草种植，才逐步走上繁荣境地的。还有人说，北美中南部各州的烟草就是这些
地区的财富来源，就是黄金，就是白银，它们甚至登上了工业革命时期的英国钱

1602年英国弗吉尼亚公司在切萨皮克湾开辟烟草园，运往英国，博得大利

币。早期的白人移民靠了种烟草，换来了食品、酒、衣服和金钱，在1619年一个女人的要价是54千克烟草，移民靠了烟草，于是有了家室，建立了农庄。新大陆最大的烟草种植区分布在宾夕法尼亚州南部到北卡罗来纳州，靠了在100年中从非洲贩卖到那里的10万名黑人奴隶，到1680年以后，那里每年出口到英国的烟草已达1 200万千克以上。1620年英王詹姆士一世和弗吉尼亚公司协议，英国本土不再种烟草，所需烟草全部由弗吉尼亚进口。不到半个世纪，靠了烟草贸易，格拉斯哥从一个小渔村，成了一大海港和英帝国的第二大城市，布里斯托尔则从三角贸易中成了香烟大王W. D. & H. O.威尔斯公司的大本营。

在中国，从清朝一开始就是烟风遍天下。吸烟的办法由嚼烟、旱烟发展到水烟、鼻烟。鼻烟是种法国生活方式，把烟叶碾成粉，装在香水瓶大小的器皿里，点燃后用鼻子吸烟。1660年这种方法随着斯图亚特王朝复辟，查理二世从法国回到英国，传入英伦三岛。鼻烟成为上层人士追捧的时尚，风行了两个世纪。在法王路易十五时期，鼻烟被制成受人喜爱的香料，可以加上酒、草药、檀香、丁香。1685年鼻烟从法国传到中国，鼻烟壶、水烟筒的制作成了一项时髦的工艺品。鼻烟壶有用黄铜、玉石、玻璃、瓷器、稀有金属和有机物制作，有一种内壁有细笔彩绘的鼻烟壶，要用纤细的反笔从壶的内壁绘出，称内画鼻烟壶，更是18世纪乾隆时期的一绝。乾隆皇帝收藏的鼻烟壶就在千件以上，乾隆帝的宠臣和珅后来被抄家，仅金质的鼻烟壶就不下千件。西洋的鼻烟壶自1710年纽伦堡的保罗·德克尔作筒笔画，是最早的鼻烟壶图，18世纪巴黎的玉石商更不时推出镶嵌珠宝和雕刻图像的各种款式不一的鼻烟壶。

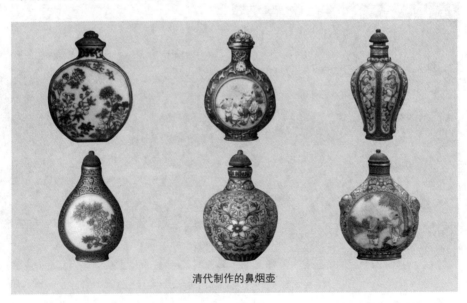

清代制作的鼻烟壶

这时一种新的简便而又端庄的吸烟方式——雪茄烟,在1731年后从洪都拉斯被欧洲人看上了。法国的平民百姓开始迷上雪茄烟,而贵族们仍以吸鼻烟为身份地位的象征。1840年吸雪茄烟的德国贵族阿尔伯特亲王和英王维多利亚结婚,于是英国上流社会竞相改吸雪茄,以示高贵。在社交场合,只要女士们一起身,吸烟的男士便赶快吸雪茄、喝葡萄酒、白兰地、吃糖果和打桌球了。1853年在古巴的哈瓦那建成了第一家由蒸汽机发动的卷烟厂,生产雪茄烟。

雪茄在欧洲流行不久,又遇上了卷烟的竞争。1832年土耳其军队围攻埃及的阿卡城,埃及炮手改用纸裹炮弹增强大炮火力,他们得到0.5千克烟草的奖励,可是烟斗又坏了,只好也用卷纸将烟草裹住抽吸,土耳其人和埃及人从此都爱上了这种顶普通的方法。土耳其卷烟因此走俏欧洲,1847年伦敦有了第一家专售土耳其卷烟的商店,英国从克里米亚战争(1853—1856年)中向他的土耳其盟友学会了制卷烟的方法,参加过战争的老兵格洛格创办了英国第一家卷烟厂,生产三甜牌纸烟。配上新发明的火柴,使用很方便。1827年约翰·沃克发明的磷制火柴诞生后,不断改进,用来点燃纸烟,方便异常,1892年盒装火柴问世,经过改进,1912年已经可以使用,不致摩擦一根火柴引起全盒火柴焚烧了。

19世纪60年代以后,俄亥俄州培育出了一种色淡叶细的花叶烟草"伯莱芋",后来推广成美国香烟的主要原料。美国人彭塞克在1880年发明了卷烟机,生产了方便、洁净、价格低廉的纸烟,开启了现代烟草工业的时代。法国人由于拿破仑三世的带动,全都改吸香烟了。在东半球,中国发展成一个吸烟大国,1890年纸烟经美商输入中国后,中国在天津开设了官商合办的北洋烟草公司,生产机制香烟,纳入国家专卖事业。至今中国仍有3.5亿人是烟民,占了总人口的1/4强。今天这种神草的面目已越来越清楚,自20世纪50年代英国皇家医学会发起禁烟运动以来,全世界20亿吸烟者中已有越来越多的人认识到尼古丁对人类健康的危害。在烟草和烟气中含有的1 200种物质中,至少有几十种有碍人体健康,其中致癌物质就有30多种。在靠烟草发家的美国,已有许多人逐渐觉悟到抽烟对人体的害处,于是受人欢迎的烟草公司竟成了法庭上的被告。

引发轮轴革命的橡胶树

橡胶树(Hevea brasiliensis)是南美洲野生密林中大戟科的一个树种,茎皮极富胶乳,也称巴西橡胶树、三叶橡胶。橡胶树性喜高温、高湿、静风和沃土,巴西是主产地,秘鲁、哥伦比亚等地也有生产。印第安人很早知道从这种野生的胶树上采取液汁,制成黑色的胶球,用作节庆表演。这种胶球仪式早在玛雅时代便有了。16世纪的欧洲人还发现当地土人用卡斯蒂利亚橡胶树的胶汁制造雨衣、胶鞋、罐子、火炬、乐器等物品。但这些橡胶树从未被人工栽培过。橡胶树的寿命大约在60年左右,实生树经济寿命不超过40年。

18世纪法国科学家和工程师虽然在巴西和秘鲁看见了当地人如何用橡胶制造成防水的靴子,留心采访了橡胶树的生态和采胶过程,但橡胶在温度高时要变软发黏,温度低时变硬发脆,融解时产生恶臭,使人们对橡胶的利用望而却步,长期停留在用橡胶制造橡皮擦、气球、胶带、手柄的阶段。

19世纪对橡胶的开发才开始起步。先是英国的橡胶产品制造商托马斯·汉考克在1820年发明了酸洗机,使废胶条可以重新使用,而且更富延展性。苏格兰的查理·麦金托什发现用煤焦油溶解橡胶做防雨布的工艺,在1823年取得专利。1839年美国人查理·古德异发明了用硫磺加热处理橡胶,使之坚固耐用的硫化处理法,后来这项技术秘密落到汉考克手中,在1843年取得专利,称新产品叫硬橡胶。1851年的世界博览会上已经有了充气床垫、胶鞋、橡胶家具和服装。1888年英国人约翰·博伊德·邓洛普制造出了第一只充气轮胎,对1870年发明的固态橡胶轮胎提出挑战,1890年充气轮胎一问世,就受到各方关注,给轮胎业的飞速发展奠定了基础。1908年亨利·福特规模化的T型发动机驱动的小汽车生产后,橡胶工业便如虎添翼,一发而不可止,预告着汽车将普及到人人都可以买得起的时代已经到来。在克莱蒙费朗开办农用机器的法国人爱德华·米其林,在1891年取得了一项自行车轮胎的专利,使用这种轮胎的赛车在第一次环法自行车大赛中赢得冠军后,米其林轮胎就此出名,一年后,1万多名自行车手使用了这种新轮胎。

米其林轮胎公司为获得1908年迪皮大奖的汽车所做广告

1895年第一辆汽车问世后,汽车轮胎使用固态轮胎便遭到时速25千米的极限的限制。1895年米其林公司为此设计和制造了一辆使用充气轮胎的"闪电"号汽车,在问题重重中走完了巴黎—波尔多—巴黎汽车赛的全程,为充气轮胎可以装备汽车指明了前程。从1896年起，米其林充气轮胎汽车总是名列前茅。在国际大赛中，米其林轮胎汽车赢得了1901年的巴黎—柏林大赛、1902年的巴黎—维也纳大赛、1903年的巴黎—马德里大赛，1905年的金班尼特奖杯的获得，更使它声名大振。

　　这时曾经供应了世界橡胶产量98%的巴西橡胶，靠了每年产出野生橡胶4万吨的生胶量，已经达到了它的极限，远远跟不上时代的需求了。巴西橡胶树是一种名叫三叶橡胶的大戟科常绿乔木，主产在亚马孙河流域自河口的贝伦直到3 000千米的腹地热带雨林区。巴西人乔·马丁斯·达·西尔瓦·卡蒂，在偶然中发现了最好的橡胶就是这种三叶胶。这种橡胶树生长在亚马孙河右岸海拔800米处，只生长在年降雨量1 800毫米的热带地区，是含胶量极高的优质胶树，后来以亚马孙河口的帕拉（贝伦）命名，称作帕拉橡胶树。这项发现在1869年引起了英国政府的注意，当时英国正拟在东南亚和印度、斯里兰卡开发新的栽培作物，他们设法从巴西人那里取得2 000颗树种，运到伦敦皇家植物园试种，结果只有12株幼苗成活，其中6株被送到加尔各答植物园，然而试种失败了。1876年英国派人偷运7万颗橡胶树种到伦敦附近的丘园，只有1 900多株幼苗被运到斯里兰卡的帕登里亚植物园。新加坡植物园试种橡胶树，到1877年才获得成功，成活的12株三叶橡胶树苗，9株移栽到霹雳怡保的瓜拉康沙，1株送到马六甲。1882年橡胶树开花结籽，马来亚移植橡胶算是有了希望。但最早使橡胶种植给马来亚带来经济利益的，是当地的华人。新加坡华人林文庆，在1894年开办了联华橡胶种植公司，在新加坡购置4 000英亩土地，开辟种植园。两年后，另一名华人陈齐贤得到林文庆的襄助，在马六甲武吉另当开垦42英亩土地，从新加坡移进三叶橡胶树苗，获得成功。橡胶树成活后，在5—7年内就可在树干用螺旋形切口割取胶汁，以后30年内年年可以割胶。当时巴西咖啡产量大增，咖啡价格一路下滑，马来亚的咖啡价格随之下跌，国际资本正另谋开发新的植物，陈齐贤决心大规模开发橡胶树种植，1898年他开垦5 000英亩土地，一半种木薯，一半种橡胶树，一共种了胶树50万株，建立了马来亚第一个商业性橡胶种植园。以后30年间，华人种植橡

新加坡种植园采用新的割胶法，在树皮上切出人字形切口，采集胶汁，可使树皮迅速复原

胶一直位居前列，英、荷资本见到橡胶栽培成功，风险全由华人承担了，于是纷纷挟持雄厚的资本，开办大型种植园。

橡胶业的飞速增长，支持了美国的汽车工业，1900年，美国生产的汽车是4 000辆，短短五年之后，1905年就超过了24 000辆，随后便进入福特车风行的时期了。伦敦市场上橡胶的售价，也从1900年的每千克2.3美元，涨到了1906年每千克5.55美元。1909年因争购橡胶股票，伦敦股票交易所一度陷于混乱状态。欧洲战争爆发后，机械化战争对橡胶的需求就更无止境了。据1916年统计，热带地区橡胶种植园，马来半岛625 000英亩，爪哇230 000英亩，苏门答腊160 000英亩，缅甸40 000英亩，婆罗洲25 000英亩，东非洲60 000英亩，喀麦隆17 000英亩，加上其他各地零星的种植园，总共有150万英亩，约合60万公顷。种植橡胶的利润，无论在巴西，还是在其他热带地区，都高达10倍以上。1934年东南亚生胶的产量已突破109万吨，巴西的橡胶产量在世界总产量中退居到只占5%的微不足道的地步。

马来亚靠了使用中国和印度劳工，使橡胶生产飞速增长。1931年马来亚橡胶种植面积已接近300万英亩，占劳工总数三分之一的华工，人数在18万人以上。华人为马来亚橡胶生产开了路，架了桥，使马来亚橡胶生产占到世界总产量的一大半，从1915年起，替代锡矿成为马来亚经济最重要的组成部分。但在欧洲资本的竞争下，华人却只拥有较小的橡胶园，在100英亩以下的小胶园中，华人经营的占有绝对优势；在1 000英亩以上的胶园中，华人经营的只占很小的比例，绝大多数的橡胶园，落到了欧洲橡胶园主的手中。

20世纪航空工业崛起后，随着每年千万辆以上汽车的生产，自行车、摩托车、助动车的普及，橡皮艇和各种机械产品所需橡胶的激增，天然橡胶已难满足飞速增长的社会需求，于是又有人造橡胶的产生。但天然橡胶仍然是橡胶业的主力军，现在有15个国家生产橡胶。马来西亚、印度尼西亚、泰国、斯里兰卡四个产胶国的种植面积和产量，占了世界上的90%。东南亚成了橡胶的主要产地。中国从1904年开始，将橡胶树引进到云南、广东、广西、福建、台湾等海拔500米以下的平地或山丘栽培。

橡胶生产在地理上的变易造成的经济变迁，改变了热带作物的地区分布，成了东南亚地区最重要的经济作物。由于橡胶的广泛种植引起的轮胎革命，所产生的连锁反应十分巨大，影响所及，几乎不亚于电力的诞生。

第五章

扫描农艺王国的果子

果中仙桃

　　桃（Prunus persica），蔷薇科李属落叶小乔木。开单生淡红、深红或白花，核果近球形，表皮有毛茸，用嫁接繁殖。原产中国，北方和华东各地栽培极多。浙江余姚河姆渡新石器时代遗址和崧泽文化遗址已见到六七千年前的野生桃核，河南郑州二里岗夏代遗址、河北藁城台西村商代遗址和云南新石器时代遗址中，都见到了桃核。后者更出土6枚桃仁。桃、李、梅、杏是中国北方最早栽培的果树，有3 000年以上的历史。《诗经》国风、魏风、大雅都有桃，《魏风》更说"园有桃"。《西京杂记》称公元前138年汉武帝在陕成上林苑，其中有桃10种，"秦桃、榹桃（山桃）、缃桃核、金城桃、绮蒂桃、紫文桃、霜桃（霜下可食）、胡桃（出西域），樱桃、含桃"。内中胡桃是坚果，樱桃、含桃都产在淮河以南，含桃是荆桃的异名。名贵品种有洒金碧桃，叶色紫红的紫叶桃，树形矮小、花多重瓣的寿星桃等。后来又培育了冬桃。《齐民要术》引《广志》，称桃有冬桃，"状如枣，软烂甘酸，冬月熟"（《桂海虞衡志》）。这种桃子至今栽种，19世纪末还在美国佛罗里达培育成功，深受当地人欢迎。在明代，培育出了上海水蜜桃，是江南一带水蜜桃的原祖，迄今仍享盛誉。桃子果肉甜美，有天下第一果之称。桃树的根、茎、花、果都可入药治病。

桃是最早移栽到波斯的中国果树。在公元前5世纪已在波斯生根，帕拉维语古经《创世纪》列举的甘果中就有桃和杏仁，还有葡萄、石榴、胡桃、无花果和枣。桃树后来经亚美尼亚传入小亚细亚，桃与杏同时被罗马人所熟悉。罗马博物学家普林尼称桃树是波斯树（Persica arbor），称杏树（Prunus armeniaca）是亚美尼亚树。稍后，玄奘《大唐西域记》记载公元1世纪前后，大月氏贵霜王朝的伽腻色伽王时代，中国人已将桃和梨移栽在五河流域，那里的人将桃树命名为"至那仆底"，意思是"汉持来"，是"中国货"。这个故事讲述了当时疏勒王的王子作为质子定居印度时，顺便带去了中国的桃子和梨子，加以培育，将它们嫁接成活。637年中亚的康国（撒马尔罕）向长安致金桃、银桃，在御园中移栽。647年康国培育出一种黄桃，"大如鹅卵，其色如金，亦呼金桃"。当时长安也曾培育出一种用桃树枝条嫁接在柿树上的金桃。那时中亚费尔干纳盆地多种桃、李。在北非栽种的桃，竟重二斤（《诸蕃志·木兰皮国》）。15世纪初郑和宝船队到阿丹（亚丁），见到了桃子；在麦加，桃子有重四五斤的；在伊朗霍尔木兹，有桃干出售。直到9世纪，桃树才在欧洲大陆逐渐多了起来，从波斯传到法、德、奥、西、葡等国。15世纪后，英国方有引种。16世纪西班牙将桃传到北美。19世纪达尔文将中国的水蜜桃、蟠桃、重瓣花桃的生理特性与英国、法国的桃树特性作过比较、研究，结论是欧洲的桃树不是来自西亚，其亲本是中国桃树。20世纪初美国从中国引进450多个桃树良种，经过十多年培育，选出了适宜亚热带气候生长的优良桃树。今天世界上桃树多达3 000种以上，中国约占1 000种。著名品种有黏核桃中的上海水蜜桃、肥城佛桃、浙江玉露桃；离核桃中的青州蜜桃、红心离桃；还有果形扁平的蟠桃，小而无毛的油桃，以及黄肉桃、冬桃等。

抗旱耐寒的杏

杏（Prunus armeniaca），蔷薇科李属落叶乔木，是和桃、李、梅同属的花果。原产中国北方。杏树亦开五瓣花，开花时间比梅晚，而早于桃李，花期2—4月。《夏小正》有杏，四月"囿有见杏"，是说3 000年前已开始人工栽培，辟园管理。汉武帝上林苑中有文杏和蓬莱杏二品，文杏是木材有文采，蓬莱杏是花杂五色，花瓣六出。蓬莱杏是绝品，后世没有传承。现在杏有三个变种：小枝下垂的垂枝杏,叶片有淡黄色斑的斑枝杏,还有花常两朵并生的山杏。杏树抗旱耐寒,中国东北、华北、西北各地都栽培,也是很早传到亚洲西部的果木。罗马博物学家普林尼将杏称作亚美尼亚树,和桃树同时传到小亚细亚和地中海东部。15世纪初随郑和下西洋的马欢,在阿丹(亚丁)见到当地有桃、杏等原产中国的水果。摩洛哥的古都马拉喀什也有杏园栽培杏子。

梨乡在中国

梨(Pyrus serotina),蔷薇科梨属落叶乔木。中国栽培的主要有秋子梨、白梨、沙梨,都是原生种。梨的栽培史足有4 000年以上。公元前1700年的楔形文字记下了美索不达米亚地区市场上出售的水果,就有苹果、梨、无花果、石榴、椰枣和葡萄。《诗·召南》说甘棠是召伯所茇,《诗·晨风》称"隰有树檖",清人陈启源《毛诗稽古编》以为,"召之甘棠,秦之树檖,皆野梨也。甘棠,即杜,树似梨而小,子霜后可食"。《齐民要术》说,"梨核每颗十余粒种之,惟一二子生梨,余皆生杜。然接梨者必用之。檖名赤罗,又名山梨,又名扬檖,名鹿梨,名鼠梨,实大如杏可食。案:棠、杜、梨三者同类而小异耳"。梨是周王朝祭祀宗庙时必备的果品。梨树在汉代是一种可生大利的经济林,《史记》称淮北河、济之间,千树梨,"其人与千户侯等"。《西京杂记》列出汉武帝上林苑中各种珍贵树木,首举10个梨种:紫梨、青梨(实大)、芳梨(实小)、大谷梨、细叶梨、缥带梨、金柯梨(出琅邪王野家,太守王唐所献)、瀚海梨(出瀚海北,耐寒不枯)、青玉梨(出东海中)、紫条梨。1972年长沙马王堆一号汉墓中出土有梨。中国的梨树早在新疆库车一带繁殖,瀚海梨就是新疆塔里木盆地所产的梨。吐鲁番阿斯塔那古墓曾出土梨干遗物,竹简上有买梨的记录。梨在欧洲的栽培和苹果同样悠久,出土物中早见到苹果木和梨木,几乎同时受到人们的注意。

《大唐西域记》记载公元1世纪前后,梨树和桃树一起被移栽到五河流域,那里的人将梨子命名为"至那罗阇弗咀逻",意思是"汉王子"。7世纪玄奘在阿富汗巴达克山,见到当地产"梨奈"和葡萄一样多。梨在阿拉伯落户以后好多年,郑和下西洋船队到了麦加,见到那里出产大梨子。摩洛哥也盛产梨子、苹果。20世纪初,中国的野生梨被美国农业部推广,构成马路旁的林荫树,并用来嫁接杏、梅和桃树。如今中国各地有许多著名的梨种,河北定县鸭梨、山东莱阳茌梨、安徽砀山酥梨,老树单株结果在1 000公斤以上。四川大金腿梨、陕西夏梨,单株老树产量更高达2 000公斤以上。莱阳梨、秋白梨都是早到明代已选育出的新品种。新疆产一种小黄梨,尤香甜可口。

中华柑橘遍大地

柑橘（Citrus raticulata, spp., Citrus nobilis Lour, var.microcarpa Hassk.），芸香科柑橘亚科常绿灌木或小乔木。柑和橘常通称柑橘,两者差别在于柑的果皮海绵层较厚,橘的海绵层薄,剥皮容易。原产中国,栽培历史有三千年之久。古籍中关于柑橘属的果树最早有橘、柚（Citrus grandis）和枳（Poncirus trifoliata），后来才有柑（Citrus raticulata）、橙（Citrus sinensis）。枳是橘在北方的变种,有"橘逾淮而化为枳"（《考工记》）的说法,过了北纬33°就变成枳了。《禹贡》中称扬州"厥包橘柚锡贡"。这是指长江中下游出产橘和柚,柚大橘小,都是贡品。公元前3世纪的《山海经·中山经》中,产橘、柚的地方在荆山、纶山、铜山、葛山、贾超之山和洞庭之山。大致湖北、湖南都是橘、柚的主要产地。《庄子》、《韩非子》、《吕氏春秋》都有栽培柑橘的材料。据《楚辞》、《吕氏春秋·本味》等书,长江流域为柑橘之乡是千真万确的。据说在唐代开元末年,江陵进贡的乳柑橘数十枚,得种在蓬莱宫中,经过十年时间,到天宝十载（751）九月秋终于结了果实（《杨太真外传》）。这是长江流域的柑橘越过淮河,向北繁殖到黄渭地区的最早记录。当年陕西生产的霜柑、黄柑都是优良品种。唐代袁滋《云南记》说云南也出柑橘。产柑橘的还有福建、浙江。主要品种有蕉柑、椪柑、温州蜜柑。12世纪韩彦直《橘录》总结温州郡出产的橘有14种,作为橘的别种的柑有8种,橙子之属类橘者有5种,总共27种,书中第一次介绍了最早用朱栾核作砧木的橙桔嫁接繁殖法。

柑橘外传始于汉代。汉代以后,越南、泰国、柬埔寨就有了橘。《三国志·魏志》记日本有橘,"不知以为滋味"。苏门答腊西部的亚齐出酸橘,四时常有,像洞庭师柑绿橘,久留不烂,味道不酸,至少13世纪就有了。爪哇华人用马来语jirok称柑橘,译作"日落",有香柑、甜柑、虎柑等20多种,"四季并茂,华实无间"。公元8世纪日本僧侣田中间守到浙江天台山国清寺留学,归国时将柑橘的核种在鹿儿岛长岛村,多年培育后,在日本传遍各地。其中有一个无核滋味醇厚的种,用嫁接法传育下去,称作唐蜜橘或温州蜜橘。温州蜜橘从此有名于母国。20世纪初,这个品种又从日本返归浙江、湖南、江西等地。这种蜜橘后来更引种到非洲和欧洲各国。

2003年12月26日被大地震摧毁的伊朗克尔曼的古城巴姆,是座沙漠绿洲城市,从224年建立后,到16世纪十分兴旺。城市建筑全由土砖和干草、木头建成,具有丰富的地下水,适宜种植柑橘。10世纪以后阿拉伯国家和北非洲也产柑橘。北非三国(突尼斯、阿尔及利亚、摩洛哥)在中世纪阿拉伯国家中称作马格里布国家("西部地区"),当地人叫柑橘直呼Sina(中国货,中国果)。在穆拉比特和穆瓦希特朝两度为都城的马拉喀什,东部有阿盖达尔橄榄园,是13世纪下半叶开辟,计有4平方千米。园中除了橄榄林,还有柑橘园和杏园,由园内6个蓄水池将阿特拉斯山的雪水引入浇灌,柑橘迄今是摩洛哥最畅销的水果。

1629年澳门葡萄牙总督马斯卡伦士(Dom Francisco Mascarenhas)把中国柑橘带回里斯本,移栽在圣·劳伦特(St.Laurent)公爵的花园中,此后,欧洲各国相继引种,至今称作"中国柑"。荷兰和德国到现在还是用"中国苹果"称呼橘子。西印度群岛出产的大橘子,是经西班牙移栽的福建橘子。1892年美国从中国引进椪橘,在加利福尼亚和佛罗里达州移栽,1894年遭到大寒,柑橘几濒灭绝。20世纪初,美国不断从中国引进柑橘,选育新的抗寒品种,终使佛罗里达州成为世界上最大的柑橘类水果之乡。一位从广东移居亚当镇的华人园艺学家刘金缵(Lue Gim Gong, 1858—1925年)是从中出了大力的,他培育了优质的柚子、柑橘和甜橙、无核葡萄、晚熟的桃子等誉满全美的鲜果。"刘柚"、"刘橙"名震全美,现在市场上供应的芦柑也就是"刘柑"的后代。美国出产的花旗蜜橘最先是由福橘引种改良,后来又回到中国东南沿海,作为柑橘新种,在母国得到繁衍。

南方珍果荔枝

荔枝(Litchi chinensis Sonn.),原产中国南方的无患子科常绿乔木,高可达20米。性喜温湿。果实心脏形或圆形,果皮有多数鳞斑突起,初时青白或青绿色,成熟时鲜红或紫红色。果肉新鲜时半透明凝脂状,多汁,味甘美。可生食或制干。

荔枝在福建、广东、广西、四川、云南和台湾广泛栽培,品种以闽广为最,川滇为次。福建所产最多,也最有名,栽培历史不下于3 000年。广东、福建的荔枝与交趾(越南北圻)的荔枝同样古老。汉初赵佗已将荔枝作为名果献给刘邦。《上林赋》中有荔枝。汉武帝元鼎六年(公元前111年)平定南越后,从交趾移植百株到陕南的扶荔宫,试图在北方移栽荔枝,虽"无一生者",还年年不断移种。几年来只有一株成活,但不结实,最后还是枯死。岁贡的荔枝,劳民伤财,到东汉安帝(107—125年)时才停止。据《东观汉记》,荔枝、龙眼、橙、橘等长江以南的果子甚至通过赠礼,传到了漠北的匈奴。云南荔枝,有《云南志》记:"荔枝、槟榔、诃黎勒、椰子、桄榔等诸树,永昌、丽水、长傍、金山并有之。"到宋代,南方栽培荔枝极盛,荔枝产区已基本定型,以"闽中第一,蜀川次之,岭南为下"(《重修政和证类本草》卷二十三)。苏东坡在广东惠州当官,写下13首荔枝诗,写出了"日啖荔枝三百颗,不辞长作岭南人"的名句,完全被荔枝折服了。13世纪的福州和川南都出现了栽种万株荔枝的专业果农。宋代蔡襄的《荔枝谱》记福建沿海荔枝名品有32个,有陈紫、宋春、江家绿、兰家红等,尤以陈紫为"天下第一"。果熟时,客户争先恐后地抢购,一时身价百倍。1256年成书的《全芳备祖》共58卷,其中果部9卷,居首的是荔枝。当时荔枝不但运到北方、西夏,更通过海路运销新罗、日本、琉球、大食(阿拉伯)等国,"莫不爱好"(《荔枝谱》)。

荔枝20世纪上半叶在东南亚还很少见,但至迟12世纪后,爪哇就有了荔枝,《诸蕃志》思吉港条记当地有波罗蜜,"亦有荔枝、芭蕉、甘蔗,与中国同。荔枝晒干可疗痢疾"。荔枝是从福建传去。只要气候和土壤适宜,荔枝多通过压条繁殖,也可用扦插、嫁接或实生繁殖。元代王祯《农书》列有23种果树,其中荔枝、龙眼、柑橘都是南方果木。15世纪初郑和下西洋,马欢在马六甲见到有野荔枝。17世纪荔枝传到了缅甸,18世纪印度也栽种了荔枝。1775年传到西印度。1854年华人将荔枝引种到澳洲的昆士兰。1873年南非也有了荔枝树。20世纪初期,荔枝随着30多种热带、亚热带果树的移植,在美国找到了新的产地。1906年美国农业部委托传教士蒲鲁士(W.N.Brewster)到福建莆田取得26箱果苗,计荔枝苗89株,运往美国,佛罗里达种了48株,其余分种加利福尼亚、夏威夷以及中南美洲的巴拿马、古巴、哥斯达黎加、巴西等国。栽种荔枝的技术资料都是蒲鲁士从莆田取得后,反馈给美国的。后来这种荔枝被取名蒲氏荔枝。现在荔枝的生产国已由上述国家扩大到泰国、越南、柬埔寨、老挝、菲律宾、印度尼西亚、以色列、埃及、毛里求斯、马达加斯加、巴西、墨西哥、西印度和新西兰等许多国家。

可以充饥的香蕉

香蕉(Musa paradisiaca L.var. sapientum O.Ktze),古称蕉或甘蕉、芭蕉、蕉子。《三辅黄图》已有甘蕉。《南方草木状》记甘蕉,"或曰芭蕉,或曰巴苴";说有三种:羊角蕉、牛乳蕉、藕蕉。《桂海虞衡志》列有蕉子、鸡蕉子、芽蕉子,是同一种果木的栽培变种。《齐民要术》中有芭蕉(Musa nana Lour;M.cavendishii Lamb.),最早分类记述了南方特产的香蕉。《南越笔记》中有香牙蕉。香蕉原产亚洲东南部热带丛林区,属芭蕉科芭蕉属多年生草本。现已传遍世界各地,全世界有50多个种,只有果蔬用香蕉,果大,香甜软糯,无种子。各地栽培作果蔬用的是香蕉和甘蔗两种。中国的广东、广西也是香蕉的起源地之一。中国栽培的粉芭蕉（Musa paradiciaca var.sapientum）植株高大，果形短而稍圆，云南、广东、台湾有栽培。华南种植的是果形弯曲的香蕉（Musa nana），马来语称pisang，《海岛逸志》译作皮松。5世纪初香蕉由马达加斯加岛进入南非。15世纪后遍布非洲各地。9世纪初日本也有了香蕉。1516年以后，香蕉由西班牙、葡萄牙的船只移栽到西印度群岛和巴西等地，不久拉丁美洲都大量栽种。现在香蕉已在南纬30°至北纬30°间的热带和亚热带地区广为栽种，年产量在4 000万吨以上，巴西、印度、菲律宾、印度尼西亚、洪都拉斯、巴拿马等国的年产量都在100万吨以上，是名符其实的香蕉国了。

西域名产葡萄

葡萄（Vitis vinifera），原产地中海沿岸的安纳托利亚和高加索，后来传到了地中海各地。古埃及人在6 000年前已开始栽种葡萄。在美索不达米亚和伊兰高原，种植葡萄和酿造葡萄酒的历史也十分悠久。种植葡萄的开支很大，用来酿造葡萄酒，作为献给神灵的祭酒，主要供应宫廷、贵

埃及人在公元前1390年采摘葡萄（纳赫特墓室膏泥壁画）

族和富裕商人。葡萄酒被认为是一种极富活力具有壮健体魄的神物，传说伊西斯女神由于吃了葡萄而怀孕，生下了大神贺拉斯，可见葡萄是一种十分珍贵的水果。从公元前2000年的文献得知，人们至少种了6种不同的葡萄。

希腊人很早就栽培葡萄，荷马史诗中就有葡萄。希腊各地流行酒会，作为祭酒，将葡萄酒奉献给神明，由酒会的组织者确定在葡萄酒中掺水的比例。葡萄酒作为浓烈的利口酒，可以是贵重的高档品，也可以是普通的日常饮料，办法是在酒中掺些水。举行酒会时，与会者顺序向右递酒，轮到的人必须将杯中的酒一饮而尽。在希腊，葡萄酒已逐渐推广开来，在晚上饮酒聚会渐成社会风气。

古罗马时代，饮食的基础是由粮食、橄榄油、葡萄酒和当地出产的蔬菜构成

公元前480年希腊的酒会

古罗马葡萄收获场景

的，葡萄酒在其中起着重要的作用，当时的葡萄酒和今天的葡萄酒不同，常常配了一些添加料，如蜂蜜和松香，有时也用石灰、石膏，好改变酒的口味和液体状态，这样一来，葡萄酒就成了利口酒或有甜味的红酒了。当时的葡萄酒已经有了50多个不同的品种。从此以后，葡萄酒就成了欧洲的传统名酒了。

葡萄传入中国内地，大约是在亚历山大东征之后，中文写作蒲陶、蒲桃或蒲萄。司马相如在公元前118年前所作《上林赋》中，描绘了汉武帝在陕南建造上林苑，栽植了由群臣远方所献的名果异树三千种，其中就有樱桃、蒲桃。《史记·大宛列传》将蒲桃写作蒲陶。分明都是希腊文bòtrys（葡萄）的译音。有人以为于阗语bātaa（酒）跟这个葡萄有一定关联。张骞的使团曾出入大夏，当时大夏在希腊王朝统治下，于是葡萄这种可以酿成美酒的水果也就引起了中国上层集团的注意。《史记》称"宛左右以蒲陶为酒。富人藏酒万余石，久者数十岁不败。俗嗜酒，马嗜苜蓿，汉使取其实来，于是天子始种苜蓿、蒲陶肥饶地。及天马多，外国使来众，则离宫别观旁，尽种蒲陶、苜蓿极望"。当时西域使者、商人到长安的愈来愈多，他们喜爱的葡萄和用作马匹饲料的苜蓿的需求量随之增大，葡萄园和苜蓿园在河西走廊和陕南也就多起来了。《博物志》说"西域有葡萄酒，积年不败。彼俗传云，可至十年"。唐代白居易《寄献北都留守裴令》诗中有"燕姬酎蒲萄"，下注：蒲萄酒出太原。还有一种更令人惬意的美酒"西凉葡萄酒"，据说杨贵妃也饮过这种酒（《杨太真外传》）。唐代《酉阳杂俎》记"葡萄有黄、白、黑三种"，波斯所出的葡萄，甚至大如鸡卵，有"龙珠"之称。另外有一种椭圆形像马乳的葡萄，640年唐朝收服高昌，将马乳葡萄引种在长安的禁苑中，并参照当地酿酒法，制成八个品种的葡萄酒，"芳辛酷烈，味兼醍醐，既颁赐群臣，京中始识其味"（《册府元龟》卷九百七十，《唐会要》卷一百）。从此马乳葡萄便在长安的禁苑中繁殖起来，以致内地民间也开始栽培这种新种葡萄了。唐代开始用扦插法繁殖葡萄，据说这是天宝年间，沙门昙霄在葡萄谷取得枯蔓，带回本寺培植成功的（《酉阳杂俎》）。到了元代,河北、山东、山西仍有许多面积广大的葡萄园,马可·波罗说当地酿造的葡萄酒,运销全国各地。现在中国葡萄产地,遍布全国,山东、河北、山西、陕西、甘肃以产龙眼、猫儿眼、虎眼葡萄著名,粒大多汁。马奶葡萄,产在西北和华北各地,黄绿晶莹,肉脆芳香。新疆吐鲁番、鄯善以产无核白葡萄著称,圆绿透明,皮薄甘美。还有玫瑰香葡萄、珊瑚珠、赤露珠等品种。至今葡萄已是国际市场上销售量位居榜首的鲜果。

四季皆宜的石榴

石榴(Punica granatum),又称若榴、安石榴,是从西亚引进的安石榴科落叶灌木或小乔木。20世纪40年代发掘乌尔王朝墓葬,在苏柏德王后的王冠上有珠宝嵌成的石榴图案,栽培史至少在4 000年以上。埃及第18朝法老的古墓中,也有刻满石榴果的图像。后来腓尼基人到各地航海,石榴从此传遍地中海和印度洋。石榴的拉丁名称Punica,意思就是腓尼基果。在伊朗和中亚细亚,据说石榴四季都能开花。"缥叶翠萼,红华绛采,烈照泉石,芬披山海"(江淹《石榴颂》)。是诗人对飘逸的石榴树、石榴花的赞美诗。

公元前2世纪石榴在陕西引种。张华《博物志》说是张骞出使西域带回的种子。《陆机与弟书》说:"张骞为汉使外国十八年,得涂林安石榴归也。"涂林,美国汉学家夏德以为是梵语darim(石榴),但梵语原称是dādima,有人以为"涂林"是中亚细亚的吐兰国(Turan),在伊朗高原以东的地方。吐兰国是古波斯典籍中的国家。在张骞时代,涂林应是今日巴基斯坦的陀历(Darel),当年玄奘从撒马尔罕到印度,就走过这条印度河上游的险径,那是在奇特莱尔的一处要道,当时受安息(帕提亚)的势力控制,涂林安石榴大约就是此地的名种。说安石榴来自安国和石国是出于后人的误会。在汉武帝建立的上林苑中,据《西京杂记》,就栽有安石榴"十本"。张衡《南都赋》记河南南阳的园囿中栽有"樗枣、若榴"。《广志》称安石榴,有甜、酢两种。甜的一种唐人有"天浆"的美誉。"榴"的原音似乎是粟特语n' r' kh,安石榴是波斯语anar的音译,后来就中国化成了若榴。石榴象征吉利、幸福。希腊、波斯、印度神话中,专司繁育子孙的保护神手上总拿着石榴。波斯女神阿那希是个丰收与生育女神,手上常托着装满石榴的钵。石榴传入中国后,至少在三国时代吴国宫廷中,就用戒指挂在石榴枝上,作为多生贵子的象征。"榴开百子"后来成为民间风俗,流传于世。

石榴四季都可扦插,更宜冬、春播种,以分株、压条、嫁接法成活。石榴花在农历仲夏五月盛开，有大红、粉红、黄、白各色，五月因此称"榴月"。在诗赋中石榴更有丹若、沃丹、金罂、天浆等别名。云南开远石榴，唐代就有名了。《酉阳杂俎》说，"石榴一名丹若。南诏石榴子大皮薄如藤纸，味绝于洛中"。波斯产的四季榴，在10世纪以后便在南方开花结果了。《桂海虞衡志》记"南中一种，四季常开。夏中既实之后，秋深忽又发花，且实"。榴木有文采，能制作家具，因此各地培育了不少新品种。每年五月初一至端午日，小女孩都簪上榴花，欢度女儿节（《帝京景物略》）。妇女在端午节簪艾叶、榴花，称为"端午景"（《清嘉录》）。石榴的品种也越加增多，有实大如碗的富阳榴；花期二月大花重瓣的千瓣白、千瓣黄、千瓣红；花大而不结实的饼子榴；高不足二尺垂实累累，单瓣或重瓣的火石榴；都是匠心别具的花匠精心培育的成果。

久享盛名的无花果

　　无花果（Ficus carica），桑科榕属落叶灌木或小乔木。无花果树原产西亚，阿拉伯半岛和地中海沿岸的崖岩和峡谷中至今还有成片野生的无花果丛林。埃及古墓中可以看到公元前3000年，尼罗河沿岸居民灌溉无花果树的石刻图像，埃及本哈尼森古墓的壁画上有埃及人驱使猴子上树，用篮子采摘无花果的壁画。埃及第二王朝（公元前2820—前2670年）的一份供奉冥间的菜单中，在大麦粥、面包、烧鱼、炸排骨之外，还有糖煮无花果、浆果、奶酪和葡萄。同一时期美索不达米亚出土的楔形文字上，就有许多录有无花果的药方，无花果被用来治疗咳喘、咯血、痔疮等疾病。无花果曾是波斯阿赫曼尼德朝薛西斯国王和吕底亚国王餐桌上的美食。

　　无花果味甘甜美，是种奇异的果子。雌雄异花，隐藏在囊状总花托内；扁圆形或卵形的果实由总花托和其他花器组成，膨大成一个个绿色的浆果，外观只见果不见花。自亚里士多德以来，西方的植物学家也都以为这是无花而果。因花藏果实之中，果未熟，花已盛开在果中，人不见开花便结出了果实。果实成熟后，顶端裂开，呈黄白色或紫褐色。自夏至秋，陆续收成。清代陈淏子《花镜》说，无花果得土即活，随处可种；当年成树，次年挂果；从立秋到霜降，有三个多月采摘的季节。

　　至少在唐代，无花果已在中国栽培了。851年阿拉伯商人苏莱曼就在中国见到过盆栽的无花果。多用扦插或压条繁殖。段成式在9世纪写的《酉阳杂俎》卷十八最早记述："无花果亦名阿驿，波斯国呼为阿驲，拂林呼为底稱。树长丈四五，枝叶繁茂。叶有五出，似椑麻，无花而实。实赤色，类椑子，味如甘柿，一月一熟。"阿驿，后世又译映日果或阿驲，都是波斯语 anjir 的音译。梵语名 anjira。

希伯来文称tinu或te'enah，阿拉美语名tena，阿拉伯语名tine（或tin，同中古波斯语tin），就是"底杵"的对音。梵语名anjira，是跟从波斯名称。另一名称优昙钵（udambara），在梁代已传到中国，《梁书》有记述。李时珍认为映日果就是广东的优昙钵、波斯的阿驵（《本草纲目》卷三十一）。明代汪颖《食物本草》、王象晋《群芳谱》都录有无花果。在中国，无花果都产在新疆南部、长江流域以南，江淮之间亦有栽培。明代开始使用滴灌技术，对无花果采取日夜不绝的灌溉法，《群芳谱·果谱》指出，无花果"结实后不宜缺水，当置瓶其侧，出以细溜，日夜不绝，果大如瓯"。可以见出现代滴灌法的端倪。无花果既可鲜食，又可制果酱、蜜饯。树皮供造纸，果干可作开胃、止泻药，治疗咽喉痛。

印度枣子罗望子

罗望子（Tamarindus indica），是原生热带非洲和苏丹的豆科常绿乔木，茎干高达25米。产荚果罗望子，果肉褐色，有酸味，日子一久成暗黑色，像枣子。古埃及人已栽培罗望子，实物见于古墓中。通过海流传送到印度后，泰米尔人用罗望子果肉和咖喱、咸鱼等腌鱼、制咖喱粉，其花又可拌咖喱作蔬菜。阿拉伯人因为印度大批栽培和食用罗望子，起名"印度枣"（Tamar-ul-Hind）。波斯语称Tamar-i-Hindi，意思也是"印度枣"。后来阿拉伯语的Thamar（果）被葡萄牙语、西班牙语、英语、法语借用，英语称Tamarind，法语名Tamarin。罗望子树适宜北纬15°南北的热带砂质沃土，也可植于路旁，作观赏林。罗望子果肉、树皮、树叶都可作药用。果肉可糖渍，作清凉剂或缓泻剂。树皮可制成洗药，外敷疮疽。嫩叶可食，或作饮水漂白剂。泰国用叶作外敷药。木材坚硬致密，可供造屋和制车船。

中国云南、广西、广东、台湾、海南都有罗望子树，多半野生山间。12世纪时范成大《桂海虞衡志》始将罗望子列入南果120子中。周去非《岭外代答》改称罗晃子，以罗晃子为百子之首。罗望、罗晃都是阿拉伯名字"印度枣"的简译，意思是"印度来的"，这点明了中国南方所以得知罗望子的栽培技术，是由阿拉伯人传授的。

西瓜来自西亚

西瓜（Citrullus vulgaris），是一种葫芦科的甜瓜，具清热解暑、明目、利尿的功用。赤道非洲发现过西瓜的原生种,公元前2000年从苏丹传到埃及,图像上已可见到。此后西瓜便遍布南欧和西亚各地,利凡特、伊朗和中亚各地尤其注意育种栽培。西瓜从非洲沿海向外传播更快。印度很早便有西瓜,波斯叫作印度瓜。中国南方栽培西瓜的历史在2 000年以上,在北部湾1980年发掘的广西罗泊湾一号西汉墓,可以见到公元前2世纪初已有西瓜。9世纪后回纥西迁,西瓜从中亚进入天山南北各处。契丹打败回纥,得到西瓜种,胡峤在947—953年间到契丹,在河北平原初尝西瓜。当地西瓜"用牛粪覆棚而种,大如中国冬瓜,而味甘"(胡峤《陷虏记》)。女真语里西瓜叫xeko,正是华北平原居民的用语。黄河以南普遍种西瓜,是在宋使洪皓出使金国(1129—1143年)被流放阴山,归来时传的西瓜种。西瓜种到了临安(杭州),便在宫廷和民间善加培育,流传开了。西瓜性寒,南方人用西瓜来解暑疾,治眼病,效果极佳。中亚细亚撒马尔罕产的西瓜大如马头,花刺子模、伊斯法罕的西瓜,在摩洛哥旅行家伊本·白图泰到中国时还很有名,他说中国的西瓜那时也可和这些地方的产品相媲美了。清代南方种植西瓜,注意改良品种,逐渐超过北方,台湾瓜、嘉定枕头瓜都是新的良种。1944年中国留美学生黄昌贤在美国密西根大学培育无籽西瓜成功,黄昌贤被美国人称为"无籽西瓜之父"。从此无籽西瓜在美国、中国台湾和海南等地得到传扬和改进。现在大江南北都普遍栽瓜,数量极大,并可越冬,供治病及餐饮业食用。

甜瓜变种白兰瓜

白兰瓜,是甜瓜(Cucumis melo)的变种,属于葫芦科的食用瓜。古希腊早就注意培育甜瓜,19世纪有了白兰瓜,在美国叫香蜜瓜,和中国的黄金瓜、青皮绿肉瓜相似,但白兰瓜外皮光润无瓜棱,皮色洁白,瓜肉甜美。20世纪20年代以后,曾在山西太谷铭贤学校、南京金陵大学林学系任教的美国植物学家罗德明,回国后出任美国农林部水土保持局副局长,1943年再度来华,和当时甘肃省建设厅厅长张心一约定,与张心一的同学,时任美国副总统的华莱士1944年一道访华时,将从美国带来一些抗旱性强的牧草种子。到1944年6月华莱士访华,在兰州交给张心一的不但有牧草种子92种,还有罗德明托华莱士带来的一包白兰瓜种。1945年这批白兰瓜就在甘肃农业改进所设在兰州雁滩和盐场堡两地的砂田里试点,证明这种味甜如蜜含有多种维生素,又具有晚熟、耐贮运等优点的白兰瓜,完全可以在中国大西北生根。此后,在正种日益退化的情况下,又经张心一多次将美国原产的12个白兰瓜种交甘肃农业大学,培育出优良的新一代种苗。

这种白兰瓜后来又在内蒙古巴彦淖尔繁衍,亩产量竟高出当地被称为"华莱士"的正种的一倍。

南国风光尽椰树

椰树(Cocos nucifera),热带棕榈科植物。3世纪时郭义恭《广志》称椰树,"木似桄榔,无枝条,高丈余,叶在木末"。又说椰子壳内有肤,"味如胡桃。肤内裹浆四五合,如乳,饮之冷而动气醺人。壳可为器,肉可糖煎寄远,作果甚佳"。《南方草木状》也说椰子汁,"味如胡桃而极肥美"。可以消渴解暑。唐代以来岭南各地都有,刘欣期《交州记》称,"生云南者亦好"。据考证,《史记·司马相如传》记《上林赋》有胥余,就是椰树。《文选·上林赋》作胥邪,张衡《南都赋》有楈枒,都是孟语Sót preo的译音。椰树在南印度和泰国、马来西亚、印度尼西亚、越南等地普遍栽培。南印度取椰树花汁用蜜糖搅拌制酒,尤其有名。爪哇也有椰花酒。马欢在15世纪初下西洋,在泰国见到椰子酒是烧酒。椰子,梵名narikela(那连稽罗),马来语称nyior,印度尼西亚语称kelapa。爪哇的雅加达因多椰子树,华人径称噶喇巴(葛喇巴)。盛产椰子的爪哇也成了咬嚼吧(《明史·和兰传》)。现在中国产椰子最多的是海南和台湾。《海岛逸志》说椰用途很广,"可作黍,可熬油,可酿酒",皮可打索,可作鞋底。古代南海和印度洋地区往往用椰索做缝合船,不用铁钉,广东也曾有过。

核桃称胡

胡桃(Juglans regia),又称核桃。胡桃科落叶乔木,高可20—30米。初夏开花。核果椭圆形或球形,生于湿润沃土,喜光。种子富含油质,是优良的油料树种,波斯是核桃的主要产地。在希腊,核桃和山楂、杏仁被当作甜食的原料。据《西京杂记》,汉武帝在陕南上林苑中栽种的桃树就有10种,其中有胡桃,注明:出西域。照张华《博物志》,胡桃也是张骞从西域归来时引入。《三辅黄图》引《汉官旧仪》记述上林苑方三百里,苑中养百兽,供天子秋冬射猎之用。即使汉武帝时,上林苑中尚无胡桃,但汉代皇家林苑中已栽胡桃,大致是可信的。波斯是普通核桃的主要传播中心,在那里海拔1 000米以上的山地,迄今仍有许多树龄很高的野生核桃林。核桃在葱岭东西早有栽种,所以又称胡桃。《太平御览》卷九百七十一引马融《西第颂》,也有"胡桃自零"。孔融与诸乡书亦称,"先日多惠胡桃,深知笃意"。晋代刘滔母在327年后居陕甘交界的临安山,有答虞吴国书,提到"此果有胡桃、飞襦。飞襦出自南州,胡桃本生西羌,外刚内柔,质似贤欲以奉贡"。这是说新疆、甘肃一带早已有了胡桃。《齐民要术》有栽胡桃法。胡桃因不用接枝,但用种子繁殖,形成形态各异的种数,中国培育的薄壳胡桃和陕西的来年核桃,尤其名贵。胡桃木材坚韧、细密,为建筑、雕刻良材;种子食用、榨油;中医用种仁入药,有温肺、补肾的功效。

历史神奇的猕猴桃

猕猴桃(Actinidia chinensis),猕猴桃科落叶木质藤本,是产在中国中部、南部、西南部的野生藤本植物,在东亚有36种,中国占32种。果形似梨而皮色如桃,李时珍说"其形如桃,其色如梨,而猕猴喜食,故有诸名"。在《诗经·桧风》中最早称作苌楚,是一种长在低洼地里的野生果树。《尔雅》称为羊桃。但与一名五敛子的羊桃或杨桃(学名Averrhoa carambola)的常绿乔木不同。多长在陕南、河南、湖北、云南等地。别名很多,河南称杨桃,浙江称藤梨、野梨,云南称毛桃。唐慎微《证类本草》中记猕猴桃别名有藤梨、木子、猕猴梨,"生山谷,藤生着树,叶圆有毛,其果形似鸭卵大,其皮褐色,经霜始甘美可食。枝叶杀虫,煮汁饲狗、疗病也"。

在20世纪,美国植物育种学家布尔班克最先注意到猕猴桃,可以生吃,也可煮食。1904年他将猕猴桃引入美国,后来在1910年、1920年继续引进,加以改良。美国人因果肉中维生素C的含量可比醋粟,叫它中国醋粟。在加州建立了种植园和综合试验站,培育新种,加以推广,种植面积现已达90万英亩。和美国同时,新西兰在1906年引种猕猴桃,农民因果形像新西兰的基维鸟,起名叫"基维果"。培育的新种果实平均达100克1枚,40年代后大量种植,运销世界各地,现在栽培面积在1 500公顷以上,年产1.7万吨,占了世界猕猴桃产量的90%以上。现在英国、日本、法国、意大利、印度等国就从中国引种野生猕猴桃,实行商品化生产。

源自热带的芒果

芒果(Mangifera indica),漆树科常绿大乔木,原产东南亚,滇南也是原产地。今热带各地,中国福建、广东、广西、云南、台湾均有栽培,台湾出产最多。用播种、压条、嫁接等法繁殖。云南西双版纳至今有野生芒果。芒果树叶革质,长圆披针形,常丛生枝顶。果实作肾脏形,成熟时由淡绿变黄,味香甜,汁多可口,含多种维生素,属热带美味果品之一。果皮可入药,树皮和树叶可作黄色染料。芒果又作杬果、檨果、檬果。有人说甲骨文中有一个"木"字偏旁的"亡",就是芒果的芒,恐怕未确。因为芒果是五岭以南才有的果子,在3 000年前文字仍然十分稀见的北方,未必已有记录。芒果最早叫杬,徐衷《南州记》称:"杬树,子如桃实,长寸余,盐藏味酸,似白梅,出九真。"九真在越南北部红河流域。广东、广西首先引种这种植物。1535年时广东只有新会、香山出产芒果,这一年编的《广东通志初稿》中称:"惟新会、香山有之。"福建芒果大多从台湾引进,安溪有一种吕宋芒果是17世纪从吕宋直接引到闽南栽种的。

芒果,又译作蚊胶,是马来语manggu的音译。《大唐西域记》有庵没罗果,是从梵文amra译出。波斯语作amba,阿拉伯语作anba。《瀛涯胜览》提到苏门答腊有掩拔,就是anba。《清一统志》、《台湾通志》称芒果,用"檨",据说与帝汶岛民用的soh字相近。乾隆《马巷厅志》卷十二记檨的果实"甘美,益脾,色黄",有数种,"联皮可食者名蔼黄,小而酸香者名香檨,皮薄外有粉者名粉檨,形圆大如鹤卵,小者名达摩尼咖喇种也"。杬、檨两个名词都暗示芒果在太平洋西部地区早有海路传播。相对而言,"芒果"一名是后起的名称。

又名波罗蜜的木波罗

波罗蜜(Artocarpus integrifolia, Artocarpus heterophyllus),即木波罗、树波罗,又名牛肚子果,原产印度、马来西亚。梵语名婆那娑(panasa, phalasa),传遍亚欧。木波罗是桑科木波罗属多年生常绿乔木,树高五六丈。每次结实,多达十多枚,少的亦有五六枚,大如冬瓜,果实为聚花果,长30—60厘米,外皮作六角形瘤状凸起。中国广东、广西、云南、海南等处有栽培,5、6月熟时,剥去外皮,果肉味甜,且有糖分。子可炒食。树液和叶可供消肿解毒药。《梁书·扶南传》记扶南有波罗树,即木波罗。《隋书·真腊传》称作婆那娑,以为产在泰国、柬埔寨。《酉阳杂俎》以为出在波斯国、拂菻(拜占庭)。中印度摩揭陀国在647年派使者到长安,"献波罗树,树类白杨"(《新唐书》卷二百三十一上)。这里的波罗树就是木波罗。从此中国内地有了这个树种。中国华南的广东、广西、云南靠近越南的地方,至少在6、7世纪也有了波罗蜜。《云南志》卷六称丽水城出婆罗蜜果,大的像汉城甜瓜,"11、12月熟。皮如莲房,子处割之,色微红,似甜瓜,香可食"。在云南是珍贵果品。滇西蒙舍、永昌也有，但无香味。南印度各地在13、14世纪以后更大量出口波罗蜜。李时珍赞赏波罗蜜，"食之味至甜美如蜜，香气满室"（《本草纲目》卷三十一），是水果中的佳品。

原生巴西的凤梨

凤梨（Ananas comosus），凤梨科多年生常绿草本。原产巴西，茎短，剑状叶密生，花序顶生，花无柄，紫红色。复果肉质，果顶有冠芽。亦称王（黄）梨、波罗（菠萝），"波罗"一名容易和波罗蜜混淆。1848年吴其濬的《植物名实图考》以露兜子一名录入。东南亚各地都产。果实可生食，亦可制成罐头，东南亚产量特大。16世纪传入中国云南、福建、广东。叶纤维可制绳、织纱，或作造纸原料。

庵摩勒华名余甘子

庵摩勒（Phyllanthus emblica），梵文作amalaka，波斯文作amola，庵摩勒从波斯文音译。又称余甘子，中国南部有移栽。《南方草木状》、《齐民要术》、苏恭《唐本草》已有著录。《云南记》说："泸水南岸有余甘子树。子如弹丸许，色微黄，味酸苦。核有五棱。其树枝如柘枝，叶如小夜合叶。"（《太平御览》卷九百七十三）泸水即宜宾以西的金沙江，在川滇交界处。云南、广东等地是中国栽培庵摩勒的地方。苏颂《图经本草》说："庵摩勒，余甘子也。生岭南交、广、爱等州，今二广诸郡及四川蛮界山谷中皆有之。木高一二丈，枝条甚软，叶青细密，朝开暮敛，如夜合而叶微小，春生冬凋。三月有花着条而生，如粟粒微黄，随即结实作荚，每条三两子，至冬而熟，如李子状，青白色。连核作五六瓣，干即并核皆裂。其俗亦作果子，啖之，初觉味苦，良久更甘。故以名也。"云南至今有余甘子树。

药用植物诃黎勒

诃黎勒（Terminalia chebula），使君子科诃子属半常绿乔木，原产伊朗。梵文作haritaki，波斯语叫harila，阿拉伯语称halilaj，吐火罗语称arirak，藏语作arura。汉语从波斯文音译。其果实称诃子。《重修政和经史证类备用本草》卷十三引萧炳说:"波斯舶上来者,六路,黑色,肉厚者佳。"诃黎勒是种药用植物,通常五棱,六路即六棱,有六棱的是上品,多从波斯海运到广州。《海药本草》以为诃黎勒皮主嗽,肉主眼涩痛,可以治气消痰。波斯船员都常备诃黎勒、大腹槟榔,以防生病。据说遇到大鱼放涎滑,船不能通,煮诃黎勒洗擦,便可化水。唐代诃黎勒树已在广东移栽。元开《唐大和上东征传》、钱易《南部新书》记广州大云寺、法性寺和广中山村都有这树。法性寺所栽四五十株用作岁贡。据《云南志》,当时云南也产诃黎勒。巴格达的基督徒艾卜·阿里(卒于1080年)在他编的《方剂》书中,列有四种诃子,在喀布尔诃子、黑诃子、黄诃子之外,并有中国诃子。诃黎勒是仿伊朗造三勒浆不可或缺的成分。

伊朗美食巴旦杏

巴旦杏(Prunus amygdalus),蔷薇科落叶乔木,原产亚洲西部伊朗高原。果实扁平,果肉薄,成熟时干燥开裂,核脱落。古称扁桃、偏桃。《酉阳杂俎》卷十八称:"偏桃出波斯国,波斯国呼为婆淡树。长五六丈,围四五尺。叶似桃而阔大,三月开花,白色。花落结实,状如桃子而形偏,故谓之偏桃。其肉苦涩不可啖,核中仁甘甜。西域诸国并珍之"。巴旦杏别名婆淡,借用波斯语 badam,意思是"杏仁"。古代米地亚人用杏仁做面包,当粮食。《北户录》记苏门答腊岛上,"詹卑国出扁桃,形如半月状,取食绝香美"。中国南方也有可能是从苏门答腊引种栽培。6、7世纪以来,中国西北地区的新疆、甘肃就有栽培。元明时代陕西、甘肃都产扁桃,用作饼、面包,元代中国北方也像亚洲西部地区,爱上了这种食品。李时珍介绍:"巴旦杏出回回旧地,今关西诸土亦有。"14世纪郑和下西洋,随船通译马欢在阿丹(亚丁)、忽鲁谟厮(霍尔木兹)都见到巴旦,分别译作把担、把聃果,"把聃果如核桃样,尖长色白,内有仁,味胜核桃肉"。李时珍译作巴旦杏,"亦八担杏,又名忽鹿麻"(《本草纲目》卷二十九)。但忽鹿麻是椰枣,元明时代通称万年枣,不是巴旦杏。新疆至今以出产巴旦杏闻名。

果品又兼药材的番荔枝

番荔枝(Anona squamosa),马来语 sěrikaya,华语译作丝里喈。是原产墨西哥的落叶小乔木,后来传入太平洋和东亚。18世纪以来,中国福建、广东、广西、云南各地普遍栽培。《植物名实图考》始见著录。番荔枝树干高3—5米，叶呈披针形或矩圆形，排成两列，花黄绿色。聚合浆果球形或心状圆锥形。表面有瘤状突起，成熟时呈紫绿色，味甘甜可口。吴方震《岭南杂记》称番荔枝大如桃，果实擘开，白穰、黑子，味似波罗蜜。由于果实与闽广盛产的荔枝相似，因称番荔枝。在爪哇是一种常见的果品，价格很便宜。番荔枝的树皮可造纸，根供药用。

古译韶子的红毛丹

红毛丹（Nephelium lappoceum），无患子科荔枝属常绿乔木。《海岛逸志》称："红毛丹，树如枫柏，其实如草麻子，红如鲜荔，亦有白者，有黄者，味皆如荔枝。"是海外水果中的上品。红毛丹是马来语、印度尼西亚语rambutan或rambustan的音译。唐代陈藏器《本草拾遗》已有著录，称韶子。《桂海虞衡志》作山韶子。《植物名实图考》作毛荔枝。果实椭圆形，生满软刺，成熟时黄色或红色，多汁，味酸甜。干品黑褐色。苏门答腊亚齐所产良种，核与肉容易剥离。中国海南、台湾也有出产。

爪哇美食莽吉柿

山竹（Garcinia mangostana），原产热带亚洲的藤黄科果木。马来语、爪哇语称作manggis，古代马来西亚称manggusta或manggistan，泰国称mangkut（张礼千：《山竹》，新加坡《南洋学报》第2卷第1期）。华侨称作山竹，亦称倒捻子、都念子。据石声汉考订，《齐民要术》中的多南子就是《植物名实图考》中的石都念子。马欢《瀛涯胜览》译作莽吉柿，称道爪哇"莽吉柿如石榴样，皮内如橘囊样，有白肉四块，味甜酸，甚可食"。《华夷考》说，"莽吉柿如石榴样，皮厚润有橘囊，榉白肉四块，甘酸可食。出爪哇国，夷人呼为网滑"。莽吉柿大小和苹果仿佛，味美，有"果中王后"之称。《东西洋考》列举西马来西亚的柔佛、彭亨都产莽吉柿。莽吉柿也译作茫姑生（《海录》）、望吃（《海岛逸志》）。《海岛逸志》记："望吃，树如山茶，实如石榴，皮黑肉白，味甜而多浆，甚消渴。其壳可用以染布。"《17世纪东印度航海记》从荷兰人的角度，称赞山竹滋味如奶油，"人们通常将此果拌以沙糖和香料，然后盛入精美的中国瓷盘，作为最可口的菜点陈于宴席。若将它和水煎沸，还是一种卓有成效的防治高血压的药剂。山竹树大小和桑树一般，生长速度极慢"。台湾栽培山竹的历史较久。

阿拉伯人的口粮椰枣

椰枣（Phoenix dactylifera），是枣椰树果，属棕榈科常绿乔木，分布在大西洋东部加那利群岛和印度河流域之间的高热干旱区域。古埃及铭文中已有枣椰树。枣椰树粗壮高大，枝叶在顶端向四周丛生，4世纪徐衷《南方记》译称夫漏树，"夫漏"是埃及人柯普特语中的"枣"（bunna）字。汉译古称海枣或千年枣（千岁果）。3世纪时有一种枣榛，据《吴时外国志》曰：大秦国有枣榛、胡桃、莲藕、杂果"（《艺文类聚》卷八十七）。《吴时外国志》大约就是《吴时外国传》，当时的大秦国包括小亚细亚和阿拉伯，枣榛可能是椰枣最早的译名，后来才有"海枣"、"夫漏"、"千年枣"等名称。椰枣曾作为军粮，在古希腊马其顿王亚历山大远征期间，有一次拯救了陷于饥馑中的远征军。希腊人很喜爱吃椰枣，但必须从海外进口，所以视作珍奢。在阿拉伯世界，特别是在沿海地区，到处出产椰枣。沿着阿拉伯半岛，从波斯湾到红海，红海西岸的努比亚，以及北非沿岸，都出产椰枣。阿拉伯穆斯林在开斋节过后，第一顿饭便是椰枣。椰枣的波斯语叫窟莽（khurma）。"人食窟莽、马食干鱼"，便是中古阿拉伯人的生活写照。

中国人首先从越南北部得知枣椰树，晋代从林邑引种。《南方草木状》记述海枣五年结实一次，284年林邑献海枣百枚。于是两广等地正式加以栽培。唐代椰枣经海路大批运到广东，得知波斯语名窟莽。《酉阳杂俎》记波斯枣二月生花，状如蕉。"子长二寸，黄白色，有核，熟则子黑，状类干枣。味甘如饧可食"。唐代陈藏器《本草拾遗》中以为波斯枣别称"无漏"，是夫漏的另一种译法。波斯枣经阿拉伯、波斯侨商之手，在唐代已移栽广州，《岭表录异》记载很详细。到了元代，将波斯枣译作苦鲁麻枣。明代称万年枣或波斯枣。又因果色金黄，称金果树。李时珍提到成都有金果树，那是个四川名称。枣椰树还是一种优良的船用木材，"俗名紫京，坚重过铁力木"（《南越笔记》）。好处是入水及遇风雨不朽，并可造房子，但有些许皱裂，所以不贵。枣椰树在广东、广西、海南均有栽种。

第六章
古代香药连称的香料和药材

阿拉伯特产：乳香

乳香（Boswellia carteri, Boswellia freereana），橄榄科乳香属小乔木，古名薰陆。最早是3世纪的《魏略》，记述大秦（罗马帝国及阿拉伯半岛）物产中有薰陆。长期以来，乳香一直是印度洋西部地区南阿拉伯和亚丁湾南岸的特产，埃及碑铭中，将公元前16世纪的邦特国称作乳香国。乳香因色白得名，埃及苇纸文书中名为白香，希伯来语、阿拉伯语、希腊语都解作乳白。阿拉伯半岛沿海的佐法尔、香岸（汉达拉毛）和非洲索马里是乳香的三大产地。乳香属植物主要是梅迪树（B.c.）和迈迪树（B.f.）所产的脂液，古代邦特国的乳香正是梅迪树（齿叶乳香）的香脂。乳香有熏香、照明、制作香脂及供药用等多种用途。10世纪以后，乳香大批量从阿拉伯和索马里海运广州，共分九等十三品，以圆大如指头的拣香为最上品，俗称滴乳。

早到3世纪时，《广志》已说乳香产在交州和大秦海边。在越南北部有实物可以见到。当时交州是中国南方的边省，自那时起，中国已具备了栽培乳香的技术经验。宋代在乳香之外同时进口的薰陆香，是近代医药中常用的薰陆香（Pistacia

文明志

——万年来，人类科学与艺术的演进

lentiscus）。系一种漆树科（Anarcardiaceae）常绿小乔木的脂液，亦称乳香，多野生地中海北岸和亚丁湾南岸，具有偶数羽状复叶，小叶全缘，与乳香奇数羽状复叶，小叶锯齿不同。这种薰陆除药用外，又可作香料，溶入酒精制作假漆，或作填齿料。宋代进口的薰陆香正是这种来自越南等地的薰陆树脂。所以《广志》说："乳香即南海波斯国松树脂。"（洪刍《香谱》引）陈承《本草别说》称："薰陆香西出天竺，南出波斯等国。西者色黄白，南者色紫赤。"这是指经过印度转运到中国的乳香，其色黄白的是正品。而生在南海波斯国的，其色紫赤，是近代药用薰陆香。南海波斯，就是马来波斯。所以《殊域周咨录》卷九云南百夷条产物中有乳香，来自滇缅边境。《东西洋考》占城（越南中部）和暹罗（泰国）物产中也有乳香。但是由于乳香品类极多，商业上又多有虚假运作，进口货中对产自南海和产自阿拉伯世界的，常有混淆，因此有"薰陆是总名，乳是薰陆之乳头也"的说法（《本草纲目》卷三十四）。

乳香在中国本土移栽，比较可信的是在北宋时代。沈括评论段成式《酉阳杂俎》一木五香说，以为"沉香树胶是薰陆"的谬论时指出，"薰陆小木而大叶，海南亦有薰陆，乃其胶也，今谓之乳头香"（《梦溪笔谈》卷二十二）。这种乳头香，该是最早原生索马里或汉达拉毛的梅迪树，11世纪时海南岛有栽培。乳香在当时不但进口量大，而且本国也有出产，所以成为易得的财源，叶廷珪《香谱》记曹务光治理赵州，手面大到用盆焚乳香，说是"财易得，佛难求"。清人檀萃《滇海虞衡志》记乳香出老挝土司，明代在老挝置有宣慰司，也算是滇南；另有一种水乳香出镇康州。老挝乳香当是药用薰陆，滇西怒江东南镇康的水乳香才是梅迪树的衍生种，18世纪繁殖在云南怒江地区。

扬名于世的印度胡椒

胡椒（Piper nigrum），胡椒科多年生藤本。球形浆果，黄红色，未成熟果实干后果皮皱缩色黑，称黑胡椒；成熟果实脱皮后色白，称白胡椒。原产印度、马来群岛等热带亚洲地区。果实碾碎后成粉状，是著名的调味料，有2 000多年历史。罗马人阿皮修斯在公元前27年写的《烹饪艺术》，特别提到从东方运去的调料和香草最受人注意，人们偏爱用胡椒，还有茴香。胡椒，梵名marica，波斯语pilpil，汉语译作荜茇。中国古籍中最早记录的是荜茇，但荜茇（Piper longum），俗称长胡椒，虽然同属胡椒科，却与胡椒不同。徐衷《南方记》以为胡椒生南海诸国。《海药本草》首先将胡椒作为海外药物加以著录。但据3世纪时嵇含《南方草木状》，荜茇即蒟酱，广东番禺和越南北部（交趾、九真）早在东汉以后便已栽培。"蒟酱，荜茇也。生于蕃国者，大而紫，谓之荜茇。生于番禺者，小而青，谓之蒟焉。可以调食，故谓之酱焉。交趾、九真人家多种，蔓生"。这种蒟酱在公元前3世纪楚将庄蹻入滇时，在云贵高原的贵州便有了。

胡椒一名是公元2世纪后才有，最早记录的是《后汉书·天竺传》卷一百一十八。《酉阳杂俎》卷十八记"胡椒出摩伽陀国，呼为昧履支（marica）。其苗蔓生，极柔弱。叶长寸半，有细条与叶齐。条上结子，两两相对。其叶晨开暮合，合则裹其子于叶中，形似汉椒，至辛辣。六月采。今人作胡盘肉食皆用之"。同书

16世纪在伊斯坦布尔进行的香料贸易

又记："荜茇出摩伽陀国，呼为荜茇梨（pippali），拂菻国呼为阿梨诃他。苗长三四尺，茎细如箸，叶似蕺叶，子似桑椹，八月采。"苏恭《唐本草》以为荜茇生波斯国，这里的波斯是马来波斯。12世纪以后爪哇各地盛产胡椒，运到中国极多。国人又从南印度胡椒海岸直接运输胡椒来华，达四五个世纪之久。中国南方栽培胡椒，不过一二百年历史，海南、云南有引种。

清热药物芦荟

芦荟（Aloe arborescens var.natalensis），百合科多年生多浆植物。原生南非。株高可2米，茎叶具白粉。夏季开黄色红斑小花，性喜阳光、湿润。芦荟品类极多，中世纪在东南亚各地均有分布。阿拉伯地理书中有产在马来半岛的al Kamrumi，柬埔寨的al Kamari，称作al-Sanfi的占婆芦荟，以及罗斛芦荟（lawaki），但品质都无法和索科特拉芦荟相比。索马里南部山地盛产芦荟，10世纪以后通过佐法尔运到中国的很多。这种"草属"观叶植物芦荟，"其状如鲨尾，土人采而以玉器捣研之，熬而成膏，置诸皮袋中，名曰芦荟"（《诸蕃志》下）。芦荟一名借自阿拉伯语alua，波斯语alwā，唐代陈藏器《本草拾遗》称讷会，李珣《海药本

草》写作芦荟,《开宝本草》中叫奴会,都是阿拉伯译名。李珣说:"芦荟生波斯国,状如黑饧,乃树脂也。"波斯不产芦荟,可能是因运销芦荟而有名,马来波斯倒真是出产芦荟的地方。中国南方繁衍的芦荟,是从这些地方引种,Aloe vera var. chinensis,云南元江地区有野生。广东、广西栽培芦荟在宋代以后,用扦插或分株可以移栽,《开宝本草》有著录。芦荟以叶汁干燥后的块膏入药,功能清热、杀虫,主治小儿疳积、便秘。近年多盆栽供室内观赏,并制作化妆品。

古来入药的罂粟

罂粟(Papaver somniferum),又称观赏罂粟,罂粟科二年生草本。原产南欧、希腊。夏季开红、白、紫色大型花,单生枝顶,花瓣四片。蒴果球形或椭圆形。果中乳汁干燥后称鸦片,成棕色或黑色干膏块,含吗啡(约10%)、可卡因和其他生物碱,用粉末入药,有镇痛、止咳、止泻等效用。含毒较多的是冰岛罂粟(Papaver nudicaule)和东方罂粟(papaver orientale),常用易成瘾,致体质衰弱,精神萎靡。果壳亦入药,称罂粟壳。种子小而多,含有罂粟籽油70%,罂粟籽油含亚油酸、亚

欢乐草　　　　罂粟果

印度莫卧儿王朝的吸鸦片者　　　清朝官员吸食鸦片

麻酸、油酸和棕榈酸，其中含量高达66%的亚油酸可作药用。在3 000年以前，地中海地区已将罂粟作为油料使用。667年拜占庭使节向唐高宗馈赠的底也伽药丸，是希腊名医盖伦和罗马的普林尼都用过的一种万能解毒药，中间配有鸦片，鸦片的传入中国，以这一次为最早。亚油酸和亚麻酸都是人体不能自行合成的脂肪酸，却有降低胆固醇的作用。以亚油酸为主要原料生产的药物益寿宁、血脂平、延寿平、亚油酸胶丸，主要用做治动脉硬化和冠心病。罂粟籽，古人称罂粟之米，已知甘平无毒，可作汤饭、菜肴。《本草纲目》称："研其米水煮，加蜜作汤饭甚宜；嫩苗作蔬食极佳，榨其米作菜肴，久食解胸闷，益血畅。"鸦片自元朝以来，应用渐广。元代写作阿肥荣、阿夫荣，译自阿拉伯语Afyoon，波斯语Apyoon。明代以阿片、阿芙蓉相称。《普剂方》译作阿飞勇，俗名鸦片。李时珍评述鸦片，前代罕闻，是明代才有用作药物的。《医林集要》说出在天方国（麦加），"红罂粟花，不令水淹头。七、八月花谢后，刺青皮取之"。19世纪以来英美商人偷运印度鸦片，在中国沿海各地泛滥成灾。中国西部及东北亦有栽培罂粟的。现在世界绝大部分地区禁种罂粟，作为观赏花卉取代它的是在园艺上可以见到的同科不同属的虞美人（Papaver rhoeas），又名丽春花、赛牡丹、满园春。每年4—5月开红、白、紫等色和白边红花。

波斯莳萝移种岭南

　　莳萝（Anethum graveelens），又名土茴香，伞形科多年生草本，原产欧洲南部和黑海南岸。中古波斯语名zira，后来传入印度，转成jira。莳萝是波斯语音译，它的别名枯茗，也取自波斯语kamūn。有野生和一二年生的栽培种。夏季开黄色小花，果实椭圆形，可提芳香油，亦作健脾开胃消食药。波斯产的黄色，性烈；克尔曼（波斯湾北岸）产的色黑，阿布·曼苏尔认为最优良；此外尚有叙利亚种和那巴特种（阿拉伯北部）。唐慎微《证类本草》译作慈勒。《海药本草》引《广州记》，指认莳萝生波斯国。"马芹子色黑而重，莳萝子色褐而轻，以此为别。善滋食味，多食无损"。莳萝是一种很好的调味品，但如果和阿魏同食，那么就会夺去鲜味。中国栽培莳萝，大约先北方，后南方。李时珍以为"莳萝又名小茴香"（《本草纲目》卷二十六）。其实小茴香是茴香（Foeniculum vulgare）的俗称，原产欧洲南部，与莳萝同属伞形科，是多年生宿根草本，性喜温暖，宜在砂壤土生长，春秋都可播种，春季可分株繁殖。夏秋开黄色花，椭圆形果实黄绿色，用作香料；果实入药，主治脘腹胀满、寒疝腹痛，功用和木兰科的八角茴香相同。中国各地栽培较多。《图经草本》说交、广诸番都出茴香，至少唐代以来南方就有栽培了。

丁香古名鸡舌香

丁香（Syzygium aromaticum），桃金娘科常绿乔木。夏季开淡紫色花，花蕾的干制品即丁子香，果实长倒卵形或长椭圆形，称母丁香（丁香母）。原产地是印度尼西亚马鲁古群岛中的五岛（五马洲，Gomode）。因花蕾如鸡舌，又如丁子，称鸡舌香、丁子香。应劭《汉官仪》中有鸡舌香，是最早的文字。3世纪康泰出使扶南（今柬埔寨、泰国），得知"五马洲出鸡舌香"（《太平御览》卷九百八十一引《吴时外国传》）。鸡舌香是丁香最早的名称，《齐民要术》作丁子香，《药性论》称丁香。马鲁古群岛中的德那第（Ternate）、蒂多莱（Tidore）二小岛是丁香的大宗产地。丁香的土名正是Tidore语的Gomode。大约在15世纪葡萄牙人东来前不久，安汶岛也栽种了丁香。1770年丁香移植到毛里求斯岛，后来圭亚那、东非桑给巴尔岛和奔巴岛都种上了丁香，作为这些地方单一经济的支柱。《诸蕃志》说丁香，"其状似丁字，因此名之。能辟口气，郎官咀以奏事，其大者谓之丁香母，丁香母即鸡舌香也。或曰鸡舌香，千年枣实也"。鸡舌香其实与枣椰树（千年枣）是不同的树木。7世纪时中南半岛都有移植，《唐本草》说："鸡舌香树叶及皮并似栗，花如梅花，子似枣核，此雌树也，不入香用。其雄树虽花不实，采花酿之以成香，出昆仑及交州、爱州以南。"昆仑国在泰国湾西岸，当时越南和泰国湾都已出产丁香。海南的丁香，也在唐宋时代移植。《海药本草》称："丁香生东海及昆仑国。二月三月花开紫白色，至七月方始成实，小者为丁香，大者如巴豆，为母丁香。"由丁香制成的丁香油，很名贵。

和胃化湿的白豆蔻

白豆蔻（Amomum cardamomum, Amomum kravanh），原产印度、斯里兰卡、泰国、越南等处的姜科多年生常绿草本。形似芭蕉，秋季结实，蒴果卵圆形，可作调味料。种子入药，能化湿、行气、和胃。另一种草豆蔻（Amomum costatum），也属姜科多年生草本，种子亦入药，或制蜜饯。草豆蔻又称草蔻或草果，唐代由越南北部（交趾）移植广西，再传入广东、福建、云南。此外更有一种肉豆蔻科常绿乔木肉豆蔻（Myristica fragrans），球果的假种皮和仁，是上等调味品，中医亦用作药物。中国古书上的荳蔻（豆蔻）多指白豆蔻或草蔻，是巴利语白豆蔻（takkola）的译音，又译作多骨。《本草拾遗》说："白豆蔻出加古罗国，呼为多骨。其草形如芭蕉，叶似杜若，长八九尺而光滑，冬夏不凋。花浅黄色，子作朵如葡萄，初出微青，熟则变白，七月采之。"加古罗国，也就是阿拉伯语中的白豆蔻（kakula）国，在泰国南部的达瓜巴（塔库巴）一带。《图经本草》称10世纪以后广州、宜州亦多种白豆蔻，"不及番舶来者佳"，说的是品位在泰国豆蔻之下。《诸蕃志》有这样的描述："白豆蔻出真腊、阇婆等番，惟真腊最多。树如丝瓜，实如葡萄，蔓衍山谷，春花夏实，听民从便采取"。曼谷湾附近的真腊是出产上等白豆蔻最多的国家，中国从那里进口这类香料。

名目繁多的沉香

沉香（Aloexylon agallochum, Aquilaria agallocha），瑞香科常绿乔木，原产印度、泰国、越南，中国广东、广西、海南、台湾亦有栽培。又名伽南香、奇南香（《殊域周咨录》）、棋楠香，译自占语gahla；或称香木（《海岛逸志》）。现代的研究表明，沉香主要产自瑞香科沉香属的8个树种，印度沉香树、厚沉香树（又称奇南沉香树）、马来沉香树（又称容水沉香树）、白木香树（又称莞香树）等香木根干的树脂腺经多年形成的"香结"，混合了树胶、树脂、挥发油、木质等多种成分。沉香的梵文作agaru，马来语名kelambak或agharu，中译称茄蓝木（《岛夷志略》）、迦兰香（《西洋朝贡典录》）。阿拉伯语称aloes。英语eaglewood从葡萄牙语pao d' aquila、法语bois d' aigle转来。沉香又名沉水香、沉速香。沉速是沉香和速香的合称，上等的称沉香，出自多年老木根，次等的出自树干，宋代称栈香（笺香、煎香），元代称速香。此树来源不一，上等的取自Aloexylon agallochum的心材，次等的出自Aquilaria agallocha。二者都分布在赤道至北纬24°的中国和印度之间的广大地区，可作上等熏香料。中医用树根或心材入药，主治气逆、喘息、呕吐、脘腹疼痛。沉香品类极多，因香结聚不同，而有各种名称。早在3世纪，《南方草本状》已有八香同树之说："交趾有蜜香树，杆似拒柳，其花白而繁，其叶如橘，欲取香，伐之。经年，其根杆枝节各有别色也。木心与节坚黑，沉水者为沉香；与水面平者为鸡骨香；其根为黄熟香；其杆为栈香；细枝坚实未烂者为青桂香；其根节轻而大者为马蹄香；其花不香，成实乃香为鸡舌香。珍异之木也。"《唐本草》有"沉香、青桂、鸡骨、马蹄、煎香同是一树"说，区别在于产品的部位、季节和品质不同。

9、10世纪以后广东、海南、广西等处都出产沉香、青桂等香，据《本草衍义》，普遍到"岭南诸郡悉有。傍海处尤多，交干连枝，岗岭相接，千里不绝"。山民用蜜香树木构筑茅庐、桥梁，做饭甑、狗槽，产香的树不过百分之一二。"盖木得水方结，多在折枝枯干中，或为沉，或为煎，或为黄熟。自枯死者谓之水盘香，南息、高、窦等州惟产生结香"。又说："香之良者惟在琼、崖等州，俗谓角沉、黄沉，乃枯木得者,宜入药用;依木皮而结者,谓之青桂,气尤清。在土中岁久,不待创剔而成薄片者,谓之龙鳞,削之自卷,咀之柔韧者,谓之白蜡沉,尤难得也。"李时珍按照沉香的药效,分为三等,上等曰沉香,次等曰栈香或煎香,再次曰黄熟香。沉香入水即沉,分熟结、生结、脱落、虫漏四品;生结为上,熟脱次之;坚黑为上,黄色次之。栈香入水半浮半沉,或作煎香,番名婆木,又名弄水香。黄熟香,分生速、熟速,不入药用。宋代蔡絛《铁围山丛谈》以为进口沉香,占城不如真腊(泰国、柬埔寨、老挝),真腊不如海南黎峒,黎峒又以万安黎母山东峒为第一,称海南沉,一片值万钱。范成大《桂海虞衡志》说:黎峒出产的叫土沉香(Aquilaria sinensis),或叫崖香,虽薄如纸,入水亦沉。广东高州、化州所出,都是栈香。

索马里木香

索马里木香古称青木香(Aucklandia costus),菊科多年生宿根草,根供药用。青木香又名木香、木蜜香(《本草经》),和瑞香科的蜜香(木蜜)、蔷薇科的棚架藤本木香(Rosa banksiae)不同。木香原产阿拉伯香岸、佐法尔和索马里沿海。木香茎高一二米,叶互生,每年7、8月开黄花,有圆柱或圆锥形根,外皮灰黄或浅棕,内部灰褐色。云南产的云木香(Saussurea lappa),山野自生,每年7、8月开筒状紫绿色花。木香本来都从云南西部陆路运进,到6世纪改从海路运进,便通称青木香了。在唐代,从云南西部沿澜沧江向南直达曼谷湾,有一条青木香山路,专运青木香。中医入药,用治毒肿消恶气。公元1世纪阿拉伯、叙利亚、印度三种木香已闻名于世。宋代对木香和青木香分得很清。1113年的进口货单中,既有木香,又有青木香。《政和证类本草》卷六引《南州异物志》:"青木香出天竺,是草根状,如甘草。"明代以来,云南盛产木香。《殊域周咨录》卷九云南百夷物产中有木香,又有西木香。木香是当地的菊科植物,云木香、西木香是从印度、缅甸运去。现在云南各地多产木香。四川、广西等区亦有栽培,称川木香(Vladimiria souliei)、越木香(Vladimiria denticulata)。

芳香开窍的龙脑

龙脑(Dryobalanops aromatica),是龙脑香科大乔木所产芳香树脂。又称脑子,一名梅花脑或冰片。原产苏门答腊、加里曼丹等赤道至北纬3°的南海群岛。

梵语称羯布罗香（Karpūra），在南印度亦有。是一种香料，中医用作芳香开窍药。玄奘记此香要待木干之后析出，"状若云母，色如冰雪，此所谓龙脑香也"（《大唐西域记》卷十）。另一种产龙脑油，制成膏，称婆律膏。婆律是国名，又是孟语paròt（龙脑）的音译，《别录》最早记载龙脑香出波律树，是根据孟语，这种树出在马来半岛的古国狼牙修境内，在泰国南部和马来半岛境内。波律又作婆律，《酉阳杂俎》卷十八称："龙脑香树出婆利国，婆利呼为固不婆律，亦出波斯国（马来波斯——引者）。树高八九丈，大可六七围，叶圆而背白，无花实，其树有肥有瘦，瘦者有婆律膏香。一曰瘦者出龙脑香，肥者出婆律膏也。在木心中，断其树劈取之，膏于树端流出，斫树作坎而承之，入药用别有法。"婆利国在苏门答腊西部，固不婆律译自马来语龙脑香（Kapur barus）。《唐本草》说，"龙脑是树根中干脂，婆律香是根下清脂，旧出婆律国，因以为名也"。婆律香又作婆律膏，或称脑油。因产地有南北之别而名称有变，泰国南部、马来亚产的叫婆律膏，苏门答腊产的叫龙脑，都是6、7世纪后才成批运到中国。《海药本草》也说："是西海波律国波律树中脂也，状如白胶香。"

《诸蕃志》将龙脑称作脑子，分成五等，最好的是成片的梅花脑，俗称冰片脑，片脑；其次速脑；再次金脚脑；四是碎屑，叫米脑；第五等是碎屑中杂有木屑的，叫苍脑。《诸蕃志》记龙脑的采集，"脑之树如杉，生于深山穷谷中，经千百年，支干不曾损动，则有之，否则脑随气泄。土人入山采脑，须数十为群，以木皮为衣，赍沙糊为粮，分路而去。遇脑树则以斧斫记，至十余株，然后截段均分，各以所得，解作板段，随其板傍横裂而成缝。脑出于缝中，劈而取之"。《华夷考》以片脑"产暹罗诸国，高二三丈，皮理如沙柳，脑则其皮间凝液也。岛夷以锯付犺就谷中，尺断而出，剥采之，有大如指、厚如二青钱者，香味清烈，莹洁可爱，谓之梅花片，鬻至中国，擅翔价焉"。中国采伐龙脑树，在10世纪以后，《图经本草》说，广东南海山中亦有龙脑树。

南海天然食品槟榔

槟榔（Areca catechu），原产东南亚的棕榈科常绿乔木。结果橙红色，长椭圆形。种子叫槟榔子，含槟榔碱和鞣酸，供食用，清口气，中医用治虫积、食滞、脘腹胀痛、水肿、脚气等症。果皮称大腹皮，有行气、利水、消肿之效。中国广东、海南早就有槟榔，是从马来语pinang转借。《上林赋》中的仁频是著录最早的槟榔，借自海南岛黎族、峒族语言。《齐民要术》中有槟榔的生态描述。陶弘景《名医别录》称："槟榔生南海。弘景曰,此有三四种。出交州者,形小味甘。广州以南者,形大味涩。又有大者名猪槟榔,皆可作药。小者名蒳子,俗呼为槟榔孙,亦可食。"《岭外代答》卷八说："槟榔生海南黎峒,亦产交趾。木如棕榈,结子叶间如柳条,颗颗丛缀其上,春取之为软槟榔,极可口。夏秋采而干之为米槟榔。渍之以盐为盐槟榔。小而尖者为鸡心槟榔,大而匾者为大腹子。悉下气药也。"宋代鲜槟榔、盐槟榔都出在海南。鸡心、大腹子都出在菲律宾南部的麻逸。爪哇人还酿制槟榔酒,运到泉州、广州销售。槟榔在广东、福建、海南、台湾都有栽培。

美味调料辣椒

辣椒(Cochlearia rusticana),茄科一年生草本,原产南美洲热带,在热带为多年生灌木。花单生或簇生,开白色或淡紫色花。浆果未熟时绿色,成熟后是红色或橙黄色。性喜温暖,通常冬春温室育苗,或终霜后露地育苗移栽。古代墨西哥的玛雅文化已培育了辣椒。辣椒在16世纪由海上传入中国沿海,《遵生八笺》和《草花谱》最早记述,用的名称是"番椒"。番椒最初只作观赏植物,因浆果形状不一,色彩鲜丽,而有各种俗名。《东西洋考》卷四称,东爪哇葛力石(新埠)物产中有蜡椒,蜡椒是辣椒的早期译名,可能因色泽如蜡而得名。后来用作调味品和蔬菜。根据辣味的有无,分成甜椒(俗称菜椒)和辣椒两类。辣椒老熟果实晒干后成辣椒干,易于保存,长年取用,或加工成辣椒粉、辣椒酱,是鲜美的调味品。中国南北各地普遍栽培。菜肴中加入辣椒,可以增加滋味,又除寒祛湿,内地山区和北方寒冷地区居民尤其乐于食用。自辣椒栽种推广后,昂贵的胡椒、丁香等香料的进口量也大大下降。湖南、四川等地更是"无辣不成菜",对南方川菜、湘菜特色的形成,有着推波助澜的功效。

珍贵香料肉桂

肉桂(Cinnamomum loureirii),樟科常绿乔木,原产中国南方。肉桂又称玉桂、牡桂、菌桂、筒桂、椒桂,是一种桂木的树皮。夏季开小白花,树皮树枝可入药。中国古代文献中将肉桂和木樨科木樨属常绿阔叶乔木的桂树(Cassia)通称为桂,《说文解字》称:"桂,江南之木,百药之长。"肉桂树皮极香,含挥发油肉桂醛,是名贵香料。但由于桂的含义不清,自希腊罗马以来的欧洲文献,在长时期中对中国肉桂难以分辨，有时称Cinnamomum，有时又称Cassia。陶弘景称桂出自"交州、桂州者，形段小多脂肉"（《政和证类本草》卷十二引），所以有肉桂之名。桂皮有厚嫩、老薄之分，陈藏器《本草拾遗》说："桂皮厚者必嫩，薄者必老，以老薄者为一色，以厚嫩者为一色。嫩既辛香，兼又卷筒；老必味淡，自然板薄。"（同上引）厚嫩的呈卷筒状，老薄的呈板片状。

肉桂在公元前许多世纪，通过印度洋海流媒介，已植根亚丁湾沿岸。公元前15世纪，埃及女王哈特休普苏派船队到邦特国去取宝，其中就有著名的肉桂。公元前5世纪希罗多德也认为肉桂和桂皮出在阿拉伯半岛南部，后来罗马作家又把肉桂国定位在印度洋南部的居住地。史特拉波知道肉桂产在沙比、埃塞俄比亚和南印度。事实是斯里兰卡不仅出产一种锡兰肉桂（Cinnamomum zeylanicum），而且很早这里便是印度洋海上交通的枢纽了，中国肉桂因此可以通过这里运到索马里沿海，再和桂皮相混，进入阿拉伯和埃及。肉桂的阿拉伯语名dār-sini，意思是"中国药"、"中国桂皮"，借自波斯帕拉维语名词"中国药"（dar-i-tchini）。罗马人的Cinnamomum也出自古波斯语tchinamum，公元前1世纪米斯里达特时期，一种含鸦片的软糖药剂中已有肉桂。中医将肉桂作为温肾、祛寒、止痛的良药，君迪沙普尔的皇家医学院也早在4世纪将肉桂作为镇痛剂，用24梅提卡勒的中国肉桂，加入治疗眼镜蛇咬伤的片剂中临床使用。后来又传到印度和孟加拉国。

在9世纪伊本·郭大贝写的《郡国道程志》中，这位阿拉伯作家提到中国沿海各港的出口货中有肉桂。在970年左右用新波斯文写成的《药学纲要》中，波斯药学家阿布·曼苏尔留下了有关中国肉桂的正式记录。差不多同时，阿拉伯地理学家曼苏地在《黄金草原》中将巴格达商店中的25种香料一一开列，他用的桂皮有al-qirfah（锡兰肉桂），还有一种al-salikhah（中国肉桂），是一种细小轻薄的肉桂。Qirfah-kuruwa是泰米尔语中的肉桂，系肉桂的一种赤道品种，它的药用价值在14世纪以前不如中国肉桂。但后来因海运昌盛，从东南亚和印度运到西亚的有许多肉桂的代用品，都被称作selikha。设拉子的药剂师宰因·丁（1329—1403年）在1369年完成的《秘方汇编》中，引证希腊医生希波克拉特和叙利亚医生盖伦等用希腊文写作的西方医生，运用中国桂皮入药的体验：

> 希波克拉特指出，桂皮可使人终生精力旺盛。盖伦（约120—200年——引者）断言，桂皮可以健胃清脑并保持记忆。迪奥斯科里德认为桂皮可明目、调经；治疗头晕昏厥，恢复嗅觉，制止高烧。巴鲁士（7世纪人——引者）写过，桂皮可治疗面瘫和肌肉的松弛。鲁夫斯见到黄疸病，便开出有桂皮的处方，剂量是1第拉姆。据说，它会增加膀胱的负荷，因此要加上欧洲

的细辛。更有人说，它会造成脾脏不适，必须用紫罗兰膏加以缓和。其代用品selikha，要用正宗桂皮重量的1倍又半。有时他们还推荐使用荜澄茄、沙地柏或巴比伦柳。据易斯哈格的说法，其代用品是1第拉姆的高良姜，或2第拉姆的沙地柏。

研究波斯手稿的法国东方学家阿里·玛扎海里认为，selikha是叙利亚文翻译希腊文cassia（肉桂、桂皮），和这个名词同时使用的还有cinnamomum和伊斯兰世界的darsini（中国药）。selikha和qirfa的品质都低于正宗的中国桂皮，selikha可以是一些较细小的桂皮或桂枝，qirfa是来自东南亚和锡兰的桂皮，富有丁香花蕾的香味，这个词出于马来文kurupas（树皮）。一直到14世纪，正宗的桂皮在伊斯兰世界享有很高的声誉，它是优良的药剂、精细的香精和酿酒的香料。阿拉伯药学家伊本·贝塔尔时代，已经有好多种selikha。按照伊本·朱泽莱的辨认，他知道的selikha至少有四个品种，最好的一种是淡红色、长而光滑的。黑色的质量最差。马利克·莫扎法尔王子（卒于1294年）在南阿拉伯的药材市场上见到最佳的桂皮是中国产品，他将中国桂皮定名为Darsini，但他也认识到，当时已有许多品种。他说："真正的桂皮是中国桂皮，但也有一种质量低劣的桂皮叫树药（darsus），此外还有真正的桂皮和丁香桂皮（al-qirfa）。"他写道：

> 大家认为selikha的质量比中国桂皮要高。其最佳品种是淡红色，长而光滑。黑色的质量最差，selikha是3度热药，可以祛除积气，略作收敛作用。若与蜂蜜同服，则是一种强壮剂。它是一种洗眼剂，又是医治牙周炎的药，一种利尿剂、解蛇毒药和堕胎药。其剂量是1第拉姆。

由于在商业上，selikha改善了质量，货源充足，特别是10世纪越南独立后扩大了selikha的外销，使selikha的国际声誉大为提高，遂使早先被认作中国肉桂的货色退出中东市场，从14世纪起被当作了锡兰肉桂。所以在宰因·丁的著作中，伊斯兰世界便大肆鼓吹锡兰肉桂了。锡兰肉桂比起中国肉桂，只能算是一种细枝肉桂，14世纪以来，在中国肉桂栽培技术的影响下，锡兰的桂树种植园才开始有了起色。由于14世纪以来海外华人在苏门答腊的巨港控制着印度洋贸易，中国人将肉桂栽培技术传到了锡兰，使僧伽罗人兴建了自己的桂树种植园。于是锡兰的肉桂便在波斯和穆斯林世界大为弘扬，后来又得到葡萄牙人的传扬而享誉欧洲。到了19世纪中国肉桂再度占领国际市场，由于中国肉桂质量高而价格低，终于战胜锡兰肉桂，以致达布里·德·蒂埃尚（《中国人的药剂学》第154

页）承认：“锡兰桂皮比中国桂皮用得少，因为它的价格要高些。”因此之故，当时英国人将肉桂的知识介绍给美国人的，其实指的是锡兰桂皮，当初美国人眼中的“桂皮”，实际上是桂圆肉，而真正的桂皮则是锡兰桂皮（索普《化学家辞典》）。直到1909年，像布卢姆这样的植物学家，还在按照欧洲药材市场的商业运作，误认中国桂皮是锡兰桂皮衍生出来的不同品种。而历史的实际则是，拉丁文Cinnamomum（皮桂）这个名词，就辞源来说就是指中国桂皮。至于Cassia这个词，原意只是“能入药的树皮”，虽则在两千年前，这种能入药的树皮也只有中国桂皮才能相当，不如近代在商业中有许多代用品（如苏丹或塞舌尔出产的）可以充当。

久享盛名的中国大黄

大黄（Rheum officinale），原生中国西部的蓼科多年生高大草本。根状茎粗壮，茎直立。夏季开淡绿色或黄白色花。多生于阴凉的山地，以湖北、陕西、四川、云南为多。大黄含大黄素、儿茶酸、大黄柯因和大黄酶。中医以根状茎入药，性寒，味苦，功能泻火解毒，主治痢疾、便秘、腹胀、黄疸、瘀血、经闭、痈肿，外敷治烫伤。有马蹄大黄、四川大黄、南大黄等别称。并有掌形大黄（Rhuem palmatum，北大黄）、唐古特大黄（Rheum tanguticum，鸡爪大黄）等产在青海、甘肃、四川专供药用的大黄。中国使用大黄作菜食和作药剂，至少有两三千年的历史。伊朗最早从陆路通过斯基泰人接受了中国大黄，称作Rayvend，这个名词本来是斯基泰人用来指天马星座中的γ及β星辰的，意思是“发光体”。而在辨别正宗的中国大黄的干块时，由于在切口处可看到有围绕中轴的星标系统，所以就称作Rayvend了。

在罗马作家普林尼的《博物志》中，他提到rhacoma来自黑海，rha是罗马人对伏尔加河的称呼，rhacoma在现代叫rhapontic，是经过里海运到黑海的中国大黄。普林尼还提到有一种rha barbarum，是从陆路运到亚丁湾的大黄，其实也是中国大黄，只是运输路径和品种有别，前者应是北大黄、唐古特大黄；后者则是四川大黄。罗马医生盖伦用大黄治肝病，迪奥斯科里德（约1世纪中叶）和奥雷巴尤斯（约325—400年）都用过大黄治病，巴鲁士则用大黄排除各种炎症，降低热度，治疗肝脾疾病。

一直到11世纪末，写作《病愈药典》的伊本·朱泽莱，认为大黄只有两个品种，中国大黄和呼罗珊大黄，后一种只有兽医使用，又称兽大黄；两者之中，最适合治疗人类疾病的当然是中国大黄了。宰因·丁说：

> 中国大黄经研磨之后，颜色与红花相似。它的粉末则具有水牛峰肉的外貌，因此而有"肉质大黄"的别称。它的块状物有驴蹄般大小，若大如马蹄，那就最好不过了。
>
> 大黄性热，有人又认为它性温。景教徒医生认为它具有3度热和1度干燥，有人又称它具2度的干和热。大黄粉用醋稀释后可以治愈雀斑。大家公认大黄合剂可治疗胃气和消化不良，还可治疗肾脏、膀胱、子宫、肝脾的疼痛。它可治坐骨神经痛、肺部咯血、哮喘、阴囊炎、呼吸道病、心动过速、肠胃疼痛、痢疾、间歇热、中毒和毒兽咬伤。

1248年伊本·贝塔尔写了《药典》，将大黄分为4个品种：中国大黄、桑给大黄、突厥大黄和黎巴嫩大黄，而将中国大黄视为最上乘之品。他指出，次于中国大黄的是波斯大黄（即呼罗珊大黄或突厥大黄）。黎巴嫩大黄只是兽用大黄，现在黎巴嫩1 500米的高地还可见到醋粟大黄，在当地用作泻药。伊本·贝塔尔认为桑给大黄的药力远不如中国大黄或突厥大黄，但治疗痢疾则功效特佳。这时的大黄至少已走出国门，在呼罗珊、黎巴嫩移栽、繁衍，在草药市场上占有一席之地。

波斯大黄（呼罗珊大黄）也是一种醋粟大黄，这在波斯最古的10世纪医学著作中可以得到证实，他们把大黄描述成一种菜肴。波斯的烹饪书也将大黄当作调味品、汤、水果羹和果酱来叙述。18世纪英国人从波斯人那里学会了制造大黄水果羹和果酱。1777年英人彭柏莱将大黄引种在牛津郡，随后便在英国传开了。除了这种醋粟大黄，英国还培养了一种和阿拉伯人的肉质大黄相似的衍生种"维多利亚女王"，用来作果羹和果酱。后来法国、德国和匈牙利也都相继用这种办法制作了大黄补品。他们压榨大黄茎杆，加上糖水，酿成大黄酒。直到今天，伊朗人还像几百年前一样，将食用大黄的叶和芽作为美味佳肴。但中国大黄始终是公认最佳的上品和药用植物。欧洲各国引进的大黄与黎巴嫩、波斯、土耳其、布哈拉和中国的大黄相比，差别极大，1937年出版的药典指出，仅在它们的根茎具有淡红颜色和某些类似中国大黄的星斑网络的花纹时，才被允许入药使用。

第七章

帆船时代的海洋

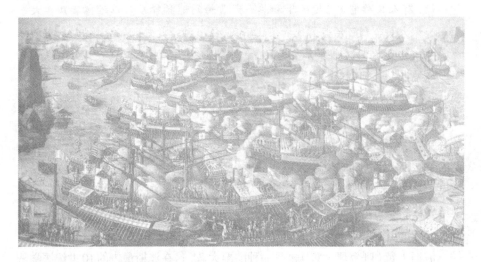

古人在漂洋过海中体验的世界

远古时代是个洪水猛兽的时代，人们从洪水中首先学到的是水往低处走的道理，其次是处于采集经济阶段的先民，在他们从事捕捞充饥的鱼虾贝蛤的实践中，体会到了水的浮力。学会漂流，无论躲避山洪暴发、江河溢流或海潮侵袭等自然灾害，还是取得自身生存必需的水源和充饥的食物，都是人类适应这个七分中五分是水、只有二分是陆地的世界所必不可少的本领。

按照东、西两个半球绘制的地图，陆地已显得很少；而在古代，由于地理学家只知道欧亚大陆和非洲大陆，所以他们绘制的地图实际上是一种大大夸张了陆地面积的绘法，这种地图只画出了有较多陆地面积的北半球，而没有画出海洋占了绝大部分的南半球。在16世纪人类环球航行之前，人们读到的这种地图，完全扭曲了人类对水陆比例的观念，他们不知道令人迷惘的海洋其实要比他们当时所想象的还要大上三四倍！因为即使现在在北半球加上北美大陆和南美大陆绘制出的北半球，水面积也占到60%，即占全球总面积的30%；而在南半球，除了澳洲和南极洲两大块大陆外，90%全是浩瀚无际的海洋，水面积占到全球总面积的45%。

即使在陆地上，也被许多条河流和湖泊分割成大小不一的地块，尤其在多雨的南方，人们几乎到处都会碰上水，大雨成灾、小雨成河，是几千年前人类还难以对付不期而遇的雨水降临时常见的事。于是利用水的浮力，取得泅水的本领，成了人类最初必须认真找到答案的一道课题。据中国的古书上说，先民是靠抱着葫芦瓢来游水的。罗欣《物原》说："燧人以匏济水，伏羲始乘桴，轩辕作舟。"先是抱着葫芦，或在腰间缚上三四个大葫芦增大浮力，使用手脚划水，新罗的瓢公，就是这样在日本和朝鲜半岛之间往返渡海的。还有一种办法是用牛羊的牲畜皮革制成皮囊，只留下一只后腿充气，皮囊制成后，系在腹部，也可助人泅渡，印度桑奇大塔东门浮雕上就有这种可泅水的皮囊，中国西南云贵高原一些民族至今仍有使用这种方法渡河的。乘桴，是人类发明的浮筏，比抱葫芦泅水又高明了不少。《世本》这本古书曾以为"古者观落叶因以为舟"。这句话其实只对了一半，因为看到落叶浮水而想到去发明的一定是原始的水上航行工具浮筏，还不是舟。浮筏是将好几根树干或竹竿捆在一起，利用它们增加浮力与稳性，然后可以载着人浮水。《释名》中称大筏叫"篺"，小筏叫"桴"（音"付"），称木筏为"栿"，竹筏为"筏"。几千年前，黄河和长江之间都产竹子，竹子生得快，浮性胜过木头，又有韧性，因此我们的祖先首先想到了用竹筏。用好几只皮囊连在一起，便是皮筏。在竹筏、木筏下也可以扎上皮囊，中国西南的普米族就流行这种浮水工具。苏门答腊的岛民有用芭蕉茎干制作的筏。而在印度河流域，则通行陶罐筏和水牛革囊；巴比伦和亚述也都使用这种水牛革囊。有一幅在亚述尼尼微古宫的浮雕，显示有人面向尾部划着桨，乘着由四只革囊托底的浮筏运载货物，另一人腹部绑着革囊，浮在水面上从后面推动，渡过底格里斯河。20世纪初，底格里斯河上还在使用这种由白杨树做成的木筏，有两三层，下面再系上许多革囊，从上游漂流到巴格达，沿途将木材陆续出售，返途将革囊吹干后用驴马驮运。在中国，甘肃省景泰县的龙湾村是个专以制作羊皮筏渡黄河出名的，他们造的羊皮筏，由八九个皮筏做成，上边扎着竹子，至今还在使用。这种由皮囊和木筏结合的办法，看来足足流传了三四千年之久。

在南太平洋密克罗尼西亚和美拉尼西亚的岛民使用的航海工具中，有匏筏、木筏、皮筏、苇舟、独木舟、树皮船和缝合船。演示了人类浮水工具从匏、筏到舟楫的全过程。可见航海生活和人类最初为捕捞而发明的水上运载工具，是大致相仿的活动，因为最初的航海活动，不过是靠着海岸和在沿海岛屿间的一种漂流，也可以说，人类是在对海洋完全处于迷惘的时代抱着侥幸的心理进入海洋的。人类最初熟悉的是在生成远古文明中心的那些海洋，这些海洋有地中海、爱琴海、红海、波斯湾、阿拉伯海，以及中国沿海的北海（包括渤海、黄海和东海的北部）、南海

（包括东海的南部、南海）、日本海、爪哇海、安达曼海、苏拉威西海、马鲁古海、班达海。在15世纪以前，人们对大西洋的知识只是一个阿特拉蒂斯的传说，至多还有靠近法国和北欧的一隅；太平洋是个尚未进入生活在文明世界的人们脑海中的地方。除了地中海、波罗的海和中国沿海的海洋，三大洋中唯一逐渐被人们所了解的海洋就是印度洋了。

从埃及的例子看，最初造出的船是尼罗河下游利用当地生产的莎草科苇草制造的苇舟（papyrus boat）。这种苇舟从公元前2400年的第五朝达官提伊陵墓中的浮雕"猎河马"中可以见到，是一种两头翘、中间平，只能载三四人的船。这种船在20世纪初的尼罗河上游和中非乍得湖地区，多少还在使用。在维多利亚湖和马拉维湖区域通行的草船也属于这一类型。古埃及的苇舟，在克里特岛赛克拉洞窟壁画上也可以见到；后来亚述的苇舟更进一步发展到可以载运五六个人，用来运货并供水战之用。

从独木舟的诞生，人类向造船业走出了第一步。《周易·系辞》以为，"伏羲氏刳木为舟，剡木为楫"。《拾遗记》说："轩辕变乘桴以造舟楫。"《蜀记》以为大禹治水在四川梓潼砍伐直径一丈二寸的巨木，造出了一条巨大的独木舟，于是巡游各地治水，最后得以平息洪患。由于独木舟具备了干弦，可以避免浮筏等水运工具时刻遭受水浪侵袭的危险，增加了船的稳性，并使得船只逐步过渡到船体宽度放大、在舷侧加板，形成复合独木舟，最后使木板船的制造成为现实。

中国沿海地区，从公元前5000年的浙江、辽宁都曾发现舟形陶器，在湖北红花套出土的舟形陶器，方头方尾，距今约5 775±120年。浙江余姚河姆渡和浙江吴兴钱山漾都出土过独木舟木桨，河姆渡出土的6支木桨已残缺，属公元前5000年物；钱山漾出土长条形木桨，桨翼长96.5厘米，宽19厘米，柄长87厘米，用青冈木制作，是公元前2700年的遗物。这种短桨就是古书上说到的楫。1958年江苏武进出土过春秋时代的独木舟，长11米，口宽0.9米，内底宽0.56米，深0.42米。1975年武进出土一条汉代独木舟，底板用三段木材插榫构建，舷侧板与舷底之间用榫接卯合。山东平度在1976年出土过6世纪末双体复合独木舟，总长约23米，总宽2.8米，上面铺有甲板和篷，浓缩了独木舟向木板船演进的漫长过程。靠了这些简陋的船只，从公元前5000年以后，中国人在近海地区和台湾海峡进行了较大规模的捕捞作业。中国东南沿海的有段石锛一路通过海上漂流民传到了菲律宾、苏拉威西岛和北加里曼丹，再向东跨越太平洋传到夏威夷、马克萨斯群岛、社会岛、库克群岛、塔希提岛、奥斯特勒岛、查森姆岛。在南太平洋的新西兰和萨摩亚群岛也出土过有段石锛。太平洋东部的复活节岛，甚至南美洲的厄瓜多尔也有这种有段石锛。构成了一条由江浙沿海利用北纬30°以北西风带的北太平洋海流，向东传到中美洲的文化传播线。这条海流的位置正好在浙江钱塘江口的河姆渡和墨西哥北部的加利福尼亚半岛之间。有段石锛就是公元前6世纪春秋时代由越族乘着筏子、独木舟传到夏威夷的，从此再由北而南，最后转向东方的美洲大陆进行逐岛流传，延续了2 000年之后，才在距今500年前在太平洋上结束这个石器时代。

　　在世界的另一端，自从埃及人制造了苇船以后，地中海东部地区很快就用木头造出了可以航海的大船，这种船首先使用了四角帆和利用风力航行的桅樯。从图像中知道，这种帆船有一个桅杆，使用三角形的左右支架，尾舱高耸，驾船的人使用长桨，全船可装载十多人。这种船最初在尼罗河通行，后来又运用到地中海航行中。埃及人为了沟通法老与天神，早在第四朝吉萨最大的金字塔胡夫金字塔里建造了当世绝无仅有的太阳船。这艘太阳船1954年在胡夫（公元前2590—前2568年）金字塔南部一个封闭的石穴里发现，船的中间有方形的座舱，全船由1 224块木构件组成，被拆成650个部件后放入石穴。从发掘到修复共花了25个年头，经过修复后的太阳船，身长43.4米，最宽处为5.9米，船首高6米，船尾高7.5米。为了让公众瞻仰这件古物，在开罗特地建造了一座太阳船展览馆加以陈列，1982年3月6日正式对外开放。

古埃及太阳船

　　法老的丧葬船太阳船能否在大海中航行，现在已不得而知，然而设计和制造太阳船的人，肯定是能够造出大海船的工程师和工匠。

　　在卢克索的帝王谷，一幅哈特舍普苏女王派往邦特国的使船载运着粮食、酒和各种货物的图画被巧妙地刻在陵墓的石壁上，那条船有两支大桅杆，每个桅杆上悬挂着成弧形倒放的双面风帆，卷草形的船首就像传统的苇船，一望便可见出这是埃及的海船。

公元前3000年以后，在埃及人带领下，世界迈入了帆船时代，这个时代之漫长，几乎与人类进入历史时期相仿佛。公元前2420年，埃及王子希尔科夫沿尼罗河南航时已有帆船。埃及人不但在尼罗河和地中海上靠着风帆和长桨可以自由通航，而且更进入红海，闯进印度洋。继埃及人之后，腓尼基人凭着他们经商的才干，闯南走北，进一步将航海事业推向大西洋和印度洋。尽管无法确定腓尼基人是否在公元前600年由埃及法老派遣，从红海出发环航了非洲，因为希罗多德只是录下了腓尼基人在这次航行中总是感到"太阳老是在他们的右边"，好像只是朝着东南方向去航行，但腓尼基人应该到过东非洲最南边的一个古港勒普达（Rhapta，今坦噶尼喀达累斯·萨拉姆附近），再往南去，便没有季风可借航了，后来阿拉伯半岛的奥山人、卡塔坂人、希米雅尔人继续南进，和古查拉特的海上贸易商一起，共同缔造了处在创始阶段的印度洋贸易的繁荣时期。

繁荣的厄立特里海贸易

印度洋这个名称出现得比较晚，在希腊罗马时期，印度洋被称作厄立特里海，那是一个介于亚丁湾和印度次大陆之间的海洋。厄立特里海四周像地中海一样，也是古文明滋生的地区。

海洋在人类处于幼稚时期曾阻阂着人们的交往，但帆船时代的来临，迅速打破了这一在人类居住区之间强设的自然障碍，向文明世界展开了一个面目一新的海外新世界。这对于生活在大陆上的人类，无疑是对海洋的开发，特别是对围绕着海洋的世界资源的一种呼唤，是受开发与探索的欲念驱动下的一种探险活动。这种追求，促成了运河工程的启动。红海和尼罗河三角洲濒临的地中海南岸本无水路相通，但在公元前14世纪末，埃及第十九朝法老赛蒂一世（公元前1303—前1290年）时造了一条运河，将尼罗河的出口和红海联结起来。运河从尼罗河入海口的皮留辛岬经地中海滨的巴帕斯蒂，沿着尼罗河，通到皮特尔湖北口的希仑波里斯（Heroonpolis）。但当时运河开凿十分费力，航道狭窄，河床很浅。尼科法老（公元前609—前593年）登位后，开始在希伦波里斯和红海之间放宽皮特尔湖通道，开凿运河，直到公元前520年波斯国王大流士占领埃及时期才告竣工。作为红海贸易的主角，沙比人从公元前700年起，就在腓尼基海岸和印度河下游之间经营海上贸易了。公元前5世纪起，阿拉伯南部的卡塔坂和希米雅尔人相继崛起，操纵了沿海贸易。波斯帝国崩溃后，推罗的腓尼基商人也转向红海，参与印度洋贸易，进而刺激了红海和阿拉伯的航运业。

埃及在希腊人的托勒密王朝（公元前336—前146年）统治时期，给地中海与红海之间的贸易奠定了基石。地中海中部地区在贸易繁忙的夏季，盛行西北风，从罗马城的港口奥斯提亚启航的船只，只需二个星期就可到达埃及的亚历山大里亚港了，相反，如果要返航，那就得花上二个月才行。托勒密王朝的费拉德尔弗斯（公元前285—前247年）在红海西岸的乌姆克塔夫湾开辟了贝仑尼塞港（Berenice），后来又在贝仑尼塞以北280千米处建立米渥斯·霍尔莫斯港（Myos Hormos，今穆赛尔港）。公元前275年，红海和尼罗河之间一度关闭的运河重又开放，将尼罗河的皮留辛支流和红海贯通起来，运河改称托勒密运河。此后，从巴比伦（今开罗）启航的帆船便可以直航红海，出入曼德海峡，参与厄立特里海的商贸活动了。

然而直到公元1世纪罗马的海上势力伸展到厄立特里海之前，南阿拉伯的商人和船主仍然掌握着地中海和阿拉伯海之间的全部贸易，操纵着横穿西南亚的香料之路，每年都从中获取巨额的利润。罗马帝国崛起后，埃及沦为它的亚历山大省。罗马统治者奥古斯都（公元前30—公元14年）执政后，立即派兵占领了红海东岸要港留其·柯米（Leuke Kome，今哈瓦拉港），公元前24年更派出奥流士·伽罗率领的远征军征伐当时称作"阿拉伯福地"的亚丁，完成了对红海两岸水陆交通线的控制。

厄立特里海的国际贸易将方向不同的两类海上贸易连成一体。一个方向是由南阿拉伯的各个海港和印度西海岸以及波斯湾之间的商业活动维系的。阿拉伯的香料、象牙和酒，埃及的毛麻织物、珠宝、玻璃都是十分畅销的货物；印度的细棉布、胡椒，中国的丝货、铁器，也都是地中海世界紧缺的热门货。另一个方向是亚丁湾南岸盛产香料的非洲之角和沿着印度洋南下东非的阿扎尼亚大陆。在亚丁以北处在卡塔坂和亚丁之间的小国奥山也曾活跃在非洲沿海，奥山的阿拉伯人甚至移居到了奔巴岛，因此在罗马的势力伸向红海以前，东非沿海便有了"阿扎尼亚"大陆（"奥山人的国土"）的称谓。阿扎尼亚是真正盛产犀角、象牙、猿猴、豹皮和乳香、没药、桂皮等香料，有着许多珍奇的宝石和铜、铁器的地方，那里缺少的是棉麻织物、先进的金属制品、玻璃品和香水、香膏。

要使这种贸易变成经常不断的往来，在远隔重洋的两个地方之间必须开办定期航班才行。而要办到这一点，着实使许多航海家艰苦经历和摸索了好几个世纪。利用汹涌的海流，航海者虽然能够进入厄立特里海，但是在茫茫大海中，风信时变，也使常年有规律地流动的海流显得令人难以捉摸，更何况在船只的续航能力有限，不能远离海岸去作跨越海洋的冒险的时代，不论哪一种为缩短航程而谋求的航行捷径，都会被视作荒诞而遭拒绝。唯有有朝一日，人们发现了每年定期转变的西南季风,才使海上航行进入了一个全新的时期。

西南季风规律的发现和利用,在罗马历史上被传奇似的归功于一个希腊船长希帕勒斯(Hippalus)。事实上,希帕勒斯如果确有其人,也不过是他根据希腊海员从阿拉伯人和印度人那里吸取了季风(或称"贸易风")航行的秘密,在一次跨越阿曼湾的航行中,率领一支船队获得了成功。根据20世纪在科帕托以南100千米处发现的希腊、拉丁碑铭,这件事发生在公元前1世纪80年代前后。在印度

希腊商船

洋西部海域,西南季风从3月开始,一直刮到9月底,实际盛期是从6月下旬到9月。9月过后,有两个月的小雨,然后便起东北风。西南季风期间,东非海流从南纬10度起径直向北流,赤道流也越过赤道向北沿索马里海岸北进,从东非和阿拉伯半岛向印度航行的船只必须在西南风季节出航,然后等待东北季风到来,返回红海。这种季风航行提供了航运的安全运作,而且足以使两个不同的目的港之间的航程缩小到最便捷的直径圈以内。到公元1世纪初,从埃及启航的船只大都在7月南航,30天后抵达南阿拉伯的奥赛里斯(今图尔巴)或凯尼(Kane,吉拉卜城堡,遗址在今豪腊附近),然后在40天中乘西南风完成1800海里的航行,到9月,就可以停靠在南印度西海岸的莫席里(Muziri,今克朗格诺尔)了。这样,罗马商船就将整个印度半岛划入了他们营运的商业圈中。

公元1世纪中叶,一个已不知道姓名的罗马船长,根据他参与厄立特里海商贸的经历,写下了《厄立特里海环航记》,将各地的商品和交易情况如实加以叙述。他说最远到了斯里兰卡,从那里再往东就是一个名叫克里斯(Chryse)的黄金国,然后就进入中国了。克里斯是中南半岛伸向大海中的马来半岛,那曾是黄金交易和航运的中心。公元1、2世纪以来,中国帆船为了接运从厄立特里海运来的物资,在马来半岛东岸的万仑湾开辟了从帕克

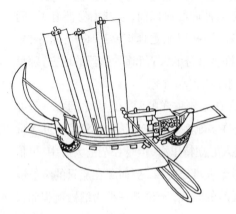

阿旃陀石窟中的印度海船

强河入海，直航南印度东海岸科维里河的航线，和科维里河附近的歌营国（Kongu Dēsam）建立了定期航班，这就是万震在《南州异物志》中列举的那条从勾稚经过一个月的航行，跨过安达曼海的十度海峡和

阿旃陀第17窟中的渡海征战

孟加拉湾到达科维里河口的越洋航线。歌营国不是像有些学者认为的那样，是在苏门答腊岛的西部。因为《南州异物志》分明说斯调洲（斯里兰卡），"在歌营东南可三千里"。换句话说，歌营在斯里兰卡的西北方。歌营的古港科维里巴特纳（Kaverippattanam）距离本地治里以南的古港阿里卡曼陀已近在咫尺。阿里卡曼陀已经考古发掘，当年罗马的货物就经这里通过泰国运到柬埔寨的奥—埃育（Oc-Eo）港。1944年在湄公河三角洲龙川的奥—埃育，掘得许多罗马的陶器、灯具和玻璃珠，出土了152年罗马皇帝安东尼·庇乌士的金币和另一个皇帝马克·奥里略的一枚金币，实在并非偶然。

这些有大帆船组成的海上航线，第一次将埃及—印度—中国联结到一个商业圈内，正是旷古未有的壮举。公元166年，在这个罗马东方贸易的热潮推动下，中国从它最南的边疆，现在越南中部槟桷湾的日南郡，迎来了罗马皇帝马克·奥里略派来的使节，使节由此登陆北上，到了东汉帝国的首都洛阳。这都是古老的厄立特里海贸易在东方所激起的反响。

活跃在七海上的各国帆船

中世纪的阿拉伯地理学家，在9世纪到10世纪间将地球上已知的海洋，从最初的4个增加到了7个，这7个海分别是：哈巴沙海（又称阿比西尼亚海，al-bahr al-Habashi）、地中海（al-bahr ar-Rūmi）、黑海（bahr Buntuus）、里海（bahr Tabaristān）、桑给海（bahr az-Zandj）、绿海（al-bahr al-Akhdar）、中国海（bahr as-Sin）。当然还有各种各样的说法，但上面这七个海足以概括当时人们所仅知的亚非欧三

大洲的海洋了。

　　哈巴沙海就是上面提到的厄立特里海,它是哈巴沙(今埃塞俄比亚)和印度之间的一个海,大致相当于今天的阿拉伯海、亚丁湾和印度洋北部海域,在好几个世纪中,这里是阿拉伯、波斯、印度和马来人的航海世界。中国人虽然早在公元1、2世纪就参与了这一海域的海运事业,但直到公元12世纪还不是很显要的角色。原因是中国帆船由于运行周期以1、2年为度,大多只到南印度便返航了,印度以西是为数众多的阿拉伯商船的天下。

　　虽然如此,但一些文献记录足以表明,中国人在公元8世纪,至少已经和阿拉伯、波斯航海家一样,将整个印度洋划入它的帆船运行圈中了。在唐德宗(780—804年)时任宰相的贾耽(730—805年)是个地理学家,他在一部大书《古今郡国道县四夷述》中,著录了中国帆船的海外交通线,称作"广州通夷海道",将广州作为中国最大海港,对中国帆船的海运路线作了具体的记录,不妨称作贾耽航程。航程分前后两段,前段从广州到波斯湾头的巴士拉;后段从巴士拉到坦桑尼亚沿海的三兰国,为终点港。

　　贾耽航程对实际航行日数有详细记录,那时中国帆船自广州开航后,取道康道尔岛(Condore Is.)直航师子石(原名"葛葛僧祇国"是音译名词,即今新加坡的古名),共需19日。从师子石经马六甲海峡到苏门答腊西部的婆露,取道尼科巴群岛的十度海峡到师子国北部摩诃帝多港(今曼泰),历时20日。再经南印度马拉巴海岸的没来国(今奎隆),沿印度西海岸一路北上波斯湾头的奥波拉,总日数约为46日。那时幼发拉底河与底格里斯河汇合的三角洲,还没有现在这样拓展,从中国来的大船至多只能到奥波拉,从奥波拉溯流而上,要换小船,也得花两天工夫。奥波拉港到7世纪时因航道淤塞而衰败,货船都以巴士拉为转移。贾耽航程仍以奥波拉为起讫点,可见航程至少在7世纪已经形成。

　　贾耽航程后段,采取由南而北的倒叙法,将终点港指为东非的索发拉港,(Bilād as Sufāla, Bilād al-Safrā',safrā'原意是黄货,指黄金——引者)。那时的索法拉是从坦噶尼喀北部的瓦米河口,南至林波波河流域的一大片蛮荒境地,由于那里是非洲腹地转运黄金、象牙和捕猎黑奴的一个沿海贸易处而出了名。曼苏地曾亲自跟着阿曼海员去过奔巴岛,然而他认为索法拉是一个远处在"阿曼人和西拉夫人在桑给海沿岸航行极限以外"的地方。中国帆船的三兰航线,实际终点在桑给巴尔岛西岸的翁古贾附近的大

北欧维京人的快帆船

陆。再往南去，就是季风航行区的极
限了。在桑给巴尔岛卡蒋瓦窖藏中
发现的唐宋铜钱中有4枚唐钱，是个
难得的证据，因为正是中国船员才使
用这种铜钱。三兰航线从三兰北航
直开南阿拉伯的席赫尔（al-Shihr），
费时20日，为避开夏季索科特拉岛
海区六七级以上的大风，北上船只都
在8月以后开航，然后沿阿拉伯半岛
进入波斯湾西岸巴林群岛中的麦纳

中国帆船船首雕刻

麦（Bilād el-Manāma），又需27日。航程最后说，从麦纳麦到奥波拉只需一日，从
各段航程的速度推算，麦纳麦到奥波拉286海里的航程，由于波斯湾内风向多变，
航速只相当于东非沿岸的三分之一略强，"一日"是"七日"的刊误。三兰航线全
程约计3 546海里，实航数是53天。三兰航线记录了中国帆船越过哈巴沙海进入
桑给海的航程，比之曼苏地记述阿曼—甘巴罗（奔巴岛）航线还早了一个多世纪。

　　中国帆船的一大特点是设计精良、载重量大、稳性高，具有良好的抗风浪性
能，主要是用铁钉钉合船体，用桐油、石灰、竹麻纤维捻合船缝，这种铁钉油灰木
船的船体结合强度、防水密封性能和耐久性等功能都胜过波斯湾南部阿曼纳的
棕榈索缝合船马达拉塔（madarata），以及阿拉伯帆船马卡卜（markab）、沙菲纳
（safinah）。在印度桑奇大塔东门浮雕上，还可以见到一种用大麻类纤维缝合的木
船。在航行中，凡遇大风浪，缝合木船极易散架沉没，苏莱曼和马可·波罗在他们
的航海见闻中都提到过这类极易发生的海难事故。10世纪的伊本·宰德提到，
中国船因船体巨大，常常停靠在西拉夫，然后再用当地的小船驳货运往巴士拉。
在航行速度上，中国船比之阿拉伯船、波斯船要略逊一筹。布索格《印度珍异记》
记录的10世纪航速平均数是时速3.2节—3.4节，他叙述从故临到赖苏特，1 250海
里行程，共走16天，时速是3.2节。他还记下从马来半岛西岸的吉拉（Kallah，克
拉地峡南口）到香岸，3 300海里行程，走了41天，时速是3.4节。阿拉伯船最高船
速，根据马威西，顺风日航可达150海里，平均时速是6.2节。在同样的航行段，中
国帆船的航速只能相当于阿拉伯单桅船的三分之二，少有超出。

　　和欧洲早期帆船相比，中国海舶首尾两端向外伸展，比欧洲帆船要大出许
多，可以大大减少船只在海上航行中出现的纵摇。欧洲帆船直到17世纪以后才
在船首加上前樯，来补救由于船首外延不足而主桅愈造愈高给船只带来的不稳
定。1492年哥伦布率领旗舰圣太·玛利亚号西航，踏上新大陆，过了400年，西班

牙在1893年曾重新打造了一条水线长22.5米、船宽7.8米的圣太·玛利亚号，跨越大西洋驶抵美国，但这条船在海上纵摇剧烈。

1291年，马可·波罗乘着元朝送阔阔真公主下嫁伊儿汗阿鲁浑的使船去波斯湾，这种船具有四桅，可张十二帆，有时其中二桅可以随意竖起或倒下。而当时波斯湾的帆船都是一桅、一帆、一舵，而且桅杆不能移动，一遇风暴便难逃帆毁桅断的厄运。

中世纪中国帆船的实况，靠了1974年在福建泉州湾后渚港掘到的一条宋船而逐渐明朗。这条船装载一批乳香、檀香、沉香、降真香、胡椒；出土唐宋铜币504枚，年代最晚的是"咸淳元宝"（1265—1274年），背文一枚是"五"，一枚是"七"（咸淳七年，1271年），稍后，便是该船归航时因搁浅沉没的绝对年代。船板用方形铁钉钉合，以麻绒油灰涂缝，是一艘残长24.20米、宽9.15米分13个隔舱的三桅尖底船，属于福船船形。这种有13个水密隔舱的船，与马可·波罗对其在1291年搭乘元船的描述相符，已算是大船了。原船船长估计在30—34米之间。马可·波罗还说过："过去船舶的吨位比现在要大，由于波浪冲击，以致不少沙滩延伸，尤其是那些重要的海港，吃水浅，容不下很大的船，所以现在造的船小了一些。"从船上出土的香料和标有"哑哩"的标牌，可以认定，这是一艘往来于泉州和印度马拉巴的Chaliam（即卡利科特的外港）之间南宋末年的海船。据《梦粱录》，这种船是可载两三百人的中型海船。这艘船经修复后，陈列在泉州东湖的海外交通史博物馆中。

另一条元船，1976年在韩国全罗南道新安郡光州木浦发现后，到1982年一共打捞了8次，遗物共有陶瓷器20 664件，金属遗物729件，石材43件，中国铜钱28吨，每件长1—2米的紫檀木1 017件，其他文物1 346件。全部遗物保存在1992年落成的木浦海事博物馆。新安沉船中两件墨书至治三年（1323）的木签，可以认作沉船的年代。这艘新安沉船与泉州后渚沉船型号及大小相仿，估计水线长为26.5米，宽10.5米，深4米，比可能深5米的泉州沉船略逊一筹。新安沉船具有8个隔舱，与许多欧洲古船用广设横向肋骨增强横向强度的办法不同，中国古船采取了以多数横舱壁来保持横向强度和船舶总体刚性的模式。新安沉船的外板是由木质舌形榫头与舱壁连接的鱼鳞式构造，曾引起日本和韩国船史研究者的惊奇，其实这是一种与泉州沉船用扁形铁锔板（又称锔钉）加强船壳板和舱壁板连接强度相同的工艺，只是使用木质舌形榫头的工艺可能起源更早于使用铁锔钉罢了。

航海罗盘的发明：大航海的前奏

进入11世纪，无论在地中海、印度洋，还是南中国海，都有一系列迹象，显示人类离大航海时代的到来不远了。在那个时候，作为大航海时代的帷幕已徐徐拉开了。

中国人在11世纪开始用磁罗经装备他们的远洋帆船，来增加他们每次周期长达两三年的远航的成功系数。中国人至少在公元前6世纪已制造出了侧向仪器——指南车，到公元10世纪，用钢针在磁石上摩擦，进行人工磁化，造出了指南针。1040年完成的《武经总要》前集卷十五中录有一枚用磁化的铁叶做成的指南鱼，用的是水浮法。11世纪，星占学家、堪舆学家在勘定风水时，用磁针和罗经盘配合，作为定向仪器，并且发现了地球的磁偏角是正南偏东7.5度。1041年天文学家、堪舆学家杨维德在《茔原总录》中用的原文是：

> 客主的取，宜匡四正以无差，当取丙午针。于其正处，中而格之，取方直之正也。

这是说要定东南西北四正的方向，须在丙午向的磁针的正中定位，丙午向就是正南向。和杨维德同时代的科学家沈括（1032—1096年）在《梦溪笔谈》卷中明确提到磁针常略向东偏，认识到地磁的偏差，将四种磁针指南的方法概括为：（1）水浮法，将指南针横穿在灯草芯上，浮在水面，自由转动，指示方向；（2）指甲旋定法，将指南针放在手指甲上；（3）碗唇旋定法，将指南针架在碗沿上；（4）缕旋法，用蜡把细丝线缀在指南针中间，悬在无风处。以第四种方法缕旋法最精确，现代磁变仪、磁力仪基本构造原理就采用了这种方法。堪舆家将传统使用的方形杙占地盘改为使用方便而且更精密的圆形罗经盘，称作地螺。这种罗经盘将传统使用的十二地支（子、丑、寅、卯、辰、巳、午、未、申、酉、戌、亥）与天干八字（甲、乙、丙、丁、庚、辛、壬、癸）、八卦中的四卦（乾、坤、巽、艮）间隔等分相配，组成二十四向地理分向法，装在圆盘中，用指南针指示方向，正针之外，还有两位之间的缝针，合起来一共是四十八向。

1119年朱彧在《萍洲可谈》中追忆他父亲朱服在1099—1102年在广州当官时，见到当时出海船只"舟师识地理，夜则观星，昼则观日，阴晦观指南针"，是指南针用在航海中最早的文字。12世纪时开始根据针路将各条航线一一记录下来，于是出现了后来称作"针路簿"、"水路簿"之类的航海指南。1225年的《诸蕃志》记述那时：

> 舟舶来往，惟以指南针为则，昼夜守视惟谨，毫厘之失，生死系矣。

因为航行时，即使在顺风的条件下，也会受到风速变化的干扰，致使航行日程时有变迁，常常会"或遇急风，虽未足日，已见某山，亦当改方"（《岭外代答》卷六）。所以最可靠的还是由针路记录下来的航海地图。在现在还能看到的在

1415年左右完成的《武备志·航海图》(俗称《郑和航海图》)上,用一字长卷式铺开的办法,描述了由长江下游南京龙江造船厂到刘家港出海,开赴南海,出马六甲海峡直赴波斯湾、亚丁湾和东非沿海的全部航路,大部分航路都标列了罗经方位和用"更"(1更通常行30千米)计算的航行日程,只有小部分开赴印度洋南部海域的航线没有注明针路。这是15世纪展开大航海时代之初留下的世界上最早的一张航海地图了。

磁针被中国海员在航海中用来导航以后,一两个世纪内便传遍了亚欧非三大洲。12世纪罗盘经阿拉伯海员传到了地中海,首先使用这种新颖的定位仪的是意大利西海岸阿马尔菲的航海船只。根据13世纪初阿布·菲达的《地理志》,1180年罗盘已经在阿拉伯水手中传开了,他们对这种非常实用的仪器亲昵地称作"水手之友",因为它能使海上船只正确地到达目的港。

阿拉伯海员将罗盘称作"针盘"(dā' ira al-ibrah)或"针房"(Bayt al-ibrah),波斯语、阿拉伯语中表示罗经方位的Khann,就是闽南话中的"针"。这些汉语名词被照搬过去,变成了阿拉伯词语。它们是由海上一路传去。

11世纪,诺曼人在意大利半岛建立了强大的国家,从1060年后的30年内征服了西西里岛和马耳他岛。西西里的商业大半属于穆斯林商人,他们和埃及的法蒂玛王朝以及南意大利的阿马尔菲都有密切的商业往来。法蒂玛王朝(909—1171年)试图建立一个地中海的海上王国,它的舰队侵入西班牙的海岸,远航到大西洋。973年开罗建成后,变为法蒂玛王朝的首都。这时巴格达的哈利发自955年被波斯的布伊家族控制后,阿拔斯哈里发已形同虚设,而法蒂玛哈里发却十分重视红海贸易,通过泽拉和也门,积极开展与印度、中国的海上贸易。因此宋朝在960年建立不久,就在开宝七年(974)接待了大食国王诃黎佛(即"哈里发",阿拉伯帝国最高长官——引者)的使者不罗海(亚伯拉罕),开宝九年(976)又接待了诃黎佛使者蒲希密(阿布·希米雅尔)。蒲希密是阿拉伯南部希米雅尔航行中国的老船长,多次受法蒂玛哈里发委派和中国打交道,在淳化四年(993)又到了中国。当时的麦加是埃及—印度—中国航线中不可缺少的中转港,在1016年宋朝对广州运进的外国货颁布的规定中,对大食、摩迦(麦加)来华使者的人数都有定例,大食使团勿超过20人,摩迦使团勿超过10人。10世纪下半叶到11世纪下半叶的一个世纪中,阿拉伯国家向中国派出的使团,都是埃及(杜米亚特)、希贾兹(麦加)、希米雅尔(也门)、马赫拉(佐法尔港)、阿法尔(泽拉)酋长国派遣的贸易船。《宋会要辑稿》保存的宋朝档册中,还提到1010年(大中祥符四年)有三麻兰国(索马里)船长聚兰("泽拉"的古译),会同阿曼的苏哈尔船长、索马里南部摩加迪沙船长,以及埃及使者陀婆离("杜米亚特"的古译)一起到了广州,并且北上汴梁(开封)向中国皇帝祝贺。这把埃及、泽拉、苏哈尔、摩加迪沙这些处在同一条航线上的穆斯林国家共同进行的商贸活动,表述得十分的清楚。

从11世纪下半叶起,意大利的城市国家特别是威尼斯,开始建造许多设计更加先进的船只,来对付原本很强大的拜占庭舰队。十字军运动兴起后,首先遭殃的是拜占庭。诺曼人、法国人、英国人都特别需要用新技术来加强他们的军事装备。地中海和印度洋由于商业联系,显得那么息息相关,那么,中国的罗盘为什么差不多在一个世纪中就从中国的广州传到了意大利这个问题,也就可以找到答案了。所以在文献上,外国人首先提到这个磁罗盘的竟不是阿拉伯文献,而是一个名叫亚历山大·内卡姆(Alexander Neckam,1157—1217年)的英国人,他在1195年写的《论物质的本性》中,第一次在欧洲论述了浮针导航技术。他写道:

> 航海者在海上,逢上白天云雾遮日,或夜间在黑暗中,不知道在向世界的那个方位驶去时,就用磁石触动一根,使它旋转起来,等它一停,针尖便指向北方了。

内卡姆说的那段话简直和《萍洲可谈》中说的一模一样,差别是地中海海员用的是指北针。但指北和指南原理完全一样,在沈括收藏的磁针中,就既有指南的,也有指北的。

比内卡姆略晚,法国人乔奥·德·普洛旺斯(Guyot de Provins)在1205年左右提到过罗盘,另一个法国人雅克·德·维特里(Jacques de Vitry),大致在1219年也说到过东方的这种富有实用价值的新发明。康丁普里的汤姆斯百科全书中,也有一个浮针罗盘的记载。随后是1269年皮里格里努斯(Petrus Peregrinus)详细地描述了两架装有照准仪和罗盘的日晷仪,一种是水浮式的,一种是装在一个能旋转的支轴上的,前者是水罗经,后者是旱罗经。旱罗经是欧洲人对水罗经的一种改进,采用支轴装置罗经,用一个支轴的尖端顶在磁针中部,使磁针水平旋转,在航海中使用尤其方便得多。13世纪南宋末也有了这种支轴装置的木刻指南龟,腹内藏有天然磁石,是后来旱罗盘的雏形。欧洲人最初使用的罗盘,在技术上尚不可能胜过中国航海家掌握的导航技术。直到14世纪末,欧洲使用的罗盘仍不及中国的精确。英国诗人乔叟在

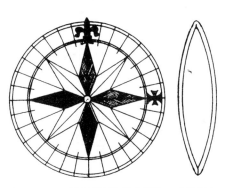

14世纪英国海员使用的32方位罗盘

1391年记述的航海罗盘是用32分度，和中国的48向分度不同。欧洲人在1270年以后根据罗盘的使用绘制了航海地图，他们在罗盘上制作了类似海图风向玫瑰的圆形图面，将图面放在磁针上，就可以在特定的航线上航行，找到岸上目标的方位。葡萄牙人因此一直将罗盘称作"风向玫瑰"（rosa dos ventos）。在15世纪的意大利海图上的风向玫瑰，标出了各种风向的字首，最重要的标记有两个，一个是用百合花徽标出北方，另一个是用十字架标示东方。

阿拉伯文献中出现罗盘，要比英、法两国都晚一些。在阿布·菲达之后，1230年编纂的波斯轶闻集《故事大全》中，记载有类似中国的指南鱼指导航行的故事。1281年阿拉伯矿物学家贝伊拉·凯布扎奇在《商家宝鉴》中说，他从叙利亚的特黎波利搭船到亚历山大里亚时，海员借用木片或苇管托住浮在水面上的磁针辨识航向：

> 海员说，在印度洋上航行的船长不用这种由木片托浮的指南针，而是用中间藏有磁铁的一种磁鱼，磁鱼入水便浮在水上，头尾分别指出北方和南方。

16世纪欧洲罗盘

1551年穆斯林使用的罗盘（四角有中国结）

这种印度洋上使用的头尾向南北（原文应改为"指向南北"）的磁鱼不就是《武经总要》中图示的磁鱼吗？可见这种中国式的磁鱼直到13世纪至少还被航行在印度洋中的中国船继续使用，以致那里的印度和阿拉伯同行也都装有同样的导航设备，可以全天候地坚持正确的航向，精确地计算航行日程，保证在季风期内如期完成航行，在贸易季节内完成必需的航行，这对提高航行的安全系数、加速船舶的周期所带来的经济效益，简直难以估算，中国人绘制的针路图一旦落入欧洲同行之手，反响更是强烈，它引起了1300年以后用罗经方向绘制的实用航海图如雨后春笋般竞相问世，带领人类奔赴一个航海的新时代。向来遵循希腊人、罗马人的航行习惯，避免在冬天出航的威尼斯、热那亚、比萨与阿马尔菲的商船，到14世纪也改变了原有的习俗，有了罗盘，他们便敢于在阴沉的天气里出航了，船队从那时起，打破了以往数千年"冬天禁航"的陋习，一年可以出海两趟了。

在航行实践中，令海员纳闷的是，由于北极点不断移动产生的磁偏角,常会使海船偏离原来的航线。15世纪中叶,葡萄牙人通过亚速尔群岛南下时,发现他们的船正在偏离真正的北极,因此日耳曼工匠造出了能够修正偏角的袖珍日晷仪。用这种小巧的日晷仪装入罗盘中,在盒子上刻上偏角的记号,将罗盘指针朝向偏角记号,日晷仪便能定位在正确的南北直线上了。18世纪经过奈特的改进,有人造出了能够观察子午线并且测量磁偏角的方位罗盘(azimuth compass),于是罗盘就更加显得实用而工巧了。

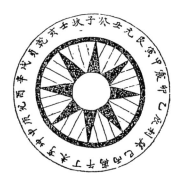

欧洲海船使用的24向旱罗经
(1715年觉罗满保进上康熙帝的
《西南洋各番针路方向图》)

开辟横越印度洋的航线

横越印度洋的航行最先是由罗马属下的希腊船实现的,实际上,这些希腊船在公元1世纪所闯过的只是红海和阿拉伯海。在以后的两个世纪中,中国帆船不但实现了从马来半岛抵达印度科罗曼德海岸的航行,而且在3世纪初出使扶南(柬埔寨)的康泰在《吴时外国传》中,还实地考察到从科罗曼德(梵文俗语称Choladipa, Chona-dipa)乘大舶,“船张七帆,时风一月余日。乃入大秦国也”。当时印度船、希腊船、阿拉伯船都还没有张七帆的大船,这种船当然只能是中国船。服虔《通俗文》是一部3世纪的字典,书中写着:“吴船曰扁,晋船曰舶,长二十丈,载六、七百人者是也”。所到的大秦也是罗马船只从曼德海峡横越大海的地方。3世纪中叶万震的《南州异物志》还提到歌营的西南有个加陈国,这个国家在古波斯铭文中叫Kuśa,说的是居住在埃塞俄比亚的库施民族,库施国家最大的港口正好是和奥赛里斯隔开红海遥遥相对的阿杜利(Adulis),在现在的马萨瓦港附近。所以,很清楚,3世纪的中国大帆船已经越过阿拉伯海到过阿杜利,和罗马帝国相通了。

这种长途无间歇的航行后来虽一度停顿,但到762年巴格达建成,阿拔斯哈里发曼苏尔正式迁都,从此巴格达和中国的广州之间的海运事业便在曼苏尔及其后继者的鼓吹下,从底格里斯河,将阿拉伯人和遥远的中国联系起来的宏大计划便正式启动,而且行之有效。贾耽航程正是这一计划在中国海运界的体现。据布索格的《印度珍异记》,阿拉伯帆船在10世纪开通了从马来半岛的吉拉到香岸(赖苏特)的直达航线,中间大约至多在故临(今奎隆)暂停一次,共计费时41天,平均每天走80海里。这个航程只提到从师子石（新加坡）有一条沿着马来半岛北上箇罗（即吉拉）和哥谷罗的航线。由箇罗或哥谷罗西航，就可到达马纳尔湾去故临。但是贾耽航程没有提到中国船从故临或马拉巴其他海港，有直航苏哈尔或香岸的航线。

中国帆船开辟经由马六甲海峡横渡印度洋到香岸的航线，大约要到11世纪下半叶才实现，到12世纪下半叶，《岭外代答》（1178）才有明确的记录。但是在9、10世纪常成群结队驾驶大小船只涌向东非的苏门答腊和爪哇居民，他们的海上活动推动了东非黑人和苏门答腊、爪哇之间的贸易，也给中国航海家参与印度洋南部地区的越洋贸易提供了许多方便。伊德里西的《旅游证闻》总结这些东非的桑给人（黑人）的越洋贸易时，写了这样一段耐人寻味的话：

> 桑给人无船出海，但阿曼以及属于印度的许多岛屿（包括拉克代夫群岛和马尔代夫群岛——引者）却有船开往他们那里。他们在那里和桑给人交换货物。扎婆格（Zabaj）群岛居民乘着大小船只到桑给国，用他们的货物作买卖，因为他们彼此通晓语言。

扎婆格群岛就是马来群岛的居民定居的地方，他们常会越过大洋去远航。

布索格在《印度珍异记》中也讲过，945年时远东韦韦（扎婆格）人驾着一千艘船侵入东非沿海，甘巴罗岛（奔巴岛）也受到攻击，他们侵袭了坦噶尼喀、莫桑比克沿海的城镇，原因是：

> 他们发现那里的物产，如象牙、玳瑁、豹皮、龙涎香，对他们的国家和中国非常有用，更由于他们想向桑给国输出东西，藉以稳定他们的奴隶制国家和壮健他们的体魄。

11世纪以来，中国的海外贸易商在苏门答腊建立了牢固的贸易基地，在印度洋和东非沿海的一些岛屿设立了新的贸易站。中国帆船横渡印度洋，深入到阿曼人和阿拉伯人在东非建立的移民点去做买卖，来减轻由阿拉伯商船作中介给东非货物所带来的附加费用。中国人紧跟在阿曼人、印度人之后，将东起爪哇、苏门答腊，西至奔巴岛、桑给巴尔和马达斯加的那片被阿拉伯人通称叫桑奈建群岛（黑人群岛）的南印度洋，划入了中国贸易商努力拓展的市场。

伊德里西的《旅游证闻》对中国人在那里的活动说得很具体：

中国人每遇国内骚乱，或由于印度局势动荡，战乱不止，影响商业往来，便转到桑奈建及其所属岛屿进行贸易。由于他们公平正直，风俗淳厚，经营得法，因而和当地居民关系融洽。该岛（翁古贾岛，即桑给巴尔岛——引者）人丁兴旺，外来者也多能安居乐业。

伊德里西很清楚地说，中国人大多是驾驶着本国的帆船远涉重洋来到桑奈建群岛做买卖的，从爪哇到桑给巴尔岛，都有中国贸易商的营业处。中国船还经常到肯尼亚沿海拉木群岛中的曼德岛停靠。而历史上的大食俞卢和地国就在曼德岛南面萨巴基河口以南肯尼亚的格迪（Gedi），"俞卢和地"这个中译名是基卢普—格迪（Kilpwa-Gedi）的复合译名。格迪在马林迪以南16千米的米达湾中。米达湾中还有一个叫基卢普的港口。格迪遗址的发掘是20世纪50年代和60年代肯尼亚考古的重大收获，它是一处难得的淡水供应港，这使它在10—16世纪一直处于海外贸易繁荣期。那里发现的宫室、有铭文的墓葬、大清真寺和无数有价值的中国越窑、龙泉窑青瓷、景德镇青白瓷、宋元白瓷，都说明宋瓷是格迪城的畅销品。中国的瓷器使这个不见于记载的海港城市重新扬名于世。不正是中国帆船才会源源不绝地将本国特产的瓷器成批销往东非，如果说这一切都是靠阿拉伯船转运，那么东非沿岸出土的几十处宋钱也可以作为宋船确实到过那儿的佐证，何况伊德里西说过的那些话都是确有其事，并非空穴来风。

总之，中国帆船从11世纪起首先在南印度洋开辟了横越大洋的直达航线。继之，在11世纪末，或至迟12世纪初，又在北印度洋开辟了名为麻离拔的直达航线。通过红海，中国和埃及建立的联系最后以1094年麻离拔（佐法尔）和（貌）黎（奎隆）、大食（埃及）使者联袂来华达到高峰。1095年欧洲十字军兴后，中国和埃及的直接贸易中断，但麻离拔航线却在一两个世纪中持续不衰。

麻离拔国，原名是"阿拉伯的马赫拉"（Mahrah al'Arabi，或Mahrah barr），又可写作麻啰拔、麻罗拔，是香料贸易港佐法尔的别称，因此宋代没有见到有佐法尔。佐法尔是马赫拉三个海港中最有名的，从佐法尔兴起为阿拉伯和印度、东非之间的中转港，从此苏哈尔便衰落了。其中一个重要原因就是中国帆船从此直航佐法尔，而不到苏哈尔了。印度洋西部贸易的重心，在今后一段时间内转向了亚丁湾以南地区。所以1328年汪大渊到波斯湾考察商务时，便没有到苏哈尔去。麻离拔航线由广州开始，随后乘东北风发船，40天后到苏门答腊北部蓝里（Lamuri，今亚齐），采购苏木、白锡、长白藤，进行贸易。住到次年冬季，再乘东北风，60天顺风到佐法尔。在那里采购乳香、龙涎香、真珠、玻璃、犀角、象牙、珊瑚、木香、没药、血竭、阿魏、苏合油、没石子、蔷薇水等货物。丝绸、瓷器、大黄、白锡、苏木都是中国船带去的货物。从广州到佐法尔，一条长达6 500海里的直达航线在中国和阿拉伯之间开通，正是郑和下西洋以前，中国帆船在印度洋贸易网中愈来愈重要的道理所在。

15世纪郑和乘宝船七次下西洋

  1403年朱棣在南京登位，称永乐皇帝，立即派遣使团到印度，以期恢复过去数百年来极为繁荣的中印海上贸易，重振中国帆船在印度洋上的雄风。朱棣在实现他施展海外贸易政策的同时，起用了出身回族、信奉伊斯兰教的太监郑和（1371—1433年）为司礼监太监，总办下西洋宝船队的远航事宜。从1405年12月郑和率领的船队初次开洋，到1433年7月最后一次返国为止，在永乐年间（1403—1425年）举办六次，宣德年间（1426—1435年）举办一次，总共是七次下西洋。13世纪以来，中国人总称印度洋叫西洋，下西洋就是通航印度洋。另外还有一重意思，下西洋是到一个叫西洋国的地方，这西洋国就是被当作印度洋诸国

七下西洋的航海家郑和

通航码头的卡利卡特，当时卡利卡特苏丹统辖着马拉巴海岸盛产胡椒的一块海岸地带，和中国、埃及、波斯湾国家大做胡椒贸易，成为印度洋海上贸易的枢纽。郑和宝船队的大本营也就是卡利卡特，海港在卡利卡特以北16千米的古里佛（Kollam Pantālayini, Colam Pandarani），古里佛在明代译作古里，现在叫科泽科特，是郑和下西洋每次必到的海港城市。这里是西洋国的所在，有时在文档里也称"西洋"，所以下西洋也就是通航西洋国。郑和是八次出海，但1424年到旧港封印的一次，因为没有到西洋国，所以下西洋只计七次。

  郑和下西洋，每次都有庞大的船队作为支撑，参与航行的士兵都从沿海的卫所抽调，大致都在26 000人—27 800人间。

从第一次航行开始,船队最远便开航了霍尔木兹、亚丁、天方(吉达港),将东起琉球、菲律宾和马鲁古海的南海以及整个印度洋,包括波斯湾和红海、亚丁湾,都列入了船队周航的运作圈中。以后的航行更扩大到东非沿岸,直到莫桑比克沿海,个别的船只甚至进入了南非最南端的海域。

郑和率领的船队创造了世界航海史的奇迹,促成中国与亚非两大洲许多国家和地区之间建立起友好的外交关系,大大繁荣了双方的贸易往来,带动了许多印度洋国家随同出使的船队派出使团到中国太仓的刘家港和南京,参加朝觐的大典。在海上交通全面沟通的前提下,中国和这些亚非国家通过经济和技术的交流,促进了印度洋和南中国海周边国家社会经济的发展,推动这些国家走上彼此合作、共同繁荣的路。

郑和在第七次去西洋的1431年,在太仓刘家港立碑《通番事迹记》,同时在

福建长乐南山天妃宫立《天妃之神灵应记》碑,记述迄今共七次的航行。再据《明太宗实录》、《明宣宗实录》、谈迁《国榷》的记载和祝允明《前闻记》所举第七次下西洋的日程,下面是每次航行的日程和航程。

第一次,1405年12月—1407年9月2日。到达国家有占城、爪哇、旧港、暹罗、马六甲、斯里兰卡、古里、马尔代夫、霍尔木兹、佐法尔、亚丁、麦加。参与的军士27 870多人,宝船63艘。最大的船修(长)四十四丈,博(宽)十八丈;次修三十七丈,博十五丈。据《嘉靖太仓州志》,这次下西洋动用208艘船集结长江口的崇明,到福建长乐后,应该又增加了许多福船。

第二次,1407年12月—1409年8月。船队到达暹罗、爪哇、斯里兰卡、古里。

第 三 次,1409年12月 —1411年6月。船队去了暹罗、爪哇、马六甲、苏门答腊、古里、天方等国。船队初访索马里的摩加迪沙、朱巴和布腊瓦。参与的

1431年在福建长乐记录下西洋事迹的《天妃灵应之记》碑

宝船48艘,军士27 000多人。

第四次,1413年12月—1415年7月8日。船队到达爪哇、马六甲、苏门答腊、古里、霍尔木兹、马尔代夫,再度访问摩加迪沙、布腊瓦,并沿东非海岸向南深入到坦桑尼亚的基尔瓦,莫桑比克的莫桑比克港和索法拉港。形成一次航线极长,最远进入季风区以外的海上长征。参与的军士27 670人,宝船63艘。分遣船队多至七八支。

第五次,1417年12月—1419年7月17日。郑和奉命伴送古里、爪哇、马尔代夫、亚丁、摩加迪沙、布腊瓦、基尔瓦等19国使团返国,再次远航基尔瓦,可能再次到达莫桑比克。

第六次,1421年1月—1422年8月18日。郑和奉命送霍尔木兹、亚丁等16国使节回国,到达马六甲、苏门答腊、斯里兰卡、马尔代夫、古里、霍尔木兹、亚丁、佐法尔、摩加迪沙、布腊瓦。动用宝船41艘。

第七次,1431年12月—1433年7月6日。船队在宣德时最后一次大规模出航。船队到了马六甲、斯里兰卡、马尔代夫、苏门答腊、亚丁、佐法尔、霍尔木兹、古里、摩加迪沙、布腊瓦等20国,还到过已归属明朝的旧港宣慰司(苏门答腊岛)。郑和在1433年夏病逝古里后,船队迅速归航。动用宝船总共61艘,军士有27 550名。

船队从第三次起,一直到最后一次,至少有五次进入东非海域。

现在许多书籍中对宝船队的航运范围都有各种不同的说法,甚至以为宝船第一次最远只到古里,以后才将航行范围扩大到霍尔木兹和亚丁湾、红海,但这些说法却没有充分根据,文献上已有足够的材料可以一一列举出来,因为这些印度洋的海港,除了少数东非海域的港口,都是在郑和以前,中国帆船早已有过运作经验的贸易港。郑和宝船队在航路开辟上的贡献,主要是在印度洋西部海岸,尝试着进行过前人所未涉足的航行探测。

宝船的载重量,根据当时对船舶用料的识读,最大的宝船用二千料,次等的是一千五百料,大约在800吨—1 200吨之间。和正处在转型期中的世界造船业相比,这样规模的船只已足可引领造船行家,开启一代风骚了。

下西洋船以宝船为主,又称"宝舟"、"宝舡",是到西洋去取宝的意思。通过这种宝船贸易,中国向印度洋地区大量销售绫绢、锦缎、青白瓷、青花瓷、大黄等名牌商货,以及麝香、肉桂、烧珠、铁鼎、铁铫等大宗出口货物。从印度洋运回中国的货物更是名目繁多,据统计共有185种之多,其中有苏门答腊和泰国出产的苏木、沉香、白锡、硫磺;非洲和阿拉伯出产的乳香、香脂、血竭、檀木、宝石、珊瑚、象牙、名马、颜料;波斯湾的珍珠、骟马、碾花玻璃;叙利亚的双刃刀;孟加拉的糖霜、戗金玻璃器和绒布;科泽科特的胡椒、毛绒布(Sakhlat),以及南印度的红番布(西洋布）、五色布、莘布（Byrampaut），八者蓝布（Percallen）等著名棉布。基尔瓦、亚丁、孟加拉进献的麒麟（长颈鹿）更在中国京都引起轰动，视为瑞年吉祥、四海共庆的象征。

在火炮中壮大的欧洲海上力量

公元395年罗马分成东西两大帝国，东罗马帝国定都拜占庭，又称拜占庭帝国。从此东方贸易走出了它的繁荣期，但领土跨地中海南北两岸的拜占庭仍维持着它在地中海和黑海的商贸网点。7世纪阿拉伯人崛起后，拜占庭为对付阿拉伯人、波斯人、土耳其人，建立了强大的舰队来保卫君士坦丁堡，装备了快速行驶的大帆船，大帆船拥有两排总共100人的划桨手，船上的弩炮手能从管状喷射器中向敌方发射希腊火，100名桨手中有50名同时是配有精良武器的战士。靠着这些舰队，拜占庭在961年从穆斯林手里夺回了克里特岛。11世纪时拜占庭靠了从海上用战船运输大批马匹到作战地区，成功地对西西里岛的敌人发动了多次袭击。拜占庭开始创造性地改造战船的结构，增进作战效果。阿拉伯人本来没有什么海军，只是靠了像特利波里的列奥和塔索斯的达米安这类拜占庭帝国的变节分子，才建立起他们的海军。

11世纪下半叶以后，意大利城邦国家由于十字军堵塞了从伦巴底通往法国的内河运输，开始致力于开辟通往大西洋的海上运输，注意吸收北欧的维京人和汉萨同盟制造快速帆船的技术，着手建造许多设计不断更新的船只。威尼斯制造的商船尤其出色，与热那亚互相展开竞争，于是地中海的东方贸易重又出现蓬勃高涨的局面。

1337—1453年英法两国在大西洋沿岸展开的百年战争，使

欧洲汉萨同盟的船

水上运输人马、装备、补给和海上战争显得十分重要。原本战事需要，都靠征用民船、渔船，由此引起社会公愤，于是只有另求他法。法王菲利浦四世在卢昂的塞纳河上兴建了克洛·德加莱斯造船厂，专门为王室造船。英王亨利五世也重视保有海上控制权，他在南汉普顿建立新船坞，又靠购买和俘获的船只，建立了一支有

1571年的勒班多战役,第一次由炮火决定胜负的海上大战

39条战船的舰队。卡斯提尔和热那亚两地制造的浅龙骨的用帆和桨驱动的单甲板平底战船,无需码头设备,随时可以靠岸,为英法两国所争取,卡斯提尔舰队和热那亚战船因此也都卷入了百年战争。大炮代替弓箭和掷石头,在海战中越来越重要,1415年英国占领了阿夫勒尔,英国于是从海上运送士兵和大炮,封锁了塞纳河到卢昂的河道,1419年最终占领了卢昂。取得海上控制权,由一支海军舰队来保证实现这一任务,已是15世纪在战争中起重要作用的因素。

早期的大炮往往是一些投石机,直到15世纪仍在使用。但在1430年,大炮由于威力增强到对城墙造成巨大损坏,不得不使大陆上的英国守军投降了。大炮使法军从英军手中夺回了诺曼底。那时中国战船比欧洲威尼斯的船只要大得多,但使用的火炮威力都不大,不足以击沉对方的船只。在欧洲,大约在1350年,一些西班牙战船开始装备弓弩、铁炮和加农炮,加农炮可以发射较远程的小型炮弹,地中海上开始出现双桅船。又过了一个世纪,勃艮第公爵舰队中每艘单甲板平底船上都规定配有5门4米长的重炮,每门都能发射直径4英寸的石弹,同时还备有2门轻炮。重炮的加入,使舰首的金属尖角改建成大炮平台,中心

荷兰人1564年描述的轻快帆船

是一门重炮,两侧各有轻炮护卫。1506年时西班牙的大型战舰上装有一门重4吨的铁炮,作为中舷主炮,还有二门2吨重的轻炮和一门刚超过1吨的小炮。这些炮原本发射石弹,但是30年后,发射金属弹的铜炮替代了这些铁炮。16世纪中期,西班牙主力舰中舷主炮可以发射50磅重的炮弹,威尼斯的战舰可发射60磅(直径7英寸)以至100磅和200磅重的炮弹。军事档册中透露,这些大炮的有效射程高达1 000码,最大射程为2英里。这使地中海战舰由过去的一人一桨,变成三人一组划动巨桨,桨手达180人,甚至200人,到17世纪,一些战船甚至装载400人,比当时欧洲许多村庄中的人数还多,而这类数字是中国帆船在13世纪就已达到了的。

为适应重炮装置和远洋航行,欧洲开始制造他们的三桅船,但是直到15世纪中叶,热那亚制造的大帆船最高吨位也不过1 400吨,并不比郑和下西洋的宝船大多少,大部分船只吨位在1 000吨以下。威尼斯也是一样,直到1490年,多数威尼斯大帆船的吨位是1 200吨。15、16世纪威尼斯商船的平均吨位是600吨。1474年汉萨同盟有一条载重2 250吨的海船彼得·冯·但泽号下水,但比起70年前中国在一年中就能造出数百艘千吨级帆船,只

1637年英人彼得·芒迪在广州见到的中国战舰

能算是欧洲正在显出要赶上东方那种盛大的造船巨潮的劲头。

从15世纪中叶起,比斯开湾的船舶设计师开始将一个船体打造出来后,用厚木板一层层地拼接上去,舱面上设有三根桅杆,甚至四根桅杆。到1500年,这种被称作卡拉克(Carrack)的“全索具帆船”(full-rigged ship),将大西洋的帆船引入了一个崭新的航海时期。卡拉克装上火炮就成了一艘艘主力舰,这种帆船的船首楼比尾舱高,经得住海浪拍打,舷侧装舵,有些船在1470年后就在舷侧设置炮孔。第一艘能够达到偏舷齐放的卡拉克,是1511年在苏格兰下水的1 000吨的大迈克尔号,船头和船尾有3门重炮,舷侧有12门火炮,另外

1637年下水的英国三层甲板战舰“海上霸王号”

还有300门小炮。但下一年，此舰就卖给了法国。1512年下水的大哈利号，也是1 000吨，装备了总重100吨的火炮（43门重炮和141门轻炮）。1547年亨利八世去世时，英国的海军有53艘战舰，排水量达到1万吨。这个数字大约只相当于郑和宝船队一次出海时总吨位的十分之一。

1557年的葡萄牙四桅战舰（汉斯·施塔登《美洲旅行的真相及记述》封面）

葡萄牙和西班牙靠了全索具帆船和远程海炮而称霸海洋，但16世纪的葡萄牙舰队，通常吨位在800吨上下、50米长，1 600吨的船还很少见。所以当瓦斯科·达·伽马率领他的船队，初抵莫桑比克岛时，他从当地领港人的眼中读到的是，这些人一定接待过从印度方面到达的贸易船，而这些船比他们的船还要大。有人从佛罗伦萨图书馆利卡迪诺第1910号抄件中，见到了一封1506年1月10日从莫桑比克岛发出的题名为《新近从葡萄牙发来的信》的注文，提到1505年7月由迪亚士·彼莱拉（Rui Dias Pereira）指挥的圣·乔治（Sao Jorge）号帆船，1505年7月曾停靠马达加斯加岛西海岸，由当地的小船带着两名船员到了莫桑比克岛，讲述了马达加斯加和来自东方的一些白皮肤的商人交易的情况：

> 那些黑人还说，那里有像我们这样的大船到达。这些大船有橹，船上的人像我们一样白。每隔二年，就有二、三条这样的大船开航到那里。可是不清楚它们是属于哪些人的船，推测就是那些把丁香运到印度贩卖的已有好几代之久的中国帆船（giunchi，闽南话"宗舡"的译音，意思是"船队"，后来转成葡语junco——引者）。

信的作者是1505年3月跟着阿尔梅达（Francisco de Almeide）指挥的船队到莫桑比克的葡萄牙人，他们打听到这些消息后，报告了船长，乘着等候季风前往印度的一段空隙，派了10条小帆船到了圣劳伦佐岛（马达加斯加——引者），证实了他们从当地黑人听到的一切都是真的，并说"这里比印度还要富庶"。当地种生姜，还有丁香和肉豆蔻树。葡萄牙人拿出胡椒来叫当地人认，他们都认出来了。"他们还说，有像我们的船一样的大船航行到那里。船上的人是些像我们一样的白人，穿着衣服。这只有中国帆船上的人才是这样的了"。

葡萄牙人到印度后，在印度洋和中国沿海靠着火力强大的卡拉克帆船，用武力驱赶阿拉伯商人和印度船,霸占了印度洋贸易。

最先闯入好望角海域的是谁?

1497年6月8日,瓦斯科·达·伽马率领一支由圣·加布利尔号(120吨)等4艘船组成的舰队,从葡萄牙的德古斯河口启航,去追寻通过好望角前往印度的航路,葡萄牙人把这条航线称作通向东方的新航路。达·伽马的舰队沿着大西洋南下,靠着葡萄牙早先一名航海家巴

瓦斯科·达·伽马在卡利卡特谒见当地首领

瓦斯科·达·伽马像:从欧洲直航印度的第一人

托洛梅·迪亚士(1450—1500年)大西洋航海经验的指点,他们抵达圣·赫勒拿湾,在12月越过好望角,继续东进。在马林迪,舰队找到了一位杰出的阿拉伯领航艾哈默德·伊本·马季德,顺利越过印度洋,在1498年5月20日抵达卡利科特,现在的科泽科德。

照葡萄牙人说法,第一次发现好望角的是巴托洛梅·迪亚士。虽然大家都知道,希罗多德提到过公元前600年埃及法老尼科派腓尼基人驾船环航非洲,这些腓尼基人在三年后从直布罗陀海峡回到了埃及,然而探险的实况却始终无人能够知晓。葡萄牙国王约翰二世为了打开通往印度的海路,在1486年决定派迪亚士率领一支舰队前往探测。当时葡萄牙人在亨利亲王(1394—1460年)和他的后继者组织下,不断沿非洲海岸南下,到了南纬22°纳米比亚的克罗斯角。再往南去,要多久才能绕过非洲的南端,却仍是个未知数。

2002年11月12日,在南非开普敦揭幕的"南非国民议会千年项目地图展"上,有一件事引起了轰动。展览会展出了中国第一历史档案馆收藏的一幅与原图同样大小的《大明混一图》的复印件,这是一幅在1389年由中国的地理学家彩绘设色的绢本地图,上面准确地绘出了南端呈倒三角形的非洲,还有几十个用汉文

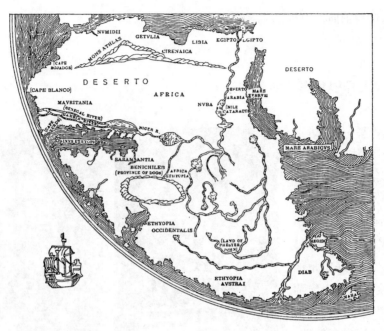

1457年葡萄牙地图中的非洲

注出的非洲地名,而在以前,人们见到的地图上,总将非洲的南端绘成往东弯向苏门答腊岛的一大串岛屿。中国的地图所以能如此准确地绘出非洲的图形,不禁使接触到这一命题的人,在心中要盘算起这样一个问题,难道中国人真的比迪亚士早100年就到过好望角了? 于是见到了这幅地图的人无不为之振奋起来,他们对迪亚士是不是一个最先到达好望角的人,产生了怀疑,要求重新加以鉴定。

迪亚士对东方航海国家的成就确实是十分重视的,在组织舰队的过程中,他就强调要装备罗盘导航,而罗盘正好是由中国人最先发明的。他对这次出航作了周密的安排,在筹集到3艘50吨的船以后,1487年8月奉命从里斯本启程,开始了他那次艰巨的航行。这一次船队将在未知底细的海洋中航行,成败还不得而知。4个月以后,他们向南驶过了南回归线,甚至望到了荒凉的海岸越来越向东南延伸出去。1488年1月6日,迪亚士遇到了大西洋上寒流和多风暴的天气,一切都逆转了。船队被汹涌的海浪冲离海岸,一直向南冲去,滔天巨浪几乎将船队吞没,暴风雨一连继续了13个昼夜。风暴止息后,船队继续向东,然而找不到岸线,迪亚士估计他们已经航过非洲南端,于是改变航向,向北驶去。几天后,他们望见了远处高山,便朝着高山驶去,2月3日,他们发现海岸线已呈东西走向。到2月6日,迪亚士的船队进入一个开阔的海湾,他们才恍然大悟,知道船队已经冲过了非洲的最南端,从西海岸到了南海岸,抵达现在伊丽莎白港附近的阿尔戈阿湾。此后，船队继续向东，航行到了一条大河的河口，迪亚士在那里立下了一块石标，作为葡萄牙在发现的土地上享有优先占领的标记，将这条位于南纬32°60′的河流起名英方提河，就是现在的大鱼河。海员们经过半年海上航行，已经筋疲力尽，他们认为往前行驶，风险可能更大，他们觉得这次航行的预定目标既已达到，就应该返航了。

迪亚士统率的快帆船

迪亚士于是只得下令掉转航向，沿着海岸一路向西开航。5月的一天，船队到达南非西南端，发现了现在叫好望角的险峻的岬角。好望角是南非西南端一个长4.8千米的岩石岬角，这里的崖岸向南伸向大海，礁石密布，风大浪险，不时有暴风雨来袭，迪亚士部下的海员因此称这里是风暴角。但当年与返航时迪亚士在普林西比岛邂逅的航海家帕西库·彼莱拉却说，迪亚士本人在经历了几个月海上漂泊后，终于踏上胜利的归途，大有苦尽甘来、祸去福临的感慨，因此对这个风暴时生的岬角，命名为好望角，以示对前程充满美好的希望。诚然，好望角确是世界上最险恶的海域之一，几百年来，并未起变化。有人统计，从1647年到1821年，在这里有61艘帆船沉没。好望角反映了欧洲统治者当年对通航印度会给他们带来财运的追求，同时又代表了多数航行者祈望沟通大西洋与印度洋

好望角

143

的安全航行的愿望。

在迪亚士到达好望角以后二百年,英国在1792年派出爱尔兰人乔治·马卡尔尼为大使,率领一支有3艘船组成的舰队,第一次出访中国。舰队通过大西洋、印度洋北上中国天津。舰队在经过好望角时,没有驶近好望角90海里以内的海域,因为在好望角东西两边3度以内,海流向西倾注,力道很强。为了避免附近的沙洲和几个小岛,舰队向南沿南纬40°的方向开,在驶近圣保罗岛200海里的地方,船只才重新回到南纬38°40′的航线上航行,1793年2月1日望见了圣保罗岛和阿姆斯特丹岛。船队在这段航程上只在马达加斯加东部遇到一次巨大的风浪,这股风最初是东北风,随后转为西南风,风向随时乱变,翻江倒海,使后甲板和船舷降到水面下,桅杆与海面斜成50°的倾角。在这段海路上,还遇到了一次不明原因而起的西南向的巨浪。据用小船测量,一天有20英里的北距纬度差,当时海流以每小时一英里(1 600米)的速度倾向正南。这次航行使英国人明白,使人愉快的季节在这里是12月,而不是5月,同英国的概念正相反,在这里,南方是寒冷的方向,而北方是温暖的方向。

好望角不是大西洋和印度洋两大海洋分界处,好望角的南端已达南纬34°22′,然而两个大洋的分界处还在好望角以东200多千米的厄加勒斯角。可好望角确是两股海流的汇合处,一股是来自非洲东部印度洋低纬度地带的莫桑比克—厄加勒斯暖流,另一股是从南极地区涌向大西洋东岸西非地区的本格拉寒流,双方正好在好望角附近汇合,因此这里寒暖无常。暖流形成气候湿润多雨,寒流带来阴冷干燥的天气,在好望角以东,水温要比好望角以西高4℃。到了好望角,看到的是无边无际的大海,极目四望,水天一色,不时会受到西北风或西南风的侵扰,寒暖变化无常。

且不说上古时代的腓尼基人,难道真的是迪亚士和他的葡萄牙同伴第一次到达好望角附近的水域?

郑和时代下西洋的宝船在1414年已经闯过桑给巴尔海区,沿着非洲大陆继续南航,越过德尔加杜角,进入莫桑比克岛和赞比西河以南南纬20°的索法拉港。莫桑比克岛在《明太宗实录》和《明史》中叫比剌(Biki),而且当时在1415年绘制的《郑和航海图》上也绘出了从桑给巴尔岛直至莫桑比克岛的东非沿海岛屿与地名,有一条岸线表示上述这些地名都在东非海岸。其中桑给巴尔岛在图上标名"虎尾礁",是桑给巴尔岛的土名翁库贾(Unguja)的省译,"虎尾"可以对上"guja",开唇音被省略,读作"虎尼",因为在江浙方言和闽南话中,"尾"都读作"尼",而郑和船队的水手都是这些地方的人。南傅山是德尔加杜角北面鲁伍马河口的纳穆伊兰加(Namuyilanga),"伊兰加"在阿拉伯语中是"地方"或滨海的

"洲"。莫桑比克岛因输出黄金著称,所以航海图上标明叫"金屿"。航海图上标明的航线,从金屿直指巽他海峡,这是葡萄牙人绕过好望角以前,中国远洋帆船横越印度洋时早已航行过的路线。航海图上这一部分非洲地名一解读,对宝船环航印度洋便一清二楚了。他们航行的区域,是他们的前辈未曾到过的未知之地,他们英勇地进行的海上航行是一项全新的事业。

中国帆船在15世纪初,是如何完成他们的统帅所赋予他们的新的使命的呢?他们最远是否航过了比索法拉港还要遥远的海区呢?答案必须由1459年弗拉·毛罗(Fra Mauro)在威尼斯绘制的地图来完成。

威尼斯图书馆收藏的1459年地图的副本,曾被收进玉素甫·卡米勒编集的《非洲和埃及地图集》第4卷第4册中,地图在非洲南端附近绘上了与西方式样不同的帆船,还有两处注记,有文字说明。其中之一,在迪布角旁(即在马达加斯加岛北端旁):

> 约在1420年,来自印度的一艘中国帆船(Junco),横越印度洋,通过男、女岛,绕过迪布角,取道绿色群岛和黑水洋,向西和西南方向连续航行40天,但见水天一色,别无他物。据随员估算,约行2 000海里。此后情况不妙,该船便在70天后回转迪布角。海员们曾登岸求食,见大鹏卵,一如鼓腹的双耳罐。此鸟之大,展翅可达60步(Pace,1步合30英寸——引者),能随意衔象和一切巨兽,对当地居民极为有害,且飞翔尤速。

弗拉·毛罗地图上,男岛(Mangla)和女岛(Nebila)在桑给巴尔岛以南,附近有一大岛叫马哈尔(Mahal),画在男、女岛以北,恰好是马尔代夫群岛中的马累岛,《郑和航海图》中这里叫官屿溜,是溜山(马尔代夫)洋中的大岛。航船通过的绿色群岛在桑给巴尔以南的塞舌耳群岛、科斯莫莱多群岛和阿尔达布拉群岛一线;黑水洋或称黑暗海,指莫桑比克海峡南部,特别是南回归线以南厄加勒斯暖流通过的洋区。从马尔代夫南航的船只,一直是顺风航行,此后一段时间,也即航船在进入厄加勒斯角海区时,受到来自大西洋和南极的寒流干扰,情况就起了变化,又航行了30天,他们的航行越过了风暴角,由于寒流的袭击,才掉头返航,回转到迪布角。这样推算的航程,在70天中总共向南航行了3 000海里以上,已经进入了大西洋海域。"水天一色,别无他物",正是好望角海域的景观。那么最早发现好望角进入好望角海域的,不正是这艘中国帆船吗!

毛罗地图上的另一处注记,提出在索法拉角和绿色群岛的外海,也就是在马达加斯加岛以东的海域,也有一艘中国帆船先是西南向航行,然后向西越过厄加勒斯角,同样对大西洋航行进行了探索,往返航程达4 000海里。这一定是在上一次探索之后的,又一次更加大胆的环航印度洋试图进入大西洋的壮举! 很可能就是在《针位篇》中记录的,那支由杨敏率领的,迟至1425年在乌龟洋(查戈斯群岛附近海域)返航途中,却遭到了赤道风暴袭击的中国船队。在印度洋中因盛产海龟而闻名的查戈斯群岛,被中国海员称作乌龟洋。这个群岛主要由迪戈加西亚等5个环礁岛屿和一些小岛组成,居民多黑人。这个群岛在《郑和航海图》中画在苏门答腊岛以西,称作白沙,画法也与图上其他岛礁不同,不是画作石山的岩岛,而是用细密的黑点表示的环礁,其中5个特大的黑点,正好显示了迪戈加西亚等5个环礁岛屿。

哥伦布和他的先驱登临美洲的航行

哥伦布像

欧洲人早已习惯于将热那亚人克里斯托夫·哥伦布(Christopher Columbus, 1451—1506年)看做新大陆的发现者。毫无疑问,哥伦布一行横渡大西洋到达美洲,确曾轰动西班牙、葡萄牙、法国、英国和意大利,使得欧洲掀起了一场由此绵延几个世纪移民美洲的浪潮,从此美洲作为新的一块大陆铭刻在了欧洲人的脑中,加进了这个世界中,并且确实变成了环球航行中不可或缺的一站。

当初哥伦布到达加勒比海后便认为到了日本国,令他奇怪的是,他从《马可·波罗游记》中知道的这个遍地皆黄金的国家,却并未有那么多的黄金。同样,令他失望的是,他也没有在那里找到他所渴求的丁香、肉桂、豆蔻等在欧洲市场上可以卖上高价的香料。哥伦布读过古希腊地理学家托勒密在公元150年完成的《地理志》的拉丁文译本,那是一本从15世纪以来已经流传,到1475年正式刊印的书。哥伦布还和佛罗伦萨的天文学家保罗·托斯卡内利(Paolo del Posso Toscanelli, 1397—1482年)通过书信,讨论过在大西洋西边的这个日本国和香料国的距离。那时地球已被证明是个圆球,从东西两条子午线相隔的距离推算,从大西洋东岸往东相当于15小时,占了225°,剩下的周径135°只要9小时的航行就足够了。所以他们确信,往西经过大西洋到中国，比之往东的旅程一定要短得多，在这片海洋中只有不足8 000个岛屿，并无大陆。托斯卡内利甚至画出了航海图，支持哥伦布西航。哥伦布以为由加那利群岛往西到日本国，不过2 500英里。1481年他带着这个计划去游说葡萄牙国王约翰二世，然而由于那时谁也没有到那个风大浪险的大西洋中去冒过险，事情只好就此搁浅，哥伦布只得转往西班牙。7年以后西班牙赶走了南部的莫尔人王朝，在1492年完成了统一的大业，于是哥伦布的计划最终得到了伊萨贝拉王后的认可。此刻的哥伦布向王后提出了他在发现新的陆地后，应被任命为那里的总督，本人可以分享这块新土地岁入的十分之一。哥伦布提出这样的条件，早有人分析过，一定是靠了他已经拥有别人所没有听说过的航海秘密，所以有了稳操胜券的信心。

西班牙王室颁给哥伦布的纹章

那么这个比之哥伦布还要早的先驱者又是谁呢？有人认为是出身佛罗伦萨商人和银行家的亚美利哥·维斯普奇（Amerigo Vespucci，1451—1512年）。他在移居西班牙后结识了哥伦布，于是致力于大西洋探险。但无人能弄清亚美利哥到底进行过多少次航行。他本人的陈述也有许多含糊不清的地方。维斯普奇声称自己在哥伦布之前已经发现了南美洲大陆，到过委内瑞拉沿岸，但哥伦布对这件事始终保持沉默。现

哥伦布登临新大陆（1493年的木刻画）

在可以确定的是，1499年后，维斯普奇确曾两次远航南美洲，最终确定了美洲是一个单独的大陆，而不是哥伦布至死以为的那样，是亚洲东边的岛屿。1507年这块新的大陆被命名为亚美利加洲。

美洲本来是印第安人的乡土，他们的先祖是最早越过白令海峡南下的亚洲人。很长时期中，由于东西两方都有大洋相隔，美洲似乎与其他大陆没有什么往来。唯一有文字记载的是，7世纪初中国史家编写的《梁书》卷五十四中有一段文字，说是499年的时候，扶桑国有一名僧侣慧深来到中国长江中游的荆州，向当

局介绍了该国的情况，说明它的地理位置和风俗、制度，并称那里本无佛教，那里的佛教是由458年克什米尔的5名比丘漂洋过海到达扶桑以后才传去。这就说明美洲在古代就与亚洲有过联系。但是美洲和欧洲之间却还没有多少证据可以说明，在哥伦布一行到达之前，有过什么文化上的交流。

纪念哥伦布到达新大陆的邮票

在1992年全世界纪念哥伦布发现新大陆500年之后，晚近对这一问题却有了新的发现。尼加拉瓜人类学和历史学研究所所长豪尔赫·埃斯皮诺萨在1996年宣称，首先发现美洲新大陆的并非哥伦布，而是比哥伦布早5年抵达美洲大陆的意大利航海家胡安·卡沃多。卡沃多受英王亨利七世资助，率领18名水手驾驶马特奥号帆船，在1487年6月24日清晨登上尼加拉瓜的大西洋海岸。这一天正好是基督教圣胡安日，卡沃多就以圣胡安命名当时登陆的海岸和流向大海的河流。现在尼加拉瓜这里的沿海城市仍称北圣·胡安城，尼加拉瓜与哥斯达黎加的界河仍叫圣胡安河。埃斯皮诺萨查考了保存在欧洲和美国的几百份英国和西班牙航海记录以及航海地图和文件，确信亚美利加洲这个名称源出尼加拉瓜土著印第安语，意思是"盛产黄金的地方"，也就是"黄金国"。当初胡安·卡沃多也认为他找到了那个自马可·波罗以来，欧洲人梦寐以求的东方的黄金国。埃斯皮诺萨认为，美洲的得名应该不是由于一个意大利人维斯普奇的名字，他宁肯相信亚美利哥·维斯普奇从来没有到过美洲，因为他在给朋友的信中提出的经纬度都是错误的，而且他的叙述也常常难以使人领会事情的真相。

哥伦布当年正是为了这个黄金国去铤而走险，在1492年8月3日率领圣太·玛利亚号等3艘帆船，自帕洛斯启航，经加那利群岛去实现他横渡大西洋到达黄金国的航行。第一次航行的成功和搜刮到的黄金，使他声名大振。于是有了许多新的追随者，使他在1493年9月展开了第二次航行，重返西班牙人在加勒比海的根据地伊斯帕尼奥拉（Hispaniala，小西班牙岛），现在的海地岛。这次航行到1496年才返归西班牙，许多欧洲植物移植到了加勒比海地区，瓜德罗普、牙买加、波多黎各等岛屿第一次被西班牙人发现。在1498—1500年间，哥伦布第三次航行期间，他到了特立尼达，南美洲东部的俄利诺科河口，但他仍不了解有一个南美洲的存在。航行结束时，葡萄牙人已成功地绕越非洲，辟通了东方航路，抵达印度西海岸的卡利科特，并在1499年返归欧洲。在1502—1504年间，哥伦布进行了第四次航行，从牙买加向西南到了巴伊亚群岛，然后沿着洪都拉斯、尼加拉瓜和巴拿马海岸东航，之后，再经牙买加，取道波多黎各北部海域东返。哥伦布的历次航行都局限在北回归线以南的加勒比海，无法进入太平洋。但他至死仍相信他已找到了马可·波罗宣称的黄金国。他的那个黄金国，其实不是日本，而是古巴和海地等岛上的印第安人屡屡向他暗示过的，在遥远的南方的那个黄金国。

哥伦布的航行证实了托斯卡内利计算的错误，但是哥伦布却认为那已足够证明托斯卡内利预言的可信，所以实际上，哥伦布本人确实也没有发现新大陆，因为他到过的那些岛屿都被他认作了托斯卡内利列举的7 448个岛屿中的一部分，而他最不理解的是，四次航行，始终没有找到过那些应该出现在香料群岛中的香料。说实在的，哥伦布本人到去世也不知道在大西洋和中国之间，还隔着一个面积超过欧洲的新大陆！因为人们发现当时被称为"南海"

哥伦布初登美洲时的旗舰（哥伦布书信中最早的插画）

的太平洋，以及完成绕过南美洲西航的航行，都还是若干年之后才发生的事。

太平洋探险

直到15世纪，地理学家并不知道有一个后来被称作太平洋的大海洋的存在。12世纪的中国地理学家周去非尽管熟悉南海航行，十分清楚南海和印度洋地理，但对于印度尼西亚以东的海域，也只知道班达海以东，水势愈来愈弱，不清楚正是越往东去，有一个十分广袤的大海洋的存在。欧洲人对大西洋的知识向来十分有限，在大西洋以西更不知道有一个新大陆和另一个大海洋了。

生活在太平洋东岸的印第安人知道那里是一大片海洋，但是谁也没有给它起过什么专门的名字，更不明白它究竟有多大。一个西班牙的冒险家瓦斯科·努涅斯·德·巴尔沃亚（Vasco Núñez de Balboa，1475—1519年）为了躲债，乘船渡过大西洋到了巴拿马的达连地区，靠着劫持两艘货船起家，到1513年当上了达连地区的总督。他从当地人那里打听到西面有另外一个大洋，于是他在1513年9月

1日率领了有190名西班牙人和1 000名印第安人的运输队，越过巴拿马地峡。三个星期后，巴尔沃亚从达连山上第一次见到了现在称为太平洋的那片海洋，他全副武装站在太平洋边，宣布他第一个发现了"大南海"，声称这片海洋属于西班牙国王。西班牙国王于是任命他为大南海地区的总督。但在1519年，他却以叛国罪被处死了。

就在1513年，葡萄牙的船只到了马鲁古群岛，宣布它属于葡萄牙国王。西班牙人

塞巴斯丁·孟斯特在1540年绘制的新大陆地图

却认为那里既然位于南洋，那就距离美洲近在咫尺，离开托尔达西拉斯协议规定的分界线一定很近，应该归属西班牙。当时葡萄牙人德·马加拉斯（Fernao de Magalhaes，1480—1521年）曾多次到印度洋航行，他从非洲回国后，决意要从西边通过巴尔沃亚命名的大南海，前往马鲁古群岛。他的建议未被葡萄牙国王曼纽埃尔一世采纳，于是他改变主意投奔西班牙。西班牙人叫他麦哲伦。他在塞维尔的"印度洋与几内亚档案馆"查阅探险档案和航海技术，相信在大西洋与巴尔沃亚的大南海之间的海峡宽度不会超过1 850千米，因此确认马鲁古群岛距离美洲海岸不远，在西班牙势力范围以内。他计划越过大西洋，绕道美洲开辟通向印度的新航路。

麦哲伦环球航行的船队

麦哲伦说服了后来任西班牙国王的查理五世，允准他出航，答应从新发现的领土拨出二十分之一作为奖赏。1519年9月20日，麦哲伦率领5艘陈旧的三桅船，从西班牙加的

斯附近的圣卢卡出发。这5艘张挂方帆的船是维多利亚号、圣安东尼号、康塞普西翁号、圣地亚哥号和特立尼达号。船员共有265人，以葡萄牙和西班牙人居多，也有意大利人、比利时人、法国人、希腊人、马耳他人、非洲人，以及服苦役的犯人。随行的威尼斯商人皮加费塔（Antonio Pigafetta）在《环球航行日记》中记下了历史上第一次环球航行。麦哲伦任命了三名西班牙籍船长，贾斯普·克萨达（Gaspar Quesada）、路易斯·德·曼多萨（Luis de Mendoza）、胡安·德·卡塔赫纳（Juan de Cartagena），后来曼多萨在叛乱中丧生，克萨达被斩首示众，卡塔赫纳被遗弃在圣胡利安港。

麦哲伦进行航行只能靠星盘来确定船的方位，星盘可以根据太阳的位置大致标出纬度，但无法确定经度。他当时只能用估计船速的方法计算航程，无法确定海流与风力对航速的作用。在航行中，大权独揽的是麦哲伦，不容船长们参与意见。

船队驶离非洲塞拉利昂海岸后，越洋而西，到1519年11月23日接近巴西海岸时，转入沿岸航行，在里约热内卢停靠两星期，补充给养。船队自年底继续南航，1520年4月到达阿根廷南部的一个港口，麦哲伦给它起名叫圣胡利安港（Saint Julien）。圣胡利安港靠近南极，寒冷多风，船员对长途航行带来的坏血病十分恐惧，西班牙籍船长尤其不满麦哲伦的独断专行。4月1日康塞普西翁号船长克萨达登上圣安东尼号，监禁了葡籍船长德·梅斯基塔，联络维多利亚号船长曼多萨，要求麦哲伦立即返航。麦哲伦率领剩余的两艘船，设计平息了叛乱，从阿根廷南部的巴塔哥尼亚继续南航。船队中担任开道的特立尼达号不幸触礁，船身折断。1520年10月21日，船队绕过一个岩石嶙峋的岬角，麦哲伦给它起名圣女角。圣女角后面是一道阴风凄凄四周山顶积雪的海峡，这样的航行持续了一个月，在1520年11月28日，船队驶出了特西雷角（Désiré）。皮加费塔记下这一天，"我们驶出了海峡，进入太平洋"。这个海峡将火地岛与南美大陆隔开，后来被命名为麦哲伦海峡。

这道曲曲弯弯险情时生的海峡，总计不足300海里，可费去了麦哲伦一个月的时间才安全过关。麦哲伦本以为大南海不过是个狭小的海域，没有带上充足的给养，可是出了海峡，等待他的却是一次更为漫长而且还生死未卜的航行！

麦哲伦的船队一连在海上航行了三个月又20天，没有补充食品和饮水，海员们吃的是发霉的饼干屑，上面是小虫和老鼠尿，连喝的水也很臭。他们只好扯下大桅杆上的牛皮和捕捉老鼠来充饥。海员们不堪饥饿和坏血病的折磨，几乎奄奄一息。3月6日，船队看到了马里亚纳群岛的三个小岛，受到驾驶三角帆独木舟的当地人的围攻与抢劫，船队在匆忙中补充了蔬菜、禽类和淡水之后，朝菲律宾方向继续开航。

　　麦哲伦在菲律宾群岛受到当地居民的款待，并与土著首领签订协议，在这里建立西班牙的商业霸权。3月28日船队接见了宿务（Cebu）岛的国王，麦哲伦手下的马来人奴隶昂里克与宿务国王语言相通，麦哲伦于是明白他们离马鲁古群岛已经不远了！麦哲伦与宿务国王签订盟约，西班牙可以独享岛上的贸易，麦哲伦答允协助宿务国王拓展疆土。麦克坦（Mactan）岛上酋长起而抗争，麦哲伦率部登陆，身中毒箭死去。船队失去首领，从1521年5月到11月，在群岛海域漂流。幸得一位船长胡安·塞巴斯丁·埃尔·卡诺（Juan Sebastian El Cano，1460—1526年）起而控制局面，船队才得重整旗鼓。（埃尔·卡诺也曾中途参与暴动，但未败露。）这时船员只剩下108人，已难驾驶3艘船，又听说葡萄牙已派出船队追击麦哲伦的船队，他们很难按原路折返，于是埃尔·卡诺决定焚毁一艘船，由埃尔·卡诺率领维多利亚号前往马鲁古群岛，然后继续往西航行。另一艘特立尼达号则决定向东返航，回到美洲。

　　维多利亚号只得在逆流、逆风、食物缺乏的情况下，奋力西航。他们穿越帝汶岛西的萨武海，横越印度洋，在1522年5月18日绕过好望角北航。维多利亚号一路渗水，在佛得角群岛停靠时，已残破不堪。9月6日，奄奄一息的维多利亚号载着仅存的18人，回到西班牙，重返圣卢卡湾。这时离开启航的日子已近三年了。皮加费塔记述他们："自从驶出圣卢卡湾以来，我们已航行了14 460里格（约合57 840千米），自东向西绕越地球一周。"

　　麦哲伦虽中途捐躯，但埃尔·卡诺捡起欧洲人环球航行的接力棒，完成了第一次环行地球的壮举。尤其值得称道的是，他们率先完成了横越太平洋的航行。西班牙国王查理五世赐给埃尔·卡诺贵族称号，纹章上刻着"你是绕我一周的第一人"（Tu primus circumdedisti me）。

　　然而太平洋毕竟过于浩瀚，太平洋中成千上万个岛屿在此后几百年中，才逐渐由欧洲各国的探险家靠着简陋的航海设备与观测仪器次第发现，进入人类的知识领域。

　　荷兰人、英国人继西班牙人之后进行了太平洋探险。

威廉·舒顿取道合恩角到达汤加群岛

1577年英国海军军官佛朗西斯·德雷克被英王伊丽莎白一世派往南方去寻找新地。他率领5艘船160名海员，越过大西洋到达巴西，然后继续南航，发现了将火地岛与南极洲隔离的海峡。进入太平洋后，沿岸北航。但是德雷克并未找到那条沟通太平洋与大西洋的北美航路，于是他转向西南，直航马鲁古群岛，搜刮了大批香料，满载着一路劫掠到的黄金和货物，取道好望角返回英国。1580年9月26日，德雷克完成了环球航行回到英国。荷兰人奥列维·范·诺尔也进行了一次环球航行。荷兰人威廉·扬斯在1605年乘"乳鸽号"从阿姆斯特丹前往新几内亚，1606年3月经约克角进入澳大利亚东北部的卡奔塔利亚湾，登陆后与土著居民发生冲突，只得扬帆返航，扬斯在并不知情的情况下，成了第一个踏上澳大利亚土地的欧洲人。在1760年绘制的澳洲地图上，未经勘查的澳大利亚东海岸仍未能标明出来，但荷兰人已把这片新土地称作新荷兰。于是西班牙独霸太平洋的历史，渐渐落下了帷幕。此后，英国人威廉·丹皮尔在1683—1691年间第一次赴太平洋进行科学考察，乘机侵占了许多西班牙的殖民地。1699年丹皮尔从英国南航，到达澳大利亚西海岸，成了第一个踏上澳大利亚土地的英国人。不久，他又发现新不列颠岛，在岛上采集了各种动植物标本。

　　1746年9月，英国的乔治·安森（George Anson）率领百人队长号从英国启程，去干扰西班牙的海外贸易。在长达四年的海上航行中，海员遭受坏血病侵袭，使930名海员只剩下300人。但安森收集了许多科学资料，从西班牙帆船上夺取到当时被西班牙政府视为机密档案的航海地图。1749年安森将自己的航海日志公之于众，在欧洲引起轰动，法国文豪伏尔泰也为之赞赏不已。安森在航海史上揭开了科学考察的序幕，航海日志从此开始与公众的社会生活联系到一起了。一场航海科学的革新运动终于不可阻挡地被引发了。

　　18世纪中叶以前，欧洲各国政府以探险家可以分享新占领的土地与财富为手段，鼓励商人和海员到海外去寻找新大陆与岛屿；18世纪中叶以后，英、法等后起的欧洲航海国家，政府主动组织探险活动，给予资助，对参与探险的海军军官要求接受科学培训，对搜集资料的任务目标明确，并派遣天文学家、博物学家等专门学者随行，新兴的学术社团也积极参与科学考察工作，使海上探险的科学含义大为提高。探险的结果也因此解除了禁令，报告可以公开，而且迅速流传，地图的绘制因此日新月异。航海仪器精益求精，在18世纪初，出现了靠计算月球的距离和使用经线仪两种测定经度的方法。人类从此迈向以精密的天文导航为依据的航海新纪元。

　　1766年英国派出华利斯（Samuel Wallis）率领探险船，到太平洋的土阿莫土群岛和塔希提岛。同年，法王路易十五派布甘维尔（Louis-Antoine de

Bougainville）到太平洋去寻找南方大陆，1767年太平洋上出现了第一艘法国船，布甘维尔宣布塔希提为法国领上，"塔希提传说"在船队回到法国后迅速流传，此岛被欧洲人视作了人间乐园。

太平洋探险的大航海时代，是由英国的一名海军军官詹姆斯·库克（James Cooke，1728—1779年）被英王任命为太平洋科学考察队队长开始的。此后，库克在太平洋上一共进行了三次考察。

第一次考察从1768年开始，到1771年结束。英国皇家学会预见到1769年6月3日将发生金星凌日现象，建议派人到塔希提去观察，以计算出太阳到地球的实际距离。英国海军部派库克率奋进号前去考察，同时寻找南方大陆。库克率领近百名人员，在这艘惠特比港制造的运煤船上，准备了足够一年的食物，特意挑选了能预防坏血病的柠檬、腌酸菜、洋葱和果汁等食物。考察队在1768年8月26日离开普利茅斯港，取道麦哲伦海峡，在塔希提及时完成了观测任务。在1769年10月，奋进号发现了新西兰。1770年3月，在返航途中，库克到新荷兰（即澳大利亚）东岸考察，登上植物湾（Botany Bay）。库克在考察了波利尼西亚人和澳洲人之外，绘制了精确的地图，证明南方大陆并不存在，否则也还在更南面的地方。

第一次航行的成就，促成当局派库克前往太平洋解开南方大陆的谜团。库克率领两艘运煤船决心号和冒险号，在1772年7月13日启程，选择了自西往东通过最高纬度的航线绕行地球。库克的船队在好望角停泊后，1772年圣诞夜抵达南极圈附近，被浮冰围困三个月仍无法南进，只能转而北上，在1773年3月抵达塔希提。然后船队继续南进，试图突破浮冰向前，最终却证明这是一种徒劳的举动。库克认为，即使南方有一大块陆地，有个南极洲，那也只是个天寒地冻、无法使人居住的地方。

此后，船队回到南回归线附近的温暖地带，在复活节岛、马克萨斯岛、新赫布里底群岛、新喀里多尼亚、新西兰等地停靠。随行画家霍贾斯特别注意观察不同气温条件下景色中气氛、光影与色彩的变化，留下许多难得的风情画。库克在这次航行和以后一次航行中都使用了经线仪，解决了经度计算法。船队最后经合恩角北返，1775年7月30日回到普利茅斯港。库克宣称南方大陆根本不存在，而他的船队经历了96 000千米以上的长征，"在各种气候条件下，船上众多的人员居然都还安然无恙，仅此一点，就足以证明这次远征的成功了"。

在取得巨大的成功以后，库克的第三次航行却成了一次致命的冒险。库克在1776年7月率领决心号和另一艘惠特比运煤船发现号，从普利茅斯港出发，取道好望角东航。船队到了塔斯马尼亚和新西兰，探察了汤加群岛，从塔希提岛北上，旨在探索北太平洋的通道。经过一个月航行，库克到了尚未有欧洲人到过的夏威夷群岛，当时库克以第一任海军大臣桑德维奇（Sandwish）的名字命名。岛上土著会吃人肉,但对库克视作神明。库克率船队继续北驶,进入白令海峡,又遇到浮冰扑击,只得折回夏威夷群岛。

当地土著受到神谕:将有白神乘大船回转,因此库克受到膜拜。但库克触犯了当地的禁俗,拒吃祭司敬奉的神食,对土著的偷盗行为又严加惩罚,以致双方关系恶化,于是在一次冲突中,手持长枪的库克正向进攻者搏击时,被一名当地人从背后持刀刺中要害,倒地身亡。这是2004年,在英国新发现的一幅由约翰·克利夫兰(John Cleveley)创作的水彩画中表现的情景,创作这幅画的约翰是根据在决心号上做木工的兄弟亲眼所见绘制的。这与历来流行的由弗兰西斯·朱克斯在1788年出版的彩色蚀刻凹版画中,库克转身面向船上同胞时,被一名当地人从背后刺死的情景,完全不同。库克遇难后,船队回到了英国。

库克的航海探明了南方并未有一大片富庶的大陆,北太平洋也没有可通大西洋的航道。他绘制的太平洋地图,指导着后世的航海家继续在太平洋各处的探测与冒险。库克的航海经验还发现了对付坏血病这样的海上航行最危险的敌人的办法。

库克的时代结束后,太平洋和南极地区的探险活动蒸蒸日上,航海日志和地图逐年增加,一代又一代地传承下去,不断地在实地航行中加以校正,使大洋地理得以精确描绘。从1815年到1850年间,法国发表了许多地图和85册观察和记述文献。俄国人发表的航行记述有17册,英国人有13册,美国人有9册。总之,太平洋探险使航海科学和地理考察、人种考察结合得十分完善,给地球科学展现出一个新的天地。

海上争霸的最后一幕:英法之争

17世纪是荷兰、英国和法国在大西洋争夺海上霸权的时期。16世纪90年代,英国和荷兰舰队开赴印度洋,向葡萄牙的商业霸主地位发起挑战。各国纷纷投入军备竞赛,向制造400吨以上的大型战舰迈进。1621年荷兰海军已拥有9艘500吨以上的主力舰。英国在1637年建造了1 500吨的海上霸王号,装有总重超过153吨的104门大炮,船身长达127米,宽43米。由于主力舰帆数不足,行动缓慢,在作战时普遍采用单列向前迎击的作战方法。主力舰具有两层或三层甲板,舰上装备有50到100门重炮。1673年第三次英荷战争(1672—1674年)中,英、荷双方在北海进行三场海战,双方动员的大型战舰均有130到150艘之多,各自拥有9 000到1万门大炮。三次英荷战争削弱了荷兰的海上力量,但荷兰人在1688

年仅仅花了三个月工夫，就组建了一支由463艘战船和4万人组成的荷兰舰队，在奥朗琪王室的威廉王子指挥下击败了英国舰队，取得了占领伦敦的胜利。在1659年击败西班牙以后，已成欧洲大陆最大强国的法国却不愿这种局面继续下去。法王路易十四随即派海军在翌年控制了英吉利海峡，入侵爱尔兰，并在1690年于比奇角外击败了英荷联合舰队。

18世纪法国在战舰设计上先走一步，先后造出了"74型"的战舰和轻型"快舰"。"74型"大型战舰（即通常所称的主力舰）有两层甲板、74门大炮，从1719年起投入使用，迅速成为所有主力舰中运用最广，极具海上价值的舰种。另一种轻型挂帆快舰，在甲板上列有26门炮，1774年投入使用。这两种舰迅速成为欧洲各国发展海上力量的标准舰只，不断革新的法国战舰甚至成为英国海军舰只效法的依据。1588年英国击败西班牙无敌舰队时，在舰队中服役的士兵还只有1.6万人，到威廉三世（1689—1697年）时，海军人数已高达4.5万人。这种代价高昂的海上力量的维持，使得英国在和法国的军备竞争中处于优势，因为法国必须要有一支强大的陆军来保持它在欧洲大陆的优越地位，而代价昂贵的战争却使法国不能既保有一支巨大的陆军，又拥有一支强大的海军。英国却在欧洲战争中始终奉行一种固定的政策，只需派出一小支军队在大陆作战，用它的商业财富去支援一个又一个反法联盟的盟国，通过它的海上优势，赢得海外殖民贸易和商业竞争的胜利。1763年七年战争结束，巴黎和约规定法国在北美的殖民地全归英国。在南美和加勒比地区，英国不断地从日益衰落的西班牙取得各种商业特权。在印

1757年普拉西之役，英国在印度打败法国，英军司令罗伯特·克莱武接见孟加拉的纳瓦卜

18世纪的英国海船

度,英国靠着联合各地的君主,逐个击败它的欧洲对手,继而进一步将印度纳入它庞大的海上帝国之中。

法国大革命期间,英国海军继续击败它的欧洲对手。1797年10月,通过坎普当战役,亚当·邓肯率领英国舰队将荷兰同英国的海上竞争画上了句号。霍莱肖·洛德·纳尔逊(1758—1805年)在1798年的尼罗河战役中,彻底击毁了他发现的一支法国舰队。纳尔逊在他的战术攻击中,一改传统的纵队向前战术,采取了用果断的毁灭性打击,即混成战术,将作战方案建立在打破敌方舰队的编队,进行一系列舰对舰的战斗,直到各个击破,置敌舰于死地而后已。纳尔逊在科西嘉战争中丧失了右眼的视力,在1797年的战斗中失去了右臂,他在不到十年的时间内,倡导了冲进敌方的战斗编队,以舰对舰的混战歼灭对方的舰只。这种纳尔逊战术体系早在1794年就被英国将军豪在6月1日的战斗中采用,另一名英国将领杰维斯在1797年的圣文森角的战斗中,也采用了这种混成战术。这一战役证实了英国舰只的舰长和船员具有高过于敌方的战术素养,所以能克敌制胜。1805年10月21日在西班牙特拉法尔加角外,遇上了由皮埃尔·维尔诺夫指挥的法西联合舰队,纳尔逊和科林伍德各自率领一支分队冲向敌阵,纳尔逊的分队冲向联合舰队的先头部队,科林伍德的分队则是拦腰冲入敌阵。纳尔逊的旗舰胜利号与一艘法国74型战舰可畏号接仗,可畏号的滑膛枪火力打倒了英舰的许多船员,纳尔逊也被击中丧生。但一天战斗,法西联合舰队被击沉一艘,另有17艘被英国舰队俘获。自此以后,法国再也无法在海上与英国争霸。而英国却封锁了法国港口,并在1810年12月促使俄国沙皇亚历山大宣布,俄国港口对载有英国货物的中立船只开放,从而拆散了拿破仑用1806年《柏林宣言》和1807年《蒂尔希特条约》所形成的大陆体系。英国靠着它强大的海上力量,从1808年到1813年发动了在伊比利亚半岛上的进攻,反法联军在1814年攻入巴黎,迫使拿破仑下台。1815年滑铁卢战役,拿破仑的大军被英国威灵顿公爵指挥的联军击溃,一度东山再起建立百日王朝的拿破仑,最终被英军流放到大西洋中

英国海军在纳尔逊的旗舰胜利号带领下,采用混成战术,在1805年的特拉法加战役中击败法、西联合舰队,确立了它的海上霸权

的圣赫勒拿岛,1821年在岛上病死。

帆船的最后荣光:飞剪船时代

18世纪末,在地理发现上取得的一个重要结论是,通过北极地区的北方航路实际上并不存在。库克在白令海峡的探险告诉人们,无论从英国或挪威都无法绕过北美大陆进入太平洋。不仅如此,俄国在西伯利亚的领土扩张,也证实了取道斯堪的纳维亚半岛或西伯利亚的北部沿海,同样难以进入白令海峡。因此,任何一条环球航线都离不了要绕越非洲的好望角或南美洲的合恩角。从大西洋东岸出发的船只,向东必须经过好望角,向西则要取道合恩角。

为了等待季风,进行一次跨越半个地球的长途航行,往往要经年之久,往返一次,时间就更长了。18世纪,操纵了大部分东方贸易的英国东印度公司,靠了对印度棉布和中国茶叶的专卖大发其财。18世纪中叶以后,印度棉布的销路日渐下降,而中国茶叶进口却随着航运周期的缩短而大为增加。走私到英国的茶叶数量十分可观,1777年,500克走私茶的价格是10先令6便士,几乎等于每周平均工资的1/3。到1784年英国推行"减税条例",将茶税减到12.5%,才逐渐止息了愈演愈烈的茶叶走私贸易。由于英国人都喜欢喝上当年采摘的新茶,所以茶叶的进口量有增无已,在18世纪,平均每年都要进口4 000吨以上的茶叶,1800年,茶叶进口的总量已超过15 000吨。东印度公司以40倍的利润在欧洲销售中国茶叶,但是英国却没有足以支付贸易逆差的大批商品在中国市场上运销,英国为此从本国和印度流入中国的白银在100万两以上,在1820—1821年度,曾高达556万两以上。为改变这一局面,英国想到了从印度和孟加拉向中国输出鸦片,作为抵偿白银的支付手段。1773年英国对鸦片实行专利专卖,鸦片产量从此逐年递增,流入中国沿海的鸦片有增无已。1813年印度开放后,鸦片贸易为英印政府提供了很大一笔财政收入。中国政府下令严禁鸦片进口,而鸦片走私贸易在英美商船支撑下愈来愈猖狂。广东珠江口外的伶仃洋海面成为鸦片走私贸易船只集结的地方,中国反而为此要付出大量白银,而鸦片流毒无穷,成千上万的中国人因吸毒而家破人亡。

鸦片走私贸易给英国和美国的商船带来的高额利润,促使从事这项交易的商人对提高航运周期、增加载货容量全力以赴,于是有了新颖的飞剪船营运在美国、英国和印度、中国之间的航线上。

飞剪船的建造起始于一种小型的快帆船,这种帆船最初在1812年战事中,由美国东部的巴尔的摩尔建造，称作"巴尔的摩尔飞剪船"（Baltimore clippers）。巴尔的摩尔飞剪船是一种仿照独立战争时到达美国港口的法国式斜桁横帆小快船，当时叫勒吉尔（Luggar），在1812年战事中，曾作为政府特许维持海上秩序的私掠船参加作战，大多张挂葡萄牙或西班牙国旗。它们的式样各异，有挂横帆

三桅帆船

的双桅船（brigs），有主桅挂纵帆、前桅使用横帆的双桅船（brigantines），有三桅纵帆船（topsail schooner），多数载重量在200吨以上。这种船还只能算是飞剪船的雏形。直到1832年巴尔的摩尔的一名富商伊塞克·麦克金（Issak Mckim）根据双桅船和三桅纵帆船的船型制成安妮·麦克金（Ann Mckim）号，才算真正造出了飞剪船。这艘船长143英尺，宽31英尺，深14英尺，总重493吨。安妮·麦克金号在中国航线上运送鸦片和茶叶，直到船东麦克金在1837年去世，才转卖给纽约的霍兰和阿斯宾华尔公司（Howland & Aspinwall Co.），10年后又转手他人，最后成为一条智利船。

英国人对飞剪船感兴趣，是由阿伯丁的造船厂在1839年制造了三桅纵帆船苏格兰侍女号开始的。这条船仅150吨，在英格兰通航。1842年阿伯丁的船商造了另外三条大小相同的纵帆船：仙子号（Fairy）、玲珑号（Rapid）和君子号（Monarch），这是英国最早建成的4条飞剪船了。

在对华贸易中首先使用的飞剪船，给船舶经纪人带来了很大的商机，英商和美商彼此展开竞争。英国在1831年就有三艘小型的三桅纵帆船贾米西纳号（Jamesina）、阿姆斯特勋爵号（Lord Amherst）和西尔夫号（Sylph）从事鸦片贸易，来捞取更多的赢利。1833年贾米西纳号将鸦片从印度运到福州、厦门、宁波等地出售，计值33万镑。后来买卖愈做愈大，美商也纷纷建造三桅帆船，1839年东波士顿为约翰·M.福布斯造了650吨的阿克巴号（Akbar），还有其他一些船只，都用到了对华贸易上。纽约的布朗和贝尔公司（Brown & Bell Co.）在1841年为罗素公司（Russell & Co.）建造了90吨的安哥拉号（Agola），派到香港去经营。随后在1842年，东波士顿造了150吨的纵帆船齐弗尔号（Zephyr），布朗和贝尔造了175吨的马兹帕号（Mazeppa），曼特福造了100吨的奥莱尔号（Ariel），1843年东波士顿建造了370吨的双桅船安蒂洛普号（Antelope）。这几条船的船东是约翰·M.福布斯和罗素，他们将这些船投入鸦片贸易，从此出现了鸦片飞剪船。

阿克巴号的首次航行是从纽约到广州，创造了仅耗时109天的新纪录，在南中国海上顶着东北风北上。1841年有650吨的赫勒拿号，1843年有曼特福制造的保罗·琼斯号，从波士顿经好望角到香港，历时111天。指挥这条船的帕尔玛（N. B. Palmer）船长连续刷新纪录，将美国东海岸到香港的远程航行压缩到一百天以内。1844年纽约的造船家罗氏（A. A. Low）兄弟为布朗和贝尔公司承建了专为帕尔玛船长设计的706吨的浩官号（Houqua），船的名字取自广州十三洋行的著名人物伍浩官。在第一次航行中，就取得了从纽约到爪哇头只需72天，然后再加12天到达香港，总共88天的好成绩。这条船从中国到美国的最佳记录是：1844年12月9日从香港启航，15天后通过爪哇头，70天时进入大西洋上的赤道区，再经20天抵达纽约，总共90天，全程14 272英里（12 399海里）。1850年在麦肯西（McKanzie）船长指挥下，浩官号创造了从上海到纽约只需88天的纪录，这是当时中美之间最短的一条航线了。1857年，这一纪录又被震惊号（Surprise）创造的81天所刷新。

　　飞剪船适合远洋逆风航行，船首尖而突出在水面上，船身细长而尾舱展宽，足以顶风逆浪，夜以继日的长途行驶。1841年纽约的约翰·W. 格立弗斯（John W. Griiffeths）将他设计的飞船模型公开展览，并举办了一系列造船科学的演说，来推动飞剪船制造。纽约的造船厂商支持这种新颖的快船，1845年1月下水的彩虹号（Rainbow），体现了远洋航行业将在一个充满希望的飞剪船时代中展开。彩虹号在第二次出航中，自纽约到广州，来回一趟总共费时6个月又14天，其中有两个星期在港口停靠。去程顶着东北风行驶92天，返程则逆风行驶88天。船长约翰·莱特（John Land）在广州宣称，这是当今世界上最快的帆船。可是在它第5次航行中，却在合恩角外的海面上出了事。和彩虹号相似的有890吨的西维奇号（Sea Witch），船首刻有张牙舞爪的龙，它是当时纽约制造的最有气派的一条船。1846年12月23日抗着西北风从纽约前往香港，共历104天；1847年7月25日从广州花了81天回到纽约。在1848年3月16日从广州回到纽约的航行中，它只花去77天工夫。同一年它从纽约取道太平洋，花了69天抵达瓦尔帕莱索（Valparaiso），然后走了52天在年底到达香港。下一次它从纽约继续通过瓦尔帕莱索到广州，实航数是118天。然后从广州取道爪哇头，在1850年3月7日回到纽约，一共是85天。

　　1847年罗氏兄弟专为纽约罗素公司的主人设计了940吨的塞默埃尔·罗素号，归指挥过浩官号的船长帕尔玛指挥，开航香港。后来这条船在1851年从广州返航时，30天中行了6 780英里，平均日航226英里，它创造的24小时航行纪录是328英里。1848年制造的梅侬号（Memnon），突破了1 000吨，达到1 068吨，处女航也是前往中国。

直到1848年加利福尼亚发现了金矿,许多美国制造的飞剪船都用在对华贸易航线上。在1845年6月30日到1846年7月1日,从中国抵达纽约的船就有41艘之多,它们从中国运去茶叶、丝绸和香料、布匹。

加利福尼亚的移民船将飞剪船从美国东海岸吸引到了西海岸,从纽约绕道合恩角北上圣弗朗西斯科的飞剪船,通常要经过瓦尔帕莱索,所费航期超过110天。只有飞云号(Flying Cloud)在1851年8月31日到达目的港时创造了89天的纪录,这个纪录在很久以后也未被超越,只有两次打了个平手,一次是1854年飞云号自己保持了这项纪录,还有一次是1860年由安德罗·杰克逊号创造的。飞云号创造的日航纪录是374英里,他们在绕过合恩角后全靠上桅帆才能完成转向北方和西方的航行。

美国东部使用的飞剪船,许多已超过千吨,波士顿的杜那尔德·麦凯(Donald Mckay)造出了一系列够得上历史纪录的飞剪船,其中就有1850年下水的1 535吨的加利福尼亚移民船史塔洪号(Stag-Hound)。早几年制造的浩官号、西维奇号、塞默埃尔·罗素号和梅侬号,纷纷绕过合恩角到达圣弗朗西斯科。不久纽约的天国号(Celestial)将航期缩短到104天。一份1850年6月26日到7月28日的记录,提供了一个数字,仅纽约有17艘船、波士顿有16艘船抵达圣弗朗西斯科。当年下水的移民船达到31艘。加利福尼亚移民船还将航线向太平洋延伸,通过夏威夷群岛的火奴鲁鲁,沟通了中国和美国西海岸的海上航路。

1851年澳大利亚东部发现金矿,各国移民蜂拥而至,英国和美国派出许多艘飞剪船投入澳大利亚移民。它们从欧洲、北美和中国运去大批移民,前往悉尼,后来改在墨尔本登陆。最著名的航线有阿伯丁白星线和黑球线。这些船从澳大利亚运回羊毛和黄金,因而又称羊毛飞剪船。从1851—1854年,短短四年中,每年到达澳大利亚的移民就有34万人。早先英国开航澳大利亚的船都取道好望角,自从淘金潮兴起,这些移民船往往在返程中改走合恩角北上,绕地球一周。第一艘为澳大利亚贸易打造的飞剪船是1 622吨的马可·波罗号,1851年由圣·约翰为利物浦的詹姆斯·班恩斯公司制造。1851年7月4日启航,到达目的港是68天,返程74天,环航地球一周不足6个月。这次航行的成功,使黑球航线出了名,引得英国的船东纷纷向圣约翰和各船厂订货,其中有一些是铁壳的飞剪船。1853年一艘2 500吨的大型铁壳飞剪船泰勒尔号(Tayleur)问世,但自利物浦启航后才两天,就在爱尔兰出了事。后来又造了一系列飞剪船,其中有格林诺克造的784吨铁壳的冈特莱号(Gauntlet)。由詹姆斯·安得逊创办的安得逊公司推出了经营南澳贸易的东方航线,1853年建造了1 033吨的东方号(Orient),到墨尔本运黄金。1865年推出耶塔拉号（Yatala），1866年有1 073吨的阿尔戈纳号（Argonaut）派往澳洲。

在竞争激烈的年代中，詹姆斯·班恩斯公司决定按照麦凯的设计推出4艘最快最好的飞剪船，投放到澳洲航线上。这4艘船是1 769吨的闪电号（Lightning），2 448吨的海上卫士号（Champion of the seas），2 515吨的詹姆斯·班恩斯号（James Baines），2 598吨的杜那尔德·麦凯号，前3艘船在1854年下水，后一艘到1855年下水。闪电号长244英尺，宽44英尺，深23英尺，时速高达18.5节，创造了当时的海轮都难以达到的速度。在澳洲航线上行驶的第一艘挂帆的轮船是2 000吨的澳大利亚人号，1852年6月5日从普利茅斯启航，89天后经过南非的桌湾到达墨尔本，返程经好望角费时76天，在1853年1月11日回到伦敦。随后又出现了大不列颠号、南方皇后号、悉尼号、安蒂俄普号等装有铁螺旋桨的机帆船。1854年有蒸汽机推进的铁帆船阿尔戈号（Argo）从伦敦开航墨尔本，64天到达，返程取道合恩角共计63天，这条船开创了商用轮船绕越地球一周的纪录。

闪电号

大不列颠号

直到1856年克里米亚战争结束，大英轮船公司（Pennisular & Oriental Navigation Co.）开辟澳大利亚航线，飞剪船始终在大西洋和澳大利亚之间的商业往来上占有重要的地位。此后，澳洲移民船（或称羊毛飞剪船）的业绩便逐渐退居其次，让位给新兴的轮运业了。但是在澳洲航线上，帆船直到19世纪末才正式退出航运业。

在茶叶飞剪船的设计和制造上，1863年由利物浦的船舶设计师约翰·乔丹（John Jordan）为麦星特公司（L. H. Macintyre & Co.）设计了一种铁框构建的木帆船，建造了一艘名叫太平号（Taeping）的铁木复合船，乔丹虽然从1850年开始已用这种技术造船，但是要到太平号下水才引起震动。767吨的太平号一下水，就达到了日行319英里的航速。随即有火十字号（Fiery Cross）、赛里克号（Serica）、奥莱尔号（Ariel）、泰新号（Taitsing）等同类飞剪船投入茶叶贸易。1865年9条船举行一场比赛，它们从福州装茶叶开到好望角，最快的火十字号和奥莱尔号费时46天，太平号是47天，赛里克号50天，泰新号54天。然后开往英吉利海峡，取得冠亚军的是太平号和赛里克号。当时印度茶叶方兴未艾，利物浦在1863年专门打造一艘1 200吨的前进号（Seaforth），投入加尔各答贸易。该船是第一条采用钢桅和钢索的快船，不久，同样的装备也都被茶叶飞剪船用上了。

英国人最热衷的是武夷红茶，19世纪六七十年代，许多飞剪船都是从福州开往伦敦的。1870年从福州到伦敦的茶叶飞剪船竞赛中，获得冠军的拉罗号（Lahloo），它花了97天跑完了全程。1871年的比赛，蒂塔尼亚号（Titania）以93天的好成绩名列榜首。而从上海到伦敦，1868年由阿伯丁打造的齐玛菲勒号（Thermopyloe）创造的纪录是106天。但是有了轮船的竞争和苏伊士运河的通航，茶叶飞剪船的重要性与20年前相比，已大为逊色，1869年以后就不再打造这类飞剪船了。飞剪船更多的是用来装载羊毛、移民和其他物资。

英国的飞剪船和美国飞剪船相比，载重量通常在1 000吨以下，体积小、过量低，但是英国靠了钢铁技术，首先在轮运业上下工夫，改进了飞剪船，促进了飞剪船向轮船的过渡。飞剪船时代早在20世纪到来前就告终了。飞剪船是帆船时代在临终前的一次大发展，它催发着自身走入汽轮推进的铁甲船时代，宣告了漫长的帆船时代的最后终结。

20世纪已进入了一个与帆船无缘的世纪，尽管帆船在中国沿海地区和太平洋、印度洋的许多地方继续被使用着，甚至仍然是民间最有活力的水上运输工具，然而它的功能已被更先进更完美的替代物所超越，并且永远不可逆转。今天的帆船只是作为一种历史的记忆存活在人们的心头，人们会驾着小帆船去作各种仿古航行，或者深入充满古朴气息的林莽山川去探险，甚或寻求野营生活所特有的生活情趣，会在奥林匹克国际比赛中见到列入其中的帆船比赛项目，可以在从1177年以来每年9月在威尼斯举行的赛船节上，领略帆船的昔日风采，更多的人则从冲浪运动中，找到了人类当初发明风帆时的那份野趣，而这一切都只能是人们希冀通过这些活动，回忆昔日帆船雄风心态的一种表现而已。

第八章
时隐时现的黄金国

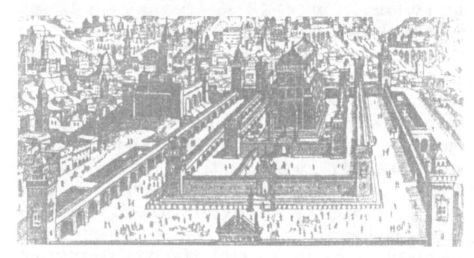

黄金与香木引领埃及人远航邦特国

古埃及从第三王朝开始逐渐强大起来，那时在公元前2800年。尼罗河给埃及人带来的生机，使埃及人的目光很自然地要沿着尼罗河向南方去寻求更大的发展。这种发展表现在商人的贸易活动和向尼罗河中游或沿红海西岸派过多次的远征队，直到非常遥远的地方。远征队经年累月坚忍不拔地到南方去找宝，有时不惜发动战争，将新的土地加以占领。第五王朝的创建人乌谢卡夫，在公元前2500年把自己的名字作为征服者，刻到了第一瀑布的岩石上，这里是在北纬24°现在叫阿斯旺的地方，离开三角洲已足足有650千米了。

那时尼罗河中游和它附近的地区，尽管有努比亚干旱的沙漠，但气候远较现在温暖，土地亦很肥沃，下努比亚（现在苏丹北部）人可以放牧大群牲畜，他们和西方以及南方沿海的居民都有广泛的联系。然而尼罗河从第一瀑布开始，航行便因布满河道的岩石而非常困难，必须用人工加以清除。因此沿着尼罗河要到那片被埃及人神秘地称为"幽灵之地"的南方去交换商货，甚至深入第六瀑布以上的境域，要花去许多历史年代才能办到。这就促使早已知道利用风力的埃及人大胆地使用帆船,顺着红海的崖岸直航遥远的邦特国。

红海是一处很难航行的海洋,水温很高,航道复杂,东岸崖岩林立,海潮汹涌,而且岛礁密布,航行有诸多困难。埃及第五王朝为了和邦特国取得联系,特意组织了一支海上远征军,闯过红海,去运输乳香、没药、香胶、树脂和香木。乌谢卡夫的继承者萨胡雷(公元前2490—前2476年)是积极推行海洋事业的第一人,他派出的远征军确实到了邦特国,就是现在亚丁湾南岸的索马里。萨胡雷的船队给埃及带回去的货物,有大批的没药,黑檀木和一种由金、银自然合成的金属铂。索马里出产的乳香、没药,在几千年中一直是这个地区最著名的香料。乳香可供寺庙中焚香的需要,又是制造香尸(木乃伊)的药料,还可以制作灯烛用来照明,甚至奢侈到用乳香作涂料。邦特国因盛产乳香,在公元前16世纪的埃及碑铭中,干脆给它起名乳香国。这种乳香是一种橄榄科小乔木茎部渗出的树脂,像滴乳,凝固后成白色的乳香。在埃及12朝哈里斯苇纸中称白香,希伯来语、阿拉伯语、希腊语都解作"乳白"。产乳香的树,在索马里主要是梅迪树(Boswellia Carteri),又叫齿叶乳香;还有一种迈迪树(Boswellia Freereana),主要产地在南阿拉伯沿海,那里因为出产这种香料,自古以来就被称作"香岸",阿拉伯文写作Shir Luban,Luban就是香,用香料制作的香脂、香膏,是自古以来生活在亚热带地区的人们日常生活中不可缺少的健身、化妆品。阿拉伯香岸因盛产乳香闻名,中国进口的乳香,最初都从香岸运入,因此干脆就将乳香称作"薰陆","薰"可以对上Shir(海岸),"陆"是Luban的译音。《别国洞冥记》这部汉代人郭宪写的书中,记录了汉武帝刘彻在元封(公元前110—前105年)年间大烧天下异香,其中的一种出在涂魂国(Dhofar),取名叫涂魂香,涂魂就是后来译作佐法尔的地方,在香岸的东边,也是自古以来就靠香料贸易出了名的海港。

另外一种香料没药,主要产地在非洲之角(埃塞俄比亚、厄立特里亚和索马里),有阿比西尼亚没药(Commiphora Abyssinica)、厄立特里亚没药(Commiphora Erythraea)和非洲没药(Commiphora Africana),是古代邦特国十分有名的香料,古希腊作家因为索马里的邦特国出产的没药最多,质量比埃塞俄比亚和南阿拉伯出产的优秀,就将索马里称作没药国。没药的阿拉伯名称是Murr,古埃及人用没药消炎、防腐,所以叫没药。公元前2世纪输入中国长安,也是汉武帝时用过的名香,那时给它起的名字叫精祇香。精祇,在埃塞俄比亚语中称Zangea,是"黑人国"的意思,因为非洲之角最早都是肤色黝黑的哈姆族和尼格罗特人居住的地方。萨胡雷派出的船队从邦特国运走的没药有8万品特,还有2 600株奇木,以及多达6 000磅的金银。这么多的财宝运到埃及,当然使埃及法老更加向往从南方去开辟财源了。于是掌管财务的伯迪德亲自率领远征队到邦特国去,返国时带回一名侏儒,去陪伴法老,据说侏儒能歌善舞,可以神游天界,和神灵相通。

第六王朝(公元前2341—前2180年)的法老用武力征服了阿斯旺以南的土地,商船队顺利地进入了第一瀑布以上的尼罗河沿岸。努比亚的酋长接受了埃及的权力。阿斯旺的总督哈胡夫将商队派到南方很远的地方,用兵丁保护着去考察尼罗河上游的商情,将黑檀木、象牙、乳香等许多好东西运回阿斯旺。不用说,南方的黄金也是埃及人最渴望得到的宝货了。然而埃及和邦特的商业联系由于耗资巨大而不得不时断时续。直到第18王朝的第3位法老图特莫西斯一世(公元前1509—前1497年),埃及的兵力才闯过第四瀑布,直抵克尔古斯。在以后三个世纪中,埃及控制着库施地区,顺利地开展着与邦特的贸易。

女王哈特舍普苏(公元前1489—前1469年)向邦特国派出过一支拥有8艘船的船队,船队返航时带回了香脂、香木和许多黄金。在底比斯的德尔·巴赫里神庙的壁画里,三面石墙上刻满了女王向邦特派遣船队,受到邦特酋长皮里胡欢迎的浮雕。有一幅图像,是5艘海船正浩浩荡荡开向邦特国。图像中的皮里胡率领他的黑皮肤妻子、三个孩子和赶驴的夫役去欢迎船队,树丛中隐现着一排排的帐幕。还有的图像是满载着"天国所有的优良芳香的木材、成堆的没药树脂和青翠的没药树,以及黑檀木、白象牙、埃木的金子,以及肉桂、眼油、猿、猴、狗和豹皮",再加上邦特的土著居民和儿童。继哈特舍普苏登位的图特莫西斯三世(公元前1470—前1436年)仍然保持着和邦特的商业往来。在当时留下的记录中,

埃及第十八王朝贵族民塔姆陵墓石膏壁画宴会

黄金和奴婢已经替代香药占有更突出的地位。一次就从邦特运送给法老134个男女奴婢,还有黄金、象牙、黑檀木和牲畜。努比亚也向法老贡献礼物,有一次总数达134磅黄金,还有象牙、黑檀木和奴婢。

苏丹是古代埃及取得黄金的重要来源。埃及中王国时期,已经有来自南方的科帕托沙漠黄金。新王国时,南方的黄金除了科帕托金以外,更有韦韦金和库施金。科帕托金产在红海西岸瓦迪·哈麻麻特,是一种块金。韦韦金出在下努比亚的瓦迪·阿拉基、瓦迪·卡格巴,这些地方出产的金沙运到上努比亚尼罗河上的库班淘洗,产地在西距尼罗河床240千米的东部沙漠。库施金,出在第二瀑布和第三瀑布间的上努比亚,在尼罗河西岸塞姆纳上溯几千米的特韦沙。后来埃塞俄比亚人就是从这个地区取得黄金,运到沿海去加工。埃塞俄比亚人还和青尼罗河的黑人部落进行"无声贸易",用诚信交换商货,避免了语言不通的障碍,去换取来自法索克里内地的沙金。古埃及人以为在他们南方埃塞俄比亚高原上的黄金国,是在尼罗河的西边,实际上这里位于青尼罗河的东边,可是古埃及人常常把尼罗河的东支阿特巴拉河当作尼罗河的上游,于是有了这样的误会。后来这个僻处内地的黄金国,又吸引了红海对岸的阿拉伯商人,跨海深入林莽之地,去觅取黄金、象牙和奴婢。

为找宝历尽艰辛的赫古利士

希腊神话中具有神性的人叫赫古利士,他是个大力神,他的神力使他在一次考验中,代替以双肩背负天国的阿提拉,用自己的双肩负住了天国。赫古利士到底是个什么样的人物?原来他是主宰天国的宙斯与柏苏士的孙女亚尔克米尼所生的儿子。赫古利士出生后,宙斯很疼爱这孩子,预期他将有着光荣的前程。这件事被宙斯的妻子万神之后赫拉得知,十分嫉恨。因此,亚尔克米尼生下赫古利士后,恐怕在宫里不安全,便将赫古利士放到了田野里。可是雅典娜和赫拉都发现了这个生得非常美好的孩子,在雅典娜劝说下,赫拉还给这孩子用自己神圣的乳汁哺育过,不料这孩子力气太大,损伤赫拉,赫拉便推开了这孩子。但这几滴乳汁已足使赫古利士不朽了。雅典娜抱起了这孩子,将这孩子作为孤儿交给铁林斯国王安斐特里昂的王后抚养。安斐特里昂也是柏苏士的孙子,是铁林斯的国王,却离开了那里,寄居在底比斯。

安斐特里昂作为赫古利士的后父,为他聘请了各地的大人物,来教育他成为一个英雄人物。他亲自教赫古利士驾驭战车,请优理塔士教他射箭,赫尔巴利科士教他角力和拳击。宙斯的双生子之一加斯托尔教他全副武装在阵地上作战。

167

阿波罗的老来子林纳士负责教他唱歌和弹七弦琴。赫古利士从小在农村放牧,长得身强力壮,射箭或投枪总是百发百中。他被公举为希腊第18个最美最强健的人。有一次他受到神谕,明白了人生一世到底要为善还是从恶的道理,决定走至善的路,为人民除暴解凶。他首先为国王安斐特里昂放牧的牛羊除去害人的狮子,将狮皮披在肩上,将狮子的巨颚作为战盔戴在头上。接着,又和天神们一起战胜了反抗宙斯的大地女神和天神乌拉尼士所生的巨人。

后来赫拉利用宙斯宣布让柏苏士最年长的孙子统治柏苏士其他子孙的决定,使用诡计,使本应在赫古利士之后出生的尤莱斯特士先诞生,尤莱斯特士于是登上了亚尔哥斯地方麦逊纳的国王,尤莱斯特士于是命令赫古利士去做各种非常艰苦和屈辱的事。在神谕的启示下,赫古利士战胜困难,历尽艰辛,完成了12件工作。他取来了尼米亚的狮子皮,杀掉了巨蛇海德拉,生擒塞林尼亚山上的赤牝鹿,捕捉伊利曼特山的野猪,一天内将埃里斯国王豢养的三千匹牛群的牛棚打扫干净,赶走斯蒂法里湖的怪鸟,制服克里特岛上的疯牛,取走好战的太雷斯地方皮斯多尼斯国王杜米德士凶猛的牝马群,然后参加了约逊探寻金羊毛的行列,以及和亚马逊妇人国开战。亚马逊国王希波利蒂接受过战神阿力斯赠予的一根腰带,因此归了尤莱斯特士,这样赫古利士完成了尤莱斯特士交给他的第9件工作。

那第10件工作是深入"黄金宝剑"统治的地方去冒险,第11件工作抢夺金苹果,都必须战胜巨人、制服恶兽。赫古利士为觅取黄金、获得牛群,为之赴汤蹈火,历尽艰辛,最后不辱使命,功成而归。

赫古利士的第10件事是要去征服因富庶而外号"黄金宝剑"的伊比里亚国王克利苏尔的儿子格里昂,夺取他的牛群,运回麦逊纳。格里昂是居住在伊利迪亚岛盖德拉湾的一个巨人,他有三个身体,六只手臂和六条腿。他豢养着一大群栗色牛,用另一名巨人和一只两头狗看守。格里昂还有三个身子硕大无比的儿子,各自统率着一支兵强马壮的队伍。赫古利士冒着生命危险,率领他在克里特的军队乘船前进,在利比亚海岸,他使巨人安塔士离开大地,用双手将他扼死。然后他率领队伍跨越沙漠,到达一条大河(穆卢耶河),在河口建立了一座百门城。最后在盖德拉湾的对岸大西洋上竖立了两根石柱,就是赫古利士石柱。这地方在西班牙南端马罗基角附近。然后赫古利士到达伊利迪亚,打死了看守牛群的巨人和恶狗,和格里昂恶战,一箭射中了格里昂六臂六腿连接的地方,杀死了格里昂。

凯旋回家的赫古利士驱策着牛群,取道陆上,经过伊比里亚和意大利,最后通过色雷斯回到希腊。这个故事诉说了希腊人心目中最富庶的地方是在它西边的西班牙。西班牙就是希腊人渴望找到的黄金国。黄金宝剑传说的原型,可能是柏拉图讲的那个在大西洋中非常繁华的阿特拉蒂斯城,突然在一个夜晚便沉没到海中,从此销声匿迹的故事。

接下来,赫古利士被尤莱斯特士派去寻找金苹果。金苹果是在很久以前宙斯与赫拉结婚时,大地女神盖亚赠送的一份贺礼。盖亚从海西带来一枝结满金苹果的树,栽种在圣园中,黑夜的四个女儿赫司贝利德女仙在巨龙莱顿协助下,奉命看守着圣园。莱顿是百怪之父法尔赛和大地的女儿希陀所生,长着100个头,每一张嘴呼叫着一种不同的声音,而且永不睡眠。赫古利士不知道圣园在何处,只好盲目地奔向旅途,走到铁赛莱,战胜了巨人,又到伊契德拉河与恶魔作战,后来到了伊利里亚,打听到河神纳洛斯知道赫司贝利德女仙的住地,才前往吕底亚。吕底亚国王布利西斯是海神波赛顿和利茜纳沙的儿子,当地在经历了9年大旱和饥荒后,听信了塞浦路斯来的一个占星士的劝告,那人宣称神谕,每年杀一名外乡人献祭宙斯,大地就会变得肥沃,年年丰收在望了。布利西斯首先将这个占星士作为外乡人的一个牺牲,奉献给了宙斯,后来又杀了从埃及来的外乡人,赫古利士也被绑赴祭坛,但他挣脱了锁链,杀死了国王和祭司后,继续前进。

赫古利士到了高加索山上,见到因开罪宙斯被囚在那里的普罗米修士,便设法解救他。又按照被解放的迪坦的指示,到了阿提拉用双肩顶着天国的地方,知道赫司贝利德女仙守卫的圣园就是在附近。赫古利士听从了普罗米修士的劝告,决意让阿提拉去试着摘取金苹果。于是赫古利士替代阿提拉担起了抬起天国的重担。阿提拉进入圣园后,骗巨龙将龙尾缠绕树身而陷入沉睡,杀死了巨龙。然后阿提拉设计取得女仙的信任,顺利地摘下了三个金苹果。这时阿提拉尝到了卸下双肩重负的轻松,他表示:"我不愿再受压迫了。"于是他将金苹果放在赫古利士的脚边,就想离开了。赫古利士诡称要绕一根绳子在头上,否则这重量会将他压平,要求阿提拉替换他一下。阿提拉满足了他的要求,重新负起了天国,于是坏心肠的阿提拉又只得就范了。赫古利士取走了金苹果,将它交给了尤莱斯特士,尤莱斯特士将它献给了雅典娜,雅典娜为保护圣果,将它们送回赫司贝利德女仙看守的圣园。

那么,黄金国到底在哪里呢?金苹果树的故事是暗示希腊人的黄金国在色雷斯东北的高加索山区。另一则约逊和他的伙伴寻找金羊毛的故事,也将黄金国定位在黑海东南岸的地方。

约逊和他寻找金羊毛的伙伴

和赫古利士同时的约逊,也曾得到赫古利士的帮助,冒险去探寻金羊毛。围绕着约逊和他的阿拉贡号海船编织的金羊毛故事,已经不是什么神话,而是一群具有不屈不挠刚毅精神的战士，为着去找黄金而献身的艰苦经历了。

约逊的祖父克莱修士在铁赛来的海港上建立了城市和奥尔古斯王国，后来传给儿子雅松，克莱修士的幼子柏里亚士却将王位夺了过去。雅松死后，他的儿子约逊逃到了奇伦那里，半人半马的奇伦为此抚养并栽培了他20年。那时柏里亚士已经衰老，他梦见神谕，要他提防一个只穿一只鞋子的人。长大后的约逊决意持着长矛回到家乡去复位。在经过一条河时，约逊看见一位老妇要他帮她渡河，那是女神赫拉的化身，约逊同情地满足了老妇的要求，高举着老妇涉河而过，中途，一只鞋子陷入淤泥，于是他只穿着一只鞋到了奥尔古斯市场，见到柏里亚士正在众目睽睽之下祭献海神。柏里亚士认出这位相貌出众的年轻人只穿了一只鞋子，于是接见了约逊。约逊向柏里亚士提出复位的要求，答允柏里亚士可以继续占有所有的土地、牛群和羊群，自己只要王位和权杖。柏里亚士托称菲利克修士的阴魂，曾希望从科尔齐斯的亚特士国王那里取来金羊毛，向约逊许下诺言：一旦金羊毛取得，王位和权杖必将归回约逊。

这金羊毛生在菲利克修士神奇的坐骑金羊身上。菲利克修士本是波西亚国王阿塔马士的儿子，但受到他的后母——阿塔马士宠妃伊娜的虐待。菲利克修士的生母尼斐亚为了使他逃出困境，把赫尔梅斯赠给的一头有翼金羊作为坐骑，让菲利克修士和他的姐姐希丽骑着上了天，经过许多陆地和海洋，希丽坠入里海而死，菲利克修士安全降落在黑海东南沿海科尔齐斯地方，受到阿特士国王的款待，并以女嘉尔苏卜相配。菲利克修士为报答宙斯的庇护，宰金羊献祭，将纯金的羊毛赠给阿特士国王。阿特士国王因为得到神谕，他的生命全靠能否保全金羊毛，将金羊毛献给了战神埃利斯。埃利斯把羊毛钉在一棵树上，由毒龙加以守护。全世界都认为金羊毛是无价之宝，各处英雄和权贵都渴望得到它。

为了要得到王权，约逊当然义无反顾地去冒险，却不知道他的叔父是要他死于这次冒险。在奥林波斯山下，雅典娜征集希腊著名的英雄前来参加这次盛举，由最优良的造船能手用不会腐朽的良材，打造了一艘要用50支桨才能划动的华丽的海船，由造船家阿尔古士命名这船叫阿拉贡。据说，这是希腊人第一次用于远航的一艘大船。船首由杜杜纳取得的珍贵的橡木制成，船舷的雕刻穷极奢丽。尽管如此，但船体轻巧得由英雄们扛在肩上可以行走12天。约逊当上了探险队的指挥，掌舵是蒂孚士，目光锐利的林苏士当领航员。船首上坐着威武的赫古利士，船尾上是阿契力士的父亲柏里修士和大阿加克士的父亲铁拉蒙。船上的水手有宙斯的两个儿子卡斯托尔和波莱杜塞士，巴特罗克鲁士的父亲梅诺底士，后来当上雅典国王的底修士，波赛顿的儿子尤菲麦士。约逊用他的船奉祭给海神波赛顿，出发前所有的英雄都向波赛顿和其他海上的神祇献祭和祈福。阿拉贡的英雄们于是从奥尔古斯港开始了他们向爱琴海和黑海的远航。

第二天，一阵暴风雨就将阿拉贡吹到了利姆诺斯岛。这个岛上的妇女在一年前就将她们的丈夫，也就是岛上所有的男子杀死了，起因是他们从色雷斯带去了许多情妇，只有国王一人被人藏在箱中投入大海，而幸免于难。利姆诺斯的妇女从此全副武装，戒备着或将来自色雷斯的攻袭。经过对话，利姆诺斯的妇女消解了疑惧，热情接待这些海外来客，船员都被岛上的妇女所迷，流连忘返，幸好赫古利士挺身而出，才使这些志在取得金羊毛的勇士重新踏上刚刚才开始的征途。海风将他们吹向弗利基亚（小亚细亚）的沿岸，在赫古利士的利箭帮助下，阿拉贡的英雄战胜了生活在塞西古士国岛上长有六条胳膊的巨人，但在暴风中因迷路而与爱好和平的陀林尼人对仗，第二天彼此才知道这是一场令人伤心的误会。不久在比沙尼亚海湾靠岸后，赫古利士因找他的朋友而与船队走失，阿拉贡的英雄们为此发生龃龉，后来得到神谕，船队才重新奔向预定的目标，但赫古利士从此便和阿拉贡分手了。

当阿拉贡停靠在一个半岛附近，踏上比布利西亚人的土地时，他们的国王阿米古士却宣称，没有一个外乡人可以离开他的国土而不和他赛拳的，于是阿拉贡的勇士挑选希腊最优秀的拳击手波莱杜塞士和他赛拳，将阿米古士击倒在地，并且战胜了赶来增援的比布利西亚人。船员们来到比沙尼亚的对岸下船，解救了因诽谤阿波罗赠给他的礼物而双目失明的色雷斯国王菲尼士，菲尼士并且天天受到美女鸟的侵吞，而无法得到他的饮食，因此已经衰弱得濒临死亡。阿拉贡的勇士帮他驱走了这些神鸟，使他重新可以得到丰饶的食品。于是这个希腊人的国王向勇士们预言，他们在航程中，必将遇到黑海边狭窄的海湾中，两座在大海中不停地漂浮和相互撞击的岛屿，告诫他们必须神速如鸽子一样，在它们中间驶过。预言他们还将去到那被称作地狱入口的马林德尼地方。然后经过许多别的岛屿、河流和海岸，经过亚马逊女人国和艰苦地从地里挖掘铁矿的凯莱比斯人的住地。最后，这些从奥尔古斯启航的人才能到达科尔齐斯海岸，看见高耸着的阿特士国王的堡垒，正是在那里，金羊毛被高高地悬挂在橡树的顶端。

阿拉贡的船员告别菲尼士后，一连40天遇到西北风，阻挡着他们的航行，后来靠了向12位大神的祭献才摆脱困境，又遇上赛布利格底斯岩岛碰撞，他们的船被恶浪抛上又压下，靠着他们的保护神雅典娜鼎力推送，才使这条船幸免于难，通过了挤压岛。他们靠了一阵西风，避开了散居在铁尔木顿河口的亚马逊人。他们经过凯莱比斯，见到这些人每天在漆黑的地窖和浓黑的烟雾中挖掘矿石和铁块。他们在一处岛屿上遇到了不久前死去的菲利克修士的四个儿子，加入了他们的队伍，一同去找金羊毛。其中一个叫阿尔格士的，成了约逊的知己。他们从佛西斯河口溯流而上，他们的左边是高耸的高加索山和科尔齐斯的都城赛达，他们的右边则是广阔的草原和埃利斯的神林，那里有毒龙看守着金羊毛。他们一行到达赛达后，阿尔格士和他的兄弟们也重新见到了母亲嘉尔苏卜。

约逊和他的伙伴试图说服亚特士国王，他们是由于命运和一个坏心肠的国王的旨意，才来到这里，希望能够顺利地获得他们所要的金羊毛。但亚特士怀疑，这些可谓集合了全希腊的英雄而且居然能闯过暴风雨安全抵达他的国土的人，是来夺取他的王位的。于是亚特士要这些来自异乡的勇士去做他自己经常表演而很危险的劳作，那就是驾驭两只有着铜蹄和火焰般舌头的神牛，去耕种荒瘠的田土，并在翻起的垅里种下一种毒龙的牙齿；当毒龙的牙齿纷纷从土中长成战士，蹿出地面凶猛地从周围拥来时，亚特士却以投枪射杀他们。他天一亮驾驭神牛收获，晚间才休息。亚特士要求这些异乡人也能照着做，那么就可以取走金羊毛，如果不能完成，那么只能离开他的国土。

自从约逊出现在亚特士的宫廷中，亚特士的幼女美狄亚便被暗中跟踪在约逊背后的爱神埃罗斯用一支苦痛的箭射中。美狄亚是黑夜与地狱女神赫嘉特神庙的女祭司，中箭后的她，不由得在心中对充满英雄气概而且神采焕发的约逊燃烧起一股爱情的火焰。亚特士对约逊提出的条件，无疑是要毁灭阿拉贡的勇士，这使美狄亚也为之不安。得知此中利害的阿尔格士乘机劝说约逊，去取得美狄亚的帮助，因为赫嘉特女神教给美狄亚调制一种神异的药剂，可以使人胜任驾驭神牛耕种的重任。约逊和许多勇士都以为他们的归程，要去依靠一个女人是十分可悲的。究竟听命于阿孚罗蒂德（爱神）还是埃利斯（战神），去赢得金羊毛？最后，大家赞成阿尔格士的办法，阿尔格士请求他母亲去争取他妹妹的援助。亚特士也准备着一旦希腊人的领袖被神牛所杀，便将焚毁他们的船，使这些外乡人葬身火海，并对引导这些外乡人到来的他的外孙们施以处罚。美狄亚答应了嘉尔苏卜的请求，但她清楚，外乡人胜利之日便是她的死期，而且科尔齐斯人不会原谅她这种有辱门庭之举。

美狄亚还是决意为约逊调配一种魔药，这种药料是一种称作"普罗米修士之油"的膏油，它取自高加索山坡的草原上一种树根的黑汁，这种树吸收了普罗米修士肝脏渗出的血液茁壮长大，无论谁只要在祭献地狱女神后，将这种膏油涂抹在身上，便不会受刀伤或火焚，而且能击败任何敌人。美狄亚把膏油盛在介壳里，调制成稀有的万应灵药，和约逊在赫嘉特神庙相会，美狄亚将如何对付播种毒龙牙齿的办法一一相告。嘱咐他得到毒龙的牙齿后，要独自一人在河水里沐浴，随后穿上黑袍，挖掘圆形土坑，在坑里堆上柴草，将一头母羊羔杀死后烧成灰烬。然后向赫嘉特献祭蜜的灌礼，洒过蜜汁后离开火葬场，听见犬吠和脚步声，都不可回头，否则祭献不会生效。第二天一早，用这神奇的魔药涂抹全身，就会被赋予巨大的威势和无穷的力量，自信甚至高出神祇。将魔药涂在矛、剑和盾上，那么人类的金属武器,甚至神牛喷出的火都不会加害于你。美狄亚告诉约逊,除了这些,她还会再给他别的援助。她说,在驾驭神牛耕田、播种毒龙的种子获得收成后,要在这些泥土所生的武士中投掷一块巨石,使他们为争食这石头而互相残杀,那时乘机进攻,加以杀戮。然后便可毫无阻拦地取走金羊毛了。

第二天早晨,约逊派人取来了毒龙牙齿,一切照美狄亚吩咐的那样办了。又过了一夜,亚特士穿上了阿利斯给他的铁甲,头上戴着四羽金盔,手中执着四层生牛皮的大盾,站在快马拖着的战车上到达放牧神牛的阿利斯田野。约逊也全副武装进入阵地,见到放在地上的轭和犁,都是铁铸。然后找到了口中喷火的神牛,制服了它去耕田,播下了龙齿。午后,阿利斯田野里到处都闪烁着长矛坚盾和战盔,约逊搬起巨石投向泥土所生的战士阵地,引得他们相互杀戮,纷纷倒地。约逊也投入战场,用宝剑将已经长出的砍倒,将刚生到肩头的一一削平,将参战的科尔齐斯人一一斩首。田中血流如河。震怒的亚特士明白了,这一切如无美狄亚相助,是不会成功的。

美狄亚明白她在父亲面前已劫数难逃,她企图服毒自杀,后又决定逃离宫廷。美狄亚刚到海边就呼叫着嘉尔苏卜的幼子菲罗底士,于是菲罗底士和约逊摇着小船来接她。约逊请宙斯和赫拉作证,愿和美狄亚结成良缘,同返希腊。美狄亚吩咐勇士们当夜划船到圣林去取金羊毛,用药酒洒在毒龙头上,使它昏睡。约逊取下了在黑夜中发光的金羊毛,将它卷起收藏在船上,然后启航飞驶河口。亚特士带领众人追赶不及,只好派他的儿子阿伯塞尔特士率领舰队追击,阿拉贡勇士只得另觅途径,取道伊斯特尔河注入伊奥尼亚海的一道。不料敌方的帆船比约逊的队伍抢先到达,双方在战机一触即发时转而协商,彼此协议阿拉贡的勇士可以取走金羊毛,但美狄亚却需被流放到另外一个有着狩猎女神阿尔蒂米斯神庙的岛上,等待一个公正的国王来裁定。

最后美狄亚设计将阿伯塞尔特士骗到她居住的岛上,约逊从埋伏中冲出,杀掉了她的弟弟,带着美狄亚匆忙离岸而去。归途中,不断有科尔齐斯舰队的追击,阿拉贡又经历了许多险情,他们甚至到了西里岛,还被大风吹到利比亚海。最后,历尽艰辛的阿拉贡回到了奥尔古斯的海湾。约逊和他的勇士们在科林斯海峡中,向海神波赛顿献祭,阿拉贡被破成许多散片,归入大海。

所罗门王和他的黄金宝藏

耶路撒冷的以色列国王所罗门(公元前970—前930年),是历史上一位具有睿智和极其富有的国王,他和阿拉伯南部沙比女王相爱的故事,尤其脍炙人口,久

摩西制作的金约柜，是一只木制方盒，外面包裹黄金

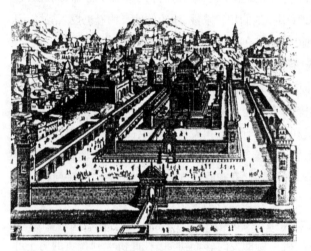

公元前586年被巴比伦人摧毁的所罗门王圣殿

久流传，不绝于世。但对于以色列人来说，所罗门王的一件不朽功绩，是他在耶路撒冷建造的圣殿，给犹太教树立了一个新的也是永久的燔祭中心，那是犹太教和犹太民族振兴的标志。

公元前1250年以色列人逃出埃及以后，在民族英豪摩西领导下，着手缔建自己的民族国家，他们在浪迹西奈荒野期间，将摩西在西奈山顶经过40个昼夜修炼，才从他们的保护神和救世主耶和华那里取得的《摩西十诫》和《西奈法典》，安放在一个特制的长方形木箱中，里外都用精金包裹，作为祭典的供物，命作"金约柜"。所罗门的父亲大卫在公元前1000年左右征服迦南后，又攻占了耶路撒冷，才将他们的首都从希伯伦迁到了耶路撒冷。耶路撒冷，原来是从阿拉伯迁入的迦南人的城市，意思是"和平城"。约柜最初迁到耶路撒冷，就放在一座帐幕里，打算日后建造一座圣殿加以供奉。这件事关民族荣耀和信仰的大事，在所罗门继位后才得完成。

所罗门在公元前966年下令建造圣殿，在内殿里专门陈放约柜。约柜的样子就像1922年在国王谷挖掘到的，埃及年轻的法老图坦卡蒙（公元前1348—前1339年）墓穴中的十多个箱子或匣子。毫无疑问，约柜也是一只埃及式样的木箱，用皂荚木制作，长2肘半（1.14米），宽和高各1肘半（0.69米），里外包上精金。柜盖是一块沉重的纯金板，上面的高浮雕，也像埃及箱子上一样，两端是两个面面相对的长着向上展开双翅的女神（基路伯），《圣经》里记载这两位女神也包着金箔，有时会发出火花。公元前955年圣殿落成，内中有一间debir，即内殿，是专门安放约柜的。按照耶和华的吩咐，内殿要完全黑暗，约柜就安放在漆黑的内殿里，直到三四百年之后，有一天突然神秘失踪。

约柜是希伯来民族的信物，他们将约柜看做上帝在地球显灵的依托。约柜会显出超凡的力量，自行升降。有时约柜会闪耀火焰和光芒，能将人灼伤，生出肿瘤，或将城池变成废墟。以色列人浪迹荒野期间，有一次约柜呼啸而起，飞向敌人，以致对方溃不成军，尽数被击杀。又一次发生在摩西的兄长大祭司亚伦的儿子身上，亚伦的两个儿子拿着金属香炉进入了供奉约柜的会幕内殿，约柜中竟喷出一道火焰，将他们烧死。由于约柜有时会产生的神秘的自然力，因此约柜必须严格禁绝常人接近。有人因此猜测，约柜中的诫板是一种特殊金属或具有放射性物质的矿体。所以《圣经·出埃及记》第34章记述，当初摩西拿着两块诫板下西奈山时，"亚伦和以色列众人看见摩西的面皮发光，就怕挨近他"。因此，这神圣而又神秘的内殿只有最高祭司长才能在一年中规定的日期中去参见。后来圣殿被毁，人们只能根据各种传述的文献去构思当年所罗门的圣殿，英国科学家牛顿就曾绘制过圣殿的平面图，今天还保存在巴伯森学院图书馆里。

为了建造圣殿，积聚财宝，所罗门每年都向世界各地派遣船只出海，他们返航时，常常是金银珠宝满舱，充盈了所罗门王的库藏。圣殿造成后，引得远近各地的人成群结队前来参拜，他们带来的贡品堆满了所罗门的国库。所罗门从他的属地每年得到的贡品就有10万公斤的黄金，这些黄金装饰了所罗门宫殿和圣殿的门窗、墙柱、祭坛、家具，连饮用器皿都是黄金打造。其中一件名叫"米诺拉"的7枝烛台，用纯金制作，供奉在金约柜前，更是以色列宗教传统的圣物。《旧约·列王纪上》记着："因为王有他施（Tharshih）船只与希兰的船只一同航海，三年一次，装载金银、象牙、猿猴、孔雀回来。所罗门王的财宝与智慧胜过天下的列王。普天下的王都求见所罗门。"他施与希兰是阿拉伯和腓尼基沿海的航海民族，这些地方都归属所罗门。推罗王希兰的船只为所罗门从奥菲尔（Ophir）运回了大批黄金。奥菲尔在也门附近亚丁湾。后来这些地方成了奥山人航船的天下。所罗门的威望引得阿拉伯的沙比女王贝尔基斯不惜亲自北上，去朝见所罗门。《列王纪》说她"将120他连特金子和宝石，还有很多的香料送给所罗门王。她送给王的香料为以后奉献的所不及"。1个他连特相当于75磅，那些金子就有9 000磅。沙比女王带着大队人马，用骆驼驮着香料、宝石和金子去见所罗门，两人情投意合，并互通衷情。沙比女王在埃塞俄比亚古史中又叫马克达女王，据说马克达女王还为所罗门生下一个儿子，名叫孟尼利克，后来逃亡埃塞俄比亚，开创了埃塞俄比亚的所罗门王朝。这是在公元325年前君士坦丁堡圣苏菲亚教堂收藏的一本名叫《国王丰功纪年》中的传说，14世纪中成为现在流传的本子。

那时的耶路撒冷和它靠近地中海、红海的港口，俨然是世界的一个中心。所罗门王积累的财宝也与年俱增。后来所罗门将他国库里的宝物都藏到了圣殿中，圣殿就成了所罗门王的宝藏所在。圣殿的内殿是个极为神秘的地方,里面存放的约柜使它成为无比神圣的处所。内殿是个无比坚固的正立方体。内殿长宽高都是20肘,合30英尺。它的地面、天顶和四壁都用精金板砌成,上面有金钉镶铆,《历代志下》第3章提供的金子重量是600他连特,相当于45 000磅,超过20吨。在约柜金盖带翼天使上方,还有两尊巨大的带翼天使,是用橄榄木制作,外面包金,每个翅膀长5肘,约2.45米,两翼张开后至少有4.9米长。建筑在摩利亚山顶上的这个由精金筑造的内殿,犹如一座固若金汤而且闪烁着神圣光辉的堡垒,里面装着约柜和所罗门王的数不清的财宝。

可是这样的宝藏,在所罗门去世后就遭到了侵袭。公元前926年,所罗门王的儿子罗波安在位的第5年,埃及法老示撒(Shishak)对以色列发动进攻,《列王纪上》说埃及军队"夺了耶和华殿和王宫里的宝物,尽都带走了"。(14:25)但是示撒在卡尔纳克神庙留下的浮雕上的铭文里,列举了埃及军洗劫过的城镇,多数在以色列北部,名单中并无耶路撒冷。学者通常认为埃及军队并未进入耶路撒冷,他们取走的宝物都是老百姓和罗波安奉献给他们的。约柜更不会在那一次丢失。

所罗门死后,以色列分裂成两个敌对的王国:南部的犹太国,和北部的以色列王国。公元前796年,以色列王约和施(Jehoash)在伯示麦(Bethshemesh)战败犹太军队,生擒国王亚梅西亚(Amaziah),进入耶路撒冷,拆毁了城墙,"又将耶和华殿和王宫府库里所有的金银和器皿都拿了去"(《列王纪下》第14章第14节)。这次约和施的军队并没有进入圣殿,所罗门王的宝藏直到此时,似乎并未尽数散失。

洗劫耶路撒冷致使珍宝散失的是巴比伦王尼布甲尼撒(Nebuchadnezzar),他在12年中两次攻占耶路撒冷,抢走了圣殿和王宫里的宝物。第一次在尼布甲尼撒王在位的第8年,他率领军队围困耶路撒冷,犹太王约雅斤率领臣仆、首领出城投降,被巴比伦王当俘虏捉拿。《列王纪下》第24章记载:"巴比伦王将耶和华殿和王宫里的宝物都拿去了,将以色列王所罗门所造耶和华殿里的金器都毁坏了。"这里耶和华殿的希伯来原文是hekal,即"外围圣所"。是内殿的前厅,在古希伯来语中叫debir,和埃塞俄比亚犹太教堂里的内殿(mak'das)相对应。《列王纪上》第7章第48—50节记述尼布甲尼撒军队拿走的金器有:内殿前厅(debir)的精金烛台,右边5个,左边5个,还有其上的金花、灯盏、蜡剪,精金的杯、盘、镊子、调羹、火鼎,以及至圣所(Holy of Holies)、内殿(inner Shrine)的门枢,外围圣所(hekal)的门枢。内殿前厅、至圣所和内殿这三处,都是内殿的组成部分,是放置约柜的地方。尼布甲尼撒的军队有没有看到约柜和守护它的两尊带翼天使,不得而知,但是按照惯常的做法,如果这时约柜和其他圣物还在原地,巴比伦王是会将它们取走,并拿来奉献给自己的神明玛杜克的。

尼布甲尼撒在归国之前,在耶路撒冷扶植了一个傀儡国王齐底基(Zedekiah),十年之后,齐底基在公元前589年,起兵谋反,遭到尼布甲尼撒的征伐。公元前587年7月,巴比伦军队攻进圣城。尼布甲尼撒派护卫长尼布撒拉旦入城,拆毁城墙,焚烧耶和华殿和王宫,以及民居,把耶和华殿的两根铜柱、盆座、铜海,以及神坛上祭祀用的铜器,都运到巴比伦去了,还有金银制作的香炉、洒水碗也都带走了。这些都是上一次入侵的劫余之物罢了。所罗门圣殿在全城大火中也被毁于一旦,尼布撒拉旦更将投降巴比伦王的人和城里的百姓都劫持到了巴比伦城,酿成了历史上震恐一时的"巴比伦之囚"。

半个世纪之后,波斯国王居鲁士的大军摧毁了巴比伦帝国,公元前539年,居鲁士占领了巴比伦城,居鲁士为了缔造一个更加宽松自由的帝国,决定让一些被掳掠的民族重返故地,并使他们被劫夺的偶像和圣物物归原主。《旧约·以斯拉记》如实地记下了古列王(居鲁士王)将尼布甲尼撒从耶和华殿劫夺来的器皿,由库官米提利达如数点交犹太人的首领设巴萨,让犹太人从巴比伦返回耶路撒冷时一同带上。器皿的数目有:"金盘30个,银盘1 000个,刀29把,金碗30个,银碗中次等的410个,别种器皿1 000件。金银器皿总共5 400件。"这些贵金属器皿随着犹太人在公元前538年踏上归途。犹太人在下一年春天,就在圣殿的遗址上破土动工,修建第二圣殿,到公元前517年正式落成。然而第二圣殿比起第一圣殿来,却缺少了最重要的圣物约柜。

据公元前2世纪开始编订,到公元5世纪才成定本的《犹太法典》,揭露了第二圣殿比之第一圣殿少了五件圣物:约柜、约柜的外罩、基路伯(带翼天使像)、火,以及用于祭礼预卜吉凶的法物:乌利姆(Urim)和图米姆(Thummim)。第二圣殿的建立证实了一个重要的疑窦:金约柜及其相关的圣物确已消失,而实情却无人知晓。

在犹太人重返耶路撒冷后的一个传说中,所罗门王早已预见到将来圣殿被毁,因此,他为约柜造了一个隐蔽曲折的地窖,好使它隐藏在安全的地方。《犹太法典》干脆就认为"约柜被埋进了它自己的地方"。那地方就在摩利亚山底下的一处秘密的洞穴。传闻犹太王约西亚(Josiah,公元前640—前609年),这位从他的前任玛纳西国王(Manasseh,公元前687—前642年)手中,恢复了对耶和华信仰的君主,已预见到圣殿将会毁灭,于是就将约柜和相关的圣物安放到一个隐蔽的场所,以免它们落入敌手,遭到亵渎。在《米什纳书》(Mishnah)里,甚至明确提到约柜被藏在圣殿区内一所木屋的地板下。这本书又记载着有个祭司在第二圣殿的庭院中,甚至偶然地接触到了一块与众不同的铺地石,人们便猜测那就是埋藏约柜的地方。《耶路撒冷圣经》将这件事依托到先知耶利米身上,说他得到圣殿将被毁的警告，于是他找到了摩西曾在其上俯瞰上帝恩赐之地的尼波山，这山坐落在约旦境内死海以东，可以俯瞰耶路撒冷和耶利哥城，找到一个岩洞，将会幕、约柜和香坛放了进去，然后封住了洞口。后来在公元前1世纪编集的《马加比传下》也是这样叙述这个故事，就像一切无论怎样叙述，都是确有其事。但有一点却是很清楚的，埋藏约柜的地方，并非就是转移所罗门藏宝的同一处所。圣殿的财宝在第二圣殿落成后，继续遭到劫掠。公元前217年，叙利亚的希腊王安条克三世攻占耶路撒冷，掠走了圣殿中的财宝，后来犹太的马加比家族起而复仇，驱走了希腊人，但宝物却不知去向。

公元70年，圣殿遭到罗马大军的侵扰，圣殿中的物品凡能运走的，都被当作战利品运到罗马。罗马城里为蒂托士建立的凯旋门上。刻上了取自圣殿的七柱金烛台、金桌子、银喇叭和各种金银器皿。公元455年，这批财宝被攻陷罗马城的汪达尔人运到了迦太基，后来又落入拜占庭手中，收藏在君士坦丁堡，拜占庭皇帝查士丁尼认为这批财宝为不祥之物，有灭国的隐患，派人将它们送回到耶路撒冷，结果在中途便散失了。

尽管对这批财宝有种种猜测，但历史学家声称，圣殿中的财宝一定不止我们现在所知的那一些。罗马的蒂托士从圣殿劫走的财宝只能是一小部分，圣殿祭司一定在大军入城前已将许多财宝深藏密室。探宝的聚焦点被收缩到了亚伯拉罕巨石底下的岩洞。亚伯拉罕巨石在摩利亚山上，传说是耶和华考验亚伯拉罕是否忠诚的地方。当年所罗门建造圣殿，约柜就安置在这块巨石上，犹太人称为"世界的基石"（Shetiyyah），基石属于内殿的地面。后来罗马军队毁坏了第二圣殿，遗址长久废弃，直到638年穆斯林军队占领耶路撒冷，才在基石上建成了岩石圆殿，被伊斯兰世界认作第三圣地。在岩石圆殿的南面几百米外，有一座著名的埃尔·阿克萨清真寺，来自法国的圣殿骑士团在1119年进驻这所清真寺，将它作为总部，直到1187年被萨拉丁逐出耶路撒冷才离开这里。他们在清真寺的地道里开始探索通到基石底下岩洞的暗道。但是他们既没有找到约柜，又没有打听到藏宝的所在，进入暗道的人中了里面散发的毒气全都死了，于是骑士们只能将洞口封闭。

到了19世纪，去圣殿山寻找存放约柜和所罗门宝藏的仍不乏其人。1867年不列颠皇家工程院的一名青年副官瓦伦被巴勒斯坦开发基金会派去发掘圣殿山。曾经在圣殿山下掘出一条向北延伸的地道，后来困难重重，只挖到了圣殿区外墙的地基，便无法继续下去。接下来，考古发掘的接力棒传到了蒙泰古·布朗斯罗·帕克和芬兰的朱维留斯合作，1909年8月在橄榄山建立了发掘队总部。橄榄山下就是圣殿山，他们继续在瓦伦发掘过的地方开展工作，并探测那条"秘密地道"。他们的发掘遭到反对，到1911年仍进展甚微。后来帕克设法取得岩石圆殿的世袭护卫官谢克·哈利利的支持,在深夜秘密发掘,从紧靠埃尔·阿克萨清真寺的地方向"世界的基石"地底下那个岩洞发掘,他们找到了石洞,但被另外一个管理岩石圆殿的人发现,帕克虽然逃过了一劫,却被通缉令捉拿。没有找到约柜的帕克,虽然被放走,却花光了他募集的125 000美元资金。

1981年美国探险家汤姆·克劳斯特利用20世纪20年代美国探险家伏特尔留下的资料,前往尼波山发掘,后来又转到附近的皮伽山(Mount Pisgah),他们宣称找到了存放约柜的岩洞,但并没有取走那只箱子,箱子长62英寸,宽37英寸,高37英寸。箱子的一侧还有一个布包,被怀疑装着带翼的金像。他们拍了彩照,而这些照片却出现了一些疑点,箱子上的钉子竟然有现代式样的钉头,因此遭人非议!另外的一些人,则猜测约柜在所罗门圣殿建成后的400年,就转移到了埃塞俄比亚塔纳湖上的一个小岛上,后来又移到了阿克苏姆的寺庙中。看来,所罗门宝藏和约柜一样,只能是一个难解的谜。

全民皆饰黄金的斯基泰牧民

斯基泰人(Scythia)又译赛西亚人,是公元前7世纪以来,五百年中散居在黑海北部欧亚草原的一支游牧民族。自幼生活在马背上的斯基泰人,是些骑滑背马的能手。他们的祖先塔克陶斯人,是乌克兰第聂伯河的土著居民。

公元前4世纪的斯基泰战士纹金壶

水源充足、牧草丰美的顿河流域培育了这支骑马民族。斯基泰男子个个是骑士,开弓射箭例无虚发。掠夺与作战是他们的天性。开战时,勇敢无比的斯基泰人策马前进,将徒步作战的敌人分割成无数块,团团围住,在一片喧哗声中,先用强弓发射三棱箭镞,使对方丧胆,再以利刃屠戮。斯基泰人的好战在于对敌人和战俘的残酷杀害,又好施行人祭和马祭,常常在胜利后剥取敌人的头皮作为战果。剥下的头皮经鞣化,当作毛巾挂在马缰上,数量最多的算最勇猛。斯基泰人还用俘虏的头盖骨作饮器,将头砍下洗净后,在内层镀上黄金,外面包裹牛皮,制成精致的饮器,在宴饮时拿出来盛酒待客,借以炫耀自己的战绩,震慑四方。斯基泰人的残暴因此远近闻名。

斯基泰人崇拜战神,常常在献祭时大开杀戒,将人和马匹等牲畜当场斫杀作

公元1世纪的斯基泰风格金头饰

为祭祀的牺牲。他们的办法是在一群俘虏中先挑出一个作为祭品，献祭时将他杀死，并割下右手右臂抛向空中，然后宰杀牲口。他们嗜血成性。凡男子都以杀人为本职，第一次斫杀敌人后，必须饮死者的血。在结盟宣誓时，也是歃血而饮，参加立盟者先调制好血酒，然后以箭镞、标枪或刀蘸血调合，将血酒一饮而尽。斯基泰人在举行葬礼时，对随葬者举行裂面，刻上十字或X字，这种风习后来被突厥人和蒙古人所传习，成了草原民族的一种奇风异习。

斯基泰人是个居无定处的游牧民族，他们驱赶着牛羊、马匹，驾驭着篷车，逐水草而居，欧亚草原的广袤天地，是他们的天然牧场和居所。为了战胜其他民族，他们渐渐将青铜武器换成了更加锐利的铁兵器。他们逐渐壮大，东闯西走，几乎无人能阻拦和战胜他们。他们操北伊朗语，但是不立文字。他们到处经商，并竭力追求黄金，在牛羊之外，他们的财富便是当时全世界富庶的国家都为之垂涎的黄金。

斯基泰人男女老幼都以黄金为首饰和衣饰，家家户户都或多或少拥有一些用黄金制作的手工艺品。金饰用精工雕镂，有的在鹿背上刻出连续的螺旋纹，有的表现出双兽格斗的纹饰，有鹿、马、虎和怪兽。怪兽中最出名的，是一种长着鹰的头和喙，身子像狮子，两边长着向上伸展的翅膀的野兽，希腊人将这种图像称作格里芬（griffon），即"有翼兽"，凡具有鹰喙的，称作eagle-griffon，意思是"鹰头兽"。鹰头兽是斯基泰人留给世界艺术界的一种十分富有想象力、魔幻力和生命力的图像，在亚洲西部和中部地区，一直流传到公元2、3世纪。有翼兽的图像，更通过伊朗人的介绍，在中国南北朝时期长江下游的一些帝王陵墓中，有石刻的圆雕列作神道。

公元前514年，欣欣向荣的波斯帝国在大流士（公元前521—前485年）当政时，渴望吞并希腊，为打开通往黑海北岸的交通线，对斯基泰人发出了投降令。斯基泰人的复信只写了"哭去吧！"三个字，用坚壁清野的办法对抗号称装备精良的波斯大军。大流士虽然十分恼怒，可是在战争爆发后，波斯军却找不到敌人，斯基泰人采取游击战术，使陷于饥馑中的敌军走投无路，乘波斯军撤退时发动突袭。波斯的步兵在斯基泰铁骑扫荡下全线溃败，大流士率领随从突围而出，回到波斯，70万大军只剩下10多万人。大流士图谋夺取斯基泰人金宝的打算完全落了空，只得另觅他途，壮大海军去讨伐希腊。

斯基泰的君王确实酷好黄金，积聚了数量惊人的黄金制品，年年要举行盛大的祭典，求天神保护他们永远保持这些财宝。希腊历史之父希罗多德（公元前484—前425年）在《史记》（一译《历史》）这本著作中，记下了斯基泰人酷好黄金的风习，他们用黄金镶嵌刀矛和盔甲，用黄金板刻镂各种精美的纹饰，在银盘上贴金，野兽、人物、图案、花纹无所不精。

斯基泰人的王陵中保存了这些黄金制品。1715年，一名西伯利亚的矿场主向彼得大帝进献了取自斯基泰王室墓穴的一批金器，令世人为之震惊不已。随后，盗墓之风遂一发而不可止。于是大家看到了这批惊世之宝，却无法阻止它们的流失。这些金饰品中有以公鹿为族徽的雕饰，屈足的公鹿在背上常雕上6到7道旋纹，黑海北岸克赤半岛库尔—奥巴（Koul-oba）出土公元前5世纪的螺旋纹屈足鹿，背上有7道S形卷曲的旋纹，身上从腹部到臀部刻出了豹、山羊和鹰头兽，前足和颈部之间更有一头麋鹿，将本族社会生活中最主要的狩猎、放牧与战争三者浓缩成一体。库班草原卡拉斯出土的一件公元前6世纪的旋纹公鹿雕刻，背上有4道旋纹，后来旋纹却加多了。旋纹有可能代表的是联盟的部族。另外的黄金板上，刻出了两个斯基泰人正在将羊皮缝制成上衣。斯基泰人的黄金制品再现了当时人的生活，是历史的写真。

斯基泰人将统治者制作黄金面具的风俗带到亚欧各地。黄金面具脱胎于埃及法老的木乃伊，后来在波斯帝国时期，制作黄金面具的风习在黑海地区流传开来。斯基泰人的这种流风曾在天山地区传入中国北方，又向西传到色雷斯地区。保加利亚境内索非亚以东200千米的希普卡村，在2004年从一座色雷斯王墓中出土了一张有2 400年历史的金面具，重500克。据推测，可能是公元前5世纪在位的色雷斯王塞乌图三世的面具。

斯基泰人的黄金多半来自西伯利亚，其中相当一部分是从阿尔泰山（金山）运去。因此，斯基泰人和天山地区的游牧民族广泛开展贸易，他们和分布在锡尔河、阿姆河之间的马塞革泰人以及伊犁河流域的塞人都有商业联系，而且彼此互通语言。波斯人把斯基泰人和马萨革泰人一概称作塞迦人（Saca）。至于天山地区的塞人则被希腊人叫作伊赛顿人。公元前5世纪达曼斯蒂在《论民族》中描述，在斯基泰人的上方居住的是伊赛顿人，伊赛顿人上方居住着独目人（阿里麻斯比人，Arimaspea），在独目人上方有勒比山（Rhipae），北风从这里不停地吹出，山上常年积雪。这座山很像是阿尔泰山，构成西伯利亚和准噶尔盆地的天然屏障。从达曼斯蒂的记录，人们不难得知，他和波斯人一样，将里海西北往东一直到天山西端的游牧民族，全部视作斯基泰人。后来马萨革泰人和塞人陆续南下，先后侵入伊朗东部的锡斯坦和阿富汗境内的古国巴克特里亚（中国古史上称作大夏），进入印度河流域。希腊化的斯基泰文化，连同精细的金工手艺，就这样流传到了伊朗高原和旁遮普地区。

在巴克特里亚这个公元前3、4世纪已被希腊人统治的地方，已经发现过两大批十分重要的黄金宝藏。其中有从公元前5世纪到公元前2世纪的阿姆河宝藏，和公元前1世纪到公元1世纪的巴克特里亚黄金宝藏。

阿姆河宝藏是100多年前，1877年在阿姆河南岸昆都士附近发现，后来经英国考古学家O. M. 道尔顿统计，共有180件金器和1 300枚古钱币，出土的器皿有金瓶、金盘、金碗、金壶；各种雕刻品有金质人像、马、鹿、鱼、鹅，四马并驱的双人战车；刻有浮雕的金牌、种类繁多的金纽扣，光有翼狮子和武士像的金牌就有40多件。两件手镯，一件有两个野兽头像，一件是鹰头狮。全是波斯阿契曼尼德王朝、巴克特里亚风格，也有纯粹是斯基泰草原民族艺术格调的金银制品。

1979年俄国和阿富汗考古学家共同发现了巴克特里亚的大月氏王陵，王陵坐落在阿富汗北部席巴尔甘东北5千米的"黄金之丘"。这里位于巴克特里亚的古都蓝市城（马扎里沙里夫）以西70千米，早先是一处公元前1000年神殿的遗址，后来作了大月氏王陵。王陵共有6座序次分明的墓葬，随葬品中仅黄金制品就达2万件，还有一些银器，是一处名符其实的黄金宝藏。谁都没有见过所罗门王宝藏，只知道它数量惊人，而这几座当年臣服了巴克特里亚的大月氏贵霜王朝的陵墓，可真是在地下沉睡了2 000年，真正保存完好的黄金宝藏！考古学家沙良尼迪专门写了名叫《巴克特里亚的黄金宝库》（ V. Sarianidi, *The Golden Hoard of Bactria N. Y.* , 1985 ）的书，披露了这个宝库。黄金宝剑、金饰品、金像、金桶、金罐，成堆的黄金宝货，令人目眩神迷！这些黄金制品一定有从罗马运进的，有了这个贵霜王朝把守在中国西部大门边，西方来的黄金至少有相当一部分就这样落入了他们手中，难以直接运到中国内地去了。

大月氏人是跟着居住在天山的塞人进入中亚细亚，到阿姆河称霸的。他们是黄金贸易的主角，从公元前2世纪中叶起，被大月氏人驱迫的塞人离开了天山，在塞王统率下陆续进入克什米尔。此后，一部分抵达旁遮普的塞人也北上克什米尔，在这里他们又找到了新的金矿，在印度史诗《摩诃婆罗多》中叫女国，世代以女为王，有浓厚的母权制残余。玄奘在《大唐西域记》卷四中说到这个女国，由于出产优质黄金闻名，是个与阿拉伯半岛中西女国齐名的东女国，又称苏伐剌拏瞿旦罗（ Suvarnagotra ），意思是"金氏国"。金氏国世代是女王主政，丈夫虽然也称王，但只管征伐和种田。金氏国在吐蕃（西藏）之西，于阗之南，西邻三波诃国，地处拉达克东南，东接西藏阿里地区。在这个深山峡谷中，那些原以放牧为生的塞人，在采金之外，也兼事农耕了。

罗马金币涌入印度

罗马帝国在公元前30年占领了叙利亚,将利凡特沿岸的商业都市西顿、推罗置于它的控制之下。到了奥古斯都(公元前27—公元14年)执政,罗马正式接待了印度使节,甚至来自天山地区的赛里斯人也向罗马派过使团,双方的民间贸易更如日中天,十分兴旺。罗马人需要中国的缣帛运到西顿和推罗,去加工成他们喜闻乐见的丝服。罗马人也很喜欢印度的细棉布、象牙雕刻、肉桂(从中国南方转运)、胡椒、珠宝、钻石和玳瑁,还有也是从中国转运的丝布和钢铁。由于陆路交通常常被安息人盘剥重利,所以改走海路,从红海越过阿拉伯海到印度去做买卖,在公元1世纪时便显得越来越重要了。

自从公元前1世纪一名希腊船长希帕勒斯在红海中发现了季风以后,从埃及的港口米渥斯·霍尔莫斯和贝伦尼塞,通过红海南端阿拉伯半岛的转口贸易港奥赛里斯,和印度西海岸便有了直接通航的记录,埃及、努比亚的库施国家利用季风定期派遣帆船,和印度西部港口建立贸易伙伴关系,双方的往来越来越频繁,这使埃及的市场上印度货和中国货与日俱增,而在印度也可以获得许多阿拉伯和非洲的货物。

印度西部海港,自北而南有3处。印度河口的巴巴利镇,进口货有薄棉布、亚麻布、黄玉、珊瑚、苏合香、乳香、玻璃器皿、金银器、少量的酒;出口货有木香、树胶、甘松香、绿松石、青金石、新疆毛皮、细棉布、丝线;内中丝线、毛皮和宝石都来自中亚和中国等地,经远途转运再转海道。其次,坎贝湾的巴里格柴是个大港,产米、麦、麻油、奶酪、棉布,进口货有酒(以意大利、阿拉伯酒为上)、铜、锡、铅、珊瑚、黄玉、衣料、苏合香、紧身褡、甜苜蓿、鸡冠石、锑、贵重银器、绉纱、男僮、使女、软膏,以及金银币的兑换;出口香膏、木香、树胶、象牙、玛瑙、红玉髓、细布、丝布、葛布、线、荜茇等。马拉巴海岸最大海港叫莫席里斯(今克朗格诺尔),出口胡椒、上等珍珠、象牙、丝布、恒河香膏、桂枝、各类宝石、钻石和玳瑁;进口货有钱币、黄玉、衣料、亚麻布、珊瑚、料器、铜、锡、铅、锑、鸡冠石、雄黄(来自波斯湾)、小麦以及少量的酒。在南印度东海岸的海港有科佛里(今特朗奎巴),北面有本特克(本地治里)、索帕特马(马卡纳)二处海港,也都有罗马的货物在1948年被发掘出来。

罗马船只和这些印度港口互输货物,但比之印度,罗马更加需要印度货和通过印度运来的中国丝织品、毛皮、桂皮。每年罗马都从印度进口胡椒,还有各类珠宝、香膏、象牙,因此他们必须向印度交付金币,抵偿贸易逆差。金币多半落入印度次大陆海港城市的统治集团手中,中国并未得到多少,因为中国对印度贸易,也是以货易货,即使进口黄金,对方也不是以罗马金币偿付。公元1世纪罗马博物学家普林尼已约略对罗马每年向阿拉伯、印度和中国支付的货款作了估算,大约在1亿赛斯特上下，约合10万盎司黄金。《欧洲和中国》一书的作者赫德生对公元前31年到公元192年间，总共220年的东方贸易造成的逆差，有个粗略的估算，其价值约等于1930年的1亿英镑。

罗马钱币在印度各地都有出土，但主要的出土地点在德干高原以南，特别是戈达瓦里河以南的南印度。从1775年一批窖藏的罗马钱币在印度出土以来，包括巴基斯坦、印度和斯里兰卡在内的罗马钱币出土地点，据英国考古学家莫歇·韦勒在1955年的统计，一共有68处，公布在文底耶山脉以南的占到57处。越往南，出土窖藏钱币的地方越多。有29处集中在马德拉斯省和海得拉巴、迈索尔、柯钦、本特科坦和特拉凡科邦。

这批数以千计的罗马金币和银币，按年代分类，属于公元1世纪的有29处，至少有20处已确定是成批的窖藏，不是零星的发现。而且在1—2世纪的空间范围内，出土钱币全是金币和银币，没有见到铜币。金银币主要是奥古斯都到梯比利司时期的，尼禄以后数量大减。出土金币正面铸像上往往有断痕，证明当时是将这批金币当作金条计量使用，而不是当作通货。因为南印度光靠海外贸易和罗马世界交换商品，根本不知道使用钱币。罗马作家包桑尼斯（Ⅲ，12，24）在2世纪时就表示过，印度和希腊人互换纺织品，他们不知道使用钱币。罗马金币一旦落入他们手中，便当作了换货的标准，计量使用。罗马铸造的金银币都有统一的计量标准，上面刻有君王的头像，做成一枚一枚的圆形货币，尽管君王的头像有变化，但钱币的含金、含银量固定不变，使用方便，是货真价实的硬通货。印度人用罗马的第纳尔金币作砝码，对比各类货物，定出价格。一批批出土的窖藏金银币就这样过了秤，然后刻上印戳，记明金子或银子的数量加以存放，使用时进行加加减减，流通在市场上。这种情况直到今天，在某些地区仍在使用。所以出土的窖藏钱币都有这种刻痕，而这类出土物都集中在迈索尔、塞勒姆、哥印拜陀（科因巴托）等地，属于公元1、2世纪的占了多数。被切割的金银币，都被当作了首饰和护身符。

尽管印度人并不十分珍惜这些罗马第纳尔，因为他们可以从恒河和马来半岛弄来许多上等的金子，制成各种首饰、器皿和装饰品，但罗马人每年要为此付出的金币却着实可观。罗马金币的制作成本极大，大多通过红海西岸的牧民贝贾人和库施地方的埃塞俄比亚人、阿高人从内地法索克里取得，然后再转运到亚历山大里亚去铸成货币，中间还要除去很大一笔损耗，流失到印度的钱币越多，罗马的国库也必日益亏空，所以政府一再下令限制金银钱币出境。后来尼禄时代干脆降低了银币的成色，于是印度人便不再乐意接受罗马钱币了。罗马对印度贸易维持了两个世纪后，由于地中海东部政治形势的变化，开始走上了下坡路，3世纪到4世纪的罗马钱币在印度各地出土的就少得多，值得注意的是这个时期的罗马钱币在印度西部的达布蒂河、北方邦和比哈尔邦、奥里萨邦仍然有所发现,流通的范围还在扩大。

印度人知道罗马帝国很富庶,中国也由于和罗马世界有直接和间接的贸易往来,因此盛赞罗马是个"宝多"的国家,在中国人看来,罗马无疑是个黄金国了。

中国古代的金饰和金币

3 000年前中国通行的货币是贝币、铜币,但也有金币。春秋时代商货流通,货币需要量大增,形制、种类各不相同,除龟贝以外,有金钱、刀币、布币。刀币、布币都仿照常用的生产工具,齐、燕(山东、河北)用刀币,三晋(山西、河南)用布币,秦(陕西、甘肃)有圜钱,是模仿刀、镈、纺轮制作的铜币。从用料或色泽来分,"或黄、或白、或赤";黄指黄金,白指白银,赤是铜质,古称赤金。

楚国产金,《管子·轻重篇甲》称,"楚有汝汉之黄金",说黄金产在汝水、汉水流域,在河南、湖北境内。山东人称作"南金",见于《诗经·鲁颂·泮水》,春秋时代楚国已有郢爰、陈爰、卢金等龟币,战国时代更出现了金饼,后来在汉代成为大量发行的金币。金饼,又称金钣。金钣原是战国时期北方国家的黄金铸币,形状像柿饼,南方楚国的陈爰金币也有饼形的,但楚国的多数金币是龟贝形的。

楚国的金币,江苏、安徽、湖北、山东、陕西等省都有出土。楚国的金币"郢爰",仅寿县一地,在1979—1986年中就发现了10多次。寿县城南3千米的东津乡是楚国晚期都城的一处金工作坊,出土了大批楚国龟背形金币,还有完整或被切割的金饼。1979年出土的一批"郢爰"金币,重量大多在250.15—265.9克之间,正面多无印记,形制近方形,通长5.2—6.9厘米、宽6.5—8.1厘米、厚0.3—0.5厘米。18块"郢爰"重达5 187.25克。金饼有楔形、近三角形的,重量分别为339.75克(楔形)、437.21克、416.7克(以上近三角形)。含金量在97%—98%。出土金币中还有一种上面戳有印铭,字形古朴,金文、甲骨文中都未曾见过,文物专家释作"卢金"。"卢"是战国末期为表明炉炼金质足而特制的印记。公元前223年秦军攻破楚都寿春,当时楚都郢一再东迁,铸币混乱,"郢爰"金质成分下降,于是设计出在金币上錾上阴文圆形"卢金"印记,以提高金币的信用。卢金的含金量,据测试,为94%—95%。

1986年寿县东津乡再度发现郢爰,共征集得38块,有"郢爰"印记的28块,无印记的10块,总重10 050克。伴随出土的还有大量碎金。郢爰出土时,拱背向上,层层叠放成两排,下面铺放碎金。郢爰表面内凹,背面隆起,有范模条纹痕迹,上宽下窄。多数郢爰左侧平而直，好像经过刀削。有"郢爰"印记的各块印数不等，通常是15至24印，表面常留有浇铸时形成的凹窝、穿孔和工具压痕。各地出土"郢爰"印记都一样，是官方法定的货币印记。有"郢爰"印记的金币与无印记的金币，以及完整的"卢金"，出土物的重量都相近，而且重量与湖南长沙楚墓出土的天平砝码一斤重251.53克相近，证明这三种都是楚国的金币。无论"郢爰"、"陈爰"、"卢金"，同样都以一斤为计量单位。1972年咸阳出土的陈爰，有三块形制是金饼，非常完整，每个约重楚国的一斤。可以证明金饼在战国时期已经使用，不必晚到西汉才有。

1974年河南扶沟古城村出土有在铜鼎内的银币18块，共重3 072.9克，盛在铜壶内的金币392块，重8 183.3克。这些金币中有郢爰170块，都已被切割成碎块；陈爰，有17块，亦是碎块，最大的一块有"陈爰"两字方印三枚，重54.8克；还发现唯一的一块有"融爰"印记的金币。同一处地方出土的金饼共197块。扶沟还出现了过去没有见到过的短型空首银布币，出土的银布币可分短型布、中型布和长型布三种，共18件。这种银币含锡量很低，与汉武帝时使用的白金（银锡混合物）不同，时间比传世的"益"布和"卢氏"布稍早，属于春秋中期，约当公元前6世纪初。短型实首银布币，大约是春秋晚期货布。中型和长型银布币是战国初期的货布。此外，湖北江陵楚墓中出土过圆形的铅饼，上面包着金银箔，类似金饼或银饼。证明楚国的银币确在战国时代已经出现，而且曾经做成金饼的形式。这就将银币出现的时代从汉代提前到了战国时代。金饼是西方早已通行的金币的简易形式。1977年新疆乌鲁木齐市阿拉沟出土的虎纹圆形金饰，其实是一枚金饼（金币）。楚国的银币也采用了铲布形、长版形和圆饼形三种式样。说明长江流域是最早在中国流行金银币的地方。

西汉时代，南方黄金开采有增无减，金沙江、伊洛瓦底江的黄金也有输入。在北方，汉帝国更通过对外贸易获得一定数量的黄金，因而黄金储备到公元初的新莽时期，国家库存黄金达到了70万斤。汉代黄金铸币，泛称"黄金"，此外，也有"金版"、"饼金"、"金饼"等名称。金饼、饼金是通称，按照形制，可分圆形饼金和蹄形饼金两大类，圆形饼金起于战国，蹄形饼金是汉代新出。到公元前95年（汉武帝太始二年），金币统一改称麟趾金和马蹄金，麟趾金形状像麟足踩过，古人说"麟，马足，黄色，圆蹄"。麟趾金既指全部圆形饼金，也兼指圆底的蹄形饼金，前者为Ⅰ型，后者为Ⅱ型。Ⅰ型圆形饼金，可使用流通，也可用作贡祭，便于携带、累叠、储藏，长沙、西安都有实物出

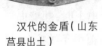

汉代的金盾（山东莒县出土）

土。Ⅱ型圆底蹄形饼金,供贡祭摆设,体积高,立面呈斜壁,中空。马蹄金专指形状像马蹄的,当时称褭蹄,褭是一种骏马,实物有汉宣帝时河北定县中山怀王墓出土物,十分精致华丽。

1999年西安北郊谭家乡共出土金饼219枚,形制为圆饼形,直径5.67—6.6厘米、厚0.82—1.64厘米,每个圆饼称量多数在247克左右,最重的为254.4克,低于240克的仅一枚,多数重量为245—249克。全部金饼总重541 16.1克,平均重量247.11克。《汉书·食货志》称金饼的规制,"黄金方寸,而重一斤"。西汉前期(文帝至武帝时期)的一斤相当于现在的244—250克,平均值是247克,和谭家乡金饼的平均重量247.11克相符。

西汉时代,为了和北方的匈奴保持睦邻关系,常常用黄金、缯綵(丝织品)相赠。王莽执政时,为了打通和南印度黄支国(康契普拉姆)的海上交通线,派使者带着大批黄金和丝绸周游列国,经中南半岛和马来半岛到达印度东海岸。黄金作为一种硬通货,在国际贸易上享有很高的信誉。卫青、霍去病奉命征讨匈奴,先后被赏赐黄金二十余万斤、五十万金。几十万斤的黄金是国家每年的库存黄金,历年所积就不止这么多了。但国家支出费用越大,库存黄金也会一落千丈,所以到公元前1世纪末,西汉的国库就不再那么充盈了。

中原地区王公贵族使用黄金饰品,是在北方周边民族素好黄金的风气熏染下,逐步发展起来的。北方游牧民族一直用黄金制作各种装饰和梳妆用品,常见的有耳环、耳坠、牌饰、臂钏、项圈、发笄,从商代中晚期河北平谷刘家河墓葬到秦汉之际内蒙古伊克昭盟西沟畔匈奴墓地,都以装饰品为主,很少见到金制器皿。最早的刘家河墓葬出土过金臂钏、金耳环、金发笄。战国晚期东胜匈奴墓出土了金牌饰、耳坠、饰片等60多件,内蒙古伊克昭盟阿鲁柴登窖藏有金冠饰、牌饰、锁链等218件,重4 000多克,其中一件金冠饰重192克,在半球面上刻有4羊与4狼搏斗图像,出土冠带重1 022克,由3条金带组成。这种金饰风气传到中原,到战国开始流行,在秦国、曾国、楚国都出土过饰品以外的金器。陕西凤翔秦墓中发现过金兽、金鸟、金带钩;湖北随州曾侯乙墓有金盏、金杯、金勺、金带钩等5公斤多金器;江苏盱眙楚墓有金兽、金币。

四川西部最早受到制作金器风气的影响,2001年成都金沙遗址梅苑出土的一批金器约当公元前1200—前1000年,共有金器56件,时间和广汉三星堆文化衔接,金片、金箔外,有一件圆形金面具,高3.74厘米,宽4.92厘米,厚0.01—0.04厘米,重46克。其中一件用黄金薄片锤揲的太阳神鸟圆形饰件尤其突出。这件圆饰外径12.5厘米,厚仅0.02厘米,重20克。图案中心镂空成一个有12条锯齿状尾巴的内漩涡,外有4只大鸟逆漩涡飞翔,形成一个四鸟围绕火球旋转的图像,表现古代太阳神鸟神话。太阳鸟就是阳鸟和凤凰，追求光明、欣欣向荣，是古人四鸟绕日图像的含意。现已作为中国文化遗产的原型被启用。2007年在江西靖安县李洲坳古墓主棺中出土一件印有族徽和雷云纹的金箔饰物，是目前所能见到的2 600年前面积最大的金饰品。汉代大量使用金银外镀器具，河北定县中山穆王刘畅墓出土的镀金器物有500多件，北方奢侈之风可见一斑。金器在西北地区的流行，可从新疆昭苏县波马在1997年出土的金银器和饰品取得实物，其中有镶嵌红宝石的男性金面具，重245.5克，从中线分左右两半锤揲焊接，再用小铆钉铆合而成。另有镶嵌红宝石相花金盖罐（重489克）、镶嵌红玛瑙虎柄金杯（重725克）、镶嵌红宝石包金剑鞘（重66克）、金带饰（重28克）、金饰件41件，风格都与5世纪粟特、萨珊波斯同类物品相近。金面具制作讲究，和吉尔吉斯斯坦伏龙芝城楚村出土的一件4—5世纪的金面具的锤揲打压工艺相仿。虎柄金杯的虎柄样式和1982年南俄罗斯出土的1—2世纪银器和陶器相同。推测这批金银器是5世纪柔然帝国的遗物。

金银错磨在战国时代已经使用，到三国、两晋以后和鎏金技艺一起，十分流行。步摇冠饰、牌饰、金钏、金指环、泡饰都是北方骑马民族的时尚。1965年辽宁北票出土北燕金冠饰高26厘米，1989年辽宁朝阳田草沟晋墓出土步摇冠饰3件，1987年朝阳王子坟山出土的步摇冠饰高14.5厘米，均为桃叶花树，工艺可以达到薄如箔纸（如摇叶）、细若游丝（如缀叶金丝）的程度。唐代金银制作早期受萨珊波斯影响，1970年西安何家村窖藏，1980年、1982年江苏丹徒丁卯两次发现唐代窖藏，均有大量金器，银器则更多。《唐六典》列举唐代黄金工艺有14种，"曰销金，曰拍金，曰镀金，曰织金，曰砑金，曰披金，曰泥金，曰镂金，曰捻金，曰戗金，曰圈金，曰贴金，曰嵌金，曰裹金"。黄金装饰技术大有进展。掐丝珐琅尤称精绝，何家村窖藏中八棱金杯饰纹由掐丝珐琅做出，可认作明代景泰蓝的前身。

辽代的耶律羽之墓、陈国公主墓等贵族墓葬中出土的金花银渣斗、银丝头网金面具，表现出金饰工艺在北方游牧民族中的前后传承关系。银丝头网金面具是一具女性金面具，在内

晋代金步摇

蒙古哲里木盟奈曼旗陈国公主墓中出土,面具上有银丝镂空发网。明代金银首饰出现花丝工艺。明十三陵定陵出土金冠,就是内府(宫廷直属工艺部门)制作,用金丝编织,上有二龙戏珠花饰,精巧绝伦。定陵出土的金壶、金爵、金盘、金盂、金花钗、双鸾金簪,大多镶嵌珠玉,极尽华丽。清代的金饰工艺留存至今还不少,可以北京故宫博物院的藏品为代表,见到它们当年的辉煌。

辽代陈国公主墓出土银丝头网金面具

湄公河旁的金山

　　湄公河是中南半岛最大的一条河流,它的上游是中国境内的澜沧江,进入中南半岛后称湄公河。湄公河流经泰国东北部、老挝和柬埔寨,在越南南部形成支流弥漫的三角洲。湄公河流经的老挝历来产金,现在越南和老挝边界的长山山脉南部素有金山之名。越南的广南—岘港省自公元2世纪后便是越南中部古国占城的都城所在,自汉代以后一直到隋朝为止,中国的南部边界便到达这一带地方。

　　占城又称林邑,林邑的地盘是汉代最南的边郡日南郡,东汉以来,林邑便独立了,经常和中国的交州发生战争,而且内乱不止。到420年,林邑归了阳迈,历史上称阳迈一世。阳迈(Yanmah)这个名字,在占文中原来是对上等的金子的称谓,译成中文是"金王"。这王朝一开始便以阳迈自称,国王叫范阳迈,表示当时占城的产金量已十分可观,远近闻名,而真正产金区都在长山山脉的西部,老挝境内。阳迈王诞生时有一则传说,他的母亲怀有阳迈身孕时,梦见有人特地为她铺了一席阳迈金席,让她母子两人坐在席上,于是引得金色辉煌,十分光艳夺目。讲述这则故事的《水经·温水注》接着便来了个解释:"华俗谓上金为紫磨金,夷俗谓上金为阳迈金。"紫磨金是汉代以来中国人对进口的上等印度黄金所起的名字,这种金子又称阎浮檀金,是出在印度中部亚穆纳河中的沙金。印度的佛经中介绍这种沙金颜色有青色、黄色、赤色和紫磨,紫磨金是各色都有,自然赤色最重,而且富有光泽,所以称"紫磨";而林邑则称精金叫"阳迈"。阳迈金来自林邑,那时林邑的西疆便在长山山脉。

　　阳迈一世即位的那年,中国正好由东晋换了刘宋,交州刺史派兵讨伐林邑,林邑战败,向刘宋贡献生口(奴婢)、大象、金银、古贝(细棉布)。421年阳迈王的使者抵达南京，他的王位得到刘宋的承认。阳迈一世死后，他的儿子范咄继位，仍叫阳迈，为阳迈二世。林邑和交州时战时和，常常出兵北上侵犯。林邑首都区粟因此受到围攻。433年阳迈甚至要求由他来当交州刺史，没有得到刘宋政权的许可，于是阳迈更时有侵犯。446年交州刺史檀和之率领大军出讨，攻下林邑首都区粟，击败了阳迈的军队，得到不少珍宝杂物，将林邑所铸金人销熔，得到数十万金。阳迈王因战败失国，当年就去世了。这件事使中国的国威远扬，连柬埔寨的扶南王都知道了。

　　林邑由于拥有金山，因此十分傲慢，历代君主都铸有金像。国王甚至使用金车，称金车王。那里的金山，据说有金汁一直流到浦中，这浦便是有名的卢容浦了。当时有人出访林邑，写了《林邑记》，内中特别提到林邑金山的奇观："从林邑往金山三十余里，远望金山嵯峨，而赤城照耀如天涧，壑谷中亦有生金，形如虫豸，细者似苍蝇，大者若蜂蝉，夜行耀光如萤火。"这些话后来录入了《南史·林邑传》，概括成："林邑国有山皆赤色，其中生金，金夜则出飞，状如萤火。"湄公河旁的金山可真是一番奇妙的河山，金矿开采的地方发出巨大的光波，就像远处天边的一条溪涧，山谷中也有沙金，闪闪发光，有的就像蜜蜂大小，大的竟像秋蝉那样，晚上可以看到远处像萤火般闪烁的金光。当时南海地区的交通已逐渐开发起来，不但可以到中国，而且也可以到北印度去。所以林邑的黄金便很容易地进入中国市场，享有美誉了。根据美山地方出土的5世纪初的梵文碑铭，有一个称号恒河王的林邑王，为了去朝拜恒河的婆罗门圣迹，竟放弃了王位，将王位传给他的甥儿，自己到了印度。这段历史，《梁书》上也有记载，《梁书》说那时的林邑王敌真继位，为了避免卷入王室的纷争，他的弟弟敌铠便带着母亲出奔了。敌真因此十分悔恨，决定放弃王位，远赴恒河，将国王的位子禅让给了他的甥儿。这个恒河王当然就是敌真。不用说，林邑的阳迈金因此在中、印两大国间便很有点名声了。

　　因为上等的阳迈金能发出赤黄的光波，因此中国慢慢地便把黄金称作赤金了。在更早的时候，像战国和秦、汉时代，"赤金"一向是铜的代称，而林邑的那些产金的山都是赤色的，赤金就等于上金、阳迈金、紫磨金，从此以后"金贵足赤"这句成语也流行起来了。铜的雅号从此也不大使用"赤金"，而改称"淡金"或"黄银"了。

　　唐代在越南北部设置安南都护府加以统治，下设交、峰、爱、骥四州，骥州是最南的一州，南界在北纬18°的横山，自此以南的地方，是唐和林邑（又称环王、占婆）对峙和争战的地区。骥州的西边有个自治州叫裳州，辖境在现在老挝中部。裳州向中央政府的年贡是金箔，这些金子都产自老挝的金山。那时在泰国东北部、老挝中南部以及柬埔寨建国的是真腊，在7、8世纪时，真腊和林邑常常为争夺金山和货物的出海口发生战争。唐朝政府也往往通过驩州和真腊的北部地区保持着联系，将曼谷湾和越南北部的贸易开展起来，这条路要经过老挝境内湄公河旁的一个边镇肯马拉，它在唐代称作算台县，属于真腊，是真腊和裳州交界的地方。算台这个名字是巴利语Syamratta的译音，意思是"金埠"，泰佬语中称金窟，就是由于附近的金矿都要在这里通过湄公河外运。所以林邑、真腊当年都为争夺金矿而费尽了心机。

古称赤土国的金洲

公元1世纪罗马人冒着风险，闯过红海和阿拉伯海到印度去做买卖，到了南印度，他们又打听到如果再往东去，在茫茫苍海中还有一个黄金国，遍地是黄金。罗马人本来千方百计要寻找金子，增加他们的财富，这东方的黄金国可实在太诱人了。本来罗马人以为到了印度就找到了他们要的香料、檀木和象牙、珠宝，于是他们从印度河口一路南下，过了莫席里，绕过南印度顶端的科摩林角，又沿着海岸北上，在阿里卡曼陀等一些港口城市落脚。就在那里，他们从泰米尔人那里第一次得知，过了大海再往东去，就可以找到那个令人钦羡的中国了。这是公元1世纪罗马的一个佚名的船长在他写的《厄立特里海环航记》中留下的一段话，可是他觉得太冒险，没有亲自去体验的意思，因此他的航程到了斯里兰卡便告终了，接着便返航回国了。

这位罗马船长到底去了斯里兰卡没有，并不清楚，因为书中没有这方面的纪事。倒是在埃及南部科帕托以南100千米通往贝伦尼塞港的大道上出土的一块希腊文、拉丁文碑铭，上面铭刻着安纳斯·普罗克木斯的自由民波比里乌（Publius）因为掌握不了季风的规律，航行失事，漂流到了塔普罗巴尼（Tabropane），塔普罗巴尼的原意是"铜岛"，就是斯里兰卡。后来波比里乌被塔普罗巴尼国王派人送归，根据碑文，波比里乌安全返航的日期是公元6年7月5日。《厄立特里海环航记》的作者到斯里兰卡，要比波比里乌晚半个世纪。《环航记》中说，船只东航，过科摩林角，"自此以后，再向东航行，右边是大海，左边远处沿着海岸，可到恒河和极东的克里斯国"。克里斯（Chryse）国是"黄金国"。从斯里兰卡到克里斯国，那时只好靠沿海航行，先向东北航行到恒河口，再往东经过伊洛瓦底江口，到了萨尔温江三角洲再往东南，最后才能到达这个黄金国。

自从这位佚名的罗马船长披露了东方有个黄金国，人们才知道印度还不是东方贸易的终端，终端一个是中国，还有一个是克里斯国。克里斯国从航行角度看，当然是在马来半岛了。所以公元150年左右埃及的地理学家托勒密写作《地理学》，就将克里斯国（Chrysoanas）画在马来半岛上，换句话说，马来半岛在罗马人眼中才是真正的黄金国了，可是从那个时候罗马的属境埃及到黄金国去是非常艰难的。托勒密只是从到过南印度进行沿海贸易的商人那里打听到黄金交易的一些著名海港，而这些城市正好位于印度洋与南海之间的马来半岛上。当时罗马航海者尚未能亲莅远在极东的黄金国，对黄金国的实况知之极少，只知道那是从南印度或斯里兰卡继续向东航行，在到达中国之前必须停泊的地方，因此后来研究这个黄金国的学者都说它在马来半岛。也有认为黄金国是跨越马来半岛和苏门答腊的国家，这就使黄金国更加难以捉摸了。

中国人离这个黄金国很近，而且早在西汉时代，中国的使者就被派到南印度东海岸的黄支国（康契普拉姆）去进行官方的贸易。中国使团带去的黄金和缯彩，有些黄金可能就是从黄金国那里取得的，而且中国人也在那时就去过苏门答腊，那时苏门答腊叫叶调国（Yavadvipa），叶调在梵文中的意思是"大麦岛"，大约那个时候岛上就栽培大麦了。中国人还知道怎样从马来半岛西海岸横渡孟加拉湾直航南印度科罗曼德海岸（东海岸），但实际记载可能已晚到公元3世纪了。在南海地区，中国人最早知道出产黄金的国家，是一个叫毗骞的国家。5世纪初竺芝访问过这个国家，他在《扶南史记》中叙述毗骞国离开扶南八千里，在海中，是个海岛国家。国王号长颈王，据说受人信奉，"自古以来不死"，其实是当地人信奉婆罗门教的毗湿奴神，为一切生命的创造主。公元前2世纪婆罗门教的世尊派已经成立，只信奉世尊（毗湿奴），竺芝说长颈王能作天竺书，写了一部三千言的经书，是印度教最重要的哲理诗世尊歌（《薄伽梵歌》）。竺芝说毗骞国食用器皿都是纯金制作，"金如此间之石，无央限也"。这是说，这个国家到处都有金矿，就像中国到处都可见到石头。但金矿的开采和分配都由国家管制，如果私自开采或偷窃黄金，一旦侦破，就会将罪犯处死。毗骞国可真是个黄金国了。这个国家离开扶南八千里，又孤悬海中，当然是苏门答腊岛了。因为那时的古书常将泰国南部地方比拟在扶南以南三千里的地方，距离柬埔寨八千里的地方，一定是在马来半岛以南的大海中。毗骞国在4世纪已经译成中文的《十二游经》中列名第四，称作扎耶（Jaya），是维扎耶（Vijaya）的省略，在梵文中都是"胜利"的意思，毗骞不过是维扎耶的别译，这个国家大约2、3世纪已经建国了，所以托勒密都知道这个国家，但是它不在马来半岛，而在苏门答腊岛上。

因为维扎耶国盛产黄金，国力便强大起来，到7世纪开创了名为室利佛逝的帝国，"佛逝"就是"维扎耶"，室利是Sri的音译，意思是"吉祥"、"伟大"。室利佛逝的前身叫斤陀利，454年有使者到南京和刘宋政权建交。6世纪时中国官方档册中将它译作干陀利。斤陀利、干陀利都是泰米尔碑铭中Kadaram的译音。到了隋代,将它改译成中国化了的"赤土"。赤土国这个名字,既译出了干陀利,又对上了它出产黄金,因此"土色多赤",就是唐代以来大家都称作"金洲"的地方。金洲的古马来文名称Suvarnabhumi,后来一直传下去,在1286年苏门答腊的古马来文碑铭中仍可以见到。

隋代的一件盛举,是隋炀帝在607年10月派常骏和副使王君政出使赤土国。常骏率领的使团带着隋炀帝馈赠赤土王的礼物丝绢五千段,从广州乘舟启程,沿越南半岛航行到师子石(新加坡),再去苏门答腊赤土的首都僧祇城。僧祇城在巴邻旁(旧港)附近。赤土国派大批船只出海迎接,然后作为导航,引导使船一路巡游。当时赤土国的北界在鸡笼岛,现在叫来本岛(Pulau Labon),赤土国王的船队到这里迎接使船入境后,经过一个多月路程,才到达国都僧祇城。僧祇城又称师子城,可以还原成Singajaya,或Singapura,也就是早先的扎耶国都了,当时赤土国人大多信婆罗门教,也有信奉佛教的,民间流行穿彩色棉布服装,豪富之家更是穷极奢华,流行用金作器皿,只有金锁却不是一般人家所能收藏,须经国王特许才能拥有。使船一经进入赤土国境,获得金锁,便可到处通行。在僧祇城中,王宫都是高层建筑。国王头戴金花冠,穿着华丽,王榻后有一座木龛,用金银五香木镶嵌而成,背后有金质火焰雕饰。一片金光宝气。

常骏使团到达僧祇城后,国王命王子专门接待,派人送来金盘,放香花、镜镊,两只金盒装香油,八只金瓶贮香水,白叠布(细棉布)四条供盥洗。国书用金花金盘存放。每次宴饮都用金钟盛酒。610年常骏使团归国,国王派王子随团到中国,礼物有金芙蓉冠、龙脑香,金质多罗叶镂刻的表文用金函密封。赤土国王室礼仪、室内陈饰都以金为重,处处显出黄金国的奢华。

这个在罗马人、印度人眼中十分缥缈的黄金国,在一些印度教僧侣和中国商人眼中,却是那么实在,一点也不神秘。《隋书》记载,当时赤土国已有中国的移民,他们非常欢迎中国人到那里经商,因为中国有许多颇受居民喜爱的商货。671年唐代高僧义净出国到印度留学,先在室利佛逝预习半年,然后再去印度,回国前又到室利佛逝继续研究经典,进行翻译,693年才从那里回到广州。义净在《南海寄归内法传》这本书中,明白地宣称室利佛逝又叫金洲,金洲是室利佛逝的俗称,也就是隋代的赤土国。

神秘的非洲金窟索发拉

非洲的东部濒临印度洋西部十分广阔的海洋,从哈丰角往南一直到非洲最南端的厄加勒斯角,足足有4 000海里以上,跨越着从北纬10°到南纬35°的地方。那里出产的香料、贵重木料,还有人象牙和犀牛角,海里出产的龙涎香、玳瑁、琥珀和珍珠,都是邻近几个文明国家所热切希望获得的商货。罗马人管这块地方叫阿扎尼亚(Azania),意思是"奥山人的地方",因为这里早在几百年前就是南阿拉伯的航海民族奥山的海外移民地了,罗马人也曾跟着派船到那里去经商。

后来,人们更知道东非洲有一个黄金国,那是阿拉伯人从居住在东非的班图族人打听到的。在很长一段时间中,这个黄金国到底在什么地方,人们并不十分清楚,因为航海者很少能从阿拉伯半岛或南印度直接驾船到产金的地方,黄金产在非洲丛林的腹地,航海商到达东非的港口弄到黄金,中间要经过许多民族的转手。

东非洲尽管离开亚洲大陆很远,但是它北面的地方和阿拉伯半岛只隔着一个亚丁湾。2世纪时的罗马金币已在津巴布韦的金矿中发现,足够说明红海商人早已不辞艰辛路远迢迢地赶到那里去换取金子了。人们相信,在坦噶尼喀南部和莫桑比克境内的黄金国索法拉,大致在6世纪时便已远近闻名了。印度洋北部的季风暖流、南部的南赤道暖流都使苏门答腊的马来航海者可以远涉重洋、漂洋过海到达东非,甚至远抵马达加斯加岛。这是早到公元5、6世纪就有过的事实,已经有许多民族学、语言学、文化人类学的证据,说明双方居民的语言居然可以相通,留下许多海洋文化沟通的痕迹。后来在阿拉伯哈里发阿布笃·马立克(695—705年)时,什叶派穆斯林在政治上遭排挤,亡命东非,在桑给巴尔岛以北东非沿岸和近海岛屿建立了一批商业和移民点,正式和亚洲大陆建立了联系。

到了8世纪,连中国人都知道有这么一个黄金国了。这个国家名叫三兰国。唐代地理学家又当过宰相的贾耽(730—805年),对中国帆船从广州到波斯湾的航路留下了一份记录,他顺便把从波斯湾去三兰国的航路一并记下来了。三兰国是从波斯湾向南航行的终点,从三兰国向北航行20日便是阿拉伯南端的席赫尔,中间要经过十多个小国。按照当时阿拉伯帆船日航80海里计算,三兰国是在席赫尔以南1 600海里左右的东非沿岸,相当于坦噶尼喀和莫桑比克的黑人居住区。三兰国的阿拉伯语称呼是Bilad as-Sufala,当时帆船能够抵达的三兰国,还只相当于它最北部的桑给巴尔岛,和它对面坦噶尼喀大陆的瓦米河口一带。10世纪以后,波斯人和阿拉伯人的移民逐渐深入东非沿海,越过桑给巴尔岛向更南的沿海口岸和岛屿寻找商品交换和贩运奴隶的源头,对索法拉国有了进一步的了解,知道索法拉又称黄金国(Ard adh-Dhahab)。原来早先那些航海商从索马里和肯尼亚取得的黄金,实际产地是远在千里之外的索法拉。索法拉的黄金、象牙、豹皮和奴婢,吸引了亚洲大陆的航海商成群结帮远航到那里去找宝,其中也有到达奔巴岛的中国帆船。

1154年写作《旅游证闻》的阿拉伯地理学家伊德里西，十分明白地告诉他的读者：中国人每当国内发生战乱，或者由于印度局势动荡，难以进行正常的商业往来，他们便转到东非沿海的岛屿进行贸易。他指出，桑给巴尔岛（翁古贾岛）人丁兴旺，外来者在那里也能安居乐业，尤其欢迎中国海商到那里做买卖，"由于他们公平正直，风俗淳厚，经营得法，因而和当地居民关系融洽"。那时索马里南部新兴的海港城市摩加迪沙、肯尼亚沿海拉木群岛的曼德岛和坦噶尼喀沿海的桑给巴尔岛，都是中国海船常去的地方。摩加迪沙正是靠黄金贸易起家的，也是中国船早就熟悉的东非海港。再往南去，在肯尼亚沿海有一座被埋没了几百年的海港城市格迪（Gedi），在20世纪50年代被发掘出来，有许多中国瓷器，可以早到12世纪。和它相距仅3千米的基卢普（Kilepwa），建立在一座小岛上，时代和格迪相仿。从中国史籍中可以知道，在宋神宗元丰（1078—1085年）时向中国派过使团的俞卢和地，就是这个国家，俞卢（Kilepwa）和地（Gedi）正是Kilepwa-Gedi的译音，它是马林迪王国的重要海口。那时索发拉的黄金、大象牙和犀牛角也从这里运到中国。

12世纪以来，东非的政治经济重心向南转移到了坦噶尼喀南部的基尔瓦·基西瓦尼，苏莱曼·哈桑当基尔瓦苏丹时（1161—1179年），在沿海地区建立起一个北面从摩加迪沙开始，南面直至赞比西河以南索法拉地区的帝国，中国的古籍中称作昆仑层期国，意思是"黑人王国"。中国人知道那里出产铜铁和一种像骆驼的大鸟，称作骆驼鹤（鸵鸟）。这时索法拉黄金国（Sufalat adh-Dhahab）又浮出水面，再度传到中国人的耳中。元代周致中的《异域志》将索法拉黄金国，译作三佛驮，"驮"是阿拉伯语中的黄金（Dhahab）。《异域志》描述三佛驮国形势险峻，到那里去要经过一处叫"大铁围山"的海岛，海岛屹立海中像陡峭的山，"环流千里"，那地方已在德尔加杜角以南，就是科摩罗群岛。要到那个地方，只有一条孔道可以出入。据说，从海的南面也无法进去，也就是指绕过马达加斯加岛再逆流而上，可是由于海流冲击，或船只到达时适逢无风季节，因此无法靠岸。只有按当地导航指示，才能进入这个要塞地区。入境后便可见到许多"良田珍宝"了。这是南纬15°4'新兴的莫桑比克港，索法拉黄金国北部一处阿拉伯人建立的海港，受到基尔瓦苏丹的控制。基尔瓦在1330年已是东非沿海最大的商业城市，完全操纵了索法拉的黄金、象牙贸易，在商业上超越了摩加迪沙和马林迪。

那时摩洛哥大旅行家伊本·白图泰和中国的海外贸易家汪大渊都访问过基尔瓦。伊本·白图泰在1332年到过基尔瓦，当时的苏丹阿布尔·莫扎法尔·哈桑（1309—1335年）正平服了叛乱，重新打开了通往尼亚萨湖的商路。索法拉的象牙和黄金输出是基尔瓦的重要财源，姆瓦纳莫塔帕和马尼卡的象牙和黄金，分别由布齐河口的索法拉镇和它北方的克利马内河古河道运往基尔瓦。伊本·白图泰特别提到，由于索法拉的黄金十分富足，大力开采，当地居民已不再当它是什么珍宝，黄金已成了普通的金属，连象牙都不如了。汪大渊比伊本·白图泰晚五六年，见到了马林迪市场上的黄金交易，他又称赞基尔瓦的繁荣，见到了那时已波及整个印度洋的奴隶贸易的兴旺。

15世纪上半叶，郑和率领宝船队七次去印度，他的分遣船队也去过东非，《明史·外国传》十分肯定地说，宝船不但到过基尔瓦，而且还去了更远的两个非洲国家，一个叫比刺（Biki），一个叫孙刺（Suala），但这两个国家，因为离开中国太远了，都没有派使者到中国答礼。两个国家都在索法拉黄金国境域。比刺，是"刺"激的刺，这个字常被错印成"剌"（音"拉"），于是"比刺"成了"比剌"。15世纪莫桑比克境内主要的港口只有两处，北面的一处是南纬15°4′的莫桑比克港；南面的一处是在贝拉的南面，布齐河口的索法拉港（南纬20°12′）。莫桑比克港是尼亚萨湖南部和赞比西河上游铜矿、黄金、象牙的输出港，当地斯瓦希里语称Musambiki，Msambiki，后来阿拉伯语、葡萄牙语都由此译出，中文便略作尾音比刺（Biki）了。索法拉港是阿拉伯语al-Sufala的对译，明初译作孙刺，无可指责，该港连接津巴布韦古址，也是铜矿、象牙和奴隶的输出港。照中国档册记录，郑和宝船队是在第四次出航（1413年12月—1415年7月）期间访问了这些港口。在《郑和航海图》上有一个名叫金屿的岛，可以对照上莫桑比克岛，也就是比刺（Biki）。宝船当然是冲着黄金、大象牙和铜铁等货物，进入这一远离德尔加杜角的热带风暴和漩流横行的海域，对于远航船只来说，是极冒风险的一次壮举。这是在哥伦布西航美洲前，中国航海家对东方黄金国的一次伟大的远程探险！

后来葡萄牙人卡布拉尔，继瓦斯科·达·伽马在1498年东航印度成功后，第二次组织了一支13艘的舰队，绕过非洲南端去印度。他们在索法拉附近看到有两艘满载黄金的船从那里开往肯尼亚的马林迪；后来他们继续北上，在去基尔瓦岛途中，见到两艘基尔瓦船，船上也装了许多黄金。在葡萄牙人尚未霸占印度洋贸易的时候，索法拉黄金贸易无疑是斯瓦希里沿海进行得十分顺畅的一项海外贸易！

第九章

黄金国驱动下的环球航行

马可·波罗将黄金国信息带给欧洲

　　自从蒙古西征以后,欧洲人到中国移居和旅游的比前大为增多。欧洲的基督教会为了寻求东方的"约翰长老国"的支持,好联合起来对付伊斯兰世界,继续宣传十字军运动,也派教士出使蒙古。一些亚洲和欧洲的君主、贵族也经常到蒙古大汗那里去朝贺、参加庆典,使节络绎于道。更多的是欧洲商人,他们前往中国是为了经商,寻求财富。1270年十字军运动以失败告终以后,东西方之间重新和解,双方的商业往来就愈加频繁了。

　　在那些到达中国的欧洲人中,有一个后来成为中世纪最伟大的旅行家的马可·波罗(Marco Polo, 1254—1324年),他口述的游记,使他富有传奇色彩的东方旅行成为一部脍炙人口的史书,震动了14世纪的欧洲,在长时期中,起着沟通东西方信息的作用。马可·波罗的名字因此流芳百世,成了一个象征世界和平、东西方握手言欢而为世界各国人民所熟悉的名字。

　　马可·波罗一家世代经商,出生于意大利北部水上城市威尼斯。中世纪的威尼斯曾和比萨、热那亚展开激烈的商战,比萨失败后,威尼斯的地位和热那亚

蒙古装束的马可·波罗

已不相上下，在东方贸易方面，甚至比热那亚拥有更加雄厚的实力，在黑海、希腊、利凡特（地中海东部）和美索不达米亚都有他们的代理行。马可一家从他祖父安德罗·波罗定居圣·菲利斯教区起，便有确实的谱牒可据。安德罗·波罗有3个儿子，马可、尼古拉和马菲，都外出经商。尼古拉和马菲到君士坦丁堡经商，1260年兄弟二人转到克里米亚的商行。不久，钦察汗伯勒克和伊儿汗旭烈兀发生战争，无法回到威尼斯，二人决计去布哈拉，在那里受到旭烈兀派去参见蒙古大汗忽必烈的使臣的怂恿，随同使团到了大汗的住处。

尼古拉兄弟受到大汗优礼相待，忽必烈向他们探询欧洲各国的政治制度和风土人情，由于他们会讲蒙古语，对答如流，得到大汗的信任。大汗在1266年派尼古拉兄弟为他的使臣，带着他致罗马教皇的信和窝哈台一起到罗马去，要求教皇派100名精通七艺的基督教徒到中国来，并将耶路撒冷圣墓上的灯油取来中国。窝哈台中途因病退出。1269年4月尼古拉兄弟到达地中海滨的阿卡，得知教皇克雷孟多四世去世，新教皇尚待遴选，兄弟二人便先回威尼斯，一住两年。那时尼古拉的妻子已死，留下一个儿子马可，有15岁了，就是后来名闻世界的马可·波罗。尼古拉兄弟带着马可，决意先往耶路撒冷取圣油，向阿卡的教皇大使梯博复命，然后启程东行。刚到叙利亚海滨的莱依斯，得知梯博在1271年9月1日当选为教皇格雷哥里十世，于是转回阿卡，取得新教皇致大汗的信，便重上征途。此时伊儿汗和察合台汗开仗，河中地阻塞，三人只得经巴格达转霍尔木兹，再走陆路到巴达克

忽必烈接见马可兄弟（《约翰·曼德维尔游记》手稿220页插图）

山，越过葱岭，走和阗、且末到敦煌，北上黑城，经三年半长途跋涉，1275年5月到达现在多伦的元代上都开平，参见了大汗。

马可·波罗在游记中自述，到中国后努力学习语言和礼仪，能写四种语言，蒙古语、维吾尔语、波斯语，还有一种大约是拉丁语。马可·波罗知道忽必烈很希望从出国的使者那里了解各国的风土人情，所以他奉命和蒙古官员一起出使到缅甸、占婆

（越南中部）和爪哇时，都注意搜集各地见闻，因此深得大汗和左右大臣的欢心，被尊称为马可·波罗阁下，在元朝宫廷中生活了17年。据他自己说，在扬州曾做过三年官，可惜在中国文献上无法找到佐证，所谓"三年"可能是"三月"，在手抄本中出了错。

忽必烈曾派他到四川、云南去，和征讨缅甸的军队一起深入滇缅边境，最远大约到过缅国首都阿缅，当时的蒲甘城。一路上他见到了上京城外桑干河上的卢沟桥，他认为"各地的桥梁都不及这桥的美丽"。桥宽可容十骑并行，下有桥拱二十四座。栏杆是用大理石，柱头上有一头狮子，每隔一步有一根石栏杆，整个桥长300步。马可·波罗说的是真话。马可·波罗到过西安，称作京兆府，这里工商繁盛，居民用丝纺织金锦丝绢，城中也制造军队的一切装备，"所有生活必需品，城里都有，售价低廉"。他大约在1276年到过西安，那时忽必烈的儿子忙哥剌封为秦王，坐镇西安。他对忙哥剌印象很好，认为他善于治理，受到人民爱戴。1277年忙哥剌便应调北征了。

在成都，马可·波罗说他见到了经过80天或100天可以通到海洋的江水，当时中国人都相信流经成都的岷江是长江的上游，所以马可·波罗也以为江水经过成都入海。令他惊讶的是，"水上船舶之多，没有亲自见到过的，必定不会相信"。

过了成都，马可·波罗进入了图伯特（甘肃和青藏高原），那里出产麝香，还有任人淘取的金沙。他向南到了会理，那地方出产极美的绿松石，受大汗管理，禁人开采。从会理骑马走10天，就到金沙江边。马可·波罗说这条大河叫"不里乌思"，是藏语"金沙江"的译音。他知道这河也通海洋。这正好反映出当时中国人都相信的长江重源说，这说法认为长江有两个源头，一处是岷江，一处是金沙江。后来派人考察江源，才弄清了长江的源头在通天河。

马可·波罗到过云南，他记下这里叫哈剌章，同名的城市就是大理，那里使用从印度运去的海贝作货币。山川中出产金块，数量可观，因为金块太多，致使金银比例降到1比6,6两银子就可以换1两金子。当年马可·波罗深入大西南彝族、白族等民族居地，见到了那里的奇风异俗和丰富的天然物产，这是欧洲人闻所未闻的。

马可·波罗到过沿海许多城市，游记中提到的有哈寒府（河间）、新州马头（济宁）、淮安、宝应、高邮、泰州、扬州、南京（开封）、镇江、苏州、杭州、福州、泉州等城。苏州，马可·波罗说法兰西语称作地城，杭州称作"行在"，在法兰西语中是天城，这一说法，其实是翻译"上有天堂，下有苏杭"的成语时走了样，产生了误会。泉州，是马可·波罗出使爪哇和回国时两次过往的港口，他赞叹这个海港之大，仅次于埃及的亚历山大里亚，按阿拉伯人、波斯人习惯，称作Zeitun。这里出产的缎子很有名,就叫Zeituni,可能是"彩缎"的对译。

大约在1288年马可·波罗出使爪哇回到大都后,伊儿汗阿鲁浑派到大都的三名使者兀鲁䚟、阿必失呵、火者到达北京,他们是因阿鲁浑汗的宠妃卜鲁罕在1286年去世,遗嘱继袭妃子的一定要是她同族蒙古伯牙吾台人,因此前来请婚的使节。忽必烈选了年方17岁的阔阔真公主下嫁阿鲁浑,马可·波罗乘机取得大汗同意,随同来使伴送公主乘船去波斯湾,好顺道返归故乡。

1291年阴历年初,使团从泉州启航时,马可·波罗一行也在其中。到1294年阔阔真公主到达目的地时,阿鲁浑汗已去世三年了,阔阔真嫁给了阿鲁浑的儿子,继承汗位的合赞,不久便去世了。马可·波罗到了黑海南岸的特莱比松,从那里搭船转往君士坦丁堡,再经希腊的纳格勒朋,在1295年回到了阔别已久的威尼斯。那时马可·波罗和他的叔父,穿的是中国粗布衣,说的是蒙古口音的话,加上离家已26年,乡亲们完全不认识他们了,回到圣约翰教堂旁的故居后,马可一行竟被住在家里的亲戚拒之门外。后来马可·波罗大摆宴席,一席酒换了三次锦缎丝绒的长袍,最后在散席时,又穿起了原来的粗布衣,将衣缝拆开,取出不计其数的珍珠宝石,使亲友们对马可一家奇迹般致富的旅行惊讶不已。原来马可一家已将历年积累的大量黄金变卖成轻巧的珠宝带回家乡。他们向威尼斯人夸耀东方的富庶,对大汗的奢华和财富赞颂不已,扬言中国人拥有百万黄金的巨富很多,亲见马可发家的威尼斯人,因此给马可·波罗起了个"百万马可"(Marchus Paulo millioni)的诨号。

四年后的1298年,威尼斯与热那亚海战,按威尼斯规定,战舰由富户制造,马可·波罗也造舰参战,威尼斯在坎助拉战败,马可·波罗成了七千名俘虏中的一个。马可·波罗在东方奇特的经历引起注意,他在狱中口述经历,由同狱的比萨人罗斯梯齐亚诺(Rusticiano)用古法文笔录。1299年8月,马可·波罗被释放回家。游记全名《马可·波罗东方游记》,抄本在数月内便传遍意大利,1477年的德文本是游记首次刊印的本子。

马可·波罗游记用当时通用的古法文写成,各种文字抄本大约有80种。1307年马可·波罗亲自将游记的抄本一册馈赠给君士坦丁堡帝国总主教、法国瓦洛亚朝查理王的代表蒂波·德·赛波亚公爵,当时蒂波代表法国与威尼斯缔盟,正在威尼斯。这个最早由马可·波罗过目的抄本后来又抄赠瓦洛亚伯爵,收藏在巴黎国家图书馆,1824年由巴黎地理学会正式刊印,是游记最古老最近真的一种版本。后来1932年英人莫尔在西班牙托莱多教会图书馆发现齐拉达(Zelada)大主教赠给该馆的拉丁文抄本,时间比巴黎地理学会刊本更早,内容多出200多处。这个本子正是贝纳迪托在米兰安布罗歇图书馆见到的抄本的原本。

贝纳迪托的增订本在1928年出版后，莫尔和伯希和在1938年用英文刊印了新校本（A. C. Moule & P. Pelliot: Marco Polo, The Description of the World, London），成为一种最详备的本子。现在世界各种文字的游记译本，已在130种以上。

马可·波罗游记共分四卷，第一卷自述从地中海启程到上都的沿途见闻。第二卷内容分三部，第一部记大汗忽必烈和他的宫殿、都城、朝廷、政府、节庆、游猎；第二部记从大都到缅国所经诸城；第三部记自大都南行至福州、泉州和东南沿海诸州城。第三卷记日本、占婆、东印度、南印度、印度洋沿岸及岛屿。第四卷，君临亚洲的成吉思汗系诸鞑靼宗王的战争。第一卷和第四卷有关伊儿汗国、钦察汗国和察合台汗国的记述，对研究蒙元西北三藩和亚洲西部历史极有价值。第二卷记事侧重中国本部，其中乃颜叛乱的平定、李檀之乱、奸臣阿合马的被杀、永昌之战、襄阳之围、常州屠城；第三卷中对日本的征战，都可增补《元史》，互相参证，绝非一个威尼斯人所能伪造。英国和美国一些人总喜欢说马可·波罗没有到过中国，但找不到确切的证据。马可生前在游记出现后，已受到不少人推崇，而鄙薄者亦大有人在，他们视游记为荒诞不经，造谣说谎。以致马可·波罗以70高龄在威尼斯弥留之时，亲朋竟聚集马可床前，以为他生前撒下弥天大谎，死后会进不了天堂，要他忏悔，承认游记是弄虚作假，好获得灵魂的解救。马可·波罗临终时拒不接受这种无理的要求，坚持他的游记不仅真实可靠，而且宣称："书中所记的，还不到我亲眼所见的一半哩。"马可·波罗的遗嘱，现在还珍藏在圣马克图书馆中。

《马可·波罗游记》是一部震撼中世纪欧洲的奇书。那时欧洲在罗马教会统治下，以为基督教可以征服世界，使东方也拜倒在教皇脚下，好摆脱埃及的马木鲁克王朝对欧洲香料进口的控制，然而蒙古人继阿拉伯人在亚洲崛起，建立起一个前所未有的大帝国。马可·波罗亲历了这个国家，能够见到大汗，记下了这个国家疆土的辽阔、军队的众多、物产的富饶、城市的繁华、景色的壮丽，使各自为政的欧洲城邦国家难以置信。马可·波罗描述大汗的宫殿，宽广足以容纳6 000人聚餐，宫中房屋之多，蔚成奇观。连北海琼岛，在马可笔下也成了世界奇迹。马可还说，每年元旦有从各地进贡的白马十多万匹，还有五千头披锦载宝的大象，以及无数挂彩的骆驼驮运各种物品，供大汗检阅。对待凯旋的军队，大汗赏赐的金银、珍珠、宝石、马匹、甲胄，常多到难以计数。对于那个被蒙古人称为蛮子国都的行在城杭州，马可说它周围足有100里，城内有石桥12 000座，房屋有120万所。据说杭州有12种行业，每个行业有12 000户，因此商业非常繁荣，营业额大得可观。最吸引马可的是，城内有南宋皇帝留下的宫殿，周围广达10里，是世界上最大的宫殿，宫城中有世上最美丽又可供娱乐的园林。杭州城的税收，更是大得惊人，由于这里是江浙行省的省城，一年税收高达290万贯，每贯折合威尼斯币80 000马克，共计2 320亿马克。这个数字对威尼斯来说，确是高得骇人听闻，难免降低了马可见闻的可信程度。马可是到过中国的人，也经历过战争和牢狱生活，他的见闻大多是足以使当时还处于闭塞状态的欧洲人振聋发聩的新闻和奇谈怪论，其中也不乏过于听信他在中国时雇用的翻译和经过转抄而造成的失误，难怪威尼斯人对马可·波罗的见闻要半信半疑了。

然而马可·波罗听到和见到的东方奇迹还不止这些。他讲到中国东边有个日本国，君主的宫室地上都铺满金砖，窗框和宫顶用精金制作，真可说是遍地生金。由于商人鲜至，所以金多无量，不知何用。他还讲到那时称作锡兰的斯里兰卡，生产举世无匹的各色宝石，印度的金刚石的藏量也是同样富饶。他称道的东方比之欧洲人到过的利凡特和伊朗还要富庶，勾起了欧洲人士到东方去追寻财宝的倾慕之心和遐想，争相传阅这部被传抄者奉为"世界奇闻"的游记。那个遥远的黄金国被一些地理学家绘进了地图，1320年马里诺·萨努托的世界地图，1375年的卡泰兰地图，都是以马可·波罗的游记作为第一手资料绘制的。1410年的博尔贾地图，1442年和1448年绘制的利乐杜斯地图，1459年弗拉·毛罗绘制的地图，仍不时取材于这部游记，从中发掘黄金海岸。这些地图在15世纪指导着欧洲的航海家和探险家，到大西洋和印度洋上去探寻新大陆和新航路。1428年一个葡萄牙人彼得罗在威尼斯得到了一部手抄的马可·波罗游记，回去后送给了他的弟弟，有名的航海家亨利亲王。亨利派人要在大西洋上寻找不经过红海和波斯湾而能到达东方的航路。葡萄牙的航海家步他后尘，接二连三地在非洲西部沿岸探险，经过几十年摸索，绕过了非洲最南端的好望角，那是巴托洛梅·迪亚斯率领的船只在1487年的大西洋漂航中，到达了好望角以东320千米的莫塞尔贝。在他的指导下，又一名葡萄牙海军将领瓦斯加·达·伽马率领了一支4艘船的船队，克服了坏血病的困扰和风暴的袭击，由阿拉伯人伊本·马季德领航，在1498年5月20日抵达南印度西海岸的科泽科德，和当地统治者签订了贸易协定，第一次开辟了欧洲人的东方新航路。不过那时还只能说，要到黄金国只是开了一个头，后面要做的事，对欧洲人来说，还多着呢！

哥伦布心目中的黄金国

《马可·波罗游记》在13、14世纪有各种文字的抄本，在阿拉伯人丹吉尔·苏莱曼在851年左右写作的《印度中国见闻录》之后，这是最详细的一本亚洲和非洲的游记了,因为马可·波罗不但报道了中国的强大和富庶,还讲述了一个名叫日本的黄金国,以及爪哇、缅甸、交趾支那(越南)、老挝、暹罗(泰国)的特产,印度和波斯湾的风光,还讲到了驾驶鹿车的通古斯人、东非的桑给巴尔岛,以及那个传言蒙古大汗派使者去过的马达加斯加岛。马达加斯加岛,按游记叙述的位置是在索柯特拉岛的北面,已经证明是海港城市"摩加迪沙"的一种误读,但他已经讲述了东非最南边的海域,出产鸵鸟和度度鸟的那个大岛,对照中国人在那个时候和东非国家来往的还有昆仑层期和三佛驮的史实,中国人去过马达加斯加岛是没有什么可以怀疑的。可是这些见闻对于生活在地中海西部的人来说,真正可以算得上是一场"天方夜谭"。

马可·波罗游记由于讲述了东方的真情实景而被人尊敬,同样,也由于这些东方见闻令全无东方知识的欧洲人视为荒诞不经而受人奚落,或流为江湖说书人演绎的奇谈怪论。游记的真正价值要到200年以后才被欧洲一些探险家和航海家的历险所证实。但在1375年绘成的卡塔兰地图,业已将马可·波罗提示的地球观念用图画表现出来了。

1474年葡萄牙人沿着非洲西海岸航行到达几内亚湾后,发现非洲大陆又向着南方伸展的地方仍然十分遥远,开始考虑早先在托勒密时代已经设想过的,从另一个方向,也就是通过大西洋航行,就会迅速抵达中国,因为当时欧洲人都相信与中国的东方相连的是一片陆地。罗吉·培根(1214—1292年)在马可·波罗尚未回国时就夸下海口,说是从西班牙往西闯过大西洋,不消几天就会到达东方。当时托勒密著作的拉丁文译本在1410年完成后已开始流传,迟至1475年正式付印。此后这种学说在意大利地理学界便不胫而走,他们以为不必像葡萄牙人那样沿着大西洋南下去绕过非洲的南端。佛罗伦萨天文学家保罗·托斯卡内利(1397—1482年)在致马丁斯的信件中,就曾建议葡萄牙当局可以审议"另外一条比之现在经过几内亚要更短的通往香料之国的海路"。托斯卡内利把他的设想通知给里斯本主教团的成员费尔纳姆·马丁斯,马丁斯随即向葡萄牙国王阿方索五世上报,阿方索五世对这一想法颇感兴趣,要求进一步了解细节。托斯卡内利才在1474年6月25日用拉丁文再写了一封信来阐释他的理论依据,随信附有一幅地图,标出了当时已知的大西洋彼岸的岛屿和陆地。信件原件及地图虽已佚失,但它们的片段却可以从拉斯·卡萨斯用西班牙文写的《历史》中见到。在1871年,甚至在塞维利亚图书馆发现了可能是克里斯托夫·哥伦布(Christopher Columbus,1451—1506年)亲笔写在他的一本藏书的空页上的,托斯卡内利信件的抄本。哥伦布因为在里斯本打听到这件事,便和托斯卡内利联系,收到了回信和地图。托斯卡内利在地图上将日本、中国和印度一一标出,它们的序列正好和实际上三国由西向东的位置相反。

托斯卡内利在致马丁斯的第二封信中，提到泉州这个世界上无与伦比的宏伟港口，"因为他们说，每年就有100艘满载胡椒的大船开进港内，装运别的香料的船还不包括在内。该国人口众多，十分富庶，许多省份、王国和无数城市，都归一位称作大汗的君主统治，拉丁文的意思是'皇上'，他的行在和宫邸全在契丹省（腹里——引者）"。西班牙文本的信件指出，地图上标明了北起爱尔兰南至几内亚的极西地方，"在他的对面，一直向西，就是印度群岛的开端，有你可以偏离赤道而去的岛屿和地方"。托斯卡内利从刚刚出版的托勒密著作中，得知推罗人马里努斯（Marinus）对世界东西两条子午线的计算，已知世界的225°（按马里努斯测算为15小时），与地球的周径只差135°（即9小时），因为这种算法，往西要比往东近得多，所以在他的地图上，标明从里斯本直接向西航行，到达最宏伟的城市杭州，航海图上共划出26格，每格各有250英里。"这个距离约为绕地球一周，相当于同一纬度上的地球圆周的三分之一"。托斯卡内利和哥伦布都读过马可·波罗游记，托斯卡内利在信件中就摘录过马可·波罗关于中国和泉州的话，地图上还引得有马可·波罗关于繁华的都市杭州的话。正是马可·波罗，他说过香料和黄金是从中国海的7 448个岛屿运到中国去的，1492年的皮赫姆（Behaim）地球仪就在亚洲东部的海洋中，在赤道上下画上了这7 448个岛屿。从地圆说理论推论，由大西洋西航，可以先到这些出产黄金和香料的岛屿，其中的日本国（Cipanqu）也标到了地图上，注明它盛产黄金、珍珠和宝石，"而且他们用纯金覆盖庙宇和王宫"。除了这些可以在马可·波罗游记中见到的材料，托斯卡内利还特地提到教皇欧格尼斯四世（Eugenius，1431—1437年）时，有一个来自契丹的人到过佛罗伦萨和他谈过在中国的见闻，后来又曾去觐见教皇。表示托斯卡内利除了从书本上了解中国，还有来自中国的最新消息。而最根本的一点是，这些消息披露了从欧洲往西走另一条路，可以更方便地到达香料群岛或日本国。

拉斯·卡萨斯在《历史》中明白指出，哥伦布是拿着托斯卡内利的地图去实现他从大西洋向西航行到达香料群岛的设想的。葡萄牙历史学家加尔沃在1555年的一封信中提到，1428年亨利亲王从国外归来，从东方带回一幅世界地图，地图上将南美洲南端的海峡称作"龙尾"，后来才知道就是16世纪才命名的麦哲伦海峡。这样的地图有一个最早的蓝本，就是希腊地理学家托勒密根据他对地球的构思所绘的地图。后来到9世纪经过北欧维京人到北美的冒险探测，又多少获得了新的知识，于是出现在波斯的地理学界，传到了辽代的中国。河北宣化在1974—1993年间发现的9座辽代墓葬中，曾在一座墓主叫张匡正的1093年的墓顶，发现木板画的世界地图，这幅世界地图看来是当时对托勒密地图的一个修正版，但亚洲已被放大，使用了不对等投影法，使欧洲和非洲都被缩小，非洲的东南端照例弯向东南，亚洲的东南部有一个巨大的半岛，它的西侧被画成一个大湾，就是人们后来才知道的太平洋。同样的不对等投影在哥伦布航海前又出现在1457年的《葛诺斯地图》和1489年的《马特鲁斯地图》中，哥伦布从托斯卡内利得到的地图可能便是这类地图。以后的实践，却证明了托斯卡内利和哥伦布都犯了和马里努斯一样的错误，因为当时谁也不明白在中国东面的海洋和大西洋中分布着的，不但只是一些岛屿和地方，而是夹着一大片纵深几乎与欧洲加非洲相似的大陆。

出生在热那亚的哥伦布，家境贫困，1476年移居葡萄牙，在那里得知佛罗伦萨人托斯卡内利曾向葡萄牙的一位主教提议向西航行，就直接和托斯卡内利联系，大约在1479年到1480年间有过两次通信。哥伦布读过拉丁文本的马可·波罗游记，相信从加那利群岛向西到日本国，中间距离不过2 500英里！实际上差了10 000英里。1481年他向葡萄牙新登位的国王约翰二世提议，到大西洋去实现托斯卡内利的计划。约翰二世派人从加那利群岛打听新航路，结果遭到飓风袭击，生还者认为那是一种无望的冒险，这使本来热衷于几内亚湾探险计划的约翰二世更加坚定，于是哥伦布只好出逃，在1485年移居西班牙。经过七年的努力，哥伦布的计划在最后关头，得到西班牙王后伊萨贝拉的支持，才得实现。1492年1月2日，当西班牙为占领莫尔人的格拉纳达举行盛大庆典时，哥伦布到圣太菲去谒见王后伊萨贝拉，并提出他的条件是，一旦找到新的陆地，他就应被任命为该地的总督，并且可以封为贵族，本人可以得到这块地方岁入的十分之一。这个要求被西班牙国王菲迪南的大臣们否决了，于是哥伦布骑了毛驴，要上法国去，投靠法兰西国王。哥伦布的好友财政大臣奎达利拉从中斡旋，才使菲迪南回心转意，然而经过卡斯提尔战争和格拉纳达两次战争，国库早已腾空，于是王后出面拿出一批珠宝充作远航的筹款，才使航行得以实现。

哥伦布一定是靠了他掌握有别人所不知道的航行秘密，自称握有独一无二的情报，可以确保这次航行的成功，才使西班牙国王和王后最后同意，不让这笔十分有利于增加西班牙国库的交易眼睁睁落入第三国的手中。事实上，西班牙国王和王后同哥伦布签订的"圣太菲合约"中只字未提印度群岛，但在西班牙国王和王后发给哥伦布的护照上，是注明哥伦布被派往"印度群岛地区（ad-partes Indiae）"，哥伦布《航海日记》还说他被封为大西洋海军元帅，"授权我做总督并终生管辖我业已发现、征服和即将发现、征服的那些岛屿和陆地。我的长子可以继承我的职位，并将此职位世代沿袭"。哥伦布在启航时还持有一封国王和王后致中国（Cathay）大汗的信。可以确信，哥伦布首先要去发现和占领的是印度群岛，因为那里盛产香料，一旦霸占了这些岛屿，当地出产的胡椒、丁香、豆蔻便全归西班牙了，每年可以源源不断运到欧洲，获利百倍。加上苏门答腊和马来半岛素有金洲的美称，直到13世纪，汪大渊到旧港，还打听到种下稻谷，三年后便会变成金子的传说。这种传说后来继续在马来半岛流传着。在哥伦布西航年代，爪哇、苏门答腊、吕宋、彭亨、北大年都还产金，在17世纪张燮的《东西洋考》这本书中是可以找到的。维尼奥在《托斯卡内利与哥伦布》中记述了一则在16世纪流传的故事，说是一艘遭风暴袭击的船漂流到西印度群岛，其中的一个幸存者最后回到马德拉岛死在自己家中，是他将航行方位告诉了哥伦布。这个故事有许多人相信，也有人反驳，但驳词并非十分有力。这个秘密使哥伦布在将计划呈请西班牙国王和王后批准时，当局不得不依靠哥伦布去实现这个计划，好使它的可行性增加到最大的程度。而哥伦布在航行途中一路所念叨的就是黄金，他在日记中写道："所有商品中最宝贵的是黄金，黄金是财富，谁占有黄金，谁就能获得他在人世间所需的一切。同时也就有办法可以将灵魂从炼狱中拯救出来，并使灵魂重享天国之乐。"正是黄金、香料和新土地的占有，驱策着哥伦布按照一条想象中最便捷的路径首先去找到香料群岛（印度群岛）和日本国。那封致中国大汗的信，只是希望在适当的时候可以利用中国大汗的威权，去使印度群岛和日本国的归顺西班牙，得到一个完满的手续所必需的许可而已。

　　1492年8月3日，哥伦布率领圣太·马利亚号、平塔号和尼娜号120名海员，在帕洛斯港启航，驶向加那利群岛，然后继续西航。10月12日哥伦布的船队到达巴哈马群岛中的圣萨尔瓦多岛（华特林岛），第一次登上了新发现的陆地，该岛的土名叫瓜纳哈尼。哥伦布第一次见到的这些土著居民，都是30岁以下体格健壮的裸体者，他们将身体染成黑色、白色或红色，皮肤和加那利人一样，不白也不黑，他们和加那利群岛中的耶罗岛在同一纬度上。哥伦布以为这里就是印度群岛。岛上居民在鼻梁上穿了孔，挂着小片黄金。哥伦布询问黄金的来源，他们告诉他，从这里往南，那里的一个国王有一大罐一大罐的金子。于是哥伦布继续向南航行，以为很快就会找到日本国。哥伦布在圣玛丽亚岛上见到许多人在手腕上和腿膀上都有金镯子，在耳朵、鼻子和脖子上都挂着金片。哥伦布一路向古巴进发，认为"金子、香料、大船、商人……岛上都有"。他确信那就是传说中奇异的日本国岛。10月28日，哥伦布带着部下登上了古巴岛，他们给登岸的河流与港口起名圣萨尔瓦多。因为在古巴找不到他们想见的国王，于是又向东到了海地岛，起名叫伊斯帕尼奥拉（Hispaniala，即小西班牙岛）。他们一路上找到的就是黄金，至于香料，没有见到他们带去的胡椒和肉桂，却找到了乳香和芦荟。12月18日，哥伦布打听到很多岛上产金子，其中一个岛本身是金的。12月22日又有消息说，有些岛上的金子比泥土还多。酋长的礼物中有用金子打造了大耳朵、舌头和鼻子的假面具。西班牙人甚至可以用6个玻璃珠换得一大块金子。在他们打听到的产金的岛名中，有一个叫"西宝"的，被认为就是日本国。据说一个叫"卡其科"的地方，连旗帜都是用金子打造的，但它在很远的地方。12月24日圣玛利亚号被水流拖到浅滩上，撞得粉碎。西班牙人

哥伦布在伊斯奥尼帕拉岛（海地）与土著人初会

只好用剩下的船料造了一座圣诞城，留下39人，然后率队离去，向东返航。返航时经过亚速尔群岛。哥伦布乘坐的尼娜号在1493年3月15日才安抵帕洛斯港。

　　哥伦布到巴塞罗那去向国王和王后禀报他航行的成功，受到盛大的欢迎，获得了贵族的纹章。一天，西班牙大主教请哥伦布赴宴，一位大臣向哥伦布提了一个问题："如果你没有去，别人能做到这件事吗？"哥伦布拿了一个鸡蛋，让赴宴的人将它直立在桌上，结果无人成功。哥伦布将鸡蛋的尖头敲碎，鸡蛋便直立了。众人以为这很简单，谁都能做到。哥伦布说："关键是没有人想到这样做。"

　　哥伦布的第一次航行，出乎意外地找到了欧洲人所未知的新大陆，但并没有到达那个他们朝思暮想的黄金国——日本。哥伦布那时尚未怀疑托斯卡内利计算的航程与实际距离有着惊人的差错。

　　第一次航行给哥伦布带来的声誉，使得第二次出航的筹集十分轻易便得到了富贵人家和传教士的支持，这些人也加入了探险者的行列。哥伦布组织了一支有17艘船，拥有1 500人的船队，在1493年9月25日从加的斯启程西航。目的地是到海地岛上的圣诞城。

　　12月22日，当哥伦布和他的船队经过波多黎各到达圣诞城时，只见早先的城堡全已毁坏，留下的人都已被杀。哥伦布就命令他手下的人在海地的北海岸修筑一个城镇伊萨贝拉，作为根据地。不久许多西班牙人都感染了瘴疠，哥伦布就打发12条船先行返国。几个月过去了，还是没有找到什么金子，于是哥伦布带了

400个弟兄到西宝去挖金,那地方在圣多明各的中部,他们虽然搜刮到了一些金子,但是数量不多。哥伦布又带着一批人上古巴,当地居民指着南方,说是黄金的产地。哥伦布向南方航行,发现了牙买加岛,但仍然不见有黄金,只好回到伊萨贝拉。9月底哥伦布的兄弟巴托罗缪得到西班牙王后的派遣,用3条船运粮食去支援哥伦布,才使陷入危难中的西班牙人获救。可是被哥伦布派到内地找粮食的马格里特,和土著居民发生冲突,他们在发财梦破灭后,便纠集了几条船先返回西班牙,并且大肆攻击哥伦布,声称新大陆并没有什么黄金,只有消耗财源的荒岛。哥伦布的部下和印第安人的冲突越发增多,西班牙人设计囚禁了印第安人的酋长高拉波。

1494年秋天,从西班牙有4艘船抵达伊萨贝拉,运去了粮食。哥伦布将500名印第安奴隶送上船,好回去给国王报效,因为他实在没有搜刮到多少黄金。1495年3月,哥伦布打败了围攻伊萨贝拉的印第安人,肆意杀掠,命令印第安人献纳黄金,否则便用棉花替代。

1495年8月,哥伦布趁西班牙王后派来的使臣到达伊萨贝拉,决定自己乘尼娜号回国,一船上装着225名白人,30名印第安人。航行了三个月,当他们一行抵达加的斯时,已是1496年6月11日。这一次航行,西班牙损失了不少人马,又没有找到多少黄金,于是西班牙举国上下都对哥伦布大为失望。

为了挽救这种局面,哥伦布又征得王后的同意,着手准备第三次航行,王后给他一笔巨款,允许他有权将当地人的田地分配给西班牙人。但这一次西班牙人竟无人自愿前往,于是只好赦免罪犯,命令他们到新大陆去干几年活,来凑足西征的人数。

后来哥伦布终于筹划了6艘船,在1498年5月30日从加的斯西北的塞鲁加启程。当时哥伦布的弟弟巴托罗缪于1496年在伊斯帕尼奥拉岛上建立了圣多明各城。船队中有3艘船装着粮食,直航圣多明各,剩下的3艘由哥伦布亲自统帅,向非洲西海岸往南行驶。暑热使船底的柏油融化渗水,食物腐烂,船队只得向西航去,到了特立尼达岛。哥伦布随即将搜刮到的珍珠,派人送给西班牙王后。哥伦布因患脚气病,粮食告罄,只好向多明尼各驶去。实际上,这时的哥伦布正好错过了一个真正的新的大陆。当他初次见到南美洲最东北的地表时,他还以为又发现了新的岛屿。甚至在他航抵委内瑞拉的柏里亚湾,发现那里充溢着从奥里诺科河流出的大量淡水时,他仍然不敢相信他业已发现了一个新大陆。哥伦布这一次从佛得角群岛先南后西的航行,是在检验葡萄牙国王相信西南方是大陆的理论是否可靠。然而对哥伦布来说,寻找大陆不是预定的目标,无法挽救他为了寻找香料和黄金这两个会给西班牙王室带来财源的目标而招致的非议。所以哥伦布在日记中是以惊讶的口气来描述他在柏里亚湾的经历的："我认为这是一个迄今人们对它还一无所知的十分巨大的大陆。"然而面临粮尽和疾病的船员，早已对那些无休止的冒险失去兴趣，因此哥伦布还是决定赶快离开这里，前往伊斯帕尼奥拉岛。当时伊萨贝拉的居民已陷入饥馑和疾病中，西班牙人中发生内讧，哥伦布为了避免自相残杀，只好屈服于大法官罗丹那一帮人。

西班牙王室派了内务大臣法兰西斯科到伊斯帕尼奥拉视察，旋即拘留了哥伦布及其两个兄弟迪亚戈和巴托罗缪，在1500年10月被押送回国。后来哥伦布受到赦免。1502年2月西班牙国王派大贵族尼古拉·德·奥瓦多率领30艘船，带了2 500人到圣多明各，去替代法兰西斯科。

哥伦布的航海生涯，本该结束了，他的一些部下在美洲大陆上有了新的发现，哥伦布已不合适担任这些新地的总督。但哥伦布还想证实古巴那块地方就是他认定的黄金国西宝（日本），于是在1502年又组织了他的第四次航海。

1502年5月9日，哥伦布率领4艘小帆船，带着150人，离开了加的斯。他向王后提出，他可以找到一条海峡，从那里直航印度。哥伦布这一次航行经加勒比海到了古巴的南岸，再折向西南，到了巴伊亚群岛最东边的瓜纳哈岛，然后循着海岸到了巴拿马。在哥斯达黎加，打听到那里有许多金矿，当地人都戴着金项圈，但没法弄到许多金子。哥伦布最后只剩下一条船，在1504年8月13日抵达圣多明各。奥瓦多在那里建立了殖民机构，奴役印第安人耕种、做苦工，杀戮了许多印第安人，修起了一座名叫和平城的城市。哥伦布在1504年9月12日离开那里，11月7日回到西班牙。1506年5月20日哥伦布去世后，遗体先后被移葬塞维利亚和圣多明各。

哥伦布始终没有如愿找到他向往中的黄金国，他的黄金国是个虚构的国家。在哥伦布之前，已有一些欧洲人和阿拉伯人跨越大西洋到达美洲，但这些发现并没有引起人们的注意，并未导致美洲与外界的广泛联系，因此旧大陆的居民仍然不知道有这么一个大陆的存在。可是哥伦布的举动却引起了欧洲人纷纷到大西洋彼岸去探险，去寻找新的黄金国，于是他们发现了新大陆，发现了在那里已有千百年历史的伟大文明，也进一步在那里找到了完全不在意料中的黄金国。

新西班牙刮起掘金热

西班牙人在西印度群岛的殖民统治由伊斯帕尼奥拉岛，推向古巴、波多黎各、牙买加等许多富饶的岛屿。1517年西班牙军官科尔多瓦（Francises de

Cordova）航行到尤卡坦半岛，从当地玛雅人中获得一大批金制器皿，接着古巴督军贝拉斯克斯又派人到墨西哥海岸探险，打听到阿兹特克宫廷的奢华，于是派他的秘书西班牙贵族科尔特斯（Hernan Cortes，1485—1547年）组织一支远征队去征服这个国家。

科尔特斯1504年便到了美洲。1518年他接受了贝拉斯克斯的任命，自行筹措和负担这支远征队的费用，由于进展顺利，贝拉斯克斯又撤销了任命。但科尔特斯仍然扩大他的队伍，1519年2月，他带着11艘船组成的舰队，装备了大炮和各种枪支，离开古巴，向尤卡坦海岸进发。

西班牙人是冲着黄金才冒着风险到美洲去，科尔特斯只是这些西班牙人的一个代表。他生在埃斯特雷马杜拉，在萨拉曼卡大学念了两年书，就去投奔古巴省督贝拉斯克斯，他在古巴获得了耕地，可是他说："我是来找黄金的，不是来当农民种田的。"所以组织远征军去占领那块金土地，当然对他来说是正中下怀了。

科尔特斯将队伍拉到尤卡坦附近的科苏梅尔岛，找到了已经学会玛雅语的阿吉拉尔神父。然后远征队在塔巴斯科海岸登陆，打了一个胜仗，塔巴斯科人赠给科尔特斯一批女奴，其中有一个是阿兹特克一名酋长的女儿，她能说许多语言，也懂纳瓦特尔语，科尔特斯给她取名玛里娜，后来成为他征服墨西哥时不可或缺的助手。1519年4月，科尔特斯在墨西哥建立了第一个西班牙人的城市韦拉克鲁斯（Vera Cruz），通过市政会议，他成为一名合法的西班牙将军。他向阿兹特克君主蒙特苏马的使者一次又一次地勒索，弄到了包括许多金器在内的珍贵礼物。有一次蒙特苏马派来的使者中，有一个叫金塔尔博尔的酋长，居然长得很像科尔特斯，他带来的礼物中有一个太阳形状的纯金盘，上面刻着令人惊叹的花纹，价值一万比索；还有一个更大的月亮形的银盘，也铸有许多光耀夺目的花纹；还将西班牙人送去的头盔装满了当地出产的砂金，价值约三千比索。这使科尔特斯的军队十分高兴，以为找到了黄金国了。除了这些，礼品中还有铸成狮、豹、猴子、鸭子、狗和鹿的金器，精美的项链，金扇子，用纯金浇铸的佩饰、箭和弓，以及两柄一米多长的权杖。蒙特苏马还派使者送去了他们认为比金子贵重得多的四块绿宝石，每一块绿宝石相当于一大包砂金。蒙特苏马要求这份礼物转呈给西班牙国王，请他不要再派使者来。科尔特斯也向他的兵丁搜刮他们和印第安人交换来的金子，要他们在上交国王的五一税之外，

斐迪南·科尔特斯

文 明 志

——万年来，人类科学与艺术的演进

还得分出五分之一给科尔特斯。这是当时参与远征队的贝尔纳尔·迪亚斯·德尔·卡斯蒂罗在他的回忆录《征服新西班牙信史》中记录的实情。后来科尔特斯当着大家的面，将金子全都献给国王，派人回国去送信。远征队在韦拉克鲁斯停留了4个月，然后凿沉了所有船只，拉拢对阿兹特克君主不满的托托纳卡、特拉斯加兰等印第安部落，结成联盟，组成一支15万人的军队，向阿兹特克的首都特诺奇蒂特兰——一座建立在特斯科科湖中的白石城市进军。

阿兹特克君主蒙特苏马二世（1466—1520年）相信托尔特克的神话，以往有一位白皮肤的尊神克查尔科亚特尔（Quetzalcoatl）曾被他的敌人驱逐，会在他在位期间回来。他以为科尔特斯就是这位白神，因此当科尔特斯大军在11月8日到来时，蒙特苏马便开启城门，迎接科尔特斯入城。科尔特斯抓住机会，将戒备不严的蒙特苏马拘禁在宫中，要他向西班牙国王效忠，并命令各地酋长，承认征服者，不断给科尔特斯送去金子和粮食，向西班牙国王纳贡。科尔特斯派专人到各地打听哪里有金矿。科尔特斯的16名亲信还在宅院内发现了封死不久的一间密室，里面收藏着蒙特苏马的父亲阿哈亚卡的财宝，看到许多金饰、金板、金锭、绿宝石和其他大量财宝，卡斯蒂罗说："他们都惊奇得说不出话来"。他本人也是一样，"认为世上绝不会有这样大量的财宝"。这处蒙特苏马宝藏，估计至少值15万金比索。后来蒙特苏马自愿将这些财宝悉数交出，花费了三天时间加以清点，拆除附带的装饰，并从镶嵌处把金银宝贝取下。拆下的金子堆作三大堆，约值60万比索，还不包括银子和其他许多财宝，金块、金箔和金砂也都不计在内。这些金子由印第安银匠熔化成一个个大金锭，每锭足有3指宽。后来蒙特苏马又派人送来许多金子和珍贵宝石。金锭被打上铁印，铁印像西班牙银币里亚尔（4个里亚尔合1个比塞塔）上的王家徽记，大小和值4个里亚尔的墨西哥银币托斯通相同。至少有三分之一被科尔特斯和一些指挥官藏匿起来了，后来把剩下的称了重量，发现不包括金饰和金块在内，总价值还值60万比索左右。除了偿还远征队的装备和一部分支出，一般士兵已分不到多少，不屑领取，于是全部归了科尔特斯。

可是科尔特斯和西班牙军官还要将阿兹特克人供奉的维奇洛沃斯从神庙中撤走，设置圣坛，放置耶稣受难像和圣母像。引起阿兹特克祭司和全城的骚动，各地的酋长也起而反对。

这时古巴督军贝拉斯克斯受到主管西印度院的大主教封塞卡的支持，组织了一支有19艘船1 400名士兵的队伍，由纳瓦埃斯统率，去捉拿科尔特斯和他手下400名西班牙士兵。纳瓦埃斯的舰队抵达圣胡安·德·乌卢阿港后，派人到比里亚利卡德拉·韦拉克鲁斯，期盼说服当地70多名守卒归降，结果却被押送到墨西哥城。科尔特斯用黄金收买了这些人，留下阿尔瓦雷多驻守墨西哥城，自己带了一队人马到纳瓦埃斯部队集结的森波亚尔村,打败了纳瓦埃斯的队伍。用黄金买通了贝拉斯克斯的秘书杜埃罗,使纳瓦埃斯的军队大多归顺到他麾下,然后率军杀回特诺奇蒂特兰。

在科尔特斯离开特诺奇蒂特兰后,德·阿尔瓦雷多在青玉米的祭祀节期间,杀害了一些阿兹特克的贵族和数以百计的印第安人,民众起来反对西班牙人。科尔特斯逼迫蒙特苏马出来发表演说,制止暴动,结果被石头砸伤,不治身亡。继位的夸乌特莫克(Cauahtemoc)领导印第安人包围了西班牙人驻地。1520年6月30日,科尔特斯只好带着一部分黄金珍宝,乘着风雨交加的夜晚突围而去,这个"惊恐之夜"使科尔特斯的人马伤亡过半,一路上遭到阿兹特克人的袭击。在韦拉克鲁斯,科尔特斯花了一年时间,重整旗鼓。他从牙买加和加那利群岛获得增援,又拉拢一些阿兹特克人的反对者,与之结成联盟。建立起一支拥有900名西班牙人、86匹战马、12门大炮和15 000名印第安士兵的军队,重新攻击特诺奇蒂特兰。从1521年4月28日围攻开始,特诺奇蒂特兰的阿兹特克人在年轻的国王夸乌特莫克领导下,不顾饥饿和殖民者带来的天花的传染,英勇奋战。1521年8月城破后,西班牙人进行了一场残酷的大屠杀,新大陆最繁华的城市特诺奇蒂特兰被毁坏了六分之五,国王被送上断头台。夸乌特莫克在临终前受到严刑拷打,但他始终不愿向侵略者吐露存放宝藏的地方。宝藏随着阿兹特克帝国的灭亡而永远埋入了地下。

一个中美洲最伟大的帝国从此成为西班牙殖民者的领地、冒险家的乐园。科尔特斯按照西班牙风格,开始重建这座城市,改称墨西哥城。他派军队征服了周边地区,称作新西班牙。1522年西班牙国王卡洛斯一世封他为新西班牙都督和最高法官。1529年他带着40名印第安贵族,还有许多从新西班牙搜刮来的金银财宝、美洲的特产和珍禽异兽回到西班牙。他从国王那里得到了"河谷"侯爵的爵位,保留了墨西哥河谷统治者的荣誉,但他的权力却早已被检察审查院所限制。科尔特斯最终获得了他期盼的黄金、珍宝和勋位,但这些财宝全被沾满了印第安人的鲜血。

欧洲人到中美洲寻找"爱多拉都"

西班牙人到美洲去本来为的是找金子。当科尔特斯在加勒比海探问黄金产地时,另一帮西班牙人换了一个方向也在拼命寻找黄金,首先获得成功的,是那个目不识丁的西班牙流浪汉皮萨罗在秘鲁的冒险的行径。

皮萨罗（Francisco Pizarro，1475—1541年），早年当过养猪人，1509年他跟着奥希达远征队从西班牙到达巴拿马地峡的达里安，1513年参加了征服巴拿马地峡的巴尔沃亚的探险队，在巴拿马弄到一个种植园。1522年安达戈亚赴圣米格尔海湾探险，第一次带回了那里有一个印加帝国的确切消息，这个国家遍地都产黄金，还有一种欧洲人所不知道的动物叫骆马，国王每天都穿着一件上面缀满金粉的新衣，使用的官方语言叫克丘亚语。于是皮萨罗和一名逃亡的杀人犯阿尔马格罗（Diego de Almagro）、神甫卢克合伙，在巴拿马督军彼得拉里亚斯支持下组织了两条船，在1524年到达哥伦比亚西海岸的圣胡安河。那一次行动弄到的黄金，使皮萨罗在1526年组织了一支有160人参加的探险队，在厄瓜多尔登陆，但遭到了印第安人的抵抗，只好谋求新的支援。由于巴拿马督军已换了人，皮萨罗只好和13名追随他的人，单独到印加帝国的边区通贝斯去换黄金和骆马毛。1528年皮萨罗带着美洲的布匹、金银器物回到西班牙。1529年7月，皮萨罗和阿尔马格罗得到卡洛斯一世正式任命，组织远征队去征服印加帝国。皮萨罗被任为瓜亚基尔湾以南200里格地区的行政长官、都督，获得了将军（阿德兰塔杜，Adelantado）的头衔。

1531年1月，皮萨罗带着他那支由180人和27匹马组成的队伍，分乘3艘船向通贝斯进发，这时通贝斯早已被毁，于是他们又在附近建立了名叫圣米格尔·德·皮乌拉的一座新城。当时印加帝国已因卡巴斯去世，发生王位继承战争，阿塔瓦尔帕（Atahualpa）虽取得了王位，但国内元气已经大伤。

皮萨罗认为这对西班牙人在那里展开军事占领十分有利。他在1532年带着102名步兵和62名骑兵向南方推进。越过安第斯山隘以后，在11月15日十分顺利地开进了印加北方重镇卡哈马卡（Caxamarca），镇内一万居民已逃遁一空。阿塔瓦尔帕虽然统率着4万大军，却并未对西班牙军队采取抵抗行动。西班牙人要求信奉太阳神的印加人改信基督教的上帝，当遭到阿塔瓦尔帕的坚决拒绝后，对毫无防备意识的印加人的大屠杀展开了，阿塔瓦尔帕被西班牙人绑架而去。皮萨罗要求印加人偿付巨额赎金，多到足够填满两个小间的银子。印加人为了拯救自己的君主，从全国各地调运金银，送往卡哈马卡。皮萨罗竟凭着他那支只有一百多人的军队，迅速搜刮到13 265磅黄金和26 000磅白银，这在当时正是一次空前的劫掠，其价值超过了现在的1亿美元。

皮萨罗和他的伙伴在瓜分了这些金银以后，却给阿塔瓦尔帕按上罪名，将他绞死了。当时各地的印加人正星夜兼程地将大批黄金和白银赶运卡哈马卡。阿塔瓦尔帕被处死的当晚，印加人的信使已迅速赶赴各地，将这一噩耗告知各路运送金银的队伍。悲愤交集的印加人于是迅速决定，将这些财宝全部献给神灵，交给祭司安排秘密的地点加以掩埋。

皮萨罗的军队也投入了进占帝国首都库斯科,吞并全国的行动。一路上西班牙人到处找寻黄金,搜刮财宝。皮萨罗虽然也在一些地方找到了一些黄金,可是更多的金银却已被觉察到入侵者奸险的印加人就地埋藏起来,即使被抓起来严刑拷打,印加人也誓死保守着这些秘密,不让西班牙人知道。1533年11月15日,在西班牙人进驻卡哈马卡一周年时,皮萨罗率领480名兵士洗劫了这座有300年历史和25万居民的古都库斯科,在地穴、陵墓和宫殿、地窖中找到了许多金银制作的工艺精品,但更多的黄金却早已被秘密地运走,悄悄地掩埋了起来。到1535年秘鲁全境被征服,皮萨罗在印加帝国的废墟上,为彰显他的武功,在利马河畔的一个绿洲上完全按照西班牙风格,建设了一座名叫利马的新城,作为殖民统治的都城。然而印加人的反抗运动,仍继续了30多年之久。

1535年,曾经和阿塔瓦尔帕争夺王位而被杀害的瓦斯卡的一个年轻兄弟曼科,从西班牙人控制下,逃出库斯科,率领印加人和西班牙入侵者作战。后来他的队伍带着大批黄金宝藏,转入深山穷谷。他的后继者继续和西班牙人作战,保护着帝国的财宝。按照印加王室的传统,每位君主在弥留时才可以向他的长子透露先祖藏宝的秘密。早在1528年,在库斯科继位的瓦斯卡,在和他兄弟阿塔瓦尔帕争夺帝国王座时,便下令转运财宝。瓦斯卡征集了二万名工人和一万头骆马,花了三个月,才把这些财宝全部运出库斯科,藏到了不为人知的地方。

西班牙人急切要探明这些黄金宝藏的所在,可这事关系到印加人的民族尊严和他们的神圣信仰,所以几百年中,都未能打听清楚。后来印第安人告诉西班牙人说:"这些宝藏被运到一个至今无人知道的地方,放进一个很大的坑里,上面盖上石头,再用兰基(深色的黏合剂,干燥后坚如石头——引者)将所有的隙缝填满。之后,在藏宝处的对面开凿了一个人工湖,在湖的那头又垒起一座土丘,和湖遥相呼应。"从此这个黄金宝藏便和一个湖泊连到了一起。

西班牙人,还有德国人,从1528年起就在南美洲西部丛林中寻找盛产黄金的地方。1535年,参加过皮萨罗远征队的西班牙人塞巴斯丁·德·贝拉卡萨从一个印第安酋长那里得知,在老远的地方有一个黄金国,那里的各种用具都是黄金造的,国王用金粉洒满整个身子,然后到一圣湖中洗浴。这个国王叫"多拉都",意思是黄金人。后来大家就叫那个地方是遍地产金的"爱多拉都",也即黄金国。

最早深入黄金国去探险的,是西班牙律师贡沙洛·希门内斯·德·奎萨达,他在1536年带领900人,从哥伦比亚北海岸的圣玛塔港向内地进发,他奉命沿马格达伦纳河南下探测。当队伍进入哥伦比亚昆地纳马迦高原的齐布查部族境地时,只存下200人不到了。他们征服了那里的齐布查人,找到了几千枚绿宝石,意外地在那里的索加莫索村的太阳神庙内，看到了许多齐布查国王的木乃伊，木乃伊的身上覆盖着令人炫目的黄金宝饰。当地人告诉他们，黄金是他们用盐块向另外的印第安部族换来的，离这里不远有一个瓜地维塔湖，每年要在湖上举行一次黄金人的盛大庆典。国王在庆典上将戴满金饰，全身洒上金彩，乘木筏，从湖岸启航。族人在湖岸燃起篝火，举行乐舞，国王沉入湖中，将金粉洗净，祭司和贵族也向湖中投掷金饰珠宝，向太阳神献礼。奎萨达派人寻找，在海拔近3000米的一处火山口，看到了一个湖。爱多拉都传说，正是从印第安莫伊斯克族的宗教仪式衍化出来的。这些莫伊斯克人崇奉太阳和水，通常要把金砂和金制器皿献给太阳神和水神。他们最隆重的庆典，是由部落酋长选举新的祭司，祭司也是部族的最高领袖。新选出的祭司被脱去衣服，从头至脚抹上金粉，显得金光闪闪，象征着活的太阳神，然后祭司和部落领袖乘坐木筏，驶向湖心，将木筏上的全部贡品推入水中，献给水神。

许多传说由此演化出来，有人看见金人每天黄昏都要沉入湖中，洗去身上的金粉；有人扬言在在湖底发现过许多金砖和绿宝石。而莫伊斯克人确实会冶炼黄金，他们的庙宇中有许多黄金供品，这也许是爱多拉都传说的根据。这个传说竟在同一时间，吸引了三支探险队进入昆地纳玛迦高原。1539年，三支探险队尽管路线不同，却在同一地点不期而遇，其中一支就是最早听说爱多拉都的贝拉卡萨统率的，还有一支是由德国韦尔塞银行派遣的费德曼带队，连同奎萨达那一支，总共三支。但是三支队伍都没有找到多少黄金。具有雄心壮志的奎萨达，在1568年还带领过一支2800人的队伍去寻宝，经过三年折磨，只有68人生还，1100匹马只剩下18匹还活着。

印加帝国的爱多拉都在此后400年中，虽经数以百计的探险队去寻找，也终难有惊人的发现可以告慰。1912年，一家英国的戈德诺泰兹公司，投资15万美元，采用新式排水机，得见了部分湖底，取得的黄金和金神、金像都还不足弥补支出的费用。

瓦斯卡宝藏的最后归宿，实际上在1781年已经被揭露，但仍然长期处于绝密之中。1781年4月10日到5月16日期间，西班牙人曾将库斯科的康多尔坎基族酋长图巴克·阿巴鲁逮捕后加以拷问，他被允诺如果说出1528年瓦斯卡转移库斯科黄金的秘密地点，他和家人将得到释放，并保护其安全。图巴克·阿巴鲁信以为真，说出了宝藏的秘密，还提到了口令。结果他本人在5月17日被割去舌头，然后在大教堂前四马分尸。他的妻儿随即也被处以同样的极刑。

当年转运财宝的时候，库斯科的最高祭司已安排了当地居民的宣誓仪式，要求发誓不使这些财宝落入任何一个入侵者的手中。他们先叫奴仆将黄金运到藏宝地的附近,再派另外一批人去替换他们,将宝藏好,然后参与者个个自愿接受了吊死和投崖自尽的命运。印加君主的合法继承人将根据口令得到传承,口令由这一部族的酋长世代相传。图巴克·阿巴鲁的供词被保存下来,后来被厄瓜多尔首都基多的一个西班牙富豪后代的藏书室收入1813年的旧档中。到了1935年初,英国人贝克·克雷斯韦尔偶然发现了这个由古西班牙文记录下来的当年秘鲁总督的旧档。审讯记录中还有一张图巴克·阿巴鲁作的草图,画上的地名有古西班牙文的,更多的是印加文字。从档案中还得知,阿巴鲁死后,一些西班牙人纷纷前去寻宝,但不久不是失踪,便归了天,从此没了下文。

在贝克·克雷斯韦尔发现了那卷神秘古档后不久,纽约长岛大学的保罗·科索克博士驾着他的教练机,到秘鲁南部寸草不生的纳斯卡高原作航空考察,当时他根据气象学家分析,只知道那里估计已有一万年没下过雨,联合国早已将纳斯卡列入不适宜人类生活和居住的地方。然而科索克却从空中发现,那里的地面上竟出现了三角形、四边形和鲸鱼、兀鹰、猴子等动物的巨大图形。其中有仅产在亚马孙河最偏远、最隐秘的森林中的节腹目蜘蛛,和长达135米,展翼宽达128米的兀鹰。后来的研究表明,蜘蛛图实际是猎户星座的图形。人们开始怀疑,纳斯卡蜘蛛图和兀鹰图的地下埋藏着库斯科宝藏!

然而迄今为止,知道宝藏秘密的还只有贝克·克雷斯韦尔。他将有关文献存入伦敦的银行保险库,但把印加帝国黄金的故事讲给当时年仅7岁的儿子查尔斯·克雷斯韦尔听了。1962年9月,查尔斯·克雷斯韦尔和他的印第安朋友罗伯特·门多萨从利马出发,开始去找寻宝藏。1964年11月,人们在保伊尼河发现了一个营地和一具骷髅,旁边的塑料袋中有一本克雷斯韦尔的寻宝日记,内中记着,他找到了当地印加人后裔的酋长,他和酋长一起上山,走过一块山间平地,中间是那个兀鹫的图案,兀鹫的喙指着对面山坡,据阿巴鲁的供词,瓦斯卡的金子就在那儿。日记最后写道:"在山中离鹫喙10步远的地方就是那个洞穴的入口,而洞口用兰基——印第安人的水泥封锁着。我觉得对酋长说出口令的时机到了。……"下面日记便中断了。查尔斯·克雷斯韦尔已经摸到了瓦斯卡藏金洞入口处,然而他仍然无缘见到珍宝,只是给后人留下了一个神秘莫测的悬念。

南美洲地道中发现藏金洞

1532年11月,皮萨罗在劫走了阿塔瓦尔帕的财宝后,一场继续追寻被印加人埋藏的金银,并打家劫舍搜括民间的浩劫,在印加帝国全境展开了。

西班牙人埃雷迪亚率领的一支队伍，在港口城市卡塔赫纳以南150千米的西努河谷印第安莫伊斯克人居住地，接连三年挖掘了当地世代相传的古墓，取走了墓中所有的金银珠宝和陪葬品。西班牙人在莫伊克斯人的村庄里，看到那些栽种玉米和马铃薯的印第安人尽管住房只是用木头或黏土修建，但屋里都挂着用金线编织的帷幔，墙边堆着用金箔包裹的木制工具，盾牌上镶嵌着金块，村民们都戴着耀眼的项链、手镯。他们的庙宇尤其富丽堂皇，里外都使用大量的黄金作装潢。埃雷迪亚打听到产金的地方就在考卡河一带，于是他带着士兵直奔西科迪勒拉山脉，找到了在阿特基托河与马格达莱纳河的分水岭东麓畅流的大河考卡河，在那里淘取砂金，并向附近村落里的印第安人搜括黄金。在这些西班牙士兵中，有一个叫胡安·德·巴尔韦德的小伙子，来自西班牙的萨拉曼卡，自幼受过良好的家庭教育，参军后被派到印加帝国北部厄瓜多尔的基多主教区属下安巴托的皮亚罗村。那里的印第安人是多年前从玻利维亚北迁的拉萨萨卡人，他们都是些种庄稼的农民。

巴尔韦德由于他的富有正义感的秉性，常常为保护土著人的利益挺身而出，赢得了当地人的信赖。一次偶然的机遇，使他和拉萨萨卡酋长的女儿艾特拉相识，并成了他们一家的保护人。拉萨萨卡的酋长信任巴尔韦德，于是将他带到一座深山中，在群山环抱的一个湖泊旁的崖洞中，他们在堆满黄金宝石的山洞中取走了一包又一包的珠宝黄金，原来这里是拉萨萨卡人世代相传的藏金洞。后来酋长又多次带领巴尔韦德进洞取宝，回到皮亚罗后悄悄地将黄金炼成12块十分巨大的金砖。正当老酋长期望巴尔韦德带着他的妻子艾特拉返回西班牙时，艾特拉突然离别了人间。巴尔韦德只能只身带着金砖回到故乡，在卡斯提尔购置了好几座庄园，过着富比王公的奢华生活。

巴尔韦德的暴富终于引起了西班牙当局的注意，他们不相信一个士兵居然能在短短几年中就能积聚大量财宝，于是向巴尔韦德施加压力，追查其中的奥秘。出于无奈，巴尔韦德只得向当局以实情相告，可由于内疚，从此便一病不起。在临终前，西班牙国王菲利普二世派人在他病榻前帮他笔录那个藏金洞的详细情况。1598年9月，年轻的巴尔韦德便含恨去世了。他那份被笔录下来的书面记录，从此被命名为《巴尔韦德指南》，载入档册。

西班牙国王在得到这份绝密的指南后，当即指派一名特使赶赴基多，向塔坎巴和安巴托的军事长官转达了国王的指令，立即组织探险队前往兰加纳提山找到藏宝洞，并且不惜代价将洞中的黄金全部取出。这支探险队由塔坎巴的军事长官亲自指挥，聘用了当地一名有学识的印第安人柏德雷·隆哥当向导和顾问，开进了兰加纳提山。隆哥在进山后，证实了巴尔韦德指南中记录的地形地貌是十分符合当地的实情的。但当探险队只剩两天路程便可抵达藏宝洞时，隆哥突然神秘失踪，探险队搜索一阵之后，终因毫无头绪，只好返回皮亚罗。从此，兰加纳提山的藏宝洞便在二百年中再无人提及了。

到了1790年，西班牙植物学家堂·阿塔纳西奥·古斯曼到皮亚罗，意外地打听到藏宝洞的故事，便多次入山搜寻，并画出了一张标有精细的山道、峰岭和农庄的地图。他本人却在1807年的一次夜游症发作中，坠崖而死。此后《巴尔韦德指南》的原本在1835年已经遗失，只留下了有人传写的副本。从1849年起，这个藏宝洞引起了英国学者、英国军官、荷兰人、奥地利人、瑞典人和厄瓜多尔首都当地人的兴趣，但直到20世纪结束，亦都没有确实的发现。与此同时，人们在厄瓜多尔和秘鲁境内，先后在安第斯山脉的地下，发现了可能长达一千千米以上的地下隧道。引得许多人由此推测，在南美洲北部的地下，一定还有一个规模更大的地下隧道体系。

这个庞大的地下隧道，现在发现的只是数百千米之长。发现者阿根廷考古学家胡安·莫里茨，是在1965年6月在厄瓜多尔接触到这条隧道的。目前只有厄瓜多尔和秘鲁境内的数百千米被人们考察和测量过。隧道位于地下240米深处，估计全长在4 000千米以上。隧道的秘密入口在厄瓜多尔东南莫罗纳—圣地亚哥省的瓜拉基萨、圣安东尼奥、亚乌皮火之间的三角地。现在由一个未开化的印第安部落日夜派人把守着入口的地方。莫里茨经过三年实地考察，在1969年才请求面见厄瓜多尔总统，向他禀告隧道的实况。1969年7月，莫里茨获得了厄瓜多尔政府授权他拥有厄瓜多尔地下洞穴的所有权的证书，但必须接受厄瓜多尔政府监控。

难明起讫的地下隧道中有许多藏宝的洞窟。隧道里有宽敞的通道和墙壁，经过修整后平坦光滑的屋顶，多处精巧的岩石门洞，和每隔一定距离就出现的通风井，它们平均有1.8米至3.1米长、0.8米宽。隧道中甚至还有面积在2万平方米以上的大厅。最令人惊叹的当然是残留在隧道中的许多具有重大价值的文化遗迹和珍贵的黄金制品了。

从莫里茨在厄瓜多尔发现的隧道入口进去，很快就出现了一个长宽各有140米至150米的大厅，大厅中央放着像金属那样坚硬，经过人类加工制作的一张桌子和七把椅子，这些桌椅既非石头也非砖头制作，属于不明性质的材料。大厅中陈列的许多由纯金制作的动物雕像，有巨蜥、大象、狮子、鳄鱼、美洲豹、熊、骆驼、猿猴、野牛、狼、蜗牛和螃蟹。古生物学家曾断定，大象在美洲早在1.2万年前便已绝迹了；至于骆驼更不是美洲的物产，美洲的土著居民似乎不可能在欧洲人进入他们的领地以前就知道有这些动物，而且用黄金去冶铸它们的模型，于是这就成了一个难解的谜。

隧道中出土的古物有一枚石头的护身符，高12厘米，宽6厘米。护身符的正面是个小生灵，他的右手握着月亮、左手握着太阳，很像在中国青海发现的日月神像，小孩的脚竟踩在一个圆球上；它的背面是半弯月亮和光芒四射的太阳。经过鉴定，这护身符是公元前9000年到公元前4000年的遗物。护身符的制作者好像已具备了人类关于日月星辰和地球的知识！

隧道中最珍贵的遗物是用一种不知名称的金属板和金属箔制作的金属书，书页多数是96厘米×48厘米大小，每页都盖着奇形怪状的印章，大概有数千页之多。书上的文字似乎是用机器压印，但这些文字与现存的任何文字都不一样，迄今还无人能够解读。

看来在南美洲北部地下绵延的隧道，曾是印加古都库斯科和北部边境重镇基多之间的许多隧道中的一部分，16世纪末西班牙人巴尔韦德找到的藏金洞，也只是无数掩埋在深山和地下的藏宝洞中的一处而已。

西班牙运宝船遭遇的厄运

西班牙在美洲殖民统治的三百年中，仅矿业一项的收益，就有60亿美元之多。黄金、白银是西班牙从殖民地运回的主要货物。1521—1544年间，每年由美洲运回的黄金估计有2900公斤，白银有30000公斤；1545—1560年间，每年运回的黄金增至5500公斤，白银增至246000公斤。这些黄金、白银从1543年起，都有担任"双船队制"的商船队承担，运回西班牙的塞维利亚，1717年起由加的斯替代塞维利亚，作为对美洲贸易的起讫港。第一支船队叫弗洛塔（Flota），在4、5月间启航，经过波多黎谷、伊斯帕尼奥拉和古巴抵达韦拉克鲁斯；第二支船队叫洛斯·加莱奥尼（Los Galeones），在8、9月间启航，开往大陆的卡塔赫纳（今哥伦比亚），和南美洲各地贸易。两支船队各自完成交易后到哈瓦那会合，下一年3月，再一同返回西班牙。后来双船队制到16世纪末已经名存实亡，但正式取消却迟至1749年了。这期间，西班牙的许多商船源源不绝地将价值数百亿美元的金银珠宝从中、南美洲运回到本国，在西班牙和加勒比海之间形成一条黄金运输线。

在这条黄金运输线上，许多船主仰赖高额的商业利润发了大财，但也有一些船只由于战争的干扰、出没的海盗、突发的暴雨恶风和技术故障而常常葬身海底。古巴岛东南的锡尔伯海域是加勒比海北部暗礁密布、狂风时起的航海危险区，有人因这里沉船之多而称作欧洲最大的沉船公墓。古巴海底勘探专家加西亚·德尔比诺估计，从16世纪到20世纪，总共约有1 600艘船在这一带海域沉没，埋藏在古巴附近海床的沉船和古文明遗迹中的财宝总值约计高达3万亿美元。仅1622年、1715年和1733年发生在这一地区的三次飓风，就使一批满载黄金珠宝的船只，在返回西班牙中途便葬身鱼腹。

打捞这些价值连城的沉船，成为许多海底探宝者极为热衷的工程项目。这些沉船所载黄金的价值也常随着时代的推移而身价倍增，1622年沉没的"阿托卡夫人"号估计价值4亿美元，1708年沉没的"圣荷西"号，所载珍宝价值高达10亿美元，1733年沉没的"德利韦朗斯夫人"号值32亿美元，1807年沉没的"圣约瑟"号的身价则已高达100亿美元。

先从"阿托卡夫人"号沉没说起。"阿托卡夫人"号是西班牙黄金船队的一艘护卫船，1622年8月，"阿托卡夫人"号作为一支29艘船的船队成员，在巴哈马和古巴间的海域航行时，飓风袭击了落在船队后面的5艘船，"阿托卡夫人"装载着最贵重的黄金珠宝，在飓风扫荡下，迅速沉入17米的海底，其他船只的海员虽下水打捞金条，但亦受到飓风的打击，同样葬身水下。1985年7月20日，在南加州打捞西班牙沉船已有20年经验的费雪公司找到了这条沉船，在这条号称海底最大宝藏的沉船上有40吨财宝，其中黄金就近8吨，宝石也有500公斤，所有财宝价值约为4亿美元。

在锡尔伯海域最早打捞成功的西班牙沉船是"努埃斯特拉"号。1641年7月底，"努埃斯特拉"号航抵哈瓦那后，作为旗舰编入由胡安·德康波斯指挥的31艘舰只组成的船队，运送许多金银财宝返回西班牙。在经过佛罗里达角和萨尔岛间暗礁密布区时，船队被强烈的风暴所吞没，"努埃斯特拉"号桅杆折断后，只得在海上漂流，1641年11月2日，该船在锡尔伯海域触礁，船身断成两截，仅奥塔维埃一人逃出。据奥塔维埃透露，"努埃斯特拉"号满载墨西哥和秘鲁的金银、委内瑞拉的珍珠和哥伦比亚的宝石。42年后，英属北美殖民地的一个清教徒威廉·费布斯从缅因州到了波士顿，成了一个幸运的寻宝者。他仰赖木工为生，造出了一艘单桅纵帆船"波士顿之星"号，在牙买加海盗和西班牙商人间大做走私生意。费布斯无意中打听到"努埃斯特拉"号沉船的故事，得到国王查尔斯二世的资助，还允准租借了装有18门大炮的"阿尔及尔玫瑰"号驱逐舰参加探险活动。但第一次探宝以失败结束，向导奥塔维埃亦告别了人间。当费布斯到达英国时，查尔斯二世早已去世，费布斯被控劳民伤财银铛入狱。后来获释，并获准继续探宝，但条件是，探宝成功后，必须以十分之一的所得献给国王。

费布斯组织了200吨的"詹姆斯和玛丽"号船，和50吨的多桅帆船"亨利·伦敦"号,重返锡尔伯海域。"亨利·伦敦"号的潜水员靠着当时十分简陋的氧气供给设备,用长长的皮管和漂浮在海面的猪膀胱相连,将空气导入潜水帽。潜水员很难深入海面10米以下,鼻孔和嘴里常会出血。1687年2月,打捞正式开始。费布斯还亲自下水去找当年"努埃斯特拉"号船尾一只价值连城的珠宝箱,据奥塔维埃告诉费布斯,那是专门为西班牙国王奉献的礼品。珠宝箱和其他许多珍宝的总重量达到34吨,其中黄金2.5万磅,白银3.5万磅,其他贵重物品3.47万磅,总量据说相当于英国所有富豪一年收入的总和。按照协议,英王获得3万英镑,费布斯本人分得2万英镑。1692年费布斯被任命为第一任马萨诸塞州州长,三年后当他44岁时离开了人间。

西班牙王位继承战争期间,西班牙黄金船队多次遭到英荷舰队的追击。1702年6月12日一支17艘满载金银珠宝的船队离开哈瓦那,向西班牙驶去,在亚速尔群岛海域,遭到了由150艘船组成的英荷联合舰队的迎击,只好改变航向,到大西洋畔的维哥湾暂避。其中一部分原本归属国王和王后的珠宝得到特许,改从陆路运往马德里。这部分约相当于1 500辆马车的黄金在运输途中遭到强盗抢劫,据说从此被埋藏在庞特维德拉山区一个秘密的地方。停靠在维哥湾的船队,则在10月21日,受到鲁克海军上将指挥下3万名英荷联军的攻击。英荷联军为了取得这笔罕见的财宝,发动了总攻,使西班牙军队全线崩溃。西班牙舰队司令员贝拉斯科下令烧毁运载宝货的船只,致使维哥湾陷于一片火海之中。据被俘的西班牙海军上将柴孔估计,约有4 000—5 000辆马车的黄金沉入了海底。

另一艘运送财宝的西班牙船"圣荷西"号,在1708年5月28日离开巴拿马,不顾英国海军的封锁,开往西班牙。船上满载金条、银条、金币、金铸灯台和珠宝,价值不下10亿美元。到了6月8日,突然迎面开来一支英国舰队,"圣荷西"号迅速被击中沉没,船上600名船员连同这批贵重珠宝从此沉入海底。20世纪80年代,人们终于弄清了沉船在距哥伦比亚海岸约16英里的加勒比海740英尺深的海底,但打捞工作尚未展开。

打捞成功的是一艘在1715年7月底沉没在佛罗里达海滩的遇难船。当时由两支西班牙舰队在哈瓦那合成拥有11艘船的西班牙船队,正顺着墨西哥湾东航,不幸遇上飓风,除"格里芬"号逃脱外,其余10艘战舰、一千多人全部沉入海中。西班牙人在1719年组织了打捞队,要从沉船上找回金银财宝,但只有三分之一被捞上岸。1959年佛罗里达的巴瑞公司开始搜索这批水下财宝,几年中打捞到价值约11万美元的银币,以及一些金器和价值100多万美元的黄金,还有30件保存完好的中国瓷器。据说还有三分之一的财宝尚未被捞起。

1733年沉入深海的"德利韦朗斯夫人"号,是迄今发现的藏宝最多的一艘黄金船。这艘沉船在2002年被英国海底探索公司的潜水员查明,位置在佛罗里达州最南端的小岛14千米处60米深的海底,船体残骸长50米,断成两截的船身备有64门大炮。从散落在周围海底的货物找到17个木箱,装有437公斤的金条,15 397枚西班牙古金币,153箱金粉,1块金表,1柄镀金宝剑,24公斤纯银,14公斤银矿石和银器,1枚钻戒,6枚金耳环和好几箱绿宝石。据估计,总价值达到32亿美元!

这笔海下财宝的归属,涉及美国和船只所有者西班牙两国,一时尚难取得公允的协议。

在科科斯岛寻找《金银岛》中的宝藏

《金银岛》这部以寻找海盗藏宝故事为题材的冒险小说,是出生在爱丁堡的苏格兰作家罗伯特·路易司·史蒂文生(Robert Louis Stevenson,1850—1894年)在1883年发表的一部长篇小说。这部小说以清丽的文笔、曲折紧凑的情节脍炙人口。故事以海盗船大副毕尔和他的同伙为一方,和由故事的记述者少年杰姆、士绅李佛西、探险船长史莫莱特等人为一方,前往金银岛寻找先前海盗贮存在那里一个秘密地点的宝藏为主线,双方经过斗智斗勇,终于找到了一部分深藏在地下的各国(英国、法国、西班牙、葡萄牙、威尼斯)金币,其中还有圆形的中央穿孔的中国钱币。到故事结束,作者暗示岛上还有许多金银财宝深埋山岩之中,尚待后人探寻。

这个藏宝的小岛,就是中美洲哥斯达黎加西边300英里太平洋中的科科斯岛。科科斯岛远离美洲大陆,四周尽是陡峭的悬崖,只有韦弗湾和查塔海姆湾两处地方可以登上小岛。因赤道对流下降水充足,在小岛西南形成300千米长茂密的丛林。这个原先无人居住的荒岛,在1526年迎来了西班牙船长胡安·卡韦萨斯,算是欧洲人第一次光临该岛。从17世纪到18世纪,欧洲海盗仰赖这里有充足的淡水、可供食用的海龟和原始森林,可以埋藏财宝、躲避西班牙舰队的追捕,将科科斯岛当作了他们的据点和藏宝地。

在科科斯岛上,据说至少有五六批珍宝埋在地下。其中最早的一批据说是印加帝国灭亡后,他们的后裔在一片无法穿越的丛林中掩埋的。还有一批是英国海盗爱德华·戴维斯船长从1684年起为逃避追击的西班牙舰队,在这里埋藏了733块金子。戴维斯的一个部下英国人莱昂尼尔·韦弗曾留下一本回忆录,记述航海生涯,科科斯岛上的韦弗湾因他而得名。岛上的另一批宝藏是葡萄牙海盗船长贝尼托·博尼托埋藏的,据说在岛上共藏7吨黄金。他原名贝内托·格莱海姆,1815年前他充当英国海军军官,后来离开英国舰队,改了姓名,当上了奴隶贩子和海盗。他曾画了一张藏宝图,点明藏宝的峡谷。后来他在牙买加被英国舰队擒获,送上绞架。他的情妇玛丽曾两次带着她新结婚的丈夫上科科斯岛去找宝,却始终没有结果。

最引人注目的要数"利马藏宝"的一批宝藏了。1821年秋,西蒙·玻利瓦尔指挥的起义军逼近秘鲁的利马城,阿根廷圣马丁率领的军队也直指利马时,早先已被利马总督德·拉·赛尔纳转移到城外菲利普城堡中的利马城大批财宝,只好考虑设法转送别地,再运往西班牙。当时卡廖港中只有一艘足以横渡大洋的双桅大船"亲爱的玛丽"号,船长汤普森既是船主,又曾经是博尼托的手下干将,并在当地以诚信著称。汤普森满口答允将利马总督、主教以及一批官员和神职人员用船送到安全的地方,花了两天时间将利马藏宝全部装上了船。利马总督为安全起见派了一批押运人员同时登船。

当"亲爱的玛丽"号驶离卡廖港进入公海后,汤普森和他的大副福布斯突然变卦,杀死了所有神职人员和押运人员,将其他人扔进了大海,然后改变航向,将船开进科科斯岛的查塔海姆湾。他们将利马宝藏用小船分10次装运上岸,埋入一个山洞中。这批宝藏是秘鲁63所教堂的财产,仅黄金饰品就有27吨,价值10亿马克。其中最令人惊叹的是利马大教堂中的圣母像,大小与真人一般,全由黄金打造,重量超过1吨,上缀无数珠宝。藏品中还有"安登王冠",用黄玉装饰的圣人遗骨,273柄金柄宝剑。属于私人的珠宝有许多威尼斯古币、金路易、埃及古金币,以及黄金首饰、餐具和珠宝。汤普森和他的部下密谋暂返英国,等待时机再返回取宝。为此,他们绘制了一张神秘莫测的藏宝图,为将来找到财宝再取出平分。

然而"亲爱的玛丽"号在中途便被西班牙三桅快船"淘气鬼"拦截,海盗在到达巴拿马后被处死。只有汤普森和福布斯留作俘虏,必须引领西班牙海军去找出宝藏的洞窟。汤普森和福布斯设法逃脱了西班牙的羁束,藏身于密林中,到西班牙人撤走后,一艘到岛上取淡水的英国捕鲸船将这两名自称为"遇难的船客"的人搭救,送回英国。福布斯在阿迪斯角患黄热病去世,汤普森也乘机溜之大吉。

1844年汤普森在纽芬兰的圣约翰一条船上干活,结识了好心肠的水手约翰·基廷。在他贫病交加的时候,受到基廷的照顾。当汤普森病危时,他将科科斯岛的藏宝秘密告诉了基廷,还交给他一只航行箱,里面有一张藏宝图,还有一些笔记。笔记中告诉基廷,在登上岸边沙滩,会见到岩壁中有一小片长满树的平地,"当你转身背向大海后,必须向屹立在小岛北部的高山走去。从山坡往西可见到一条小溪。越过它后再向西走20步,然后再朝小岛中央走50步,直到大海完全被山挡住了。你将在地面突然倾斜处的一块石头上找到下面的字：此处有宝！……整整10船"。

约翰·基廷和他的朋友伯格在1846年雇了一艘叫"埃吉科姆"的探险船，到了科科斯岛，很快找到了宝藏，但秘密被船长库特偷听到后，就威逼基廷要平分宝藏，于是又演出了找宝的一段历险记。基廷和伯格连夜逃走，又找了一艘小艇登上科科斯岛，库特也追踪在后，但被基廷和伯格甩掉了。后来，库特一伙在归途中被风暴吞没。基廷和伯格在岛上转移了藏宝的地点，又生活了几周，被一艘捕鲸船救出时，只有基廷一人还活着。基廷回国后被告上法庭，被指控谋杀同伴伯格，后来获释。基廷买了一艘多桅船，独自去了科科斯岛，据说挖出了宝藏的一部分，后来钱花光了，他又去科科斯岛，不幸遇上风暴，基廷只身逃回。后来临终时留下一张藏宝图，指出"在埃斯佩兰萨湾两处峭壁之间，向下走10码，向东北转弯，再走350步到顶峰"，在落日余晖下和阴影交界的地方有一个洞口刻着十字的山洞，就是藏宝的地方。

但是后来得到藏宝图的人始终找不到这个令人魂牵梦萦的洞。

看了上面的故事，对照《金银岛》的情节，便不难明了那是史蒂文生当时为小说找到的题材，虽则书中声明故事发生在18世纪的某一年。

澳洲新金山引发的移民潮

19世纪"金山"在太平洋东岸接连冒出地平线。先有北太平洋北美大陆西海岸圣弗朗西斯科的旧金山，不久又有了澳大利亚南部巴拉腊特的新金山。

澳大利亚这一片在南太平洋中形似大陆的岛屿，直到18世纪库克船长巡航太平洋时才查明是一大岛屿。1688年英国海盗学者威廉·丹皮尔到了澳洲，以为这里虽不是亚洲，但也不是菲律宾群岛，而是一片未知的大陆。1699年丹皮尔以英国海军军官的身份，受命指挥"罗巴克"号军舰考察南太平洋，再次登陆澳洲，发现了这块新大陆。于是以女王的名义宣布这里是大英帝国的领土，命名为"新大不列颠"，并留下了详细的南太平洋海图。这片土地早在1605年被荷兰船长威廉·强生当作新几内亚，称呼为"金地"。三百年后，这里真的露出了"金山"。

澳大利亚原来仅有30万土著居民。1788年1月26日，在悉尼附近的波特尼湾，一支英国舰队将在押的一批刑事犯运到这里，作为首批拓荒的移民。1837年农牧产品集散口岸墨尔本正式成为一个港口出现在地图上。1840年在新南威尔士的一条公路旁，一名流放的囚犯偶然在岩石下发现了一块金子。1842年波兰伯爵帕维亚·斯切莱斯基在维多利亚山中发现了含金的石英矿,但澳大利亚总督要他保持沉默。1848年人们在巴瑟斯特岛发现了更多的金块。在那里定居的英国铁匠哈格里夫斯得知美国加利福尼亚在1849年发现黄金的消息后,便到那里考察,发现内华达山脉产金的山坡地质与他的家乡十分相似,于是返回澳大利亚。1851年2月12日,哈格里夫斯在墨尔本以西100千米的巴拉腊特发现大金矿。于是墨尔本居民用牛车装载行李,倾城而出赶往金山淘金。5月15日《悉尼晨报》正式公布了这条消息,全国为之沸腾。商人为了发财,到世界各国招募劳工,其中也有大批华工乘船前往。第一批华工100名成年人和20名男童在1848年从厦门上船去澳洲,下一年又从厦门运去270人。到1857年3月,维多利亚举行第二次人口调查时,已有25 424名中国人在金矿中工作了。光1857年上半年就有15 000名华工到达圭成湾,再从那里步行数周到掘金地区。1891年的人口普查记录估计,1859年间维多利亚殖民地境内至少已有42 000名中国人。来自世界各地的淘金者乘着大帆船蜂拥而至,菲利浦港因此热闹万分,短短7年工夫,原本人烟稀少的澳洲,由于100多万淘金者的入境,致使全境人口激增到了将近200万。

淘金工人住宿在帐篷里,用笨重的手工操作淘洗金沙,由于生活条件差,体力劳动过重,造成不少淘金者致残甚或死亡。对淘金的外国劳工的歧视,更使入境的外国劳工起而反抗,当局因此不得不取消了"试采执照费"。入境华工因吃苦耐劳,常常在工作效率上胜过当地工人和印度劳工,因此受到排挤。维多利亚和新南威尔士先后在1855年和1861年通过了限制华工的法案。接着在1875年又发生了昆士兰金潮。

入境华工大都聚居在13处金矿区。1861年的统计,当时维多利亚全境华人总数是24 700人,居住在维多利亚、阿拉莱特、巴拉腊特、比迟沃斯、卡索尔梅因、马利博罗和桑德赫斯6个金矿区的就有24 000人。同一年在新南威尔士,13 000名中国人中,聚居在布瑞德伍德、巴瑟斯特、郑巴拉、托伦和惠灵顿5处金矿区的有12 200人。昆士兰在1876年有中国人10 000人,其中柯克、帕尔玛两处金矿吸引了8 000名中国人。

淘金热使墨尔本成长为一大黄金口岸,1851年修建起全国第一条铁路。这处华人称作新金山的黄金国,所产金块的纯度和规格都位居世界榜首,重量在50千克以上的金块曾在这里多次掘到,1858年还挖出了将近100千克重的金块。这里的黄金储量和开采量之大也数一数二,有过一天就有7吨黄金离岸运往英国的记录。

1892年,澳大利亚西部的库尔加迪又发现了新的金矿。农场主贝利和福特为追踪偷盗牲口的贼,居然有一天在地上就捡到将近15公斤黄金。消息传开后,由于那里的黄金多到就像铺在地上的砖那样，于是原已稍稍平息的淘金热又再度升温，就像一场没完没了的接力赛一样。

中国劳工远赴南非，重振德兰斯瓦金矿

几千年中先后在世界各地出现过许多个黄金国，有的黄金国后来枯竭了，失去了昔日萦绕在头上的光环，另外一批新的黄金国又被逐个发现，逐个开采，南非联邦是最后到来的一个世界上最大的黄金国，黄金的出口量也是数一数二。

19世纪先是在南非发现了钻石矿，接着1872年在莱登堡，1875年在巴伯顿陆续发现了有开采价值的金矿矿脉。1884年英国人哈里森到南非掘金，在德兰士瓦西南部惠特瓦特史伦德（Witwatersrand）一个农庄中打工。1886年有一天外出散步，被一块石头绊倒，见到这石头金光闪闪，哈里森便随手敲下一块，回去在水盆中淘洗，果真取得了金沙。世界最大的金矿就这样找到了。可是哈里森当时已身无分文，无力开采这个前途无量的金矿，只得以难以令人置信的低价将开采权转让给了别人。1889年这里正式设立矿业会馆（Chamber of Mines），负责招工开矿，劳工大多是从好望角和纳塔尔招来的卡菲尔人（黑人）。这里后来简称伦德，发展成世界上最著名的黄金富矿。10年之中，出现了一座拥有10万人口的黄金之都约翰内斯堡。1899年伦德地区已经拥有110处金矿，钻机6 244架，土著工人达到了111 697人。接着发生的英布战争，英国人最终战胜了布尔人，占有了这个黄金国。

1903年7月，金矿尽管都归了英国人，但当时采金量却大大下降，只有半数工人上班，开工严重不足。早先作为德兰士瓦省政府财政收入摇钱树的金矿，已今非昔比，一落千丈，促使德兰士瓦财政赤字扶摇直上。到1904年初，德兰士瓦和奥伦治河殖民地的预算赤字足足有70万镑之巨，颇使新上任的南非总督密尔纳感到事情棘手，于是重新招募劳工，恢复金矿生产，便成了当务之急。密尔纳将希望寄托在从英国政府获准制定法令，输入中国劳工。华工在国外素以勤劳著称，所取工资和待遇又极低微，因此南非政府当局决定招募华工，但目的只在一旦土著劳工充裕或机械化程度提高足以替代华工，华工必须立即返国。同时规定，招募的华工，限于采矿，从事非熟练劳动，言外之意，就是只能取得很低的报酬，却必须从事既重又苦的劳动。入境华工不仅行动受到限制。而且在合同期满后不准从事商业活动，不准有任何财产，或导致个人资产及不动产的行为，或致力于一切独立企业的开办。1904年5月，中英双方通过设在伦敦的使馆就有关问题进行磋

商后,签订了《保工章程》(*Emigration Covention*),开始向南非当局提供华工。规定由雇主与劳工订立三年合同。

　　1904年香港成为这批华工签订契约和承运劳工的中心,第一批华工在1904年5月25日由香港启程,7月2日首批华工开始在新科曼矿投入工作。后来改由山东芝罘和河北秦皇岛两港承运华工出国。从1904年6月起,当年伦德金矿雇用了近万名华工,1905年平均数达39 952名。1907年1月在金矿工作的华工达53 856人,达到了最高纪录。在金矿工作的华工人数大大超过白人劳工,1905年华工人数为白人劳工的2.2倍,1906年华工人数为白人劳工的3.2倍。华工的人数已逐年逼近土著劳工。但在1906年,华工工资收入仅当白人的5.5%左右,而且华工工资虽逐年有所提高,但仍低于土著劳工。金矿华工的工效很高,他们以超过所有同行的坚忍毅力,致力于艰苦的地下作业,使金矿得以恢复旧观,并且有了新的发展。在德兰士瓦金矿的发展上,华工所作贡献超乎寻常,具有特别重要的意义。在华工到达金矿前,由于金矿产金量低下,收益甚微,地方财政收支难以平衡,必须求助于英国议会的财政补助。华工的到来,仅仅一年,在1905年6月30日,当这一会计年度结束时,德兰士瓦财政竟有了347 000镑的结余。华工不仅使德兰士瓦金矿得以重整旗鼓,而且也解救了陷于危机中的约翰内斯堡政府,进而使南非经济出现了新的转机。

　　德兰士瓦在使用华工以后,产金量增加了近70%,从1905年赤金年产量4 909 541两,增至1907年的6 450 740两。赢利数也同样年年翻新。1906年华工在33座金矿做工,已出金的就有20座。人数最多的西马杰克金矿公司(Simmer & Jack propriety Mines,Ltd.)就是依靠华工而发迹。

　　全部华工最后在1910年遣返回国,4月归抵烟台。这些华工当初被挤压在低矮闷热的甲板下运送到南非,随后便投入艰苦的开矿工作。他们担负的劳动,强度远胜白人和土著劳工,酬劳和待遇却是完全不相配的低下。但是这些人改变了德兰士瓦的命运,在德兰士瓦重振旗鼓之后,又默默地离别了这块黄金宝地。其实,他们正是第一批驾着帆船绕过好望角的外国人的后裔呢。

第十章

光怪陆离的宝石世界

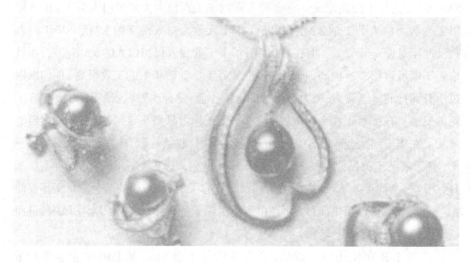

最古的宝石矿在尼罗河谷地

聚落的扩大，使建筑材料的供应，如木料、砂石、矿沙的需求不断增长，玻璃的制造也是从石英矿沙的冶炼中发现，后来导致了合金的使用，和对具备"魔性"的石头的追求。居住在冲积平原和沼泽上的苏美尔人，很早就被迫从亚美尼亚运进黑曜石，或其他各种能作切割工具用的外国石头。尼罗河谷地的埃及处在陡峭的山岩间，不乏供建筑用的石料，还出产一种绝佳的燧石，但同样缺乏砂石，和在他们看来具有神灵作用的那些矿石。他们必须从西奈半岛和努比亚东部沙漠运进孔雀石，还要从亚美尼亚和阿拉伯或者埃塞俄比亚，费尽手脚去运输黑曜石，至于紫水晶、蓝宝石、青金石，更是同样的产在远方，而需求却与日俱增。

古埃及一直是绿色宝石的宝库，其中最著名的是类似绿柱石（beryl）而特别晶莹剔透具有明绿色泽的绿宝石（emerald）。埃及开采绿宝石大致已有 3 500 年历史，据说在阿门诺菲斯三世（公元前 1403—前 1366 年）时，阿斯旺以东红海沿岸的锡开山（Jabal Sikait）和苏培拉山（Jabal Zubara）丘陵地区已经开采。从此以后埃及一直是绿宝石的最大产地，而且在人们发现新大陆以前，几乎也是唯一出产这种珍奇宝石的国家。到公元1世纪，埃及至少已有两处绿宝石矿，其中一处是苏培拉以外的科帕托附近山岩，普林尼说，那里出产的绿宝石，很方便从红海向外运输。希罗多德讲过，这种绿宝石在腓尼基海岸推罗的赫古利士神庙中用作柱子，能在夜间发出强光，因此名扬四方。这座神庙中有一根纯金柱子，还有一根绿宝石柱子，而绿宝石是能放夜光的。这种绿宝石至少在公元前4世纪初秦昭王（公元前306—前251年）时已经传到中国内地，成为宋国的国宝，名之为"结绿"。"结绿"是个外国名称，从波斯语Zumurrud（阿拉伯语Zummrud）译出，后来元代译作祖母绿（一译助木剌），一直在中国沿用到现在。普林尼使用的"祖母绿"（Smaragdus）包括许多绿色的宝石品种，在希伯来文中可能是指一种石榴石。1830年在乌拉尔发现的绿宝石其实是石榴石，而后来发现的巴西绿宝石，则是绿色的电气石。

绿色宝石中有一种使用历史极早的绿松石，在地中海东部使用已有6000年之久。西奈半岛的这处古矿开采历史就有那么久远。后来北非、西伯利亚、欧洲都有绿松石矿。古代东方绿松石的最大产地是伊朗东北边境内沙布尔西北52千米的阿里米尔萨库山，还有乌兹别克斯坦撒马尔罕南边的卡拉鸠比山，大约从公元前3000年已开采了。但最古老的绿松石矿是在埃及，埃及人在公元前4000年的遗址中已有绿松石出土。西奈半岛西南部的西拉比·伽丁（Serabit el Khadim）和瓦迪·马伽拉（Wadi Maghara）是世界上最古老的绿松石矿，这两处古矿又因出产孔雀石和硅孔雀石，至少从古王国时期便出产铜矿石了。绿松石这个译名在中国是晚到17世纪才有，从《清会典图考》中可以查到。但这种宝石在中国起源也很早，至少在公元前3、4世纪的长江流域就有一种名叫"玫瑰"的宝珠出现，是南方楚国人常用的一种装饰宝石，在《韩非子》这部古书记述楚人卖珠时有了记载。玫瑰这种宝石当初不是指美丽的玫瑰花，而且也和一般的珠玉有别，说明它的来源与众不同，而且价值昂贵。这种宝石有一个埃及名称mafkat，到了中国，由于这种绿松石与其他地方出产的都不相同，因此身价百倍，在绿色宝石中保持着一种特殊地位。据说汉武帝在公元前102年得到费尔干纳盆地的天马之后，用玫瑰石作马鞍，再配上金银输石，华丽的程度超过了以前印度赠送给他的白光琉璃鞍，这种白光琉璃鞍，也是用宝石和石英砂烧炼而成，但比起绿松石镶嵌的鞍鞯，便大为逊色了。

绿色宝石中的绿柱石，它的主产地是印度。但绿柱石具有多种色彩，不限于绿色。在公元前6世纪的中国文献《山海经·大荒西经》中用的名称是琅玕。传说是石的精液凝结成树形，所以有琅玕树、珠树等不同名称，这是从西方传入的宝石。古埃及专产绿色的绿柱石，史特拉波和普林尼都提到过，红海西岸锡开、苏倍拉的绿柱石矿在希腊罗马时代业已开采，运到中国，称作青琅玕，其中成色最纯的一种就是上面提出的叫"结绿"的绿宝石。

孔雀石、硅孔雀石在商业上常被充作绿松石，其中的一个品种运到中国，便有了"瓀玫"的名称。瓀玫，在《礼记·玉藻》中是一种品位较低的佩玉，在公元前1000年的时候，它的品位在天子所佩的白玉，公侯所佩山元玉，大夫、世子所佩水苍玉、瑜玉之下。其实瓀玫是由瓀和玫合成的一个新名词，瓀原本是次玉石，玫与珉同，也是一种半宝石，两者合成瓀玫，大约是在公元前5、6世纪之际。这个字和埃及古代对孔雀石称作Shesmet十分相近，可以作为埃及孔雀石或绿松石传到中国，仍被采用原名的例子。由于孔雀石和绿松石在文献解读上常有所混，所以瓀玫也不排斥可以兼指埃及绿松石，是埃及绿松石早期在中国传扬的一个名称。

　　中国在公元前1000年后从亚洲西部和地中海运进的碧色玉石，总称璆琳。就埃及而论，青碧色玉石在绿宝石、绿柱石之外至少有绿长石、绿玉髓、蛇纹石、孔雀石、硅孔雀石、贵橄榄石等数种。绿长石的古矿产在埃及东部贾贝勒·米其夫（Gebel Migif）以西的瓦迪·海立格（Wadi Higelig），大块的绿长石可以在哈发（Hafait）山冈的下坡见到。古埃及常用的装饰物是玉髓，在瓦迪·萨格（Wadi Saga）附近，东部沙漠的瓦迪·阿布·杰丽达（Wadi Abu Gerida），西部沙漠巴哈里亚（Baharia）绿洲，阿布·辛贝勒西北64千米处，以及法雍省和西奈半岛各地都有出产。蛇纹石也出在西奈半岛和埃及东部沙漠。贵橄榄石，又称翠榴石（Peridot），出产在红海西岸的金绿色蛇纹岩和红海中的泽贝尔盖特（Zerberged）岛，是一种黄绿色的宝石，在唐代为了和出产在阿富汗巴达克山的金精（又称青金石、天青石、Lapis Lazuli）相别，有一个正式的名称，叫绿金精，是643年拜占庭使者向唐太宗李世民进赠的宝石。这个"绿金精"，原本在《新唐书》卷二百二十一下写得明明白白，可是北京中华书局出版的"二十四史"标点本却将它分作"绿金、水精"，然而实际是古有金精而无绿金。法国东方学家沙畹、伯希和，美国东方学家劳费尔解释绿金精是天青石（Lazurite），美国东方学家谢弗认为绿金精原文是"石绿、金精"，而认金精是白色的月长石，杜撰了一个并不能充作礼品的石绿，而且金精也决非普普通通的月长石。英国研究古矿的罗卡斯在《古埃及工矿》（1948）中早就指出，古人对碧色宝石鉴别不精，以致古埃及所产孔雀石常和绿松石、绿长石、甚或绿柱石相混。一些早到达希尔（Dahshur）时期，稍后属二十朝时代被当作绿宝石的珠饰，经罗卡斯重新鉴定，竟是绿长石。所以在公元前4世纪以前运到中国的埃及和西亚出产的青碧色宝石，常被笼统地称作"璆琳"，后来愈辨愈精，于是有了玫瑰、琅玕等名称。

　　3世纪上半叶的《魏略》知道罗马帝国出产碧五色玉，这是埃及出产的碧玉，具有红、绿、褐、黑、黄五种色彩，红色碧玉尤多，产区分布在东部哈德拉比（Hadrabia）山脉附近。

埃及出产的宝石在汉代运到中国的还有夜光珠和真白珠。夜光珠在中国古代的战国时期是指梁（魏）国珍藏的一种叫悬藜的宝石，这种宝石是贵蛋白石，可以在杂草丛中发出白光，后来在国际市场上出现的各种能在夜间放光的宝石都被简洁地称作夜光珠，连仿宝石珠的玻璃珠也用上了这个好听的名词。埃及出产的夜光珠，是一种暗红或红褐色半透明的石榴石，小粒的多产在阿斯旺，大颗的出在西奈半岛西部，在史前时期就采用作珠饰了。红海西岸出产的翠榴石，也能发夜光，长期以来只有泽贝尔盖特岛和红海所产蛇纹石化的黄花石（黄中渗绿），也是一种夜光珠。

真白珠是《魏略》最早记录的一种地中海出产的宝珠，为埃及特产的雪花石膏，这种石头是半宝石，具有玻璃光泽，属角砾岩（Diorite），也是水晶石的一种。从古王国第一朝开始就成批制作器皿，海尔旺（Helwan）附近的瓦迪·基拉维（Wadi Gerrawi）是古王国时期的古矿。从米尼亚到阿西尤特（Asiut）以南约150千米的地方散布着许多重要的古矿，最早的是第三朝时在埃尔·阿玛纳（El-Amarna）以东的赫纳布（Hatnub）开采的二处，另外还有一些矿，矿龄也很长，从第三朝一直开到二十朝，连续不断。

265年左右写成的《玄中记》介绍罗马帝国出产"五色颇黎，红色最贵"。"颇黎"（Bahri）这个名称，是最早从红海西岸贝贾人的语言中转译过来的，原来是居住在厄立特里亚的贝贾人对当地出产的蓝宝石的称呼，最早在公元初就被贝贾人用来外销到印度和中国了。贝贾人被阿拉伯人叫作柏来米人。从522年以后到过厄立特里亚和印度的科斯莫司在《基督教列国志》中的说法可以知道："印度人深好蓝宝石，王冕都镶上宝石。埃塞俄比亚人从柏来米人那里收购宝石运往印度，因此获得大利。"这种柏来米蓝宝石运到印度后，至少在公元134年又被疏勒（新疆西部）国王臣殷作为礼品赠给了汉顺帝刘保，《魏略》记录的这种蓝宝石叫"海西青石"。到唐代，至少又有一次记录，在713年由阿富汗的迦毕试（Kapisa）国进献给唐玄宗一枚珍贵的上清珠，是柏来米蓝宝石中的神品，这种珠"光明洁白，可照一室"，细细观看，内中有仙人玉女云鹤仪仗等图像。公元前1000年左右的埃及古墓中和青金石同时出现了蓝宝石，到唐代便出现在中国皇帝的冠冕上了，这是阿拉伯作家曼苏地在《黄金草原和珠宝矿》中明明白白地写着的。

举世无双的珍宝馆：图坦卡蒙王陵

世界上有许多珍宝馆和陈列珍宝的博物馆，世界上也有不止一处的被现代考古学有序地发掘出的古代陵墓，但名声始终最响、简直值得千古流传的却是一个古埃及名声不大的图坦卡蒙（Tutan-khamun）王的陵墓。这座王陵保存得那么完美，它的历史是那么久远，它代表的又是一个起源最早、在人类初期的历史进程中曾在好几个千纪中领先的文明。

图坦卡蒙王陵的发掘是20世纪文明史上的一个奇迹。图坦卡蒙是新王国时期第十八王朝第12位法老，他一共执政9年，从9岁登上法老的王位，到18岁便死于非命。公元前1348年，图坦卡蒙在法老阿肯那顿死后，接替了王位，阿肯那顿生前无子，只有女儿，图坦卡蒙是他的女婿。阿肯那顿（Ikhnaton，公元前1366—前1349年）原先的封号是阿蒙霍特普四世（Amenhotep），即"阿蒙神的信徒"，但他受东方宗教影响，改奉太阳神阿顿为上帝，取名阿肯那顿，意思是"敬奉阿顿"，并且迁都坦尔·阿玛拉。图坦卡蒙登位后，在阿蒙派祭司和将帅扶持下，恢复了对阿蒙神的崇奉，还都底比斯。"图坦卡蒙"意思是"阿蒙神的化身"，法老作为阿蒙神在地上的代表，意味着中央政权对各地的统治再度强化了。

图坦卡蒙的王陵像许多十八王朝法老陵墓一样，建造在卢克索（底比斯）西边尼罗河旁的帝王谷中。从第十八朝起，为了防备盗墓者破坏王陵，陵墓都在岩壁峡谷中挖掘地道，在20米以下建造。帝王谷一共64座陵墓，到20世纪初都被考古学家发掘到了。意大利考古学家佐·巴·贝尔佐尼当时曾宣称："我相信在帝王谷除了我们发掘的那些坟墓，再没有其他坟墓了。"英国考古学家霍华德·卡特得到卡纳冯勋爵的资助，到帝王谷去考古，从1914年起，一共干了7个年头，才找到一个陶杯和刻有图坦卡蒙名字的印章。于是他又继续发掘，直到1922年11月5日，他在阿蒙霍特普四世（公元前1366—前1349年）的陵墓下，见到了进入图坦卡蒙陵墓的入口。1924年2月12日，图坦卡蒙的石棺始被揭开，随后找到了完整地贮藏在地下已经有3 300年的王室珍宝和法老的木乃伊。

图坦卡蒙王宝座椅背贴金浮雕

图坦卡蒙王墓室出土金面具

第十八朝开创了古埃及最繁荣的时期,保存完好的图坦卡蒙王陵用它多达1万件的珍贵器物生动地向世人展示了当年极尽华贵的帝王生活,成为最豪华的一座埃及王陵。当发掘者最初见到那些仍然闪耀着昔日光华的珍贵文物和珠宝时,无不为之目瞪口呆。

图坦卡蒙的黄金宝座

图坦卡蒙王陵的构造大致和第十八朝、十九朝的王陵相仿,但宏大有过而无不及。王陵中贮存宝物之多出乎意料,有人解释,可能是图坦卡蒙无后嗣,所以把前代遗留的一些珍宝都贮存在墓中。整座陵墓由前室、附室、墓室(寝宫)和宝物库构成。隧道正对朝东的前室,前室的左后边有一个附室,前室的右边(东面)是一间大小和前室相仿但位置相反的墓室,墓室的右面(东面),与隧道的走向平行的是一间大小和附室相仿的宝物库。

前室中满放着各种生活用具。在墙旁有三张大卧榻,榻身雕刻着三种野兽的头,一是母狮,二是母牛,三是河马,她们是三位女神赛克纳、哈托尔和托安里斯。在雕有河马的卧榻下放着138厘米高的宝座,宝座是一件木质的扶手椅,上下都用金箔包裹,椅腿制成狮爪形。扶手的底部,在椅腿的顶部两边都雕出了母狮的头像,象征着上埃及与下埃及的统一。左右扶手雕刻着由鹰和蛇复合而成的双翼神蛇,上面戴着王冠,展开的翼上刻有"上下埃及国王"的铭文,因为鹰是上埃及的象征,蛇是下埃及的徽号,宝座和正面有一块牌子,上面刻着图坦卡蒙登基时用的图坦卡顿名号。宝座的正反面全用黄金做成,再用水晶、彩色玻璃和宝石镶嵌成美丽的图像。椅背正面雕刻着彩色的国王和王后的像。头上戴着形如华盖由珠宝组成的王冕,平静地侧身向右坐在椅子上的图坦卡蒙,面对戴着华贵的筒冠的王后,王后正用伸出的右手搭在王的左肩上,左手执着香盒,似乎正在庆贺他的登位。在王和后的头上,黄金的太阳正光芒四射,象征着王和后都在阿顿神的庇护之下,正处于如日中天的大好辰光。这是座在坦尔·阿玛拉制作的宝座。

前室中还有一大堆散架的四轮车,车身都用黄金涂抹,上面绘着代表法老的狮身人面像,许多亚洲的国王,躬身跪在地上,彰显当年法老威震四方。还有好几件用黄金涂绘的百宝箱,箱中装着日用器皿,许多器物都用金镶工艺做成。整个陵墓中出土的黄金器物就达1 700多件。内中一件堪称艺术杰作的彩绘木箱,高44厘米,长61厘米,宽43厘米,表面用雪花石膏磨制,再绘上彩画,上面绘着法老驰骋战场和出行狩猎的场景,图像上出现的狮群和马群矫健有劲,林木葱郁衬托出大自然的赏心悦目,为后世近东绘画的祖本。

前室的北面是寝宫的入口处,左右两旁各站着一个真人大小的包金木质雕像,高171厘米,手执金仗守卫在门旁,形象是按法老生前的模样雕成。寝宫里安放着图坦卡蒙木乃伊的棺椁,大小几乎与墓室一致。墓室四周的壁画都是图坦卡蒙出殡的情景。棺椁共有7层,最外面有四重椁,然后是三重棺材。四重椁,层层相套,里面储有法老内脏。最外层的椁,高200厘米,宽125厘米,长153.5厘米,四角有柱,中间是柜,柜的四面有四个张开双臂守护的女神,造型十分优美。外廓用贵重木材制造,再涂上黄金,嵌上蓝色釉彩。第二个柜中装着法老的内脏。棺材共有三层,最外层是石棺。第二重棺是木乃伊式的人形棺,木棺外面涂金,刻有图坦卡蒙的头像,戴着王冕的法老头像用整块黄金制成,额头上有一条盘曲的眼镜蛇,卷轴式的长须是权杖的形象,身上刻有金色的鹰翅、羽毛和红绿宝石,棺长204厘米,宽68厘米。最里面存放木乃伊的黄金肖像人型棺,长187.5厘米,宽51.3厘米,重134.3公斤,用3厘米厚的金板制成,再镶嵌钻石、珍珠、宝石。棺材四壁都刻有守护女神。棺中的木乃伊有一具黄金面具,高54厘米,宽39.3厘米,镶有蓝宝石、绿宝石和青金石,还有彩色玻璃,眼珠是黑曜石。

历史上记载,图坦卡蒙陵墓落成不久,即遭盗墓贼光临,但被他的后继者哈勒木哈伯(公元前1335—前1304年)派员修复,重新封闭,因此王陵得以保存至今。图坦卡蒙的黄金面具更成了古埃及文明的辉煌物证。它的保护者哈勒木哈伯却成了第十八朝的末代君主。

世界屋脊上古老的玉石贸易

中国是玉文化的诞生地。中国在新石器时代早期开始用玉,是世界上用玉最早又最著名的国家。中国玉文化和稻作文化,代表着中国最具特色的文明体系。玉有软玉(Nephrite)与硬玉(Jadeite)之分,两者都是真玉;与属于假玉(Pseudo Jade)的彩石(古称"采石")是有区别的。

古今软玉都是透闪石(Tremolite)或阳起石(Actinolite)。透闪石—阳起石—铁阳起石系列矿物是自然界分布极广的常见造岩矿物,但只有呈致密块状具有交织纤维显微结构(Interfelted Fibrous Microstructure)的透闪石—阳起石系列矿物集合体,才算软玉。前者是石头,后者才是真玉。自古以来,玉少石多,所以玉贵而石贱,《抱朴子·外篇》有"玉以少贵,石以多贱"的说法,是3世纪时中国博物学家葛洪的一个总结。新疆和阗白玉素有羊脂玉之称,是最珍贵的玉。

硬玉又称翡翠，是辉石族钠辉石组（Na Pyroxene Group）4个端员矿物种中的一个，分类标准是$NaAlSi_2O_6$，组分多于90%。著名产地在缅甸北部亲敦江支流乌龙江上游。

中国古人以玉比德，玉的贵贱重在质地，其次才是色彩，质地有各种分类，《管子》称玉有九德，《荀子》分玉为七德，到公元1世纪许慎编《说文解字》定为五德，实际是根据周代以来对公卿佩玉所分的等级而定。从现代矿物学和宝石学视角而论，玉德的基本要素，取决于致密润泽。照闻广的研究，软玉质地由它的显微结构，亦即透闪石—阳起石维晶束组成纤维的粗细程度决定，纤维愈细质地愈佳。玉的符彩，古有白黑赤黄四色，17世纪初宋应星《天工开物》则以为玉只有白、绿两色，绿色的称作菜玉，"其玉黄玉之说，皆奇石琅玕之类，价即不下于玉，然非玉也"。现代软玉的基本色调是黄绿色，取决于透闪石—阳起石中铁和镁的占位比率，铁含量增高颜色随之加深。欧洲人认识玉，最早是罗马帝国出产的碧五色玉，但这是碧玉（Jasper）。后来西班牙人尼古拉·蒙纳德斯在1569年从中美洲获得一种可以治疗肾病的石头，称为肾石（Piedra de lijada），由法文译名Pierre de Ejade简化成Jade，1780年威尔纳才将这个拉丁化的译名Lapis Nephriticus用作矿物学名词Nephrite（软玉）。

半个世纪以来，中国新石器时代考古揭开了中国古玉起源的谜底。中国古玉使用历史因此向前伸展到8 000年前。辽西兴隆洼、查海等处遗址，多次用C_{14}年代测定，已超过8 000年。兴隆洼人使用的软玉，装饰物有玦、管、匕形器和弯条形器，而以柱形或环状的玉玦占多数，大多成对出土在人骨左右耳部，分明是一种耳饰。查海遗址出土过球状和管状珠玉器。这种玦饰在7 000年前分布在黑龙江东北部，经俄国滨海省进入日本北海道，南面分布到燕山南麓。在中国沿海，年代在7 000年以前的玉饰，有杭州湾的两处遗址，一处是距今7 500年前萧山跨湖桥

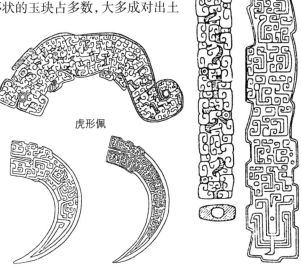

虎形佩

觿

长形佩和璋形佩

新石器文化出土两件璜饰。一处是余姚河姆渡遗址第四层出土六种玉饰,有璜、玦、管、珠、饼、丸,其中的玉饼是玦饰的毛坯。测定的年代距今有7 000年。中国东北和长江口的玉器,早期加工多用线切割作玉器开料或切割,用锯切割开料较为晚出,和西伯利亚北部格拉兹科夫斯卡亚文化使用玉器只有锯切割不一样。这是中国南方和北方早期玉文化本身在沿海地区就有联系的一个证据。但究竟是南方长江三角洲玉文化向北传播到东北,还是东北的玉文化首先向南传播,现在尚难有一个可靠的结论。

东北的玉文化在兴隆洼人之后,有赵宝沟人继承了这一雕琢小型玉器的技术。其后兴起的红山文化,在雕琢和使用玉器方面,又出色地承袭了这一优良传统,取得了飞跃的进步,朝阳牛河梁出土的猪龙形玉饰,是(玦)的发展,雕琢技艺十分高超,佩饰中间雕镂的圆孔已近于当时南方地区流行的玉璧。很有可能,在玉琢技术和玉饰使用上,红山文化更多地受到来自山东的大汶口文化和江南的马家浜文化、崧泽文化以及良渚文化的影响。大汶口文化早期(公元前4300—前3500年)出土过璜、玦、管,还见有一柄三孔柄长8.3厘米的环刃玉刀。马家浜文化有玉制的玦、环、管,崧泽文化有玉制的璜(颈饰)、手镯、耳坠。从公元前3000年开始的良渚文化使长江下游的玉文化进入一个崭新的时期。

自20世纪70年代以来,良渚文化由于江南史前遗址的发掘得到了新的进展。苏州草鞋山、苏州张陵山、武进寺墩、青浦福泉山、余杭反山、瑶山遗址,出土的玉器有琮、璧、钺等用于祭礼的大型礼玉,还有璜、瑗、觿、镯、带钩、杖端饰,冠状饰、锥状饰、三叉形器、圆牌形饰、瓣状饰(鸟、鱼、蝉、龟等),以及管、珠、坠组成的串饰。余杭反山是座人工修筑的贵族墓,瑶山是建造在小丘上的祭坛,后来改作贵族墓地,出土的上千件玉器早已超出了生产和生活的需求,用于祭典。反山在1986年出土冠状饰,上宽10.4厘米,下宽6.4厘米,高5.2厘米,厚0.3厘米,是权贵或王权的象征。外方内圆横分多节的玉琮,常雕出兽面纹饰,在余杭有成批出土。1987年在遗址群中更发现一座面积达30万平方米的台基,上有数万平方米的夯土基址,或者是宗庙、宫室的地基。武进寺墩遗址出土一件玉琮,高达33.5厘米,琮身浅刻横道15节;另一件玉琮高23厘米,雕有兽面纹。苏州张陵山东山出土玉璧,直径23.5厘米,孔径4厘米,厚1.1厘米。这些玉饰,据检测,都是就近取材的软玉。其中最早的一件,是苏州草鞋山崧泽文化出土残玉璜,约在公元前3500年。比之被认作最古老的软玉器的俄国雅库特索洛克塔赫卡亚(Suruktakhkhaya,北纬60°40′,东经123°10′)的叶密克塔赫(Xmyyakhtakh)文化层出土玉器要早600多年,据1969年的有关报道,与这件玉器相伴随的有机物的放射性碳年代,是距今4 880年。

继承崧泽文化的良渚文化,是长江口自公元前3000年以来发达的玉文化,它

龙形佩

将玉的运用超乎日常饰品以上，对真玉、假玉的鉴别也精益求精，玉成了等级、权力、礼仪与财富的标志。此后对假玉开始有珉、碝、玞以至瑶、玟、玦、璿等的称谓。自1874年英国的史托利茨格以来，直到李约瑟，都相信在汉代以前中国内地并不产玉，要到汉武帝派张骞通西域，才将昆仑软玉传到中国内地，现代矿物学检测的结果，已经否定了这种说法的真实性。至于昆仑古玉也早到商代晚期，从武丁的配偶妇好墓的发掘得到验证，那时最贵重的玉器都来自和阗地方了。1976年在安阳殷墟发现的妇好墓出土了玉石器、铜器、骨器、象牙器等近两千件随葬品。铜器铭文说明，这是迄今唯一未被盗掘而可与甲骨文相印证的商代王室成员墓。1982年北京出版的《殷墟玉器》一书记录了该墓出土750多件玉石雕刻品，据鉴定，几乎全是产在新疆的和阗玉。和阗玉和叶尔羌玉，也就是先秦古籍中称道的昆山之玉。

公元前7世纪东方的齐国，已知道玉出在禺氏的边山，离开周王朝的都城有八千里之遥，《管子·轻重乙》篇称："玉起于禺氏之边山，此度去周七千八百里。其途远，其至阨。"禺氏这个游牧民族，汉代都改译月氏或肉支、月支，禺氏民族附近的山就是昆仑山，在《山海经》中称作昆仑之虚或西胡白玉山。《管子·轻重甲》篇将"八千里之禺氏"和"八千里之昆仑之虚"相提并论，指出那是周王朝从西部边远地方获得白璧、璆琳、琅玕的来源地。这条路东起成周的都城洛阳，北上山西中部勾注山，再西出河套，直通塔里木盆地南缘和阗玉的产地，总计长达八千里，十分正确。这条运输玉石到内地的路不但长，而且也很凶险，沿途要经过沙漠和险峻的关隘，时刻要提防出没其间的游牧民族的袭击。

自周代起，昆山之玉成为王室竭力追求的西方宝货。周人的根据地在渭河上游和泾河之间,是个非常重视养马的族群,依靠这项游牧的新兴产业,他们能够沿着占老的玉石贸易之路,向昆仑山北麓的玉产地进行移民,在那里建立一个名叫赤乌氏的国家。古本《竹书纪年》和《史记》都有公元前960年周穆王西征昆仑丘的记事。在公元前4世纪末魏国人写的《穆天子传》中,把周穆王(公元前976—前922年)姬满西征写得绘声绘色,据说周穆王从洛阳启程后,通过河套转到了葱岭以东出产玉石的赤乌氏的地方。《穆天子传》卷二说,赤乌氏的祖先和周宗室同出一系,在周武王克殷以前,武王的曾祖父大王亶父就将他的女婿季绰派到葱岭东侧的产玉地,坐镇在那里,将玉石的开采大权收归周王室管辖起来。这是说公元前12世纪以后,陕西人已移居到叶尔羌一带了。赤乌(Tcheou)的陕西话读音和"周"的发音很相近,赤乌氏无非是周人在叶尔羌、和阗地区建立的国家。周穆王到了那里,就像回到了他的先祖那里了,大量选购玉石,光是可以作圭璧的玉版就装了三车,另外还运走了数以万计的玉料,才离开这块地方。这件事到了汉代,便演变成东王公会见西王母的故事了。

在公元前6世纪末由齐人写成的《山海经·大荒西经》中,这个赤乌氏国,变成了西周之国,那里的人有发达的农耕生活,和周宗室一样也姓姬。不用说,那里正是出产昆山之玉的地方。这些昆山之玉出在和阗和叶尔羌之间,有山玉和水玉之分,山玉以密尔岱最著名,最好的玉生在顶峰。和阗的玉产在河中,其实也是从昆仑山上冲刷下来流入河中的。汉晋时代的记载,都说和阗产玉的河有三条,一条叫白玉河,一条叫绿玉河,最西边的叫乌玉河。张匡邺《西域行程记》称:

> 玉河在于阗(古代的和阗——引者)城外,其源出昆仑山,西流一千三百里至牛头山,乃疏为三河:一曰白玉河,在城东三十里,二曰绿玉河,在城西二十里。三曰乌玉河,绿玉河西七里。其源虽一,而其玉随地而变,故其色不同。每岁五六月,大水暴涨,则玉随流而至。玉多寡由水之大小,七八月水退乃可取。彼人谓之捞玉。

18世纪徐松《西域水道记》实地考察了和阗玉的产地,记下当地人在春秋两次采玉,主产地是白玉河。西边叶尔羌河所产的玉,则大到可以琢成玉磬。和阗玉运进内地的历史,至少在公元前2000年以后就已存在。到西周,礼玉的制度已十分完备,《礼记·玉藻》强调君子"玉不去身",是说有身份的人是佩玉不离身的。礼仪用玉主要有六瑞和六器。《周礼》记六瑞,王、公、侯、伯分执不同纹饰和尺寸的镇圭、桓圭、信圭和躬圭,子、男分执不同纹饰的谷璧、蒲璧。六器是璧、琮、圭、璋、琥、璜。用于祭典的功能是,苍璧礼天,黄琮礼地,青圭礼东方,赤璋礼南方,白琥礼西方,玄璜礼北方。每逢礼典,只有天子能用纯玉,公、侯、伯则以玉石相杂;上公用骁,是四玉一石;侯用瓒,是三玉二石;伯用埒,玉石各半;石就是假玉。唯有贵为天子,才可以佩全玉,其他等级的贵族,都是玉石相杂。这是由于玉少而价昂,而且君子以玉比德,只有天子才算是有全德的人。但这种礼制到了春秋、战国时期,随着原先规定的"礼崩乐坏",实际上用玉的制度也在起着变化。

东周时期,根据考古发掘的资料判断,主要的礼玉是璧、圭和璋,玉琮数量很少,形制多不规整,已不属主要的礼玉。玉璜和玉琥主要用于佩饰,也有用玉璜作祭玉的。玉环、玉瑗、玉玦、玉龙等,有时也作为事神的礼玉。此外用作仪仗的玉戈、玉钺、玉戚、玉斧、玉矛也随之增多了。秦始皇始用玉玺,此风一直传到民国。

汉代礼仪用玉继承先秦和秦代用玉制度,但已简化,主要礼仪玉器是璧和圭,尤其以玉璧为主。汉代不再制作琮和璋,偶有出土的玉琮,也是前代遗留的旧玉。玉璜除少数用于丧葬外,绝大多数是成组玉佩的组成部分,归入装饰用玉。先秦朝会,列侯执玉圭或玉璧,汉代每年正月朔旦朝会,诸侯王、列侯都执玉璧。玉璧使用的范围,已由礼玉、祭玉扩大到佩玉,在圆形的玉璧之外,还流行外缘有透雕附饰的玉璧,造型优美,雕琢工艺水平高,是汉代玉璧中的代表,常被用于装饰或作佩玉。汉代豪华的宫殿和帷帐,很多以玉璧为陈设的艺术品,满城中山王刘胜墓出土的双龙谷纹璧,上端有一小孔,正是用于悬挂的挂玉。

秦代以前用作礼玉的玉璜、玉龙、玉环、玉觿,在汉墓中出土不少,但已不是用作礼玉,而是用于佩玉。江苏徐州狮子山楚王墓出土玉璜60多件,有的有精美的透雕附饰或浅浮雕纹饰。广州南越王墓也出土玉璜30多件。自春秋晚期以来,玉龙已多用作佩饰,到汉代仍有这种风气。玉环是汉代常见的佩玉,南越王墓出土的龙凤纹重环佩,由内、外两环组成,龙、凤隔环相对。玉觿在西汉时期十分流行,前期多雕成龙形,后期有龙形,也有凤鸟形的,造型更加优美,东汉时期玉觿出土不多,且工艺水平差,已趋于衰落。

汉代葬玉,无论在规模和数量上都超过前代,十分流行,主要有玉衣、玉塞、玉握、玉含。玉衣制度可追溯到东周时代的缀玉面幕和缀玉片的衣服,玉含、玉握可以上推到殷墟,甚或早到新石器晚期墓葬中的含玉。满城汉墓一号墓出土的金缕玉衣,共用玉片2 498片。后来续有发现,

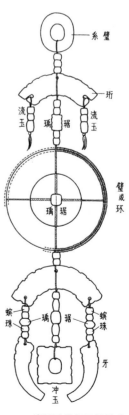

战国时代组玉佩模式

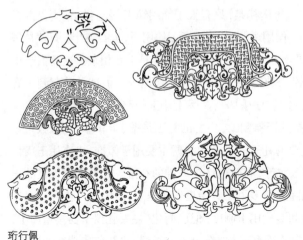

珩行佩

到1978年已出土22件，其中5件业经复原。《抱朴子》讲述古人相信："金玉在九窍，则死人为不朽。"权贵们滥用葬玉，反映了这种追求永生的心态。

汉代已经展开的圆雕，为玉器朝大型工艺美术品方向的发展开启了大门。咸阳汉昭帝平陵附近出土的西汉玉奔马，是这种圆雕艺术的代表。河北定县北陵43号东汉墓出土的玉座屏，高16.5厘米，分上下两层玉屏镂空透雕，满刻东王公、西王母和麟、凤、龟、蛇、熊等动物，将天地四方的生灵置于一屏之中，形态生动，极尽华美之风。

汉代以后，传统的佩玉制度被废弃，中国北方游牧民族入主中原，社会经济发生重大变化，玉器已不再是权力、等级、财富的象征，普遍到民间婚丧喜庆用玉。纯粹作为工艺美术的玉琢技术则精益求精，出现了无数精镂细雕的工艺佳作，一直延续到现在。

和阗玉的外销，大致从战国时代开始，叙利亚、小亚细亚、印度、希腊、埃及出土的古玉，大多从中国流出。后世软玉虽在西伯利亚有发现，德国、奥地利有硬玉矿藏，但古代克里特岛和小亚细亚出土的玉斧，一定来自中国，则是可信的。

神奇的宝石之乡印度

印度次大陆自古盛产宝石，是个举世瞩目的宝石之乡。印度宝石雕琢十分精巧，技艺高超。印度人无论男女，都好以珠宝作为佩饰，数千年来此风历久不衰。

印度的宝石雕琢至少有5 000年历史。在印度河古文明诞生地摩亨约达罗，有一条街是专供从事宝石加工手艺人居住的，可以说是世界上最古老的宝石一条街了。印度河文明遗址出土物中有成批赤陶烧制的母神，这些母神至今仍是印度农村中乡村或民宅的守护神。裸体的母神佩戴着耳环、项链、手镯、腰带等装饰品，同样的实物在遗址中出土的有金、银、铜、碧玉、玛瑙、红玉髓、冻石（皂石）制作的饰品和印章。从公元前321年建立的孔雀王朝和随后的巽伽王朝常有用砂石和赤陶雕刻的药叉女，代表着自然界中女性精灵，她们通常上身裸露，头戴冠饰、耳珰，胸前垂挂着长及半身的宝饰，腹部以下则是层层叠叠的由宝石串联而成的腰带。在公元前2世纪写成的《弥兰王问经》中，颂扬巴克特里亚的商业城市奢羯罗（Sāgala，巴基斯坦的锡亚尔科特）是个国际都城，那里有中国人、斯基泰人、巴尔克人、摩揭陀、巴连弗以及亚历山大等地方的商人做买卖，成交珠宝是其中十分引人注目的一项贸易。

名目繁多、光怪陆离的宝石，在印度按照它们的纯度、硬度、光泽与性能分成等级，在4、5世纪由佛陀伯他（Buddhabhatta）编写的《宝石志》（Ratnapariksa）中，他列举的著名宝石共有9种，依次是金刚石、真珠、红宝石、蓝宝石、绿宝石、锆石、黄玉、猫睛石、红珊瑚；前5种充作"大宝"，后4种列作"次宝"。此外，尚有水晶、金绿宝石、石榴石、红玉髓等宝石。在印度著名天文学家瓦拉哈弥希罗（Varāha-mihira，505—587年）的《星象广集》（Brihatsamhita）中，列举的宝石有22种，但详细叙述的只有4种：金刚石、珍珠、红宝石（红玉）、绿宝石。到9世纪编订的《阿耆尼史书》（Agnipurana）和《伽罗陀史书》（Garudapurana），都有印度宝石矿的文字，《伽罗陀史书》尤其详细。这些文献都将印度各地出产的宝石一一列举，验证了公元初罗马博物学家普林尼对宝石之乡印度的赞扬："印度出产的宝货胜过大地上其他的地方。"

金绿宝石的变种猫眼石

在各种宝石中，硬度达到摩斯10级的金刚石名列首位。在1725年巴西发现有金刚石以前的两千多年中，印度从公元前10世纪后就在哥尔康达开采了金刚石，掌握了琢磨金刚石的技能，奉为帝释天的宝石伐扎罗（Vadjra）。在希腊罗马文献中都知道有金刚石，普林尼叙述金刚有时也会破碎，于是研成粉末，与铁同冶，可以成铁剑。同样的说法在狄奥斯科立特的著作中也可见到，他将这种金刚称

钻石

作铁质金刚（ferruginous），是用金刚碎片注入铁柄，可钻宝石真珠。这和中国汉代已经传说的西方昆吾出产割玉刀或切玉刀是一样的古老。托名东方朔的《十洲记》说，周穆王（公元前976—前922年）时居住在葱岭附近的西胡民族（吐火罗人）到洛阳进献昆吾割玉刀，后来秦始皇时，西胡又来献切玉刀。后出的《列子·汤问篇》、《孔丛子》都说周穆王得到西戎进献的昆吾剑，"其剑长尺有咫，切玉如切泥"。《玄中记》干脆说金刚在大秦（罗马帝国）又叫削玉刀，大的可以长到一尺以上。昆吾刀、昆吾剑都从很早的时候起就成了金刚石的别名，"昆吾"民族就是西胡民族，大致是吐火罗民族或散居塔里木盆地南缘的羌族，所以《十洲记》称这地方叫流洲，在流沙之中，流洲在西海中，地方三千里，"上多山川，积石名为昆吾，冶其石成铁，作剑，光明洞照如水晶，割玉如割泥"。把金刚比作水晶，在古人初识这种从西方运进的奇宝时，是一个最恰当的比喻了。其实这种刀或剑不产在葱岭附近，但是从印度人刚知道开采这种金刚石时，便迅速被商人传到中国来了。据《战国策》，秦昭王（前306—前251年）时已知"周有砥砨"，砥砨是伐扎罗最早的中译名。后来斯基泰人、巴克特里亚人又继续将金刚石运到中国来，《玄中记》这部3世纪的书就干脆称它是大秦金刚了。

13世纪欧洲人开始知道印度产金刚石，马可·波罗在他的游记中讲了南印度东海岸木弗梯国采集金刚石的故事。金刚石常常在冬季随山洪流入平地，随处可捡。深山穷谷之中，由于到处有毒蛇，四周又是悬崖峭壁，采宝人难以进入，于是想出一条妙计去取得这些珍宝。他们将很瘦的肉块投到谷中，引得那些白色的鹫鹰飞入谷底去找肉，然后攫肉飞回山上，从容地饱食一顿。采宝的人抓住时机上去捕捉鹫鹰，将肉块上粘满的金刚石取走。马可·波罗讲述的这个故事引得许多欧洲人想去印度一探究竟。这故事和罗马史家埃比发尼斯（Epiphanius，约315—403年）讲述的斯基泰人从幽谷中取宝的办法十分相似，斯基泰人用羊肉投入谷底，宝石便粘到肉上，鹫鹰衔着肉飞出深谷后，宝石也就留在地上了。阿拉伯故事集《一千零一夜》中，有一篇《钻石谷》就是讲谷中取宝的故事。元代出使印度的刘郁在《西使记》中明明白白地告诉大家，金刚钻出印度国，采宝的人用肉投入大洞底，飞鸟食肉后，粪便中便有金刚钻，人们才采得金刚钻。这些记载比法国珠宝商简—巴蒂斯塔·塔维尼在1665—1969年到印度实地考察要早得多。

印度金刚石产地主要有奥里萨邦森伯尔布尔的马哈纳蒂冲积层（Sambalpur，Mahanadi alluvium）；温迪耶·普拉迪什，在温迪耶山脊的帕那（Panna）矿为中心的地区，开采历史十分悠久；另一区在马哈纳蒂和戈达瓦里河谷之间；南方的产地在戈尔康达（Golconda），辖境有安陀罗邦的阿南达普尔（Anantapür）、古德伯（Cuddapah）、葛达尔（Guntur）、克里希纳（Krishna）、科纳尔（Kurnool）等地。但

19世纪以来,印度金刚石产量已远远落在美洲和非洲新矿之后。1950年左右,印度年产钻石2 025克拉,仅当比属刚果当时产量的5 000分之一。

宝石别针胸花

红宝石,最早产在印度、缅甸,多半是细粒状,色泽丰富,达到1克拉的已不多见。红宝石和蓝宝石都是仅次于金刚石的珍贵宝石,硬度达到9度。古代的人辨识不精,以红宝石泛称红色宝石,包括红色刚玉、尖晶石和石榴石等宝石,现在红宝石专指具有宝石质量的红色刚玉。红宝石的红色,来源于晶体中含有微量的Cr_2O_3,能在可见光中显现红色,在紫外线照射下,更会发出鲜红色的荧光,使红宝石在阳光下更加绚丽多彩。它的色彩有粉红、鲜红、紫红、暗红等多种,以色泽鲜红而且均匀的最贵重。印度产一种略带蓝色的纯红色红宝石,叫"鸽血红"(Pigeon's blood stone),比缅甸、泰国所产的显得暗些,十分名贵。斯里兰卡也以产红宝石闻名于世。

中国在2 000年前称红宝石叫红颇黎、赤颇黎。颇黎是个外来名称,专指刚玉类宝石。从梵语译出的名称叫火齐珠。后来从波斯语译出,称剌(Lal),是14世纪陶宗仪《辍耕录》卷七回回石头中用的名称,指玫瑰色的balas ruby,印度红宝石则称作避者达(bidjade),也是个波斯名词。波斯人、阿拉伯人多用鸦姑(yakut)称刚玉和红宝石,从13世纪起中国人也都用这个译名。汪大渊《岛夷志略》中称斯里兰卡产红石(红石头),就是红宝石。又可叫作红鸦姑(亚姑、鸦鹘)。在1850年以前,印度沿海和斯里兰卡出产的红色尖晶石,常被当作红宝石在国际市场上流通,但尖晶石的硬度仅当摩氏8度,折光率也低于红宝石的最低折光率。中国清朝皇族和一品大官帽子(花翎顶戴)都用红宝石顶子,但从现有实物加以检验,几乎全是红色尖晶石制作。

蓝宝石也是印度出产的珍贵宝石,是阿拉伯语鸦姑中的蓝色宝石。蓝宝石和红宝石一样,由于晶体中经常包入大量细针状或细线状的金红石包体,能发出星光。两千年前中国史籍中记载进口的夜光珠,可能就是星光红宝石或星光蓝宝石。古代蓝宝石常泛指蓝色的宝石,后来随着鉴别能力的提高,蓝宝石变成专指具有宝石质量的蓝色刚玉。汉代称作碧颇黎,从印度译出的梵语名词叫璧流离(Vaidūrya, Verulia),是汉武帝刘彻(公元前140—前87年)派人带着"黄金杂缯"到南印度东海岸的黄支国(Conjeveram)去购求的"明珠、璧流离、奇石、异物"中最珍贵的物品。璧流离是蓝宝石的代称,品质在奇石(半宝石)之上,不过那时的蓝宝石除了蓝色刚玉以外,也常混有蓝晶石(Kyanite)、蓝色的尖晶石(Spinel)或绿柱石中的海蓝宝石。印度自古以来就是这四种蓝色宝石的重要产地。今天蓝宝石的涵义已变成红宝石以外,一切刚玉(蓝、紫、绿、白、黄等)的总称,只是在蓝宝石一名以前再冠以黄色蓝宝石、无色蓝宝石的称谓,这和中世纪阿拉伯人将鸦姑分作红、蓝、白、黄四色完全符合。

《汉书》说克什米尔出产璧流离,璧流离也可写作"鞞稠利夜"、"毗(吠)瑠璃",或译作"青玉"。玄应《一切经音义》卷二十四解释它的产地是鞞头梨山,是青色的宝石,十分坚硬,火焰也不能熔铸。这种青色大宝石产在克什米尔的圣杰姆(Sumjam)西北4千米的层斯加尔岭(Zangskar range)南麓的配达地方(Padar area),海拔高达4 500米,佛典中描述它是生在须弥山的青色宝。古印度又把普遍出产在喜马拉雅山和比哈尔的蓝晶石当作蓝宝石,因此佛典中描写整个须弥山的南侧,都成了毗瑠璃面。在汉代黄支国的附近,那洛尔的庆地(Chundi)和散达普伦(Saidapuran),科因巴托的锡托陀(sittodu)和辛格普姆(Singhbhum)也出产蓝晶石。唐玄宗时,由克什米尔国王馈赠的一颗上清珠,能"光照一室,有仙人、玉女、云鹤摇动其中"。这是颗价值连城的克什米尔蓝宝石。谢弗尔在《撒马尔罕的金桃》中将它认作真珠,是弄错了。20世纪克什米尔一处雪线下的山谷还出产一种略带紫的矢车菊蓝宝石,是世界上最美丽的蓝色蓝宝石,这种宝石具有模糊的流线状结构和模糊的小旗状包体,因而能发出特殊的反光,置人于云山雾海之中。

印度出产的另一种大宝绿宝石(emerald),是印度盛产的绿柱石(beryl)中的一员。绿柱石是六方晶系矿物,是铍铝的硅酸盐,色彩缤纷,不限于绿色。黄色的绿柱石可以充作黄金,在商业上另有专名金绿柱石(Heliodor)。明绿色的绿柱石称绿宝石,属于上品,波斯语名祖母绿(Zumurrud),是公元前4世纪已经列作宋国国宝的"结绿","结绿"正是后来通译的"祖母绿"一名最早的中文译名。那么早些时候传到中国的绿宝石,是经过波斯人之手的埃及产品。印度史诗《摩诃婆罗多》中有绿宝石,它的印度名称摩罗伽陀起源于亚述语barraktu,但文献上还没有明确记载这是印度本地的出产,在3世纪的佛典《大智度论》中,传说这种绿色宝石出自金翅鸟口边,能辟一切毒。在3世纪的中文诗歌中,摩罗伽陀珠还被省译成"木难"珠。古罗马人都知道印度是个绿宝石产地,史特拉波提到印度人用这种宝石镶在酒杯上,普林尼说印度是这种宝石的主产国。但他们所说的绿宝石,大致都只是绿柱石,而非绿柱石中上品的祖母绿。20世纪印度拉贾斯坦的乌达普(Udaipur)矿的发现,才稍微暗示印度有可能在中世纪已拥有本土的绿宝石矿。

在中文名称中,唐代普遍流行的绿色宝名称是"瑟瑟",这个词通常是用来指称绿松石(Turquois)的。瑟瑟品位不一,上等的价与马同,从10世纪以来就属马价珠。纪尔兹（Geerts）、劳费尔（Laufer）都曾认马价珠是绿宝石，但中国人从不把瑟瑟当作祖母绿。元明以来将绿松石称作碧甸或甸子，据《格古要论》卷六，碧甸中上品的才是马价珠，差的则是孔雀石、硅孔雀石。《本草纲目》卷九中有与碧甸不同的翠靛（甸），也不是绿宝石，而是翠榴石（Peridot）。费尔斯曼在《宝石的故事》中根据哈马丹出土的金绿色宝石晶体的化验，推测普林尼著作中指称斯基泰金绿色宝石的祖母绿，实际是从乌拉尔运入西亚的翠榴石。但祖母绿硬度是7.5，光性非均质，翠榴石硬度是6.5—7，光性均质。可见商业上被充作祖母绿的绿色宝石有多种。拉贾斯坦出产的粗绿柱石是个大矿，《梁四公子记》中记扶南（泰国）大舶从西印度运来，重40斤、面广1尺5寸的碧颇黎镜，有可能也是绿柱石做成。12世纪以前中国文献上的玻黎、颇黎都作宝石解，不是人工制造的玻璃，用来充绿宝石或蓝宝石，因此价钱可以贵到百万贯。10世纪印度博物学家阿伽斯蒂在《阿伽斯蒂宝鉴》（*Agastiyamstam*）中将绿宝石分为八种，鉴别已十分精当，而极品"纯者似莲叶上的滴水"的绿宝石，确是罕见之物，只有水绿色的绿柱石，在9世纪科因巴托县的佩陀尔（Padyur）云母片岩中已见开采。

四种大宝之外，印度还出产锆石、黄玉、电气石、石榴石、蛋白石、金绿宝石、蓝晶石、紫水晶和各色水晶、金红石、猫眼（猫睛，金绿宝石中有猫眼闪光的，以及有猫眼闪光的祖母绿、蛋白石、海蓝宝石、绿柱石、电气石、石榴石、透闪石、透辉石等）、绿廉石、鲍纹玉（蛇纹石）等许多宝石和半宝石，除了绿松石，几乎囊括了所有从古以来人们所知的各种宝石。

名闻遐迩的缅甸玉石

和中国西南边省毗邻的缅甸，也是世界上著名的玉石产地。缅甸翡翠蜚声世界，各色刚玉也多有出产。缅甸玉可以与中国新疆和阗玉媲美。

缅甸在公元1世纪时北部属于东汉永昌郡境。公元67年滇西哀牢夷归附汉朝，汉朝将这些地方设置哀牢、博南两个县，又将益州郡西部不韦、嶲唐、比苏、楪榆、邪龙、云南六个都尉属地与之合并，成立永昌郡，从此西南边疆拓展到怒江以西直至伊洛瓦底江流域。永昌郡辖境广大，东西三千里，南北四千六百里，大致和9世纪初极盛时期骠国的版图相当。《华阳国志》称道永昌土地沃腴，适宜五谷蚕桑，能织彩帛文绣，出产黄金、铜锡、光珠、虎魄（琥珀）、水精、瑠璃、轲虫、蚌珠、翡翠、孔雀、犀象。这些物产中有矿物铜锡，还有宝石和奇石光珠、虎魄、水精、瑠璃。光珠是红宝石、绿宝石、绿柱石、金绿宝石。瑠璃是蓝宝石、海蓝宝石、各色尖

翡翠首饰

晶石。光珠中必定也有后世称道的猫睛石在内。水晶、琥珀也都是缅甸北部的重要矿产。

翡翠在汉代通常是指南方生长的一种有美丽鸟羽的飞鸟，但在公元1世纪的诗赋中，翡翠已用来指称缅甸北部出产的硬玉（Jadeite）。班固《西都赋》有"翡翠火齐，饰以美玉"。用碧色的翡翠衬托红色的火齐，指的都是宝石。翡翠的主要矿物是一种含钠的辉石，化学成分为$NaAl[Si_2O_6]$。组成翡翠的硬玉类矿物部分呈细粒状，部分呈细纤维状；粒状矿物使翡翠内部出现星点闪光，商业上称作"蝇子翅"，是区别翡翠与其他玉石的重要特征。翡翠由于细纤维状矿物和粒状矿物交织，具有坚强的韧性，原料用铁锤也不易击碎。中国古书（《九州记》、《华阳国志》）记载永昌出瑠璃、轲虫，轲虫可能就是现代人心目中的"蝇子翅"，是翡翠最早的称谓。

翡翠的基本色调有白、灰、黑、黄、紫、红、绿等色，以绿色最艳丽，所以有翡翠的美名。多数翡翠是白色或灰色的，浓艳的绿色翡翠以祖母绿、翠绿为最佳，是不带蓝或黄色的正绿；其次苹果绿，内中隐约可见黄色；再有秧苗绿，具有明显的黄色；四种绿色翡翠是这种宝石中的上品。

缅甸是能作首饰的翡翠的唯一产地。这种被称作玉石之王的翡翠，运到中国云南，称作缅玉，缅玉在云南集散，因此又称云南玉。翡翠主要矿区在缅甸西北钦敦江的东北支流雾露河上游，北纬25°28′至25°52′、东经96°7′至96°24′的地区，位于钦敦江和伊洛瓦底江分水岭地带，以海拔840米的都茂（Tawmaw）为中心，有两大矿山，长约250千米，宽约15千米，就是中国古书上称作"玉石厂"的所在地。这里是第三纪水成地层，火层岩及变质岩亦普遍，翡翠的原料一种是砾石，商业上称"仔料"，一种是从山上开采的原生矿，商业上称"山料"。上述主要产区之外，在孟拱南面孟养以东约16千米处，也有缅玉发现。缅甸首都仰光的大金塔尖风向标上，镶嵌着500多枚翡翠，还有3 600多粒红宝石。

缅甸出产世界上最优秀的红宝石和蓝宝石。主要的宝石蕴藏在缅北杰沙县莫谷（Mogok）附近前寒武纪结晶石灰岩的红宝石矿区，矿脉自莫谷到礁脉真分布在60千米长的丘陵南侧，红宝石是该地最著名的宝石。莫谷出产的红宝石举世无双，鲜艳光亮而略带蓝彩色的"鸽血红"红宝石就产在这里。莫谷红宝石多色性明显，红色荧光强烈，常含有短而粗的针状金红石包体，琢磨后可出现六射星光。这种宝石在唐朝已经输入中国内地，称作鞑靼，鞑靼本来是唐代分布在黑龙江和松花江的渔猎民族，那里不产红宝石，产红宝石的缅甸莫谷最早借用了"鞑靼"一名，因此长时期以来不为人识。高似孙《纬略》引《唐宝记》中有红鞑靼，"大如巨栗，赤烂若朱樱，视之如不可触，触之甚坚不可破"。描述的性状都和莫谷红宝石符合。在8世纪中叶列入国宝之中，《旧唐书·肃宗纪》记述楚州刺史崔侁献宝玉13枚，名列第七的是红鞑靼，"大如巨栗，赤若樱桃"。樱桃色红而深，略如后世的"鸽血红"红宝石，可见"鸽血红"在8世纪已经被中国列入国宝了。《本草纲目》以为"宝石红者，宋人谓之鞑靼"。稍后方以智《物理小识》更明白指出："红瑺即鞑靼也"。将鞑靼和红喇（lal）指作同一类宝石。到13世纪末，由于元军三次进入缅北，军士留下来与当地居民杂处一起的不少，于是莫谷、都茂等地的玉石珠宝矿逐渐开采。到15世纪中叶，猛密女酋长曩罕弄得到云南省督允准，脱离木邦，于是明政府派太监驻在云南，专门采办缅甸珠宝玉石，大肆开采宝石矿藏，在上缴官府之余，容许民间交易，促使大批云南劳工奔赴缅北，开采玉石宝货。英国在19世纪侵吞缅甸，一个重要因素是缅甸有许多贵重的矿藏。在英国人写的矿产志中，往往将缅甸宝石的开采说成是1597年以后才开始，其实最清楚这件事的是云南的中国人，他们留下的记录是最好的证明。文与可《朱樱歌》中早有"翡翠一盘红鞑靼"的诗句，一红一翠的缅甸红宝石和翡翠，在中国是久享盛名的了。在缅甸发现过世界上最大的红宝石，重量和宝石金刚石相近，达到3 450克拉。至于鸽血红，最大的也仅55克拉。

　　莫谷的红宝石矿区常同时伴生各色蓝宝石，蓝色的蓝宝石极佳，产地在莫谷以西13千米至26千米处的Kathe和Gwelin。和红宝石一样，莫谷的蓝宝石常有针状金红石包体和六射星光。这种蓝宝石透明度高，裂隙少，色泽鲜艳，是仅次于克什米尔蓝宝石的上品。明代《博物要览》记青宝石（蓝宝石）五种，云南宝井（即缅北所产）出产的有两种，又叫鸦鹘（亚姑）青，一种色嫩青如翠蓝，一种淡青如月下白。同书又说猫儿眼（通常指金绿宝石）有两种，一种是麦地那出的，石色淡黄，类似青石绵

绚丽多彩的宝石

（Crocidolite），一种出云南宝井，亦即猫眼蓝宝石。

　　缅甸红宝石矿还盛产月光石（moonstone），是装饰用长石类矿物中最优秀的，莫谷东北6千米有出产，色彩有黄色、橘色，缅语称作Shwe myaw（金月石），和汉代以前古籍中常见的璙玟（玉石）的读音非常相近。

　　莫谷北面16千米的巴纳密（Bernardmyo）山谷还出产一种绿色的翠榴石，翠榴石长期以来只产在红海地区，是略带黄色的绿色宝石。莫谷也出产蓝晶石，和浅蓝靛色的青金石（天青石）。莫谷出产的宝石还有光泽明亮如火，可比金刚石的锆石（Zircon），古已有Jargor（"有色宝石"）之称，中国中世纪古籍中的火珠、出火珠，或者是指这种宝石。杰沙也出产黄绿色变种的绿柱石。孟密的曼允（maingnin）附近盛产一种品红色的电气石。克伦邦的萨尔温江山谷纳蒙（Namon），出产一种光亮黑色具有祖母绿色泽的电气石，琢成珠饰后一度在仰光冒充绿宝石。下缅甸的打瓦出产两种黄玉（Topaz），一种是黄色蓝宝石的别种，在斯里兰卡称"黄玉之王"；一种是黄色番红花黄玉，在斯里兰卡称作"印度黄玉"。此外，在密支那的玉石产地，还出产色泽富丽的石榴石。钦敦江上游胡康河谷的孟关（Mamgkwan）盛产的琥珀，已有两三千年历史，品种有鲜红、火红、蜂蜜、芝麻等多种。

　　缅玉雕刻的佛像在东亚许多寺庙可以见到。据缅文《琉璃宫史》，蒲甘王朝君王阿奴律陀（1044—1077年）秉政不久，得知大理国有佛牙，亲率儿子江喜伦和四员大将领军到大理顶礼，大理国王以碧玉佛像一尊相赠。阿奴律陀回国后，将佛像供在宫中。这尊大理玉佛可以看做后世各种玉佛的范本。缅甸的寺庙和国王曾向中国佛寺多次赠送玉佛。中国四大佛教圣地都有玉佛，峨眉山金顶大玉佛、五台山广济茅蓬大玉佛尤其有名。上海玉佛寺、北京北海团城都因玉佛而命寺。福州雪峰崇寺三尊玉佛，一尊是卧佛，两尊是坐佛，都为释迦牟尼佛，卧佛长约1.3米，高约0.7米，重200多公斤；坐佛高约0.7米，重达150多公斤；总重超过500公斤，是明末达本法师主持寺院时，缅甸国王捐赠给南明政权的礼物。中国最大的卧佛在江苏昆山千灯镇玉佛寺，是21世纪新置的缅甸白玉佛像。

声名远扬的铁网珊瑚

　　古代的珠宝中，珊瑚也是引人注目的一项。珊瑚，古代中国译作苏胡（《开元占经》引《孝经援神契》），是波斯语xuruhak的译名。珊瑚的著名产地有三，一是南海，中国的西沙群岛、南沙群岛都有出产，司马相如《上林赋》中记上林苑中有珊瑚。汉代积翠池中有珊瑚，高一丈三尺，二本三柯，上有四百六十条，据说是南越王赵佗所献，大约来自南海。另外两个产地，一是地中海，一是红海，古代中国都称作大秦西海，是罗马世界的产物，尤其名贵，采集者用铁网培植，及时摘取，自古有铁网珊瑚之名。

大秦珊瑚有地中海出产的，也有红海出产的。地中海珊瑚出在阿尔及利亚和突尼斯沿海，实心扬枝（Corallium nobile, C. rubrum）最适合雕琢宝饰，从公元前4世纪末的托雷美王朝到中世纪的拜占庭帝国，都向西欧、波斯、印度和中国出口珊瑚，是一项重要的商品。这种地中海珊瑚在努比亚的阿布·辛贝勒（Abu Simbel）附近奎斯托尔墓群中有成批出土。埃曼利在《倍拉那和奎斯托尔王室墓群》一书中有记录。铁网珊瑚的采摘法，至少在公元5世纪已由那些印度的佛教僧侣传到中国，月支人支僧载写的《外国传》有一段文字：

> 大秦西南涨海中可八百里到珊瑚洲，洲底有盘石，珊瑚生其上，人以铁网取之。

这段报道最早指出，在罗马世界西南北非地中海沿岸有盛产珊瑚的珊瑚洲，可能是指称突尼斯东部沿海的盖尔甘奈群岛，贝贾亚和突尼斯两个海港城市兴起后，成为珊瑚集散的海港。

8世纪杜佑《通典》卷一百九十三大秦条对潜水员入海取珊瑚的全过程，说得比较清楚：

> 西南涨海中可七八百里行，到珊瑚洲，水底有盘石，珊瑚生其上。大秦人常乘大舶，载铁网，令水工没，先入视之，可下网乃下。初生白，而渐渐似苗坼甲。历一岁许，出网目间，变作黄色，支格交错，高极三四尺者，围尺余。三年色乃赤好，后没视之，知可采，便以铁钞发其根，乃以索系网，使人于舶上绞车举出，还国理截，恣意所作。若失时不举便蠹败。

生在浅海中的珊瑚，是由一种叫珊瑚虫的动物分泌的石灰质骨骼生长而成，形成枝蔓交错，形姿十分可爱。珊瑚的色彩也随着它的生长而由白变黄，到第三年时成为赤色就完全成熟了。那时由于早年下海的铁网已将珊瑚根盘络住，便在船上用绞车将丝绳系上五爪铁锚抛进海中，将珊瑚连根拔起。红珊瑚枝光滑细腻，是很难得的上品，所以价格不菲。13世纪的《诸蕃志》称珊瑚树出自阿拉伯世界的毗喏耶国，毗喏耶今译贝贾亚（Bijāya），是当时马格里布东部地区伊非里基亚总督区的首府，是个繁荣的海港城市，珊瑚从这里运往世界各地。《诸蕃志》

介绍珊瑚树长到一年多,就差不多了,高可三四尺,大的径围也可达到一尺。"土人以丝绳系五爪铁锚儿,用乌铅为坠,抛掷海中,发其根,以索系于舟上,绞车搭起"。取得的珊瑚,见风便干硬,变成干红色,以长得最高的价最贵。取珊瑚的另一种办法,据《事林广记》,是用绳索绑在十字形木架上,用麻棉乱绞在十字上,用石头缚着沉到水中的铁网或船身上,再收紧绳索拔取珊瑚枝。

贝贾亚拥有规模巨大的造船业和发达的海外贸易,又是北非沿海和深入内地的骆驼商队云集的地方,贝贾亚居民开采富铁矿,四郊是可耕的平原,造船业所需的树木、树脂和柏油都有出产,可以造巨舶、海船和单桅船。伊德里西在1154年写的《旅游珍闻》中说:"贝贾亚是个大货栈,贸易发达,城市居民富裕,而且在各种艺术和技艺方面都显出比其他地方要高明。该城的商人和西非商人,还有撒哈拉以及东方的贸易商保持着联系,储存了品种繁多的货物。"珊瑚当然只是各项商货中的一项,但可以销售到阿拉伯、印度,远到中国。用珊瑚做成的首饰,在中国、印度十分普遍。珊瑚可以入药,在唐朝已经有记载,《本草衍义》卷五说:"珊瑚有红油色者,细纵文可爱。有如铅丹色者,无纵文,为下品。入药用红油色者。"

红海是珊瑚的另一个产区。红海珊瑚,多是空心珊瑚(Tubipora musica),产自红海之滨。早在白达里时期,埃及就用这种珊瑚作珠子,在相当于古王国时期的努比亚古墓中,有这种珊瑚珠。红海因产珊瑚,有珊瑚海的名称,这在陕西发现的781年《大秦景教流行中国碑》中,已有"大秦国南统珊瑚之海",珊瑚海即红海,比后来土耳其语中的珊瑚海(Sap denizi)要早得多。红海珊瑚比实心珊瑚大,《洽闻记》说:"小者三尺,大者丈余。三年色青,以铁抄发其根,于舶上为绞车,举铁网而出之。"红海珊瑚大致在阿拉伯半岛希贾兹的留基·柯米(哈瓦拉)港采集,然后运到波斯、印度,再通过海路和陆路运到中国,因此唐朝以为珊瑚也产在波斯。

1338年左右,到非洲各地考察商务的汪大渊,亲自在索马里北部的哩伽塔(纳卡塔)停留,见到当地人采集珊瑚的情景,他说的珊瑚"长一丈有余,或七八尺许,围一尺有余"。秋冬民间用船,将破网和纱线缚横木两头,人在船上牵网取珊瑚。郑和宝船到亚丁,也采购高二尺的珊瑚树,还有好几箱珊瑚枝;在麦加,也采购了珊瑚;在霍尔木兹,也购进珊瑚树珠和枝梗。这种珊瑚恐怕都是红海所产。到清代,仍有很多进口的。珊瑚在中国,除了供佩饰,还做成各种器物,如笔架、帽筒和动物、人像。

印度洋上三大采珠场

珍珠,古代写作真珠,是称圆润的蚌珠。这种蚌珠,"大率以圆洁明净者为上。圆者置诸盘中,终日不停"。汉朝将这种珍珠,起名明月珠,是因为上等的蚌珠形如圆洁的月亮。

珍珠项链

中国的广西、湖北出产珍珠,有两三千年的历史。湖北出产的明月珠,是随侯统治区的产物,十分圆润明净,因称随珠,在战国时代,可与悬黎、结绿、和朴、砥厄四种列入国宝的宝珠媲美。班固《西都赋》有"悬黎垂棘,夜光在焉"。张衡《西京赋》更明言:"流悬黎之夜光,缀随珠以为烛。"用随珠发出的光亮比作悬黎(能发光的贵蛋白石,Upala)。广西的合浦,属于徐闻郡,濒临北部湾,汉代已是个著名的产珠港,又是汉使启程到南印度黄支国的出发点,当然珍珠也随之出口到南海各国了。

一般说来,淡水养珠为无核养珠,形状很难达到完美的滚圆形,海水养珠却不同,是有核养珠,珍珠的大小因核和养殖时间而异,养殖时间越长,光泽越好。印度洋和苏禄海自古产珠。古代世界最重要的采珠场是在波斯湾,还有一处是在南印度科罗曼德海岸的南端。

波斯湾采珠场历史悠久。在中国历史上称作大秦明月珠,是珍珠中的上品,产区在喀莱克(Karek)、卡塔尔(Kotor)和阿曼(Uman)。哈萨海岸自古出产珍珠。哈萨海岸在古代范围很广,包括阿拉伯半岛东海岸的大部分地区,北边从朱拜勒城南的卡最麦开始,沿着海岸向南到阿曼和沿岸各岛,都在该区以内。哈萨又称巴林海岸,卡塔尔半岛只是其中的一段。位于卡提夫和乌凯尔之间的海湾、麦纳麦诸岛和祖巴尔(卡塔尔)构成了哈萨海岸,这里是出发到波斯、阿曼、印度和中国的商船航运中心。10世纪的阿拉伯学者曼苏地在《黄金草原》中根据西拉夫的阿曼航海家的经验,总结出波斯湾一年有两次涨潮,冬季的一次有6个月,偏涨在西南部,因此波斯湾捕捞珍珠只能从4月开始,持续到9月末,其他月份是东北部涨潮期间,要停止捕珠。波斯湾的珠母有很古的,也有是10世纪的,一种珠母叫曼哈尔(Mahār),一种珠母叫贝勒贝勒(Balbal)。潜水员要潜入海中采珠,只吃鱼和椰枣,不以肉食为生。他们的耳朵底部被割开,好使呼吸道畅通,因为他用玳瑁制成的矛头塞住鼻孔,耳朵中塞满浸了油的棉花,当他们潜入海底时,一部分油被挤出来,好使他们听到外面的声响。他们的腿都涂上黑色的物质,足以使海魔吓得逃走,这些海魔在海底会发出一阵阵像狗叫的尖声,使人难受。波斯湾出产的珍珠，常常通过印度和斯里兰卡向中国皇帝进献大珠。642年唐朝受到天竺国（北印度）进献的大珠。750年师子国（斯里兰卡）也向唐朝贡献真珠。

波斯湾的珍珠由哈里发派遣专门的官员征收实物和税银，供王室挥霍。哈里发麦蒙（813—833年）和宰相哈桑·伊本·赛海勒18岁的女儿布兰，在825年举行婚礼时所耗费的财富，成了阿拉伯文学最狂热的题材，因此得以流传后世。当时在婚典上，从一个金托盘里将一千颗极大的珍珠撒在那对新人身上，新人站在一床用珍珠和蓝宝石镶嵌的金席子上，接受了这个极其奢华的撒礼。那一次婚典还使用了一支重200磅的龙涎香烛，将黑夜照耀成了白昼。许许多多来自中国的麝香丸撒给了皇亲国戚和显贵要员，每个麝香包有一纸礼券，上面的礼物是田地一份，或奴隶一名，也可以是其他十分动人心弦的馈赠。自从这次撒珍珠的盛典启动之后，后来东方产珠国家的君主和外交盛典也都跟着做了，他们此举该是受到麦蒙的启示。

靠着经营珠宝，并且从事海外贸易而致富的波斯人、阿拉伯人，在阿拔斯朝的巴士拉、西拉夫和巴格达是大有人在。像巴格达的珠宝商伊本·贾萨斯，他的财产1 600万第纳尔被哈里发穆格台迪尔（908—932年）没收后，他居然仍然保持着富豪的名声，而且成了一个以珠宝业著称于世的一大家族的祖宗。在中国，波斯胡商素以善于识宝著称，他们个个都很富有，以致在中国北方流行的一个词汇"穷波斯"，代表的是一种人尽皆知的胡诌与诽谤。

波斯湾采珠业名闻世界。12世纪中叶，西西里的伊德里西在《旅游珍闻》中说："波斯湾中采珠场计有三百，采珠者多住阿瓦勒（麦纳麦）岛上，都城叫巴林。"波斯湾的西拉夫本是巴斯拉的商业竞争对手，但在977年地震袭击以后，便难有昔日雄风，1055年以后，逐步走上衰败之路。伊本·巴尔基指出，代替西拉夫的是卡伊斯（Qais）岛，卡伊斯的位置正好在波斯湾正中，和西拉夫一样可以停泊来自中国和印度的大船，同时又好接运从巴斯拉港运出的货物，遗址哈里拉（Harira），出土物中有宋元瓷器。波斯手稿中称作Keis，伊德里西说，从阿曼的苏哈尔走海路，两天便可到达卡伊斯，它是也门和马斯喀特的附庸。《诸蕃志》和《大德南海志》都译作记施。《诸蕃志》说那里的物产很多，最多的要数珍珠、好马。珍珠、珊瑚、乳香等货，都是从那里运到印度卡利卡特，再转运中国和东南亚各地。

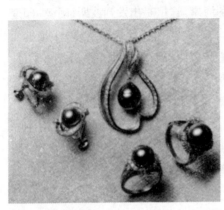
名贵的黑珍珠

在西方文献中，意大利人奥多立克（Friar Odoric）在1330年左右到过波斯湾中的新霍尔木兹城，被认为是对这座在两百年中享有盛名的海港第一次访问记录，然而汪大渊到达卡伊斯岛，至迟也不致晚到1331年，下一年夏季便结束了他第一次海外旅行，从那里返国了。汪大渊将卡伊斯的全名Qais ben 'Umaira译作甘埋里，"甘"对上Qais，"埋里"是译的'Umaira，省去了开唇音。当时卡伊斯的税收属于巴格达哈里发，哈里发专门派员驻岛，加以监督。新霍尔木兹兴起后，一度在1320年占领卡伊斯岛，打败了巴林。仰赖一支海上舰队，独霸海湾贸易两百年之久的卡伊斯，从此就被霍尔木兹替代了。

《诸蕃志》认为真珠出在大食国（阿拉伯）的海岛上，这海岛便是哈萨海岸的诸岛；又说出在斯里兰卡（原文"西难"，即锡兰）和苏门答腊岛西部的监篦（Kampnr）。赵汝适记述国外对采珠场专门派官监督，记下产场，将珠母埋入深坎，到一个多月后珠母壳腐烂，取出真珠，淘洗干净，官方和采珠者平均分派。这正是当年波斯湾采珠场收真珠的实情。

印度洋中另一处著名采珠场，是在斯里兰卡北部和南印度泰米尔纳德邦之间的马纳尔湾。

马纳尔湾出产珍珠，早在公元1世纪《厄立特里海环航记》中已经提到，铜叶河（Tamraparni）有大城科尔霍（Kolkhoi）是珍珠的大市场。巴拉瓦王朝和朱罗王朝（846—1279年）时期，采珠业更大有发展。朱罗王朝在897年吞并巴拉瓦王国，此后在朱罗国王罗者罗者一世（985—1012年）和他的儿子拉金德拉一世（1012—1044年）统治期间，朱罗王朝统一了南印度，征服斯里兰卡，并进军德干高原，1023年更陈兵恒河，于是在马杜赖东北营建新都干伽贡达朱罗普拉姆（Gangaikondacholapuram），后来阿拉伯人称作琐里八丹，中国译作沙里八丹。罗者罗者在位的末年曾派使节到中国，和宋朝通好，途中经过1 150天（包括等候季风的中途停歇），才到达广州，那时已是真宗大中祥符八年（1015）了，礼品中居榜首的是真珠，史称"其主遣使贡真珠等"。仁宗明道二年（1033）、神宗熙宁十年（1077）6月，朱罗的使节再抵中国。宋代历史档册，将朱罗译作注辇，阿拉伯语称作Culiyan，朱罗人，阿拉伯语写作Soli，明代因此有"琐里"的译名。朱罗的使节到达宋都开封后，被引见并参与启圣禅院向真宗祝寿，仁宗和神宗时，朱罗使节在御座前以满盘珍珠撒放殿中，称作撒殿，是当时最华贵的一种庆礼了。

14世纪上半叶，汪大渊亲自访问印度东海岸，到那里考察商务，到过加异勒（Kayal）和沙里八丹等许多口岸。汪大渊称加异勒叫第三港。加异勒原来位于铜叶河下游，后来岸线不断上升，加异勒离海口已有2.5千米之遥，海口有本尼加异勒（Punnei-Kayal）兴起，这个港在蒂鲁钦杜尔（Tiruchendur）和加异勒普特纳

（Kayalpatanam）的北面，所以汪大渊称作第三港，又叫新港，元代使节所到的新村马头也是这一处海港。汪大渊说，离该港80多里的大朗洋（铜叶洋）中产"蚌珠，海内为最富"。采珠日一到，每艘船以五人为一组采珠，将取得的珠蚌放在船中，由官兵把守珠场，数天后，珠肉腐烂，洗净后取珠，官方取得一半，其余的每舟五分，每人得一分。采珠者常常喜欢与黄金交易，可以获利数倍。

汪大渊还到过铜叶河以北科维利河（Cauvery）口的沙里八丹。这里的南面就是本地治里以南3千米的古港阿里卡曼陀（Arikamedu），古代叫科维利普特纳（Kaveripattanam），是《厄立特里海环航记》中的古港庞杜克（Podoukē）。1945、1947年在这里的考古发掘，见到许多罗马玻璃制品、灯具、酒罩，以及宝石，早就和西方通航了。沙里是朱罗王朝的新都，新港所产珍珠，待官方抽税后，都用小船运到沙里八丹出售，被当地富商用金银以低价收进囤积，等中国船一到，再转手出售给中国人，可以获得更高的利润。

现在马纳尔湾的采珠场在印度方面，已集中在土提科林（Taticorin）港；斯里兰卡那边，普塔拉（Puttalam）以北46千米的马里朱卡迪（Marichchukaddi）村是主要的产地。

王室珍宝金刚石

由天然的金刚石琢磨而成的宝石，称作钻石，具有理想的晶形，而在自然界中产出的金刚石晶体，在完整时都是三向等长的，产出时经常是形状不规则的晶体碎块。

由于金刚石具有明显的解理，容易沿解理缝裂开，所以能达到宝石级的金刚石十分稀少，大粒的宝石金刚石更因罕见而成为稀世珍宝，一旦发现，通常都被各国的君王所占有，成为权杖或王冠上的装饰品。开采出的金刚石，平均只有20%达到宝石级，其余80%的金刚石只能供工业用。世界金刚石年产量约1亿克拉，宝石级的约为1 500万克拉，加工成钻石的仅约400万克拉（相当于800千克）。因此粗略估算，要得到1克拉（0.2克）打磨好的钻石，需要挖掘约250吨矿石。何况加工过程旷日持久，因此价格昂贵。

利用金刚石作为装饰的历史少说也有3 000

世界最古老的名钻"科伊诺尔"（"光明之山"，现重106克拉年了,使用现代化方法大规模开采,也有100多年的历史,然而重量超过100克拉的宝石金刚石总数却不足2 000粒;重量超过200克拉的少于250粒;重量超过500克拉的巨型宝石金刚石,总共发现了20粒,所以一有重大的发现,都是弥足珍贵的大事。

宝石金刚石由于特别珍贵,凡是能磨成直径约1—2 mm的小钻石,就有它的价值,小到0.01克拉的钻石也可以成为值得琢磨的饰品。每克拉的价值可达数千至数万美元。

印度是世界上发现金刚石最早的国家,在南印度安陀罗邦的克里希纳河、彭纳河及其支流的砾石层中,开采金刚石的历史已有近三千年之久。一直到18世纪中叶,印度始终保持着世界上钻石王国的地位,著名的历史名钻几乎全都产自印度的哥尔康达,诸如"沙赫"、"光明之山"、"光明之海"、"摄政王"和蓝钻"希望"、"印度之梨"、"奥尔洛夫",它们全都是古印度的名品,后成为波斯、英国、法国和俄国等许多国家王室的珍藏。

在世界上最大的宝石金刚石库利南发现之后一个世纪,2007年又一次在南非西北省挖出了有库利南钻石两倍大的、迄今世界上最大的钻石,卖价估算可达1 500万英镑。在此以前,位居第一的是库利南钻石,重达3 106.75克拉,大小和一个成年男子的拳头相当。这粒宝石在1905年1月25日发现于南非德兰士瓦普雷米尔矿山,用公司总裁的姓取名库利南。1907年在布尔战争中失败的南非政府,将这块大钻石献给了英王爱德华七世。由于"库利南"分量太重,无法佩戴,于是请了荷兰著名宝石工匠约瑟夫·阿谢尔将它加以切割。经过三位经验丰富、技艺超群的工匠,每天工作14小时,共耗时8个月,才

英帝国王冠(中部正中镶有"黑王子红宝石",顶部正中镶有"非洲之星Ⅱ")

分割成9颗大钻和96块钻石。用库利南磨成的世界最大的钻石,重530.2克拉,被琢成水滴形,取名为"非洲之星",成为英国王室珍宝。象征英王权杖,原本是1661年英王查理二世举行加冕典礼时做成,1910年在权杖中间加镶了"非洲之星Ⅰ"的钻石。仅次于"非洲之星Ⅰ"的第二大钻"非洲之星Ⅱ",是"库利南"晶体被打碎后磨成的9粒大钻中的一颗,重317.4克拉,现在镶到了英王王冠上。在这项名为圣安东温德的王冠上镶着2 783粒钻石、277颗珍珠、17颗蓝宝石、11颗祖母绿和5颗红宝石,可谓富贵至极。"库利南"其余切割后的96块钻石,也成了英王室的珍藏。

仅次于库利南的宝石金刚石是在葡萄牙的殖民地巴西内地发现。这个新大陆的金刚石矿是在1798年才发现。葡萄牙政府于是规定当地居民凡采到重量在

20克拉以上的宝石金刚石，必须上缴给王室，否则一经查出就被处以重罚。在巴西东部的米纳斯吉拉斯州，3个被判重刑终身流放到这个人烟稀少地区的犯人，在开采金刚石的劳役时发现了这颗金刚石。1798年的一天，3个犯人沿着阿巴依戴河找金子，看到了一块大如鹅卵的砾石，无色透明略显蓝色，初步认定是块金刚石。他们想用上缴宝石来减轻刑罚，可是难以见到地方官员，又怕被人偷走宝石，于是向一名神父求助，神父将这块宝石送交葡萄牙的巴西总督，总督请来专家鉴定，确定是真的金刚石，而且是当时世界上最大的一颗宝石金刚石！这颗宝石重达1 680克拉，确是稀世之宝，因为人类还从未开采到这么大的金刚石。宝石最后被送到葡萄牙王宫中，三个流放犯由于立了大功而被赦免。

宝石因发现在阿巴依戴河的河滩边，就被命名为"阿巴依戴"，后来归属葡萄牙王族，改从王族的姓氏称作"布拉冈斯"。布拉冈斯进入葡萄牙王室后，再也没人见到过。据说宝石被琢磨成一块巨大的钻石，重560克拉，它的重量比以后琢成的"非洲之星Ⅰ"也胜出29.8克拉。

在发现过库利南钻石的同一地方，1985年又获得了一块大钻，切割成545.67克拉的"金色陛下"。在世界上极为罕见的几颗大粒名钻中，有重94.8克拉的"东方之星"和重45.52克拉的名钻"希望"。

名钻"希望"曾和法兰西的王冕结有姻缘，后来流落在伦敦、华盛顿的珠宝市场上，营造出了一个颇有传奇色彩的故事。

"希望"是世界上仅有几颗具有鲜艳深蓝色透明钻石中的一颗。在这颗宝石的中央透射出美丽的蓝色，而宝石的主人常落入悲惨的噩运，因此这种蓝光被认为是一种凶险的厄运之光。1642年，法国的珠宝商、旅行家塔维尼在印度西南部科勒的金刚石砂矿获得这块重112克拉的宝石金刚石，因为它具有罕见的蓝色而成为一时珍藏。塔维尼将宝石献给国王路易十四，因此获得了一笔可观的酬劳，并且得到一个官职。后来这笔财产被他的儿子花得精光，以致塔维尼在80岁时穷得不名一文，只好将希望寄托在到印度去找宝，可这一次，他在印度被野狗咬死，从此有去无回了。此后宝石的主人便一个个堕入了不可抗拒的厄运之中。

和这颗名钻结缘的法兰西王室，从路易十四开始，到路易十六夫妇，都交上了厄运。路易十四将这颗蓝钻琢成重69.03克拉之后，仅仅戴了一次，不久就患上天花，在1715年去世了。钻石的新主人路易十五发誓不戴这颗蓝钻，将钻石借给他的情妇佩戴，后来法国大革命在1789年爆发，他的情妇被砍头。蓝钻又传到路易十六手中，玛丽王后经常佩戴此钻，结果夫妇两人在1793年1月21日被送上了断头台。玛丽王后的女友兰伯娜公主也曾一度拥有此颗蓝钻，其命运也是一样。蓝钻和法兰西王室珍宝，连同有世界之最名声的法兰西王冠都在1792年9月

17日由内务大臣罗兰在议会上宣布："王室珍宝贮藏室门被撬,钻石全部丢失！"珍宝贮藏室的珍宝在路易十六处死以前,曾由议会设立的一个专门委员会加以清点,共清出钻石9547颗,总价值达3000万法郎,这些珍宝连同当时世界上最奢华的法兰西王冕,自1791年以后,每逢圣马丁复活节的星期二,可供巴黎市民参观。钻石的失窃是当局有意策划的行动,旨在解救国库的空虚,补偿财政赤字,将1792年9月20日普鲁士军队向凡尔登以西瓦尔密村的法军发动的进攻,通过秘密交易,变成法军的一次胜利,促使普鲁士等五国组织的反法联军就此撤军。

蓝钻后来被重新琢磨了一次,变成45.52克拉。当1830年它在伦敦市场上出现后,立即被银行家霍普(Hope)以18 000英镑的高价买进,蓝钻因新主人改称"希望",因为霍普就是"希望"。霍普终身未婚,没有后嗣,将"希望"传给他的外孙小霍普,小霍普娶美国女演员约西为妻,不久因破产和约西离婚,"希望"之钻

噩运的蓝钻"希望"

在1906年为偿还债务而出售,两年内多次转手。1908年土耳其苏丹哈米德二世以40万美元买进这颗蓝钻。经手这笔买卖的商人带着他的妻儿出门时在一场车祸中坠崖,致使全家罹难。哈米德二世将蓝钻赐给他的心腹左毕德佩戴,不久,左毕德就因故被苏丹处死了。

1911年以后蓝钻转到了美国人手中。华盛顿邮局负责人麦克兰以11.4万美元购进蓝钻后,将它送给夫人。麦克兰夫人不相信此钻会给她带来厄运。但在得到此钻的第二年,她的儿子在一次车祸中丧生,接着是麦克兰去世,还有她的女儿也因服用安眠药过量致死。1947年麦克兰夫人去世后,美国著名珠宝商温斯顿在1958年买下她的全部珠宝,蓝钻"希望"也归他所有。温斯顿戴着这颗给人带来噩运的蓝钻,曾在不同的季节多次飞越大西洋,一次也没遇上空难。倒是有一次温斯顿夫人比她丈夫早一天离开里斯本,乘机飞回纽约,中途规定在亚速尔群岛玛丽亚机场停机加油时,飞机引擎发生了一点小故障,耽搁了三个小时,引起了温斯顿夫人邻座乘客的担心,决心换乘第二天的航班。然而第二天那架搭载温斯顿返回纽约的飞机,又搭载了这位乘客,结果是十分美满的,并未出什么事故。当那位换乘下一天航班的乘客正在侃侃而谈昨天的航班一定会出事时,温斯顿忍不住掏出了他妻子在到达纽约后给他拍来的电报,才使对方就此闭嘴。温斯顿最后将这颗历尽坎坷的美丽蓝钻作为礼品献给了国家,被收藏在华盛顿的史密森研究所,变成了科学研究的标本。

钻石也是俄国王室珍藏的宝物。18世纪初彼得大帝在圣彼得堡东宫内修建了一座神秘的库房，用来收藏王室珍宝，世人习称为钻石库。这座钻石库是珍贵钻石最集中的地方，世界前10位的大钻石有3颗就收藏在这里。这里有世界第三的大钻石"奥尔洛夫"，重量为189.62克拉，被镶在俄罗斯王室权杖顶端的一件雕花的纯银宝座里。俄罗斯沙皇的皇冠更是钻石荟萃，上面有十多颗巨钻是从当年欧洲各国王冠上摘下，重新镶嵌焊接而成。这顶皇冠共镶有4 936颗钻石，总重2 858克拉。第一次大战和第二大战使俄国王室宝库遭受损失，但钻石库里还存有25 300多克拉的钻石、1 700克拉大粒蓝宝石、2 600克拉小粒蓝宝石、2600克拉红宝石和许多精美的珍珠。

镶有历史名钻"光明之海"的伊朗王冠

在伊朗，君主的宝库中有着王权象征的宝座和金板，上面也是缀满了钻石和各种宝石、珍珠，这些珍宝自巴列维王朝倒台后被存放在伊朗中央银行的珠宝馆中，成了无数稀世珍宝的库房。最引人瞩目的要数孔雀宝座，在金子制成的宝座上饰有珠宝堆砌而成的孔雀开屏图像，上面镶嵌着26 700颗钻石。四具王冠，全部以黄金、红钻石、绿色蓝宝石、珍珠制成。还有一具纯金的地球仪，直径达61厘米，重量为37公斤，上面镶有44 000颗钻石和各色宝石，海洋用绿色宝石，大陆用红宝石，国名和地名是光耀夺目的白色纯净钻石，赤道和经纬线用钻石粉标出。一块20公斤重的雕镂精美的黄金板，上面镶嵌着用小钻石缀成的文字，在众多的钻石、珠宝中，以"光明之海"的名钻最为出类拔萃，略带微红的色调，长3.81厘米，宽2.54厘米，厚1.14厘米，重量为182克拉，在世界巨钻中列名第五。

世界名钻先后成为王室珍宝，它们的身价已上升到王权的象征，成为稀世之珍，权力和财富在它们身上已融合为一了。

变化中的钻石地图

金刚石是世界上最坚硬的物质，两千多年前还没有任何磨料可以用来研磨金刚石。在公元初罗马时代出土的一些金刚石戒指上，就是未经琢磨过的宝石金刚石。用金刚石的细粉来加工琢磨宝石的方法，是1455年后才由荷兰人发明的，此后，世界上开始见到光洁而闪亮的钻石。即使有了这种加工琢磨的方法，但琢磨金刚石仍需有高度的技术,并且常常保留着行业上的秘密,因此宝石金刚石的琢磨费用通常达到宝石价格的三分之一或二分之一。

20世纪60年代运用现代光学原理设计的标准圆钻诞生后,人类才算找到了一种比较理想的钻石琢磨式样。凡是经琢磨成标准圆钻式样的钻石,必定会将一切投射在钻石表面和射入内部的光线,最后使之全部向上反射,由顶面和斜面射出,并且随之产生的色散,使白光在射出时分解成红、蓝等彩色光,因此使钻石表面具有绚丽的彩色光芒。为了使磨成的钻石保留下最大的重量,就不能将一切金刚石使用标准圆钻,因为只有结晶成八面体晶形的金刚石,才最适宜琢磨成标准圆钻。钻石的珍贵,使得那些只要能磨成直径1—2 mm的小钻石,便具有价值,可以用于镶嵌饰物。通常把重量小于0.24克拉的钻石称作小钻;0.25—0.99克拉的称作中钻;重量在1克拉以上的就是大钻了。

世界钻石的生产,在18世纪以前,以印度的哥尔康达最为重要,它产生过许多世界名钻,但以后便让位给巴西、南非、扎伊尔等许多金刚石矿了。

17世纪末,巴西的米纳斯吉拉斯州在新大陆首次发现金刚石,随后在皮奥伊州发现了含有金刚石的沙砾层。在以后的一个半世纪中,巴西钻石的生产超过印度,成为当时世界上主要的金刚石产地。巴西开采了世界第二的宝石金刚石,重1 680克拉的"布拉冈斯",还有重726.6克拉的"瓦加斯总统"。

19世纪70年代南非金伯利城附近发现了极为丰富的金刚石矿,从此以后就将这种具有工业价值的金刚石岩石称作金伯利岩。南非金刚石从此震撼全世界。它的起点是1866年在距开普敦60千米处的橘河南岸的沙滩上,由一个女孩偶然发现了一块闪亮的石子引起的。不久这块石子由小孩的母亲送给了友人尼科克,尼科克请开普敦的专家鉴定,证实这是一颗重21.5克拉的宝石金刚石,当时卖出价是500英镑。1868年尼科克以500只羊、10头牛外加1匹马的代价,从一个黑人巫医那里买到一颗更大的发亮的石子,它就是有名的"南非之星",重83.5克拉,尼科克转手出售的价格是12 500英镑。

两颗引人瞩目的金刚石发现后,引得无数掘宝的人群聚集到橘河两岸的金伯利附近,不停地挖掘,希望找到宝藏。最先获得成功的是占据了几十平方米土地,一直向地下深挖的科利斯堡合伙采掘队,他们把这个非洲第一座金刚石矿叫作"新浪潮"矿,人们更习惯于管它叫科利斯堡钻石矿。后来才弄清楚,金刚石矿处于一个几千万年前形成的古老火山口中,就像一处垂直的管子,由于火山口堵塞,从地层深处上升的岩浆在巨大的压力下冷却,所含极为少量的纯碳在高温和巨大压力下结晶成金刚石。人们将这种含金刚石的岩石称作金伯利岩。岩管中的金伯利岩在漫长的地质年代中被风化成一种蓝色的泥土,藏在这些蓝土中的金刚石属于冲积砂矿。流水中携带的一些金刚石便沉积在河床或河滩上，属于冲积砂矿。科利斯堡钻石矿生成在深达几百米的蓝土中，最下面便是金伯利岩的原生矿了。将蓝土淘洗后取得的金刚石含量大约是2 000万分之一，也就是4吨蓝土，可以取得1克拉金刚石。

经过十多年的开采，金伯利岩管成了一个巨大的"天坑"，这个人为的"天坑"在1889年全归了垄断企业德比尔斯（De Beers）采矿公司。德比尔斯公司是罗德斯在1873年收购了德比尔斯矿和南部非洲大多数金刚石矿，在1888年成立的金刚石辛迪加，后来在20世纪30年代完全控制了南非和西南非（纳米比亚）的金刚石开采权，并将世界上最重要的金刚石销售机构伦敦金刚石辛迪加置于它的监管之下，改名为"中央销售机构"。由该机构供应的宝石金刚石占到世界销售量的80%，销售金额达到40亿美元。金伯利岩管的天坑到1915年停止开采，整个天坑近似圆形，直径约有460米，圆锥形的底部则深达距地表1 070米的地方。在45年中，这里生产了1 500万克拉的金刚石。

南非金刚石生产了许多颗粒巨大的宝石金刚石，其中有世界头号金刚石"库利南"（3 106克拉）、第三位的"库利南另外一半"（1 500克拉）、第四位的"高贵无比"（995.2克拉）、第七位的"琼克尔"（726克拉）、第八位的"欢乐"（650.8克拉）。世界上已发现的1 900多粒重100克拉以上的金刚石，95%是南非的产品。

金刚石岩管的新发现，使得保住钻石生产第一位的国家的时间表迅速地更换。在南非取得这个宝座后，仅仅80年，就让给了扎伊尔。扎伊尔在1907年11月，由美国地质学家贾诺特在开塞河流域找金矿时，偶尔在马伊木乃村附近河滩上发现一粒0.1克拉的小金刚石，直到1946年才在姆布吉玛伊市附近发现一批富含金刚石的岩管。不到10年，扎伊尔的金刚石产量便超过南非，跃居世界首位。但扎伊尔的产品多数是价格低廉的工业用金刚石，因此产值远远落在南非之后。

在宝石金刚石出产国家中，后来居上的是澳大利亚。1851年一艘在澳大利亚东南部新威尔士开采黄金的采金船，无意中捡到了第一粒金刚石。随后开始的探寻金刚石矿藏的工作，几乎在一个世纪中并无什么重大收获。20世纪20年代地质学家普顿德发表了他的研究结果，指出澳大利亚北部高原与南非金伯利地区的地质条件相似，应该有望能找到金刚石矿藏。他的理论直到40年后才得到印证，首先是苏联发现84万平方米的富含金刚石的大岩管，在它的周围还找到了许多金刚石砂矿。地质学家B.C.索波列夫认为西伯利亚与南非盛产金刚石地区的地质十分相似，而且在1954年发现了第一个含金刚石的"闪光"岩管，以后又在西伯利亚雅库特地区找到了大批富含金刚石的岩管。于是澳大利亚也开始根据普顿德的理论，在北部掀起了有几十家公司参加的勘探金刚石运动。他们甚至不惜以每小时210英镑的重金租用直升机进行空中勘探，终于在北部高原的南部找到了60多个含金刚石的岩管，并在高原东部发现了一个直径近1 000米、占地面积达84万平方米，使澳大利亚金刚石储量一下子占到了世界总储量的一半以上。1988年，澳大利亚的金刚石产量达到3 500万克拉，亦即7吨。这样在短短的30年之后，扎伊尔那块金刚石产量的金牌便转到了澳大利亚的手中。

从1971年起，西伯利亚金刚石产量达到了1 000多万克拉，一度位居世界第二，到1988年才退居第三位，但仍在南非之前。

世界钻石的雕琢和加工中心在比利时的安特卫普，那里加工的钻石占到世界总量的70%。安特卫普有许多能工巧匠，设计的钻石饰品精巧绝伦。但世界其他地方也有许多高手，他们的绝活使钻石世界美不胜收，妙绝人寰。当今英国最负盛名的工艺设计师德夫宁，曾在1988年的伦敦展出三件轰动一时的旷世奇宝钻石蛋，他采用淡黄的香槟酒色，以及酒红色宝石雕琢钻石蛋。他最得意的作品是件价值100万英镑的高12厘米的钻石蛋，外壳用4 000粒钻石作成，打开这颗蛋，便会出现18匹骏马，奇妙犹如一束鲜花。英国现代派艺术大师达米安·霍斯特雕琢的钻石头骨，名为《为了上帝的爱》。头骨由铂金制成，上面镶嵌8 601颗钻石，造价高达1 000万英镑（约2 000万美元），在艺术品中已叹为观止，2007年8月30日以1亿美元的天价售出，创下在世艺术家作品售价最高纪录。

百年沧桑琥珀宫

色彩美丽而半透明的琥珀，是一种第三纪松柏科植物树脂化石，中间常可见到木叶和昆虫。公元前4000年人类对软玉、燧石和琥珀已有认识，琥珀可制成饰珠、纽扣。荷马的《奥德赛》提到过腓尼基人从事波罗的海的琥珀贸易。希腊人从北伊莱克特利提群岛运进琥珀，叫它"伊莱克特伦"。希腊人将水滴形的琥珀当作一种神鸟的泪水。罗马人把它当作悼念英雄之死的热泪所凝结。尼禄为了医病和制造奢侈品，专门组织商队到波罗的海去采办琥珀。琥珀酸可以制作清漆和假漆，也可作苯胺染料。琥珀有放射现象，因此古人觉得有魔力。

1998年波兰靠近波罗的海的琥珀产地出土了一枚在4 000万年前形成的琥珀，中间包藏着一只完整的蜥蜴，这是波兰继一百多年前在萨姆比亚半岛找到第一枚蜥蜴琥珀后，又一枚蜥蜴琥珀。波罗的海沿岸自古以来就是有名的琥珀产地。从普鲁士、波美拉尼亚湾沿岸、格但斯克一直到白海都产琥珀，第聂伯河和乌克兰亦有出产。另一处琥珀产地在地中海西西里岛的加达尼亚，红碧交映，质地优良,享有世界声誉。

这些欧洲出产的琥珀早在公元前就已运到中国,《拾遗记》称周灵王（公元前571—前545年）时有渠胥国（希腊）人韩房到中国献虎魄凤凰,高6尺;又说汉武帝元鼎元年（公元前110年）西方贡品中有琥珀燕,可以生电,发出鸣声。

除此之外,缅甸北部胡康河谷孟关西南5千米是著名的琥珀产地,明代称作琥珀厂。曼德礼西北的瑞帽县亦有琥珀矿。《南史》中列举潘贵妃有一枚琥珀钏,值钱一百七十万,价值的昂贵,实在惊人,无非因为这是进口货。

中世纪的中国古籍都说波斯产琥珀,波斯实际是个世界性的琥珀市场,它的产品除了从波罗的海、地中海运去的,还有从阿拉伯海和桑给海运去的。雅库比在885年第一次提到桑给琥珀,说是产品之佳仅次于香岸（阿拉伯南部）的产品,常运到亚丁销售。10世纪时,亚丁湾和印度洋西岸琥珀产量大增,曼苏地在《黄金草原》中认为桑给海岸和阿拉伯香岸琥珀极多,并说:"最佳的琥珀,见于桑给诸岛和海边,系圆而纯蓝,有的大如鸵鸟蛋,或大致相近。"雅库特的《地理辞典》更认为东非琥珀值得注意,在东非有很多岛屿,"在它们岸边可以找到只有这里才有的许多琥珀"。这些琥珀销到了埃及、印度和中国。

但是在18世纪以前,琥珀只是一种装饰品,用作各种首饰,还没听说用它来建造房间的。1700年普鲁士国王威廉一世登基加冕之后,忽发奇想,要建造一座用宝石和金银装饰的宫室。他想到了丹麦的琥珀雕刻家杜索,请他在波茨坦设计并建造一间用琥珀和各种珍贵的玉石、玛瑙、金银箔装饰的宫室。经过9年辛勤工作,杜索以他超群的技艺将各种精美的饰品组合成十分奇妙的图案,在1709年建成了有50平方米的琥珀屋。全室共用了12块护墙板和10个柱脚,足以巧妙地随心所欲地拼装成各个不同的花样。玻璃拼花和琥珀雕刻配合十分协调,它们组成的图案演示了一组组古老的传说故事。就在这一年的7月,俄国在波尔塔瓦决战中,一举打败了为欧洲各国君主嫉恨的常胜将军瑞典国王查理十二的大军,迫使瑞典将芬兰、拉脱维亚、爱沙尼亚等北方领土割让给了俄国。俄国从此取得了波罗的海的出海口,正式改称俄罗斯帝国,彼得·米哈伊洛夫（1672—1725年）被俄国人称作彼得大帝。1713年彼得大帝将费时十载建成的圣彼得堡定为帝国的首都,并大兴宫室。

在琥珀屋建成三年后,普鲁士国王为了要和俄国结盟对付北方强敌瑞典,特地邀请彼得大帝到柏林访问,并邀请他参观了这座琥珀屋。喜爱西方艺术的彼得大帝被这座稀世杰构所惊,对之赞不绝口,流连忘返。威廉一世为取得俄国的支持,决心将琥珀屋作为礼物送给彼得,彼得万分愉快地接受了这份少见的礼物。1717年琥珀屋从波罗的海运到圣彼得堡的宫中。彼得大帝去世后,继位的叶卡捷林娜女皇将琥珀屋略加改造，后来伊丽莎白女皇在1755年将琥珀屋部件运到郊外的夏宫，请了意大利雕刻家马尔特里和哥尼斯堡的5名工匠，用琥珀艺术品建成了一个长11.5米、宽10.55米、高6米有3扇大窗的宴会厅。马尔特里将22面镜子配置在宫墙和护墙板之间，四壁巨镜托着琥珀镶板，显现出佛罗伦萨的彩色镶嵌画，地板雪亮，洛可可式样和巴洛克风格交相融洽，马赛克彩砖表现出意大利托斯卡纳风光。晨曦初照时，四壁琥珀放出异彩，画中天使、仙女都为之翩翩起舞；入夜，灯光四射，满室流光溢彩，使人置身仙窟之中。1917年10月革命后，夏宫被改为博物馆，琥珀宫也完好地保存了下来。

直到1941年8月，德军逼近时，博物馆工作人员来不及撤走琥珀宫的墙面板，只在墙面上蒙了一层硬纸板，就匆忙撤退了。

不久，德国专家对琥珀宫作了鉴定，著名的琥珀专家卢德对琥珀宫作了详细记录后，就由一批士兵在60小时内拆卸了房间的配件，分装成22个箱子，在1941年10月14日运往哥尼斯堡，由当时任哥尼斯堡艺术博物馆馆长的罗德指导，将它们重新安装在奥尔登宫二楼的大厅里。1944年3月进行了一次公开展览，使世人大饱眼福。不久哥尼斯堡遭受英军空袭。后来苏联军队攻进这里，有一个小组专门寻找琥珀宫，结果一无所获。

此后的半个世纪中，搜索琥珀宫下落的工作悄悄地但从未间断地在进行着。关键人物罗德博士在英国空军轰炸哥尼斯堡王宫的当天，就已下令拆卸琥珀宫的墙板，装箱待运。有人相信，这些箱子在苏军于1945年1月下旬攻入哥尼斯堡时来不及运走，一度存放在维尔登霍夫的施威林伯爵的庄园中，后来苏军入城，再到庄园中去寻找那些箱子，可城堡已成一片焦土，除了烧焦的木头和圣像外，再也没剩下什么。罗德博士却早早地离开了人世，线索因此中断。

另外的一些线索却使人充满着希望，引诱人们继续去寻找已被安全转移到某地的琥珀宫。有人以为琥珀宫被隐藏在柏林附近早已废弃的银矿中，也有人在1945年5月1日看到这件珍宝被运到了捷克，后来下落不明。在法国、德国、捷克、波兰，人们为寻找琥珀宫，至少挖掘了28处地堡和酒窖。

琥珀宫似乎并未被毁于战火，在1966年12月因德国波茨坦无忧宫内一幅价值500万马克的油画《港口风光》被盗而再度浮出水面。德国警方在侦破这幅名画被盗案中，意外地获悉两名大学生在柏林要出售琥珀宫的一块墙板。经过警方调查，得知一个名叫凯泽的公证人曾从一名已死的德国党卫军卫队军官那里获得这块墙板。经过俄国皇村博物馆馆长萨乌托夫和德国专家鉴定，这块宽50厘米、高70.5厘米的马赛克墙板是琥珀宫内4块最大的墙板中的一块。

要重新找到琥珀宫的所有构件，看来十分为难。两名英国记者花费三年时间去追踪失落的琥珀宫线索，在2003年写出了《琥珀屋：20世纪最大的骗局》一书，宣称琥珀屋毁于苏军之手，是克里姆林宫营建的一场延续了半个世纪之久的大骗局。在希特勒投降前夕，一艘载有数千名纳粹军人和珍贵文物的德国轮船威廉·古斯托夫号，在波兰沿海被苏联潜艇击沉，琥珀屋于是埋入海底。

但俄国人确在20世纪70年代完成修复战争中重要文物的同时，于1982年成立了一个专门的班子，参照战前拍摄的旧照片，着手重建一间琥珀宫。俄国专家运用现代科技，消耗了数以万计的琥珀块，在1988年8月仿造出一批琥珀墙板，到1991年苏联解体时，工程已完成了一半。全部工程需用70吨琥珀。此后因经费无着，工程一度停顿。2003年5月16日对琥珀宫来说是个新的起点。三百年前的这一天，是彼得正式下令在涅瓦河口大兴土木，营造新都圣彼得堡的一天。三百年后的这一天，莫斯科请来了世界各地的政要，共庆圣彼得堡建城三百周年，第一次开放琥珀宫。当美轮美奂、荣光不减当年的琥珀宫重现人间时，它带来的自然不只是一件珍贵文物的艺术感染力和亲和力，而是凌驾在它之上的莫斯科政权的光荣和理想，因此而被称为俄德两国友谊与相互理解的象征。

第十一章
马文化展现的人类进程

演绎马文化的源头

1876年，俄国探险家普介凡尔斯基率领一支探险队从中亚进入中国新疆，进行他第二次中亚考察。当年在阿尔金山北麓的荒野中，发现了一群硕果仅存的野马，普氏设法带走一匹野马，这件活标本因此轰动了欧洲，而野马也被定名为普氏野马（Equus przewalskii）。

这种野马史前时期已栖息在蒙古和中国北方草原，野马身高102—135厘米，头部粗大，鼻端宽广，两颊和下颌骨下长有刺状长毛，尾巴像驴尾，躯干宽大，胸腹充实，背毛呈淡黄至淡褐色，背中有暗色背线，口唇、下腹呈白色，足部无距毛，蹄窄小。中国在1986年根据国际野马保护会议要求，在北疆吉木萨尔设立了野马养殖场，来繁衍已经绝种的野马。

以往人们只知道人类驾驭马匹的历史大约有三千多年，然而这种看法后来被越来越多的考古发现所推倒。公元前4300年到前3500年间一度在乌克兰繁荣过的铜器时代史莱特尼史托克（Sredni Stog）文化，曾出土了一批又一批的马骨，根据对马齿被嚼子造成的磨损程度，可以推算出人类成为马的骑手，至少已有

野马的活标本

6 000年历史了。

　　野马最早的自然栖息地，是在乌克兰东部到天山和蒙古的广大草原地带。也有少数野马群落生活在欧洲的中部和西部。但是只有在大草原边缘地区，由野马形成的庞大牲畜群首先引起人们注意，在人类的食物来源中开始占有一席之地。新大陆上的马群是16世纪以后由西班牙人带进去的，但到17世纪又出现了一群群的野马。研究过北美大陆内华达州格拉尼特岭野马的贾尔·贝尔格和弗吉尼亚州东部短种马的研究者发现，野马往往自然地形成两种基本群体：一种是未交配过的公马群，它们四处游荡；另一种是由单匹种马率领的母马群，它们总是沿常走的路线迁徙，遗下的粪便很容易被猎人追踪。被人们野外狩猎捕获，作为食物来源的野马，主要是成年母马和未成年后代。但是马颚由于没有多少肉，常在中途就被猎人所遗弃，因此从考古发掘中发现的这些马颚，常常难以从雄马齿列中含有一般在雌马中缺少的犬齿而得知这类遗骨的性别，从而得知是野生还是家养的马。

　　然而德莱芙卡（Dereivka）遗址的出土物却为马的家养提供了一个可靠的证据。遗址位于基辅以南250千米第聂伯河的西岸，它的北面是森林草原，而南面才是真正的草原，德莱芙卡便是这一过渡生态地带中属于史莱特尼史托克文化两百多个遗址中的一个。四次 C_{14} 检测表示，德莱芙卡遗址是公元前4000年前后使用磨制石器和燧石镰刀从事农业的人们居住的遗址。那里出土的大量牛、绵羊、山羊和猪的骨头，说明当地人还饲养牲畜，而使它独具特色的是养马。

德莱芙卡遗址由德米特里·特莱金（Dimitri Telegin）在1960—1967年和1983年进行考古发掘，有了重要的发现。在废弃的垃圾堆中的2 412件马骨，占到所有可以确认的动物骨头的61.2%，至少可以代表52匹马，总计有1.5万磅肉。这个肉食数字大约占遗址中发现的全部肉食量的60%。十分重要的是，这些德莱芙卡人不仅吃了那么多的马肉，而且他们是在野马很少漫游去的更加靠近北方雨量充沛的森林地区中大量食用马肉，而这种马肉一定是人们将它们作为饲养的牲畜来放牧的一种食物来源，所以它们和牛羊一样，是一种可以在当地随时随地获得的肉食。和马的圈养同时，人们一定随即会萌发一种一跃而上骑马驰骋的想法，于是家养的马除了可以确保随时供应肉食之外，还具有了乘骑的功能。马和牛一样，可以负重，而且能疾驰，供人乘骑，替人挽车。马一旦被驯服，便能带着人以十分迅猛之势驰骋于原野和山川之间，使处于随时都会遭到各种自然灾害侵袭（如山洪暴发、冰雪崩塌）和凶猛的野兽追击下的人类，足以摆脱困境，转危为安，从此展开了人与马作为忠实的伙伴竭诚相处的历史。在人类进入文明社会之际，正是家养的马使得他们成为自然界的统治者和征服者，而免于沦为牺牲者。

德莱芙卡的一项发现是，有6块颚骨残片足以可靠地确定马的性别，而这些全是雄性的。因为野马群体中母马生育的小马大约只有30%是雄性，将未成年的后代小马一起计算在内，在随机捕猎的野马中，雄马总低于50%。因此可以推断这些马大约选自饲养的马群。同时对马骨的年龄所作分析，它们多数是在6—8岁时被宰杀，比对剔出的小雄马要大得多。遗址中的马匹大约既有家养的，同时又有得自野马群体的。这种交替现象，正好反映了马匹家养初期所表现出来的自然形态。

德莱芙卡还发现了史莱特尼史托克文化特有的雄马祭礼遗物。有一匹七八岁雄马的头和左前腿被发现放在宗教祭品的存放处。同一地点出土的还有两条狗的遗骸。和印欧神话中马将灵魂带往有两条狗守卫的地狱大门的风俗相吻合。同时发现的还有公猪和人的陶土塑像残片，作为马嚼子的两片穿孔鹿角颊片。经过马对马嚼子抗拒的研究表明，习惯抗拒嚼子的马会反复地将嚼子移到它前臼齿咬合面的前面部分，马在牙齿间咬压嚼子和嚼子在牙齿顶端的前后滑动，足以磨损嚼子。经过对现代马和内华达野马下前臼齿的对比研究，野马的牙齿具有未被磨斜的外形，裂缝只在咀嚼面靠面颊的一侧上才有；而德莱芙卡献祭雄马的牙齿已经磨斜，咀嚼面内外两侧都被裂缝所覆盖，这就证明了这匹马是上过嚼子的。由乌克兰制作的多颗从25 000年到1 000年前的遗址中出土的古马下前臼齿的高分辨度注塑模，到美国去做电子显微分析，结果是早于公元前4000年的马齿并无磨损斜面或嚼子磨损的显微证据，但德莱芙卡献祭雄马却显出前臼齿的前面部分的磨斜量有3.5毫米，正好是嚼子损伤对照样本的平均值，而和野马的平均值0.82却相差极远。对德莱芙卡献祭雄马前白齿的注塑模进行电子显微镜扫描检查后，确证它具有各种嚼子损伤的特征。由于这匹马是生活在车轮问世的500年前，因此它是一匹坐骑，而不是由驾驭带轮马车的人使用的马匹。德莱芙卡献祭雄马于是成为世界上已知最早被人当作坐骑的马。

被当作坐骑的马在当时一定十分罕见，大约是被有身份的人使用。因为德莱芙卡遗址中出土的其他4枚马的下前白齿都没有嚼子损伤的明显迹象，这些牙齿是在厨房垃圾中发现，可能是被当作食用动物而留下的。

在同样属于史莱特尼史托克文化的亚历山大里亚（Aleksandriia）遗址中也出土过一副鹿角马颊片，这个遗址在德莱芙卡遗址东边的顿河流域，但未见马的遗骸；同时代的波兰和德国东部遗址中还见过另外的一些。稍后，在德莱芙卡东南靠近亚速海的卡门那亚·摩吉拉（Kammenaya Mogila）青铜时代遗址，人们才第一次见到在岩画中表现出马和骑手的图像。在铜器时代晚期库班草原和靠近欧洲东南部的属于公元前3500年到前3000年的一些磨光的石头权杖上，确实可以见到有了马头的形象，少数甚至还有马具的带子，这已属于史莱特尼史托克文化之后的耶姆那（Yamna）文化。权杖用外地运来的斑岩制作，马的形象与财富和社会地位连到了一起。但无法弄明白，当时马匹是否已被当作坐骑。

在史莱特尼史托克文化时代的乌克兰草原河谷地区的村落中，人们从事狩猎、捕鱼、耕种和放牛牧羊，他们放牧时可能已经使用了可以跑得更快到达更远地方的马匹。死者被埋葬在有10到30个坟穴的公墓群中，陪葬品是一两件简单的工具；其中也有介壳念珠、铜质饰品和精巧的取火工具，大约埋的是当时的显要人物。德莱芙卡所代表的史莱特尼史托克文化晚期，出土物中铜饰品数量之多，品种之繁，过去在第聂伯河东面都从未有过。它们来自第聂伯河与喀尔巴阡山脉间丘陵中的科科特尼—特利波里（Cucuteni-Tripolye）文化，这个文化拥有冶铜技术、彩陶、双层建筑和女性偶像崇拜，在公元前4500年到前3500年间十分繁荣。这个文化的铜饰品和彩陶在德莱芙卡以东900千米的公共墓地中发现过，甚至远到伏尔加河中游的赫瓦伦斯克也出土有这类产品，推测有可能是被德莱芙卡的商人运去的。

由德莱芙卡一带地方展开的骑马文化，迅速向东南方向草原地带传扬出去，而向西传入有人定居的农业区则花的时间更长。

人类找到马匹加以家养，它的价值远远超出了供应一种新的肉食动物，人们不难发现马匹是一种最理想的坐骑，它可以快速来去，胜任重大物品的长途运输，骑马可以保证获得更多的猎获物，可以开发遥远的未知地域的各种资源，而这种未知的地域将会随着骑马民族的足迹拓展到几乎是无限的远方。

人类从马的家养，找到了比之狗更加忠诚、更加具有神奇力量的伙伴。人们一旦驾驭了马匹，便可以成群结队地发挥集体的威力，去掠取更多的财富，同样也可以因此而有力地保卫自身的财富。马匹在运输与军事上发挥出的作用，在以后的两千年中得到了明显的证实。马的家养与繁殖显示出财富的创造与增长。作为人类伙伴的马群的增长，也使相邻部落之间的接触成倍增长，这既促进了商品的交换、技能的流通，也加剧了为争夺土地、水源和各种资源而产生的冲突，引起了人类历史上最早的军备竞赛。

骑马文化的第一轮发展，是史莱特尼史托克文化的地域不断扩大，公元前3800年左右，在第聂伯河以西约600千米的匈牙利东部和罗马尼亚西部，也出现了类似史莱特尼史托克人的公共墓地。而科科特尼—特利波里文化的居留地出于防御骑马民族的需要，急剧扩大，面积超过300公顷，拥有的建筑物达到1 000幢之多。

无论是最早上了马背的，还是后来才觉察到必须跨上马背的；无论是首先对相邻群体发动攻击，还是为了自卫而投入战斗的；大家都明白了一个无法再回避的事实：骑马文化正在给人类的历史翻开十分重要的篇章。到头来，无论是农耕民族，还是游牧民族，抑或农牧兼有的民族，都必须跨上马背去面对这个其实无需争辩的实际生活。

骑马文化就这样进入了人类的社会，构筑了人类历史上一个全新的时期。

骑马文化席卷亚洲

骑马文化的第一批优胜者，是欧亚草原上的牧民。

车子发明以后，人们很快就利用畜力来拉车，在文明中心苏美尔，最早是用牛和驴拉车子。1927—1931年间被发掘的1 850座乌尔王朝的陵墓中，有16座是国王的陵墓，其中的一座在入口的前方并放着两辆四轮大车，每辆车由三头连成一组的牛套着羁索拉动。乌尔王朝拥有强大的军队，军队装备了许多战车和青铜武器，士兵穿着甲胄，戴有头盔，手中握着刀、剑、矛、盾等兵器，具有很强的战斗力。后来在美索不达米亚中部和南部各城邦相互攻伐、战争频繁之际，北方的阿卡德人乘机崛起，统一了北方，挥师南下。阿卡德的国王萨尔恭率领军队用利箭和战车攻下乌鲁克城，击败了苏美尔50多个城邦的联军，又将乌玛、乌尔等大小城市一一占领，建立了两河流域的一个统一政权，结束了千年来美索不达米亚列国纷争的局面。但是这个统一的王朝不久就遭到了苏美尔城邦奋起反抗和古提人的进攻，公元前2220年，阿卡德王朝被古提人灭亡。

最早的战车，可以在一幅展示公元前2500年乌尔第三王朝王室军威的木板镶嵌画上看到。图画由贝壳、石灰石、青金石制成，被称作"乌尔的军旗"。长方形的军旗分上中下三层展示乌尔军队的一次大捷，底部有四辆前后连贯由驴拉动的双人战车，踏着敌人的尸首奋勇向前。每辆四轮战车前部高耸，保护着御者，在卫座里有装在架子上的长矛；在御者的后面，站在车尾踏板上的是一名佩剑手执长矛的战士。战车由两头并列的驴拉着前进。画面的中层是身披盔甲的军士押送战俘的场景。军旗的上部也有一辆空着的战车，御者执着缰绳站在车后的地上，两头驴由一名御者牵着站在牲口的前边。再前面是手执权杖的三位大臣和体态高大手持印信的统帅，他面对着11名前来归诚的残兵败将。

美索不达米亚在乌尔第三王朝灭亡后，又陷入埃兰人和阿摩列伊人入侵造成的困扰中，来自伊朗高原西部胡泽斯坦的埃兰人战胜了他们的对手，但最终还是被西北部马里城的闪族城邦所击败。公元前1728年闪族人在汉穆拉比的率领下，击败了埃兰人，在巴比伦城建立了巴比伦第一王朝，领土扩展到整个美索不达米亚和埃兰地区，公元前1654年为帝国一统奠定了基础。

在美索不达米亚，马的家养虽然早在公元前三千纪已经开始，但一千年中并无显著发展。因此尽管汉穆拉比的统一政权一度十分繁荣，却难以持久延续下去，它面临着从东部侵入美索不达米亚的赫梯人和卡西特人的威胁。卡西特人和巴比伦王朝同时存在，在巴比伦王朝灭亡后，又统治巴比伦地区达400年之久。巴比伦的伟业经不住骑马民族卡西特人的攻击，迅速土崩瓦解。卡西特人在巴格达以西冲积平原北部一个软石灰岩层上，修筑了宏伟的都城杜尔·库里伽尔佐。1942年到1945年的考古发掘，在这里找到了一座神庙和四座宫殿的遗址，宫殿长廊的壁画描绘了身穿短袖衣服、头戴突厥式头饰、留着后来亚述式样长发的大臣入朝拜谒的行列，这些美术式样后来都被融入了亚述文化。

卡西特人继承了古老的苏美尔宗教、行政和文化传统。他们的一项伟大贡献，是从里海地区向美索不达米亚的古老文明中心注入了马文化。骑马文化是项新兴的前途无量的事业。自此以后，从西亚侵入埃及的希克索人，后来在安纳托里亚高原建立起一大帝国的赫梯人，以及埃及人和亚述人，都驯养马匹，将战车和马匹挂钩，让体能、速度和灵敏度都远胜牛、驴充当动力的军队。因为奔腾的马，时速可达60千米以上，在战场上可以迅速制服敌方。以青铜器著称的伊朗西部鲁利斯坦，出土过一大批属于公元前15世纪以后的各种各样的青铜马具，最常见的是在尸骨旁作为陪葬品的马嚼。马嚼由做成横棒的嚼子和固定在马颊两旁的镳组成，镳做成八辐车轮，将两端卷起的嚼子固定，然后系上缰绳，好驾驭马匹。青铜马嚼的大量使用和作为财富陪葬，可以见出马匹被用来曳车和跨骑的普遍。

文明志

——万年来，人类科学与艺术的演进

马匹的驯养,促使未来战争的胜败最终将取决于由马匹拉动的战车所起的作用,从此早先广泛应用的步战只能逐渐退位给由战车数量决定的车战了。

由步战到车战,意味着战争的规模正在不断扩大,军队的装备和军费的开支都在成倍地增长。

公元前1652年,希克索人从肥沃新月地区越过西奈半岛侵入尼罗河,以尼罗河三角洲的阿瓦里斯为中心建立了牧人王朝,"希克索"(Hyksos)本义就是"牧民之王"。希克索人将尼罗河中下游划入他的统治区,传有6代君主,将埃及第十五、十六和十七三王朝一百年的历史置于他的名号下,直到公元前1554年被逐出埃及。这些希克索人将战马和战车传入埃及。埃及人为战胜凶狠的入侵者,不得不也起而装备战马和战车。随后建立的第十八王朝(公元前1554—前1304年)使埃及进入新王国时期。图坦卡蒙陵墓中发现的珍宝箱,木箱上有石膏彩绘图画,弧形的箱盖上绘有法老猎狮图像,画面中央是站在马车上的法老,两匹骏马头戴三支花饰,飞跃向前,左边是狮群,右边是分成三横列的法老随从。箱的侧面描绘法老带兵征讨亚洲,画中法老驾驶战车,拉弓射箭,所向披靡,敌人望风而逃。稍后,在第十九王朝(公元前1304—前1192年)塞提一世(公元前1303—前1290年)、拉美西斯二世(公元前1290—前1223年)陵墓雕刻上的马车,也都和美索不达米亚的相仿,每辆二轮战车由两匹骏马驾驭,左右两个车轮各有6辐。拉美西斯二世有"大帝"的尊号,曾与赫梯人为首的亚洲联军进行过一场殊死的战斗。为了建立战车部队,拉美西斯二世在都城附近的军营设置了养马场。近年来为了寻找圣碑,在多尼斯(Tunnis)30千米的坎提尔的地下发现了当时军营中的养马场,至少饲养了460匹马,遗址占地4 100平方米,建有神殿,两区濒临尼罗河,皮留辛支流

图坦卡蒙的珍宝箱

埃及第十八王朝的战车

271

经过这里，吞没了拉美西斯二世的宫殿，坎提尔正好坐落在拉美西斯二世宫殿的上面。拉美西斯二世的继任者曾在西边选择新址，建造宫室。拉美西斯二世死后150年，继任的法老才决定将都城迁到多尼斯，建立了神殿、方尖碑，就是现在所知道的都城。这件事不见于文书，后来多尼斯又被毁坏。此刻的美索不达米亚和利凡特地区早已成为马文化的天下，一场规模空前的车战象征了两个古老文明中心在战车驰骋的战场上展开的鏖战。古老的文明纷纷披上了马文化的新装！

在美索不达米亚新一轮混战中崛起的亚述人，他的故乡是底格里斯河上游一座名叫亚述尔的古城，在公元前2000年已经出现在地平线上。亚述人在公元前14世纪战胜赫梯人，摆脱了巴比伦的卡西特王国而独立，经过南征北战，在公元前1230年成为两河流域的霸主。后来受到其他游牧民族的侵袭而衰落。公元前9世纪亚述中兴，经过亚述王亚述那西帕二世（公元前883—前858年）和萨尔玛那萨尔三世（公元前858—前824年）的治理，亚述王国进入了"新亚述时期"。公元前870年，亚述靠着它拥有强大的战车和军事实力，将埃及北部置于它的版图之下。亚述王巴尼拔在位时期，帝国的疆域从埃及一直向东延伸到伊朗高原，在尼尼微宫殿中留下许多战争题材和国王狩猎场景的精美浮雕。但这些在公元前640年左右留下的艺术品，最后在米底亚人和统治巴比伦的卡勒提人联合进攻尼尼微的战役中，在公元前612年都一起成了历史的遗迹。

亚述那西帕二世在底格里斯河旁卡拉赫城西北部兴建的都城，留下许多杰出的浮雕。猎狮在亚述王生活中占有重要地位，在一幅表现亚述那西帕二世猎狮的雪花石膏浮雕中，亚述那西帕站在双马奔驰的战车上，双马腾跃，马蹄下躺卧着被射中的雄狮，身佩宝剑和革囊的国王站在御者的身旁，转身向后开弓射向前爪已经扑上战车踏板的一头雄狮，战车的车轮是一种和苏美尔战车相同的六辐车轮。

在尼尼微的亚述巴尼拔王宫中的浮雕达到了登峰造极的地步，亚述人用长幅画面连续刻画战斗的整个场景，成为一种与埃及人、苏美尔人都不同的历史性的装饰艺术。在一块亚述北宫殿遗址出土的狩猎图中，巴尼拔王身着绣花上衣驾着八辐车轮的战车，英姿勃发地追赶着猎物。在另一幅巴尼拔宫殿浮雕中，国王身披战袍，手

亚述的6辐战车

文明志
——万年来，人类科学与艺术的演进

执长矛，骑着壮健的战马，将长矛及时扎进了咆哮着迎面扑来的狮子的口中。在国王的身后，一头身中数箭的雄狮挣扎着扑上国王身后的另一头骏马。两匹骏马都是鞍具齐全，身上铺有平坦的鞍鞯，但还没有马镫。马头上装饰成对的圆形花饰。伦敦不列颠博物馆收藏的尼尼微出土物中，还有巴尼拔王骑着奔腾的战马，开弓射箭的雄姿。巴尼拔宫殿浮雕中，有公元前651年巴尼拔的弟弟、巴比伦的君主萨马西施木金联络阿拉伯人和埃兰人起而叛乱的场景。图中半裸身子骑着骆驼战斗的阿拉伯人与盔甲整齐、战马矫健的亚述骑兵抗衡，终于被亚述骑兵追杀得溃不成军。浮雕在攻打埃兰城的战斗中，充分展现了亚述军队凯旋的场面，图中的亚述战车都装备着八辐车轮，轮子的周径要比早先六辐的战车有明显的增高。

公元前7世纪，亚述骑兵已逐步取代战车，成为军队的主战部队。甲盾装备齐全的亚述步兵，也是惯于列阵作战的一支军队。这样精良的军队尽管不能挽救一个尚武的帝国免于覆灭，然而却无愧于作为一笔珍贵的遗产，留给了后来的继承者。

骑马文化的扩散，在公元前1700年卡西特人进入两河流域以后，在里海南部迅速拓展，到公元前1300年，其东南的一支随着雅利安人向印度河谷地进发，逐渐推进到德干高原。1973年在印度中央邦的比姆贝特卡（Bhimbetka）山区发现的岩画，有一幅叫"骑马者的行列和骑象者"的图像，被认为是入侵的骑马民族与骑象的印度土著居民的战争场景，和吠陀文献中称雅利安人带进了马匹的记载符合。

和这同时，这些骑马民族中的东支已将马匹带到了黄河中下游地区。在河南安阳殷墟见到了随葬的马车，推测马的家养在中国中原地区（山西、河北南部、河南北部、山东西部、陕西东部）还要早些。分布在河套以北的中国周边民族，先有荤鬻，后有猃狁；河套以西有强大的鬼方，鬼方又称鬼戎，世居天山以东的巴颜大山，后来扩展到天山以东所有的地方，甚至跨越河套，进入套内，和殷王武丁（公元前1250—前1192年）发生战争，最长的一次历时三年，殷王才打败鬼方。当时殷王拥有的战车才300乘，战车上除了御者，最重要的是一名弓箭手，称作登射，甲骨卜辞中称"登射三百"是说有300辆战车。战车在对付鬼方的战争中发挥了威力。鬼方的后代是羌族，所以鬼方是羌族的祖先，也是游牧部落。骑马文化越过天山东进，离不了鬼方和猃狁这些游牧民族的传递。

公元前12世纪周族在陕西中部的周原兴起，他们的祖先是一个名叫姜嫄的妇女，姜就是羌，姜嫄也即羌女，姬姓的周族因此最早有了羌族的血缘，是汉羌联盟的后裔。所以姬周在公元前1046年击败殷代末王帝辛（商纣）以前，就和河西地区的羌族有联盟关系，他们一开始就十分重视马的驯养和繁衍。《穆天子传》这部公元前3世纪初已经出现的古书中说,建立周王朝的武王(公元前1046—前1043年)的曾祖父大王亶父早就和中国西部的游牧民族缔结了盟约,将他的一名侍卫长季绰派到葱岭东边产玉的地区,将宗室的女儿许配给他,叫他代表宗室管理这块地方,控制玉石的开采和运输。《诗·大雅·绵》称:"古公亶父,来朝走马。"走马,有人解释是单骑,可见周人的先祖早已注意习骑,而不单是重视驾车了。3 000年前周人靠了骑马驾车,将一批陕西人移居到新疆叶尔羌一带,波斯诗人费尔杜西的《王书》《国王纪年》记述这段古史,将季绰称作季夏(Jamshid),季绰的后裔代代相传,在《山海经·大荒西经》称作西周之国。他们在那里种黍食谷,兼事放牧,成为葱岭东西骑马文化的前哨。

公元前5世纪铜贮贝器上的鎏金骑士(云南晋宁出土)

周武王率领一支各民族的联军起来讨伐帝辛,动用的兵力有戎车300乘,虎贲之士3 000人,甲士4.5万人。其中战车有300乘,每乘战车由4匹马拉动。西周立国之后,军队规模不断扩大,中央军队就有6万人,各国诸侯军队常常多则3万,少则数千。到周宣王(公元前827—前782年)南征,动员的战车已有3 000乘了。春秋时期是车战的鼎盛时期,步兵一度退居为辅助兵种。春秋初期,几个大国如齐、鲁、宋国的兵力都在三军(3万人)左右,拥有战车千乘,称"千乘之国"。到春秋后期,公元前6世纪末,大国拥有的战车扩展到三四千辆,晋、楚的战车在4 000辆以上,秦、齐的战车达到3 000辆,拥有的军队也常达五军、六军。进入战国,一次大战动员的军队常达十万,称"兴师十万"、"带甲十万"。各国君主陵墓都有殉马坑。齐故城临淄(今淄博市河崖头村)1966年以后在5号墓发现的殉马坑,共掘到殉马228匹,估计全部殉马在600匹以上,推测是齐景公(公元前547—前490年)的陪葬墓。当时使用兵车的盛况可以想见。

到公元前4世纪的战国中期,一次战争,各国投入的军队常达10万。马陵之战,魏惠王动员了全国的军队,结果10万大军全军覆没。公元前3世纪的战国晚期,各大国间的战争每方投入兵力常达二三十万。秦将白起发动伊阙之战,攻击韩、魏两国军队,斩首24万。白起指挥长平之役,杀戮和俘获的敌军达到45万人。当时秦、楚两个头号大国都已拥军百万。

战国时期,为适应各种地形的军事行动,各国都竭力扩建步兵的编制,减少战车,同时尽力扩大骑兵队伍,在战斗中,充分发挥灵活机动能冲陷敌方军阵的骑兵所特有的快而狠的攻击方式,在中国的战场上已是参战各方军事长官的共识。公元前3世纪初,各国的军队虽都有数十万之众,但战车已减少到千乘左右,步兵上升为主战部队,还发展了特种部队,如齐国的技击、魏国的武卒,都有精湛的武功。骑兵的组建,首先是由于北方游牧民族都靠骑士作战,与之接境的赵、燕等国不得不重视训练骑兵,才能应对在群山连绵的北方山地和河套地区出没的敌骑。赵国的赵襄子(公元前475—前425年)已将车、骑分离成两大兵种,是出于守卫山西、河北境内吕梁山、恒山、太行山山地的战略需要。到赵武灵王(公元前325—前299年)时更提倡国人改穿便于上马作战的胡服,在边地专设"骑邑",全面推广骑射,好对付北方不时入境侵扰的游牧民族。骑兵部队的战术优势立即在各国引起兵制的大变革,公元前3世纪,赵国拥有的骑兵有1.3万人,秦国、楚国也有万骑,燕国骑兵有6 000人,魏国有5 000人。"带甲百万、车千乘、骑万匹",已是各国三个兵种配置的常规。

这一时期在伊朗高原,养马业也有重大的发展。波斯王大流士一世在和斯基泰人的战斗中,被神出鬼没、出奇制胜、骑射功夫高强的斯基泰骑兵打得溃不成军,于是对骑兵部队的组建也势在必行了。在公元前499年大流士一世发动的希腊战争中,占领了塞萨利亚的波斯将军马多尼乌斯,率领2.5万名步兵和5 000名骑兵向南进攻。马多尼乌斯还得到了他的希腊同盟底比斯人支援他的1.3万名步兵和5 000名骑兵,波斯军队在普拉蒂亚遭到了严阵以待的4万多名希腊重装甲步兵和7 000名轻装骑兵的阻击,在斯巴达重装甲步兵打击下,波斯军仅有3 000人得以逃生。从一幅表现波斯骑兵迎战希腊步兵的浮雕中,一方是手持长矛但身无护甲骑着大如驴驹的马,对方同样以盾和矛接仗,但无护甲,实际则是波斯骑兵比之重装甲的希腊步兵,并未占有十足的优势。波斯骑兵还未有铠甲保护,而且又不能以远射取胜,所以在希腊重装甲步兵阻击下,尚未成为一种新的富有战术意义的作战方式。身经百战的希腊老兵色诺芬(Xenophon,公元前428—前354年)曾写了许多小册子,如《骑兵指挥官》、《关于骑兵》,来分析骑兵的得失与优劣。罗马人早在王政时期,便有赛车的习俗,将驾驶战车赛马作为宗教节日举办的运动会项目。参赛的人马,以白色、红色、蓝色和绿色区分,驾着12辆战车在竞技场内跑完7圈,决定胜负,后来更有戏剧节目参与演出。但罗马人在实战中并未大量使用战车,尤其没有重视组建强大的骑兵,因此在很长时间中,始终难以抵御周边骑马民族的侵扰。

西方的骑兵只有在马其顿王菲利浦和他的继承者亚历山大指挥下,才和步兵配合得十分和协,成为一支足以冲入敌阵、制胜敌方的铁骑。公元前338年,菲利浦和他18岁的儿子亚历山大就靠了严格的军纪和马步协同作战,在海罗尼亚击溃了底比斯和雅典的方阵部队。后来在格拉尼库斯,亚历山大(公元前336—前323年)指挥重装骑兵自山坡斜面向波斯骑兵进攻,整个战役只付出轻微的损失就击毙敌军1万人。马其顿人改变了波斯军和早先希腊军作战时携带长列的行李、家眷和牲畜的习惯,自行携带给养和装备,靠着严明的军纪、灵活的作战方案,在步兵配合下,马其顿骑兵克敌制胜,占领了小亚细亚,并吞了埃及,打败了大流士三世统治下的波斯帝国,到达了印度河和波斯湾,缔建了一个地跨亚欧非三洲的大帝国。但这个帝国实际只维持了十多年,随着亚历山大的逝去,便一分为五了。一百年后,从公元前230年到公元前221年,在黄河和长江流域,秦始皇吞并了韩、赵、燕、魏、楚、齐六国,建立了一个大一统的帝国,这个帝国的寿命要比亚历山大那个昙花一现的帝国长了许多,它开拓的疆域后来成了中华民族共同栖居的地方。

亚历山大与大流士三世在伊苏斯交战

亚历山大骑马奋战

寻找千里马

秦始皇嬴政(公元前246—前210年)统一中国期间,游牧在蒙古高原和阴山山脉的匈奴民族强大起来,成为秦汉时期中国政府必须全力以赴对付的对手。公元前207年秦朝灭亡后,匈奴趁着楚、汉相争,南下入侵汉朝的北部边疆,靠着30万骑兵称雄中国北方。公元前200年刘邦亲自率领32万大军去讨伐投降匈奴的韩信,被匈奴冒顿单于统率的40万骑兵围困在平城白登山(山西大同东北)七昼夜,后来靠了贿赂冒顿单于的妻子阏氏才得脱身。当时汉朝碍于国力,无法对抗匈奴，只得采取"和亲"政策，将宗室女当公主嫁给匈奴单于，并馈赠大量絮、缯（丝织品）和粮食，来缓解边疆的困扰，然而匈奴仍不时在河套一线侵扰，对汉朝形成心腹之患。公元前166年匈奴骑士甚至深入到了汉帝离宫所在的甘泉，使得朝野震惊。

秦始皇派蒙恬率大军将匈奴驱逐到河套以北后，面对广阔的草原、戈壁和沙漠，发展骑兵使之成为军队的主力，已是军队改革十分明显的任务。陕西临潼秦始皇兵马俑坑可以见到当时军阵的一般情况。兵马俑一号坑是战车、步兵相间排列，二号坑是战车、步兵、骑兵混合编组，三号坑是统率全体军阵的指挥中心。其中战车和步兵仍是军阵的核心所在。

自从白登之战汉军吃了大亏，骑兵的组建开始受到重视。咸阳杨家湾汉初兵马俑墓，推测是文帝（公元前179—前155年）、景帝（公元前156—前141年）时汉军统帅周勃、周亚夫父子的墓葬，有11个陪葬的兵马俑坑。整个兵马俑组成一个完整的军阵，最前方是2个步兵方阵，后面是一个战车方阵，然后再是2个步兵方阵；后面是2个骑兵方阵，稍远是4个骑兵方阵。11个坑中6个坑是骑兵俑，共500多个；4个坑是步兵俑，共1 800多个；1个坑放战车。从军阵可以看出，缺乏战马的汉军主力部队，虽然仍以步兵为主，但骑兵部队已日益壮大，替代战车，构成军队作战的新的突击力量。

着手改变北方边疆遭受匈奴骑兵侵袭、确保帝国心脏关中地区安全的是汉武帝刘彻（公元前140—前87年）。为提高军队机动灵活、迅速有力地出击匈奴的骑兵，发展养马事业、壮大骑兵队伍成了头等重要的大事。

秦朝的骑兵主要是轻装骑兵，当时规定，供乘骑的军马，体高应在五尺八寸（约合1.33米）以上，选出的骑士必须是40岁以下，身高七尺五寸（约合1.73米）以上，身体强健、武艺高强。与秦始皇陵出土的兵马俑相验证，骑士身高都在1.8米以上，体态匀称机敏。到汉景帝时，大力发展养马，在西北边疆设立36所马苑，养马30万匹，并鼓励民间养马，又明令马高五尺九寸齿未平的，不得出关。于是街巷之中也有了马，田野中常有马群出现。可是与匈奴相比，匈奴的马善于上下山阪，出入溪涧；匈奴的骑兵能在险道倾仄时，且骑且射；匈奴人能适应风雨辛劳，饥渴不困；这三者都胜过了当时中国骑兵的素质。汉武帝因此为增强对抗匈奴的力量，非常注意提高骑兵的素质、增强骑兵的数量。将匈奴作战强调主动进攻，善于运用突袭、奔袭的战术，胜则连续突击，力求全歼，败则迅速撤退，决不恋战的战略、战术，作为发挥汉朝骑兵作战优势的基础。

汉武帝在长期积聚军力之后，到公元前129年停止了和匈奴的和亲关系，在10年中对匈奴进行了三次大决战，取得了挺进漠北、直捣单于王庭的巨大胜利。

在漠南之战后,汉朝把边防线向北推进到阴山、狼山一线,解除了匈奴对关中的威胁。公元前121年,汉朝组织了河西战役,割断羌族与匈奴的联系,打通汉与西域各国的通道。青年将军霍去病采用深远迂回和连续突击的战术,扫除了河西走廊的匈奴浑邪王、休屠王的势力,设立了河西四郡。公元前119年,卫青、霍去病分别率军突入匈奴本部,举行漠北会战。卫青出塞千余里,与匈奴单于所部发生遭遇战,汉军乘胜追击,直抵蒙古杭爱山。霍去病率部出山西代郡两千多里,对匈奴左贤王所部穷追猛打,长驱直入7 000里,直至狼居胥山(今蒙古乌兰巴托东)祭告天地,登瀚海而还。汉军骑兵在这些战斗中,充分发挥了快速作战、迂回敌后、发动突击、远程奔袭的战术动作。汉军骑兵在作战中,不断靠夺取敌军马匹,加以补充,同时汉军通常每10匹战马配有2至4匹备用马,以资替换,好充分保证在长达数千千米的荒漠中远程作战的后勤供需。

此后数十年,随着汉朝在西域势力的拓展,匈奴铁骑也出没天山,汉与匈奴在两百年中仍然时启战端,匈奴的骑兵常南下割断汉与中亚细亚交通的咽喉楼兰道。发展养马业、增强骑兵的作战能力,依然是汉帝国生死相系的一大国防问题。

蒙古高原和戈壁沙漠本是野马栖息的天然牧场。匈奴的东部向来产骁,骁是青马,是满长暗褐色毛而颜面白色的马。更出产良马骗骒与駃騠。骗骒,是匈奴主要的蓄马。骗骒原来也是野马,《山海经》以为是一种北海出产的兽,"状如马,色青"。《尔雅疏》引《字林》,说是:"北狄良马也。一曰野马。"这种马的先祖是草原野马(Eguus przewalskii),后来与其他种系的马匹交配,成为中国北方草原的优良马种。草原野马也有经过驯化的亲支散布在世界各地。中国人繁殖的主要是经过驯化的蒙古矮种马,蒙古矮种马多半也属于草原野马的种系。这种马与典型的草原野马不同之处,在于它有长而飘逸的鬃毛、额毛和粗大的尾巴。这种矮种马头部硕大,鬃毛直立,到了冬季,全身会长满粗毛。

匈奴名马还有駃騠。駃騠原指公马和母驴所生的种间杂种,性与骡近,耐粗饲、适应各种气候与环境,挽力大而耐久。这种马经过驯化与改良,成为一代名马。日本的江上波夫认为"駃騠"一词与蒙古语 Külütei (流汗) 同源,大宛的汗血马就是汉代匈奴的駃騠。匈奴的駃騠一定与中亚细亚的大宛马或西亚的尼萨(Nisaean)种马同出一个种系,这种尼萨马出在米底亚,供波斯王族乘骑,在东方或西方都以"汗血马"著称。

从西域引进良马是汉武帝派张骞出塞的一个目的。公元前116年张骞第二次奉命到西域,主要是去游说伊犁河和特克斯河流域的乌孙,联合夹击匈奴,这一战略目的因乌孙内部意见不一没有达成,但张骞返国时,乌孙派使者携良马数十

西汉按千里马制作的鎏
金铜马（陕西茂陵出土）

匹答谢。元鼎四年（公元前113年），汉朝郊祀歌中有《天马之歌》，就是由于得到了来自渥洼水中的名马而作。渥洼水正是阿姆河的希腊语名。这种马当初由乌孙转输中国内地，因称乌孙马，就是分布在西起小亚细亚东至锡尔河以南地区的土库曼马或突厥马。公元前105年乌孙昆莫向汉朝求娶公主，以乌孙马一千匹作为聘礼。乌孙马是栖息在咸海和阿姆河地区最优良的一种突厥马，这种马是巴克特里亚马和草原矮种马的杂交种，体形特征头部硕大、鼻梁高、具有母羊的脖颈，身体纤细，四肢修长，身高15—16肘尺，善跑，耐力极强。通常是栗色和灰白色，间或有黑身白蹄的。乌孙马由于它的一些优点，一到长安，便被当局认作"天马"，相当于传说中的神马。后来李广利攻打大宛，从费尔干纳盆地取得良马数千匹，这种大宛汗血马，比乌孙马更壮健，于是汉武帝将"天马"的美名封给大宛马，乌孙马改称"西极"。太初四年（公元前101年），大宛马作为最好的良马移殖到关中地区，郊祀歌中因此又多了一首《西极天马之歌》。

汉武帝刘彻获悉天山西南的大宛出产健壮的千里马汗血马，便派使节到大宛去换取汗血马，使者打听到大宛的好马都在贰师城，故址在一个叫乌拉提尤别的地方。可是大宛国的贵族不愿意将这种好马给汉使，因为他们不想开罪于匈奴；又因为汉使来去一趟十分不易，那时汉使出了西边的玉门关，走罗布泊北面往西的楼兰道，常会受到自北方南下的匈奴骑兵的突袭，走塔里木盆地南边的南道又缺乏水草，荒无人烟，常会饥渴而死，认为汉朝鞭长莫及，也奈何他们不得，因此不答允汉使要求。大宛又指使它东边的属国郁成，攻击汉使，把汉使杀了。

刘彻得到了这个坏消息后，决定派大军去征讨大宛，封宠姬李氏的胞弟李广利当贰师将军，由他统率6 000名骑兵，数万名步兵，在公元前104年出发。由于沿途经过的小国都不与汉军合作，汉军到郁成已只剩几千人，被郁成打得大败。刘彻为了达到目的，在一年内重新征调边地骑兵和壮丁6万人，还组织了一支有10万头牛、3万多匹马、1万头骡驴骆驼的后勤部队，派出两名相马专家和一些工程技术人员，从敦煌开拔。李广利指挥3万名汉军集结在费尔干纳盆地，一面攻打郁成，一面派大军围攻贵山城，封闭城中水源，令它不攻自破。四十多天后，外城被汉军攻破，一些贵族被处决，退到中城的贵族，终于想到了杀国君以谢汉，把汗血马让给汉朝，期望汉军撤退，同时派使者请来康居的援军。李广利和部下合计后，认为还是和大宛停战是上策。于是大宛贵族按照原来议定的要求，让汉军挑选了几十匹千里马，中等以下的良马三千多匹，李广利让亲近汉军的大宛贵族眛蔡登上王位,双方订立了盟约。汉军也守约没有进入中城,撤回了玉门关。一场震动中亚细亚的大战就此平息,多年期盼引进千里马的中国政府也因此如愿以偿。

从大宛引进中国的千里马,就是东方的中国人早已传说的龙马。这种马由于

汉代的金铜飞马牌饰

出汗时显出红色的斑点,而被认为"汗血"。施瓦茨指出,这是由一种 Parafiliaria multipapillosa 的寄生虫引起的。希罗多德提到过米底亚的汗血马,尼萨种的汗血马以身材高大著称,还有一些汗血马和身材较小的米特(Medes)汗血马,则具有一副古怪的头颅。良马的引进,改良了马种,提高了骑马征战的速度和战斗的效力。汉武帝所以取得对匈奴作战的胜利,也是仰赖养马业的发展。汉武帝刘彻和东汉光武帝刘秀为相马在宫门外专门设立铜马法式,刘彻在未央宫的鲁班门外立铜马,以大宛马为原型,宫门因此更名金马门。公元44年刘秀将马援所立铜马安置在宣德殿下,确立良马外形的范式。欧洲要到18世纪才有类似的铜质良马模型。

1981年陕西兴平汉武帝茂陵的一个陪葬墓中,出土一具挺立的鎏金铜马,与其他墓葬出土的那些奋蹄嘶跃的骏马不同,此马骨肉停匀,皮毛、筋肉与骨骼的起伏分明。马的头部高耸,鼻梁平直,耳如劈竹,双耳之间的额头上生有一处锥形肉角,与传说中"大宛马有肉角数寸"相似。马的颈部细长,四肢高大,胜过秦马。这种马的尾础高,尾巴上翘,尾梢才下垂。这些特征都是相马法中所记的良马才能具有。后来《齐民要术》总结相马经验是:马头见方,双目有光,脊强腹张,四肢要长。汉式铜马正是一件可作见证的实物。兴平鎏金铜马,高62厘米,长76厘米,显得膘健体壮。据研究,这匹铜马正是以大宛马为依据铸造的一种铜马式样。大宛的汗血马后来成了著名的月氏马。

月氏早先是放牧在天山以南塔里木盆地周边的一支强大的游牧民族,但从公元前176年就遭到匈奴攻袭,沿天山西迁,胁迫塞人向阿姆河和克什米尔迁徙。随后大月氏在公元前160年征服了巴克特里亚,以监氏城(阿姆河南的巴尔克,Balkh)为

东汉车马出行图(画像砖)

王庭所在。后来兴起的贵霜王朝就在阿姆河、喀布尔河一带为中心发展畜牧与农业,拥有一二百万人口,成为一个富饶的经济区域。月氏马因此出了名。到公元240年三国的孙吴派康泰、朱应出使扶南(柬埔寨、泰国)时,打听到世界上流传着一个信息,说是中国的人最多,月氏是马最多,罗马则靠了物产丰富、宝货众多名扬天下。

月氏马不但有汗血马,而且更多的是巴克特里亚马和土库曼马。这种马身材比蒙古马高大,而且长着龙翼骨,龙翼骨就是在马的脊椎两侧上长出的两条肉脊,有这种肉脊的马,最适合于人的骑乘,这种马在西方古典时代就受到人们的赏识了。在中国,远在公元前10世纪,周穆王乘着由西亚输入的八匹骏马拉挽的车到葱岭出巡时,就被目为西方神马种系的名马,而受到尊视。这种长着骏骨龙翼的天马,常被描绘成长着左右两翼的神马,是一种属于龙的近亲的天马。从伊朗到中国,出土的金银瓶、石刻线画和圆雕中,都可见到实物。唐代大诗人李白作有《天马歌》,赞赏:"天马来出月支窟,背为虎纹龙翼骨。"这种天马的产地当然是阿姆河流域的月支,壮健的双脊被李白称作龙翼骨,表示它有一个非凡的世系。至于背部下方生长的虎纹,则是一种原始马遗留下来的暗色条纹,显示了这种纯种马在种系上的返祖现象。在杜甫和岑参的诗中,千里马都有五色的旋毛,以五花马相称。《杜工部集》卷一中有:"五花散作云满身,万里方见汗流血。"

疆域广阔的唐朝曾从东北、西藏、西南等地输入各种矮种马,加以驯化,对种马的标准以身高为定:"戎马八尺,田马七尺,驽马六尺。"大量的种马主要来自西北方的突厥马。这种马身材高大、长得神骏、跑得飞快。在7世纪、8世纪中,从突厥、西突厥、九姓乌古斯、薛延陀运入中国的良马成千上万,薛延陀向唐太宗一次进献了5万匹马,西突厥在627年一次就将5 000匹马运送到内地。《唐会要》卷七十二诸蕃马印,列举良马有突厥马、康居马(大宛马种)、回鹘马、契苾马、思结马、奚结马等多种,评述:"突厥马,技艺绝伦,筋骨合度,其能致远、田猎之用无比。《史记》匈奴蓄马,即騊駼也。"以为突厥马先世是汉代匈奴的騊駼。突厥马不但可供战斗、田猎,还特别适合作仪仗或表演舞技。经过训练后的突厥马,有一种走马,走路的步伐与众不同,最适合将帅、贵胄骑乘,是一种贵族化的良马。这种舞马或被用于打波罗球(马球),或用来表现"饮酒乐"、"倾杯乐"的歌舞。"饮酒乐"是唐中宗(705—709年)时特地表现给善打马球的吐蕃使节观看的,称作"蹀马之戏",参加表演的马一听音乐,就会随音蹀足,临到演出"饮酒乐",马会"以口衔杯",躺下去,又站起来。"倾杯乐"是唐玄宗(712—756年)时从各国贡献的名马中,挑选出400匹舞马表演的一个节目。每当出场时,舞马分两队盛装上场,身上披着绣花衣,马饰用金银珠玉,乐队反复演奏"倾杯乐",舞马便奋首鼓

唐代舞马衔杯银壶

唐三彩泥俑：戴帷帽的骑马侍女
（新疆吐鲁番阿斯塔那出土）

尾，尽情表演。这些舞马还有直上三层板床，在上面旋转如飞的，或由壮士举一榻，令马在榻上表演。每年八月初五，玄宗生辰的"千秋节"，在勤政楼下举行节庆活动，少不了有象犀与马表演杂技。1970年西安何家村出土的"舞马衔杯银壶"（高18.5厘米），正好表现了舞马后肢跪伏、口中衔杯表示祝寿的图像，和《明皇杂录》中的记载完全吻合。

唐朝还从阿拉伯引进良马。纳季德的阿拉伯马驰名世界，但马迟到公元一世纪才从叙利亚传入阿拉伯，在那里获得了保持它血统单纯的机会。历史上记载阿拉伯使节向中国献马的有681年、703年、713年、724年、725年、744年，阿拔斯朝建立后，在753年12月，派使者到长安献马30匹。安史之乱，应唐朝的请求，阿拉伯与拔汗那等国派骑兵参与收复长安、洛阳两京，双方关系更加密切。在751—762年间周游阿拉伯世界的杜环，在他的游记中有一段文字专记阿拉伯马：

> 其马，俗云西海滨龙与马交所产也。腹肚小，脚腕长。善者日走千里。

阿拉伯的千里马从此名闻中华，被写入了《新唐书·大食国传》，指出阿拉伯"有千里马，传为龙种"。这样，在长达800年的历史中，千里马的家乡由费尔干纳转到了西海之滨的阿拉伯半岛。

然而阿拉伯马引入中国内地的数量毕竟太小，与数以百万计的突厥马和回鹘马相比，显得微乎其微，谈不上改良中国内地驯养的马匹品种。回鹘靠着帮助唐朝平叛，恢复两京，与唐约定，唐朝每年向回鹘收买数万匹至十万匹马，每马付绢四十匹，病弱马照数付价。唐朝为"绢马贸易"承受了巨大的财政赤字，后来马价又一度上升到五十匹绢，以致前账未清后债又积，直到842年回鹘亡国，唐才将债务偿清。

千里马毕竟对中国人留下了千古难忘的记忆，中国人也曾模仿波斯的宗教人士与艺术家，在工艺品中用飞马来显示千里马的神姿。河南、河北等地出土的汉画像砖、新疆吐鲁番出土的饰有联珠对马纹的唐代织锦、辽宁北票发现的铜质

282

后鞍桥翼形片,以及韩国庆州天马冢用白桦树皮绘制的天马障泥上,都可以见到用展示双翼飞马作为构思的千里马图像,这就是中国人所追求与期盼的千里马。

叱咤风云的铠马甲士

在欧洲,像处于精耕农业气候下的希腊城邦,他们善于使用重装甲步兵(Hoplite)组成的希腊方阵,去对付他们在战争中的敌人。色诺芬在公元前4世纪写的《经济论》中,甚至嘲笑:"只有那些最虚弱、最缺乏荣誉感的人才会去骑马。"这种信条使得以后的一千年中,骑兵权贵在西方战争中一直是附属于步兵的兵种。罗马帝国时期,骑兵的作用仍然比步兵要弱得多。只是到了4、5世

罗马人的赛车运动

纪,后期罗马帝国才重视对持长矛的骑兵的严格训练,这种骑士在战斗中可以迅速下马作为持矛步兵徒步作战,当需要在马上作战时,又能迅速翻身上马。在451年对付匈奴的夏龙战争中,罗马帝国的步兵与西哥特人、阿兰骑兵协同作战,证实了这种灵活战术的有效。但罗马骑兵的装备仍十分简陋,直到公元900年,大部分战马尚未使用马鞍,手持长矛从马上进攻敌人的威力因此十分有限。

在亚洲,骑兵在战场上发挥的作用,远远胜过了欧洲。最先使骑士披甲上阵的是波斯。公元前480年,波斯皇帝薛西士的军队已装备了铁甲片编缀的鱼鳞甲,穿这种铁甲的战士在格斗时可以灵活的厮杀,不致被笨重的铁甲所约束。鱼鳞甲,又称锁子甲、环锁铠,3世纪时在中国新疆的骑马民族中已经流行,随之有样本传入内地,曹操的儿子曹植曾得到一副这样的铠甲。先秦时代,中国军队多用皮甲,秦代采用铁片制作的札甲,汉武帝以后,鱼鳞甲逐渐成为部队的主要甲装。6、7世纪后又流行萨珊波斯式样的开胸铠甲。它们的源头是波斯。

身备矛、剑、盾的高卢骑士

杜拉·欧罗波的波斯骑士画像

波斯在公元前5世纪使用铠马和全身披铠的骑士作战，在3世纪以后的中国文献中通称甲骑具装。色诺芬（Anabasis 1，8，6）提到居鲁士的骑士配有鱼鳞甲、头盔和护胫。公元前2世纪，在幼发拉底河畔和罗马帝国邻接的杜拉·欧罗波发现的帕提亚图像中，有一名头戴尖顶兜鍪、身披锁子甲的波斯骑士夹马向前作战，他的战马也是头戴当卢，从马颈直到尻部，全身披有长可及膝的鱼鳞纹马铠。这种重装作战的骑兵，是波斯人使用的具有决定战争胜负作用的新兵种。曹植从曹操那里得到的有环锁铠等4种稀见的铠甲，还有一领马铠，环锁铠、马铠都是伊朗具装铠的仿制品。萨珊朝普遍使用重装的战马作战，通过在中国北方游牧的匈奴、羯、氐、羌和鲜卑、柔然等民族进入黄河流域，推动了中国在十六国时期（303—439年）的战争实践中大量使用甲骑具装，致使战争的规模和费用大幅度地膨胀起来。

直到东汉时期为止，中国早先对战马的防护装备仅有皮革的当胸。将战马配置披挂全身的铁铠，只是在东汉末年才能见到。公元200年，在军阀混战中取胜的曹操和袁绍，双方统率大军在河南许昌以北的官渡相遇。曹操在《军策令》中承认袁绍部下有一支重装骑兵，其中有300匹战马已装备马铠，骑士更是全身披甲。当时在曹操军队中，这样的战马不足十匹。袁绍军队中的这支重装骑兵虽然只占一万名骑兵中极小的一部分，然而已经引起战略家的重视。官渡之战，以曹胜袁败定局，是以弱胜强的战例，当时在战场上重装骑兵的优越性尚未能见出。然而在一个世纪之后，由于骑兵的地位已跃升到战斗的主力军，装备齐全的具装马受到军事统帅的重视，迅速得到发展。铠马的数量在一次战斗中常达到万骑，后秦姚兴（394—416年）统治期间，他击败了乞伏乾归，竟取得了收编铠马6万匹的辉煌战果。姚兴军队中使用的铠马，当然也是十分可观的了。这和萨珊波斯大量采用重装骑兵，形成重装骑兵战术东西辉映。

十六国时期流行的甲骑具装，据保存下来的多种地下发掘物看来，其情景与萨珊波斯的骑士有许多相似之处。朝鲜平壤安岳三号墓是辽东人冬寿在东晋永和十三年（357）安葬时留下的壁画墓，可以见到最早

沙普尔二世狩猎图（萨珊银盘）

文明志

——万年来，人类科学与艺术的演进

的重装骑兵。冬寿在336年率领族人逃亡高句丽,下一年冬寿的旧主正式称燕王,建立前燕。墓中壁画有披甲持矛的战士骑在具装马上,具装马头戴三花面廉,身披长方形锁子甲,全副武装。这座墓形制属于中国辽西三燕(前燕、后燕、西燕)时期墓葬,壁画反映出4世纪中叶流行的重装骑兵的装备。比冬寿墓稍晚,云南昭通东晋霍承嗣墓(386—394年)壁画中,也有骑着铠马、头戴兜鍪、身披铠甲的骑士图像。5世纪初西安草厂坡一号墓、山西大同石家寨北魏太和八年(484)司马金龙墓、陕西咸阳底张湾北周建德元年(572)墓都有甲骑具装俑的出土。

西安草厂坡一号墓出土的一组骑兵俑,骑兵都头戴兜鍪,身披铠甲,战马也全身披铠,达到具装的程度,全身只留出眼睛、鼻子、四肢的下部和尾巴,其余全由铁铠加以保护。战马辔、勒、鞍、铠配备齐全。南北朝时期的骑士大多使用胸前和后背分开的两当铠,或明光铠,人披钢铠,马用铁铠,或人和马都用皮甲。地处南北朝边沿交通要道的河南邓县,发现过一座嵌有彩色画像砖的墓葬,砖上有一匹身披白色具装的黑马,由面廉、鸡颈、当胸、身甲、搭后和寄生六部分组成。面廉整片制成,双耳间耸立着一朵五花缨饰。颈部有鸡颈、胸部有当胸,左右两侧披身甲,马尻部是向外施展的搭后,上面竖立帚形的寄生,高度和马头的缨饰相齐。马铠除面廉外,都用长方形甲片连缀。尔后在敦煌285窟的西魏壁画中,具装的马面廉也用长方形甲片锻制,全身甲片浑然一体。

中国境内出土大型马具较早的地方是辽西三燕墓葬。自1988年朝阳十二台乡砖厂出土中国第一副甲骑具装实物,后来在朝阳和北票等地续有鞍桥、马甲等实物发现。

从3世纪甲骑具装大量使用后,中国北方骑兵在战术上步入了一个新阶段。和重装甲骑相适应,中国的军事技术家对马具不断加以改进,使之更适合于农耕地区的骑士骑乘。最古老的御马工具是络头和衔镳。斯基泰人、古希腊人通常骑裸背马,罗马人用马鞍也是公元以后才有。中国人在用马鞍以前使用毛麻制作的铺垫,在周代开始在马背上披上毳布,算是"马衣"。公元前3世纪鞍垫才普遍起来,临潼秦始皇陵兵马俑坑和咸阳杨家湾西汉前期墓中出土的陶战马,在毛织的鞯上都备有鞍桥很低的鞍。到公元前1世纪鞍桥逐渐增高,河北定县出土的铜车马中有了高鞍桥(《三辅决录》),前后鞍桥都同样直立,使骑马的甲士可以更加熟练地列队排练,更加灵活地发挥战术动作,从此高鞍桥便流行起来。这种式样的马鞍经过天山南北和伊朗高原骑马民族的传递,使得一向用裸背马的罗马骑士改变了传统的方式,在相当于中国东汉时期的公元1、2世纪,也开始使用了马鞍。

在马具的改良上,最有意思的是,中国人发明了金属制的马镫,使得那些披长铠、骑具装马的骑士可以迅速控制马匹,飞快上马下马。在4世纪这种马镫供中国骑士使用以前,全世界的骑士最多只使用一种仅在单侧安置的革制脚扣,

592年太原虞弘墓出土中亚骑马甲士石椁浮雕

这种脚扣可以说是马镫的初期形式，但保留到现在的一些古老的骑马图像中，并没见到有早过4世纪的马镫。明斯（E.H.Minns）在《斯基泰人和希腊人》（1913）一书中，以为斯基泰人使用过皮革的马镫。在法国卢浮宫博物馆收藏的帕提亚图画"狩猎骑士"上，可以见到马的右侧腹下有一长扣，也有人推测是皮革的马镫。但图上弯弓骑士的脚却不在扣内，只能是供上马时用的单扣。古波斯、希腊、罗马和高卢（法国）人都习惯纵身一跃上马的跨马法，根本不用脚扣，使用脚扣的只见于第聂伯河下游契尔托姆雷克墓群中斯基泰银瓶的图像和印度桑奇大塔的浮雕，它们和湖南长沙永宁二年（302）墓中陶马使用的三角形脚扣相仿，只在鞍的左侧安置，供骑士迅速上马，上马后脚扣便全无用处了。这种单镫（或称脚扣）的使用，在西亚、中亚和中国都发生在4世纪以前。而且在出现金属或用金属皮包裹的马镫以前，应有皮革马镫使用在前。朝阳袁台子墓出土2件马镫就是木芯外包皮革。

马镫有可能最早出现在中国的西部地区。新疆西北部的特克斯县，20世纪在县城东57千米的塔翁布拉克村的大型墓葬中，发现过铜质圆环形的马镫，并出土有铁马镫，这些马镫的底部中央都有一块向外突出的踏板，便于骑马者上下和驾驭马匹，据推测，墓葬大约在公元1世纪前后。马镫出现在黄河流域最可能是在3、4世纪之际。属于这种初始阶段的中国马镫的实例，只有4世纪初安阳孝民屯154号西晋墓出土的单镫和长沙302年墓骑马俑鞍下的单镫。长沙骑马俑的骑士像帕提亚图画中的骑士一样，并未将脚踏在镫上，马镫只是挂在鞍的左侧。安阳孝民屯墓保留着埋葬时原来的位置，马镫木芯外包有鎏金铜皮，镫上部是长柄，镫环呈扁圆形，总长27厘米、柄长14.5厘米、柄环宽16.4厘米,马镫出土的位置在马鞍的左侧。这一件马镫和特克斯发现的马镫,是目前所知,全世界最早的几件马镫实物。

此后一百年,到5世纪上半叶,中国南北,从广西西江流域到东北的鸭绿江都已普遍使用马镫。出土的马镫实物有辽宁朝阳袁台子墓2件、吉林集安万宝汀出土4件、吉林集安七星山出土2件、辽宁北票西官营子冯素弗墓2件、吉林集安禹山下出土2件。只有袁台子墓的马镫,外包涂漆的皮革,万宝汀、七星山、冯素弗墓都是木芯外包鎏金铜皮。禹山下出土马镫是木芯外包铁皮。这个时期的马镫镫环底部平直而且放宽,使马镫能支持骑士的全身分量,便于在马上作战。5世纪中叶以后马镫更普遍用铁铸,可以大量生产,并且经久耐用。吐鲁番阿斯塔那十六国时期墓木马、南京象山七号墓、丹阳吴家村齐墓等出土陶马、石马都有清晰的马镫图像,吉林集安高句丽时期武踊冢墓室壁画、山西太原北齐娄睿墓壁画更明明白白地绘出了骑士脚扣马镫射箭或出巡的场面,表现出5—6世纪马镫已是骑士生涯中不可或缺的装备。

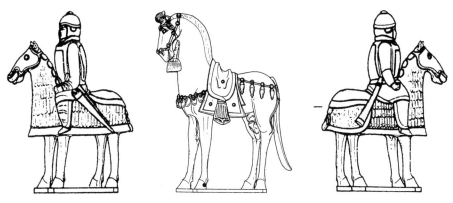

公元6世纪太原斛律徹墓出土陶马和甲马骑士俑

马镫一经发明,就使骑士在马背上有了立足之地,对马匹的驾驭发挥了极为理想的功能,只要双脚一蹬,在马背上也能如履平地,因而极大地提高了骑士的战斗动作,同时也减少了长程奔驰的疲劳。对于那些在4—5世纪惯于指挥铠马决战的指挥官来说,使用了马镫的具装马正是似虎添翼,在战场上足以进退自如、浴血奋战而克敌制胜了。

和具装马一样,马镫在中国北方使用后,迅速传入朝鲜半岛和日本列岛。韩国福泉洞35号坟、22号坟出土的马镫、日本新开1号古坟、日本七观古坟出土马镫的式样,几乎和安阳孝民屯西晋墓、集安万宝汀78号墓、集安禹山下41号墓、北票冯素弗出土的马镫在形制和工艺上完全一致,它们之由中国北方传去是十分明显的。

古坟时期的日本和朝鲜半岛曾出土大量马具,是出土实用马具最多的地区。日本在4—5世纪随葬马具的古坟达千座以上,大谷古坟发现5世纪后半叶马镫后,打破了学术界早先以为马镫是在7世纪以后由骑马民族文化中心的中亚细亚一带开始的观念,重新在世界范围内展开马镫起源问题的研讨。现有资料可以确定,早期马镫的形制和制作工艺,主要是木芯外包铁皮的环状马镫。中亚和西亚虽曾出

公元400年象牙雕刻中的竞技场面

土公元前后大量带骑马纹饰的器物,但直到萨珊时期仍极少见到骑马用镫。4世纪初,马镫在中国黄河和长江流域出现后,既改善了早先习于跪坐的一般骑乘者上马难的困扰,又适应了新兴的披长铁铠、骑具装马的重装甲骑的需要,在战马供应紧缺的情况下,具装马对保护马匹的生存又十分必要,因此迅速流传,唐代骑风盛行,一个重要原因就是马具十分齐全。欧洲的马镫最早在匈牙利6世纪的遗址中发现,这里通过黑海北岸和欧亚草原接壤,从中国北方向西迁移到黑海的阿瓦尔人,是一大传媒。536年收复了意大利半岛的拜占庭皇帝查士丁尼,也不知道使用马镫,在雕刻查士丁尼骑马凯旋的图像上,是一个女奴用手托起了他绑着护套的脚底板。法国人要到9世纪初,查理曼的加洛林朝才有马镫。但人们在800年登上罗马皇帝宝座的法兰克人查理曼的骑马铜像上看到的,仍是没有马镫而手执宝剑的雕像,连他的马鞍也不过是中国秦始皇时代的骑士业已使用的一块鞍鞯而已。毫无疑问,欧洲人从东方的骑马民族那里学

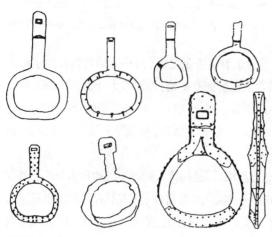

中国出土早期马镫

查士丁尼皇帝凯旋图

会使用马镫,它的源头一直可以追溯到3—4世纪的中国。

骑着铠马作战的重装骑兵,在3世纪起的三个多世纪中风行中国北方,在欧亚草原东部叱咤风云,到6世纪下半叶逐渐消沉。在大一统的唐代,养马业有长足的进步,马匹供应充足,唐军作战以轻骑兵为主,采用灵活机动的作战方略,出奇制胜;唐军将帅用兵讲究谋略,重在"以谋取胜,因情用兵",抓紧时机。唐太宗李世民多次指挥唐军因地制宜,克敌制胜,他认为"兵法尚权,权在于速",用兵要重视时机,迅速决策,战场上的神速首先是由骑兵部队的行动来体现的。唐代疆域辽阔,长途奔驰征战,全靠轻装骑兵。骑兵使用枪和陌刀作长柄格斗武器,佩有刀、剑、弓、弩等杀伤力大的格斗兵器和射远兵器,组成方阵,战斗力强。突厥统治下的欧亚草原与唐北疆相接,时有侵扰,犹如西汉时匈奴对中国内地的关系。629年在东突厥内乱时,李世民派李靖率领10多万骑兵,分六支出击,630年唐军生擒颉利可汗,灭了东突厥。势力强大的西突厥统治了波斯以东、阿尔泰山以西的广大疆土,与唐的关系时有变迁。651年阿史那贺鲁吞并了全部地盘,与唐决裂,自称沙钵罗可汗,成为西突厥的最高统治者。653年以后,唐派苏定方征讨沙钵罗可汗,苏定方不顾大雪,率骑兵向邪罗斯川方向猛追穷寇,绕到敌后,直抵金牙山汗庭,斩杀西突厥军数万。到657年唐军生俘阿史那贺罗父子,西突厥各部归降唐朝,西突厥汗国就此灭亡。

中国西北的突厥在萨珊波斯和中国隋唐时代骑马文化的传递上,是个重要角色。萨珊朝的马具,如齐鬃的一花、三花马,马匹前胸和尻部带子上用作饰品的杏叶(金属制)、重装的具装马,都经过突厥一路东传,余波直至日本。中国的高鞍桥、铺在鞍鞯下的障泥、马镫和具装马尻部的寄生,都是中国人对马具的贡献,它们也曾被周边民族所效法,而马鞍与马镫的使用尤其是中国北方骑马文化中一枝独秀的创新,连同威力巨大、射程达300步(450米)的连弩的使用,提高了远程兵器的杀伤力。步兵备有长弓、稍弓(短弓),骑兵使用角弓、马弩,马弩射程可达200步(300米),射程远到300步以上的有伏远弩。这些武器一经西传,便在欧洲战场上产生了令人难以忘怀的效果。

东方与西方的对抗

萨拉森这个名词,来源于阿拉伯语的Sharq和Sharqiyūn(东方和东方人),在《旧约》的《民数记》、《以赛亚书》、《以西结书》中都提到过,有时专指巴勒斯坦东边的贝杜因人的居住地,有时泛指阿拉伯和阿拉伯人。后来成为古英语直接从阿拉伯语借用的一个名词,在9世纪已见应用了。

阿拉伯人在伊斯兰教兴起后,打着圣战的旗号,在穆罕默德死后不到一百年的时间内,凭着阿拉伯穆斯林军队的东征西讨,到713年,这个帝国的领土已向东扩展到了印度河流域的信德和木尔坦,沿着地中海南岸囊括了埃及和北非,伊比利亚半岛全境,除了西北角那一小块阿斯图里亚斯,全都归了奥玛耶哈里发。穆斯林军队甚至越过了比利牛斯山,攻入法国的亚奎丹,直到732年,这种攻击由于法兰克人在普瓦蒂埃的反击而失败,于是大规模的几乎不停顿的扩张才算告终。这时离穆罕默德的去世,刚好是一百年。

阿拉伯人的领土扩张实际上总共只是靠了动用一支4万人的军队,而且也没有使用多少的骑兵。尽管在小亚细亚,阿拉伯人围攻拜占庭都城君士坦丁堡的军事行动并未得手,但是阿拉伯人确已成为拜占庭的心腹之患。一篇出自拜占庭皇帝君士坦丁七世(913—959年)的文章却这样评论阿拉伯的军队:"他们是强大的,而且好战,因此,他们用一千个人占住的阵地,是难以攻破的。他们不骑马,而骑骆驼。"直到那时,阿拉伯人并没有建立强大的骑兵。

当时欧洲总共也只有一两万名骑兵。这些骑兵在10世纪时尚未有效地利用马鞍和马镫,以发挥他们从马上手持长矛去进攻敌人的威力。马鞍在700年时已经传入德国,但在当时马格德堡附近发现的石碑上的骑士像中,还没有见到马鞍,马身上从胸到尻有皮制的鞯。在围攻战中,他们主要依靠一种抛石机弩炮。在查理曼(768—814年)统治时期,他积聚的兵力一度高涨到15万人,其中有3.5万名重装骑兵。843年的凡尔登条约使这个一度统一起来的帝国一分为三,各自为政下的兵力就只有向回缩了。

在中世纪欧洲绝大多数战役中,徒步作战的人数与骑兵的比例常常是5或6与1之比。拜占庭军队的这类比例则要高一些,因为要对付东方的骑马民族,常接近4与1之比。步兵的装备足以击退骑兵的攻势,甚至加以歼灭。骑兵通常只用于侧翼的进攻,或作为诱饵,引导敌方步兵走出掩体追击,然后加以围歼。这类战例,有928年在科隆内角,一支轻装的穆斯林马队引诱德王奥托二世的重装骑兵陷入长途追击,致使奥托的骑兵在精疲力竭时遭到预定的埋伏的打击。1066年诺曼底的威廉公爵为了驱逐英国王位的僭主哈罗德·戈德温森,从意大利和西西里集结了马队和战船,募集了一支1.4万人的军队(包括2 000多名重装骑兵),渡过海峡,到达佩文西港,凭着他拥有一支由弓箭手和弩手组成的先遣队,发动黑斯丁斯之战。战斗中,威廉指令左翼布雷顿骑兵佯败,引导盎格鲁—萨克逊阵线的右翼疯狂追杀,接着威廉的右翼也发起佯退,当敌方步兵接近时,两支骑兵部队回马驱杀,取得大胜,哈罗德国王也倒在阵前。11世纪的骑兵靠着站在马镫上挥

文

明

志

——

万年来，人类科学与艺术的演进

舞长矛发动攻击,到12世纪时,骑兵装备了高鞍桥,才能坐在马背上作战。和亚洲战场上的骑士相比,欧洲人要在700年以后才学会在马上作战。亚洲的骑士是先有高鞍桥后有马镫的配合,一旦有了马镫,就如虎添翼了。欧洲的骑士则相反,是先有了马镫才知道必须要有高鞍桥,才能充分发挥马上作战的高效能,当骑士的从此不必常常像他们的先辈那样,在战场上忽而下马刺杀,忽而又上马奔腾了。

这些刚刚学会在马上作战的欧洲骑士,不久就在罗马教皇的号召下,组成了一批又一批的十字军,冲向亚洲,和那些世代是牧民出身的亚洲骑手去实地一较高下了。

行进中的穆斯林骑士(1237年)

十字军运动是罗马教廷为解决欧洲教会中的异端,将矛盾引向占领圣地耶路撒冷的穆斯林而发动的多次战争的总称,自1097年起,到1291年十字军失去在叙利亚大陆上的最后据点,长达两百年之久。

1094年后,受到土耳其人威胁的君士坦丁堡教会向罗马教廷求援,教皇乌尔班二世为使分裂已久的东西教会重归统一,号召发动十字军,畅通到圣城朝拜的道路。1097年十字军第一次集结在君士坦丁堡,然后穿越小亚细亚。十字军攻破了塞尔柱苏丹的首都尼西亚,一个分遣队在布洛涅的包德温率领下,攻占了亚美尼亚的鲁哈城,建立了第一个拉丁国家,包德温当上了国王。十字军抵达耶路撒冷时有4万人,埃及守军只有1 000人,他们在1099年7月15日耶稣受难日攻下圣城。包德温在1100年圣诞节当上耶路撒冷国王。这个王国的版图从红海的阿喀巴向北扩张到黎巴嫩的贝鲁特。在它的北面是的黎波里伯国,再北是安提俄克公国、埃德萨伯国。但十字军首先遭到莫苏尔的阿塔贝克赞吉(1127—1146年)起而抵抗,1144年他夺回了控制美索不达米亚和地中海交通的鲁哈城。

穆斯林的反攻时期从赞吉开始,到阿尤布朝的萨拉丁(1169—1193年)取得辉煌战果而达到顶峰。这个时期中有德王康拉德三世、法王路易第七率领的第二次十字军（1147—1149年），德皇红胡子腓特烈、法王菲利普第二、英王狮心理查发动的第三次十字军（1189—1192年）。但十字军始终未能占领耶路撒冷，在十字军的宗教热诚受挫之后，却促进了东西方的贸易与文化生活的交流。第二次十字军围攻大马士革，无功而归。穆斯林从叙利亚发起的反攻却屡屡得手。赞吉的儿子努尔丁在1154年从突格特勤的继任者手中夺取了大马士革，还征服了安提阿克公国的部分领土，俘虏了这个公国的波希蒙德三世。出身库尔德人的萨拉丁·尤素福·本·阿尤布1138年生在底格里斯河旁的塔克里特，1169年他出任法蒂玛朝哈里发阿迪德的大臣，决心在埃及以逊尼派替代什叶派，并且推动穆斯林对法兰克人的圣战。1171年他正式下令在星期五的聚礼仪式上取消法蒂玛哈里发的名字，改用阿拔斯哈里发穆斯台迪耳的名字。他开创了阿尤布王朝，从努尔丁的继任者手里夺取了叙利亚。穆斯林世界由于渴望有一位英主可以出来领导他们驱逐法兰克人，而团结到了萨拉丁的麾下。1175年萨拉丁被阿拔斯哈里发册封为埃及、马格里布（北非）、努比亚、西部阿拉伯、巴勒斯坦和中部叙利亚的苏丹。十年后，他征服了美索不达米亚。1187年6月，他开始致力去驱逐法兰克人。经过赫甸战役后，两万名法兰克军队已所存无几，耶路撒冷在1187年10月2日重新回到阿拔斯哈里发的名下。萨拉丁释放了一批又一批的战俘，但他处死了破坏停战协定的拉丁将领莱吉纳尔德和圣殿骑士团、圣约翰骑士团（又称医院骑士团）的骑士。萨拉丁收复了法兰克人在叙利亚和巴勒斯坦占据的大多数城市和要塞，此时的法兰克人士气低落，节节败退。

　　由德、法、英三国组建的第三次十字军，动用了十多万人，去夺回圣城，由贵族与军官组成的圣殿骑士团（1119年成立）和条顿骑士团（1128年成立），成为

十字军东征时在圣地建立的城堡

十字军战士

作战的主力兵团。在进军中，德皇红胡子腓特烈淹死在西里西亚的萨勒夫河中，他的部下大多数就此返国，余部由史瓦比亚的腓特烈组建条顿骑士团参战。狮心理查率舰队东征，在行军中夺取了塞浦路斯岛，后来成为从大陆逐出的十字军的避难所。这一次十字军在被萨拉丁释放的耶路撒冷国王卢西翁·该的指挥下，决定以收复阿卡为主攻目标。法兰克人得到舰队的支援，使用了最新的投石机来攻城，萨拉丁不断派兵增援守军，但得不到哈里发的增援。在中世纪战史上享有盛名的阿卡之战，从1189年8月27日一直拖到1191年7月12日，守军被迫投降。条件是守军缴纳20万金币，送还圣十字架，作为释放守军的代价。一个月以后，十字军还没有得到赎金，理查就下令将2 700名战俘杀死了。

理查不顾法王将十字军撤走，独自带领3万名十字军向圣城挺进，途中受到萨拉丁大军在阿佐图斯发动的突袭，几乎招架不住萨拉森骑士的箭雨。双方不断交锋，互有胜负。一次理查因中箭而落马，萨拉丁却送了一匹骏骑给理查，让他继续应战。理查的勇敢和磊落的骑士风度和萨拉丁坦诚、宽厚的人格魅力和侠义风范，成为十字军运动中最使人感奋的篇章，从而彪炳史册。此后，萨拉森人和法兰克人双方在阿卡展开谈判。理查甚至提议他的妹妹与萨拉丁的弟弟马列克·阿迪勒结婚，将耶路撒冷作为礼品，赠给新郎和新娘。1192年11月2日双方缔结的和约，规定海岸归属拉丁人，内地属穆斯林，到圣城朝拜的人，不应受到歧视。下一年2月萨拉丁因染上伤寒在大马士革去世。他在推翻法蒂玛王朝时获得的大批财宝都分给了他的臣僚和军队，没有给自己留下什么。他去世时的遗产只有47个迪尔汗和1个迪纳尔。

萨拉丁去世后，他的国家一分为四，他的弟弟阿迪勒取得了埃及和大部分叙利亚的统治权。他统治时期，与十字军维持了友好关系。此后一段时间，十字军和穆斯林国家之间关系的中心也转到了埃及。1218年阿迪勒去世前不久，十字军就登陆杜米雅特，在次年占领了这座城市，几近两年之久，到1221年8月，十字军才退出这座城市，但被准许可以自由通行。在萨拉丁去世后，差不多有半个世纪之久，伊斯兰教世界因内部纷争而无力进攻，十字军各宗派之间也常因利害关系而互相猜忌，但法兰克人终于又将萨拉丁收复的城市，如贝鲁特、塔巴利、阿斯盖兰一一攻陷，连耶路撒冷也在1229年被十字军重新占领了。1229年阿尤布苏丹卡米勒和腓特烈二世订立了一个条约，将耶路撒冷和阿卡的走廊都让给腓特烈的条顿骑士团，好让腓特烈帮他去对付他的阿尤布家族中敢于和他争名分的对手。因此耶路撒冷留在十字军骑士团手中有十多年之久，直到阿尤布新上任的苏丹撒列哈请来了那些被蒙古人赶出家门的花剌子模的土库曼人，才在1244年光复了耶路撒冷。

此后的十字军运动进入了尾声时期。十字军的对手从1250年起换为替代阿尤布人的突厥奴隶王朝马木鲁克。但那些有封地有财产的圣殿骑士团、圣约翰骑士团和条顿骑士团却因此大发其财，成了有钱有势的军事机构。这些骑士团是沿海地带的城市、要塞的主要防守力量，他们并无实力对内地的城市一一占领，却可以从他们的占领区中搜刮贡赋，叙利亚的一些城市，像阿勒颇、哈马、希姆斯、巴勒贝克、大马士革等内地城市就只是向法兰克人缴纳贡赋。骑士团可以从教皇和本国的君主、领主那里获得封地和各种特权，还可以从受到他们保护的朝圣者那里收取数额可观的捐款。无论东方还是西方的商行都希望在骑士团的庇护下增加他们的收益，保护他们的财富和商货，于是骑士团开设了专门的银行，接受巨额存款，并负责保管黄金和首饰，来取得利息和押金，法国和英国的王室都曾将国库托付巴黎和伦敦的圣殿骑士团保管。圣殿骑士团因总部设在耶路撒冷所罗门王的圣殿而命名，他们在十字军运动中发迹，拥有大量的封地和城堡，在13世纪的圣地，圣殿骑士团成为贵族的支撑，参与政治决策。十字军运动止息后，圣殿骑士团将他们积聚的巨额财宝和许多圣物带回本国，1307年10月5日，法王美男菲利普四世下令逮捕骑士团成员。圣殿骑士团总团长德·莫莱在狱中向他的侄子基西恩·德·博涅交代了从圣地运到法国的珍宝藏在前任总团长墓穴入口处祭坛的两根大柱子里，柱顶能自行转动，其中有耶路撒冷国王的王冠、所罗门王的7枝烛台和4部金制的福音书，还有骑士团积累的无数财宝。德·莫莱在1314年被法国国王烧死后，他的侄子设法从骑士团教堂的大柱子里取走这些宝藏，藏进了德·莫莱的棺柩，用特殊的神秘符号转移到了隐秘的地方，至今下落不明。

从第四次起，十字军已失去了早先占领圣城的目标。那一次十字军，从1202年继续到1204年，卷入了拜占庭皇位争夺，十字军于是攻占了君士坦丁堡，大肆劫掠，在希腊和马其顿自称为王。第六次十字军（1228—1229年）由德皇腓特烈二世率领，腓特烈二世与萨拉森人签订了十年休战条约，获得了基督徒可以自由朝拜圣地的权利。返回意大利后，反将教皇的军队驱逐到境外，从此与教皇冲突不已。法王路易第九领导第七、第八两次十字军，前一次在埃及被俘，到1250年付了赎金才被释放；后一次出征到突尼斯，在1270年染上了疫病而死在那里。

1291年5月，拉丁帝国在利凡特最重要的要塞阿卡被马木鲁克人攻克。其他沿海城市也在3个月内相继放弃。保卫阿卡的圣殿骑士团在投降后全被杀死，到8月中旬，圣殿骑士团在阿斯里斯的荒凉的要塞也被铲除。十字军残部被迫撤到了塞浦路斯岛。十字军运动就此告终了。

东方仍然是东方。但十字军在两百年的冒险战争中也饱尝了萨拉森社会的风风雨雨，体验了形形色色的东方生活。他们这种一心追求财富的冒险精神，只要一有机会,在今后仍会像火山运动一样,爆发出惊人的能量。

成吉思汗和他的儿孙缔建的草原帝国

916年在蒙古草原建国的契丹,后来改称辽国,吸收了中原的典章制度,笃信佛教,后来在1125年被金国灭亡。契丹王族耶律大石带着200名精骑逃亡到天山,在吉木萨尔立脚。后来在金兵追击下,被迫西迁。到1143年耶律大石去世,他建立的西辽国已成为一个地跨葱岭,东起阿尔泰山,西到咸海以北,北抵巴尔喀什湖,南至阿姆河的大国。耶律大石在1131年正式称天佑皇帝,上尊号葛儿汗,意思是"世界之王"。阿拉伯史家称西辽政权叫哈拉契丹,俗称黑契丹,但哈拉(Kara)一词代表"北方",相当于汉人所称的西辽。葛儿汗因容纳景教(聂思托里教派),又曾战胜塞尔柱突厥,威名传入欧洲十字军骑士团,使得欧洲的基督教国家受到鼓舞。欧洲的基督教骑士团由于西亚的领地处于风雨飘摇之中,盼望有一支在东方攻击穆斯林的大军,因此传说东方有一个信奉基督教的约翰长老主持的国家,正要帮助十字军建立的拉丁帝国。教皇亚历山大三世(1159—1181年)因此向葛儿汗致书求援。

此后,蒙古草原上发生巨变,出身孛儿只斤氏族的铁木真(1162—1227年)在1189年成为蒙古部的首领后,战胜了汪古、乃蛮、密儿乞等部,统一了蒙古草原。1206年在斡难河(鄂嫩河)召开的大会上,铁木真被推选为蒙古大汗,尊称成吉思汗,意思是"天赐之汗"。蒙古汗的领土向南扩充到黄河流域和天山南北,1218年兼并西辽,使蒙古汗国的西境到达锡尔河,和花剌子模汗国接壤。花剌子模是12世纪末突厥人重建的国家,在阿拉丁·穆罕默德(1200—1220年)统治期间,乘西辽衰亡,占有了河中地和呼罗珊,进而吞并马赞德兰和克尔曼,成为中亚的大国。

花剌子模汗不愿看到蒙古的壮大,派兵支援逃到康里的密儿乞部,攻击蒙古军,铁木真于是在1218年底,决定率20万大军西征。1218年到1223年,成吉思汗亲自指挥了蒙古汗国的第一次西征。西征队伍依靠在长期游牧生活中养成的具有高超骑射才能的骑兵,使用了汉人和西辽先进的军事技术,装备了弩炮、火箭和飞火枪等攻城武器,发动了一场灭亡花剌子模(里海东、锡尔河南),讨伐钦察(里海西、黑海北)和斡罗思(伏尔加河西至莫斯科、基辅一带),征服康里(里海、咸海北)的战争。

1219年秋,成吉思汗从额儿的失河向花剌子模进军,蒙古人习惯称花剌子模叫回回国,《元朝秘史》称作撒儿塔兀勒(Sarta'ul)。成吉思汗的大军分四路向锡尔河流域推进:一路军,由察合台、窝阔台率领,攻讹答拉;二路军,由长子术赤率领,攻毡的;三路军,由阿拉黑、速客秃、塔海三人率领,进取别纳客特;最后一路大军,由成吉思汗和四子拖雷统帅,直取布哈拉,切断花剌子模汗和河中地的联系。

花剌子模汗拥有40万装备精良的军队,多由波斯化的突厥人和康里人充当。花剌子模汗穆罕默德的母亲秃儿甚可敦出身康里的伯岳吾部,将领、士兵中的康里人多依附可敦,在地方和军队中形成戚党与穆罕默德不合,因此王国内部不和,难以抵御强敌。1220年3月,成吉思汗大军攻克布哈拉,屠城之后又挥兵向东,与三路大军合围撒马尔罕。撒马尔罕守军5万,多是康里人,被蒙古军设计分化,开城投降。蒙古军对待继续顽抗的讹答拉、忽毡等城市,采取残酷的屠城报复手段。男丁大多充作劳役,或补充军队。别纳客特、撒马尔罕的工匠都被分配到蒙古军中服役,所得撒马尔罕工匠3万人,有3 000户后来被迁到荨麻林继续做工。撒马尔罕居民被编入蒙古军的就有3万人。其中一部分被驱迫去进攻花剌子模的都城乌尔犍赤。

穆罕默德在撒马尔罕陷落后,向西逃奔。1220年12月,穆罕默德病死在里海一个小岛上。继位者札兰丁返回阿富汗整军抵抗。术赤和察合台、窝阔台两路蒙古军花了六个月,才攻下阿姆河畔的都城乌尔犍赤。成吉思汗在1221年春率军渡过阿姆河,占领巴尔克,和拖雷会师塔里干。大军继续追击札兰丁。忽都忽率领的蒙古军在喀布尔北面的八鲁弯附近10里的地方,被札兰丁的军队击溃,造成蒙古军初次失利。但札兰丁已临近穷途末路,他率领残部自伽色尼城逃到印度河边,自悬崖跃马渡河,退往德里。1222年,追击札兰丁的成吉思汗大军,在八鲁弯度夏。蒙古军不惯炎热天气,在11月便班师北上,回到撒马尔罕。成吉思汗除保持当地上层分子继续统治外,又在各城市派达鲁花赤进行监治。

哲别、速不台统率的蒙古骑兵由波斯北进,直抵大不里士城。1221年初,蒙古军两次攻入格鲁吉亚,占领梯弗里斯城。小亚美尼亚王海敦一世(1224—1269年)闻风归降。2万蒙古骑兵越过高加索山,战胜了钦察人、塞尔卡西人、阿速(阿兰)人的联军,离间钦察人,然后各个击破。蒙古军横扫钦察草原后,占领了克里米亚半岛的国际贸易港苏达克。

钦察部众散失,逃入俄罗斯求援。1223年俄罗斯和钦察的联军在波洛伏齐草原和蒙古军相遇。蒙古人在卡尔喀河一役,击溃了俄罗斯和钦察联军,接着攻击基辅大公率领的另一支俄罗斯军队,《新元史》卷二百五十七记录了这一战役,俄罗斯82 000大军全被歼灭,6王70侯战死疆场。哲别、速不台的蒙古铁骑西面到了第聂伯河，北抵诺夫哥罗德城，南面直达克里米亚半岛的黑海之滨。信奉伊斯兰教的钦察人一万多帐被迫迁入拜占庭境内，欧洲人第一次听到了蒙古骑兵西侵的消息，拜占庭只得加强戒备，严阵以待。

1223年底，哲别、速不台接到班师回国的命令。1225年春，成吉思汗回到图拉河黑林（合拉屯）的斡耳朵。第一次西征前后历时七年，蒙古汗国以武力征服了中亚细亚、伊朗东部直到欧洲东部的广袤土地，建立了一个横跨亚欧的大汗国。成吉思汗晚年将蒙古本部以外的占领区作为兀鲁思（藩属）分封给三个儿子，长子术赤封在咸海以西、里海以北的广袤草原；次子察合台的领地东起伊犁河流域，西至阿姆河，包有新疆南部焉耆以西的西辽故地；三子窝阔台管辖蒙古西部直到巴尔喀什湖以东，包括鄂毕河上游一带的乃蛮旧境；四子拖雷在成吉思汗死后，以监国的身份统领成吉思汗原先的领地，成为成吉思汗留下的12.9万名军队的主要统帅。

1227年成吉思汗死后，由窝阔台继任大汗（1129—1241年）。1230年冬蒙古军继续追剿流窜到波斯西部的札兰丁，1231年札兰丁死于库尔德山区，花剌子模国就此灭亡。1234年蒙古向南灭了大金国，领土扩展到淮河流域。1235年蒙古50万大军被派往南中国、高丽、印度和俄罗斯，展开新一轮的战争。

这时术赤已死，术赤的次子钦察汗拔都（1208—1255年）和速不台率领二十五万大军，在1235年到1242年举行第二次西征。这次拔都西征，调集诸王、将、驸马、万户、千户，各以长子从军，兵多而强，称为长子出征。窝阔台皇子贵由、阔端、合丹，察合台儿子不里、拜答儿，拖雷儿子蒙哥、拔绰，拔都的兄长鄂尔达、弟弟伯勒克、昔班、唐各脱各领军从征。蒙古军都是披挂轻甲的轻装骑兵，他们娴熟弓马，每名骑士有多匹备马，不带笨重的辎重物品。弓弩以外，长兵器有两头施刃的长标枪（欺胡大、巴尔恰）和短标枪三尾标枪。短兵器有效法花剌子模的环刀，还有斧和剑，临阵冲锋，常斧剑齐下。西征大军自1236年2月由和林开拔，沿鄂毕河上游向乌拉尔山脉进军，一场万里长征、制服欧洲的军事行动正式付诸实施。这一次蒙古军横扫俄罗斯，占领钦察草原，攻陷了波兰和匈牙利，兵锋直抵亚得里亚海滨。

1235年拔都已先行率军出发，进入他在也儿的石河至乌拉尔河间的草原，约定与后续部队在不里阿耳边境会合。伏尔加河流域的不里阿耳是西征的首要目标。1236年秋，蒙古军占领不里阿耳城，灭了不里阿耳国。然后大军渡过伏尔加河，西攻钦察各部。1237年春，蒙哥在里海的一个孤岛内生俘钦察汗八赤蛮。

这时俄罗斯处在基辅罗斯时期，境内分成许多公国，各自为政。蒙古军在

1237年秋渡过伏尔加河征服莫尔多瓦，占领梁赞。年底，拔都大军沿顿河上游侵入俄罗斯北部弗拉基米尔大公国，蒙古军伐木开道，直扑莫斯科城下，围城五日攻克该城，弗拉基米尔大公玉里二世之孙在城破后当了俘虏。大公弗拉基米尔先已离开弗拉基米尔城，到昔提河畔整顿军队，等待弟弟基辅王耶罗斯拉夫的支援。蒙古军在占领大公首府周围城市后，在1238年2月2日围攻弗拉基米尔城。2月8日蒙古军蜂拥而至，城中人开门投降。科斯特罗姆、罗斯托夫、耶罗斯拉夫、德米特洛夫等城都被蒙古铁骑蹂躏。3月4日，蒙古军在昔提河畔围攻弗拉基米尔大公，大公被杀，军队被歼灭，脱逃的仅十分之二三。拔都挥军北上诺夫哥罗德公国，直抵离城100俄里的地方。时积雪渐融，不利行军，于是回军南下，重入钦察，诺夫哥罗德才得保无恙。

拔都又平定钦察各部，转而进攻南俄，在1239年冬夺取基辅周围各城，孤立基辅，1240年柏莱斯拉夫城向攻城的蒙古军投降，蒙古军乘势攻陷撒尔尼哥城，守城的基辅王从弟木斯梯斯拉夫·格里波维奇逃往匈牙利。1240年秋，拔都自率大军沿的斯纳河右岸南下，从冰上渡过第涅伯河，进围基辅。基辅王米海尔无力抵御，亡命匈牙利。部众拥立德米特里守卫基辅。不久，城被攻破，德米特里被俘，拔都爱惜他的智勇，留在身边当参谋。

这时地处喀尔巴阡山南麓、亚得里亚海以北的匈牙利，已经成了东欧各族王侯的避难所。拔都在南俄战事平息后，决定兵分三路，进攻匈牙利。阔端率领南路军，进攻匈牙

阿兰战役中的欧洲骑士

利东南部,旨在切断匈牙利和拜占庭之间的联系;拜答尔率领北路军向南进攻,以隔绝波兰对匈牙利的援助;拔都自率中路大军,直指多瑙河上的匈牙利国都马札儿(佩斯)。

北路军在1240年初进入波兰,冬季渡过维斯瓦河,波兰王公贵族逃往波希米亚、德意志和匈牙利,首都克拉科夫成为一座空城。3月28日蒙古军离开克拉科夫,在拉迪波尔泅水渡过奥德河,追击西里西亚的军队。三天后,蒙古军已出现在勃累斯劳(今波兹南)城前,波兰人纵火烧城,退往雷格尼察。1241年4月8日,蒙古军进迫雷格尼察,和西里西亚王亨利二世统率的波兰、德国联军三万多骑士对阵。下一天,拜答儿赶在波希米亚军到达以前,迫使冯·奥斯梯那率领的条顿骑士团和波、德联军在瓦尔施塔特平原决战。在英勇善战装备着中国式武器(弓弩、剑、斧)和东方草原骑兵擅长使用的环刀、标枪的蒙古轻骑迅风疾雨般的攻击下,以重装骑士为核心的基督教联军受到致命的打击,以致全线崩溃,亨利二世和条顿骑士团的首领,以及许多波兰王公贵族都战死疆场。西方的记载说,这次战争中,蒙古骑兵手执X记号的大旗,出现一个有长须的人头,口吐臭气,使波兰骑兵目迷头眩,败于阵下。拜答儿一定使用了当时仅在亚洲战场上使用过的先进的火炮或毒药烟球,靠了快速和灵活的作战方式,一举歼灭了从头到脚都裹着铁甲并且使用具装马的欧洲重装骑兵。再一次宣告了重装骑兵早已不是战争胜利的

欧洲的重装甲骑士(查理Ⅶ世时期)　　　中世纪欧洲的旗手(13世纪伯尔尼骑士)

重要因素。在欧洲战场上，蒙古骑士可说是每战必胜，处处得手。战争结束后，亨利王被枭首示众，传送各国，警告欧洲勿再抵御蒙古军的到来。据说有500包装满基督徒耳朵的口袋被送到拔都的军营，报告出师告捷。瓦尔施塔特战役成了蒙古军在欧洲击败基督教联军的胜利标志。这次战争使轻装的蒙古骑士在欧洲的声望达到了极峰，欧洲再也无法阻挡蒙古人的前进，对战争的恐惧已由波罗的海蔓延到了北海海滨，致使那时的鳟鱼捕捞业也陷于瘫痪境地。教皇格利哥里九世（1227—1241年）和德皇腓特烈二世（1215—1250年）向基督教世界发出了团结一致抵御"黄祸"的呼吁，但他们之间依然矛盾重重，像多数欧洲王公一样，都希望在和蒙古人的战争中削弱他们的对手。

1241年拔都统率的7万大军向匈牙利进发，匈牙利贵族还以为有喀尔巴阡山的天险，迷信罗马教皇的权威足以退敌。3月12日蒙古军闯进匈牙利边界的栅寨，13日大军向布达佩斯挺进，15日已到近郊，三天之内，行军280千米。瓦尔施塔特战败的消息传到多瑙河河畔后，匈牙利国王别拉集结了10万军队，对付拔都。拔都设计诱敌深入莫希平原，和匈牙利军隔河相望。随后，拔都、旭烈兀、昔班、合丹分四路前进，用12门大炮攻占了桥道，将10万匈牙利军围歼在莫希平原上，拔都军的损失却微乎其微。佩斯城也被蒙古军焚毁。

匈牙利王别拉逃亡奥地利，却被霍亨斯陶芬家族的腓特烈二世拘捕起来，要他割地献金才肯放出。罗马教皇号召在匈牙利组织十字军抵制蒙古军入侵，但匈牙利全境已落到蒙古军手里。拔都在匈牙利分区管辖，派官治理，甚至铸造钱币，匈牙利人受到宽待，匈牙利贵族都和蒙古王公将领联姻，重新恢复了以往阿哇尔人西迁前和突厥、蒙古族的亲密关系。

匈牙利局势稳定后，拔都决定将锋芒指向与他对抗的神圣罗马帝国。他率军在1241年冬渡过多瑙河，西攻格兰城，继围圣马丁要塞。又派合丹率军追击逃到巴尔干的匈牙利王别拉。拔都率领的大军分成几路进入奥地利境内，一直到了新维也纳、亚基列、卡塔罗；另一支到达威尼斯附近，直抵亚得里亚海滨。神圣罗马帝国已经感到蒙古兵峰的降临，纷纷掘壕筑垒。风声所及，导致法兰西和瑞典的渔民都整年不敢出海捕捉鳟鱼，害怕家园遭到蒙古人的蹂躏，西欧鱼市价格因此飞涨。神圣罗马帝国的皇帝腓特烈二世已经接到拔都通知他火速前往和林，以便领受蒙古大汗赐封官职的文书。腓特烈二世甚至已答复蒙古使者，充其量他不过是以养鹰者的身份前往和林，因为这正是他的特长。

就在这时，1242年春天，拔都接到他叔父窝阔台大汗在上年12月去世的噩耗，因此他不得不在夏天集结军队，满载胜利品，浩浩荡荡开拔部队，经德兰西瓦尼亚和保加利亚班师东归。1243年拔都在他的占领区建立钦察汗国，选定伏尔加河下游的塞利特伦诺依镇作为他的都城萨雷,萨雷是蒙古语中的"宫帐",因为拔都所住宫帐顶作金色,俄罗斯人便以金帐汗国相称。

蒙古帝国自拖雷的长子蒙哥(1251—1259年)当上第四代大汗,蒙哥便亲自主持进军大理、攻打南宋的战事。蒙哥并派遣拖雷第六子旭烈兀(1219—1265年)率领大军,自1253—1260年西征亚洲西部地区,剿平木拉夷恐怖集团,灭亡巴格达的哈里发帝国,夺取叙利亚,与马木鲁克的穆斯林政权相抗争。

里海东南和西南的西域当时分为四部:呼罗珊、马赞德兰、伊拉克和阿塞尔拜疆,都是木拉夷人非常猖獗的地方。阿拉伯语木拉夷(Mulahidah)原义是"误入歧途者"、"迷途者",是逊尼派(正统派)对什叶派的一个支派易司马仪派的蔑称。易司马仪派只承认什叶派中前七位伊马木是合法的伊马木,以第六位伊马木哲法尔·萨迪格的长子易司马仪为最后一位伊马木(760年卒)。这些木拉夷人在11世纪末,由哈桑·伊本·萨巴哈(1124年卒)出面组织了一个目的在刺杀宗教和政治上对手的团体新易司马仪派,阿拉伯语叫阿萨辛派(Ashishih),又称刺客派,是个暗杀社团。1090年阿萨辛派以里海以南厄尔布罗斯山脉中加兹温西北的阿拉木图为据点,在海拔3 000米以上险恶的悬崖上修筑城堡,训练成员,扩展势力。这个教派把入会者培养成一个无法无天只知用匕首和凶器去击杀他们对手的人,名为义侠(fidāwi, fidā'),他们时刻准备服从总传道师的任何命令,即使舍命,也决无丝毫踌躇。马可·波罗在1271年路经阿拉木图附近时,记下了他听到的阿拉木图的主子怎样用大麻制剂(hashish)催眠他的舍身者的故事。阿拉木图的宫堡十分美丽,堡内辟有乐园,入会者必须经过宫堡才能入园。山上的长老(总传道师)收养了许多12岁的本地幼童,向他们宣谕天堂如何幸福,用大麻剂灌醉后,使他们4到10人一批进入乐园,纵情享受声色之乐,再灌药麻醉出园。于是这些入会者以为已进过天堂,从此山上的长老可以命令他们去刺杀任何人,准许他们完成使命便可引入天堂,如果中途牺牲,那么灵魂也定可升天享乐。阿萨辛派到处进行暗杀,使穆斯林世界动乱不安。到11世纪末叶,阿萨辛派早已拓展到了叙利亚。他们在1140年夺取了麦斯雅德地方山上的堡垒和叙利亚北部其他堡垒,常住在麦斯雅德的传道师有一个名叫拉施德丁·息南(1192年卒)的被十字军编年史家称作"山老人",他在波斯宣布独立,他的部下曾使十字军的头目胆战心惊。也曾对萨拉丁两次下过毒手,但未得逞。直到旭烈兀挥师西征,波斯和叙利亚境内阿萨辛派盘踞的山头,才被铲平。

1252年蒙哥汗命令怯的不花率12 000人出征木拉夷,由旭烈兀统率各路大军进行西征。

1253年旭烈兀从和林回到波斯,在沙赫里夏勃兹调集法尔斯、伊拉克、呼罗珊、阿塞尔拜疆、格鲁吉亚、设里旺各地军队,云集阿姆河边,然后渡河进入库迪斯坦。在花剌子模王国废墟上建立起来的各个小国,全被旭烈兀大军所扫荡。旭烈兀曾邀请巴格达的哈里发穆斯台绥木(1242—1258年)派兵平息木拉夷人的战役,但没有得到答复。怯的不花和他的部下围攻木拉夷的乞都卜堡、墨喝林堡,破沙喝堡。1255年木拉夷国王阿拉哀丁被马赞德兰人刺杀,他的儿子兀乃克丁库沙继位,迁居梅门迭思堡。

1256年,蒙古大军围攻兀乃克丁库沙的新都梅门迭思,入冬以后,冒着大雪继续攻城,兀乃克丁库沙率领部下投降。阿拉木图、兰巴撒尔等大小五十多个要塞都被蒙古兵占领。旭烈兀驻军哈马丹,奉蒙哥汗命令,对木拉夷人一律处死。兀乃克丁库沙在进谒蒙古汗的途中被杀后,分属蒙古军各营中的木拉夷人全被处死。库迪斯坦一地所杀木拉夷人有1.2万人,其他各地的木拉夷人均被格杀勿论,连襁褓中的婴儿也不例外。两百年来制造恐怖和谋杀的祸根,在无坚不摧的蒙古军手中被拔掉了。1260年起,旭烈兀又去征讨叙利亚北部的穆斯林和阿萨辛派。蒙古人夺取了麦斯雅德。但那里的阿萨辛派的城堡要到1271年后,才被马木鲁克的苏丹拜伯尔斯悉数扫平。剩下的阿萨辛派后裔,大多逃到波斯、阿曼、桑给巴尔和印度去了。

旭烈兀的下一个战略部署是歼灭巴格达的哈里发政权。气息奄奄的哈里发帝国早已分崩离析。哈里发穆斯台绥木昏庸无能,素患头痛。财政大臣谟牙代丁是个什叶派信徒,因哈里发曾纵兵劫掠巴格达的什叶派教徒,因而心生异志,暗通蒙古。副相埃倍克图谋废黜哈里发,被谟牙代丁告发,埃倍克也指控谟牙代丁私通蒙古,哈里发都不加处置。

1257年9月,旭烈兀调集大军沿呼罗珊大道向巴格达开拔,同时向哈里发发出最后通牒,接到的答复却十分傲慢,他们警告旭烈兀,引证先例,说明胆敢危害哈里发王朝者会遭遇噩运,"如杀害哈里发,全宇宙就会陷于紊乱,太阳将不露面,雨水就会停止,草木不再生长"。旭烈兀听信了他的星占学家的预言,继续进军。哈里发在埃倍克怂恿下命苏莱曼沙召集军队,五个月后,才征调完毕,粮饷却被谟牙代丁加以克扣。

1257年冬,旭烈兀决定三路包抄巴格达。拜住当右翼,由罗姆过摩苏尔向巴格达西北方进军;怯的不花充左翼,由罗尔向巴格达东南方挺进;旭烈兀率主攻部队居中,攻击巴格达的东境。1253年1月,三军合围巴格达。跨越底格里斯河的巴格达城拥有居民80万,有东、西二城,西城有子城,东城壁垒严峻,有敌台163处。三支军队围攻巴格达东城,底格里斯河中有拜住军巡弋,在上游列炮船上,防止哈里发守军逃逸。蒙古军以一昼夜工夫筑垒掘壕,又取居民屋瓦筑炮台,攻城器械齐列城下。2月10日,蒙古军蜂拥入城,哈里发只得率领三个儿子和3 000名

文
明
志

——

万年来,人类科学与艺术的演进

官员出降。蒙古军屠城七日，只有基督教徒和外国人才得免于难。十天之后，哈里发穆斯台绥木和他的两个儿子都被裹在毡毯中，被战马践踏而死。承续了37世的哈里发帝国从此寿终正寝了。

旭烈兀既占巴格达，于是派郭侃率军进取北阿拉伯，从南面包抄叙利亚，郭侃率领的蒙古军一共夺取了185个城镇。这支蒙古军又向西进入密昔儿（埃及）马木鲁克统治下的巴勒斯坦，设计战胜敌军，降服可乃苏丹，进至加沙。旭烈兀又命令郭侃渡海驱逐法兰克人，招降兀都苏丹。进入密昔儿的郭侃军，大约就是到达加沙的怯的不花统率下的先锋部队。

1259年蒙古军围攻阿勒颇，七天便攻占了这座城，纳赛尔出奔。未几，大马士革城向旭烈兀投降。9月，旭烈兀进入大马士革城，艾尤卜朝马木鲁克派驻的军队仍坚守内城，久攻之后，才被克服。旭烈兀又夺取了哈里木、哈马等城，回到阿勒颇。

1260年旭烈兀接到蒙哥汗上年对宋作战死在四川前线的消息，便让怯的不花镇守叙利亚，自己班师回国。这一年，怯的不花为了报复西顿和贝福特的十字军劫掠蒙古队商，大掠西顿城。旭烈兀又曾命令驱逐叙利亚境内的法兰克人。消息传到阿卡，十字军骑士团着手做应急的准备，派人到欧洲去求援。使者到英国，以为安提阿克和特利波里城已失陷，英王亨利第三召集大臣们商议对策，法王路易第九停止狩猎，在巴黎祈求上帝救助。1261年罗马教皇亚历山大四世（1254—1261年）向欧洲各国派出使者，号召抵抗匈牙利和叙利亚的蒙古人，重兴十字军。旭烈兀的西征如同拔都的西征，引起了欧洲基督教国家的恐慌。但蒙古人在叙利亚向马木鲁克发动的西征，在1260年9月3日，却被马木鲁克苏丹古突兹指挥的穆斯林大军在耶路撒冷以北的阿因·扎卢特（扎卢特泉）战役中挡住了。马木鲁克苏丹和旭烈兀在叙利亚战场角逐时，联络钦察汗国，利用旭烈兀在处决哈里发穆斯台绥木时与钦察将领的意见分歧，随后对钦察将领大批屠杀所结下的仇恨，牵制伊儿汗的军队。蒙古军的先锋本已抵达加沙，古突兹指挥的大军以拜伯尔斯为先锋，表现了卓越的将才，击溃了战无不胜的蒙古骑兵。也有人根据乌玛里的说法指出，伊儿汗军意外地受到钦察汗伯勒克军队的攻袭，致使怯的不花大军崩溃。（莱希:《蒙古人的世界帝国: 乌玛里所记的蒙古国家》, Klaus Lech: *Das Mongolische Weltreich Al-'Umari's Darstellung der mongolischen Reiche* 1968, 威斯巴登，313页）怯的不花和许多蒙古将领战死疆场。马木鲁克的军队占领了叙利亚，和波斯的蒙古汗形成对峙的局面。1264年元世祖忽必烈册封旭烈兀为伊儿汗（"伊儿"的意思是藩属），东起阿姆河，西到叙利亚边境，都在3万蒙古军的管辖之下，伊儿汗成为阿姆河和埃及马木鲁克的密昔儿边疆之间隶属蒙古大汗的藩王。从叙利亚最终驱逐十字军的任务,只有等待马木鲁克的骑士去完成了。

蒙古人利用马匹建立了世界上最长的驿传制度,在窝阔台当大汗时,从哈拉和林到钦察汗国在伏尔加河畔的萨雷,或从哈拉和林到阿姆河的乌尔犍赤,都有驿路可通。后来,这些驿路又从克里米亚的苏达克港或亚速海的塔纳经过萨雷,可以接通奇姆肯特,直达北京。从北京通过中亚细亚的驿路,又向西延伸到了大不里士。这是世界上最古老、路线最长的驿马网络了。

马文化跨越大西洋

西班牙作家塞万提斯在他的小说中,描绘了一个名叫堂·吉诃德的没落骑士带着他的仆人云游四方,处处受到奚落却又并不甘心的情景。这本在1605年问世的作品,反映了处在大变革前夕的中世纪社会与十字军骑士的没落扭成的一个难分难解的结已然涣散,封建庄园的基石正在崩裂,骑士作为一个特殊阶层的历史必须结束,但是骑兵作为职业军人的命运并未就此进入尾声。不但在欧洲,还有好几个世纪,骑兵在阵地战和攻坚战中继续扮演着不可或缺的主干作用,而且,在大西洋彼岸,骑兵还成了前所未有的新的兵种,在帆船和大炮的配合下,正在大显其威风哩。

美洲原本是印第安人的世界,只有在欧洲人眼中才是新的大陆。当地驯养的家畜中只有骆马与羊驼,却不知道有马匹。自从西班牙人踏上这块土地,这里又成了马匹繁衍的新的大陆。哥伦布一共到美洲去了四次,除了第一次,他在以后的几次中都带去了马。在哥伦布之后的西班牙探险家、航海家、政府官员、军事长官,也陆续将马匹和大炮运往美洲,好去对付那些不肯按照他们的命令做事和与他们相对抗的印第安人。

年轻的埃尔南·科尔特斯(1485—1547年)在1519年奉命去征服尤卡坦半岛时,他的远征队只有11艘船、508名士兵和16匹马,他带着这批人马离开古巴,踏入了尤卡坦附近的科苏美尔岛,后来又到韦腊克鲁斯建立了西班牙人在墨西哥的第一个城市。马匹和大炮成了科尔特斯向阿兹特克国王蒙特苏马二世(1466—1520年)炫耀西班牙军力的本钱,再靠着他的分化与欺诈,在三四个月中,将他的军队扩充到了15万人,然后浩浩荡荡开进了阿兹特克的首都特诺奇蒂特兰。向西班牙人妥协的蒙特苏马被当地人扔石头致死后,形势急转直下,1520年6月30日,科尔特斯率领450名西班牙人,带着一批从蒙特苏马宫中抢来的黄金宝石,在风雨声中突围而出。西班牙人死了大半,这一夜被西班牙人称作"忧郁之夜"。第二天早晨侥幸脱身的科尔特斯，只剩下23名骑兵和一些高级部属，还有部分印第安人特拉斯加兰部族的残部，逃脱了阿兹特克人的追袭。科尔特斯回到韦腊克鲁斯后，重整旗鼓，从古巴和埃斯帕尼奥拉（圣多明各）补充武器和装备。当他再次向特诺奇蒂特兰进军时，他直接指挥的西班牙军队有近千人，拥有12门大炮和一支86匹马的骑兵队。科尔特斯在进军途中，通常命令骑兵走在前头，沿途打家劫舍。路过印第安人的村庄时，骑兵总是冲在前头，让那些饱受惊恐的村民献出食物和金子。而印第安人的致命弱点，是没有骑兵，也没有对付骑兵的武器。幸好在科尔特斯的军队中，最多只有10%的人骑马。特诺奇蒂特兰被围三个月之后，在1521年8月被攻破。一个人口众多、具有优秀文化、经历了好几个世纪的阿兹特克王国就这样被毁了。后来，科尔特斯按西班牙风格，重建了这座城市，就是现在的墨西哥城。西班牙国王卡洛斯一世将这块新征服的国土称作新西班牙。

科尔特斯在1520年重返特诺奇蒂特兰，进行围攻

10年之后，西班牙人把征服的目标转向了南美另一个盛传富产黄金的印加帝国。在这些最早到达巴拿马地峡的西班牙人中，有一个叫皮萨罗的目不识丁的流浪汉，参加了巴尔沃亚的探险队，后来又打听到南方有一个盛产黄金的印加帝国，便结伙展开了他的冒险活动。皮萨罗在三次远征以后，回到西班牙，受到国王的册封后又返回巴拿马。向安第斯山脉进军的西班牙军队中，大约有1/3左右的士兵有坐骑，安第斯山区许多地方有维护良好的道路，骑兵可以进退自如，用它的速度去冲击敌方的防线，袭击乡村。1532年，皮萨罗带着一支有102名步兵和62名骑兵的队伍，占领了印加北方重镇卡哈马卡，随后又在11月16日设下埋伏，与

印加国王阿塔瓦尔帕会面。阿塔瓦尔帕接到当地官员的报告说,西班牙人人数极少,而且既软弱又笨拙,即使不累时也不能走路,只能骑在他们叫做"马"的大绵羊身上赶路。这些从来也不知道马是什么的印加人,最早对运到那里的马匹就是这么的轻蔑,阿塔瓦尔帕因此只带了几名并无武装的随从,自己坐着轿子去与皮萨罗见面。皮萨罗却将60名骑兵分成三队,埋伏在广场四周。当阿塔瓦尔帕拒绝天主教神父瓦尔维德要他放弃对太阳神的崇拜,改宗基督教时,皮萨罗和他的伏兵便冲出来,劫走了阿塔瓦尔帕。被屠杀的印加人,据皮萨罗的秘书说,一共有2 000人,西班牙人无人损伤,反而勒索到巨大的赎金。皮萨罗十分得意地扬言:"因为印第安人是解除了武装的,所以他们对任何一个基督徒毫无威胁,就被打败了。"接着,皮萨罗率领这么一支骑兵和步兵队伍,在1535年征服了秘鲁全境。

葡萄牙人到1530年才将巴西沿岸的法国人赶走,这一年葡萄牙国王若奥三世派大贵族马丁·苏沙(Martin Affonso de Souza)率领5艘船和400名葡萄牙人,带着马匹、牲畜、甘蔗和非洲黑奴开往巴伊亚海岸,1532年1月,这批人在圣维森特(São Vicente)建立了葡萄牙人在巴西的第一处永久性的殖民地。1534年,苏沙建立了皮腊提尼加城(Paratiniga),就是后来的圣保罗城。葡萄牙人采用与西班牙同样的殖民方式,很快将巴西征服。1549年,葡萄牙国王在巴西设立总督,汤米·德·苏沙(Tome de Sousa)出任第一任总督,驻在巴伊亚。

有人说,要是没有马,西班牙人就征服不了美洲。

属于拉丁民族的西班牙、葡萄牙人,靠着几十匹马、数十门大炮和一些枪械,采用欺骗、敲诈和离间等手段,轻而易举地战胜了那些没有马、没有铁,只知道使用石制的武器和工具的印第安人,在印第安人的枯骨和印第安文明的废墟上建立起庞大的殖民帝国。欧洲文明或者说旧大陆的先进文明,从此也源源不绝地输入这片原本孤悬在大西洋和太平洋之间的大陆上来。

美洲的印第安人也成功地学会了欧洲人使用铁制的刀、剑、枪炮和马匹,采用了伏击、夜间袭击、偷袭等战术,来对付进入他们地盘的欧洲人。于是欧洲人在美洲大陆,也处处遇到了麻烦和抗争。

西班牙人将他们生活所必需的农作物和畜牧产品带到了美洲,西班牙人吃小麦面包、牛羊肉和橄榄油,爱穿丝绸衣服和骑马,在他们的居留地周围,小麦、油橄榄、葡萄和蚕桑得到栽培,又饲养了马、牛、羊、猪。这些从旧大陆移植的农作物和家畜,在这片广袤的沃土上,迅速繁殖起来。马是重要的作战工具,又是运输所需的驮畜,它和牛、羊一样可供肉食,耕地需牛,羊毛可制衣料,牛脂可作蜡烛,皮毛和油脂可以向欧洲市场出口,是项利益多多、收效很快、永无止竭的财源。因此畜牧业一开始就受到殖民政府的重视,在埃斯帕尼奥拉,规定每建立一处居留地,必须事前安排好一块林场和牧场。后来西班牙政府更通过印度事务院制定法令，规定牧区的西班牙居民，在分地时，每人可得直径一里格、可以供养两千头牲畜的土地。牧场主为了保护自身的权益，成立了行会（Mesta），畜牧业因此迅速发展起来。在墨西哥北部、南美洲的拉普拉塔、俄利诺科河流域等广阔的草原上，马、牛、羊群自由繁殖，成了理想的天然牧场。西班牙人和当地的牧民常常骑着马，带着绳索和刀子，在这片马群和羊群自由驰骋的原野上任意猎取牲畜，将剥取的数以万计的皮货卖给西班牙的船队，从中取利。

拉普拉塔河流域在1535年建立了一个小镇布宜诺斯艾利斯，但不久就被印第安人摧毁了。从那里逃跑的家畜，后来在荒原中繁衍起来，到1580年，胡安·德·加拉伊第二次重建这座城镇时，这些原本的家畜在这个气候温和、牧草丰盛的平原上已发展成十分可观的群体了。布宜诺斯艾利斯和巴拉圭的耶稣会教士居住地，发展成拉普拉塔河地区的两个文明中心。直接向外出口羊毛、皮革的布宜诺斯艾利斯按规定，必须经过库斯科、利马等地穿越南美大陆到巴拿马的贝略港进行官方贸易，但是实际上走私贸易更为盛行。布宜诺斯艾利斯的人口在17世纪末超过了1万，1744年达到4万，蒙得维的亚的人口达到1.5万，比其他内地城市的人口都要多得多。到18世纪时，拉普拉塔河地区拥有的牛、马和绵羊牲畜，达到了2 300万头的巨大数目。因此，畜牧业成了这里最主要的经济部门。

1776年西班牙设立了布宜诺斯艾利斯总督区，来加强拉普拉塔河东岸的防御，抵制葡萄牙人的侵入。居住在这里的克里奥尔人和梅斯蒂索人，在1806—1807年抵抗英国的入侵时，得到高乔人的援助，赶走了英国人。后来两次出任布宜诺斯艾利斯省省长的高乔人胡安·曼努埃尔·罗萨斯（Juan Manuel Rosas，1793—1877年），靠了巧妙经商，拥有大片土地和无数牛马和羊群的大财主，在1835—1852年成为独立国家的君主。查尔斯·达尔文随比格尔号巡游时，见到了这位仪表堂堂的阿根廷民族的英雄，在《比格尔号考察日记》（1839年）中对他赞扬备至。1852年罗萨斯在蒙特卡塞罗斯战役中被击败时，布宜诺斯艾利斯还只有85 400人，到1909年，它已拥有124.4万人，成为拉丁美洲最大的城市之一，而这座城市正是靠了畜牧业发达起来的少数几个大城市中的一个。

火炮时期的欧洲骑兵

16世纪中叶到17世纪中叶，发生在欧洲的战争频率比往常更加高了，军队的规模不断扩充，战斗中更多地依赖火炮，也使战争的破坏力比之过去更要大得多。

16世纪初，火绳枪、滑膛枪都已进入战场，火炮的应用已不限于攻坚战，这使杀伤力无形中迅速增长，骑手和战马身上的铁甲已完全失去作用，在圣-但尼的法王法朗索瓦一世（1515—1547年）陵墓浮雕中，还可见到披甲骑士手持长矛骑坐铠马，与后有火炮前为步兵的对手搏击的战争场面。随后，骑手首先丢弃了铁甲和长矛，接着使用了手枪，替代挥舞的马刀。不过在17世纪上半叶，这一切还只是初现端倪，在三十年战争（1618—1648年）中的早期战役也和16世纪的战斗极为相似，步兵和骑兵部队通常被部署成一个棋盘模式。在1620年的白山战役中，以波希米亚为一方，与哈布斯堡、巴伐利亚联军为另一方的战斗，向对方发起冲击的仍是庞大的长矛军团，滑膛枪手相对来说要少得多，大炮支援则更少了。白山战役取决于骑兵和长矛的冲击，而在1645年的詹科奥金之战中，交战的哈布斯堡和瑞典，双方都配备了更多的野战炮和滑膛枪手，靠着这些火力，决定了战争的胜负。

文
明
志
——
万年来，人类科学与艺术的演进

16世纪德国、意大利骑士的甲胄、头盔

16世纪德国骑士

1515年法军入侵意大利的马利纳战役

16世纪初日耳曼雇佣军

16世纪初日耳曼火枪手

　　瑞典国王古斯塔夫·阿道弗斯在1630年已认识到火力配置对于战争胜负的重大意义。1600年荷兰在尼乌波特只用了8门野战炮，古斯塔夫则一反荷兰军队在尼德兰地区作战的经验，在1630年带着80门野战炮，侵入德国，有些大炮事先已配备了装好的弹筒，将发射3磅炮弹的大炮在一小时内的效率提高到开火20次，几乎接近滑膛枪手的发射频率。古斯塔夫还训练他的骑兵抽出宝剑进行冲锋，而不是像多数德国骑兵乐于用手枪或卡宾枪打零星的遭遇战。

　　1631年9月17日在莱比锡郊外展开的布赖登费尔德战役，瑞典的滑膛枪手扮演了决定性的角色，战败了神圣罗马帝国有1万名骑兵、2.14万名步兵、27门野战炮支援的军队。瑞典和清教徒的联军，有2.8万名步兵和1.3万名骑兵做掩护，配备了51门重炮，每营还有4门轻炮。战斗持续了7个小时，结果哈布斯堡王朝失去了帝国2/3的军队，120个营连和所有的大炮都丢掉了。炮火的威力远远胜过了骑兵的利剑和步兵的长矛所能给予人体的摧毁程度。

　　在火炮初次登场发挥火力的初期中，战争的胜负依然受到许多不确定的因素的制约。骑兵仍是活跃在军队中的一支骨干力量，而且对马匹的需求比以前任何时候显得更为突出。16世纪50年代时，查尔斯五世的参谋计算过一笔账，运送一门大型攻城炮要39匹马，加上一星期的弹药供应，还要增加156匹马。一个世纪后，查尔斯五世继承者的参谋人员又有一个统计，运送一列10门攻城炮、10门迫击炮，就需1 849对公牛和753辆大车。喂养这些牛、马、骡等力畜，加上骑兵的坐骑和备用坐骑，又是一个庞大的数字，2万匹马每天的饲料就达90吨，相当于

骑白马的路易十四

400亩草场的草量。除此以外，还有供应军队自身的口粮运输问题。一支军队在作战部队之外，在17世纪常常有一条长长的尾巴，那就是运输货物的大车、行李马、驽马、家属（妇女、小孩、仆役）。因此要在战场上发挥军队的战斗力，处在行动中的军队只能是一支灵活机动的队伍。1632年古斯塔夫去指挥他那支18.3万名士兵的军队时，实际上只有6.6万名士兵在神圣罗马帝国境内可供调动。1632年，当哈布斯堡军队在华伦斯坦率领下已经拥有占领阵地的机动灵活性时，便在吕顺打了胜仗，古斯塔夫因此战死沙场，当时他手下只有2万人。法王路易十四（1643—1715

年）在1661年亲政以后，法国和西班牙展开了长期的战争，同时，法国的东邻哈布斯堡在对抗奥斯曼土耳其的战争中壮大起来，构成了对法国的威胁。1678—1683年间奥斯曼对西方发动了最后一次大规模进攻，却被奥地利、波兰和德国的联军击退。1687年奥斯曼人被逐至多瑙河以东，哈布斯堡的奥地利人因此赢得了更多的领土和人口。欧洲最终分裂成两大对峙的体系：西部是法国、英国、西班牙和荷属尼德兰；东部是奥地利、勃兰登堡—普鲁士、瑞典和俄国。

路易十四对军队管理进行了改革，他使军官们回到军队中去，控制了军官滥用钱财，改由作战部长领导，使军队的粮饷供应有了保证，防止军队开小差、抢劫或哗变，使军队保持良好的纪律。一支6万人的军队要配备4万匹马，一匹马每天要消耗50磅的青饲料，必须在当地求得供应，因此骑兵挥舞镰刀的时间比用剑的时间要多得多。法国军队用特制的弹药车或沉箱装在马车上，组成辎重队，运送面包和各种军需品，每批辎重备马100匹，每4匹马拉一辆弹药车，由专人驾驭。在武器使用方面，到1699年，用火绳引发枪击的滑膛枪手已被用燧石引发枪击的快枪手所代替，法国人最终在1703年放弃了长矛的使用。骑兵团增加了精选的卡宾枪连，有坐骑的可以在马上或下地作战的龙骑兵团的人数，也得到了扩展。大炮的使用有了新的标准，迫击炮的数目增多了。但野战军的战斗队形，比1660年时改变不多，作战时，炮兵散列在前，步兵居中，两翼是骑兵。

路易十四在奥格斯堡同盟战争（1688—1697年）中，发动了对哈布斯堡帝国的战争。将法国的东疆拓展到莱茵河边，结果引起反路易十四的大同盟的抗击，路易十四尽管赢得了一连串的胜利，但是面对哈布斯堡、荷兰、西班牙、勃兰登堡、萨伏依和由荷兰君主威廉三世统治的大不列颠的抗争，法国已消耗了巨大的财源，弄得精疲力竭。接着是西班牙王位继承战争（1701—1714年）。1700年没有子嗣的西班牙国王卡洛斯二世去世，将国土留给了路易十四的孙子安茹的菲利普，于是针对法兰西联盟，一个由哈布斯堡、英国、萨伏依、勃兰登堡组成的联盟起来对抗法国势力的扩展，英国的莫尔伯勒公爵约翰·丘吉尔担任英国和联军的最高指挥官，在30次围攻和4次战役中，每次都打了胜仗。1713年和1714年签订的和约，使法国保持了原先的边疆，波旁王朝得以继承西班牙王位。

1688年奥斯曼被驱赶到多瑙河以东后，英法之间的竞争在世界各地不断展开，长达一个世纪以上的一连串战争，将这两个国家推向全球性的冲突。英国运用它的海上力量和金融体系在南美洲和加勒比地区，迫使日益衰落的西班牙不断地将商业特权拱手相让；在印度和北美，英国和法国为保持各自的殖民利益而进行的斗争，最终使得英国超越西班牙、荷兰和法国，成为那个时代最大的殖民国家。

人口才250万的普鲁士由于腓特烈二世（1740—1786年）对军队的强化，使他的部队达到8万人。腓特烈二世依靠这支机动善战的军队，在奥地利王位继承战争（1740—1748年）中夺取了哈布斯堡的西里西亚，从此与哈布斯堡的女王玛丽亚·特丽莎结下世仇，在七年战争（1756—1763年）中，法国和它的老对手哈布斯堡结成联盟去对付普鲁士，结果法国并没有得到多少输赢。但在海外世界的争霸中，法国无论在北美和印度，都在英国的进攻下，输得精光。只有美国的独立战争，由于法国的支持而成功，使他们重又扬眉吐气。

在1789年席卷法国的大革命到来后，法国的军团队伍解散了，巴黎在1791年征募了一支10万人的义勇军，不久一支新的军队在1792年4月成立。夏季将结束时，一支普鲁士和奥地利联军进入法国北境，占领了凡尔登，扬言向巴黎挺进。法军凯勒曼率领一支3.6万人的军队，9月20日在瓦米尔击退了

1768年法国的龙骑兵

凡·布莱伦伯奇1745年所作《炮兵工厂》油画

3万人的普奥联军。法国骑兵发挥的作用由先前作为步兵的掩护转为炮兵的辅助力量。越到后来，法国将更多的人力花到了马拉大炮和机动大炮上，这些随时可以调动的机动大炮，用更大的马队拉动，炮兵也骑上马，好赶上推进中的大炮。在战斗中，这些火炮可以卸下拖车，开火之后，又被系上拖车，赶赴下一个为支援步兵而设定的阵地。因此，炮兵的营地往往也是马匹成群的军营，凡尔赛收藏的一幅凡·布莱伦伯奇（Van Blarenberge）绘的1745年的炮兵营地图画中，除了成排的大炮，到处都有马队和放置一边的辎车，这就是当年法军炮队的驻地。1793年夏天，拿破仑·波拿巴指挥的法军由于有效地运用大炮进攻，收复了被英军占领的地中海港口土伦。

1796年3月27日，26岁的拿破仑获得了在意大利的军队指挥权，他鼓励那些衣衫褴褛、缺少食物的军队去夺取富饶的省份和城市，他用超过他对手的谋略和武力，在6周之内击败了皮德蒙和奥地利的联军，夺取了伦巴第。一年后，奥地利同意停火。1798年拿破仑率军远征埃及，攻进阿卡，又返回土伦。在巴黎附近军队支持下，11月10日，拿破仑推翻了督政府，当上了统治法兰西的第一执政。他回到意大利北部，去驱赶奥地利军队；又和英国签订条约。1804年，野心勃勃的拿破仑给自己加冕当上了皇帝。

那时的法国军队已和1794年完全不同，它有了一批经过战争锤炼的军官队伍，有了超越它的敌人的灵活的战术体系。1798年的乔丹法确定从全国征兵，拿破仑依靠这一法令，到1815年获取了200多万士兵，率先为西欧和中欧征兵法树立了范例，这支军队占了拥有法国总人口2 000万人的1/10以上。

拿破仑在战场上使用纵队和横队结合的混合队形，将这种混合队形的战术发挥得淋漓尽致。他还依靠在18世纪末逐渐重建的骑兵，配合炮兵，提高战术效果。这些龙骑兵有的佩胸甲，可以放马疾驰；有的全副铠甲在身，脚穿长筒皮靴，手持来复枪，身背弹药筒和打成长条围在胸前背后的行装，在战斗中冲锋陷阵。卢浮宫中由梅松涅作画的龙骑兵单幅油画，是一种实景描写。法国革命军在1793年创造了一种只有几千人的由步兵、骑兵和炮兵联合编制的战斗师，拿破仑在1805年以前，进一步将"师"合并为"军"，一个军的人数可以不足1万人，也可以扩大到3万人。这些军可以在最高统帅部指挥下独立行动，也可以与友军配合作战；在解决指挥和军需供应上，"军"的编制更胜过了"师"的运作效果，拿破仑的命令可以直接传达到军一级，而加强了对军队的控制，同时也可以使经过不同路线推进的军队，免于受到经过地区的贫富差别而造成的供应不足问题。拿破仑常常利用马队迅速迂回到敌人的后方，在用部分军队吸引住敌方行动的同时，用另外的部队去攻击敌人的侧翼，在敌方无路可退之时，置敌军于死地。这种战斗模式由于骑兵和火炮、火器的结合，在19世纪初达到了顶峰。但也不难发现，骑兵的这种战斗模式在公元前2世纪，中国北方抗击匈奴的名将卫青与霍去病的战争实践中，早就发挥得十分完善了。

　　1805年，面临奥地利、俄国和英国发起第三次反法联盟的拿破仑，率领了一支21万人的大军，迅速奔向莱茵河。9月26日，大军跨过莱茵河，移师到乌尔姆以东，深入到多瑙河。拿破仑命令缪拉率领骑兵和拉纳的步兵通过黑森林，佯作进攻，而法军主力却在巴伐利亚军配合下，在乌尔姆西北挥师而下，占领乌尔姆，切断了奥地利各路军队的联络，对奥军进行围歼。继而不顾俄军的阻挡，法军在11月14日占领了奥地利首都维也纳。接下来要对付的是沙皇亚历山大一世和米哈伊尔·库图索夫指挥下的联军。拿破仑在12月2日在奥斯特利茨先以一个很弱的右翼引诱联军调动侧翼，向法军展开包围，联军在进行横向行动时，法军由于达武军团连夜急行军赶到而得到了加强，拿破仑指挥苏尔特的大军攻袭俄国已经空虚的中军，然后折向右方，攻击俄军的后方，卒使联军的中军和左翼溃不成军。12月4日，奥地利投降。至1806年起，已经存在了10个世纪的神圣罗马帝国正式寿终正寝，哈布斯堡家族仅仅保持了奥地利皇帝的皇冕。

　　拿破仑要利用1806年的"柏林宣言"，形成他的大陆体系，在1807年更将俄国拉入蒂尔希特条约，由法、俄主宰欧洲，试图以此最后击败法国最顽强的对手英国。处在巅峰时期的拿破仑，由于他无止息的野心，在全欧洲招致的反对与愤懑也在同时滋长，而且他的对手，也纷纷改革军队，学会了用拿破仑战斗模式去反对拿破仑的军队。奥地利的查尔斯大公从1805年就对军队进行改革，试图在多民族的奥地利建立一支国家军队。1808年奥地利创建了一支战时后备军（或称民团），人数最后扩大到24万人；查尔斯大公推行散兵战术，努力提高骑兵和炮兵的素质。普鲁士为加强军队的战斗力，在1807年10月发布了废除农奴制的《解放敕令》。1808年更明确了军官按照军功而不是与出身挂钩的升迁条例。同时，普鲁士在4.2万名常规军之外，又建立了一支3.4万名的后备军。1813年战事来临时，普鲁士更成立了新的军队，来扩充常规军。

穷兵黩武的拿破仑在他创建的帝国处于全盛的时候，已经开始向一场他的对手蓄谋已久的滑铁卢战役走去了。

在西班牙不断受到来自葡萄牙的英国占领军的干扰时，拿破仑为了惩戒俄国，拼凑了一支半数为法军，半数由意、德、奥、波兰和普鲁士人组成的60万大军，在1812年6月侵入俄国。俄国节节败退，在距莫斯科70多千米的波罗金诺战役中，拿破仑虽然占了上风，但他付出的代价是6.8万人伤亡，这是拿破仑战争中历来未有过的损失。9月14日，在俄军的焦土政策下，法军攻下的莫斯科，已成一片火海。法军在冬季来临前只能撤退，拿破仑亲率近卫军殿后，凶猛的哥萨克骑兵奋勇追杀，使拿破仑为之惊叹："好厉害的家伙，简直就是斯基泰人！"1813年8月，欧洲四大强国，俄、普、英、奥第一次联合对法，集合了一支48万人的大军，兵分三路，从萨克森、西里西亚、勃莱登堡攻入法国在莱比锡的大本营，拿破仑带着10万军队，返回法国。

拿破仑的敌人不但要击败他，还要运用他的作战准则，去围歼他的主力军。1813—1814年的战争，迫使拿破仑退出了他占领的中欧，各路联军一齐奔赴到巴黎城下。退位后的拿破仑被流放到爱尔巴岛。1815年3月1日，拿破仑在坎纳斯登陆，重新开始他的百日王朝。

等待他的是一场由第七次反法联盟在滑铁卢安排的，三路大军与拿破仑展开的决战。6月，联军在英将威灵顿指挥下，定于6月18日决战。威灵顿占据圣约翰山高地，等待布吕歇尔的援军到达。一天前的暴雨阻止了法军发起进攻，但拿破仑率领着一支7万多人、240多门大炮、纪律严明的法军，对这场大战仍抱有必胜的信心。战斗开始后，威灵顿后退，圣约翰山空虚，占领高地，就可将威灵顿军团压缩到森林里，加以围歼。拿破仑在望远镜中观察高地地形时，察觉了高地上小修道院面前的凹路与附近一条大道的差度。拿破仑向他的向导打听前面有无障碍，向导的回答是摇头。下午4点钟，由内伊元帅命令没有炮兵和步兵配合的胸甲骑兵向英国步兵方阵发起进攻。骑兵冲上了高地，到了白色的修道院附近，正要继续冲锋杀敌时，却发现横在他们面前有一条无法逾越的深沟，这些威风凛凛的法国龙骑兵接二连三地落入沟中，近2/3的骑兵成了滑铁卢的首批牺牲。接下来，威灵顿和布吕歇尔的步兵和炮兵联手将拿破仑的后续部队一一加以围歼。拿破仑失败了。他最终成了圣赫仑拿岛上的囚犯。

拿破仑战争就此结束了,当然,战争不会就此终了。

马的艺术:矫健与力量

作为人类最忠诚的伙伴、最得力的战争工具,马的艺术一开始便与帝王的武功联系到了一起,久而久之,在3 000多年中,达到了难分难解的地步。

图坦卡蒙王陵珍宝箱石膏画中出现的战马,身后拽着战车,与战车上开弓射箭的法老相配,两匹奋蹄前跃的战马,头上戴着五花的彩饰,身上披着双层的鞍鞯,显得气势非凡,与人间君主同样气壮山河,冠绝古今。第十九朝的浮雕,在阿布·辛贝勒的拉美西斯

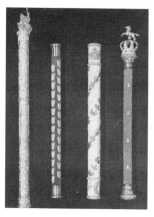
马头权杖

金色瓷马

二世神庙的墙饰上,有拉美西斯二世驾着战车驰骋疆场的场面,两匹战马高抬前蹄,拉美西斯二世在战车上张弓扣弦,千军万马在后奔驰,表现出著名的卡迭石战役,并有铭文。浮雕的图画与图坦卡蒙出征亚洲的图画手法上有类同之处,而在技法上则比稍后的亚述浮雕有所逊色。拉美西斯三世神庙是座宏伟的石构建筑,塔门的浮雕装饰以法老的武功、狩猎与祭神为内容,用埃及艺术的表现手法描绘了马匹在法老的狩猎与出征生活上,具有的重要地位。

和古埃及不同,亚洲的艺术传统,特别是以浮雕和圆雕表现的人物与动物,是以亚洲西部地区,从小亚细亚直到里海之滨的广袤山野与平川为自然的栖息地成长起来的,人们以纯朴、细腻、动感与矫健去塑造一个又一个活泼的生灵,经过了1 500年以上的磨炼,在公元前1000年,已经达到了艺术上十分成熟、技巧上十分细致的完美境地。从后期亚述艺术所着重表现的非宗教题材可以见到,亚述人在艺术中追求的是:表现他们生活的时代,宣扬他们英武的骑士、威严的君王、无敌的军队,还有亚述人与之朝夕相处的两种动物——英姿勃发的战马、气吞山河的雄狮,这些题材使亚述艺术成为古代艺术中既富有民族特性而又足以向全世界

亚述王巴尼拔猎狮图（公元前7世纪）

狩猎的亚述巴尼拔王

罗马皇帝马可·奥理略骑马像

拓展其影响的瑰宝。亚述宫殿中残存的雕塑，从公元前9世纪亚述那西帕二世时进入高峰，历经萨尔玛那萨尔、胡尔西巴德萨尔贡日趋精纯，而在亚述巴尼拔时代臻于顶峰。代表作有公元前640年亚述巴尼拔骑马猎狮图、巴尼拔骑马张弓搭箭狩猎图（尼尼微出土、不列颠博物馆藏）。战马的矫健、神威与英姿，全靠这些古老的雕刻杰构永恒地保留下来了。

这批世界上最精美的马的艺术图像，在以后的一千年中，成为东方与西方马的艺术的经典。继之出现的，在西方，有希腊雕刻家菲迪阿士在雅典帕特农神庙中雕刻的马，还有马其顿王亚历山大石棺上表现的亚历山大跃马突入波斯方阵的雕刻。4世纪中叶，小亚细亚加里亚（Caria）国王摩苏尔（Mausole）在他的首都哈利卡尔那苏（Halicarnasus）建造了60米高的白色大理石陵墓，在陵墓金字塔式的顶端，摩苏尔驾着一辆由四匹奔马驱动的战车。随后，有用雕花宝石表现奥古斯都在阿卡兴的胜利的图像（存波士顿美术馆），刻有奥古斯都驾着四马奔驰的战车凯旋；再后是罗马的蒂托士建造的凯旋门。这类四马战车的传统，后来在中世纪一直承续下去。始建于12世纪的布鲁塞尔大广场，有一座凯旋门，顶上刻有战神驾着由四匹马拉动战车的雕像，使这座四周汇集了中古时代各种风格建筑的著名广场，增添了光阴如箭的动感，稍后才有了柏林勃莱登堡门上驷马车的雕像。还有一类用青铜制作的雕像，是表现帝王骑着战马，走在队列的前面，带领军民前进，为突出帝王的形象，将铜像置在一座四方的石碑上，开风气之先的要推公元2世纪罗马皇帝马可·奥理略的骑马像了。马可·奥理略·安东尼（161—180年）在位不足20年，被罗马人认作是位能勇对逆境而勤奋工作的好皇帝，在他统治期间，洪水、地震、瘟疫频甚，北方有蛮族入侵，在东方，尽管罗马战胜了它的宿敌安息，可是罗马军队却把疑似斑疹伤寒或腺鼠疫的安东尼瘟疫（Antoninus）从安息带了回去，致使罗马各地在164—180年爆发了瘟疫。表现马可骑马的铜像，气势磅礴，雄壮的战马举起右前足，左后足作弓状配合，这一骑马像后来在法兰克的查理曼大帝和文艺复兴时期逐渐成为一种展示古典美与马的矫健与力量的范式，在欧洲一直流传到19世纪，几乎成了与马文化共兴衰的见证。

摩苏尔的陵墓

在东方，表现马文化的艺术传统同样久远，有公元前2世纪霍去病墓前石马和7世纪中叶唐太宗李世民昭陵六骏的浮雕。昭陵是李世民从636年下令开始修建，到649年落葬时才竣工的大型陵墓，在陕西礼泉县。北阙玄武门神道两侧，原先置有六骏浮雕和诸蕃国君长石像十四躯。雕像全按照工程设计师画家阎立德的图本雕造。六骏都是唐朝开国历次征战中与李世民一同出入战场的坐骑，为纪念它们的战功，李世民亲撰赞词，勒石刻像，分东西两列，东边是飒露紫、拳毛䯄、白蹄乌；西边是特勒骠、青骓、什伐赤。六骏中的飒露紫（存美国费城宾夕法尼亚大学博物馆），在邙山之战中身陷敌阵，连中数箭，全靠随身猛将丘行恭下马拔箭，保护李世民杀出重围，重返军中，飒露紫一帧，有丘行恭拔箭的图像，手法写实而细腻。其余五骏，或站立，或徐行，或奔驰，神采飞扬，用劲利的线条和细微的变化，充分表现了这些骏马当年英勇善战的姿态。其中的什伐赤，四蹄腾跃，臀部连中5箭，仍奋不顾身，锐不可当。

马的形象早在中国商代的庚豕马觚和子涣尊上都可见到，但图形十分简括。在河北商代晚期遗址中还出现过刻有马头的曲刃剑。周代青铜器中有了大型铸件。陕西眉县李村的西周窖穴在1955年出土一件写实的马驹酒器，马头下有94个字的铭文，酒器的主人盠得到周王赐给他的一对马驹，提倡繁育良马，于是铸作了一对铜马驹酒器，现在只存下一件，高32.4厘米。另一件马簋，1982年在湖南桃江县连河中出土，十分罕见，簋上以圆雕与浮雕塑造了八匹马，马颈部以上是圆雕，突出在器外，簋的肩部四面铸有相悖的四匹卧马，下边连有方座。方座正面浮雕饕餮纹饰，两侧铸有两组各自相背的两匹马。战国时代，一些针刻线画铜器上也有车骑出行的图像，其中一件错金银狩猎纹铜镜上，有骑士持剑搏虎的图画。

秦汉时代，无论在壁画、漆画、牌饰和雕刻（石雕、铜雕、玉雕）、画像砖和陶塑中，都留下了大量车马图像，反映了那个时代，马匹在整个社会生活中已是屡见不鲜的事实。

现存最早的宫殿画实物，有秦都咸阳一号和三号宫殿遗址出土壁画残块，是战国晚期到秦代的遗物，属于公元前3世纪物。其中较大的残块中有车骑、人物、楼阁。三号宫殿遗址发现7套车马图像，东壁保存较好的一组，绘有三套驷马车，用上下叠置的方法表现各车之间的纵深。马匹枣红色，带有衡镳、驾轭，拖车是白辕黑盖。画中的车骑、马的毛色各不相同，并有树木相间。

堪称"世界第八大奇迹"的秦始皇陵兵马俑雕塑群，是1974年陕西临潼县西杨村农民发现，经发掘，共有面积25 380平方米的四个大型兵马俑坑，就地建成了秦始皇兵马俑博物馆。最大的一号坑面积约12 600平方米，置放着与真人等大的陶塑秦军士兵和拖着战车的陶马6 000多件，是按照驷马战车和步卒混合的军阵排列的方阵。二号坑面积约6 000平方米，有陶俑、陶马1 300多件，战车80多辆，组成四个方阵，东部是弓弩手方阵，南半部是驷马战车方阵，中部由车兵、步兵、骑兵混合编列的长方阵，北半部是驷马战车与骑兵合组的长方阵。三号坑属指挥中枢，出土有驷马髹漆彩绘的铜车马两套，车是由四马驾驶的单辕双轮车，车上建有华盖，两翼有铠甲武士俑68个任护卫。第一辆车名立车，是出行时的导车，第二辆车名安车，为权贵所乘。第二辆铜车马通长328.4厘米，总重量1 241公斤，相当于真车马的一半大小。制作之精，年代之久，实属稀世之珍。现已有许多复制品流传。

两汉时代，壁画墓多见于东汉。2004年在西安理工大学出土的西汉壁画墓属于公元前1世纪，规模之大，前所未见，四壁和券顶绘满壁画，在出行、狩猎、宴乐，狩猎图中有尾础极高的千里马。东汉壁画墓中规模最大的是154—200年间在内蒙

陕西临潼秦始皇陵出土二号铜车马

古和林格尔县新店子村的东汉晚期壁画墓,在墓室、甬道内的壁画直通墓顶,场面最大的是使持节护乌桓校尉车马出行图,画中有车辆10乘,马129匹,属官、侍从等128人。突出表现墓主人接见乌桓渠帅的盛大场面,四周为披甲武士,正中表演乐舞百戏(杂技)。前室的左右耳室还画着放牧牛、马、羊和农耕、养鱼等生产场景。与和林格尔汉墓可以相比的还有河北安平的安平王墓,该墓建于176年,墓的中室四壁有车骑出行图,画风严谨,以上下四列分别绘出马车80多乘。河南密县打虎亭二号墓的壁画总面积近200平方米,分别画出墓主人车骑出行和宴饮百戏的图景。

两汉时代,特别是东汉时期,更多的墓室除了壁画,更以画像石、画像砖为主,表现墓主人生前的生活场景和宗教信仰。集中分布在山东、江苏北部、安徽北部、河南南阳、湖北北部、陕西北部、山西西北部和四川北部。图像用浅浮雕或减底平面线刻,表现题材有神话故事、历史典故、车骑出行。最为豪奢的画像石墓要数山东安丘董家庄东汉中晚期的画像石墓,画像总面积在400平方米以上,车骑出行、狩猎、百戏占了内容的大半。山东沂南北寨村的画像石墓,画像总面积有442平方米。在墓门上表现的雕刻是描写以桥梁为主景的胡人与汉人的战争,图的右端是坐在马车中指挥战斗的汉军将领,前后各有卫士随从,左端是一群目深鼻高持盾和环首刀的骑兵和步兵,正在走上桥的一队汉军弯弓搭箭,有的胡兵已被杀死,也有跪地投降的。大约记叙的正是墓主人当年在边疆战争中立下的战功。山东嘉祥武氏祠、孝堂山石祠中的画像石都将画面图像旁剁出的凿纹全都凿去,因此剪景效果鲜明,图像更加清晰,其中也有胡人与汉人战争、车马出行等图像。1991年河南宜阳出土空心砖中的翼马,与河南汉墓中表现的翼马相同,与河北定县1965年三盘山出土的错金铜车伞铤中的飞马(飞翼伸展),都是亚述、波斯(安息)翼兽艺术东渐的见证,是汉代中国人寻求千里马心态的艺术表现。与内地的这种艺术制作最相近的是,吉林榆树县在1980年出土的汉代鎏金神兽纹铜牌饰上的飞马。

汉代雕塑中的马称得上代表作的,有汉武帝时征讨匈奴的青年将军霍去病(公元前140—前117年)墓前的14件石雕,其中3件马踏匈奴、卧马、跃马都是圆雕的石马,技法质朴。东汉时代,甘肃武威雷台出土的铜出行车马仪仗,共有铜车14辆、马38匹和武士俑、奴碑俑。马颈上的铭文,表明这些明器属于秩比二千石守左骑千人长、张掖长张将军,铜车高40厘米,骑马武士俑高50厘米,这是骑马俑由陶制向铜制过渡时期的遗物,当时厚葬之风于此可见一斑。最杰出的一件铜奔马,是在武威雷台出土的,高34.5厘米,奔马四肢腾跃,右后脚下踏有一只飞鸟,马身肌肉圆润健壮,口鼻形态与高扬的马尾,都是千里马的形姿。此外,广西贵县风流岭出土西汉铜马、河北徐水一对东汉铜马、四川绵阳何家山所出铜马、甘肃武威磨嘴子汉墓出土许多彩绘木马,造型和表现手法都是汉代的风格,其中绵阳铜马

唐三彩马（2002年西安南郊出土）

高达134.4厘米，长108厘米。

首先将马的图像写入画家的作品中的是晋人顾恺之。顾恺之（346—405年）画作有唐宋摹本留传，绢本设色。《洛神赋图》的宋人摹本（今藏北京故宫博物院）、《列女仁智图》的唐人摹本都有出行马车，画中人物与奔放的马匹姿态飘逸，非常传神。稍后，北齐画家杨子华擅长人物、鞍马，556年奉命校书，所作《北齐校书图》有宋代摹本，画中鞍马，或转首或垂项，与1979年以后发现的太原王郭村北齐娄睿墓壁画上的人物、鞍马风格相近似。他画的马设色多样，或枣红，或灰褐，姿态各异，将马的个性表现得淋漓尽致，是开马的艺术一代风气的宗师。唐人评他在壁上画马，夜间居然能听到"蹄啮长鸣，如索水草"。后来唐人的画马，唐三彩中千姿百态的骑马俑的塑造，若追塑渊源，实与杨氏开启的宗风一脉相承。

唐代最善画马的画家，是与吴道子同负盛名的陈闳、韩幹。会稽人陈闳曾为玄宗画像，和吴道子合作《东封图》，表现玄宗李隆基封泰山后车驾到上党过金桥的情景，陈闳画李隆基和他的乘骑照夜白，韦无忝画马、驴、狗、羊之属，吴道子画桥梁、山水、车舆、人物、草木、器仗，人称三绝。韩幹，蓝田人，早年得诗画家王维培养学画，后被召进宫廷，画有《玄宗试马图》、《牧马图》、《相马图》等杰构。玄宗曾命他向陈闳学画马，而韩幹却自嘘，"臣自有师"，其师就是内厩中的良马。《照夜白》、《牧马图》（原本藏台北故宫博物院）都有

韩幹牧马图

虢国夫人游春图宋摹本

摹本流传。他画中的马矫健骏良，富有真实的立面。唐人画马，还有《百马图》、《游骑图》传世，而以韩幹的作品和张萱的《虢国夫人游春图》（宋摹本，藏辽宁省博物馆）为画中极品。

宋代画家李公麟（1049—1106年）和元代画家赵孟頫（1254—1322年）都是师法唐人而另有新创的画家，两人又都是画马的高手。李公麟画技精工，为白描画法的一代宗师。他留下的作品有绢本淡设色的《临韦偃牧放图》卷、纸本白描的《五马图》。唐人韦偃《牧放图》，画中有数以百计的马匹放牧，从李公麟的摹本可以看出唐画的朴实洗练，而又有了精妙典雅的气质。《五马图》以墨线勾勒，每马有一牵马人相随，马的体魄尽靠淡墨和线条呈现得十分完美，是白描画法趋于精微之境的杰作。伯希和从敦煌千佛洞取走的古画中有P4717编号的鞍马，是传世的稀有珍品。赵孟頫所作纸本设色《人马图》，将牵马人表现得十分精细，而以简淡的白描绘马，取法唐人的朴实而形神兼备。《秋郊饮马图》是绢本设色（故宫博物院藏），以红衣乌帽的牧官放牧八匹骏马，以青绿山丘为底色，间以红枫绿树，表现出骏马遨游山野的自得之情。

清代有一批西洋画家在宫廷中从事绘画，他们运用油画技法，参照中国传统的彩墨画创作了许多大型题材的绘画，有《乾隆平定西域战图》铜版画、《乾隆大阅图》等。最著名的画家是来自意大利米兰的郎世宁（Giuseppe Castiglione，1688—1766年）、原籍法兰西的王致诚（Jean Denis Attiret，1702—1768年）和波希米亚人艾启蒙（Ignace Sichelbarth，1708—1780年）。

郎世宁出身意大利善画世家，1715年到北京，随即供职内廷，在如意馆画画，长达52年，主持过圆明园西洋楼的工程设计。正三品官衔。郎世宁精通中西画技，人物、花卉、翎毛无不擅长，而以画马著名。1721年北京的天主教堂南堂改建，郎世宁为南堂作四幅壁画，题材取自君士坦丁大帝时代。他在如意馆作画，有56幅。作品《乾隆大阅图》，以油画笔法描绘身穿戎装乘白背枣红马的乾隆帝弘历阅兵，画工精细，走马形姿雄健生动。

清代乾隆大阅图

《马术图》表现乾隆亲临的庆典中的马术。《十骏图》以10匹骏马写生。《乾隆哨鹿图》描绘弘历出猎图景。他还主持过如意馆中的油画班，招收中国学生学习西洋油画，使油画技法在中国北京初放奇葩。

艾启蒙，1745年到中国，不久进京，为南堂传教师，供职30年，70岁时在如意馆取得三品衔。他的画艺受郎世宁教导，与郎氏多次合作参与大型题材的绘画。艾启蒙也善画马和狗，画马有《八骏图》，以和真马等大的巨幅分轴描绘蒙古部族进贡的骏马，取中国画形式，笔墨工细，成就不下于郎世宁。作品分藏北京和台北故宫博物院。

法兰西人王致诚，法国耶稣会士，1738年到北京，供职北堂，精于油画，擅长肖像、历史画，弘历却喜爱水彩画，要他参照中国画技法作画。他画马的作品有《十骏图》，以弘历的十匹坐骑为写生题材，极富立体的质感。现存北京故宫博物院。

在中国，马的艺术最后随着中国美术界在20世纪学习西洋绘画与雕塑，而归入中西融通的现代美术大潮之中。但是作为这股大潮的源头的欧洲，却是在中世纪逐渐展开，到18世纪才达到它的高潮的。在西方，马的艺术，尤其和铜像的雕刻显得难分难解。

法国的加那瓦莱博物馆（Musée Carnavalet）保存着一尊加洛林朝皇帝骑马执剑的铜像，骑者头戴王冠手执双刃利剑，英俊的战马迈开左前足，移动右后足，作开始起步的姿态。这尊铜像原先供奉在美兹主教堂内，传说就是加洛林朝最伟大的君主查理曼（768—814年）的雕像。查理曼是东法兰克国王矮子丕平的儿子，752年矮子丕平正式称王，成立加洛林朝。查理曼继位后，在46年中，出征55次，尽力扩展领土，统治了半个欧洲大陆。公元800年，罗马教皇将神圣罗马帝国的皇冕加到查理曼头上，812年拜占庭迫于形势，只得承认查理曼为帝国的奥古斯都。查理曼的骑马像可以追溯到公元2世纪罗马皇帝马可·奥理略的骑马像，这位皇帝曾一度占领波斯湾，在他的凯旋门前塑有骑马凯旋的雕像，他骑马的姿势成为后世欧洲帝王将相建立一统天下的霸业的楷模。

此后，在中世纪的钱币上，常有骑着战马的君王的图像。一些壁画中，也有表现战争的场景，如1066年诺曼底的威廉公爵带着战船和马队，到佩文西登陆英吉利，发动黑斯丁斯之战，杀死僭居英国王位的哈罗德，就有一组壁画表现战马奔驰、两军交战的景象。卢昂的波尔托勒德旅店中保存着十分精细的浮雕，表现了亨利八世、法兰西斯一世时代的骑兵，及其交锋的情景。

战争所造就的英雄人物，在文艺复兴时期的雕刻家手中塑造出一尊又一尊的雕像。雕刻家唐纳泰罗（Donatello，1386—1466年）的弟子维洛齐奥（Andrea del Verrocchio，1435—1488年），给名将科雷尼（Colleoni）铸作的铜像，重新体现出查理曼像的艺术意象，身披铁甲气盖世的科雷尼挺身在他的坐骑上，他的坐骑迈开左前足，又开左后足，昂头向前，鼓起雄壮的脖项和前胸，迈出了战无不胜的步子。这样的雕像后来成为18、19世纪欧洲许多街头与广场英雄像的楷模。稍后，在法国的布洛瓦堡（Chateau de Blois）的入口处，拱门上部出现了法王路易十二（1498—1515年）骑马侧面雕像，像用石雕，在1500年建造。全身戎装的路易十二骑在铠马上，策马前进，使这座五层的拱门显得与众不同。这位法王正是邀请达·芬奇从意大利移居法国的君主。

15世纪油画发明以后，画家以光影透视画技表现的图像更加逼真，今存凡尔赛博物馆的油画阿卡战役中的亨利四世，描绘亨利四世骑着白马跃过倒地的敌骑，迎向已将长矛直刺法王右颈的敌骑，亨利举剑挡住长矛，而坐骑已迅速冲向前去，亨利举剑的右手落到了后面。画家成功地再现了千钧一发的战斗场面。凡尔赛博物馆中还有一帧西蒙·伏埃（Simon Vouet）创作的路易十四骑马的装饰画，年轻的路易十四戴着饰有白色长毛的头盔，身穿铁甲，大白马迈开左前足，举

维洛齐奥作科雷尼骑马像

凡·登·麦伦作路易十四大军《渡过莱茵河》油画（1672年）

起右后足，姿态属于查理曼式样，这种马具有浓密蓬松的鬃毛，尾毛呈螺旋形垂下，后来成为一种欧洲式样的风尚。凡尔赛博物馆战争画廊中的一幅浮雕，同样表现路易十四跃马驰骋战场，指挥战争的进行，氛围却十分浪漫。由凡·登·麦伦（Van der Meulen）创作的油画《从阿拉斯归来的路易十四》（卢浮宫藏），绘出了由排成三列的六匹白马牵引的豪华四轮马车，在侍卫和骑队簇拥下归来，远景是一片高岗，有哥蒂克尖塔和马队洒落其间，依稀可见。凡尔赛又藏有麦伦的另一幅绘画，写的是1672年6月12日在三尊巨炮掩护下，马队泅渡莱茵河，显出万马奔腾的情景。乔-巴蒂斯特·马丹画了在1692年那莫尔之围中，身披红斗篷骑马进入战场的路易十四。

由于炮兵和马队的配合，使得欧洲战场上展开的战争场面空前的开阔，表现这种战争场景的全景式战争图由此有了巨大的生命力。凡·布莱伦伯奇在《枫丹纳战役》（Bataille de Fontenoy）中，将在原野中展开的步兵方阵、马队和指挥中心之间的关系，在同一幅画面上用俯瞰法表现得淋漓尽致，这幅1745年5月11日的写实绘画现在收藏在凡尔赛博物馆中，是这类图画的杰作和标本。这类图画后来经过天主教传教士的媒介，为在北京乾隆宫廷中创作的许多战功图作了蓝本。在路易十五时代开创的这种画风，后来在拿破仑时代，被宫廷画家格罗（Jean Gros，1771—1835年）继续加以发扬，于是出现了更多的表现那个时代的巨幅油画。稍后又有梅索尼埃创作了许多有马队的军事题材的图画，到1870年艾米·莫洛（Aime Morot）创作《莱奇霍芬》（Reichschoffen），描绘1870年8月6日普法战争两军追杀场景，使战争画有了新的写实意义，进入了高峰。

美国的独立战争，法国的大革命和拿破仑战争，将过去尚未得到充分发展的君王将相立马称雄的巨幅画像逼真地描绘下来，成为遥领一代风骚的伟人肖像画中不可或缺的一部分。这类图像有《特伦顿战役中的乔治·华盛顿像》、《1789年的拉法叶》（佚名作，加那瓦莱博物馆藏）。前者再现了美国独立战争的领袖华盛顿在1776年12月26日击败赫斯守军后，骑马凯旋，向欢迎者脱帽致意的画面。后者是1789年拉法叶在山坡上阅兵，图面突出了昂首远望的拉法叶全身像，而以他背后站在下坡的坐骑作陪衬。格罗曾为拿破仑画了许多骑着白马飞腾的图，他为那不勒斯国王焦希·莫拉（Joachim Murat，1767—1815年）也作过身穿王服勒住奔马缰绳的图像，马的身上披着一张虎头向着马尾的完整虎皮，十分别致。

在战争画和权贵骑马肖像画盛行的18世纪和拿破仑时期，浪漫派青年画家席列科（Theodore Géricault，1791—1824年）却以流行的题材画出了极富个性的画作。1812年的巴黎沙龙，初次展出了席列科名为《骑马军官》的画，画上是一名军官向前骑着纵身奔腾的马的背景，神采飞扬。当时首席宫廷画家达维带着一帮弟子前往沙龙观摩，觉得这种画法十分熟识，不禁追问它来自何方？后来席列科便结识了达维。1819年席列科在沙龙中展出了浪漫派最初的成名作《梅陀萨之筏》。席列科为创作体验生活常不辞苦辛，一生爱马，创作了多幅赛马的画，描绘赛马者奋力搏击的精神。终至在34岁时坠马而死。

俄国诗人普希金长诗《欧根·奥涅金》第三章第四节插图（索科洛夫作画）

　　雕刻家运用他们的手艺，使维洛奇奥开创的传统继续传扬下去。放在柏林广场上的腓特烈大帝《腓特烈二世》骑马像，是德国雕刻家劳赫的作品。和这种形象设计得不同的是，法尔科纳所作《青铜骑士像》，这尊表现俄国的改革家彼得一世的铜像。这位罗曼诺夫王朝的第四代沙皇在法国、荷兰学习过，铜像身穿便服，马身上没有豪奢的坐鞍，骑者只是头戴桂冠身佩宝剑，马的前蹄抬起，基座是由海浪托起的岩石。雕像在1782年才落成，安置在后来称作十二月党人的广场上，成为俄罗斯的第一座铜像。而后沙皇尼古拉一世也在埃沙广场竖立了一尊相仿佛的骑马铜像。在莫斯科红场的拱顶建筑上，则有一帧希腊式的骑士跃马持矛刺杀倒地的鹰头怪兽的雕像，骑士的坐骑显得勇猛有力，栩栩如生。

莫斯科广场上青铜战士战胜怪兽造像

　　从路易十四时代以后产生的崛起前蹄纵身向前的奔马形象，是法国雕刻家纪罗姆·库尔图（1667—1746年）雕琢的马勒尔马群创造的。但是可以在梵蒂冈博物院收藏的一件公元前4世纪的希腊雕塑中找到它的源头，这件作品名叫《双马曳车》，在一辆双轮车前面是两匹竖起前足耸身跃进的马，马的鬃毛蓬松充满着野性的英姿，但体格显得瘦弱。库尔图要表现

绘画中前足高举、野性十足的马（素描）

的正是野性的马倔强的个性，其中一匹马正是不服驯马者的缰绳而高耸着头，举足抗拒，马的鬃毛蓬松，显出他的古典风貌。库尔图的作品后来由巴黎马勒尔公园移到香榭丽舍大道入口处，供公众观赏。奔马表现了对传统的抗争。19世纪法国雕刻家卡波和弗莱米埃为卢森堡公园环球喷泉制作雕像，在四角安置的奔马，仍然是这类未脱野气而姿态奔放的马。在莫斯科红场的喷泉雕塑上，也可以看到同类的铜奔马。它们体现了马在艺术领域中的一种雕刻图式，而这种奔马的姿态极具自然的本性。

追踪马文化的轨迹

法国查胡洞穴中的岩画，绘出了在马德林时代已经在那里栖息的马群。在乌克兰6 000年前的德莱芙卡遗址中发现的祭礼雄马，旁边有两条狗随葬，在印欧神话中，将灵魂带往有两条狗守卫的冥府大门的正是马。从那时起，野马通过家养逐渐驯化，繁衍壮大，成为人类生活中生死相系的伴侣。

此后，经过3 000多年，在远离文明中心的骑马民族斯基泰那里，马仍是与人生死与共的家畜。1898年俄国维塞洛夫斯基在黑海东北克拉斯诺达地区的乌斯基奥发掘古墓，在土丘下掘出一个木棚架，四周插满木桩，附近有360多匹马的尸骨。1971年在第聂伯河欧琴尼基兹附近发掘斯基泰王陵，发现陪葬物中有墓主生前侍从和骏马遗骸各50具。马死后，将内脏取出，洗净后塞入草料缝合起来，在地上两两相对竖起木杆，将马尸用木棍从尾到头穿起，悬在拱门上，前拱托马肩，后拱架腰腹，再将50名侍从用木棍撑起，与马身木棍的插口相接，犹如坐在马上，列成一圈，围绕王陵。马对于骑马民族的重要，使他们要将这一切从人间一直保持到冥间。

但是马文化蕴含的巨大能量一定要等到它走进文明中心地区，才会全方位地爆发出来。当加西特人、亚述人、海克索斯人进入美索不达米亚时，早先已经相当辉煌的人类文明又吸取到了新的养分，致使它脉管中流动的血液获得了新的动力。此后，文明中心的振波不断扩散，几个原本很难接近的文明中心因此得以联动起来。最早一轮的联动，发生在美索不达米亚和小亚细亚、伊朗与尼罗河之间。特洛伊城的故事是其中最脍炙人口的了。在希腊盲诗人荷马的史诗《伊利亚特》中，由阿伽曼农统率的希腊联军，靠着木马计，攻进了特洛伊城。特洛伊城经过1870年施利曼的发掘，证明确实存在。当年的木马当然是仿照真正的战马设计的一种巨大的攻城器械了，但仍然离不了马。和特洛伊战争差不多同时，马文化随后也传送到了印度和中国。欧亚草原和中国的黄河流域从此成为马匹繁衍的广阔天地。世界六大文明中心在公元前一千纪开始时，建立了初步的联动机制。这功劳不能不归功于骑马文化的西进、南下和东扩。

骑马文化在亚洲、非洲和欧洲不断地扩大它自身的营地，在农耕民族那里，也一如产生这种文明的游牧民族，推动着文明的巨轮滚滚向前，这使文明的发展如虎添翼，飞跃翻腾永无止息。文明的传递由于有了这种新的工具——马文化，通过两种途径加速起来。一类是商贸活动，这是和平的、相对平等的、理性的途径；另一类则是战争和征服，这是掠夺式的、毫不公平的、野蛮的途径。人类一旦进入这种循环式的（不管是螺旋式上升的，还是简单的重复式的进行）战争与和平交替的环境，便不断地祈求和平，但由此而出现的却是不断更新、不断升级的战争方式。无论是通过宗教的祈愿，还是民族的旗帜，骑马文化拉着人类从骑滑背马到全副铠甲地出现在战场上，最后直到机械化时代到来，才将已有六千年历史的马文化，最终送入了历史的记忆库中。

巴贝尔狩猎图

无论在东方，还是在西方，不管是在欧洲，还是在亚洲，马文化，特别是在最近的两千年中，构成了人类文明进程中不可或缺的重要的环节，它是将车轮文明与电动文明衔接起来的有机链锁。

人类文明随着环球意识的诞生进入了一个新时期，马文化也随着西班牙帆船在16世纪跨进了美洲。又过了几个世纪，到1787年，来自英格兰的移民船在澳大利亚的波塔尼湾登陆，由565名男性、182名女性带来的家畜群中，有马、牛各七头，还有绵羊和山羊等牲口，马文化就此传遍了整个地球。

马匹和骑兵作为重要的兵种，曾在战争中，长期起着克敌制胜、决定命运的作用。13世纪以后，大量马匹不绝运入素称"乘象之国"的印度，莫卧儿王朝的阿克巴也是个以马为田猎生活与战争手段的君主。马匹在阿拉伯国家逐渐替代了骆驼，成为战争与运输的工具。在美术领域表现马文化的，有以中国为主、伊朗的细笔画为辅的东方系统,和以欧洲为主的西方系统。两者为表现马的矫健与力量创建了一个完美的艺术世界。

　　随着火炮、火枪的增多,曾经不可或缺的骑兵,即使是使用火枪的骑兵,也注定了最终必须退出战场。尽管土耳其人早已拥有大炮、滑膛枪和其他长距离武器,然而看重骑兵的马木鲁克军队,却不肯使用这种新式武器去以牙还牙。叙利亚人和埃及人的军队,宁肯相信个人的勇气是战斗中决定性的因素,他们靠着旧式的骑兵,在1516年8月24日阿勒颇以北的达比格草原,和赛里木率领的奥斯曼军队决战,结果一败涂地,叙利亚从此有四百年在奥斯曼王朝统治之下。开罗在1517年1月陷落,马木鲁克王朝不久就灭亡了。

　　历史留下许多教训,历史是无情的,马文化的兴和衰,也不过是历史进程的一种表现罢了。

第二次世界大战中盟军诺曼底登陆指挥部中的马屏

　　20世纪的马文化,给人们留下的仅仅是一种历史的记忆。美国伊利诺伊州的亚瑟镇保留的阿密什教的马车文化,是其中的一种。18世纪由雅各布·阿密创立的阿密什教派,在欧洲的宗教改革中受到迫害,由瑞士迁居到德国,随后又转移到荷兰、北美和俄罗斯,这些阿密什人保留着马车文化,从宾夕法尼亚州辗转流迁,扩散到美国20个州。他们至今不使用汽车和手机,只用怀表,不用手表。他们每家拥有小块土地,依然过着男耕女织的生活,在现代世界中保留着已成历史的生活场景。德国南部巴伐利亚州的许多小镇上,每到冬季,还会举行的骏马采车节,是用马耕地的欧洲农民,在庆祝丰收时对马表示感恩的节庆活动。届时男女分别乘坐一辆又一辆原本运载麦子的马车,穿着一百年前茜茜公主时代的时装,出游街头,教堂里的牧师念着祭告马神的祷文,尽管他们并不了解这是在追踪史莱特尼史托克雄马祭的余绪,可这一传统之古,仍历历在目。现在,你可以在照片上看到,骑着马戴着大礼帽的将军在检阅飞机的降落;你也可以在1945年盟军在杜契斯特(Dorchester)指挥诺曼底登陆的总部,见到挂在墙上的牧马图;美国的陆军,直到20世纪50年代仍保留着骑兵第一师的番号,尽管实际上早已是一支机械化部队;在四年一届的奥林匹克国际运动会上,赛马照例是非常吸引人的项目;当你在世界各地旅游时,仍会在斯里兰卡、阿拉伯、肯尼亚,或澳大利亚见到旅游马车;在英国王室的各种庆典中,和盛装出行的女王相随的,是一支不可或缺的由服装端丽的骑兵组成的仪仗队。他们呼唤的正是历史的记忆,或者说是文明的积淀。

第十二章
岩石创造的古老文明

遍布旧大陆的巨石文化

    人类和他们赖以生存的自然界打交道,在土地和水之外,就要数岩石了。穴居时期的人类,常常躲进山岩或钻地入洞,以避风雨和野兽的侵袭。人类用岩石制作了许多工具和器皿,到新石器时代,更开始了用石头创造建筑,一部建筑史,从竹、木和植物茎秆展开,真正的起点却是写在石头上的。

    人类在建筑领域创造的第一个奇迹,是那些遗留下来被独特地安置成一个个群体的巨石(megaliths)。17世纪初,约翰·奥布里在英格兰南部的索尔兹伯里平原发现了一些巍然屹立在野地中的巨大石块,这些形体高大的石头被人为地聚集在一个坑体中,形成一个独特的巨石阵。20世纪60年代发明的一种新的放射性碳元素测定年代法,将这种巨石阵的起源推到了5 000年以前,确定石阵周边的河床和外围的沟渠大约始建于公元前2950年,周边内的一些木结构大概是在公元前2900—前2400年间建造,后来这些木构建筑才换成了巨大的石头,一直遗留下来。巨石阵在欧洲、亚洲和太平洋中的岛屿都有发现,在爱尔兰,巨石文化的遗迹简直可说是随处可见,有一种统计说,至少有800处之多。

各地发现的巨石阵，按照巨石排列的位置和方式，可以分成好多种。埃立克·庇特（T. Eric Peet）在他写的《巨石阵和他的建造者》（*Rough stone Monuments and their Builders*）中，将巨石阵分成6个类型：

（一）石柱或竖石（Menhir），指单独竖立在地上的柱状石（Monolith）或长条形石。

（二）石坊（trilithon），由三块巨石构成，在两块竖起的巨石的顶上，架上一块楣石，形成一个石牌坊，或石门。

英格兰南部索尔兹伯里平原的蓝砂岩巨石阵

（三）石室或多尔门（dolmen），英语的dol源出克尔特语的taol或daul，意思是"桌子"，men源出"石头"，多尔门的原义是"石桌"。它的构造可以爱尔兰都柏林的布勒南斯通多尔门为例，是在地上竖有5块长条形尖端三角形的岩石，有些基础部深埋在地下，顶上有自然形成的岩石作为天盖，约长5米，宽5米，东端厚不足1米，西端厚1.5米以上。顶盖的底面比较平坦，顶面则呈隆起的弧形。一上顶盖，石室便内外分隔成两个不同的空间了。在法国西部布列塔尼的莫尔比昂省，有科尔孔诺式样的多尔门，下面是并列的四块长条形石块，顶盖是两端长过下面基石的一块横放的长条形石块。多尔门可分为有圆孔和无孔的两种类型，有圆孔的多尔门在法国、德国、瑞典、马耳他和印度都有发现。

（四）排列成行的巨石（alignement）称列石，法国莫尔比昂省的卡那克列石群，成排地展开，西边有巨大的环状石篱（巨石圈），列石群北部的西边和列石中央的西端有竖石，还有土屋，形成一个宏伟的巨石建筑群。

（五）石圈（cromlech），列石成环状排列，形成一个石圈，英语称stone-circle。

（六）隧道式墓穴（Corridor-tomb），附有走廊或通道的墓室。

有多尔门之称的石室，是巨石文化中的典范，也是巨石文化经过千年以后，渐趋成熟时期的建筑，因此人们为方便起见，常将巨石文化称作多尔门。

多尔门在欧洲和亚洲分布极为广泛。从苏格兰、英格兰、威尔士、爱尔兰向东，分布在瑞典南部、丹麦、德国北部、比利时、法兰西、西班牙南部、葡萄牙、瑞士、意大利、保加利亚、克里米半岛、高加索，亚洲的叙利亚、印度也有巨石文化，中国的东北部和朝鲜半岛,还有太平洋中的一些岛屿也有不同类型的巨石文化。

最令人吃惊的是,看似孤悬在太平洋东部南回归线南边的复活节岛上,那些成排矗立在海边的巨大石雕人像。现在归属智利的这座小岛,是1774年库克船长在他第二次考察时发现的。他认为这些石雕并非偶像,而是某些部落或家族的墓地,因为他看到有一具放在平台上的尸首,当地人用石头将它盖上了。这些石雕,具有人脸的形象,大多矗立在崖岸边,面向大海。他说:"正面是由巨大的方石筑成,做工精细,不亚于我们英国最好的砖砌工程。"他赞赏这些石造工程:"这绝非一日之工,它显示岛民在竖立雕像时,具有精湛的技艺和惊人的毅力。"随后法国航海家拉帕卢兹在1785年奉法王路易十六之命,赴太平洋考察,他对复活节岛上的石雕像,赞叹不已,随行的画家立即将这些雕像画成彩色的图像。从科学研究获知,这些石像是拉塔路伊人从公元5世纪到15世纪的遗存。

巨石文化是先民对石头建筑的初次尝试,它为后世留下了一笔用岩石制就的文化遗产。

用这么巨大的石块略加雕琢造成的遗迹,本身就是个奇迹。英格兰南部平原的石坑群,内圈竖着两排蓝砂岩石柱,巨石阵最壮观的是石阵中心的砂岩圈,由30根石柱架着两根一组的横梁组成,横梁用榫眼密接,成为一个与外界隔绝的圈。石柱高4米、宽2米、厚1米,重25吨。圈内有5组砂岩立起的石塔,每组成一拱门,拱门的两根石柱,每根约重50吨,横梁重约10吨,拱门位于巨石阵的中心线,门中的空隙正对仲夏日出的方向。石圈的东北侧有一条通道,通道的中轴线上矗立着一块高4.9米,重约35吨的砂岩巨石,人称"踵石",每年冬至和夏至,从巨石阵的中心远眺踵石,就会看到踵石的后方正好是太阳隐没的地方。这种巨石用蓝砂岩制成,而蓝砂岩却在威尔士的卡梅宁山和富尔·特里冈之间的山峰上,人们必须设法将它们搬运一两百千米才能重新竖立起来。这就给那些还处在铜器时代,或铜石并用时代的先民出了一道运输的难题,更足以显出工程的艰巨。

巨石文化是在三四千年中形成的一种石器时代晚期和铜石并用时期的文化,它是人类建筑发轫时期的产物。

巨石的功能,原本有不同的说法,有认为是作天文观测用的,有认为是祭祀中心与陵墓,也有认为最初是用作猎取猛兽的狩猎装置。当初由于人类使用的工具和武器尚很幼稚,为猎取猛犸、河马、犀牛和熊、鹿,而自己不致被猛兽所伤,才用巨石阵来围猎。当初巨石阵一定还有木头、骨头和兽皮等制作的工具,遗迹周围散落的石块,一定也是一种武器。巨石阵大约是一种具备围猎、生活乃至祭神的多用途设施。巨石阵等于是一个围成的院落,院内设有引诱野兽入内的引诱物。在两根石柱间的进出口可以通过较大的猛兽,洞口正上方,有用木棍撑起的大石块，名为"报警石"，野兽接触木棍，会使石头落下砸伤野兽，向守护者报警。院中的第二道防线，悬有"打击石"，站在顶盖上的人用手拉动操纵打击石的绳索，石块便能将兽类击毙。院的中间大约还建有两层小楼，用圆木和巨石柱围建而成，楼板铺在巨石柱上，用来监视周围情况。

后来，巨石阵又演变成祭祀神灵的场所，用牲口或野兽向神灵献祭，借以保护人类的农牧和渔猎生活，成为天文观测的滥觞。马耳他的戈佐岛上留有好几处巨石文化的神殿，以杰刚梯亚和哈格尔基姆最著名。杰刚梯亚神殿大门和墙壁全用巨石垒成，最大的重几十吨，高6米，庙外至今可见搬运巨石的滚石球。大门内有宰牲台，用坑穴盛血祭神，走廊延伸到内殿，左右有两两相对的半圆形配殿，殿内有神龛，供奉神灵和生育女神。有些多尔门演化成埋葬祖灵的场所，为后世建立墓穴的起源。最初的墓穴都是为安置有身份的人的石椁而安置的，可分为带有通道的横穴型石室和仅低于地平面的竖穴型石室两种。埃及金字塔早期墓葬中出土的石棺也是内中的一种，但这种建筑早已是进入文明阶段的人类所发明的了。

彪炳千古的埃及石头庙堂

英国南部的斯通亨治巨石阵，是一处既具宗教献祭场所功能，又适合作天文观测的遗址。石阵表面刻了许多太阳、月亮、蛇（代表水）的图案，平面石阵的布置，体现了相当复杂的天文计算功能。石阵布置庄严、肃穆，分布广袤，显示了向神灵膜拜致敬的诚意，是人类早期为向神灵献祭设计的一组建筑遗迹。

然而在爱尔兰、英格兰和布列塔尼还沉浸在巨石林立的建筑群中时，比他们早了一两千年，埃及人在尼罗河畔早已用巨大的石块建造了宏伟的神庙和王家陵墓了，这些王家陵墓，便是古代世界七大奇迹中排名第一的金字塔（Pyramid）。自从有了国家，产生了帝王，帝王的权势便逐渐膨胀，帝王生前要居宫，行事祭神须造庙，死后升天得建陵，于是有了巨石建筑，企求永恒的保存。

公元前4000年左右，尼罗河流域的许多州经过多年战争，合并成了南部河谷地带的上埃及和北部三角洲地区的下埃及。上埃及国王戴白色的王冠，以神鹰为保护神，百合花作国徽；下埃及国王戴红色的王冠，以蛇为保护神，蜜蜂作国徽。到公元前3200年时，上埃及国王美尼斯在一次决战中，战胜了下埃及，统一了埃及，开始了埃及的早王国时期。上埃及的保护神霍拉斯成了太阳神的化身，被奉为埃及的主神，国王（法老）作为太阳神在人间的代表，成为至高无上的统治者。美尼斯和他的后继者用石头建筑了供奉霍拉斯的神庙。那时为国王和贵族修建的石头陵墓，仿照宫殿和邸宅式样，外形是长方形的土墩，四壁砌造成75°的斜坡，顶部修成平台，柯普特语、阿拉伯语叫作马斯塔巴（mastaba）。国王的王陵和贵族的坟墓外观上无甚差别，只是王陵规模较大，贵族的墓作为陪葬墓，分布在王陵的周围。

公元前2780年以后，埃及进入了古王国时期，为了更加突出作为太阳神的国王的地位，到第三王朝，开始修建雄伟宏大、可以使法老的灵魂直接升入上天神灵世界的金字塔，历时500年的第三王朝到第六王朝，通常以金字塔时期相称。

金字塔全用巨大的石块建造，最早的设计师是第三王朝法老乔塞尔的宰相伊姆霍特普，他是精通天文、医术、建筑的祭司，埃及人对他敬若神明，为他修庙，他为乔塞尔在萨卡拉修建了第一座梯形金字塔。这座金字塔在早先的马斯塔巴式样上，形成一座六级等高的梯形。底部是长方形，东西长126米，南北宽106米，高62米，通体用白色石灰岩砌成，地下墓室深达27米。外围是9米高的石灰围墙，在结构上仿照乔塞尔的泥砖砌墙的宫殿。此后，这种梯形金字塔还建造了好些，有一些未完成的梯形金字塔已被发掘出来。第四王朝（公元前2614—前2502年）建造的金字塔一个比一个大。其中法老斯奈夫罗的金字塔，开头用54°角建筑，到44米高时出现困难，改用43°角增高，形成一座折角金字塔。

斯奈夫罗的继位者胡夫（公元前2590—前2568年）开始建造方锥形的金字塔，他和他的后继者哈夫拉和孟卡拉建造的金字塔，矗立在开罗附近的吉萨，形

埃及吉萨金字塔

成吉萨金字塔群,胡夫金字塔更被称作古代世界七大奇迹之一。它是最大的金字塔,高达146.59米,因年久剥落了10米,现高136.5米。塔基四边每边长230米,方位正对东西南北,每边立面都是等角三角形,锥形斜面取51°角,四周长约1 000米。金字塔占地52 900平方米,是欧洲最大的圣彼得教堂的3倍以上。胡夫金字塔由230万块巨大的石灰石砌成,每块石头平均重2.5吨,有些重达150吨,总重约为684万吨。石灰石表面磨光,石块间不用黏合剂,真是巧夺天工。胡夫金字塔在建成后的4 400年中,保持着世界最高建筑的纪录。

大金字塔外观雄伟,内部结构复杂,宛如一座宫殿。金字塔入口在北壁离地13米处,是由4块巨石支撑的三角形拱门。进门后,有一条长100米的下坡通道通向塔底的墓室,离地面约有30米,胡夫对这一墓室并不满意,于是继续修建,在下坡甬道中途另辟一条上坡甬道,通向一间约高6米的王后墓室,继续往上是一条高8米的大走廊,走廊尽头是距地面40多米的胡夫墓室,这里是金字塔的中心。墓室高约6米,门是块重550吨的石头,顶部用9块巨石盖成。墓室南北墙上有两条直通塔外的通风管道,使空气流通。埃及建筑师为抵御上方巨石的压力,使出的技术是出类拔萃的,法老墓室有6层顶分担上面的压力,在9块巨石之上有5层缓冲室,最上一层用三角形的顶盖,好减轻墓室承受的压力。墓室里放着法老的石棺。

大金字塔的建造集中了古埃及各门科学和工程技术的智慧。在测量技术、天文数据方面都有杰出的运用。金字塔的方位和水平准确,几何形体精确到底座四边长度平均误差仅1.52厘米,塔身倾斜度及供灵魂出入的墓室天孔的方向,都和日照角度及天狼星位置有关联。而且大金字塔的塔高乘上10亿所得的数,约略与地球到太阳间的距离相等;穿过大金字塔的子午线,正好把地球上的陆地、海洋分隔成相等的两半;用两倍塔高去除塔底面积等于圆周率3.141 59;大金字塔的长度单位是根据地球的旋转大轴线的一半确定,也就是金字塔的底是地球旋转大轴线一半长度的十万分之一。凡此种种,显示出大金字塔是那时人类已经达到的科学知识的集合,是人类智慧的纪念物。

那么,这么多的巨石又是如何顺利地被堆叠起来的呢?在还不知用铁的时代,埃及人居然在23年内造就了这么巨大的建筑物,不像是一个绝妙的谜吗?人们为解此谜,提出了各种各样的设想,20世纪70年代末法国化学家达维·杜维斯在他的著作中认为,建造金字塔的石块并非天然巨石,而是人工浇注而成。他将金字塔上取下的小石块逐个化验,发现石块是人工浇注贝壳石灰矿组成。只要将搅拌过的混凝土装进小筐,倒入正在建造中的金字塔,一块块巨石便形成了。于是这些石块间既未发现用黏合剂,却紧密得连刀片也难以插进的谜团,也迎刃而解了。杜维斯因此估计当时只用1 500名奴隶在建造金字塔,而不是过去设想的10万人。更有人根据一些证据,认为建造金字塔的工匠是自由民,而不是奴隶。多数埃及学家却并不相信金字塔是用混凝土造成。

但是最近地质学家已能区分自然石灰石和通过溶解石灰重筑的混凝土石块之间的细微区别,这有助于问题的明朗。法国国家航空宇宙研究局吉莱斯·胡格教授和美国费城德里克塞尔大学米切尔·巴索姆教授合作,通过X光、等离子体焰炬和电子显微镜对金字塔的石头碎片与来自埃及图拉采石场及马迪采石场的石块进行比较,发现一些金字塔石头碎片具有"不允许自然结晶的快速化学反应痕迹",符合这些石头是像混凝土一样被浇灌而成的特点。这种混凝土浇筑法是由工人从吉萨高原南部湿地挖出一些松软的石灰石,放到大池中去溶解,形成泥浆状态后,再投入烧过的木头灰、盐和其他石灰物质加以混合,直到水分蒸发,留下潮湿的、黏土状的混合物,然后将这些湿混凝土运往金字塔建筑工地,由工人挑到金字塔上,浇入一个个木制的模具中,几天后便会变硬成石头了。科学家还认为,金字塔底部石头的密度比顶部石头的密度要高,也证明金字塔上半部分的石头是混凝土浇筑出来,塔基部分10吨重的花岗岩石块则是从采石场运去。

继胡夫金字塔之后建造的哈夫拉金字塔,高143.5米,结构与大金字塔相仿。塔的东侧有一座祭庙,旁边还有一座高20多米,长57米的斯芬克司(Sphinx,狮身人面像),其人面是按照哈夫拉的形象雕琢的。哈夫拉祭庙用大石块砌成,内部有许多殿堂,供葬礼和祭祀之用。入口处有一排长达5.45米的巨石,穿过门厅后,有一条幽深而长达数百米的甬道,通向几间纵轴互相垂直用方形柱子筑成的大厅,方柱大厅用暗红色花岗岩石柱与横梁构筑,简洁明快,庄重而匀称。大厅墙边安置着由不同石料雕成的法老像,地面用雪花石铺盖。大厅后面有几个露天的庭院,正中安放法老雕像,背景是直插云霄的金字塔尖顶和一望无际的晴朗的蓝天。方形石柱第一次出现在埃及建筑中。门厅中简朴的装饰和用绿色闪烁岩、乳白色雪花石、黄色板岩制作的雕像,在雪花石地面上形成斑斓的天然色形。

吉萨金字塔群是古埃及宏伟的金字塔建筑艺术处于高峰时的遗迹。

第五朝起,太阳神拉被奉为最高的创造神,第五朝、第六朝既修建了法老的金字塔,同时在金字塔附近都建立了太阳神庙。神庙庭院中建有代表太阳神形象的方尖碑,还有巨大的祭坛,东面有道路与尼罗河畔的庙宇相通,南侧有供神乘坐的太阳船,人们相信它会驶向天空,到达神的圣所。大大小小的金字塔从19世纪起被发掘出来,总数有87座之多。一度占领过埃及的拿破仑,对金字塔这一奇迹也很感兴趣，曾经叫人计算过建造金字塔用过的石头有多少，经过估算，人们相信用这些石头可以在法国周边建立一道高3米、厚30公分的围墙！然而，这一数字显然并不可靠，因为打那以后，考古学家又从沙土中挖出了一座又一座的金字塔！

古王国末期，原本法老拥有的神人合一的地位迅速衰败，经过200年的混战，埃及南北重归统一，以底比斯为中心，建立了有第十一王朝、第十二王朝的中王国。法老选择面向尼罗河的山崖营建陵墓，王公贵胄亦随之凿岩开山，建立了许多崖墓。贝尼哈桑一处就有40座崖墓，通常建有墓门、大厅、前廊、墓室，最深处的小室供有死者雕像和墓碑。第十二朝石墓入口处，出现了断面呈多边形的前多利亚式石柱，柱子比例匀称，分16面，柱身有沟棱，下大上小，柱顶有一块粗壮有力的正方形顶板。希罗多德记载，第十二朝法老阿蒙尼姆哈特三世（公元前1842—前1797年）在法尤姆州的莫里斯湖建造了一组有宫殿和神庙的"迷宫"，共分地下一层和地上一层，每层1 500间房子，希罗多德看到过地上的一层。后来在罗马时期过后，被当作石料开采而被毁。

公元前16世纪起，埃及在长达500年间，进入新王国时期，前后共有第十八、十九、二十总共三个王朝。第十八朝是十分繁荣的时期，法老陵墓都修建在国王谷的崖墓中，有时从山坡边须经一道150米的隧道才能到达墓室。至今保存完整的最大的祭殿是哈特舍普苏女王时修建，和中王国的开创者门图霍特普一世的陵墓并排连接。祭殿按地势高低，分成三层，中间由一道逐步升高的信道连接，两侧耸立着两条柱廊。最上面的一层在山岩中凿成，中间供奉阿蒙的神像，由整块巨石雕成。建筑的中层柱廊左端是哈托尔女神半石窟神庙，右端是阿努比斯神半石窟神庙。上层的左边是女王的父亲图特摩斯三世的祭殿，右边是拉·哈拉库迪神的祭坛。整座建筑面对尼罗河，背靠屏风般展开的陡峭岩壁，显得格外雄伟。祭殿和尼罗河对岸8千米远的卡尔纳克神庙处在同一条精确的轴线上。祭殿中留有许多精美的浮雕与雕像。

新王国时期的神庙是当时建筑成就的代表。典型的神庙通常由三部分组成：圣堂和它的辅室、大柱厅、有柱廊封闭的内院，三者由一条信道连接，分布在同一轴线上。有的庙宇在大门正前方，还列有长达1千米的左右两两相对的狮身人面的石雕像的夹道。夹道尽头是高大的塔门，有的塔门前还竖有成对的方尖碑，或安放两座硕大的美姆农巨像。

新王国时期的著名神庙都是献给太阳神阿蒙·拉的，阿蒙是底比斯的保护神，和太阳神合为一体，卡尔纳克神庙和卢克索神庙最为突出。

卡尔纳克神庙始建于古王国时期，后来不断扩充，直到罗马时期才完成，主体建筑建立在第十八、十九朝时。神庙长370米，宽100米，占地2.5万公顷。建筑分许多层次，共有六道塔门，最前面的一道塔门宽113米，高43.5米，基部厚15米。塔门前有两排狮身羊首石像。卡尔纳克的神像总数在5 000以上。第四、第五道塔门和一对方尖碑（现存一根高23米）是第十八朝法老图特摩斯一世所建。卡尔纳克拥有一座令世人惊叹的百柱大厅，是世界上最大的圆柱大厅，东西宽52米，南北长102米，占地5 000多平方米。大厅在公元前1290年后建成，由第十九朝的塞提一世开始，到拉美西斯二世竣工。厅内共有134根石柱，分成16排，中央两排12根尤其粗大，每根高21米，直径3.57米，柱顶盘上可站立100人，柱头刻有纸莎草花。埃及人在柱身、天花板、梁枋和墙面上刻满彩色的象形文字和浮雕，大量使用金色涂抹，形成一处森严而又金碧辉映的柱林，柱子间的距离小于柱子的直径，因为柱子直径与柱高比例仅为1:4.66，于是大厅更显得神秘而光怪陆离。作为全埃及的圣地和朝觐中心的神庙，也是全埃及最杰出的艺术宝库。

另一座举世闻名的太阳神神庙，在底比斯城尼罗河东岸由南向北建筑，全长260米，宽60米。供养太阳神和他的妻子莫特、儿子孔斯。公元前1390年由阿蒙霍特普三世建造，100年后才竣工。壮丽不亚于卡尔纳克神庙，是第十八期风格的神庙，整体呈长方形，各建筑坐落在一条中轴线上。第十九朝法老拉美西斯二世在公元前1260年增建了第一塔门和第二中庭的双列柱廊和庭院，塔前一对方尖碑，今天仅存左侧的一块，右侧的一块被移至巴黎协和广场。

第十九朝的法老拉美西斯二世还在第一瀑布以南80千米的阿布·辛贝勒，在河岸的悬崖上开凿了大型的祭殿。塔门高达30米，在岩壁上雕琢着四个高达20多米的拉美西斯二世的巨像。厅堂中雕刻着歌颂法老战功的浮雕。人们在尼罗河上，远远就可望见这座神庙。

阿布·辛贝勒神庙

雄伟的印度石窟寺

古代印度婆罗门教、耆那教、佛教三教并存。公元前9世纪，雅利安人的吠陀教转化成婆罗门教，公元前6世纪，有反对婆罗门教的耆那教和佛教的创始。

公元前3世纪，阿育王（公元前273—前323年）统一北印度，将孔雀王朝的版图扩大到了德干高原，他提倡佛教，在全国各地创建石头的塔婆（stūpa）、支提（Chaitya）和毗诃罗（Vihara），从此佛教塔庙遍布全印度，依山凿岩开筑石窟寺庙，逐渐成为风气。现存最完整的佛塔桑奇大塔就是阿育王始建。比哈尔邦的巴拉巴尔丘陵（Barabar hills）保存的洛摩斯·里希石窟（Lomas Richi Cave）也是阿育王时代的遗物。洛摩斯·里希石窟是一个支提窟。支提原本安置塔婆的庙宇，是专供礼拜的佛殿；毗诃罗，是供僧侣修行的讲堂、精舍和寺院。洛摩斯·里希石窟与佛陀伽耶相邻，石窟正面是仿木的石结构，在圆拱内圈有两根方柱，上部由弧形的扁带椽子连接成上下两扇狭长的弧面窗，上面由雕有精细的仿竹花格和向三座佛塔顶礼的大象，弯曲的椽子支撑着拱顶，顶端有一个塔形尖叶，构成典型的马蹄形窗，习称支提窗，为后世印度寺庙建筑所常用。

继孔雀王朝兴起的巽加王朝（约公元前184—前75年），留下的佛教艺术建筑有孟买东南的巴贾（Bhaja）石窟和卡尔利（Karli）石窟。巴贾窟有支提和毗诃罗窟，其中毗诃罗窟东门廊中有两个相对的吠陀神像，右侧是骑象的众神之王因陀罗，左侧是坐马车驱赶黑暗的太阳神苏利耶，象征佛教所代表的光明与神威。卡尔利支提窟，出入口有三道，中殿两旁有八角形石柱，左右各16根，柱头雕刻着乘象或骑马的王室伉俪。后半圆拱顶后殿中有一座岩石凿成的佛塔，上有莲叶伞盖，简朴而庄严。

贵霜时代，在西北印度盛极一时的佛教艺术，通常被称作"希腊—罗马式佛教艺术"，开创了犍陀罗艺术流派（Gandhara school），自1849年出土了数量可观的佛教雕像，但寺院建筑均已毁于战火。后期犍陀罗艺术最西部的遗址，在阿富汗首都喀布尔西北约240千米的兴都库什山河谷摩崖上的巴米扬石窟（Bamiyan Caves），从2世纪到7世纪是香火旺盛的地方。东西两窟各有一尊大佛，西大佛高55米，东大佛高38米，是5世纪后半叶的作品，当年"金色晃耀，宝饰焕烂"，两百年后高僧玄奘从印度归国，尚见到大佛，可惜在2001年大佛已被阿富汗塔利班政权炸毁。

印度最大的佛教石窟，是在马哈拉施特拉邦重镇奥朗加巴德（Aurangabad）西北106千米的阿旃陀石窟（Ajanta Caves），它是印度佛教艺术的伟大宝库。

阿旃陀石窟位于瓦戈拉河马蹄形弯曲的玄武岩陡壁，共有29窟，自东向西，绵延达550米。石窟由安陀罗王朝和5世纪中叶兴起的伐卡塔卡王朝，在公元前2世纪到公元7世纪开凿。到佛教衰落，寺庙便被废弃了。1819年英军追捕猛虎组织的士兵，进入到人迹罕至的峭壁，在林莽中发现了雕琢在岩壁上的佛庙和岩洞中的绘画。后来动员村民斩棘开道，才使阿旃陀重新成为世界上少有的艺术宝库之一。这里曾是7世纪中叶中国高僧玄奘礼拜过的阿折罗伽蓝，原本有商路经过，香火极旺，后来商路改道，寺庙便湮没无闻了。

阿旃陀石窟共29窟，仅有第9、10、19、26、29五个窟是支提窟，其余24个都是毗诃罗窟。开凿而未完工的是第3、5、14、24、27、28、29窟。最早开凿的第8至13号六个洞窟，是安陀罗朝自公元前2世纪建造，内中的壁画有些是后来添加的。其他23个窟是3世纪末兴起的伐卡塔卡王朝，和6世纪中叶建国的遮娄其王朝兴建，伐卡塔卡朝和印度笈多朝曾经联姻，文化上承袭笈多朝的传统。石窟最晚的第2窟、第1窟是遮娄其朝开凿。第1窟最后完成在普利开新二世（626—642年）。此后石窟便不再修建了。早期由安陀罗王朝修造的6个窟（8—13号窟）属于小乘教，后来开凿的都是大乘教。

早期石窟中的支提窟形制正面都有一扇马蹄形支提窗，内殿有两排列柱支撑仿木结构的拱顶，后殿正中供奉凿岩的佛塔。其中最古的是10号窟，形制和卡尔利石窟相仿，塔前刻有佛像，风格与桑奇大塔近似，在公元前2世纪已经开建。早期毗诃罗窟都是一间无柱方厅，三面凿出小室；后期毗诃罗窟正面增建了列柱门廊，方厅中也有雕饰华丽的列柱，后壁中央还有石雕的佛龛，已兼有佛殿的功能。后期石窟开凿最早的是第16号毗诃罗窟，门廊左壁铭文记载国王哈里孙纳（约475—510年）时已开凿，边长19.5米的方厅中列有20个雕琢的柱子，后壁供奉一尊作转法轮印的笈多朝萨尔纳特风格的坐佛，是阿旃陀石窟中最杰出的佛像。第17窟、第2窟，是最晚建造的石窟。这三个石窟正面门廊列柱和内厅20根列柱，雕镂都十分绚丽。

阿旃陀石窟中最突出的是壁画，29个洞窟中有16个绘有典雅优美、人物生动的壁画。阿旃陀石窟首先将壁画输入石窟寺，用来描绘佛祖的生平和转世的故事，以宣扬佛教教义，用佛祖的人格和教诲感化信徒。壁画以兽毫笔蘸上由当地火山石矿

阿旃陀石窟

物制成的颜料，赭石、朱砂、土绿、土黄、石灰白、紫色、群青和取自灯烟的黑色，用树胶或动物胶调和后，在灰泥和薄如蛋壳的白色石灰制成的底子上施彩。印度石灰的含水性使底子能较长地保住潮湿，显出近似湿壁画（Fresco）的效果，成功地运用了蛋彩画（Tempera）和湿壁画相结合的绘制技术。

　　阿旃陀石窟的壁画，前期壁画以第9、10两窟为代表，约在公元前1世纪到公元2世纪期间绘制。前期壁画中未见有佛像，第9、10两窟内厅列柱佛像是后补的。题材以佛本生故事作连续的横幅展开，人物造型与巴尔胡特、桑奇等本地古风相似，色彩中用了赭石（红、黄两色）、土绿、石灰白、灯烟黑，缺少蓝彩。第9窟的《佛说法图》《佛转法轮图》，第10窟左壁《国王及其扈从》，右壁《六牙象王本生》《苏莫本生》，都用细笔勾勒，颇具古风，是前期壁画典范。

　　后期壁画在450年后至700年前作成，在大量本生故事外出现有佛像的佛传故事和异常高大的佛像和菩萨像。人物造型和笈多时代的马图拉、萨尔纳特以及南印度阿马拉瓦底的动态雕刻近似，男女人物都表现出三屈式女性体态，眼神飞动，线条流畅。这一期绘画色彩更加丰富多样，使用了阿富汗巴达克山出产的青金石作蓝色颜料。后期壁画充分体现出印度传统美学中重情感流露的"味画"的描绘，将眷恋世俗的"艳情味"和皈依宗教的"悲悯味"相互矛盾的情景交织在一起。后期壁画中最早绘成的第16、17两窟，表现了众多的佛陀、国王、僧侣、隐士、武士、商人、舞女和乐师，还有神灵和妖魔、野兽和家畜。第16窟回廊左壁壁画《难陀出家》，是480年左右作品，描绘佛陀说服他的异母弟难陀放弃王位出家的情景，他的妻子孙丽达公主闻讯之后悲痛欲绝，一一见于壁上。悲悯与艳情在裸体的公主身上都体现在一起，组成了这幅连环画中别名《垂死的公主》的主题。此外尚有《阿私陀诞生》《王子入学》《竞试射技》等名作。色调比第16窟明快的第17窟，在正面走廊后壁上部绘有大幅壁画《须大拿本生》（Vishvantra Jataka），使用红、黄、白、绿色彩，显得金碧辉煌。壁画一图数景，描绘须

印度阿玛拉瓦底佛教雕刻

大拿太子与马德丽公主互相爱恋和被逐出宫苑的情景。石窟内厅右壁的《僧伽罗事迹》和《须大拿本生》的时代相同，是500年时的作品，描绘印度商人僧伽罗率众征服斯里兰卡，成为僧伽罗（梵语Simhala，即狮子国）国王的故事，是阿旃陀壁画中最大的壁画，其中的梳妆图，表现的是裸体的贵妇，对镜梳妆，显得仪态万方。约作于500年的第2窟内部后壁壁画《女信徒献祭》，被公认为是古典主义杰作，英国画家威廉·罗森斯坦（William Rothenstein）曾将此画比作意大利画家波蒂切利（Botticelli）的名作《春》（Primavera）。同窟的壁画《维杜拉潘迪特本生》（Vidhurapandita Jataka），大约是550年的作品，已具有明显的矫饰主义的倾向了。

与阿旃陀石窟并称印度艺术宝库的埃罗拉石窟（Ellora Caves），在奥兰加巴德西北30千米，100千米外就是阿旃陀石窟。在火山岩山麓开凿的34个洞窟，长达2 000米，从南到北依次编号的洞窟，南端第1窟到第12窟是佛教石窟，中间第13至第29窟是印度教石窟，北端第30至第34窟是耆那教石窟。从6世纪到10世纪，由信奉印度教的遮娄其王朝和拉施特拉库塔王朝（约753—973年）陆续修建。石窟是三教并存时期的产物，也是佛教到8世纪在本土完全衰落的见证。印度教正处于如日中天的光景，石窟设计和造型渐趋繁缛奢华，装饰华丽。埃罗拉的佛教和耆那教洞窟也受到印度巴洛克风格的熏染，摆脱了笈多式古典主义的审美理念。佛教石窟中只有在620—650年间建造的第10窟是支提窟，窟顶仿照木桁雕造，俗称木匠窟，其余都是毗诃罗窟，然而毗诃罗窟的功能已将佛殿与僧房合而为一，尤其是第11、12窟最为明显。雕刻的佛像通常采用大乘佛教中一佛两胁侍的三尊形式，还有众多的菩萨、药叉女和曼荼罗（mandala）等密教图像。第10窟是双层式样，内部宽13.1米，深26.2米。正面底部由四根方柱支撑；门廊上方阳台围栏装饰着爱侣与动物的饰带；中央支提窗已衍化成三叶形花纹尖拱，左右各有三个一组相对的飞天。石窟顶部长廊也装潢了爱侣浮雕饰带，后殿岩壁佛塔上倚坐的佛像，是笈多朝萨尔纳特式样。

埃罗拉的印度教石窟，在7至9世纪建成。既有从佛教毗诃罗衍化的石窟神庙，又有以整块巨岩雕琢的独立式神庙，综合了南方与北方印度教神庙的建筑风格。这些印度教雕刻供奉着大量的毗湿奴、湿婆以及他的化身和配偶的图像，580年至642年间开凿的第29窟，是埃罗拉最早的湿婆神庙，是一座十字形大殿，东西宽45米，南北长70米，代表着拉施特拉库塔诸王主要信奉的神像。岩窟中央凿有一座圣所，四门各有守门

马图拉药叉女（红砂石，1世纪）

神，28个列柱分列两旁，内壁火山岩壁龛浮雕全是湿婆神话。第21窟中的恒河女神，婀娜多姿，可比希腊维纳斯，而丰腴、壮健过之。第16窟的凯拉萨神庙处于石窟群中段。凯拉萨是凯拉萨纳塔（Kailasanatha）的简称。神庙在756—775年间由整面火山岩从三面切削凿成，自崖壁至地面约36米，运走的岩石约20万吨。神庙自西向东将正门、南迪神殿、前殿、主殿安排在一条中轴线上。神庙北廊壁龛内的火山岩高浮雕《罗婆那摇撼凯拉萨》，是神庙最著名的杰作。神庙气象万千，被誉作"印度岩凿神庙的顶峰"，"岩石的史诗句"，是世界岩石建筑史上的奇迹。这座神庙的原型是遮娄其

恒河女神（火山岩，埃洛拉第21窟640—675年作品）

埃洛拉第16窟凯拉萨神庙俯瞰

第三座都城帕塔达卡尔的维鲁帕克沙神庙（740），神庙供奉湿婆，为纪念战胜南方的巴拉瓦人而建，建筑师萨尔瓦西迪是南印度人，熟悉各种建筑式样。维鲁帕克沙神庙是他仿照巴拉瓦都城康契普拉姆的凯拉萨纳塔神庙设计的一座庙宇。

　　印度石窟寺庙到8世纪后随着佛教衰落而中止了开凿。此后无论在巴拉王朝庇护下的佛教寺庙，还是在各地兴建的印度教庙宇，都由巨大的岩石雕刻供奉各种神像的殿宇组成独立式寺庙，作为主要的建筑造型。佛教寺庙也迅速趋于印度教和密教化。中世纪印度教神庙的北方式中，又分出奥里萨式（Orissan type）和卡朱拉霍式（Khajuraho type）两个分支。奥里萨式神庙，以1240年左右建成的科纳拉克太阳神庙（俗称黑庙）为顶峰，由砂石和绿泥石雕琢而成。卡朱拉霍神庙群，分布在中央邦北部恰塔尔普尔（Chhatarpur），卡朱拉霍村2平方千米内，是钱德拉王朝（Chandella Dynasty，约950—1203年）的都城，85座神庙，现存25座，大多建于950—1050年间，供奉印度教和耆那教神祇。维迪亚达拉在位时修建了供奉湿婆的康达里亚·摩诃提婆神庙，在1018—1022年间建成，主殿竹笋状主塔高31米，周围是层层重叠的小塔，用浅黄色砂石建造，壮丽巍峨。展示女性妖艳的裸体雕像和各种性交姿态的爱侣雕刻布满塔壁，总数共872尊，蔚为奇观，吸引了世界各地的游客，使这里成为旅游热点。

佛陀伽耶大菩提寺（12世纪重建）

瑰丽的中国石窟寺

　　中国兴建石窟寺比印度晚4个世纪，是犍陀罗佛教美术越过葱岭东传以后，首先在新疆南部由西向东一路流传。经过20世纪30年代和40年代在五河流域的塔克西拉和兴都库什山麓的帕格姆古迹的发掘，佛教雕塑和佛教石窟寺的建造形制，都从西北印度一路传入天山南路中国新疆境内沿着塔里木盆地南北两缘分布的城镇，路径十分明晰。后来甘肃西部敦煌在4世纪始建莫高窟，大规模开凿石窟寺，中国北方内地逐渐依山开凿寺庙，到6、7世纪进入盛期。这些石窟寺庙保留了许多佛教题材和以当时社会风俗为主题的绘画和雕塑，作为艺术宝库被保留下来，列入世界遗产的瑰宝。

　　新疆境内的石窟可以分成两大群体，最早的是以库车为中心的龟兹石窟群，从公元2世纪延续到8世纪；还有一处是以吐鲁番盆地为中心的高昌石窟群，从公元4世纪以后延续到10世纪。龟兹石窟群中最早开凿并且继续扩建、规模最大的是拜城的克孜尔千佛洞。这里东距库车67千米，先后修造的石窟有236个，有壁画的约有160多个窟。在克孜尔千佛洞以后兴修的有库车西南25千米的库木吐拉千佛洞，有99个窟，现存洞窟72处，40多窟存有壁画，并有古龟兹文题记。库车正北6千米有克孜尔尕哈千佛洞，编号有39个洞窟，少数洞窟有精美壁画。库车东北30千米的玛扎伯赫千佛洞，现存32窟，大部分洞窟已倾塌；其西北隅有森木撒姆千佛洞，保存有30窟，少数洞窟存有较多的精美壁画。高昌石窟群分布在吐峪沟、雅尔湖、胜金口和伯孜克里克等地。高昌在晋咸和二年（327）设置高昌郡，后来金城榆中人麹嘉在公元500年被推举为高昌王，开创麹氏高昌，到641年归唐西州管辖。4世纪高昌已信奉佛教，根据出土的吐鲁番文书，麹氏高昌佛寺共有150多所。石窟寺以吐峪沟开窟较早，在北朝时期已经成立，位于吐鲁番东南55千米，现存94窟，大多坍毁，仅8洞残存部分壁画。吐鲁番东南40千米邻近木头沟的伯孜克里克千佛洞，共编号64窟，残存壁画在吐鲁番地区最多，题记多用古维吾尔文、汉文对写。以7、8世纪的古突厥式壁画遗留最为丰富，这类壁画融合了犍陀罗式样和波斯艺术，更在7、8世纪后添上了中国中原地区固有的画风，在时间上一直延长到10世纪。

　　4世纪的龟兹是葱岭以东佛教传播中心，出生龟兹的印度僧侣鸠摩罗什（344—413年）本来传习小乘佛法，后来到克什米尔学习大乘高僧龙树、提婆创立的空宗理论，在新疆传扬大乘佛法。401年后秦国主姚兴派人将鸠摩罗什请到长安，弘扬大乘佛教，组织译场。精通梵、汉和各种中亚语言的罗什，11年间翻译了佛典74部，计384卷，《维摩诘经》、《大品般若经》、《金刚经》等经典和《大智度论》、《中论》等大乘空宗学者的论著相继译成中文，译文的正确、流畅，令人信服，从此大乘佛教在中国内地广泛传扬，获得众多的信徒。佛教石窟寺庙艺术也从龟兹东传河西、关中，构成千古不朽的艺术宝库。

　　历史记载龟兹原有佛教寺庙千所，现存遗址有库车西南25千米渭干河东西两岸的东寺和西寺，还有库车东北20千米处苏巴什寺遗留的塔、庙和石窟，其中的壁画表现佛教故事，与克孜尔千佛洞118窟《娱乐太子图》相似。更多的历史遗存是分布在库车和拜城两地的石窟寺。已编号的236个洞窟，分布在苏格特沟的东西两区，石窟共有三个类型：一类是最重要的极富本地特色的长方形窟，共有59个，窟中央有刹心（中柱），将券顶的前室通过间壁信道与中柱形成的右旋仪式的信道和后室分开，形成龟兹型窟。一类是方形窟，四壁不开龛，穹顶为仿木构的六重斗四形窟，壁面和顶部多施彩绘；另一类是数量众多的支提窟（僧房），平面呈方形，旁有甬道通往室外。壁画保存完好的现在尚有75个洞窟，许多窟有龟兹文题记。壁画通常是在窟门入口上方绘说法图，左右壁以长方格为界画佛传故事，券顶以叠鳞状菱格表现佛本生或因缘；正壁佛龛外画伎乐天和供养天人；左右甬道及顶部，画本生故事或菩萨、天王；后室中柱画八王分舍利；后室奥壁多画佛涅槃像。券顶菱格大多一格画一故事，形成龟兹石窟独特的式样。118窟正壁的娱乐太子，描绘净饭王命令许多妖媚的乐伎舞女，以美色引诱悉达多太子，使他打消出家的意念，其表现手法可以从阿旃陀佛画找到渊源，而在敦煌早期佛画中寻获东传的踪迹。

龟兹石窟群通常为在前室建有正壁雕塑大型立佛的大像窟。从公元4世纪起，龟兹地区普遍建造大像窟，克孜尔有7个，库木吐拉有4个，克孜尔尕哈有4个，森木撒姆石窟南崖和北崖各有2个，共有19处。大像窟立佛高度在10—15米上下。克孜尔47窟是一处早期大佛窟，券拱高18米，主室面宽7.6米，大立佛原高在15米以上，现已无存。大乘佛教认为三世十方有无数佛，因此石窟寺大量塑造十方佛和贤劫千佛。47窟的C_{14}测定年代是350±60，正当鸠摩罗什在龟兹弘扬大乘佛教（359—385年）之际。阿富汗境内巴米扬东西二大佛（一高38米，一高53米），从窟形到塑造手法都和龟兹石窟相仿，其时代亦不早于龟兹，很有可能是从龟兹西传的，若果如此，那么在4世纪前后，龟兹确是葱岭东西佛教石窟雕塑艺术的中心了。

龟兹石窟艺术一路东传，在5、6世纪进入高潮，高昌石窟、敦煌石窟、炳灵寺石窟、麦积山石窟，都是南北朝时期内地佛教早期艺术的结晶。

敦煌县城东南15千米鸣沙山下的莫高窟，面对三危山，前临宕泉河，分南、北两区，石窟寺集中在南区，共492窟，北区243个窟，是1988年后才清理出的僧房、禅室。保存壁画的洞窟有570个，壁画总面积为5万平方米。从十六国到北周的早期洞窟，共有36个。据莫高窟332窟中的《重修莫高窟佛龛碑》，最早是在前秦建元二年（366）由沙门乐尊捐资开凿，早期北朝洞窟36个，历时200年，壁画保存完好，题材有佛说法图、佛本生故事、各类因缘故事和佛传，表现出的时代风貌却时有变迁，反映了匠师对现实社会生活的体认。敦煌北朝洞窟共分三类：一类是方形窟，顶作覆斗式，正壁开龛造像，壁画布满窟顶及四壁；一类是主室两侧开僧房的禅窟，主室后壁开龛塑佛像和禅僧，穹顶和壁面绘壁画；另一类是承袭北凉石窟、融入中原木构建筑的中心塔柱石窟，窟内前部有人

敦煌莫高窟第432窟中心柱龛（6世纪，西魏）

字坡顶,塑有檐枋和椽子,后部是通连窟顶的刹心,刹心四面开龛,塑有佛像和交脚菩萨,壁面绘千佛、本生、佛传和供养人。第275窟仿汉魏木构建筑,两壁上层开龛,有时模仿汉阙,龛内彩塑交脚菩萨。第259窟中塑有着红色罗衣并坐的二佛。第432窟中心柱龛,施无畏印端坐的佛像背光华丽,左右两旁为二菩萨,仪态恬静、端庄。西魏时期在538年开凿的第285窟,南壁禅室绘有"沙弥守戒自杀"因缘图,技法、服饰都已呈现中原风格。

莫高窟唐代诸窟更采用写实技巧,色彩极富质感,形象丰富,神态自然。第130窟倚坐佛像高26米,俗称南大像,是盛唐大型佛像力作。第328窟彩塑群像姿态各异,体态优美,神情娴恬。第45窟是盛唐时期开凿,主龛彩塑一铺9尊,龛外侧左右两力士已毁坏,龛内7身,主尊释迦牟尼,左右

敦煌莫高窟第328窟主龛(8世纪,盛唐)

迦叶、阿难、二菩萨、二天王,神态生动,菩萨身系披巾,下着锦绣罗裙,气氛祥和,体现出西方净土的宁谧,是8世纪彩塑中的极品。唐代敦煌石窟壁画以各种大型经变在比以前更为广大的空间展开,形成具有时代特点的绘画形式。著名的有642年第220窟彩绘《西方净土变》,220窟北壁、148窟东壁的《药师变》,331窟根据阿弥陀经绘制占了整窟壁面的《西方变》,172窟由殿堂、宫苑、台阁、宝幡、华盖铺填的《净土变》,都在充分展现天国"无有众苦,但受诸乐"的美景。莫高窟中晚唐的经变画中,更有根据密宗经典绘制的《密严经变》、《佛顶尊胜陀罗尼经变》、《千手眼观音菩萨经变》和《不空绢索经变》,进一步丰富了经变画的题材。

敦煌壁画颜料,以天然矿石颜料为主,植物颜料和人工合成颜料为辅,有朱砂、黄丹、银朱、赭石等十多种,现在壁画上的棕黑、灰黑、浅棕色,是由原来的深红、灰红、粉红等色调起了化学变化造成。经探讨,原因有三:一是使用朱丹和含朱丹的调和色,经千年氧化反应,原有色泽彻底起了变化;二是植物颜料经氧化后直接褪色,或被下层变化的色彩上翻而掩盖;三是敦煌土质是经海水浸泡过的海底床,所含大量碱性元素,成为促成颜料化学反应的催化剂,造成红色变黑变灰。

敦煌莫高窟、陇西炳灵寺、天水麦积山石窟,将公元5世纪到10世纪中原和

西北边地各民族石窟艺术和彩塑发展到一个高峰。炳灵寺在甘肃永靖黄河北岸大寺沟西侧岩壁堂述山开凿，现有洞窟195个。距地面60多米的169窟北壁，有西秦"建弘元年（420）岁在玄枵三月廿四日造"的墨书题记，供养人像中发现有初期来这里传扬佛法的外国禅师昙无毗。题记是现存石窟中年代最早的造像记。在造像铭下方第9号龛中的三立佛和7号龛二立佛，都有龟兹风格，建造年代早于420年，大约是鸠摩罗什东至凉州传教时的产物。为秦地林泉之冠的麦积山，先由玄高从关中到这里收徒传法，后来又率领僧众接受昙无毗的教导，麦积山石窟应该在4世纪已经开凿。现存洞窟194个，自姚秦开建，一直到明末崇祯十五年（1642）香火不绝。第74和78窟是早期开凿的双窟，平顶方形，供奉姚兴所崇信的三世佛。北魏时期是麦积山鼎盛之时，开凿的洞窟尚存70多个，前期造像仍保持早期宽肩厚胸的形体，以三世佛为主，两侧立二胁侍菩萨，窟中增开小龛，供奉释迦、多宝并坐像、千佛和菩萨坐像；后期造像转向南朝陆探微提倡的秀骨清像，造型修长清秀，在三世佛之外，演绎出一佛二弟子二菩萨，再在门侧竖二力士的铺像组合。这种造像风格后来继续传承了两三百年。

和莫高窟齐名的大同云冈石窟、洛阳龙门石窟，是中原地区最宏伟的石窟寺庙。

大同在北魏前期称平城，是太武帝拓跋焘的京都，439年拓跋焘灭凉，将凉州僧徒三千人和宗族吏民三万户迁到平城，446年两千名长安能工巧匠也被迁到平城，武州山南麓灵岩开凿石窟寺也在同时。石窟寺东西延长一千米，现存洞窟45个，造像共五万一千多身。由昙曜主持开凿最早的5所石窟，现今编号为第16至20窟。5石窟石平面呈马蹄形，拱门上方开明窗，窟内佛像均为凉州、秦州三世佛式样，形体特别高大。20窟正壁禅定大佛，高13.7米，是云冈造像的杰构。孝文帝太和（477—494年）时，在云冈修造方形的大型双窟，中间设刹心龛柱，仿效凉州中心柱，雕琢仿木构窟檐和阙形龛，使石窟具有塔庙形制，佛像装束进一步采用汉化的宽衣博带式样，反映出时代风貌。完成在484年以后的第9、10双窟，主像分别为释迦和弥勒，壁龛多供释迦、多宝并坐像，思惟菩萨像，门楣上浮雕阿修罗、大自在天等护法神像，四周装饰花样繁富，一派皇室石窟的富丽气象。

公元494年孝文帝迁都洛阳，云冈造像转入中小型龛龛，洛阳伊阙的龙门成为皇室贵族奉佛造像的中心。现存最早纪年题记，是古阳洞北壁比丘慧成龛的太和十二年（488）。古阳洞是马蹄形穹顶洞窟，高11.10米，深13.50米，宽6.90米，两壁分别凿造各有4龛的三层大龛，造像风格已由云冈二期转向秀骨清像，文殊与维摩分别安置龛楣两端，中间则是听取诘辩的僧俗人物。继古阳洞之后，在500—523年间开凿了规模宏大的宾阳三洞，北魏时期仅完成中洞，中供三世佛，正壁释迦牟尼结跏趺坐，两侧二弟子二菩萨，左右壁雕一佛二菩萨立像，形象清秀。原为孝文帝和文昭皇后雕造的《皇帝礼佛图》（现藏美国纽约大都会博物馆）和《皇后礼佛图》（现藏美国堪萨斯的纳尔逊—艾金斯艺术博物馆），先后在20世纪30年代被盗凿运往美国。宾阳洞的南北二洞，以后历代继续修造，直到唐代初期才完成。唐初在伊水东岸继续开山造寺，奉先寺是唐高宗特命建造的石窟寺，经三年九个月，到675年底完工，规模超越龙门各石窟寺院，东西深40.70米，南北宽36米，本尊卢舍那佛，高17.14米，群像将佛、弟子、菩萨、天王、力士、地神的气质表现得活灵活现。7世纪的求法僧玄奘、宋法智和义净都到中印度图绘佛像，取回经像，在两京依样雕造。龙门遗存的印度笈多式优填王造像总计有42处，造像70尊。印度密教造像也都是武则天（684—704年）时凿造，有千臂观音、十一面多臂观音、千手千眼观音立像。龙门永隆元年（680）建成的万佛洞，展现了龙门样式的西方净土图式，将阿弥陀佛、五十菩萨、西域天竺瑞像分层排列；中唐、盛唐时雕造的地藏菩萨，更反映了民间信仰的流行，为晚唐、五代时地藏十王造像提供了图像。

　　石窟寺洞窟外壁原先通常建有砖木结构的门楣，后来大多塌毁。现存这类建筑遗存中，比较突出的有五台山的悬空寺与甘肃肃南县的马蹄寺。五台山悬空寺临崖修筑多达五层的木构建筑，支脚悬空，所以称悬空寺。甘肃肃南马蹄寺在张掖南方祁连山麓，有开凿在山体东面的千佛洞，并有另一处山崖下建造的马蹄殿和三十三天洞窟。马蹄寺石窟开凿年代和敦煌莫高窟约略相仿，最早开洞讲学，后来供奉佛像，凿石建寺，现存石窟70多窟，三世和五世达赖喇嘛曾亲临该寺朝拜。寺内庙宇岩石留有天马蹄印，寺宇因此得名。其旁有依山凿石而建的马蹄寺，是长约20米、宽约10米、高16米的三层殿宇。寺后山崖上的三十三天洞窟，在山崖上开凿磴道，一层一层上升，有些洞窟外壁留有木结构柱廊和窟檐，在崖壁上形成陡峭的门窗、回廊和屋檐。

　　6、7世纪以来，北起燕岱、南至巴蜀的广袤山岩，都已成为石窟寺院的修造天地，太原天龙山、河北邯郸鼓山的响堂山南寺与北寺（相隔15千米），是在西有麦积山、北有云冈、南有龙门的三大石窟群中，在石窟寺院中异军突起、在艺术上别有建树的寺庙。它们在凉州石窟、云冈石窟与川北石窟造像所形成的石刻文化圈中，起着承续与衔接的功能，敦煌则是中原文化西进，与新疆龟兹和高昌两大石窟群相互交流的重要支点。

异军突起的欧洲城堡

　　欧洲人修建石头的城堡，可以追溯到希腊本土地区的迈锡尼城邦（公元前

1600—前1200年）。迈锡尼文化和小亚细亚西部的古城特洛伊、地中海东部的海岛克里特的米诺斯文化，在三千多年前就有了联系。1871—1882年德国的亨利·施利曼成功地发掘了荷马史诗《伊利亚特》中普里阿姆朝的古城特洛伊的遗址，在希沙里克山冈相当于公元前1275—前1100年时期的地层中，找到特洛伊城被阿开亚人（希腊人）联军攻下后迈锡尼文化的遗物。后来英国考古学家亚瑟·伊文思决意探察迈锡尼文明的源头，在地中海中的克里特岛发掘了米诺斯王宫，1900年伊文思在那里找到了属于新王宫时期（公元前1700—前1500年）的宏伟迷宫。米诺斯王国的版图曾伸展到了爱琴海的许多岛屿和希腊大陆的南部，首都克诺索斯大约有8万人口，岛上有许多城镇和石头的城堡。公元前1450年左右桑托林火山的一场大爆发，把岛上的城堡都埋到了地底，剩下的米诺斯人将他们的文字和技术带到了希腊伯罗奔尼撒半岛东北部的迈锡尼，迈锡尼由此壮大起来。施利曼后来又到迈锡尼和梯林斯发掘，著名的狮门因此重见天日，成为现存欧洲最早的城堡。迈锡尼用它的城堡、圆顶和精美的金银器走上了文明的台阶。

迈锡尼的卫城和宫室后来传遍了希腊，在它东北的雅典也修造了卫城，并且建造了宏壮的神庙。雅典卫城修建在石灰岩小山的顶端，四周是高耸的崖壁，卫城已有近3000年历史，为供奉雅典的保护神而用大理石修建了许多神庙。波希战争结束后，雅典的执政官倍里克利司（公元前460—前435年）重建了卫城和神庙，迄今留存的有帕特农（Parthenon）神庙、山门、胜利女神庙、伊瑞克提翁神庙。帕特农神庙和伊瑞克提翁神庙都是奉献给雅典娜的神庙。长方形的神庙，用46根高10.4米、直径1.9米的纯白大理石柱支撑着立面，总长68.5米，宽31米，正立面山墙上雕刻着雅典娜诞生、雅典娜和海神波赛顿争夺卫城保护权的故事。帕特农神庙的北边是较小的两座神庙，一座是伊瑞克提翁神庙，另一座是波赛顿神庙。

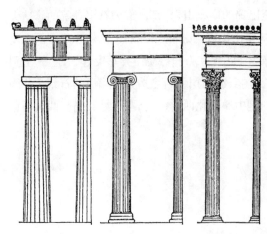

三种希腊石柱式样：多里克式、埃奥尼式、科林斯式

2005年希腊考古学家在奥林匹亚山麓的迪奥（Dion）古城发现了一段马其顿时期的城墙，长达2 600米，城墙上刻满精美的希腊神像，有宙斯、海菲斯托斯、迪奥尼索斯诸神。据考察，这是在亚历山大大帝去世后，杀害亚历山大妻儿和母亲的亚历山大四大将军之一的卡桑德（Cassander），夺取马其顿王位后修筑的巨大防御工程。这一工

程具有明显的东方格调，从城墙内出土的一枚4世纪狄奥多西的铜币推测，一直使用到公元4世纪才遗弃。

在罗马帝国时期，为了对付自边疆入侵的游牧民族和平息内战，从戴克里先（285—305年）统治时期起，在长达一千年的时间内，欧洲境内先后设置了各种防御工事，用石头垒起的石堡布满了大半个欧洲，到了后期更形成了规模宏大的城堡。这些城堡在查理曼以后逐渐扩展，主要分布在波兰西部奥得河、捷克与斯洛伐克交界的摩拉瓦河以及多瑙河中下游以西的广大地区，它们在中世纪培育了欧洲文明，扶持了日益繁荣的商业、频繁的交通，维系着军事上的需要，有许多古堡更因修建权贵的宫邸，进而形成后世繁华的都市，更多的则像璀璨的星辰洒落在田野、山谷和河流边，成为历史的见证、旅游的胜地。从安茹的富克·纳拉伯爵（987—1040年）在军事要地修建的四角形多层石塔，四周绕以壕沟和泥土防御工事，到12世纪更筑起了精巧的石头幕墙，筑堡的技术和规模都在不断地提高。这些耸立在意大利、法兰西、瑞士、德意志和西班牙的山野和平原上的古堡，经过数百年的锤炼，逐渐发展成了一座座各有特色的文化名城。

曾经在历史上创建了一个辉煌帝国的罗马，也是从公元前753年由罗慕洛建立的城堡起步，城市在7座山丘上伸展，有了"七丘城"的称号。现今的罗马城保存在市内奥理略皇帝修筑的城墙内，历两千年仍可见出当年风范。著名的万神庙，在2世纪开始建造，直径43.4米的圆穹曾是20世纪前世界第一的无梁圆拱。台伯河旁的天使古堡是罗马皇帝哈德良修建的陵墓，四周有雉堞围绕，俨然是一座城堡。

两千年前法国设防城市的古迹，是由法国南部普罗旺斯建立在山冈上的卡尔卡松提供的。公元前122年，罗马军队占领了这里，称作卡尔卡松，5世纪以后落入西哥特人手中，直到759年才重新回到法兰克王国。卡尔卡松逐渐成为一

诺琴·拉·罗特勒堡（11世纪）

科西堡（13世纪）

维铁隆堡（14世纪）

法国南部普罗旺斯山冈上的卡尔卡松城堡

法国阿科斯城堡（11世纪）

座有两道城墙，设有罗马式尖塔和方形石堡的古堡，只有一座教堂是巴息利加式样。

中世纪法国和莱茵河地区的古堡，往往和贵族才能享有的采邑制度相联系，这些城堡作为贵族的邸宅，四周多半分布着城堡主人的领地。法国中部的卢瓦尔河谷和北部的塞纳河，都有许多城堡遗存至今。在1050—1350年之间，据说光是法国一国，开采的石头比古埃及几千年中开采的石头还要多，大量石头用作修建城堡、宫邸和教堂。城堡的规模和式样在11世纪到14世纪的几个世纪中，随着城防功能的变化，也相应地有了变化。开头的城堡多数采用四边直角的矩形，有3—4层高，四角的下部建有向外伸展的三角形的垛墙，如诺琴·拉·罗特勒堡（Chateau de Nogent-le.Rotrou）。12世纪修筑的葛拉尔堡（Chateau-Gaillard），是狮心理查在1197年在塞纳河边100米的地方建立的圆角城堡，下部亦建有垛墙。13世纪打造的科西堡（Chateau de Coucy），建在一块高地上，四角都有圆形的哨所，中央亦有一座圆形的堡垒，但在1917年被毁。14世纪是城堡十分发达的时期，代表了火器兴起时采邑制度进入末期的城堡，那时

352

的堡垒将四角的圆形堡垒盖上了尖顶，圆堡之间还增筑了一道或两道的四方形的哨所，屋顶上用了坡顶，典型的维铁隆堡（Château de Vitré），就是这样的一座城堡，它的大门和现在大家熟悉的吕贝克城的正门属于同一类型。

　　法国的古堡无论南方和北方，都有许多令人称羡的杰构。塞纳河左岸距巴黎60千米的枫丹白露宫堡，是1137年法王路易六世在这处富有蓝色美泉的猎场修建的一座城堡，枫丹白露就是"蓝色的泉水"。它的周围被170平方千米的森林所覆盖，建筑式样极富法国民族传统，在15世纪到18世纪续有修建，成为法国6个朝代王室的离宫。法朗索瓦一世和亨利四世两朝曾大兴土木，在这里构筑了文艺复兴时期的宫室。古堡外面是在四个不同时期修建的巨大的枫丹白露花园。卢瓦尔河谷中有成群的军事上用作防守的城堡，如夏特丹、希农城堡，有许多扩建成了专供王公贵族居住的宫堡。卢瓦尔—谢尔省香波市的香波（Chambord）城堡是法国文艺复兴时期最著名的宫堡。这座为法朗索瓦一世在卢瓦尔河谷围猎场修建的宫堡，是哥特式建筑与文艺复兴式样交融的楷模，周围的林海占地52平方千米，宫堡围墙周长3.2万米，共有6座城门，城内一

法国文艺复兴时期在卢瓦尔—谢尔省修建的香波城堡

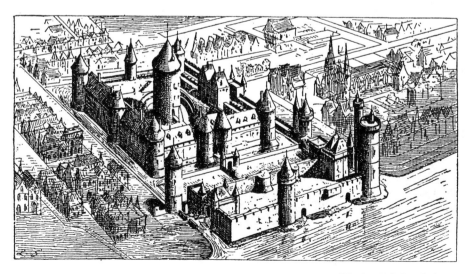

16世纪法王居住的巴黎卢浮宫

部分是长156米、宽117米、高58米的长方形城堡；一部分是一座长方形的楼房，屋顶的立面有拜占庭式样的穹顶、圆锥顶、坡顶，十分奇特和繁富。浪漫派作家夏多布里昂称它是一座阿拉伯式的建筑，富有东方的奇幻色彩。建筑在雪河水面上的雪浓苏堡，则是卢瓦尔河谷最富浪漫色彩的美丽城堡。阿宰勒里多城堡是另一座典雅和华丽的庄园。在法国西北部圣马洛湾中一座花岗岩小岛圣米歇尔山上的修道院，更是欧洲有名的中世纪古迹。修道院修建在离诺曼底海岸2 000米的圆锥形小山上，有教堂、僧房、花园、柱廊，966年，在岛的周围修筑了城墙和碉堡。这里有8世纪初圣·米歇尔神父在山顶上建造的一座小教堂，11世纪初经过扩建后保存至今，从此成为朝圣者顶礼的圣地。13世纪初，山上修建了以梅韦勒修道院为中心的建筑群，1875年修成了海堤和木桥，于是海岛和大陆连成了一体。

在德国境内，吕贝克、海德堡以及众多的仍然保留着"堡"名的城市，往往都有长达千年的历史。吕贝克由一座城堡到1143年成为一座城市，还只是坐落在河中小沙洲的居民点，它的东北紧邻波罗的海的梅克伦堡湾，西面连通北海的黑尔戈兰湾，在中世纪逐渐成长为汉萨同盟的自由城市。1240年左右建造的哥特式市政厅，正面用彩色瓷砖镶砌，是德国最古老的哥特式建筑之一。作为吕贝克象征的是，1478年建成的左右对称的尖圆锥双塔形的霍尔斯登塔尔城门，中间穹门上面还有两层城堡，全用红砖砌成，至今保存完好，体现着这座要塞的庄严和气派。在德国中部的图林根州，公元1000年后不久就建立了城堡的瑙姆堡，这里出产的图林根葡萄酒早已名闻遐迩，直到16世纪还是一处重要商埠。这里有列入德国最著名建筑的瑙姆堡大教堂，人物雕像、装饰纹样和建筑技术配合完美，是后期罗马式向早期哥特式过渡的杰作。德国西南部符腾堡州的海德堡，旁临涅卡河，在涅卡河左岸可以观看到一连五个古堡，驻守在通往莱茵河的古道上。涅卡河上古老的三孔大石桥连接两岸，山冈上矗立的古堡历史悠久。从1386年起海德堡就以大学名扬中欧，这一年鲁普莱希特选侯以巴黎大学为楷模，创建了这所大

德国吕贝克城的霍尔斯登塔尔城门（13世纪）

学,后来更成为一座地道的大学城,在800年中被诗人、画家、作家所讴歌。涅卡河北岸风光优美的哲学家大道,曾是德国哲学家黑格尔多年漫步冥想之处,大诗人歌德曾七次来此造访,英国画家特纳在这里完成了许多风景水彩画,诗人艾生杜夫更为它写过颂歌。山顶上的宫堡留下了许多尖顶的建筑,古朴而雄壮。

　　奥地利西部边疆城市萨尔茨堡,最早是1077年时建造的要塞,萨尔茨(Salz)的意思是盐,这个城市以出产食盐著名。山顶上的霍亨萨尔茨堡要塞,在一千年中曾遭敌军多次攻袭,但始终屹立在山峰上,未被占领。这里是大音乐家莫扎特(1756—1791年)的故乡。莫扎特的音乐天才在6岁便被发现,从此开始了周游四方的演出,在慕尼黑、巴黎、伦敦、米兰、佛罗伦萨和罗马都引起轰动,萨尔茨堡因此也成了音乐的故乡,从1920年起这里每年在7月至9月举行盛大的音乐节,吸引着数以百万计的观众。从18世纪起,被誉为"音乐之都"的奥地利首都维也纳,最早也只是一座1100年建造的城堡,1137年才成为一座城市出现在史书上。15世纪以后,维也纳成为神圣罗马帝国的首都和中欧的政治经济中心,18世纪以后,使维也纳得享盛名的则是音乐、5座金碧辉煌的歌剧院,以及华丽的建筑。

　　英格兰的首都伦敦东南的塔山上有一座古堡,11世纪建立在罗马时期的旧城墙内,后来屡经扩建,越出了旧城城墙。这里既是一座要塞,又有宫殿、教堂、议事厅、天文台和监狱。挺立在围城中心的,是一座共有三层的四方形城堡式的诺曼塔楼,四角有高耸的望楼,主体用乳白色石块砌成,又称白塔。1078年开建后,到1097年威廉二世时正式落成,高27.4米,是伦敦塔最古老的建筑,国王加冕期间必须在此驻留,四周有两道围墙。伦敦塔以白塔为中心,一直到17世纪,

伦敦桥

尖塔林立的牛津大学

佛罗伦萨赛诺利宫　　　　　　米兰史福采城堡　　　　威尼斯的曼杜瓦城堡

600年中始终是英国国王的重要城堡。泰晤士河畔白垩山上占地4 800英亩的温莎堡，亦有上千年历史，至今收藏着历代英国王室的珍宝。

　　意大利中部的古城佛罗伦萨，意思是"鲜花城"，公元前1世纪是罗马的要塞。这座紧靠阿尔诺河的美丽的艺术之都，孕育了欧洲的文艺复兴，引导欧洲步入一个新的纪元。全城最引人瞩目的建筑，是一座四方形的宫堡西尼奥里宫，因历史悠久，从1299年起不断修筑，别称老宫，至今仍是政府办公的大楼。宫堡底层列柱林立，双层建筑顶面全是雉堞，中央有一座高94米的方形高塔，可以俯瞰全城。文艺复兴式样的初创者佛罗伦萨的建筑师布卢纳斯科（Filippo Brunellesco，1377—1446年）重视光影效果，他设计了佩蒂宫，外壁用粗岩叠砌，中庭四周是宽广的回避廊。1296年开始建造的主教堂，是欧洲少数几座大教堂中十分华丽的罗马式建筑，后来加建圆形穹顶，布卢纳斯科将它加高到90米以上，与维齐欧宫的塔楼并列。

　　伏尔塔瓦河沿岸的古城布拉格，也是一座由石堡逐渐拓展的城市。伏尔塔瓦河将城市一分为二，中间架着十几座雄伟的石桥，耸立在高地上的宫室和城堡通过陡峭的斜坡和城市连接到一起，由旧城、新城、城堡区、雷色区组成的布拉格，保存着罗马式、哥特式、文艺复兴式、巴洛克式建筑，塔楼、尖顶在阳光下闪耀，因此有"金色的布拉格"之美称。伏尔塔瓦河山岩上最早的古堡出现在880年，迄今保存完好，成为总统的官邸。从1344年开始修建的圣维特教堂，将哥特式与波希米亚传统式样融为一体，尖顶高97米，是城堡内最高的建筑。教堂内珍藏着14世纪以来的王室权杖和珍宝。1348年以查理四世命名的大学，是布拉格最古老的大学。1355年查理四世在布拉格接受加冕，以布拉格为神圣罗马帝国首都。这里有10世纪时的罗马式教堂圣乔治教堂，巴洛克式的圣尼古拉教堂和双塔的蒂恩教堂，一座1270年建造的犹太教堂，是欧洲最古老的建筑之一。布拉格靠着它拥有的1 700多处古迹、500多座尖塔和许多古桥,获得了"百塔城"的称誉。

富丽堂皇的欧洲教堂

12世纪到18世纪在欧洲用石头建造了数以千计的教堂和修道院,风格从罗马式、哥特式到文艺复兴式、巴洛克式,不一而足,形成建筑艺术的一个高峰时期。许多教堂都用精工雕琢的圣像、浮雕和纹饰加以装饰,费时常达一两个世纪以上才得完工。在希腊北方阿索斯圣山上就有很多修道院,13世纪在330多米高的山岩上建造的西蒙纳斯·佩特拉修道院,是其中之一,它们是古典文明的见证者。这些修道院和教堂往往保存了大量珍贵的文物。在希腊塞萨洛尼基的圣迪米特里教堂,最初是在413年建造,被毁后在6世纪重建,以这座城市的守护神圣迪米特里命名,是一座极有历史价值的博物馆。

罗马梵蒂冈的圣彼得大教堂是教皇的大教堂,气势雄伟,一派皇家宫殿景象。这座教堂原先只是三面建有庑廊,正立面为三层的建筑,到文艺复兴时期,已和基督教至高无上的地位完全不相称了。布拉芒特(Donato Bramante,1444—1514年)在1499年由米兰到罗马,主持设计大教堂的工作,模仿罗马式样构筑了直径42米

梵蒂冈圣彼得大教堂

的圆穹顶。1546年意大利文艺复兴巨匠米开朗基罗继任主建筑师，完成了许多雕刻、绘画和马赛克，建有祭坛44座，使大教堂成为文艺复兴和巴洛克艺术的殿堂，总面积达到2.2万平方米。主教堂由5个相连的建筑群组成，东西长187米，南北宽137米，在伯尼尼（Bernini，1598—1680年）手中它又增添了向左右两侧展开的椭圆形柱廊，共有4排284根圆柱，广场正中耸立着一根从埃及运来的高30米的方尖碑。于是历时2个世纪之久的宏大主教堂终于完全竣工。教堂内部华丽的装饰，足以和巴洛克风格的宫殿媲美，教堂还拥有公元前5世纪的博物馆和各种陈列馆、珍宝馆。

　　意大利继承罗马风格，开创了文艺复兴式样的建筑艺术，而在法国、英国和德国则更加流行哥特式尖顶建筑。哥特风格的尖塔最初是在12世纪法国北部的法兰西岛和彼卡尔，以及英格兰的达拉姆主教堂的有拱筋的穹顶出现，1209年才传到德国的马格德堡，这种建筑风格多半是由远征叙利亚的十字军带回欧洲。厄尔一卢瓦尔省的沙特尔大教堂始建于1145年，是法国第一座为圣母建造的教堂，教堂中有1万多尊用石头和马赛克制作的雕像，还有面积超过2 000平方米的170多个彩色玻璃窗，荟萃了12—13世纪玻璃工艺的佳作。1163年修建了巴黎圣母院。1180年在马恩省的兰斯建造了兰斯大教堂，为菲利普一世举行了加冕礼，从此直到1825年的查理十世，许多法国国王在这里登基。这教堂是当时为纪念法兰克第一位国王克罗维在兰斯受洗礼而建造，到13世纪才完成。这里有15世纪圣女贞德的雕像。法国艺术大师奥古斯特·罗丹赞扬"兰斯大教堂是法兰西的骨骼"。

米兰大教堂

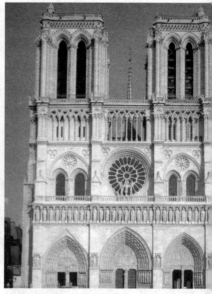

巴黎圣母院

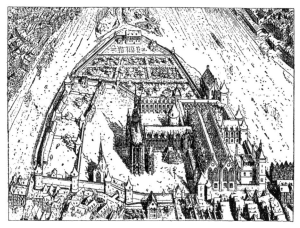

路易第九在巴黎塞纳河小岛上建造的圣家堂　　　　　　兰斯大教堂

和兰斯、沙特尔齐名的法国哥特式教堂，还有亚眠主教堂和博韦主教堂，合称四大教堂。

在英国，坎特伯雷主教堂、林肯主教堂都是在12世纪建成的哥特式教堂，林肯主教堂的唱经堂还多少保存着罗马式风格。西敏寺是在1245年到1269年落成，众多的尖塔和穹顶使这座教堂俨然成了一片尖顶的森林。

德国的哥特式教堂有科隆大教堂、乌尔姆大教堂。乌尔姆大教堂从1377年起建，到1890年才完工。科隆大教堂从1248年开始建造，经历632年才竣工，是欧洲建筑史上建造时间最长的一处建筑。教堂东西长145米，南北宽86米，教堂正立面是两座与门墙连砌在一起的尖塔，高161米，素称欧洲尖塔之最。全部建筑用磨光的石料砌成，占地8 000平方米，建筑面积达6 000平方米。教堂南面尖塔上有一座15世纪初铸造的重2.5吨的圣彼得钟，钟声可以远达四方，通过螺旋形的509级台阶，便可到达钟楼，瞻仰这座世界上最大的能摆动的钟。教堂四壁上方的窗户，全用彩色玻璃镶嵌圣经故事，面积有1万

伦敦圣保罗教堂（19世纪上海《点石斋画报》版画）

科隆大教堂

多平方米。教堂珍藏着奥托王朝11世纪的木雕《十字架上的基督》，是中世纪日耳曼木雕艺术的楷模。科隆大教堂是仅次于圣彼得大教堂，与巴黎圣母院并称的欧洲三大教堂之一。

有一种说法是将米兰大教堂列入三大教堂之中。米兰大教堂从14世纪开始建造，到19世纪才竣工。1368年由第一任米兰大公加勒西左·维斯孔蒂下令建造，长约168米，宽59米，全部用大理石筑成，立面雕镂精细。哥特式样只在意大利西北的伦巴第受到影响，意大利东北的威尼斯在工艺上更多地接受了拜占庭的熏陶。米兰大教堂在罗马式的正立面和四周建造了为数众多的135个尖塔，最高的尖塔达108米，上面耸立着金色的圣母像。整座建筑以匀称、精美与华丽著称。

哥特建筑到了科隆和米兰已臻于极峰，向东更传遍了波希米亚、奥地利和匈牙利，远达瑞典，向西则进入西班牙、葡萄牙，一时欧洲坠入了尖塔的热潮中。

唯有欧洲东部的俄罗斯，因笃信希腊正教，在拜占庭风格中添造了源出萨珊波斯的尖圆形穿顶。在莫斯科，红场旁的圣·瓦西里升天教堂，是一座有着拜占庭式尖塔和许多洋葱头穿顶的红色面墙的宏伟教堂。在圣彼得堡，这座仅有300年历史而富于巴洛克式样宫殿的城市中，建有俄罗斯传统的配有9个洋葱头建筑的基督复活教堂。这座教堂正面气势恢宏，色泽

莫斯科的基督复活教堂

11世纪诺夫哥罗德的圣苏菲亚教堂

变化绚丽，洋葱头尖塔雕琢成翠绿和奶黄相间的锥体，式样各不同，其中左右两个金顶在高空闪耀着金彩，十分奢华。它们是天主教堂中富有东方色彩的艺术杰构。

伊斯兰风格建筑扫描

伊斯兰风格建筑又称阿拉伯风格，是622年伊斯兰教创立后，由阿拉伯人在西亚、北非和地中海沿岸建立起来的建筑风格。伊斯兰风格的建筑是在当地传统建筑基础上逐渐形成，可以分成叙利亚—埃及学派、伊拉克—波斯学派、西班牙—北非学派和印度学派四个类型。叙利亚—埃及学派传承了希腊、罗马式样和拜占庭风格；伊拉克—波斯学派是以亚述、迦尔提和萨珊波斯为基础的风格；西班牙—北非学派是在基督教和西哥特风格影响下形成的一种式样，常被称作摩尔式或马格里布式（阿拉伯语al-Maghrib是"西方"，指北非——引者）；印度学派，具有明显的印度风貌，流行在中亚和北印度。

伊斯兰世界最具有代表性的建筑样式是清真寺，伊朗语称Masjid，阿拉伯语称作Jami，土耳其语称作Cami。在《古兰经》中，清真寺意即"圣殿"，是人匍匐拜神的地方，这样的地方，在15世纪以前，只有麦加、麦地那和耶路撒冷三处圣地可当，在那里建造过最早的清真寺，但这些建筑只是形制简约、棚盖敞院的四方形先知屋。伍麦叶王朝（661—750年）哈里发马立克时才在耶路撒冷城边的摩利亚山（Moriah，山顶岩石上有先知足印，历代受人礼拜）上修建阿克萨清真寺（Al-Aqsa Mosque）。这座从688年动工，到697年完成的圣石圆顶寺（Qubbat al-Sakhrah），是用拜占庭工匠改建基督教圣陵教堂造成，平面呈八角形，大厅顶上建造了直径20.44米、高25.3米的中心大圆顶。圆顶下蓝色的岩石，有天马的蹄印，传说是穆罕默德乘卜拉格飞马随吉卜利勒（迦伯利——天使长）登上九霄赴天堂之处。这块蓝石与麦加克尔白的黑石具有同样神圣的地位。这座圆顶寺一直被保存下来。同样留到现在的还有大马士革的伍麦叶清真寺，这是早期伊斯兰教最堂皇的两大建筑物。大马士革是伍麦叶朝的首都，哈里发韦立德一世（705—715年）下令将基督教的圣约翰大教堂改建为清真寺。韦立德在705年同时命令改建麦地那清真寺，模仿拜占庭的四方形石砌望楼，在清真寺四角，竖立了多层的高约30米的四座塔楼（米宰奈，Mi'dhanah），塔楼装饰华丽，到710年竣工，从此成为清真寺的标志，被各地加以仿效。圣约翰教堂从635年阿拉伯人占领大马士革后，由基督教徒与穆斯林共同使用，705年阿拉伯哈里发征收了这座教堂，加以改造，保留了十字形的平面格局和墙体。清真寺有三个本堂，并有回廊和圆顶，四

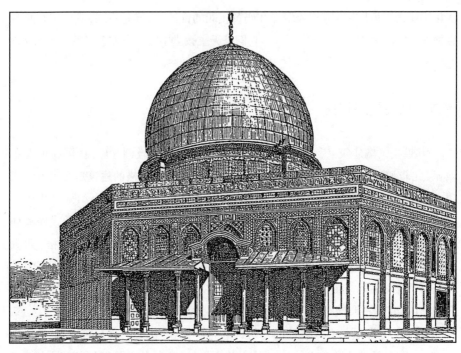

耶路撒冷的圣石圆顶寺

边的方塔改成了尖塔，北墙正中新建一座高耸的尖塔，礼拜厅内设置内凹而形制繁富的半圆壁龛（米海拉卜，mihrab），指示礼拜方向，尖塔和凹壁处在同一轴线上，指向通往圣城麦地那的方向。这种具备了尖塔和壁龛的清真寺，后来作为范本，在叙利亚、北非、西班牙和印度各地为清真寺树立了楷模。拜占庭、印度和波斯工匠参与了大马士革清真寺的建造，而许多镶嵌用的材料和技术人员则是由埃及引进的。

　　阿拔斯王朝（751—1258年）替代伍麦叶在美索不达米亚兴起，762年哈里发曼苏尔迁入新都巴格达，帝国中心回到了古巴比伦文明的中心。巴格达在底格里斯河崛起，是座直径2.5千米的团城，那里的水陆交通可以通达地中海、印度、中国和红海。团城的中心是曼苏尔的金门宫（Bāb al-dhahab），拥有一座绿色琉璃的圆顶，内部贴金，又称绿圆顶宫。但是许多宫室邸宅都被战火所毁，今已荡然无存。9世纪以后，东方的波斯人、突厥人起而兴建了许多小王朝，阿拔斯王朝的建筑也逐渐被波斯风格所左右。萨珊波斯（226—641年）时期出现的独具特色的建筑式样，卵形或椭圆形的圆屋顶，半圆形的弓架结构，螺旋式的塔，锯齿状的雉堞，瓷砖砌的墙面，雪花石膏板的雕花图案，金属板拼砌的穹顶装饰，逐渐成为阿拔斯建筑艺术的基调。波斯式样的方形庭院具有券拱的正门和环抱的砖拱回廊，称作埃旺（iwan），特指波斯式样的筒拱门殿的筒拱。具有这种式样的正门，采取龙骨形尖拱和具有装饰效果的突角拱（magarnas）。龙骨拱顶的中央是挑出的矢状拱尖，高度是两侧建筑的1.5—2倍，形成雄伟的门拱，周围筑有装饰繁复的矩形门墙，构成独特的波斯式清真寺。后期的波斯清真寺也常在突角拱挂落上，左右各竖一个圆柱形尖塔，柱顶建成上端略收的圆台，圆台上更筑成一小段圆形尖顶，朝拜者可以从塔中旋梯直登圆台。被东方穆斯林视为经典的伊朗伊斯法罕星期五清真寺，正是波斯埃旺寺院的杰构，是塞尔柱突厥的马立克沙在1088年为自己的首府所建立的一座纪念碑式的清真寺。立面采东西南北四个方位的埃旺，组成一大庭院，是伊朗现存清真寺中年代最早也最典型的采用石钟乳式突角拱结构的建筑。

被西方穆斯林视作经典的建筑，是西班牙南部科尔多瓦的清真寺。科尔多瓦王朝的创立者阿卜杜勒·拉曼（Abd al-Rahman，756—788年）原本是伍麦叶王朝的苗裔，755年从东方逃亡到伊比利亚半岛，随即建立了科尔多瓦王朝，在北非和埃及的阿拉伯人统治区，也相继独立，建立了摩尔人和埃及人的王朝，在艺术上开创了西班牙—摩尔风格盛行的时代。阿卜杜勒·拉曼在科尔多瓦城大兴土木，筑起城墙、宫室和桥梁。786年，在他主持下，以麦地那清真寺和耶路撒冷的阿克萨清真寺为原型的科尔多瓦大清真寺正式动工，全部建筑采用石料，建造了由12间立柱支撑的祈祷厅和模仿大马士革清真寺双层拱结构的圆顶，直接继承了西班牙西哥特式的券拱，将马蹄形叶式拱的装饰效果发挥得淋漓尽致。从此马蹄形砖石拱的结构成为西班牙—摩尔式券拱的一种地方特色，在地中海西部地区被定格化了。这种叶式拱由于受到空间跨度的限制，一根立柱常会出现几个方向的券拱相跨，以立柱比作树干，耸立在柱头交叉的券拱就像树的枝干一般。马蹄拱本起源于5世纪的叙利亚北部、泰西封和伊朗高原，马蹄形叶式拱则是西班牙摩尔人的创造性运用。阿卜杜勒·拉曼一世去世后，他的继承者希沙木在793年完成了清真寺的主体建筑，增加了一座模仿叙利亚的非洲式的方形尖塔。一直到10世纪，大清真寺还在扩建，1293根柱子支撑着清真寺的屋顶，拜占庭的技工被请去装修这座大寺。寺中使用的铜吊灯是早先基督教教堂里的铜钟铸成的，乌玛里描述每个枝形灯架上点一千支烛，最小的灯架上，点十二支烛，当年的辉煌可以想见。阿卜杜勒·拉曼三世（912—961年）不但扩建了科尔多瓦大清真寺，而且还建造了壮丽的宰海拉域（Madinat al-Zahra），然而遗迹早已荡然无存，只有这座大清真寺保存下来，被改成了天主教堂。科尔多瓦、托莱多等西班牙大城市中，到处都建有城堡式的宫殿（alcá-zar），但只有塞维利亚的这座最著名，而且是唯一的一座保存到现在的宫堡。还有一座名闻遐迩的宫堡，是奈斯尔朝在格拉纳达修建的阿尔罕

西班牙科尔多瓦大清真寺拱廊（785—987年）

卜拉宫（Alhambra），阿尔罕卜拉的意思是"红宫"。红宫使西班牙摩尔艺术臻于极致。这座卫城从1248年动工，经过艾卜勒·哈查智·优素福（1333—1354年）和穆罕默德五世（1354—1359年）继续修建才完成。红宫耸立在格拉纳达郊外的山冈上，可以俯瞰这座奈斯尔王国的都城，是摩尔人在西班牙最后的王朝，1492年摩尔人才完全退出伊比利亚半岛。红宫最著名的狮厅，厅中央有12头石狮组成的喷泉。装饰华丽的狮厅和附近的审判厅的天花板是最重要的艺术遗迹，天花板上有画在皮革上的彩画，内容是骑士和狩猎的故事。马蹄形叶式拱后来传遍了西班牙，变成了西班牙的民族风格，阿尔罕卜拉宫则成了地中海西部文明的艺术宫。

伊斯兰建筑在埃及留下了许多具有历史特色的遗迹，其中相当一部分是由突厥族系的马木鲁克伯海里朝（1250—1390年）和塞加西亚族系的马木鲁克布尔吉朝（1382—1517年）建成的。马木鲁克（Mamluk）意思是奴隶，王朝的苏丹都是奴隶出身的武士，他们率领穆斯林抵御了十字军的入侵，将蒙古军的铁骑阻挡在国门之外，收罗了来自巴格达、大马士革、阿勒颇、哈马的穆斯林工匠和艺人，使开罗成为一个国际的大都市，世界的大花园。14世纪伊斯兰最著名的学者伊本·卡尔顿（Ibn Khaldun）赞扬开罗："是一座由城堡和宫殿装点的城市，是神学院和寺院星罗棋布的城市。"从萨拉丁开始，清真寺已发展成附设学校、医院，并且兼备陵庙的伊斯兰民间建筑群体。伯海里朝的苏丹盖拉温（Mansur Sayf al-Din Qala'un，1279—1290年）清真寺、苏丹哈桑（Sultan Hasan，1347—1351、1354—1361年）清真寺是最杰出的石构建筑群。盖拉温清真寺由清真寺、医院和陵庙组成，1279年盖拉温登位后，在法蒂玛王宫的废址（开罗市中心南北大道）上兴建清真寺、医院、学校，1283年又建造陵庙，全部建筑在1284年竣工。陵庙是座具有叙利亚基督教堂圆顶式样、纹饰华美的建筑，为开罗城中最吸引观光客的胜迹。哈桑清真寺在1356—1363年间建造，由清真寺、神学院和哈桑陵庙组成。正立面雄伟壮观，十字形的庭院东西两端各有埃旺式样组合的穹顶祈祷厅，紧靠大厅的陵庙，是一座用大理石和马赛克修筑的正方形圆顶建筑。建筑

开罗的哈桑清真寺

群具有多个层次不一呈三至五层的尖塔,最高层可以出入,塔刹作成蒜头形,并有明亮的色彩。

塞加西亚马木鲁克的建筑,使用了黑白相间的石块修造拱门,用马赛克装饰窗户,使建筑物增添了简洁明快的色调,将叙利亚艾优卜学派创立的阳刚之美表现得十分完美。这些建筑留存至今,有1409年竣工的贝尔孤格苏丹的清真寺和陵庙,伽伊特贝(1468—1495年)的清真寺建筑群(包括清真寺、陵庙、学校和一处公用饮泉)。清真寺的圆顶,在红白两色之外,还加上了迷人的叶饰和团花饰网。

伊斯兰建筑到奥斯曼土耳其人建立的帝国时期有了新的面貌。1453年奥斯曼苏丹穆罕默德二世占领了君士坦丁堡,在风雨飘摇中已经历数个世纪之久的拜占庭小王朝终于寿终正寝。1517年,奥斯曼更统治了马木鲁克王朝,成为哈里发帝国的统治者。在土耳其本土,14世纪出现的柱廊式清真寺开始替代传统的伊朗风格的庭院式清真寺,各地相继建起了长方形教堂式清真寺。进入16世纪,一种加大圆顶、加宽祈祷厅形成的以方形大厅和大圆顶为中心、周围绕以小圆顶庭院的清真寺出现,它的样本是拜占庭最宏伟的圣索菲亚大教堂,1501—1506年建成的巴叶齐德二世清真寺,是君士坦丁堡清真寺走向新的建筑风格的范例,设计成以祈祷厅为中心,两侧由24个相同的小圆顶组成的门廊环抱的两个正方形平面。这种风格被称作集中式清真寺，由此展开的奥斯曼帝国建筑史上的黄金时代，是由苏莱曼一世（Sulyman Ⅰ，1520—1566年）开创的。这位号称"庄严的苏莱曼"的苏丹在君士坦丁堡和其他城市中大兴土木，由他任命的总建筑师锡南（Koca Sinan）设计建造了335座大型建筑。出身安纳托利亚的基督教徒锡南，被招募到君士坦丁堡服兵役，后来以建筑学著称，被苏莱曼委以重任。自1548年在君士坦丁堡建造泽札德清真寺（Sehzade Cami）成名，一批批锡南风格的建筑遍布在帝国各地，余风直至18世纪尚未止息。

伊斯坦布尔蓝色清真寺内景

锡南的杰作是1550年动工，到1557年竣工的苏莱曼清真寺，锡南用这座建筑献给他的恩主苏莱曼，在伊斯坦布尔七座山的中心按照圣索菲亚教堂的布局，设计了方形的祈祷堂和矩形的庭院。中心圆顶的直径和高度更加放大，又省略了两侧的半圆顶，只在前后两端设置半圆顶，附属的小圆顶形成对称的两列，庭院中仍是泽扎德清真寺的小圆顶回廊，由大小圆顶按不同层次堆叠的形式构筑了金字塔式的外观。中心圆顶比拜占庭查士丁尼大教堂还高出5米。四角的尖塔用前高后低分成两组。祈祷厅的壁龛和后墙采用波斯风格的瓷砖贴面，圆柱用彩色大理石装饰，内部光彩夺目，十分典雅。锡南在80岁时为苏莱曼的儿子赛里木二世（Selim Ⅱ）专门设计了赛里木清真寺，用两个长方形的平面，在亚得里亚堡修筑了一个主体空间几乎与苏莱曼清真寺相埒的清真寺。穹顶由八根棱纹柱子支撑，中心顶的四角有四个半穹衬托。清真寺的平面充分体现出拜占庭教堂的艺术传统。锡南的弟子穆罕默德·阿加（Mehmet Aga）运用锡南的手法，在伊斯坦布尔花园广场上改成清真寺的圣索菲亚教堂对面，建造了苏丹阿哈迈德清真寺。这座经过9年时间在1617年竣工的建筑，用4根直径5米的大理石柱子将中心圆顶举高到43米，组成一个四联式的穹顶，壁面采用穆斯林崇尚的浅蓝色瓷砖，因此有"蓝色清真寺"的称号。

伊斯兰建筑的印度学派，是以1526年入主印度的莫卧儿王朝为黄金时期的。

在13世纪到16世纪由阿富汗的加兹尼人和拉贾斯坦土邦的拉贾普特人建立的德里苏丹时期,从中亚传入的伊斯兰建筑开始吸取印度的地方传统,到莫卧儿王朝(Mughal Dynasty,1526—1858年),更大量采用当地出产的红砂石和白色大理石,在阿格拉(Agra)、法特普尔·西克里(Fatepur Sikri)和德里(Delhi)修建城堡、宫殿、清真寺和陵庙,将波斯和中亚细亚的伊斯兰建筑和印度本土传统建筑融合成一种简洁明快而装饰富丽的莫卧儿风格。这类建筑具有尖顶的门拱、圆顶(穹顶)、尖塔和亭阁,无论在外观和坚固的程度上都胜出了中亚细亚以彩釉瓷砖贴面的建筑。到莫卧儿的第三代皇帝阿克巴(Akbar,1556—1605年),王朝的领土囊括了喀布尔到孟加拉的广大地区,开始大规模地营建。1565年起,阿克巴在他的国都阿格拉堡,用孟加拉和古吉拉特出产的红砂石修建了500多座建筑,阿格拉堡因此又称作红堡。1575年用红砂石修筑了拉合尔城堡,1583年修建阿拉哈巴德城堡。1570年在阿格拉西南40千米法特普尔·西克里营建的新都,周长11千米,前后费时16年,到1586年完工,成了伊斯兰风格与印度传统相结合的最佳范例。城内的勤政殿、枢密殿、乔德·巴伊宫都采用了拉贾斯坦式斜檐、列柱与托架。这座壮丽胜过阿格拉的新都,后因缺少水源而放弃。

莫卧儿建筑的印度风范由阿克巴开创,到沙贾汗(1627—1658年)时期完全确立。1628年沙贾汗将阿格拉城堡的红砂石代以白色大理石,在大理石上使用金银镶嵌。用纯白大理石建造的后宫(Khas Mahal)和珍珠清真寺(Moti Masjid),尤其著名,后宫的金亭是阿格拉城堡最迷人的景观。1638年为迁都德里,沙贾汗用10年时间建造德里红堡,用红砂石建造城墙,宫室则用白色大理石修筑,华美富丽更胜过昔日阿格拉旧宫。红堡由波斯建筑师乌斯塔德·艾哈迈德·拉合里(Ustad Ahmad Lahori,约1575—1649年)和他的同事乌斯塔德·哈米德(Ustad Hamid)设计,双层红砂石城墙绵延2千米。红堡后边的枢密殿中央大理石台基上,安置着珍贵的孔雀宝座,1739年被波斯的纳迪尔沙入侵德里后掠至德黑兰,至今仅存残件。拱门上铭刻的沙贾汗波斯文铭文,称这里是人世间唯一的一座乐园。红堡斜对面的德里大清真寺,也是沙贾汗下令在1644—1658年建造,由砂石和白色大理石混合构筑,是印度最大的清真寺。

莫卧儿建筑的桂冠,是沙贾汗为纪念他去世的皇后、波斯贵族出身的绝色佳丽阿朱曼德·巴努·贝格姆(Arjumand Banu Begum,1593—1631年)修筑的陵墓。这位皇后在陪同沙贾汗出征时,因分娩在布尔汉普尔去世,在她垂危时,沙贾汗答允为她修建一座华丽的陵园。陵墓的主要设计者是乌斯塔德·艾哈迈德·拉合里,他在阿格拉城堡15千米外的亚穆纳河南岸,修建了这座至今被公认为世界建筑史上一项奇迹的泰姬陵。

泰姬陵

德里胡马雍陵（1565—1569年）

　　莫卧儿朝皇陵建筑的里程碑，先是阿克巴在位期间建成的胡马雍陵，后有沙贾汗亲自擘划的泰姬陵。胡马雍（Humayun, 1530—1556年）是莫卧儿开国君主巴布尔的长子，即位后因局势动荡长期流亡波斯和阿富汗。1565年由波斯建筑师米拉克·米尔扎·盖亚斯（Mirak Mirza Ghiyas）设计了这座坐落在德里的波斯式花园中央的红砂石陵墓，1569年竣工。伊斯法罕式样的尖拱、圆顶、八角形结构和内部装修，加上分布在中央圆顶周围的印度式凉亭（Chhattri）和印度石匠在红砂石墙面上使用的白色大理石饰带与贴面，都使它具有了印度的情趣。胡马雍陵的花园、尖拱、八角形平面和双重复合式穹顶，为以后建造泰姬陵提供了参考。

　　沙贾汗为修建泰姬陵，从拉贾斯坦的马克拉纳运去白色大理石，从世界各地运去的彩石和半宝石，有巴格达的红肉髓，阿富汗巴达克山的天青石（青金石）、旁遮普的碧玉、欧洲的玉髓、红海的珊瑚、中国的绿松石。陵庙的设计师乌斯塔德·艾哈迈德竭尽全力，要将当时文学艺术中流行的天国花园的图像在阿格拉再现成实景。泰姬陵园占有的土地，南北长580米，东西宽300米，中间的正方形花园，由两条十字交叉的轴线一分为四，属于波斯式的四分花园（Chahar Bagh），四条水渠从中心的水池流向四方，象征着从伊甸园流向四方的河流。花园南边矗立的红砂石拱门吸取了阿克巴陵的造型特点，而将四角高耸的尖塔改成印度式样的亭阁。陵墓修筑在花园北边背靠亚穆纳河，用马克拉纳纯白大理石建造。坐落在7米高的平台上的寝宫，中央圆顶由外层鼓状石座举托，高58米。平台四角矗立的四座圆柱形尖塔，高42米。寝宫中央八角形大厅安放着皇后的白色大理石衣冠墓，石棺安置在地下室中。沙贾汗死后也葬在这里，他的石墓附加在皇后石墓的西侧。寝宫的拱门、窗棂、墙面、主室的大理石透雕屏风和石棺，都有彩石镶嵌成精美花纹，十分华丽、典雅。整座寝宫犹如天上的琼楼玉宇，一日三时随阳光而变色，黎明时乳白而微蓝；中午日光照射，银辉耀眼；黄昏则呈银灰或玫瑰色，使人感到进入天国的梦境。

泰姬陵取皇后的封号"蒙泰姬·马哈尔"（Mumtaz Mahal，后宫之尊）或"泰姬·马哈尔"（Taj Mahal，"后宫之冠"），简称"泰姬"（冠冕），中国通译泰姬陵。陵墓从1632年兴工，1653年才完成，22年中每天雇工两万多名工匠，耗资达4 000万卢比之钜。陵墓外观的庄丽、晶莹，与水天共一色的环境，内部的华贵、柔和再加上西北侧清真寺和东侧充作客厅（Jawab）的两座红砂石建筑，更显出了陵主泰姬的莹洁与柔媚。难怪1656年后到莫卧儿帝国旅行的法国人法朗索瓦·贝尼埃（Francois Bernier），要将泰姬陵赞作"比埃及的金字塔更值得列入世界的奇迹"了。

泰姬陵是印度伊斯兰建筑黄金时期的一个标本，因为它在人间构筑了一个体现伊斯兰宇宙观的实体。

被废弃的三大石头城

用石头构筑的城市本该列入可与天地共久长的人间杰作了，无奈历史无情，无论天灾或人祸，都足以将能工巧匠尽心竭力缔建的人间乐园毁于一旦。那些迄今由于某种机遇而得重见天日的石头城，便是历史的陈迹，巧匠的遗作了。石头城的标本，有欧洲的庞贝城、亚洲的古都吴哥和南美洲山丛中的马丘比丘城。它们分别代表着古代的罗马文明、中世纪的亚洲文明和大航海时代才出现的美洲文明。它们是今天向人们展示过去生活场景的露天博物馆。

三座石头城中，最被人熟知的是意大利半岛的庞贝（Pompeii）城。从公元前4世纪起，这座濒临那不勒斯海湾的小城，由于气候宜人，逐渐形成有贵族和富豪聚居的商业城市，人口约有2万，这里北距罗马240千米，在那不勒斯东南7千米处。公元前89年，罗马人占领了庞贝城，成为罗马的属地。公元79年8月24日，小城北面1 280米的维苏威火山爆发了，不出48小时，火山喷出的岩浆迅速吞灭了这座城市，将它深埋在地下6米以下。同时被毁的还有一座5 000人的小镇埃尔科拉诺（Ercolano）与斯塔比奥，和庞贝城一起被埋入了熔岩。这突如其来的灾祸使庞贝的2 000名居民死于非命。有许多尸体被滚烫的岩浆包裹，1863年在这里发掘的意大利古钱币学家菲奥勒利发明了石膏翻模，将石膏灌进熔岩内已经腐朽的尸体，获得了死者生前垂死时的模型。在300多具这种石膏人中，有一个

庞贝城广场

母亲抱着正在挣扎的孩子，十分恐惧；有人在房间中挖洞，谋求逃生；有人爬上窗台，窒息而死；有人攀上树顶，结果倒地身亡；一个赶骡的少年和他的骡子，在瞬间被岩浆吞没；凡此种种，情状十分悲惨。一具蒙难的男子尸身旁发现的灯笼，证实了庞贝城是在夜间被火山灰吞没的。

本来是贵族和富商逍遥的商业城市，而且是罗马的一处行政中心，一旦被毁，便从地图上消失了。此后1 800年中，人们完全不知道有过这么一座城市。18世纪初，偶尔从地表上挖出的一枚罗马金币开始了对古城的挖掘，一百多年断断续续的发掘，使古城重新展现出当初的光景。1763年在这里发现的一块石头上，刻着一个城市的名字庞贝，人们才明白了这里就是古老的庞贝城。1824年，已经可以见到这座四方形的古城，在城墙里面有广场、剧场、竞技场，神庙、公共浴场、广场北面的面包房和一座诗人的宅邸。意大利统一后，在菲奥勒利主持下，从1860年以来发掘进行得有条不紊，菲奥勒利从遗址中辨认出了妓院、面包房和银行家尤肯图斯的邸宅。又经过一个世纪，庞贝城的面貌已基本清晰。

庞贝城最古老的建筑，可追溯到公元前3世纪以前，由一种颜色泛黄的石灰石建成，后来受希腊风影响开始用较易切割的石块，使用明快的色彩装饰建筑物。这座总面积1.5平方千米的古城，东西长约2 600米，南北长约1 600米，四周用石头砌起4 800多米长的城墙，共有8座城门。纵贯南北的大街和两条横贯东西的大街用石头铺砌，十分平坦，最宽处有10米，大街通达各个城门，将全城分成9个城区，每个城区又有大街小巷，路面都用碎石铺成。十字路口修起了有雕像的石槽，储满清水，供人使用。清水由高架的水槽从城外将山泉引到城内的水塔，再分注公用水池和豪门庭院。

庞贝城西南的一处长方形广场，四周有许多宏伟的石头修筑的公共建筑，被高大的雕花石柱组成的长廊所环抱，但柱廊在公元62年被地震破坏，庞贝尚未能从这场灾难中重建，就遭遇了灭顶之灾。广场东南的议事堂，是政府办公和议政的场所，还有朱庇特庙、阿波罗庙、太阳神庙等神庙。太阳神庙出土一批公元前6世纪初的希腊陶器，是该城最早建筑的见证。广场西南的法院，是一座两层的长方形石头建筑，既是法院审案的地方，也是海内外贸易的洽谈场所。广场的东北是商店林立的商业区，发掘出的水果店的货架上，有胡桃、杏仁、栗子、梅子、葡萄、无花果；许多店铺又是手工作坊，一家面包店的烘炉里还有一块烤熟的面包，上面印着店名。广场东角有一座公共浴场，十分豪华，是三所浴场中规模最大的，层顶用大理石砌成拱顶，墙壁是磨光的石灰岩，浴场分男、女两部，有更衣室、冷水浴室、温水浴室和热水蒸气浴室，设备完善。

庞贝城的东南角是可容两万名观众的露天角斗场，在公元前70年已经建造。出土物中有当时发布的广告，表示角斗之外还有斗兽。城的正南门内建有一座可容1 200名观众的奥得安剧院，还有一座正方形的体育场。

庞贝城里有许多富贵人家的豪宅，虽然多只一层，但都有大理石圆柱和雕花门楼，宅内通常有正厅、餐厅、卧室、浴室等设施，室内光线充足，器物是珍贵的青铜和银质的，墙面有壁画，地上有精致的图案。一幅宽6.5米、高3.83米的《马其顿国王亚历山大大战波斯皇帝大流士三世图》，是用155块彩色玻璃和大理石片镶嵌而成，描述公元前333年的伊苏斯战役。图上的亚历山大骑着战马奋战，大流士三世在战车上指挥迎战，制作之精，令人惊叹。另一幅用来表示城内医药业、手工业、银行等行业的保护神、身上长着双翼的丘比特，形态生动，神像浑然一体，用不同色彩显示的光影效果十分美满。庞贝城内的文物陈列馆中有一扎世所罕见的蜡版书，是一家钱庄主人宅中出土，分别用金属针或象牙针在蜡版上写字，再用绳装订成册。还有医院中出土的外科手术工具医疗用品，有专用镊子、细长针嘴变钳、医用小剪、牙科专用的镊钳等。富户的用品还有大理石制作的脸盆、用铜板压制的长方形浴缸。一切都是当年罗马人生活的实际写照。

庞贝城壁画中操各个行业的丘比特

庞贝城消失了近2 000年之后，又被人们费劲地挖出来，供人凭吊，供人游览，它是一幅活着的罗马时代的城市风光图！

在庞贝城成为过去的前前后后，无论在亚洲的波斯、叙利亚、约旦，还是缅甸、印度或泰国，都先后出现过被废弃的石头城，但其中最耐人寻味的，却是柬埔寨的古都吴哥城。

7世纪末在湄公河中游兴起的真腊王国，是高棉人替代早先的扶南，在泰国东部、老挝南部和柬埔寨建立的一个王国，到802年扎耶跋摩二世统一全国，耶输跋摩一世（Yasovarman I，889—900年）将都城从暹粒的罗卢奥斯遗址迁到洞里萨湖地区的吴哥，开创了一个具有辉煌文化的历史时期。吴哥作为王国的都城，从9世纪兴建了许多石头建筑，直到1202年扎耶跋摩七世（1181—1219年）才完成。1434年吴哥被暹罗占领，柬埔寨迁都金边，才结束了吴哥时期。此后吴哥遭到废弃，长久被掩埋在林莽之中。中国的周达观在1296年奉命出使柬埔寨，1297年归国后留下《真腊风土记》一书，将吴哥的昔日光辉一一记下。到了19世纪，却早已无人知晓这座古都究在何方了。

柬埔寨古都吴哥遗迹

法国博物学家穆奥为采集标本，1861年在丛林中找到了梵文的碑铭，发现了已被湮没四百年的吴哥城中的巴扬庙，开始了对吴哥古迹的发掘和修复，才将人们久已遗忘的吴哥建筑遗迹重新呈现在人间。这组石头建筑的庙宇和城市分布在45平方千米的丛林中，离暹粒省首府暹粒仅5千米，距首都金边240千米，共有600多座建筑，主要包括吴哥城（Angkor Thom）和吴哥窟（Angkor wat）和附近一些寺庙。最古老的遗迹从建在荔枝山（Phnom Kwlen）的都城以后，高棉王室都为供奉印度教神道建筑寺山，将国王加以神化。9世纪至10世纪，吴哥宫廷崇信湿婆教，供奉林伽，神王是提婆罗扎。12世纪初苏利耶跋摩二世推崇毗湿奴教，神王成为毗湿奴罗扎。12世纪后期，扎耶跋摩七世改奉大乘佛教，神王成为佛陀罗扎。

耶输跋摩一世在巴庚山（Phnom Bakheng）建造了历史上第一座吴哥城，是以砖为主的砖石混构建筑，遗址在现在吴哥通城南墙外面。建筑在60米高巴庚山四周的都城耶输陀罗补罗，是一座四方形的供奉着耶输跋摩林伽的金字塔形寺山，象征世界中心的妙高山。这座寺山以爪哇婆罗浮屠样式设计，从893年开工建造，方形的台基高约13米，分为五层，台基周围有44座砖塔，往上每层有12座小塔，顶部按梅花形建造了五座砂岩尖顶塔，中央一座供奉林伽。这座寺山，从地面算起总共七层，象征七重天，108座塔围绕着林伽塔。

扎耶跋摩五世（Jayavarman V，968—1001年）崇信湿婆，但亦提倡大乘佛教，将菩萨作为毗湿奴的化身列入印度教神像。967年他在吴哥城东北25千米处建造了华美的班迭斯雷寺（Banteay Srei），灵感来自7世纪至8世纪的高棉艺术。这座神庙又称湿婆宫或女王宫。寺院有三道围墙，用红砂岩建造，但一部分石材已移作重建吴哥之用。长约90米的石板参道两旁，排列着林伽式石柱，中间三座殿塔,最高的有10米,殿塔东面附设两座经堂,属于前吴哥时期式样。寺院周长约410米,建筑装饰华丽辉煌。壁柱、窗棂上算盘珠饰和墙面上多变的叶饰,展示了高棉民族高超的装饰艺术。女神雕像柔媚,与爪哇普兰巴南浮雕相近。

开创了一个新王系的苏利耶跋摩一世(Suryavarman Ⅰ,1002—1050年)仍以湿婆教为国教,但当时佛教流行,他在去世时已是一位佛教徒。他修复了许多在内战中破坏的寺庙,新建的克里恩寺(Prasat Kleang,分南寺、北寺)、茶胶寺、改建的王宫,不再用砖石混建,全部以砂岩建造,开创了吴哥古典时期美术。王宫中有一座金塔,周达观出访时还见到过,但现在只留下在吴哥通城西端的披梅那卡寺遗址,全部用砂岩建造,四周有回廊,中央有涂金的"金顶塔",直耸云霄,披梅那卡意思是"悬空宫殿"。茶胶寺规模宏大,周边的回廊为以后修造吴哥窟提供了样板。

此后的一段时期,吴哥王朝长期陷于内乱和分裂之中,苏利耶跋摩二世(1113—1150年)统一了国家,建立了中南半岛上西接缅甸、北邻中国的一大强国,国王的寺山以吴哥窟为代表,由15万工匠历时30年辛勤雕琢而成,推动了高棉艺术进入一个全盛时期。吴哥窟在吴哥通城南面,又称吴哥寺,供奉毗湿奴,与吴哥通城相比,称作"小吴哥"。苏利耶跋摩二世去世后,成为他的陵庙,后又改作佛寺。经过300多年不断扩建,成为世界上最大的宗教建筑群。吴哥窟是吴哥建筑群中唯一一座坐东朝西面对暹粒河的建筑。金字塔形的建筑群由三重回廊和中央五座尖塔组成,全部用青砂岩构筑。四周的护城河长5600米、宽190米。西侧的参道长540米。第一道回廊将寺院围起,四周中央各有门楼作为入口。第二道回廊长340米、宽270米,四角有塔。中间基坛通高13米,底面长215米,宽185米,分成三层,由西侧修筑的三条陡直的蹬道通向顶层的回廊,形成第三道回廊,回廊四角的尖塔围抱着中央大塔,五塔都呈橄榄形的九重,顶部是蕊放的花苞。中央大塔离地65米,和第三层的四座塔、第二回廊的四个角塔,当年都涂饰黄金。第一回廊的四壁在800米长、高2米的壁面上满刻精美的浮雕,都以《摩诃婆罗多》、《罗摩衍

吴哥窟浮雕宫廷舞女

那》、毗湿奴和克里希纳的传说为题材,甚至也有苏利耶跋摩二世的生平。浮雕都有中国式坡顶保护,因此保存完善。吴哥窟浮雕中数约三千的天女,是以天宫伎乐的阿布沙鲁斯的石雕,为国王筑出一座人间天堂。

辉煌的吴哥王都在1177年遭到占婆的洗劫,随后扎耶跋摩七世(1181—1219年)打败了占婆,兴建吴哥通城,在国都以巴荣寺为中心建造许多寺庙,改以大乘佛教为国教,自称佛陀罗扎。吴哥通城在优陀耶迭多跋摩二世以巴普翁为中心的第三代吴哥都城遗址上兴建,成为第四代吴哥都城。吴哥通城又称大吴哥,南距吴哥窟约4 000米。周围的护城河总长12 000米,宽约100米。四方形的都城,东西长650米,南北宽317米,城墙高7米、厚3.8米,用红砂岩筑成。每边中央有一座城门,东边的大门是荣归门,是为阵亡将士送殡的信道,东北更有一座胜利门,军队出征和凯旋都走此门,城内大道直通王宫。每座城门高23米,上有三塔,四面都刻有观世音菩萨头像,城门两侧有巨象守候。城门外的石桥两侧栏杆,共有两两相对的54位武士手执巨蛇的雕像,象征着天神以妙高山和巨蛇那伽作杵搅拌乳海的传说。城市中心是供奉佛像的巴荣寺,巴荣寺近旁是11世纪修建的巴普翁寺,北面是王宫,遗址只见宫墙、披梅那卡寺和大象阳台等残迹。据《真腊风土记》,披梅那卡寺是国王寝宫,中有金塔,塔中的九头蛇精是土地神,每夜化作女身与国王交媾,要到二鼓,国王才可回宫,如果国王一夜不去,必获灾祸,蛇精一旦不见,就宣布国王已临死期。这种那伽传说将神与神王信仰的传说配合,体现了真腊时代以前扶南传说中的灵蛇崇拜。

柬埔寨的建筑师和工匠创造的吴哥建筑群,反映了吴哥时期辉煌的艺术和文明,是世界艺术宝库中千古难得的一大奇迹。

深埋在秘鲁南部安第斯山脉中的古老城市马丘比丘(Machu Picchu),印加语(克丘亚语)中的意思是"古老的山巅"。位于印加帝国的古都库斯科(Cuzco)西北112千米的高原上。西班牙人入侵以后,这里曾是印加王室最后的避难所之一。

1531年目不识丁的西班牙人弗朗西斯科·皮萨罗带着一帮人马,从巴拿马奔赴南美洲的印加帝国,乘着印加国王死后,长子瓦斯卡和次子阿塔雅尔帕互相争夺王位,展开了长达5年的内战,先后向阿塔雅尔帕和瓦斯卡连骗带抢,劫取了大量的金银财宝。但印加人得知首都库斯科在1533年11月15日被西班牙人攻占并肆意抢劫后,便停止了向首都运送黄金珍宝,将成批的宝物藏匿到崇山峻岭中的秘密洞穴中。瓦斯卡的弟弟曼科纠集了10万大军,从1536年起,由他和几个儿子起而与西班牙人抗争了36年之久,最后他们从乌鲁巴姆河的大峡谷退入安第斯山脉腹地,在维尔卡班巴河上游战至最后一刻。印加人的黄金宝藏从此不知去向。皮萨罗和他的伙伴最终发生内讧,互相残杀,皮萨罗和他的4个兄弟都遭杀害和囚禁,他们未能运走的黄金也成了一个未解之谜。1768年时有人认为印加人将黄金最后藏到了维尔卡班巴城,但无人知晓此城的方位。于是在漫长的岁月中,不时有寻宝的人深入南美洲的深山老林去找宝。

　　1909年美国耶鲁大学的青年学者希伦·宾海姆在秘鲁打听到印加帝国的黄金宝藏,经过准备,在1911年组织了一支探险队,从库斯科沿着当年曼科率部撤退的路线进发,得到一个当地的印第安人梅尔乔·阿特西加的帮助,找到了神秘的马丘比丘。马丘比丘在库斯科西北112千米,是座建筑在一个山巅上的古堡,海拔2 280米,四周群山环抱,终年云雾缭绕。除了南面,马丘比丘三面都是高约600米的悬崖,下临奔腾的乌鲁班巴河,大约始建于15世纪。一条用藤条造起的吊桥,跨过两岸的峭壁通向古城。雄伟的石头城堡控制着经过峡谷通往古城的山径。但人们不知道这里是否就是印加王室最后逃难的维尔卡班巴城。

　　马丘比丘的周围有两座处在云雾中的陡峭山峰,山谷中布满了梯田,山顶中间马鞍形台地上修建了多达200多座的建筑,遗址占地约13平方千米,四周有高大的石墙围绕,仅有一个城门可供出入。城内一条石阶砌成的通道,纵贯南北。房屋、街道、台阶、围墙都用石头修筑,有些磴道直接在山岩上凿成。神庙、王宫、庭院、居室、澡堂、广场、祭坛和堡寨布满了这座荒废的城市。虽然多数建筑只残

印加帝国都城马丘比丘

去向。皮萨罗和他的伙伴最终发生内讧,互相残杀,皮萨罗和他的4个兄弟都遭杀害和囚禁,他们未能运走的黄金也成了一个未解之谜。

存台基、墙面、山架，但层次分明、随地势增高，占满了山冈。连通其间的台阶，有的多达160级，台阶的总数超过3 000级。城内有一套完善的供水系统，从1 000米以外将山泉引入城内的公共水槽和蓄水池中，通过由上下两条半圆形石头扣合起来的管道，节节相连，并无渗漏，上面盖有石板，形成贯通全城的地下水渠。城内的建筑全部用浅色花岗岩筑成，每块石头重约1吨，而采石场却远在15千米至35千米的山岭之外。这些由巨石构筑的建筑，完全不用任何黏合剂连接，全靠匠人高超的技艺将石块结合得天衣无缝，马丘比丘的石头建筑也如库斯科郊外著名的石头城堡萨克萨瓦曼一样，石头间连一片刀片也难以插入，其坚固令人叹为观止！

马丘比丘的王家气派，由宏伟的宫室和太阳神祭坛足以显示这里曾是印加帝国王室最后的避难所。印加国王同时也是宗教的最高权威，是太阳神在人间的代表，实行家族内部通婚，由名叫帕利亚（Palia）的太阳神的贞女担任祭司，供奉名叫印蒂（Inti）或维拉科查（Veracocha）的太阳神。马丘比丘的宗教祭祀中心，建立在台地朝向太阳升起的东方一座马蹄形圈起的祭台上。祭台中心是一个圆形石盘，上面刻着测时的度数，盘的中心有一个突出的石桩，太阳升迁在石桩上投下不同的阴影，指明一天时间。印加人通过这种日晷确定季节，编制日历。这块石盘被称作"拴日石"。印加人自称是太阳神的子孙，他们崇拜太阳，一天也少不了太阳的照射，他们最担心一朝太阳落下，从此跌入深渊不再升起，世界便将面临末日，因此直到今天，印第安人中还有一年一度的太阳祭。马丘比丘的神庙和祭台，是一座建筑在最接近太阳的高山之巅的宗教建筑，是人们对太阳神信仰的遗物。

第十三章

用树木缔建家园

起自木材和泥土的建筑

今天人们最普遍的建筑用材是泥土烧窑制作的砖,这种砖的历史最多不过三千多年。最初的砖是用泥坯放到木板制的木槽中晒干,就可以叠成墙面、台基了。这种土坯砖直到20世纪还有许多地方在使用,不但在中国南方的农村中有,而且在中东那样的沙漠地带,用这种砖筑起的房屋,竟可以高四五层。土坯砖的坚牢当然不如窑砖,但是这种砖的韧性强,适合在雨量较少的丘陵地区造房。然而土砖和土墙毕竟已是人类进入文明时期以后的产物,在更早的穴居和巢居时期,人类是只有仰赖天生的岩洞、树木作为居所的。走出穴居以后的人类为对付猛兽和虫豸的侵扰、泥石流的冲击和潮湿多雨的环境,开始架起竹木进行巢居生活。

巢居生活带给人类的启示是,用植物的茎干和叶子构筑自身的巢穴。在气候温润的沿海和多水的地方形成一种用木桩和竹竿悬空的楼阁,叫"干兰"(或写作"干栏"、"阁栏"),广西壮族称作麻栏。居住者住在楼面地板上,底层是四面透风只有四根木桩承重。在中国西南地区,这类建筑叫吊脚楼,还有古老的巢居遗风。今日在云贵高原，还可见到村落楼房常有一个低矮的底层，居室则在上层，全用木柱、木板支撑。张华《博物志》说的"南越巢居"，也是同一个意思。建筑用材，都是中国东南地区和西南高原直至中南半岛和马来群岛盛产的竹、木和藤椰属植物。竹是亚洲大陆东部和南海地区普遍生长的植物，竹的用途极广，可以造屋、编筏，制作刀、枪、弓、箭、吹管、炊具、乐器和各种工具，并可充织物的原料。藤的产量和硬度不如竹，而韧性和耐磨的程度则胜过竹子多多，可用作编织、扎缚，干兰建筑的框架多用藤与竹篾捆扎。临水建筑干兰，形成栅居，既便于取水，又避去了水患，是取了人类生活上一日不可或缺的水之利，却设法避去了水之患。许多地方干脆在浮筏上建房，停靠时用桩系住，迁居时驾筏浮水而去，十分方便。栅居的屋顶用的也是各种热带植物或亚热带植物，除了茅草，因地制宜而采用当地特产的大箬叶、芟蕈叶、蒲葵、棕榈叶的，不一而足。这种干兰建筑分布在亚洲东部长江以南亚热带季风湿润气候区，中国的云贵高原、广西、广东和长江流域，特别是北回归线以南亚洲南部的热带季风气候区，并从苏门答腊一直跨过印度洋传到马达加斯加岛。南美洲在亚马孙河以北，特别是圭亚那地区也有干栏式建筑，欧洲的瑞士、英格兰、爱尔兰湖泊地区也曾有过类似建筑。这是由于温带的温差，无论在高原或低地，主要表现在白天和晚间温度的差异几乎就与换季无异，一到晚间便如临冬季。而且热带的温度在换季时尽管在高原可以达到10℃左右，而在海滨或近水的低地则不过1—2℃。靠了简陋的干兰式建筑便可挡风遮雨，又可避免多雨季节的水患和潮湿，适宜地面圈养牲口、摆放工具，楼上住人。长江下游钱塘江旁浙江余姚的河姆渡遗址保存了公元前四五千年的干栏式房屋，垂直插入地层的木桩有圆桩、方桩、板柱，下端削尖，打入地下生土层，共发掘出13列，至少有三栋以上的长屋，不完全长度有23米，临水一侧有宽1.3米的外廊，与今天中国云南、贵州、湘西的干栏式房屋相同。出土物还有用榫卯连接的梁、枋，用作地板的长80—100厘米的厚木板，以及桩柱上用榫卯衔接的地梁，没有见到北方常用的草筋泥和红烧土之类的建材，完全用木结构。这就是已有7 000年历史的中国南部居民最早的房屋。

在温润的地中海气候区，既无热带丛林的困扰，又无热带草原和沙漠气候的干燥，寒暖适宜，四季分明，人类更找到了用合适的木料、石块和泥土去修筑他们的居室和聚居地。在那里最早出现的巨石文化和由此蜕变而成的岩庙，是人类献给保护他们的神灵的建筑，至于他们的自身，则多半栖身于木头和夯土筑起的陋室之中。从此在建筑史上展开了一个石头和木头、泥坯相处的时期。这个时期在全球范围内的许多地方甚至一直延续到了今天。但是最重要的是人类找到了不可或缺的建材——木头和由泥坯进化而来的砖。

木头的建筑易于腐朽，即使考古发掘，也只能找到一些朽木残片。但是古老的木结构建筑一旦埋入干燥的沙碛地，却可以传到两三千年以后的今天，新疆出土的干尸和木构建筑的雕花板和圈手椅，就是很好的实物证明。

印度孔雀王朝的建筑在阿育王（约公元前273—前232年）以前以木结构为主，阿育王时代开始向石结构过渡，建造许多石头建筑。旃陀罗笈多（月护王，Chandragupta Maurya，约公元前321—前297年）时期希腊使节麦伽斯梯尼的《印度志》记述首都华氏城，是一座沿着恒河长约15千米的都城。这座四方形的城堡外有护城河和高大的木墙，共设64座城门，570座塔楼。木墙残物在1896年即有出土。阿育王时代兴建的佛教建筑支提、毗诃罗，最初都是单幢的木结构建筑。比哈尔邦的洛摩斯·里希石窟，内部是仿木结构的圆筒形拱顶的长方形厅堂，石窟正面有仿木结构的石刻扁带椽子和狭长的弧面窗，顶部是马蹄形支提拱或支提窗，也是仿竹木结构。桑奇大塔塔门在两根石柱上安装三道横梁，也是仿木结构。

古埃及的石头建筑，从萨卡拉的佐塞尔（Zoser）石灰岩建筑，可以追溯到使用芦苇、黏土和泥砖建造的房屋和神庙。所罗门为建造耶路撒冷的圣殿，特地从黎巴嫩运去香柏木和云杉。这在埃及也是一样，埃及人曾长期从远方运进贵重的雪松和乌木。阿姆斯特丹纸草文书记述了从黎巴嫩海运雪松，曾遭受的巨大灾难。希腊的石头神庙也留下了早先那些木结构建筑原型，例如著名的帕特农神庙的轮纹圆柱中间曾有横梁穿过顶部，下面再用柱子托起，以强化正立面的承重能力。

总之，木头和泥土开启了石头建筑的大门，使土木工程从此步入宏伟的殿堂。

东方式样的砖木结构建筑

公元前一千纪是世界上许多文明国家，从木头和泥土建筑逐渐向石头和砖块过渡的时期。此后，世界上只有三类地区在建筑文化上一直保持着本地独特的文化特征，一类是北方温带大陆性气候（包括亚寒带针叶林气候）的北缘，以原木作建材的方式；一类是热带沙漠气候以泥坯为主要建材的方式；另一类是在亚洲东部温带季风气候和欧亚大陆腹地的干燥带之间，呈现着一条半月形的中间过渡带，北起大兴安岭、长城沿线，经岷山、邛崃山至澜沧江，是高原灌木丛与草原分布地区，为畜牧区与农耕区的自然分界线，在这条线以东，最主要的建筑用材与建筑方式是砖木结构，是以木头为主要材料，以砖为辅材的建筑方式，分布在中华文明最早发祥的地方，构成富有特色的中华建筑文化。

在铜石并用的晚期，约当公元前2600年至前2000年，大致相当于包括龙山文化、中原龙山文化、齐家文化、良渚文化晚期和石家河文化的龙山时代，一部分房子开始用类似水泥的材料加工地坪和墙壁，另外一部分房子仍保持着传统泥木结构；在房屋结构上，除了早先的单间房，出现了三四间的套房。这类木结构房子，是将大树作建筑材料。一棵树通常长6—7米，用一半作横梁，至多是4米，房间的面阔（开间）定在4米左右，进深为6—7米，用一棵成材的大树可以解决，此后便成为通用的尺度。这时期的大型遗址有了特别讲究的大房子，面积110万平方米位于断崖上的甘肃秦安大地湾遗址，在几百座房子中特大的901号房子，有前、后堂和两厢，前堂有一对直径90厘米的大圆柱，还有许多附壁柱，残存柱高超过3米，总面积约420平方米。有人将它称作"原始殿堂"。

相当于夏代的河南偃师二里头遗址，已有巨大的夯土台基和宫室基址，台东西长108米，南北长100米，南北角各缺一块。从南北檐柱柱洞各有9处，可知是面阔8间、进深3间的平面布局，柱洞直径40厘米，柱间距3.8米。整个建筑群大台基面积约1万平方米，夯土工程量达2万多立方米。推测采用了外檐柱与木骨泥墙相结合的混合承重结构。从此中国的传统建筑沿着这条泥木结构的路，走上了以后比较复杂的砖木结构方式，历四千年之久。

商代中期肯定已采用版筑技术，用来筑城墙和修宫室，办法是用木板夹住要夯筑的墙体，夹板自下而上随打随升，可以打出平整的墙面。凤雏西周宫室遗址的版筑墙体，下宽58—75厘米，墙体中间有不规则排列的木柱，是用作加固夯土墙的抗压能力，改善抗拉抗弯曲性能，提高土墙的整体坚牢度。商周两代墙体构造既有木骨泥墙，又有版筑和土坯墙垒砌。郑州和河北藁城台西商代遗址都有版筑的夯土墙。藁城台西有用土坯垒砌的，土坯尺寸37×30×6厘米，近方形，辽宁丰下遗址使用的土坯尺寸是40×20×8厘米，改用错缝砌法，这种土坯比例和砌造方式已十分接近中亚和新疆的土坯砌筑技术。

秦统一六国后，以空前的规模构筑咸阳的都城，在各地广筑宫室、苑囿、皇陵及宗庙，汉代更有进一步的发展。战国时期流行的高台建筑，是在夯土台外面，用木构架的建筑层层垒筑，是一种土木混合结构。秦汉建筑已有三种木结构形式，一种是抬梁式木结构，河南荥阳汉墓明器和四川成都画像砖上的图画可以见出。一种是穿斗式，广州汉墓明器陶屋在柱与柱间用穿枋，柱头直托檩条。还有一种是井干式结构，云南晋宁石寨山铜器花纹上墙体用圆木层层相叠，墙角两木做榫扣结，屋顶更是屋脊部分长、屋檐部分短。此外还有南方的干栏式，建筑底部用柱脚托空。

中国式木结构中承托屋檐的斗拱，虽发轫于西周、战国铜器，但到汉代石阙和明器，已十分清楚，做法也有实拍拱、一斗二升、一斗三升和斗拱重叠出跳等多种，拱的形状也有直、有曲。柱的做法也有圆形、方形、八角形和束竹柱，个个不同。北朝时期的建筑，从天水麦积山石窟、太原天龙山石窟、邯郸响堂山石窟雕刻的图像，已知它们的拱枋已经规格化，注意用材的模数，取拱枋的材高为设计的基本模数，高度以一层柱高为扩大模数，而一层柱高仍是以材高为模数。在10世纪前的建筑中，进深四椽的建筑，它的脊高正好是柱高的两倍，实例有唐五台山南禅寺大殿和辽代蓟县独乐寺山门。隋唐时期日本屡次派出遣隋使、遣唐使，向中国取经，于是这种建筑法式传扬日本，成为日本飞鸟时代（592—710年）、奈良时代（710—792年）官式建筑遵循的法则。从592年日本兴建最早的佛寺法兴寺（又名飞鸟寺），日本建筑开始有了突飞猛进。607年圣德太子创建法隆寺，后来毁于大火，680—710年间按旧制重建，其金堂、五重塔、中门和回廊仍是飞鸟时代建筑，已经采用模数制。奈良前期（710—750年）重要遗构奈良药师寺东塔（三层木塔，730年在平城京重建）、奈良海龙王寺西金堂内陈列的五重小木塔，奈良后期（751—792年）遗构元兴寺极乐坊本堂内陈列的五重小木塔、奈良室生川畔的室生寺方形五重木塔，都是按照以材计"分"为模数的设计方法造塔，不同的是，奈良后期在控制高度的扩大模数时，已由以前以一层柱高为扩大模数，改作以三层（中间一层）的通面阔为扩大模数了。

隋唐时期，对都城长安、洛阳进行了规模宏大、气势磅礴的规划和建设，在世界城市建设史上起着里程碑的作用。唐代长安城面积达84平方千米。城市地形南高北低，有渠水引入。长安城先筑宫城，次建皇城，最后是郭城。郭城东西长9 721米，南北宽8 651.7米，城周长36.7千米，城墙全用夯土版筑，城外有宽9米的城壕。东、南、西三面各有三个城门。北面正中是宫城，宫城南有一条宽220米的大街与皇城分隔，宫城北面东有兴安门、西有玄武门，直通西内苑。北面西边郭城有三门、东边郭城有二门，二门直通东北角的大明宫。道路、城墙方向正南北。全城有南北大街11条，东西大街14条，全部直角相交。从明德门向北通往皇城朱雀门的朱雀大街，是南北主干道，实测宽150米；从东面春明门西通金光门的东西向主干道，实测宽120米；有东市和西市分布在大街南侧。南北向其他街道宽度自47—68米不等，东西向其他街道宽度自59—75米不等。全城按坊里制划分为108个坊。朱雀大街西的万年县有54个坊，东面长安县有54个坊。坊有坊墙，大多开四个坊门，坊内有府第、寺庙，坊内道路仅宽15米。整个城市采用传统的中轴线对称的布局。洛阳城也因地制宜地采用同样的规划，在洛水南北两岸建城，但规模比长安要小。

兰州、幽州（北京）等城市也采用了同样的规矩建设城市。东北的渤海国，有上京龙泉府（黑龙江宁安县境内）遗址，经过发掘也是仿照长安城的体制。日本在7、8世纪内陆续兴建的五座都城：藤原京、难波京、平城京、长冈京和平安京，经考古发掘证实，也是仿照唐代两京的体制加以规划、建设而成。

唐懿德太子墓壁画中的双阙

隋唐时期木构架建筑中，柱、梁、斗拱、卯等基本构件逐步定型化，各构件之间具有一定的比例关系。用料标准化、规格化，建设中采用大量规格化预制构件，使得建设速度大大加快，所以隋代兴建长安、洛阳两城，能在一年多时间中就完成了。

唐代建筑技术的成熟和繁荣的城市生活，促使建筑行业中更多地采用泥坯和砖块，新疆已经发现了使用土坯砌筑的圆形穹顶，而早先这种穹顶多见于汉代以来内地的墓穴中。砖的运用，由洛阳宫城采用砖包砌城墙开始，逐步应用到筑城，8、9世纪后，一些城市如苏州、成都都相继用砖砌城墙。从印度传入的佛教，最初在建筑上出现的是供奉舍利的小型砖石塔，但5、6世纪就出现了多层构筑的楼阁式佛塔，完全本地化了。至于石窟寺以外的寺庙建筑，更多采用传统技术和式样，并未将印度风格加以推广。早期寺院多属以塔殿为中心的廊院式，隋唐时期，寺院规模扩大，逐渐出现以廊院或四合院落组合的重重院落的纵轴形制。佛教寺庙不但盛行城市，也广布在山野间，因而有"丛林"之称。五台山的华严宗寺庙是唐代古刹迄今仍可见到的两处遗存。其一是山区中较小的南禅寺，建成在782年，大殿平面深广各三间，单檐歇山顶，主要梁架、斗拱尚是唐代原来构件。其二是857年建造的五台山十大寺之一的佛光寺，位于向西的山坡上，大殿朝西，建造在第三层台地上，面阔七间，进深三间，平面由内外两层柱网构成，柱有侧脚升起。斗拱约当柱高之半，柱间设斗拱一朵，上面挑出4米的出檐，屋顶正脊占三间，鸱吻落在第二缝梁架上。殿中后部佛坛上列三座佛像，菩萨、胁侍、力神20多尊，都是唐代原塑。佛殿是建筑结构与艺术的完美统一。据传已有1 500年历史的山西浑源县恒山的悬空寺，建在离地面60多米高的悬崖上，似悬空中，全靠30根长10多米的红色立柱支撑。立柱设在两座三层楼阁和一条古栈道下面，与铺在楼阁和栈道下直径50厘米的横梁相接，横梁插入石孔打上楔子，插入洞中后，楔子撑开横梁，牢固地卡在石壁上，虽历山崩水浸而不损。

10世纪木构建筑遗存,有建于984年的河北蓟县独乐寺山门和观音阁。观音阁采用殿堂结构,外观为两层楼阁式,阁内供奉16米高的十一面观音立像。阁的内部结构分四层,各层高度相仿。辽代在山西应县佛宫寺建造的释迦塔(1056),塔高67米,是现存最古的木塔,也是世界上最高的木结构建筑,塔分五层,底层重檐,外观端庄厚重,是楼阁式塔在建筑结构和艺术成就上的不朽之作。

寺院通常由若干单体建筑组成庭院群体的砖木混合建筑,多采取中国建筑的木构架,10世纪前后,具有中国特点的佛教寺院已经完全定型。1021年,全国佛寺已有4万所,这类寺院通常沿中轴线前后排列,以宫殿式的佛殿和法堂作为全寺中心,建有宽敞的庭院和楼阁,寺旁建有适行静修的方丈院、罗汉堂、观音堂等由回廊联通的建筑群。现存河北正定隆兴寺(原名龙藏寺)是由586年始建的寺院扩建而成,从971年开工,到

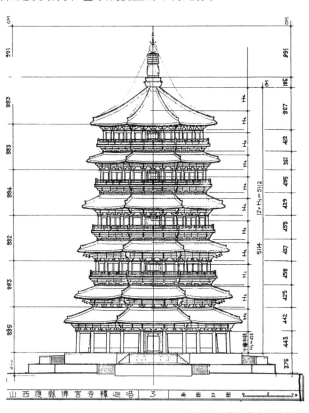

辽代应县佛宫寺木塔实测图

1085年才竣工。现在留存的中轴线主要建筑佛香阁(大悲阁)和两侧的转轮藏殿、慈氏阁以及其他楼阁、殿宇,构成一群宏大的空间组合,殿宇重叠、高低错落,略如传统的宫室。宋代佛塔以楼阁式为主,有的全部用砖;有的砖石并用;还有一种是砖砌塔身,外檐采用木结构,苏州城北报恩寺塔(俗名北寺塔)和杭州钱塘江边的六和塔是它的代表。

北宋(960—1126年)是中国建筑在外形、风格和木结构技法上,处于前后期转变的起点。由李诫主编在1100年完成、1103年刊行颁发的《营造法式》,是中国古代典籍中最完善的建筑手册,在用材上使用模数制,既简化了设计工序,又便于估算工料,推广各部构件的预制加工,提高了建筑的进程,此后设计模数制

和应用预制件装配化施工，成了直到20世纪初中国建筑的基本格式。隋唐至北宋的官式建筑始终以北方为主体，但是南方苏浙地区先进的建筑技术在隋唐初期、北宋初期先后两次向北方传播，形成一代新风，《营造法式》就反映了苏浙建筑的一些新技术。北宋初期，著有《木经》（今佚）的吴越著名建筑师喻皓到汴梁（开封）修建重要的皇家工程开宝寺塔，代表南方新颖的建筑风格北传中原。《营造法式》中吸收了南方的建筑术语和源出江南的建筑构件和技法，如琴面昂、月梁形阑额、梁下加顺栿串、令拱不交耍头等做法，与汴梁地区北方传统融合，形成北宋官式。《营造法式》将木构架分成殿堂和厅堂两式，殿堂是在同高的柱网上，铺作与柱头枋组成闭合的槽，屋顶梁用三个水平结构层叠加成；厅堂是以内柱升高，逐架梁尾插入内柱身构成若干缝垂直的横向梁架为主，各缝梁架间用拦额、柱头枋等构件做纵向水平系杆连成一体。现存北宋佛寺有始建于964年的福州越王山南麓的华林寺大殿和在它以后修建的宁波保国寺大殿，两者的建筑手法，混合了厅堂型和殿堂型，其内柱比檐柱升高，做成垂直的横向梁架，类似厅堂型，柱间重叠多层拱、枋构成槽又类似殿堂型，是《营造法式》中未载，这类南方建筑创造了以简洁的木构架系统显示粗犷豪放的建筑外形的特色。被三度入宋的日僧重源带回的福建式样，现在习称"大佛样"，稍后又由日僧崇西道元和宋僧兰溪道隆将南宋苏浙地区"五山十刹"的临济宗寺院式样引入日本，称作"禅宗样"，两者组成了日本镰仓时期从中国传入的两大建筑式样，左右了中古晚期日本佛寺建筑的风格。

南宋（1127—1279年）时期的建筑在发扬吴越建筑的地方传统后，成为推动建筑技术发展的主流。现存南宋建筑只有苏州城内玄妙观三清殿一个孤例，这座南宋的官式建筑在1179年建造，是专为遥祝宋帝生辰而作，九间重檐歇山顶大殿属于殿堂型构架，但采用了宋代南方普遍流行的穿斗架，又在横向于各柱头之间都加顺栿串，与阑额联合，在各柱头间形成井字格，使柱网的顶部连成一体，不采用唐、辽、北宋以来依靠在柱上加水平的铺作层来保持构架稳定，为简化斗拱创造条件。最后还有一项，是对殿堂构架最下只用一道明栿，两侧装天花，天花以上用草架承屋顶。使用顺栿串加强柱网稳定的做法，现在最早能见到的是宁波保国寺大殿，这是吴越建筑在构架上的创新，到南宋时，成为南宋官式，改进了殿堂型构架。为以后向明代殿堂过渡开启了先例。

明代（1368—1644年）初年定都南京，修建宫殿都用本地工匠，在南宋以来苏浙地方传统基础上，形成明代南京的官式建筑。此后，永乐帝朱棣在北京拆毁元代宫室，按南京宫殿形制修建北京宫殿，从1407年开始，动用30多万士兵和民工，历14年，到1420年才建成以宫城为中心，外包皇城、内城的三环城市。1553

北京紫禁城中轴线宫殿布置鸟瞰

年起又在南面加筑外罗城。内城东西6 650米,南北5 350米,共有9门,南面3门,东西北各2门。宫城(紫禁城)在皇城中心,南北961米,东西753米,四周有护城河围绕。这座四环式层层相套的凸字形城市,由一条南北长7.5千米的中轴线加以贯通,两旁配置天坛、山川坛。全城最高的建筑群,是建在高8米多三层白石台基上,以皇极殿(清代改称太和殿)、中极殿(清代改称中和殿)、建极殿(清代改称保和殿)为主体的三大殿。皇极殿现有建筑是清代重建,面阔11间,长63.93米,进深5间,宽37.17米,是中国现存最大的木构架建筑,屋顶是重檐黄琉璃瓦庑殿顶。前面东西两侧各有文华殿、武英殿两组宫殿,构成外朝的建筑群。内廷以乾清宫、坤宁宫为主宫,两侧有斋宫、养心殿和妃嫔居住的东西六宫,最北面是御花园。明初南京官式由此北传定型为明北京的官式,这是南方建筑技法继隋唐初期、北宋初期之后,第三次向北方传播,最终形成了明代的官式建筑。

　　苏浙地区自12世纪以来用顺栿串的做法,在明初北方建筑中运用时改称随梁枋,使用的正是明初南京官式。洪武年间扩建西安鼓楼,柱间就遍加随梁枋,北京官式建筑中最早建造的长陵棱恩殿,紫禁城中的皇极殿、建极殿和太庙各殿、社稷坛享殿等建筑都使用了顺栿串,而易名为随梁枋或跨空枋,表明北京明官式与元官式不同,继承的是渊源于宋代南方苏浙传统的南京明官式。在各柱头间遍加随梁枋后形成的柱网,本身足以成为稳定结构,无需加侧脚、生起等使柱头内聚以加强稳定,也无需照唐宋时期在柱网上用斗拱、梁和柱头枋组成的水平铺作层来保持构架的整体性。因此,斗拱可以大大缩小,由元官式建筑每间至多用二朵补间铺作,到明初北京造棱恩殿时民间都用六攒平身科,其余各间用四攒,结果斗拱用材仅仅是宋式的1/4,只起到装饰性垫层的作用。最早作为垫托和挑檐构件的斗拱，到唐宋时发展成与梁和柱头枋结合后的水平铺作层，到明清更进一步退缩成起装饰作用和表示等级的垫层，是中国木构架建筑发展中具有结构性变化的结果。明清时期楼阁用柱，不再上下分离，通常是直通上下，建筑的整体性因此大为加强。广西合浦县山口镇永安村一座临海的木质楼大士阁，是其中的一例。大士阁由前后邻接的两座楼阁组成，中间并无天井，下部由36根铁梨木圆柱承重，圆柱直径在50厘米以上，各柱间有72根木梁榫接，36根圆柱全靠入土10厘米的宝莲花石垫为基础，四周并无其他加固设施。数百年来历经多次强台风和地震侵扰，而楼阁仍安然无恙。证明了属于软性连接的榫卯连接富有韧性，不会在地震中断裂。1996年2月云南丽江大地震，许多老建筑墙塌，而木质架构依然挺立，也是出于同一原理。

北京天坛祈年殿藻井

14、15世纪以来，中国境内除了传统的中原风格建筑，分别在西北新疆和西南青藏高原，形成了伊斯兰教建筑和藏传佛教（喇嘛教）建筑。两类建筑大多以泥坯、木料为重要用材，而风格、技法与汉式建筑迥异。新疆的伊斯兰式建筑与中亚同类建筑不同的地方，在于新疆多以土坯为基本材料，中亚多以砖石砌筑。维吾尔伊斯兰教建筑属于苏菲主义的伊善派，其礼拜寺（Hanika）现存最早的是，库车的玛拉那喀什丁玛札礼拜寺，前院的礼拜寺由正殿和侧殿组成，正殿内有两排列柱，正殿西墙内还有单排列柱的后殿，形制可以上溯到喀拉汗王朝时期；后院则是玛札；玛札和礼拜寺都是木构平顶殿形制。喀什的艾提尕尔

马蹄寺

（Ietykar）寺，始建于1442年，意思是"节日广场"，1538年扩建为聚礼大寺，历经续建，才成新疆最大的一座拥有内外殿的礼拜寺。寺院占地16 800平方米，是中国最大的礼拜寺。礼拜寺面阔38间，长160多米，深16米，寺门与两侧宣礼塔以墙体连接。莎车的阿孜尼米其提玛扎寺，是15世纪建筑，共有52个穹顶，礼拜寺用土坯砌筑，侧殿有木构外廊，是伊朗—突厥式寺院的发展。

西藏的佛教是赤松德赞赞普（742—797年）时期正式定为国教，排斥原先的苯教，当时兴建的桑耶寺，建有汉、藏、印三种风格的大殿。藏传佛教在西藏的建筑，多依山而筑，是多层平顶建筑，石墙小窗。内部是方柱托梁密肋式木构架，爱用金色彩绘和雕饰。早期建筑以萨迦县奔波山麓的萨迦寺和日喀则南20千米的夏鲁寺为代表。萨迦寺是萨迦派主寺，分南北两寺，北寺建在山坡上，久已毁坏。南寺建在阿谷平原上，是一处每边160米见方的夯土城堡，中间是81米见方的寺院。大经堂高21米，面阔11间，进深5间，采用西藏地区传统的纵架木构梁柱，内柱直径在1.3米以上，高约10米。内有元明时期壁画。夏鲁寺是夏鲁派主寺，1087年始建，1333年布顿大师主持重建，主殿2层，前有回廊环绕成庭院，建筑用格鲁派扎仓早期形制，以木柱平顶构筑，采用内地歇山式屋顶。此后藏式建筑常采用这类屋顶和绿色琉璃瓦，并以斗拱为装饰构件，形成藏汉混合的建筑风格。著名的拉萨布达拉宫，在1645年重建，历时半个世纪才竣工。日喀则扎什伦布寺、拉萨哲蚌寺、青海塔尔寺、甘肃夏河拉卜楞寺，也都是藏传佛教著名寺院。

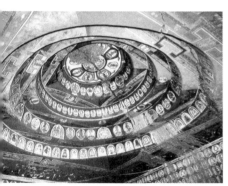

西藏西部阿里寺院藻顶

用树脂构筑色彩缤纷的人居环境

在盛产竹木、气候湿润，且多积水的中国南方，人们从制作竹、木器到寻求一种既可防腐又可用来粘连的溶剂，发现了大自然早已安排好的一种具有特殊性能的树。这种高达20米的树广布在中国淮河流域和秦岭山脉一线以南的山岭和丘陵地区，是一种能在茎干上分泌乳汁的落叶乔木漆树（Rhus verniciflua）。漆树材质黄色，木质细致，生长8年以后，到40年间可以割漆，用漆涂抹的泥坯、竹木可以延长使用的寿命，干燥后牢度便大大增强了。

发明漆器的地方凑巧也是最早懂得养蚕缫丝的居民。漆汁的使用使人们逐渐认识到调和配合各种研细的色料，能使漆汁形成多种色彩，涂在物体表面后，会形成保护膜或装饰膜，经过人类加工的涂料由此便产生了。最早的涂料大约多半采用动物油脂或树脂来调和干漆，所以产生的漆是黑色或深色的，后来使用的色彩渐渐增多，才知道用植物油作为调漆的主要原料，天蓝、雪白、桃红等浅色，尤其非用植物油才能取得。漆器的工艺史至少也有7 000年了。

7 000年前的浙江余姚河姆渡遗址，在1978年出土过一件造型美观的朱漆碗，木碗腹部瓜棱形，碗底有圈足，很像今天使用的饭碗，器表涂抹的黑漆，因年久剥落极多，内壁涂红漆，还有一点光泽。这件漆器是食具，用上了涂料，使它更清洁、美观，配上骨匕用来进餐，埋在地层里足足七千年尚未朽坏殆尽，成了现存最早的漆器。

稍后，太湖地区常州圩墩下层的马家浜文化中，出土2件喇叭形漆木器，一件深黑色，另一件上黑下部暗红色，黑色微有光泽。良渚文化中出现了漆绘陶器，这种陶器的花纹不是烧窑时已有，而是用漆涂绘的。实例有江苏吴江梅堰遗址出土的黑陶束腰小壶，上面有一层很薄的棕色漆作底色，再用金色和棕红色的厚漆涂上两组绞丝图案，化学测定得知这种涂料和汉代漆器上的漆相同，和吴江红衣陶、仰韶文化彩陶上的色料不同。浙江余姚瑶山还出土了良渚文化的一件嵌玉的漆杯。北方的龙山文化，在山西陶寺遗址出过一批彩绘木器，彩皮类似漆皮。相比之下，古埃及使用黑漆，也只有4 000年历史，比中国要晚。

商代已经制作多种花纹的漆器，一般器物大多髹红漆，用彩绘艺术和玉石镶嵌技术丰富漆器的装饰效果。河南偃师二里头和内蒙古敖汉旗大甸子遗址，先后发现过夏代和相当于早商时期的漆器，髹红漆。湖北盘龙城、河北藁城、安阳殷墟都发现过相当商代中期和晚期的漆器。西周漆器数量和种类，都有新的进展，河南浚县、三门峡上村岭、洛阳庞家沟、陕西长安、北京琉璃河、安徽屯溪、湖北蕲春等10多处西周时期遗址，都有漆器出土。这一时期在工艺上出现了木胎雕花、贴金箔、镶嵌绿松石、螺钿、蚌泡的漆器。但是在商代和西周时代，漆器仍以木胎为主，用作礼器，供祭祀祖先时使用。进入战国时代以后，漆器迅速成为日常用品，因而进一步要求坚固实用、美观大方。春秋战国时代出土漆器的地方多达六七十处。

领导漆艺制作飞跃发展的是长江中游的楚国。江汉流域出土漆器最多,光是1978年湖北随县城西北郊外3千米曾侯乙墓出土公元前5世纪的漆器,就有上万件(片)。制作漆器的胎质已从木胎扩大到铜、铅、锡

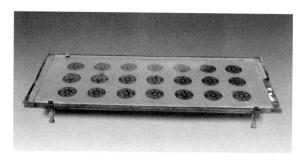

河南信阳长台关楚墓出土漆木案

等金属,以及竹类、藤类、丝类、骨、角、皮革。曾侯乙墓就是这样一座拥有各类胎质漆器的地下宝库,在棺木、衣箱、鸳鸯盒(漆奁)和作战时用的皮甲上彩绘油漆的艺术,达到了相当高的水平。墓坑内用木炭、青膏泥封存的木椁分内外两层,外棺、内棺都有精美的漆绘。外棺周身髹黑漆,绘上朱色、金黄色图案;内棺外表涂朱漆,彩绘的花纹是黄色和黑色,图画繁缛,有龙凤、神鸟、神兽。整座墓葬出土的铜器、铁器、玉器、漆器,按用途可分乐器、兵器、礼器、日常用具,总共7 000多件,蔚为大观。墓葬是墓主曾侯乙生前宫室的缩影。墓中完好的漆器,在棺木以外,有数以百计的衣箱、食具箱、酒具箱、桶、几、盒、豆等日用器具。食具箱一共两件,外表髹黑漆,里面装铜鼎、铜盒、铜罍、铜勺、漆绘三层笼格等食具。酒具一件,外黑内朱,里面装着16件漆耳杯。鸳鸯形漆盒,颈部可以转动,用黑漆朱绘鳞纹,腹部有乐舞图像。16件高足豆,是北方游牧民族的适路产品,可以外销亚洲西部地区。稍后,在战国中期更出现了称作夹纻胎的脱胎漆器。另外,在成都羊子山172号墓还出土了初见于战国的在漆器口沿上镶嵌金银铜等金属的钿器。

这时的漆色已由最初红、黑、褐三色的基调,逐渐趋向五色、九色。古人早已知道在黑、白二种原色上加上红、黄、青三色,足以组成一个五彩缤纷的彩色世界。战国漆器不但常见五色,而且已有多到九色的,河南信阳长台关楚墓出土的一件小瑟,总共使用了鲜红、暗红、浅黄、黄、褐、绿、蓝、白、金黄9种颜色,比之安阳殷墟漆器偶尔出现粉红、杏黄、黑、白4种彩绘,又丰富得多了。从此色彩绚丽的油漆伴随着建筑物的雕梁画栋、

战国时代的漆豆(1978年湖北随县曾侯乙墓出土)

室内的装修和家具的陈设、日用器物的应用，成为人们生活中不可或缺的部分了。

秦汉以来的两千年中，漆器制作和髹漆工艺突飞猛进，漆器替代贵族使用的青铜器，将粗笨的木器、皮革制作成精美和色泽斑斓的器样，又在建筑物上普遍施加油漆，使色彩无处不在，昼夜生光。

用竹胎、木胎制作的漆具，轻脆易朽，没有一定的温度和湿度难以长期保存，因此传世实物在20世纪以前极为稀见。司马迁在《史记》中称，汉代的丝漆大量出口，正是由于周边各国都不能生产。汉代漆器已经很少有人见到，更早的时候漆器制作水平怎样，更是难以想象。直到踏进20世纪，考古界进行田野发掘，于是中国古代漆器有了许多惊人的发现。

最早揭开这个秘密的，正是在国外发现的汉代漆器。朝鲜半岛北部、汉代属于乐浪郡的古墓出土的许多漆器残件是最早的，1916年以后陆续出土，初次向世人展示了中国古代的漆艺。沿着鸭绿江南岸向南延伸的乐浪郡，是公元前108年起属于汉朝的领土，中国官员在这块土地上管理了300多年。在当时的郡治平壤以南分布着2 000座以上的古墓，大多是当时中国官员和移民的墓葬。发掘后可以见到非常丰富的陪葬品，足以重新描绘出当年中国人日常生活中所用的一切什物，而这些物品几乎全由中原地区运去。从铜器、铁器、陶器、玉器到漆器、印章，为数众多。印章中甚至有"乐浪太守章"、"朝鲜右尉"等高级官员的印信。漆器大多有美丽的彩绘，有的还刻有年代，最早的是始元二年（公元前85年），较后的有永平十二年（公元69年）等确切的年号。有的上面有工种、工官的名号。从产品的地名"蜀郡西工"、"广汉工官"，可以知道是公元一世纪政府设在四川的官办手工业工场制造，因此很多是精工制作的优秀产品，相当于后世称道的名牌货。

这些深埋地下达2 000年的漆器，多数是朱、黑两种颜色，用朱作底色的，上面绘出黑色的花纹；以黑作底色的，上面使用红漆绘出

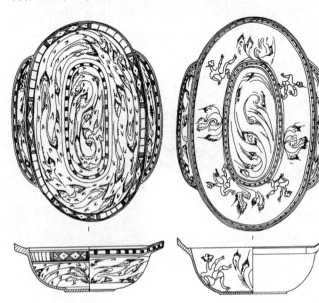

湖南沅陵虎溪山汉墓出土漆耳杯

几何图案，并有各种彩色点缀。一旦出土，稍经整理，便重现当年光华，向世人展露熠熠逼人的艳丽，着实震撼了当时世界学术界、艺术界人士，他们竞相撰文报道、介绍、摄影、描绘，盛况比之1900年伊文思在克里特岛上发掘出米诺斯王宫，有过之而无不及。

乐浪漆器多数是日常用具，有盘、盂、碗、壶、匕、勺、案、奁、箧等食具、家具、贮存器和用具。有一张漆案，是配合当时席地而坐的汉代人用的矮脚饭桌，上面用漆绘制彩色的鸟兽、云纹。这种案和盘的形制差不多，盘没有足，而案是有三足或四足的饭桌，应用时饭菜陈放在上面，侍者将整案端送到食客面前。如果是会餐，到时便席地而坐，一人面前一案。宴会开始，互相举案相祝，后世以"吃独桌"描绘古时的盛宴，这是汉画描绘宴会中常见的一人一桌的宴饮场面。

这么丰富和精美的漆器，注定要替代笨重的青铜器和比较大众化的陶器，在饮食起居和宴饮场景中越来越受人喜爱。在瓷器发明以后普遍到平民都使用之前，从公元前5世纪到公元5世纪，1 000年间，漆器确曾盛极一时。

乐浪郡故址出现汉代漆器后不久，在帕米尔高原以西阿富汗的帕格姆（Begram）遗址中，又找到了贮存中国漆器的宝库。遗址在阿富汗首都喀布尔以北70千米，兴都库什山脉的山脊上。公元前2世纪巴克特里亚的希腊人在这里兴建了一座古王城和新王城。新王城后来两次扩建，面积比古王城大一半，计有1.8万多平方米，一直存在了600年。大月氏人在这里建立贵霜王朝，新城成了夏都，从公元1世纪到2世纪中叶的150年中建造的宫室、库房，在1936年被一个法国考古团从地下发掘出来。1939年法国吉美博物馆的考古人员继续在这里发掘，从两间房屋中找到了大批中国漆器，多半是日用的碗、碟、耳杯、奁、盘等器皿。出土时，这些比乐浪漆器更完整的古物，着实令西方学者为之兴奋不已，因为这是第一次证实了中国在丝绸之外，还有漆器在汉代向当时被称作西域的国家大量输出。据估计，这些漆器若不全是王室的用具，便是当地总督从过往商旅那里作为税收征收的实物。实际上，这些漆器是从中国成群结队出境的队商希望运到印度、伊朗或地中海等更远地方的货物。

揭开汉代漆器工艺真相的地下宝库，是1972年到1974年初，在湖南长沙马王堆发掘的三座西汉墓。墓主是长沙的轪侯。这座汉墓出土的丝绸、漆器、漆棺、竹简、木简、兵器、帛画之丰富，将

长沙马王堆3号汉墓出土漆鼎

2 000多年前的贵族生活重新展示出来，着实使世界轰动了一阵子。不算髹漆的兵器、乐器，仅日用器就出土700件，而且都是造型精美、光彩夺目的制造物，其中至少500件完整如新、保存极好。

这些人间尤物品种很多，以朱墨两色为主，彩绘各种花纹，在木胎、竹胎和夹纻胎制作的漆器上，创造了一个人间花花世界。在装饰手法上使用了漆绘、粉彩、针刻和堆漆、金银箔贴等工艺，多数以漆绘为主。许多漆器上有文字，写着器物的用途、容量和"轪侯家"字样。有些食器还留着残存的食物，有些器内保存着成套的实物，可以知道当时人的食物和用品。

漆器中有许多是见所未见的精品。像漆壶，有高到58厘米的，漆鼎有高28厘米的，大盘直径有73.5厘米的，要由相当规模的作坊才能制造出来。墓中出土的竹胎漆勺，有很长的柄，用红黑两色漆绘花纹，是第一次见到。九子奁盒用木胎和夹纻胎配合，也是罕见的物品，盒底用木胎，盒身用夹纻胎，薄而轻巧，嵌有九个小奁盒，制作十分精致，纹样用金箔作底，在汉代漆器中难得见到。马王堆3号墓出土15件漆奁，其中双层奁就有五件，两件长方形双层奁更是前所未见。其中一件长60.2厘米，通体黑色，底层分成五格，盛放着名闻世界的帛书、帛画、竹简。另一件贮有漆（丽）纱帽的长方形双层奁，施满粉彩云气纹，先用白色线条勾边，再用红、绿、黄三色填充卷云，色彩斑斓。更有六个一套从小到大叠放的漆盘，其中五个是平底盘，最大的一个盘，直径达73.5厘米，高13厘米，腹部略为鼓起，盘内分三层针刻花纹，盘底圆心又有云鸟纹，盘口外沿再施彩绘，是成套精工制作的食具。

汉代漩涡三兽纹漆盘

1996年在早先楚国境内，安徽巢湖市放王岗地方发掘的一座公元前一世纪的西汉贵族墓（双重椁双重棺）中，出土铜漆玉器700多件，其中漆器就有400件以上，均有线条流畅的花纹图案,色泽如新,光可鉴人。有几件漆木耳杯,图案在汉墓出土物中尚属首例,而出土铜剑的剑首和剑格以树根雕刻的动物为纹饰,也是已出土汉剑中所未见。

给家具涂漆,足以使满室生辉。在木制家具工艺中遥遥领先的是古埃及的木工技艺。公元前3000年前后,埃及的家具已很精致。在那时留下的一套象牙雕刻的牛腿是用来支撑凳子、睡椅和小柜子的。第四王朝的海特法瑞斯王后、吉萨大金字塔齐奥普斯法老的母亲的殉葬家具中,有一把扶手椅、一把便携椅、床和可折叠的华盖,大部分用木制造,再涂上金箔,因为古埃及不知道用漆。第十八王朝出土的法老坐椅都雕镂精美图像,并有扶手。木工工艺的精巧已足令人惊叹。

中国直到两汉时期,人们还是席地而坐,木制的家具有床、案、几、榻和屏风。使用高脚的坐椅和桌子,是在11世纪以后才逐渐在大江南北普及,从此与人民的生活息息相关了。

漆器自汉代开始风行亚洲各地,虽葱岭、兴都库什山也不能阻挡。中国漆工制作的杯、盘、壶、奁、盒、箱、箧和食案等饮食具、贮存器和家具,是各国通行的中国漆器,享有很高的声誉。

中国漆器自汉代以来东传朝鲜、日本,最早是漆甲、漆盾、漆弓、刀鞘等兵器,还有漆制的琴、瑟、鼓、角等乐器。汉代以后,中日使节往还,中国移民渡海而东,油漆工艺在日本从此生根发芽。

螺钿漆器和金银嵌漆,是两种早期从中国传入日本的漆艺。

螺钿漆器至少从3 000年前西周时代已开始生产,1958年陕西长安县普渡村西周墓中出土的27枚蚌泡,就是用作镶附在器表的漆皮上的。到唐代,螺钿漆器风行一时,上流社会中以它作为相互馈赠的礼品。奈良时代(710—794年)日本派出的遣唐使,从中国带回去许多佛经、文书和金工、漆作制作的工具,其中也有乐器、棋具,现在仍完整地保存在日本奈良县的正仓院内。正仓院是座保藏唐代中国古物的博物馆。正仓院中藏有好几件螺钿紫檀五弦琵琶、螺钿琵琶、螺钿紫檀阮咸,都是当时中国工匠制作,从中国运去。这些乐器上面用很细巧的螺钿制作成联珠、宝相花图案,与光亮照人的色漆配合成优美的图样。当年这些弦乐器随着风行长安、洛阳的西域乐舞,一起输送到了海东。螺钿镶嵌的铜镜,也是唐代大量制作的铜镜工艺中高等级的一种,同样传到了日本,被正仓院收藏。

金银嵌漆比起螺钿漆器更加费工耗金。最早的金银嵌是在漆器的口沿镶嵌金、银、铜丝,出现在公元前3世纪,名叫钿器。到唐代得到高度发展,当时称金银平脱,是将很薄的金箔、银箔剪成图案,贴在漆器上,涂上几层漆后,再把金银花纹研磨显出,经过这几道工序,金银箔就和漆面相平,漆器上显现的金银彩纹如同油漆时便已自然生成,所以称"平脱"。许多唐镜和漆制饮食具、用具使用金银平脱,代表了唐代华贵的奢侈风貌。唐玄宗、杨贵妃为笼络拥有重兵的安禄山,曾赐给他大批金银平脱漆器,为此而费去大量资财,使国库空虚。所以安禄山起兵造反,757年唐肃宗就下令禁止珠玉、宝钿、平脱、金泥、刺绣。又过了15年,国家元气尚未恢复,唐代宗又下令不准造假花果、平脱、宝钿等物。平脱、宝钿之作以代表唐代工艺所达到的高峰,由此可以见出。日本正仓院中也收藏有好几件唐代金银平脱漆器,这在当时已是十分珍贵的国家级礼品了。

至于金泥,也就是泥金。这是唐代14种金属加工技术中的一种,用在漆器上,是将金屑镶嵌在花纹中。这种漆艺传到日本,日本工匠根据中国的漆绘与泥金相结合,创造了泥金画漆工艺,称作莳绘。9世纪以后日本已经在制造,而且越造越巧,流传后世,螺钿、泥金莳绘从此成为日本的一项特色工艺。

漆屏也是中国的发明,汉代以来逐渐流行起来,西汉早期长沙马王堆一号墓出土过绘有云龙纹和穿壁纹的漆屏风。1983年广州的南越王墓出土的大立屏,宽达3米,共有5块,画面精雕细琢,是围屏中早期的巨构。漆屏开始是用来放在房屋中间,间隔空间,随时可以移动,叫立屏。后来又有围在床、榻周围的围屏。公元1世纪起,围屏出现了列女、宴饮图画,书画围屏在4—8世纪以后十分流行。宋代屏风多放在厅堂后部中央,形成风气。唐代的围屏也大量使用螺钿、泥金制作。这项工艺传到日本后,围屏被改装成4块到6块,中间可以折叠,使用方便,大约从10世纪日本就生产了。1015年,浙江天台山重修大慈寺,到中国游学的日本僧侣寂照派弟子到日本去募集资金,从日本运到中国的布施物中就有屏风式样的软障6条,也就是中国人特地给它起的新名词软屏,可以折叠移动。

中国原来使用团扇,扇框、扇柄都是漆制,销售日本、朝鲜。11世纪时日本创制了折扇,可以折叠,扇骨用竹木涂漆制成,也有制作泥金扇骨的,扇面画上山林、人马、女子,美观又轻便。折扇在中国的宋、元、明三代返销中国,成了日本的著名产品,中国江浙一带也大量制作,一直流传到现在。

螺钿、莳绘、软屏、折扇是最近1 000年中,日本向中国输出的主要漆艺制品,很受中国人欢迎。特别是螺钿漆器,从9世纪便在中国衰退了,日本却不断生产,用鲍贝作嵌料,胜过中国螺钿嵌器使用的青贝,以致13世纪时连中国人都以为螺钿器是日本的发明,中国是跟着仿作,所以不如日本。

佛教东传将中国佛寺建筑、佛教美术给日本同行提供了许多可以借鉴的工艺实例。唐代律宗大师鉴真(688—763年)应日僧之请,从扬州启程,东渡奈良,他和弟子一起在759年就地创建了中国风格的唐招提寺。金堂里三尊大佛都是鉴真弟子的力作,其中的主像金色卢舍那佛坐像,是用中国在4世纪发明的夹纻造像法制作。办法是先用竹笼作胎,外面包上苎麻布,然后涂漆,干燥后再包纻涂漆，反复13层才告成。鉴真去世后，他的弟子思托按鉴真的形象，也用干漆夹纻为鉴真造像，像高80.1厘米，彩色。76岁高龄的鉴真便结跏趺坐去世了。这尊鉴真像一直安放在寺内的开山堂内，被日本政府定作国宝。1963年日本将一尊仿制的鉴真像赠给中国，特地在当年鉴真出国前主持过的扬州法净寺下殿东北造了一座纪念堂，1973年落成后正式安放坐像，来纪念两国间这一段友情。

中国的漆艺自宋元历明清，在金漆、雕漆、螺钿方面都有进一步的发展。金漆原以描金为主，用金描画，宋代又新创戗金，是在漆面上刻线再填进金粉，显出金色纹样。江苏武进南宋墓出土过几件戗金朱漆器皿，是这类现在还可见到的最早产品。雕漆，唐代已有，但无实物传世。因在木胎或铜胎上涂抹彩漆几十道至几百道，乘未干时雕镂得名。宋元以来有剔红、剔绿、剔彩、剔黑等多种，也以南宋江南地区为盛。

明代漆艺因政府注重漆树的种植，在中央（北京和南京）和地方开设许多官办手工业机构加以提倡，有了长足的进步。明代雕漆有北京宫廷漆艺作坊果园厂为代表，作品以剔红为主，器形有盘、盒、瓶、罐等小件器皿和橱柜、屏风等大件家具，在漆器上刻镂隐居山林的文人、花果飞禽。前期永乐、宣德年间多征集浙江嘉兴漆匠，后期嘉靖年间征调云南漆匠，作风与前不同，不藏锋、不磨角，锋芒毕露，内容更加世俗化，添入山水楼阁、仕女人物等生活实景。后期趋于精致华丽的作风，被清代雕漆所继承。明代金漆传承宋元，结合五彩雕填、彩绘、镶嵌，更加富丽堂皇。北京、南京和宁国都有五彩加金的金漆工艺，纹样多作龙凤、花鸟、山水、人物。苏州金漆名匠蒋回回的金漆彩绘，综合描金、彩绘、镶嵌等装饰手法，花鸟树石，金碧辉煌，艺术成就远在日本莳绘之上。螺钿镶嵌在明代已在吉安等地用于制作家具，床榻、屏风、条凳、桌椅都用螺钿，人物图样可爱。明末扬州匠师江千里的螺钿镶嵌尤其出名，产品之富，有"家家杯盘江千里"之称。明代扬州更创制百宝嵌，是周翥始创，用金、银、宝石、珍珠、珊瑚、碧玉、翡翠、水晶、玛瑙、玳瑁、车渠、螺钿、象牙、蜜蜡、沉香雕出山水楼台、人物、花卉、树木、翎毛，镶嵌在屏风、桌椅、窗棂、书架、书箱、茶具、砚匣上，精巧绝伦，穷极侈丽。清代传习有人。扬州螺钿以点螺为特长，元明以来已有，清代更精，是将优质贝壳制成薄的点、线、片，逐件拼镶在漆底上，再髹漆、推光，点点螺片尽显五彩霞光。

中国的家具多半好施油彩，使之耐用而又显出光泽。家具在唐代已经较多，但多属富裕人家才有，那时的桌椅多数是矮腿，原因是中国北方木材不多，可人户众多，战争频繁，林木难生。宋代始有交椅、太师椅，还有直腿椅，12世纪出现了可以搁臂的三清椅，交椅和直腿椅普及后，相应地有了四脚细长的桌子。明清以后家具的制作才逐渐在民间普及,沿海地区的富贵人家,往往采用进口的珍贵材木制作家具,甚至营建居室。

家具木材中最珍贵的用紫檀木制作。紫檀又称赤檀或红檀,是豆科紫檀属常绿大乔木,木材红棕色,1立方尺木材重达26公斤。通常紫檀材木指印度紫檀(Pterocarpus indicus)所属花梨木类(ormosia henryi)紫檀木,共有8个树种(越柬紫檀、印度紫檀、安达曼紫檀、刺猬紫檀、大果紫檀、囊状紫檀、鸟足紫檀、变色紫檀)。3世纪以来,紫檀木就从柬埔寨的扶南国运到中国了,因色紫,称紫檀。唐代有从东非巴巴拉海岸运进的非洲紫檀。到宋代海运发达,从海上运进的很多,《图经本草》分檀香为黄、白、紫三类,以白檀为贵。黄檀(Dalbergia hupeana)分属黑酸枝木类和红酸枝木类,《诸蕃志》介绍肯尼亚、坦桑尼亚产黄檀,是黑酸枝木类中的东非黑檀木,产在东非近海,颜色淡黄,木材坚重,可作家具。14世纪汪大渊亲访东非后,在层摇罗条记下当地产红檀,这种红檀又称安哥拉紫檀(Pterocarpus angolensis),是肯尼亚和坦桑尼亚旱区疏树旷野林中主要经济木材,莫桑比克旱区森林也有出产。13—14世纪这种东非黑黄檀和紫檀运到中国的很多,广东、云南、湖南也有移栽。

明代紫檀木不断从泰国、爪哇、印度、肯尼亚、坦桑尼亚等地运到中国,用来打造家具,形成中国家具史上独树一帜的明式家具。明式家具材质都用花梨木,可分橱柜、椅凳、桌案、床榻、台架、屏座六大类,品种多到百多种,造型简洁大方,纹彩自然,工艺精巧,气质典雅端庄,全用榫卯结合,牢固美观。式样传承后世,传世品都是16世纪以后苏州所造,又称苏式家具,欧美各国视作珍藏,北京有明代家具陈列馆,德国德累斯顿也有专门的明式家具陈列馆,为世界室内装饰艺术大放异彩。

中国的油漆使建筑和室内装潢显得光彩夺目,意大利耶稣会士利玛窦到中国后,首先注意到这种可以使木材具有深浅不同的色彩、光耀夺目的涂料。17世纪初,荷兰阿姆斯特丹,德国的纽伦堡、奥格斯堡都开始生产用东南亚输入的虫胶,配制中国漆,制作漆器。17世纪末欧洲人知道漆树不可能移植到欧洲,只能取一种称为虫漆(shell-lac)的代用品。这种虫漆,晋人张勃在《吴录》中称作蚁漆,出在越南北部,是一种长在灌木上的甲虫(Coceus lacca)所分泌的树脂,中国古代又称紫矿(后称紫梗),产在中国云南、泰国、柬埔寨、印度等地,原料主要来自西洋,因有洋漆之称。17世纪后期从中国和日本输往欧洲的黑漆描金家具,在湿漆绘制的图案上描以金粉,到18世纪已成中国外销漆家具的时尚产品,深受欧洲欢迎。清宫造办处将这种描金技法称作洋漆或仿倭漆。1688年,荷兰的史笃克与巴克(Stalker & Parker)在《髹漆论集》中公布了漆的配方,于是德、法等国开办了漆器作坊。荷兰、丹麦和德国都先后在皇宫中专辟漆屋，四壁用漆板装修，描上巴洛克式样的花纹，形成光耀夺目的宫室。现存这类最早的漆屋，有1690年荷兰卢瓦登（Leuwarden）宫的客厅（Statthalter），哥本哈根的卢森堡城堡中的漆屋，上面有中国的龙舟。德国路德维希堡宫中也有一间在1722年前完工的漆厅，图案中有龙凤、柳树等中国情调。当时在柏林有达戈利兄弟制作漆器，后来达戈利在法国戈贝林皇家作坊设立工场，制作了享有专利的戈贝林漆。18世纪法国马丁兄弟更以仿东方漆艺著称，大量使用清漆，称马丁漆，产品仿自中国和日本的橱柜、桌椅、箱盒和屏风。

清代福建脱胎漆器脱颖而出。这类技术原本出自战国时代夹纻胎漆器，唐宋以后一度中断。18世纪乾隆年间福州沈绍安加以改良，在夹纻胎上再上灰底，然后运用多种技艺制作，成品质地轻巧，纹饰华美，献进清宫后，改进了宫廷漆艺。外销欧洲以后，在英、法等国十分走俏，从此蜚声海外。北京、扬州、福州至今仍是中国现代三大漆艺中心，源头却在明清两代。

东方与西方：各异其趣的造园艺术

世界园林历史长达三千多年，东方、西方虽说各异其趣，但是现代西方园林其实也起源于西亚，希腊罗马的造园艺术不过是西亚园林的分支。东方园林以中国为代表，崇尚追求人与自然的融合；西亚园林以埃及、巴比伦和古波斯为楷模，着意修饰、规范，将自然景色加以人工雕琢。伊斯兰教兴起后，西亚园林被阿拉伯人继承，播及地中海世界，西亚的波斯、阿拉伯风格与欧洲的希腊、罗马式样逐渐融合成一体，传承给了文艺复兴以后的欧洲各国，直至今天，成为崇尚形式美的西方园林，在世界各地弘扬光大。

园林是人工创造的建筑与山石、林泉、花草等自然景物相交接、相融合、相平衡的艺术。无论东方和西方，园林的起源都和人对自然的精灵崇拜、人类的狩猎、田野生活息息相关。古代的园囿，都是将一大片山野归入园囿，范围常可广达几十里，境内仍不乏耕牧的居民。

古埃及因尼罗河定期泛滥而兴起农耕，公元前3500年左右，与城市生活的开始同时，尼罗河谷地就出现了四周建有墙垣，培植蔬果树木，种植葡萄、蔬菜、林木的园圃，后来逐渐出现了以游乐、审美为主要功能的私家园林。一幅保存完好的公元前20世纪的壁画，将最早的私人宅园加以描述下来，宅园建在首都的郊外，四周建有墙垣，内外有林木护持，园墙正中辟有高大的门楼，供出入之用。建于后部的宅第是座长方形的两层建筑,正对着大门,中间搭建了遮阳的葡萄棚,左右两旁是主要通道,再旁边是左右两两对称的水池和花坛,各为长方形的由南向北成梯形缩进的轴线设计,平面顶部是两座相对的凉亭。水池中放养鱼和水禽,四墙内侧和中心道两旁栽种棕榈、椰枣、无花果等经济树种。

公元前6世纪,新巴比伦人在首都巴比伦城建造了流传千古的空中花园。新巴比伦王朝自公元前625年兴起,到公元前539年被波斯灭亡,虽仅80多年,但巴比伦城曾是那个时代世界最伟大的城市,遗址已在1899年由德国考古学家在巴格达以南幼发拉底河畔发掘出来。城内高地上有三座宫殿群,宫殿的一角是尼布甲尼撒二世(公元前602—前562年)为了取悦于他那个来自米底亚山区的阿米蒂斯王妃,消解她的思乡之情,耗费巨资,建造了别出心裁的空中花园,花园的宏伟使它列入世界七大奇迹之中。据记载,方形的空中花园,每边长120米,整个花园是逐层增高的阳台式建筑,四周由许多砖柱围绕,最高一层达23米。每一层用石块砌成,上铺苇草与沥青的混凝土,再铺两层熟砖,加上一层铝板,上面再堆厚土,使大树生根,而水分不致流失。每层支柱错落有致,所种花木都有充足的阳光,中间的一根管道装有唧筒,将幼发拉底河的河水逐层升高,直通顶部,这是古代最早的水塔。这座由人工筑造、占地4公顷、高近100米的立体花园,远望犹如悬空的花园,也是最早的屋顶花园。花园在公元前3世纪被毁。从遗址可以知道,这是座平面长方形、拱式屋顶、有14个分成两列的房间,西墙处三个垂直的井洞,互相紧挨,被认为是当年汲水设备的遗址。

后来波斯人构建了别具一格的埃旺(Iwan)式庭院,对称、规则、齐正仍是这类建筑、庭园严格遵奉的设计原则,将古埃及人以建筑轴线展开的庭园发展到四合院式的复合平面。到阿拉伯人建立帝国后,这类庭园远播西亚、北非、中亚,乃至伊比利亚半岛和印度次大陆,得到了推广和发扬光大。

希腊人从埃及、克里特人那里创造了古典式的圆柱,在住宅中开辟具备广大空间的院落,四周绕以柱廊,院中布置花坛,栽种蔷薇、罂粟、百合、水仙等芳香植物,无花果、石榴和橄榄树更是常见园艺植物,加上喷泉、雕塑、瓶饰,构成了柱廊式庭院。罗马人继承了希腊柱廊园,庞贝城中发掘出的银婚府邸(公元前1世纪中叶建造)和潘萨府邸(公元2世纪末)都是柱廊园,但大小不同。银婚府邸柱廊前有天井,后有庭园,外墙封闭。潘萨府邸占庞贝城中心附近一座街坊,在中轴线前后布置了两个庭院,前面一个是有贮水池的内院,客厅后面是座由16根科林斯圆柱围成的柱廊院。柱廊院也用到了庞贝的竞技场上。罗马时代在柱廊园之外,向波斯吸取了空间更为开放的游乐园的布局,在罗马城郊外临海的坡地筑成高度不同的台地,建造住宅、水池、喷泉、雕塑,栽种树木花草,分别用护栏、台阶和挡土墙将不同的地层连接起来。在花园外围山坡上,更以大面积的绿林作为庭院和外界的山林田野的连接带,这种起连接作用的人工林,被称作林园,最初是作为这类别墅式的山地庄园与自然山林的隔离带而培植,到了文艺复兴时期,便以一座座山坡作立体布置的台地式园林的兴起,宣告了意大利风格的园林的诞生。

意大利台地式园林的树木都经过修剪,用石台围筑。流动的水在规正的水池和沟渠中演化成溢流、壁泉、瀑布和喷泉,但离不开庭园建造者设计的轴线,总之,在这样的庭园中,尽管具有以天然山景为基调的立面,但作为人工修建的园林,无论建筑和自然景色,都要尽量显出经过人为地修整和规定才能达到的观赏效应。罗马东郊蒂伏里的埃斯特别

崇尚形式美的欧式花园(罗马城北巴尼亚的朗特花园)

墅是台地式园林的代表,别墅建在山顶上,山坡被辟成八个坡台,主轴线沿台阶而上,喷泉、水景布置成阶梯式,沿路修筑,台地上遍种茂密的常绿乔木,高地上的一条小河成为整座花园取之不竭的水景源泉。林间溪流和喷泉随处可见。随后在17世纪巴洛克式样流行期间,更在水渠干线上增设水风琴和各种由机械操作的水法,因此有水花园之称。罗马以北巴尼亚的朗特别墅,利用高地上一处岩洞流出的泉水,布置成急流、跌水、瀑布、河流和湖泊,最后归入大海的微缩景观,而在模拟湖泊的大水池中央,竖立了一组美妙的雕像。

意大利台地式园林进入法国以后,由于地形平坦,发展成在缓坡和平原向周围扩展的园林,法朗索瓦一世建造的花园融合了意大利和法国传统,后来又陆续增筑,在法国王权扩张达到鼎盛的路易十四时代臻于顶峰。法国造园家勒诺特尔(André Le Notre,1613—1700年)设计的维康府邸花园和凡尔赛宫花园,使法国古典园林进入了完美的成熟时期。勒诺特尔为路易十四财政大臣福凯建造的维康花园,在1661年历时6年建成。层台高差极小,花园设计成长1 000米、宽200米的中心轴线苑囿,各层台地景物全部均衡对称,靠近府邸的台地以花卉景为主,次级台地以水景为主,向四周展开以花卉形组合而成的"水晶栅栏",花园两侧是茂盛的林园。勒诺特尔为路易十四建造的凡尔赛宫花园,包括宫殿和城区,面积

有1 500公顷，相当于巴黎市区的四分之一。路易十四用了28年时间去建造这座西方最宏大、最华美的宫苑，到1688年才建成。横长4 000米的凡尔赛宫作为主建筑矗立在高地中心，西侧花园占了十分之九的用地，中间有一条林荫大道将花园分成东西两部，东部近宫殿是小林园区，西部是成片森林的大林园区，花园正中有一条贯穿全园的3千米长的中轴线。小林园被王家大道和许多小路分成12个小区，分别布置了迷宫、花坛、水池、岩洞、水上剧场。各式喷泉多达1 400多座。中轴线多半通过的地方是大林园区，有一道宽广的水渠，高大的乔木与四野相接，将空间拓展到广大的远方。轴线的主要段落从阿波罗的母亲拉东纳喷泉展开，西边是阿波罗之车的喷泉，塑造着阿波罗赶着马车展开他每天的行程，而路易十四正是被称作太阳王的国王。路易十四通过这座豪华无比的宏大宫苑，宣示了他在欧洲的霸主地位。花园建成后，英王查理二世仿造了汉普顿宫，德王在波茨坦建立无忧宫，维也纳的申布伦宫、圣彼得堡俄皇的夏宫，也都是纷起效法之作。

正是这座被西方世界称颂不绝的凡尔赛宫苑，受到了中国式园林的挑战。

西方园林所崇奉的"规正匀称，刻意求美，修饰雕琢，物为我用"的审美效应，最终导致的是通过"利用自然"、"与山野争空间"，实现"驾驭自然、制服自然"的理念。体现了追求装饰效应，以期改造自然、服务人生的造园思想和手法。与追求"回归自然，物我天成"的中国园林大异其趣。中国古典园林的审美效应遵行的是"以小见大、借物天成。曲径通幽，别有洞天"的意境美，与追迹形式美、装饰美的西方园林和造园手法完全不同。中国传统哲学中"顺应自然"的思想早已成为主体思想贯穿到人和自然的一切关系中，由此而形成的造园思想，规定了在庭园艺术中嫁接自然的基调，只能是"引泉石入宅第"的文人思想。西方园林无论是希腊柱廊园还是罗马台地式别墅园林，都由建筑主轴线所左右，而中国园林却以散点式透视仿效自然景色，建筑只是附加的、从属的，其功能在于连接人和自然，而不是使自然从属于人居。

西汉时代皇家园囿都以整片山林建筑离宫、别馆，上林苑、甘泉苑都是在陕西南部渭水至秦岭间周围数百里境内。上林苑有离宫70所，能容千乘万骑，苑内可以渔猎，种植名花珍果，甚至训练军队。甘泉苑在长安（今西安）北山山谷至扶风境内，周围270千米，宫殿、台阁100多所。这两处名苑都囊括自然景观，上林苑内烟波浩渺，甘泉苑内苍山茫茫，以野趣取胜。富豪、权贵拥有的园林，也是占地极广的山水园，茂陵富豪袁广汉在茂陵北山下修起东西长2千米、南北长2.5千米的宅园，园内山石流水，水池里积沙为洲，建筑物连绵不绝。东汉权贵梁冀的花园中有深林绝涧，"有若自然"。这是集狩猎、圈养、种植等功能于一体的自然苑囿流行的时期。

3、4世纪以后，城市中的私家园林和士大夫在山川平野中增建别业、庄园的逐渐增多，城市邸宅出现人工修筑的山池园，泉石之美，殆若自然，通过对山石树木的移植，形成自然情趣的审美意识，积累了造园经验。东晋孝武帝时各王府中多有假山岩洞，用真山命名，称作桐山、首阳山，技艺之高，竟使人难以辨别是人工堆砌，还是天然生成。在民间，以退隐文人为主力的园居生活，随着北方游牧民族的入侵和中原王朝内部战争的加剧，逐渐形成一股暗流，悄然在大江南北涌动。追求与乱世隔绝的桃花源，是辞去官职归隐南山的东晋文学家陶渊明（365—427年）的理想，他过着"方宅十余亩，草屋八九间，榆柳荫后檐，桃李罗堂前"的田园生活，是个地道的农民诗人。后来的文人仰慕与自然共怀抱的田园生活，山水画在唐代成为独立的画科，出现泼墨山水，造园艺术向山庄式山水园过渡。唐代诗人、画家王维（701—761年）在陕西终南山建辋川别墅，以山林泉石自娱。诗人白居易（772—846年）自815年被贬官，就离开京城去当地方官，为许多地方开辟风景园林谋划，《钱塘湖春行》一诗使杭州西郊西子湖的自然风光永传后世。这是山庄式山水园林风行的时期。

宋代在造园史上，因运用江南太湖所产湖石而别开生面。1117年起在开封城内东北隅修建的皇家园林艮岳，用人工堆叠的"万岁山"作为全园主景，山下开池沼洲渚，将太湖地区的珍异花木竹石运进开封，称作"花石纲"（纲是运输的项目），这种太湖石色白而玲珑剔透，物由天成，用太湖石堆叠的峰峦作为园内池沼岛屿的点缀，使中国造园艺术步入新的殿堂。开封城外的金明池，是兼有码头、船坞、虹桥，以水景为主的游乐园，东岸的临水街道更是逢年过节的闹市。上层阶级在宅第或近旁兴造园林，称作宅园，引水凿池、垒土堆山已成风气，厅堂亭榭、楼阁步廊成为山林间的点缀。自10世纪中叶西蜀、南唐在宫廷中设置画院，两宋继承了这种制度，使文人画派独占画坛鳌头，在园林艺术中盛行写意式山水园林。宋代洛阳是名园荟萃之地，继承隋唐，素多古树名木，建园多采用借景手法。巫春园中登丛春亭，可以北望洛水。大字寺园（唐白居易十亩之园）以水竹著称。邙山山麓水北胡氏园，借助自然胜景，天造地设，洛阳独有此园。李氏仁丰园，桃、李、梅、杏、莲、菊之外，移植名花，牡丹、芍药多至百多种，紫兰、茉莉、琼花、山茶等远方名花，经培植，亦能绽开。南宋时代，以杭州为首都，太湖石更是庭院中湖滨、廊亭旁不可或缺的景观，庭园建筑仿真山真水，而妙在以小见大，以低见高，亭台、楼阁、廊桥、假山、泉石、莳花、植木，都有文人学士参与策划，更以书画、诗词、楹联相配，开中国文人园风气之先。

明清两代继宋元之后，官僚富豪纷纷起而构筑模拟自然景观的缩微式仿真山水园，一时形成风气，衙署、会馆、寺观也竞相建园，寺观的花园对外开放，使园

明代江南私家园林苏州城厢拙政园

林最早面向公众。明清两代是私家园林繁荣时期，中心在长江下游的江南，名园多出苏州、扬州、杭州、松江、南京、无锡等地。明代北京的私家园林有50多处，多集中在城内什刹海、积水潭一带，有太师圃、镜园，城东南泡子河有泌园、傅家园。西郊海淀和高梁河沿岸多有郊野私宅庭院，海淀与玉泉、西湖（后称昆明湖）连成一片，胜似江南水乡。周环10里的清华园，是座有岛有堤的水景园，到清代康熙年间，在它的旧址建造的畅春园，是第一座清代的离宫别苑。明代苏州私家园林多达270处，是江南园林的代表。苏州的沧浪亭始创于宋，狮子林是元代园林，拙政园、艺圃是明代城内园林，城西有留园。明代其他各地有上海的豫园，南京瞻园，嘉定秋霞圃，杭州皋园，无锡寄畅园。拙政园以中部远香堂为焦点，从堂前平台将水景向东西两部展开，对面叠石筑山，四周庑廊回转，楼阁相连，水中倒影，相映成趣；西部假山尤奇，断崖间自有石梁引渡，九曲桥使人领悟漫游水上的乐趣；庑廊壁面遍刻历代名人书法，堂榭陈设典雅。狮子林的假山、艺圃的水榭、沧浪亭环湖水景，都独具特色，在宅园中领略山水野趣，品赏花木，构筑出诗情画意的情境美。

北京的皇家园林在明清两代不断扩建、改建，到18世纪末使中国园林建造进入了最后一个高峰。

明代在北京皇城内宫城西侧西苑建造皇家园林，对元代的太液池（相当现在的北海和中海地区）加以扩建，开凿了南海，四周增设许多景点，形成后来的北海、中海、南海楼台参差、山水相连的图画景观。清代对三海续加修建，仍保持了明代的原貌。

清代北京西郊皇家行宫苑囿总称三山五园，有香山静宜园、玉泉山静明园、万寿山畅春园、圆明园、清漪园五座皇家园林，占地自60多公顷到300多公顷不等。康熙时，1684年在明代清华园旧址上最早修建了占地60公顷的畅春园，作为皇帝处理政事和游乐的地方。圆明园是雍正帝当藩王时的宅园，即位后大肆扩充，乾隆二年（1737）再度扩建，陆续在东部扩建长春园和绮春园，合称圆明三园，占地共350多公顷，是五园之冠。园内建筑群多达123处，有"万园之园"的称誉。

全园三大景区,中部的前湖和后湖,建有宫室和九岛,象征禹贡九州;东部福海,水面辽阔,湖中三岛,象征东海蓬莱三岛的仙境;后湖东西北三面沿岸的园区,如众星拱卫,建造了祭神的安佑宫、仿市肆的买卖街、藏书的文渊阁、听戏的同乐园,并有采自南方的著名风景:仿杭州西湖的曲院风荷,仿绍兴兰亭的望石临流,仿庐山的西峰秀色,仿桃花源的武陵春色。名山大川、人文景观尽行浓缩园中,经乾隆帝题咏的共有40景。宫廷画家沈源、唐岱在1744年合绘绢本着色的《圆明园

清宫圆明园四十景之一:慈云普护(1744年沈源、唐岱画)

四十景图》,加上题跋,共有80幅,副本由王致诚寄往巴黎。1786年法国传教士晁俊秀奉命制成圆明园铜版图20幅,巴黎、北京、沈阳各有藏本。

圆明园既荟萃中国园林景观的大成,弘历又在东部长春园内兴筑叫作"西洋楼"的欧洲巴洛克式白石宫殿。全部工程自1747年由意大利画家郎世宁设计,法国传教士王致诚、蒋友仁协助建造。郎世宁和王致诚的合作,使园中欧式宫殿门窗回廊具有意大利式样,而雕饰纹样和室内装修接近路易十四时代的法国风格,成为意大利和法国巴洛克建筑的混合体,是洛可可庭园艺术的巨构。园中的主体建筑谐奇趣、远瀛观、海晏堂都由蒋友仁安置喷水泉(当时称大水法),远瀛观、海晏堂屋顶极富中国格调。这是中国园林大规模营建欧式庭院的杰作,也是全世界首次在中国园林的发祥地,将打造规正园(又称形式园)的西方园林引入追求风致园的中国园林,从而创造出混合式园林的大胆创新,工程的成功着实震惊了业已建成凡尔赛宫苑的欧洲建筑界。然而不足百年,在1860年9月被入侵北京郊外的英法联军付之一炬,圆明园三园因此成为一片瓦砾断垣。法国文豪雨果为之义愤填膺,致书友人,希望有朝一日法国会将劫掠的文物归还中国。

圆明园西万寿山和山南昆明湖,在1750年建造了一座面积达3.4平方千米的山水园,名叫清漪园。园景一如杭州西湖,有仿苏堤的西堤,仿岳阳楼的景明楼,仿无锡黄埠墩的凤凰墩,仿无锡寄畅园的惠山园等江南胜景。1860年清漪园与圆明园同时被英法侵略军破坏。后来那拉氏慈禧太后挪用军费2 000万两重新修复,1888年竣工,更名颐和园。这是中国至今犹存的最气派的皇家园林了。可与相提并论的仅有康熙时始建,1790年经弘历扩建完形成新的36景的热河承德避

暑山庄,差可与之媲美。

　　从18世纪在欧洲掀起的"中国热"(Chinoiserie),最后归结到庭院艺术的中国风尚。欧洲式样的规正园在路易十四时代达到了顶峰,同时也招致了崇尚自然的中国式造园艺术的挑战。1738年法国文豪伏尔泰在《致普鲁士国王的信》中,表示了对人工修饰过多、花木布置过分呆板的欧式园林的"反感又厌倦",抒发了他对田园化的园林的向慕:"我更爱宽广的森林。空旷的自然并非齐正划一,它自由拓展,正好合乎我的心意。"同样,在法国,启蒙思想家卢梭也是竭力赞成返璞归真、攻击古典主义造园艺术的旗手工,他预言:"总有一天,人们会厌弃毫无乡野气息的花园。"他在1861年发表《新爱洛伊丝》时充分表露了对"你既看不到排成直线,也看不到铲成平面"的风致园的追慕。比伏尔泰更早,英国文人早已借助中国文人园的造园艺术对欧式庭院加以发难,威廉·坦波尔(William Temple, 1628—1699年)算得上是最早的一个。1685年他在《论埃皮克鲁园林》一文中,赞美中国人可以把园林布置得美妙动人,而西方人对这种审美观却一无所知,中国人对这种适合他们意向的布置常用的一个词叫Sharawadgi(疏朗获趣)。这时离荷兰东印度公司的赴华使节访问中国后,使团随员纽霍夫在1665年发表《中国游记》(1665年,英译本1669年出版)不久,1688年德国纽伦堡出版了第一本讨论东方园林的专著《东西印度和中国的园林及皇家庭园》,欧洲已有更多的人注意到中国和欧洲庭园在风格上的不同。英国文人艾迪生(Joseph Addison, 1672—1719年)在1712年发表文章,借中国人的审美观攻击英国庭园的刻板,他认为要求树木都要长得笔直,毫无娇媚可言是不可取的。当时法国耶稣会士李明(Louise la Comte, 1655—1728年)到中国考察以后,发表了《中国现状新志》(1796),介绍了中国的建筑和园林,指出中国的园林由于模仿自然,所以在维修方面花费很少,比欧式庭园要省钱。艾迪生便身体力行,和诗人亚历山大·蒲伯(Alexander Pope, 1688—1744年)一起,按照中国培植树木的式样布置自己的花园。

　　但是中国式样的园林艺术要在欧洲形成时代风气,却要到半个世纪以后才能实现,举大旗的是早年就随船到过广州的英国建筑师威廉·查布斯(Sir William Chambers, 1726—1796年),后来他到巴黎和罗马学习建筑,回到英国担任王室建筑师后,又去中国考察,以他的实际见闻在1757年出版了《中国建筑、家具、服饰、器物图样》,目的是对欧洲的中国热在建筑与室内陈设等领域,提供一种真正符合中国式样的设计。他的杰作是在伦敦西郊为肯特公爵的别庄丘(Kew)园建造一座10层的中国楼阁式塔,还有中国式样的亭子。丘园的设计在1763年出版了专书。后来丘园的建筑传到法国,在1770年以后法国出版《英中花园》一书，将英国建造的中国式园林，正式称作"英华庭园"（中英式花园），作为欧洲对中国风格的园林的一种认同。这种园林从严格意义上说，已是经过英国建筑师之手翻造的中国和西方式样的混合园，代表了中国园林最终必然会在西方找到立脚点的时代趋势，但比之北京长春园中的西洋楼，无论在规模和成就上，都已是千差万别，不可同日而语了。

18世纪的中国园林已发展到登峰造极的地步，私家园林随着商品经济的发达，多集中在物产丰裕、交通便利的城市和近郊，数量既远胜明代，而且逐渐形成以北京为中心的北方体系、以苏州为中心的江南体系，以及以广州为中心的岭南体系。这些园林通常已由住宅、园林分置逐渐走向两者结合，与宋明以来的自然野趣欣赏的园林不同，在有限的空间中，通过高明的造园手法，创造较多的景物，运用空间不断变幻、开合、收放、明暗等艺术手段，打造出构图灵活、建筑精巧、叠石奇妙的园林环境。苏州的园林在传统名园之外，又增添了各具特色的网师园、环秀山庄和耦园、同里的退思园等世界级名园，1997年列入世界遗产的名园共有9座之多。北京的私家宅园，城内有恭王府萃锦园、半亩园等，西郊海淀有一亩园、蔚秀园、淑春园、熙春园等模拟江南的水景园。岭南园林有顺德清晖园、东莞可园、番禺余荫山房和佛山梁园为代表。

进入19世纪，欧式开放性公园引入中国沿海埠头，上海、天津、青岛、大连等地开始进行规正园的建设，中西园林逐渐出现混合园的走向。日本的庭园原是中国庭院艺术的支流，筑山庭、枯山水都是自然景观的缩微，引进规正园以后，仍保持着石幢、钓台、手水钵等具有民族特色的造园手法。20世纪末，欧美各地掀起了输入中国园林的新一轮热潮，以江南古典园林为代表的中国风致园，在五大洲获得了新的天地。此风从1980年4月在美国纽约大都会艺术博物馆北翼，仿照苏州网师园明轩的另一座明轩的竣工开头，随后有德国慕尼黑芳华园、英国利物浦燕秀园、加拿大温哥华逸园、澳大利亚悉尼达令港的谊园、日本大阪同乐园等一批中国式园林相继落成，开罗国际会议中心也修建了中国园，瑞典哥德堡的江南园林，新加坡唐城、土耳其伊斯坦布尔中国园也相继竣工。在巴黎，已经有了一座日本式花园的联合国教科文组织总部，也划出了一块有限的地方，要建造一座中国式花园，因为此刻大家都已弄清了，中国园林才是日本庭园的鼻祖。以苏州为代表的中国江南园林，在20世纪末终于获得世界公认，列入了联合国的世界文化遗产名录中。

第十四章
遥领千古风骚的丝绸

7 000年前的丝绸之乡

在麻、毛、棉、丝四大类服饰文化中，中国率先创造了麻和丝类文化，麻是植物纤维，丝是动物纤维。从很早的时候起，中华大地上就有种种关于养蚕、缫丝、织帛的传说，描绘长江流域的先民很早就懂得饲养野生的软体动物野蚕，将它改良成家蚕（Bombyx mori），把桑叶从树上摘下来喂它，蚕就会吐丝结茧，将自身困缚在茧中。人们从一颗颗雪白的茧子上抽出一根根细长而富有韧性的细丝，经过炼制，可以纺织出丝线、丝带，和一块块可作衣料的帛。

古人最初利用的是野蚕蛾口茧，野茧受到雨淋日晒和微生物的作用之后，会因丝胶分离而很容易地将丝绪引出；还有一种可能是古人要吃食蚕蛹，就会撕掉茧衣，扯破茧壳，引出丝来。蚕丝具有纤维长、韧性大、弹性好的优点。蚕丝的主要成分是丝素和丝胶，丝胶包裹在丝素外面，有黏性又易溶于水，但遇冷又会凝固；丝素是蚕丝的主体，又称丝纤维，是透明而不溶于水的纤维，占了总重量十分之七，剩下的大部分是丝胶，没有清除丝胶的叫生丝，清除了丝胶的叫熟丝。丝纤维是丝织物的原料，它的纤维比麻织物、毛织物、棉织物等短纤维要长得多，可以达到500米以上，1 000米以下；它的韧性，也就是抗张强度（单位面积的破碎力）很高，可达到每平方毫米35千克以上44千克以下，比钢丝每平方毫米是50千克到100千克的下限略为差一点。而且，蚕丝的弹性好，一般拉长1%到2%，只要一松手，就恢复原状了，只有拉长到超过20%时，才会扯断。要织成帛，不但要养好蚕、吐好丝，关键是要有很高的缫丝技术，这是中国古代先民的一项十分伟大的发明。有了缫丝技术，才能进一步纺织丝织物。在一本2 000年前的古书《淮南王养蚕经》中，将养蚕缫丝这项发明归到黄帝的元妃西陵氏，说那是西陵氏嫘祖的功绩。这项劳动自古由妇女担当，所以传说中那时社会地位最高的妇女西陵氏，当然是养蚕缫丝的发明家了。

中国最早养蚕、缫丝、织帛的地方在哪里？这本来是个难解的谜，可是一次考古发掘居然找到了年代极早的丝织物，于是这项伟大的发明就有了明确的地点和时间。1958年在浙江省吴兴（现在湖州市）名叫钱山漾的新石器时代良渚文化（公元前3300—前2200年）的居住遗址中，出土了丝线一团、丝带一团、绢一片，还发现了麻绳、苎麻布残片多件，13件陶纹轮；除了绢片，其余织物都已炭化。这个石器时代的遗址在太湖南岸经过C_{14}测定，遗址距今已有4 700±100年，经树轮校正，距今有5 200年左右（5 288±135年）。出土的丝织物纤维原料都是家蚕丝。遗址出土的两把棕刷，柄部用麻绳捆扎，和后世的丝帚相似，是现在能见到的最早的缫丝工具了。残绢经纬密度是每平方厘米48根，经缫而后织，丝纤维偏细，钱山漾出土绢片表面光滑，纤维均匀，断面显示三角形已经分离，表面丝胶脱落，大约经过热水处理才缫取。为达到应有的密度，采取了增加经纬纱数的办法。这绢片就是3 000年前古人所说的帛，是没有花纹的一种比较普通的丝织物。这是中国，也是全世界最早的丝织品，当时已经具有一定的工艺水平，因此完全可以相信，中国丝织业不止有5 000年历史了。

太湖流域的居民，首先在世界上开辟了饲养家蚕和生产丝织品的生产领域。那时埃及第一王朝才开始织出精细的麻布。良渚文化的居民种植水稻，居住在干栏式建筑或地面建筑中，有水井供应饮水，尤其擅长养蚕织丝、种麻织布，过着男耕女织的农耕生活。1978年在离钱山漾不远的河姆渡遗址第三层出土一件牙雕小盅，外壁上刻着身有蚕纹的四条爬动的蚕，给人们推测有更早的丝织品出土，寄予了希望。在年代和良渚文化相近的其他遗址中，也有蚕茧和蚕蛹的发现，1926年山西夏县西阴村仰韶文化遗址出土有被切割的半个茧壳，同时还发现了纺轮和骨针；在山西芮城西王村仰韶文化遗址出土过陶蚕蛹；后来在河北正定南杨庄仰韶文化遗址又出土陶质蚕蛹一件，经C_{14}测定，遗址距今5 400±70年，这将中国北方养蚕的历史同样推前到了5 000年以前。

到了有文字的时代,制作的丝织品已越来越精美,由于织法不同,品种也越来越多。商代甲骨文中,有桑、蚕、丝、帛等字,偏旁从丝(系)的字多到105个,说明3 500年前早已有了丝帛做成的衣服了。商代丝织物有了斜纹组织、平纹和斜纹的联合组织,还有绞纱组织,织出的纺织品精细,并且有繁复的花纹。在商代和西周时代,丝织物的名称至少已有九种,有帛(绢)、缟、纱、绨、罗、纨、縠、绮、锦,绮和锦的花纹尤其精美。

商代开始有了斜纹显花的高级纺织品"绮",绮因为有菱形花纹,所以又称文绮,"文"就是纹的古写。绮是普通的平纹组织上,又加上斜纹组织,在斜纹的经线上织出隐现的花朵,是种精巧过人的丝织物,俗称暗花绸。有一件商代的礼器铜钺,现在保存在瑞典斯德哥尔摩的远东古物博物馆里,上面还有用绮这种高级丝织物包裹的残片,可以看到有菱形花纹,用双股丝加捻织成,是世界上现存最早的暗花绸了。在河北藁城出土的商代铜器上,也有这种包裹的丝织物残件,是称作"縠"的一种绉纱,现在保存在国内。这种绉纱是将纱线加以煮炼,使它收缩弯曲,造成织物表面的皱纹,使织物具备凹凸感。1957年在长沙左家塘一座离开现在2 400年的古墓中,出土的一件浅棕色绉纱手帕,竟和现在的真丝乔其纱一样,然而这种丝织品,早在商代便有了。

最绚丽多彩、织工繁复的丝织物是锦。锦是多种色彩交织成花纹的,经过能工巧匠的精心制作,可以用作最华贵的衣料、帷幕、挂幡、垫褥和床上用品。这种高级彩锦首先在黄河中下游地区创制成功,在公元前9世纪的西周时期,便开始作为礼品、高级服饰见之文字了。再加上用彩色丝线在锦、缎上刺绣,于是锦绣便成美丽绝伦的代称。西周的锦有实物,在辽宁的朝阳、陕西的宝鸡古墓中出土,花纹表面都有斜纹显示的立体感。后来长江中游的湖北、湖南也都能制作花锦,图案越来越恢宏,色彩越来越丰富,有五色、九色等多种。长沙左家塘战国墓中就发现有深棕色地红黄色菱纹锦、朱条暗花对龙对凤锦、褐地双色方格锦等多种。锦和绮从此成了中国丝绸的代表,是丝绸顶级产品。

春秋、战国时期,丝绸被大量运到河北、山西,越过河套,又通过新疆,远销海外。那时的周王朝被割据的各诸侯国削弱了,但维持着名义上的宗主地位。公元前771年,周平王将都城从陕西镐京迁到河南洛阳,直到公元前256年东周灭亡,足足有500年以上的历史。这一段历史,正是洛阳作为全国商贸中心,最大的消费城市之一,经销各地生产的丝绸,并向国外输出的时期。自古被称作"天地之中"的洛阳,也是名副其实的最古老的丝都。在前汉时代,洛阳仍然是汉朝的东都,公元1世纪,东汉王朝正式建都洛阳,将洛阳城建成一座美轮美奂的大都市,洛阳城周围城墙共长14千米,在城西有金市,城南有南市,东郊有马市,道路可以通达亚洲和世界各地。丝绸漆器、铜器吸引着许多外国商人来到洛阳，为了款待外国客商，洛阳城外特意设置了一处胡桃宫。

洛阳城里起初是有地位、有钱的人竞相穿着丝绸，使用丝织品作装饰与生活用品。到后来，丝绸价格便宜得连老百姓都可以穿戴了，那时富贵人家连奴仆都穿着细密的绮、縠、冰纨、锦绣那类最精美的丝绸。一般人士，像当公差和车夫的、做小买卖的，也都穿绫戴绢。周边民族和远方国家经常派使者到洛阳贡献珍宝，统治者也常将特制的丝绸袍服、锦绣、绢匹相赠。公元40年，汉朝一次赠给匈奴单于的丝绸，就高达万匹之多。希腊地理学家史特拉波将中国丝绸叫作赛里格（Serica），罗马天文学家托勒密在150年写的《地理学》中，干脆用赛里格（Serica）称中国，将中国的都城叫赛勒（Sera）。赛里格后来在781年竖立在陕西周至的《大秦景教流行碑》中，写作叙利亚文Sarag，梵文Saraga。据唐代义净《梵语千字文》，Saraga的汉语对称，正是洛阳。正因为丝绸是中国足以向世界夸耀的名牌货，所以洛阳也成了丝绸之都。

2 500年前的世界工艺极品

丝绸外销，随着骑马民族的迁徙走遍欧亚草原，这是西周时代以来十分醒目的史实。在春秋时期末期，新疆东部的月氏，葱岭以西的斯基泰，都是活跃在草原、河谷间的骑马民族，他们是丝绸西运的重要中介商。从公元前6世纪起，波斯建立了地跨亚、欧、非三大洲的大帝国，和欧洲的文明古国希腊相对垒。喜马拉雅山南面的印度，在孔雀王朝统治下，统一了印度次大陆的北方。波斯、印度和希腊，至少在公元前5世纪都已见到过中国的丝绢。波斯人把用丝绢制作的衣服叫作米地亚衣料，因为丝绸运到里海西南的米地亚地方集散，米地亚人就用它裁剪成上衣，波斯人认为这是当时最华贵的服装。这些衣料都用绢制作，波斯文中的绢称bālās，就是中文中的"帛"。这些衣料实际是从葱岭东边一个由姓姬的周王室宗族建立的国家运出去，所以从此

汉代双绫四兽（狮子）纹绮（叙利亚巴尔米拉出土）

波斯人认识了这个"姬"国,写作Cīna。这个名称同时传入了印度。印度称绢叫Paṭṭa,也是从中文的"帛"借去,在南疆发现的驴唇体(佉卢体)文书中写作Pata。在印度月护大王(公元前320—前315年)当侍臣的侨胝厘耶写的《政事论》(*Arthaśastra*, 2,Ⅱ,114)中,提到过"中国丝卷"(Cīnapattāsca),就是"中国帛"。公元前4世纪,经过亚历山大大军的东征,中国丝绸在波斯湾和地中海畅销,中国这个发明丝织品的国家的名声也传遍了亚、欧、非三大洲。

　　希腊人也差不多是在公元前5世纪见到了中国丝绸,证据是在雕刻和陶器彩绘人像中,可以见到他们所穿衣服细薄透明。这些雕像有帕特侬神庙的运命女神(公元前438—前431年),埃里契翁的加里亚狄(Karyatid)像等公元前5世纪雕刻家的杰作,他们都身穿透明的长袍(Chiton),长袍是用质料柔软的丝织衣料缝制,所以衣褶典雅。还有公元前530—前510年雕刻的雅可波利斯的科莱(Kore)女神大理石像,胸部也披着薄绢。公元前5世纪雅典成批生产的红花陶壶上也有非常细薄的衣料。过去有人以为这些衣料是野蚕丝所织,但野蚕丝织出的衣料不会那么透明、平匀。后来证据就越来越多,雅典西北陶工区的墓葬中,有一座富豪阿尔西比亚斯(Alcibiades)家族的墓葬,出土有6件丝织物和一束丝线,经鉴定,这些丝织物是公元前430—前400年中国家蚕丝织成。但这一件还不是欧洲出土中国丝绸最早的。欧洲人在刚进入铁器时代,就用上了中国丝绢。20世纪70年代在德国西南部巴登—符腾堡州的荷米歇尔(Hohmichele)发掘的6号墓中,发现了一件当地织造的羊毛衫,中间混有中国家蚕丝,墓葬的年代是公元前6世纪中期,同时出土的有一大批希腊和地中海地区的器物。比这稍晚几十年,也是公元前6世纪晚期的丝毛混纺织物,出现在斯图加特附近的霍克道夫—埃伯丁根(Hochdorf-Eberdingen)的古墓中。这些发现显示古人早已知道丝毛混纺有助于增加羊毛织物的韧性,这可以由乌兹别克斯坦南部阿姆河畔的城市沙巴里达坂(Sapalli Tepe)的出土文物来佐证。考古发掘在那里的138座墓葬中,有25座发现了时间在公元前1700—前1500年间的丝织品残件,那时正好相当于中国商代的早期和中期。这些丝织品能在素来盛行毛布的地方畅销,其中的一大秘密,就是丝线一旦和毛线混纺,其韧性和牢度便有很大的提高,而丝毛混纺技术一定是由生活在气候比较内地寒冷的中国西北地区的骑马民族,首先发明的一项新技术。这项发明加速了中国丝绢在亚洲西部和欧亚草原地区的运销。在中国新疆哈密地区发现的3 200年前的干尸身上,确实裹有精美的毛织物,其中就有用色丝织成彩色条纹的丝毛混纺物,这就说明中国发明的丝毛混纺工艺早已开始西传,由于这种纺织品可以增加毛料的牢度,更加适合北方寒冷地区人民穿着,因此在北方流传已久,后来奔驰在欧亚草原上做买卖的斯基泰民族,不过是对这一技术起了传媒作用,所以公元600年前后,中国的丝绸已被欧洲多瑙河流域的草原牧民所熟知,应该是没有什么疑问的了。在那么早的时候,希腊人或欧洲人身上穿的是野蚕丝,还是家蚕丝的争论,也到了可以画上句号的时候了。

可以明确,最早的丝绸之路至少已在公元前6世纪从中国通到了中欧的最西部,到了多瑙河的源头,现在德国和法国交界的地方了。要是说得更清楚一点,那时候,从中国山东的丝都临淄通过黄河河套,沿着天山,通过里海北缘和黑海,一条草原丝绸之路已通到德国的斯图加特了。

波斯和拜占庭:丝织技艺的二传手

公元前3世纪以后,直到9世纪,中国丝绸畅销世界,声誉蒸蒸日上。国际市场对丝织品的需求不断增长。在国外出现了两处最大的市场:一是伊朗,二是罗马。伊朗在公元前284年建立了安息国(Arsak),一称帕提亚(Parthia),安息模仿中国,大量使用丝绸制作服饰、帐幔和军旗,并用垄断丝绸贸易的办法向罗马谋取高额利润。罗马对中国丝绸的渴求,使它在公元2世纪初加强了对叙利亚境内小国奥斯格赫纳和巴尔米拉的统治,公元106年罗马正式占领彼特拉,发展埃及和叙利亚的贸易。116年罗马大军一度攻陷安息冬都泰西封和塞琉西,直抵波斯湾头。但安息人仍然从丝绸交易中获取巨利,并扼制地中海东部利凡特的丝织业。

伊朗和罗马一边从中国贸易中取得丝货,一边也在设法了解养蚕缫丝的秘密,为建立本国的丝织业创造条件。

丝织业的建立,必须解决原料的生产,养蚕栽桑是必不可少的一环。向中国学习织丝,也必须学会养蚕。在亚洲东部,先后有中国的移民在汉代以后,向朝鲜和日本传授了养蚕栽桑、缫丝织帛的技术。在中国西部的新疆,养蚕栽桑是先在鄯善出现,然后在公元1世纪初西传于阗。藏

唐代联珠对马纹锦(新疆吐鲁番出土)

文《于阗国授记》和玄奘《大唐西域记》卷十二都记下了东国公主通过下嫁于阗国王，违反关防暗中将蚕种运入于阗国（瞿萨旦那国）的故事。鄯善国早已栽培桑树养蚕，于阗也早在公元1世纪初就出产丝絮了。印度史诗《罗摩衍那》中有一个茧国（Kosakaras）接待过苏立伐的使者，茧国就是于阗。后来在中国南北朝时期，沿着塔里木盆地北缘的好些小国都从内地引进技术工人，开创了丝织工业。中国史籍和出土文书都说明5世纪高昌、龟兹、疏勒都能纺织丝锦；库车出龟兹锦，是448年的吐鲁番文书中写明的；7世纪初，连于阗也能纺织丝绢了。

新疆境内许多彩锦都从斜纹起花，这种技法直接传入中亚的费尔干那和伊朗，当时萨珊波斯已取代安息立国，栽培适合当地生长的墨桑养蚕。伊朗民间传说，萨珊波斯的两位使者到中国学会了养蚕缫丝，后来把蚕种放在竹筒中，带回

辽代棕色蝶鸟穿花绫

伊朗，用墨桑喂蚕。取得成功后，又纺织罗缎和后来著名的波斯锦，至少5世纪已有自己的丝织业了。最初的一批丝织工匠恐怕也是从中国高昌或龟兹去的，高昌有8座城市，都有汉人的技术工人从事专门的生产。波斯的丝织业是以中国丝织品为楷模的。波斯语中的Vālā（"越"）是种丝织品，借自汉语的"幡"，是精细的罗纱；波斯语中的nax（"诺"）是双面绒，也指锦缎，是汉语的"缎"，所以中国史籍中记波斯产越诺布，也源自汉语的罗缎。中古波斯语中的彩锦叫parnīkan，很像是3世纪也很有名气的四川成都生产的"贝锦"，是花纹绚丽如贝的彩锦。6世纪波斯的绫锦就已很有名声了，520年阿富汗的呋哒人（Hephlitates）第一次将"波斯锦"作为贡礼，带到了长江下游梁朝的都城南京。波斯人模仿中国锦缎，保留了他们纬线起花的传统，最初仿照中国平纹组织，后来发展成斜纹组织的织锦，在6、7世纪又成为中国新疆各地外销锦绮的织丝工艺。以后好几个世纪中，波斯锦就是一种可以与中国锦媲美的高级丝织品了。伊朗当然也就成了中国以外第二个丝织中心了。

公元1世纪初，罗马帝国已是中国丝绸的最大主顾。罗马人在地中海东岸的利凡特，建立了三个加工中国丝绢的纺织中心，最北的一个在黎巴嫩的贝鲁特；稍南的一个在巴勒斯坦北部的西顿；最南的一个靠近西奈半岛，是推罗城。这三个海港城市，每年忙着将中国运到的

缣素（白绢）重新拆散，再按照西方的习惯，织成斜纹起花的胡绫，染成罗马人喜爱的紫色，又用镂金工艺织成光彩夺目的袍服，供罗马上层贵族穿用。才貌出众的绝世美人埃及女王克利奥巴特拉（公元前43—前30年在位），率先穿着经过西顿织工特制的中国绫绮，出现在宴会上，显得分外光华过人，世人为之称羡不已。罗马的独裁者恺撒也在大庭广众之前穿着这种精美的长袍，到剧场看戏。当时还仅有妇女穿用这类奢侈的服装，所以，恺撒的这一举动，引来了时人的非议。恺撒甚至还用过丝绢制作的遮阳伞。据当时罗马科学家普林尼记述，罗马少女都赶时髦改穿透明的罗绮裁制的衣服，好显示她们体态的秀美，中国丝绸无疑是罗马都市中最时尚的服饰了。

后来罗马帝国分裂成东、西两部，东方由拜占庭统治，利凡特的丝织业都归了拜占庭。但拜占庭敌不过伊朗的封锁，使得它从中国进口的丝绢原料受到限制，5世纪以后丝织业摇摇欲坠，几乎破产。拜占庭皇帝查士丁尼（527—565年）在531年后派出使者，要求红海西岸埃塞俄比亚境内信奉基督教的阿克苏姆王国，从印度通过海路转运丝绢，来减少罗马金币流入波斯，维持利凡特的丝织业。阿克苏姆因此出兵占领也门，但波斯却暗中支持也门的希米雅尔人从中阻挠，使阿克苏姆难以获得从印度转运丝货的专利。

这时印度也从中国新疆学会了养蚕制丝，改变了过去只知道用野蚕丝制作侨舍耶衣的技术，设法从中国新疆弄得蚕种偷运出境。拜占庭史家普罗科庇斯（500—550年）的《哥特战记》（De Bello Gothico，Ⅳ，17）记述，正当查士丁尼一筹莫展之时，552年有几个僧侣从印度到了拜占庭的首都君士坦丁堡，向查士丁尼自荐，说他们曾在印度北方的赛林达（Serinda，中国新疆）居住多年，熟悉养蚕，可将蚕子带到拜占庭来。查士丁尼允准以后，他们就回到赛林达，把蚕子运到拜占庭，依法育成幼虫，用桑叶饲养，拜占庭用政府的财力支持丝织业，原料既

8世纪中叶君士坦丁堡丝织品上的皇帝狩猎图

有了保证，丝织业在地中海滨也有了新的发展。拜占庭贵族爱穿的斯卡尔曼琴长袍，也是模仿中国运去的织锦缎织成的。拜占庭将丝织技术传到了希腊和埃及。此后伯罗奔尼撒半岛的丝织业便在中世纪享誉欧洲了。

中国在汉代已有了一次能提综40—50片的提花机，能够在交织综以外再加

汉代绛地"延年益寿长葆子孙"织锦

许多提综，一次能织经线3 000—5 000根。李约瑟认为西方的提花机是从中国传去，比中国要晚，波斯、拜占庭、埃及大约在3世纪后才有简单的提花机，要到12世纪才比较完备。

萨珊波斯的丝织工艺在伊斯兰教兴起后，传给了阿拉伯世界。751年发生在楚河流域的塔拉斯战役后，一批中国工匠包括丝织在内的纺织工匠和金银匠移居伊拉克的库法，为阿拔斯哈里发的官手工业工作，其中有丝织工艺的技师河东（山东）人乐隈、吕礼。9世纪博物学家查希兹在《生财之道》中列举哈里发的新都巴格达市场上有许多中国货，丝绸是不可或缺的产品，中国丝织工艺对那里的丝业发展起着重要作用。库法制造的金丝或半金丝头巾，称作库菲叶（Kūfiyah），直到20世纪仍是阿拉伯人喜爱的头巾。巴格达的阿塔卜区，从12世纪开始生产一种条纹绢，名叫阿塔比（attābi），后来西班牙的阿拉伯人加以仿造，销到法国、意大利和欧洲各地，叫作塔比（tabi）。意大利人又把巴格达丝绢叫作baldacco，教堂中使用的丝质华盖叫作baldachin。法里斯的一些城市，像塔瓦吉（Tawwaj）、法萨（Fasā）的一些工厂专为哈里发制作华丽的锦缎、刺绣和礼服，波斯语称作绣花袍（兑拉兹，tirāz）。设拉子

元代鹦鹉纹金锦

出产纱罗和锦缎,库泽斯坦的突斯塔尔和苏斯,模仿唐代的金锦工艺,用金线在大马士革缎子上刺绣图案,用纺绸缝制帷幕和斗篷,运到欧洲去,成了名牌货。唐代的《杜阳杂编》记录了868年同昌公主出嫁时,嫁妆中有一条神丝绣被,上绣三千鸳鸯,奇花异叶,缀上灵粟之珠,珠如粟粒,五色辉焕,可称金丝工艺的极品。这些工艺成为中国和波斯丝织业交流的内容,影响极大。后来蒙古人靠了从撒马尔罕掳去的手艺人在和林开办金锦的纺织厂,元朝继续和波斯交流,生产金锦,名重一时。波斯的波纹绸(波斯语tāftah,拉丁语taffeta),中文译音塔夫绸,是中世纪欧洲各地妇女最喜爱的一种绸子,后来中文名字就叫纺绸。英语Satin(缎子)是从意大利语、阿拉伯语Zeytūni转去,是由泉州输出阿拉伯国家的"色缎"的音译。中世纪欧洲市场上著名的丝绸,差不多都从阿拉伯和波斯运去。只有"彩缎"是真正的中国货。

在中世纪的欧洲,是伊比利亚半岛的科尔多瓦和摩尔人王朝首先建立了丝织工厂。1147年,丝织工艺被西西里的阿拉伯人学会了,不到半个世纪,西西里的丝织业击败了伯罗奔尼撒地区的丝织业,成了丝织技术向欧洲各地传播的中心,西班牙和意大利都建立了自己的丝织厂。最后,欧洲西部国家也学会了织造美丽的丝绸。

汪大渊：丝绸贸易的巨子

元朝(1260—1368年)是个疆域广袤的帝国,察合台、钦察和伊儿三个汗国将中亚、西亚、俄罗斯和中国连成一片,中国的影响正在空前拓展。继基督徒马可·波罗东来之后,与穆斯林大旅行家伊本·白图泰到亚非各地游历的同时,中国也有一位出生在江西南昌的海外贸易家汪大渊乘着船,遍访了印度洋和地中海各国,以他广博的海外知识,精细入微的观察,记下了他的见闻,在1350年正式勒成定本,在南昌刊出《岛夷志略》。

《岛夷志略》是汪大渊在1328年到1339年的12年中,前后两次跟随中国商船出海的记录。他在这本书中,记述了他到过的国都、海港和海岛,叙述山川、风俗之外,更记明航路、物产和贸易的货物与货流,是14世纪中叶有关东南亚、印度洋各国,以及红海和地中海南岸国家民俗、经济、商业和航运的一本难得的手册。

汪大渊去过的地方有100多处,向东最远到了马鲁古海和班达海,现在印度尼西亚最东端的地方;向西越过阿拉伯海,到过波斯湾和红海,更沿着地中海南岸到过杜米亚特和摩洛哥的丹吉尔,望到了大西洋的海滨。北面他去过波斯湾头的巴斯拉，向南沿着东非海岸寻访桑给巴尔岛，抵达了马赫迪里朝的故都基尔瓦·基西瓦尼。

他在各地参与国际贸易，了解各地对商品的需求，他特别注意中国丝绸和瓷器、棉布、铁器、花银、漆器等在各国的经销。他列举中国丝织品的外销，可以总括成五大类：（一）南丝或北丝；（二）丝布（生绢、匹帛），有丝布、红丝布、青丝布、水绫丝布；（三）绢，有细绢、土绸绢、五色绢、花宣绢、绸绢衣、红绿绢、狗迹绢、小红绢、红绢、山红绢、诸色绢；（四）色缎，有诸色缎、青缎、苏杭五色缎、龙缎、草金缎、五色绸缎、诸色绫罗匹帛；（五）锦，有锦缎、建宁锦、丹山锦。这些丝织品销到了亚洲和非洲的许多地方，大到一些国家的都城，小到一些海岛。

最值得注意的是，那些进口中国锦、缎等十分华贵的高级丝绢品的城市。这些地方在东南亚的有4处，在南亚的有2处，在西亚的有3处，在北非的有2处，属于东非沿海的有4处，共涉及多达15个国家和地区。

中国向东南亚的泰国（真腊），运去丝布、建宁锦、龙缎；向印度尼西亚的亚齐（须文答剌）输出五色缎，向满者伯夷（爪哇）输出色绢、青缎，向万丹（八都马—下港）输出南北丝、丝布、草金缎、丹山锦、山红绢。

运到南亚的丝货，有南印度奎隆的五色缎，孟加拉（朋加剌）的南北丝、五色绢缎。

在西亚，波斯湾头的布什尔（波斯离）进口中国的五色缎和毡毯；卡伊斯岛（甘埋里）进口中国的青缎、苏杭色缎；阿拉伯半岛的麦加（天堂）也需要五色缎。

在北非，埃及的杜米亚特（特番里）进口五色绸缎、锦缎；摩洛哥的丹吉尔（挞吉那）也爱好五色缎。据《地方奇闻考证》，丹吉尔已是"阿非利加边界的尽头"，那里是汪大渊生平到过的最远的地方，旧大陆的西端。

在非洲东部地区，索马里北部的纳卡塔（Nacati，哩伽塔）输入五色缎，索马里南部的摩格迪沙（班达里）输入诸色缎。肯尼亚的马林迪（层摇罗）也是五色缎的进口国，坦桑尼亚的基尔瓦·基西瓦尼（加将门里）更是苏杭五色缎、南北丝、土绅绢的大主顾。

这15个畅销中国丝锦的国家和地区，若以阿拉伯海为界，那么东部是8个国家，有印度尼西亚、泰国、孟加拉、印度、伊拉克和伊朗，西部红海、地中海、亚丁湾和印度洋沿岸也是8个国家，有阿曼、沙特阿拉伯、埃及、摩洛哥、苏丹、索马里、肯尼亚和坦桑尼亚。在亚洲许多国家，中国南方生产的各种色绢、色缎、生丝、绫锦，都是走俏的名牌货。

在非洲，印度洋沿岸的索马里大量进口中国的五色缎，肯尼亚则使用细绢、五色缎，坦桑尼亚渴求南丝北丝、土绅绢。苏州、杭州生产的五色缎甚至远销基尔瓦·基西瓦尼，这是一项汪大渊亲自经手过的贸易。在地中海南岸，中国绸缎同样在早已生产丝绸的埃及有市场，中国五色绸缎、锦缎都运销埃及港口；在摩洛哥，那时穆瓦希德王朝的大军在1212年的托罗萨战役中被基督教联军歼灭，从此西班牙仅有穆斯林的奈斯林王朝（1232—1492年）以格拉纳达为领地，在地方上继续苟延残喘。曾经是穆瓦希德首都又是伊比利亚半岛纺织中心的塞维利亚，早在1248年就已落入基督教王国的手中。穆瓦希德时期的哈恩，养蚕业盛行，有蚕茧买卖；阿尔梅里亚有800台丝织机，一时丝织业很盛。汪大渊到达丹吉尔时，当地已在马林王朝统治之下，他见到当地人穿着软锦的服装，妇女都从事纺织，盛况仍不下于早先的芦眉国（al-Marrākush，指伯伯尔人的穆拉比特帝国）。中国的五色缎能进入这里的市场，已经落脚在大西洋之滨了。

丝绸之路环地球

中国丝绸能够从太平洋西岸远销到印度洋和大西洋，是靠了运输丝织品的丝绸之路。丝绸之路，既有跨越欧亚大陆的陆上丝绸之路，也有远渡重洋的海上丝绸之路。丝绸之路牵动了整个旧大陆的商贸和交通，在2 000年中运送着最引人瞩目的商货。

各个不同的历史时期，出现了不同走向的丝绸之路。

从公元前500年开始，到公元1000年左右，十分兴旺的草原丝绸之路。草原丝路从黄河河套地区奔向西北，通过河西走廊，进入新疆天山山脉。在新疆又分成三条主干线：

一条在哈密通过天山北麓向西，直通里海北岸，经钦察草原，在黑海以北向多瑙河流域挺进，直抵西欧和意大利半岛。在新疆阿尔泰山区、俄国南部刻赤半岛、德国斯图加特都有中国丝绸出土。这条路可称丝绸之路的北线。

一条在吐鲁番沿天山南麓向西，顺纳伦河向里海南岸进发，经伊朗高原，越过两河流域的沃野，再分成南北两股，北股进入小亚细亚，到欧洲的君士坦丁堡；南股通过叙利亚，经利凡特（黎巴嫩、巴勒斯坦），到达尼罗河三角洲的亚历山大里亚。在幼发拉底河以西的古国巴尔米拉，出土过公元1世纪的中国锦，叙利亚北部哈来比也挖到了中国汉锦。有的更被运到欧洲和北非。这条路可称丝绸之路的中线。

还有一条从塔里木盆地南缘，经和阗越过葱岭，通过阿富汗折向东南，进入印度河流域，再往恒河大平原。这条路可称丝绸之路的南线。

这三条草原丝路将中国西部和亚洲、欧洲、非洲连成一体，完全可以代表1000年前旧大陆的陆上交通。

还有从公元2世纪开始，一直延续到公元15世纪，跨越印度洋的海上丝绸之路。

从中国广东沿海启航的海船，2000年前曾经通过马来半岛的塔库巴（今属泰国），继续往西到达南印度海岸的黄支国（康契普腊姆）。公元1世纪，罗马帝国通过红海，和印度开展了盛大的东方贸易，中国丝绸也分别从陆上和海上运到南印度西海岸的莫席里。公元200年左右，中国制造的大帆船从广东启航后，经过南印度竟可以继续西航，到达埃塞俄比亚的古港阿杜利。

印度洋海上丝路到公元200年时完全贯通，从中国广东起运的丝货、铁器及其他日用品，可以通过亚洲的海港一路运到非洲红海的海港。在16世纪环球通航以前，印度是海上丝路这条当时全世界最长的海上交通线的中枢。从那里丝货可以北通波斯湾、西运红海，最终通达地中海边的亚历山大里亚。这条海上丝路将中国、印度、埃及三个古老的文明国家联结在一起。直到1405年郑和宝船队一次又一次下西洋，宝船在1420年前后探测了好望角水域，印度洋海上丝路断断续续维持了1600年之久。

最晚开辟的一条丝路是从16世纪开始，到19世纪初结束，向东跨越太平洋的太平洋丝绸之路。

中国福建漳州月港自16世纪起，有帆船到菲律宾吕宋岛进行贸易。西班牙占领墨西哥和菲律宾后，早先已经建立的中菲贸易有了新的拓展。1571年西班牙人在吕宋岛的马尼拉修建城堡，在马尼拉和墨西哥西海岸的阿卡普尔科之间，利用北太平洋暖流开辟了横越太平洋的定期航线，每年在季风期间定期往返。这条航线接运从漳州月港到马尼拉的各种中国货，尤其是价廉物美的丝货。在这条航线上最初通航的300吨到400吨的西班牙大帆船（Galleon），大多利用吕宋岛的木材打造，后来更增加到1000吨以上，它们将月港运到的中国货输送到阿卡普尔科。人们把这种三桅帆船称作马尼拉大帆船，由于这些船主要载运中国丝货，墨西哥人和秘鲁人都把这些船称作"中国船"。在1600年前后，从月港开到马尼拉的中国帆船在三四十艘以上，船上的货物价值最大的是生丝和各种丝织品，运到美洲可以赢得高额的利润。马尼拉大帆船起初规定每年只用两艘载货，每艘载重不超过300吨，货物总值限定25万比索。但后来常常超过此数，18世纪时，马尼拉大帆船有时达到4艘，每艘船可以载货1000吨或1200吨，去程载运的货物可达75万比索，返程货物可值150万比索。

这条横跨太平洋的丝绸之路，从1571年开始，一直到1815年才中止，总共经

马尼拉大帆船经营的太平洋丝路

营了240年以上。从中国运往美洲的丝绸,因为花色繁多,质量上乘,价格又比西班牙丝绸低廉,所以新西班牙(西班牙统治下的北美洲西部和中美洲的殖民地)最贫穷的人,以及黑人、印第安人和许多混血儿都穿上了丝绸。连西班牙上层集团也乐于穿着中国锦缎和绫罗。从中国每年运去的大量生丝,又支持了墨西哥新兴的丝织业。墨西哥丝织业从1530年以后展开,1600年西班牙王室却下令禁止西属美洲栽桑,中国运去的生丝,解救了墨西哥城、普埃布拉和安特奎拉等地14 000名丝织工人的失业危机,禁令被迫在1726年取消。17世纪时丝绸在美洲竟比呢料和棉布更普及。江南出产的白绸、广州的珠色花缎、苏杭织金缎,以及数量可观的长筒丝袜、围巾、披肩、手帕,曾是拉丁美洲市场上最走俏的中国货!这些中国丝货有的又经过大西洋到了西班牙,丝绸之路在完成了环航地球的记录之后,于是又将翻过新的一页。

第十五章
名扬天下的羊毛织物

东方称道海西布

麻、棉、丝、毛四类织物中，毛织物出现最晚，大约只有三四千年的历史。毛织物的主要来源是兽毛和羊毛，尽管羊的饲养历史不短，但从山羊或绵羊身上取得羊毛加以纺织却不是很早就有。羊毛大量出现在斯堪的纳维亚地区大约是公元前1000年左右，比丝的出现要晚许多。

中国的西部地区是最早出现毛织物的地区。1960年在青海都兰诺木洪新石器时代遗址中，出土过一块毛布和一块毛毯的残片，经密约14根/厘米，纬密约6—7根/厘米，经线粗0.8毫米，纬线粗1.2毫米，这是当地的羌族用兽毛或羊毛最早织成的毛织物。中原地区称这种衣服叫毳衣，毳衣可以用天然染料染成碧绿或鲜红色，供贵族豪门使用，平民百姓为了御寒，只能穿用粗毛纺织的褐，常常是只有上衣的粗毛短褐，还没有袍服。1980年，在新疆东部楼兰古城、罗布泊北面铁板河地区古墓中，更见到了一具被称作"睡美人"的保存完好的女尸，女尸用粗纺毛披风式上衣紧裹全身，头上戴着尖顶的缀有毛线边饰与插羽毛的毡帽，被检测是4000年前的遗物。1992年女尸在日本展出时，引起轰动，举世震惊。

公元前1000年以后，周朝设置了专门制作毛毡的官手工业。毡不需要纺纱、织造，是用毛纤维互相缩缠压平，所以没有经纬线。这种毛毡在北方用处很大，白天可以披在身上，晚上可以铺在地上防潮，盖在身上睡觉，用毡制成毡帐，冬天可以御风寒，夏天防日晒。毛毡是牧民不可缺少的生活用品。新疆的牧民就与这种毛织品相依为命，至少已有3 000多年了。

内地的汉族靠了与周边民族交流纺织技术，在公元前1000年以后，学会了用毳毛织罽，罽是波斯语中的gilim，也是中亚细亚和里海周边牧民最擅长的毛织品。罽是羊毛纺织品。蒙古的诺音乌拉出土过希腊风格的毛织物，属于公元前5世纪，是经斯基泰民族传递的纺织品。后来罗马帝国和中国通商，罗马东方各省，都以毛纺织品外销，小亚细亚的吕底亚、萨迪斯、弗利基亚和西里西亚都织造羊毛，远销东方。地中海东部沿岸城市以织造彩色毛毯、毡褥闻名，埃及亚历山大里亚尤其以织造景色绚丽的高级毛织物驰名世界。埃及特产的毛织物扬名中国，中国称为海西布，"海西"是罗马帝国的别称，因为地处西海之西，当时中国人以为阿拉伯海、红海和地中海连成一片，统称西海。罗马的毛料，是一种织成细布，3世纪初的《魏略》特地介绍："这种织成细布，说是水羊毳织成，叫海西布。这个国家六畜都出在水边。也有说，不全用羊毛，也用木皮（指亚麻、棉布——引者）或野茧丝混纺，产品有织成氍毹、毾𣰆、厨帐等，色彩都极佳，比之海东各国（指波斯、阿拉伯、月氏——引者）的毛料更鲜艳。"

这篇文字是经过一番考察才写出，出于行家里手。海西布和玉珧属的巴则布（Byssus）不同，是通经断纬的织成，原料以羊毛为主，又用西亚、埃及原产的亚麻和叙利亚野蚕丝混纺。这种亚麻和羊毛混纺的织物在十八朝图特穆西四世（公元前1412—前1403年）墓中已有出土，后来成为埃及毛纺业的传统特色。用海西布可以纺织各种彩色毛毡，或作氍毹，或作毾𣰆。氍毹，借自阿拉伯语的毛褥 ghàshiyat，叙利亚、利凡特所出毛织工艺十分精湛，罗马时代，这种大秦氍毹色泽鲜艳、图案繁富胜过海东的伊朗、月氏同类产物。汉代尼雅遗址出土木简上已有著名的和阗毯子，是种起绒短、富于装饰风格的栽绒毯，就是不断吸收西亚毛织工艺成就之后，加以改进的优良产品。后来到唐代仍以"毛锦"的名义，作为阿拉伯哈里发的贡礼享誉中华。氍毹，波斯语称 Takhtdar，是一种毛织的铺垫，用作坐席、卧榻、马鞍。公元1世纪初，光武帝在马鞍上用过氍毹，氍毹从名称到功用，都具有波斯风习。但直到2世纪汉灵帝时代还是一种奢侈品，汉灵帝爱用胡帐（罽帐），马融曾上奏告发马贤在军营中用氍毹，而士兵则在风雪中来去。这种氍毹经匈奴、月氏流入中国的不少。到3、4世纪以后在中国北方已十分流行。新疆罗布淖尔、民丰、塔里木等地，都有这类毛毡、缂毛织物的发现，图像有赫尔密士头像和飞马。

海西国是大秦国（罗马帝国）的别称，因为傍着地中海，又出产羊毛，于是这种由胡羊出产的毛，便被神奇地传作水羊毛了。水羊毛当然就和亚洲北部所产的羊毛不同了，产品也胜过多多。加上埃及密安得河附近的希拉波利城，水质特佳，用这种水只需简便地处理即可使用植物根茎染色，产品之佳，能和洋红、紫贝（Purpura murex，荔枝骨螺）提取的颜料相提并论了。罗马贵族最爱的紫色条纹斗篷就是用这种骨螺制作，费用极其昂贵。

帐帷与毛毯的世界

阿拉伯人征服西亚和地中海以后，接受了波斯—叙利亚文化，生活日益讲究，过着城市生活。居室中有客厅三面陈设的沙发，在阿拔斯朝，尽管从伍麦叶朝已有了矮椅子，靠垫仍然很流行，靠垫放在四方的坐垫（matrah）上，坐垫下的地板上铺设着地毯，人盘膝坐在坐垫上。用餐时，盛在圆形大铜托盘里的食品就放在沙发前，或坐垫前的矮桌上。这种矮桌类似中国古代的案几。毛织的地毯、挂毡、靠垫、沙发套、椅套和毛料衣服，是阿拉伯世界不可缺少的用品。波斯和伊拉克的许多织机提供了高级的毛毯和纺织品。哈里发穆斯台因（862—866年）的母亲，拥有一张为她特制的毯子，价值1.3亿迪尔汗，毯子用金线织出各类飞禽，飞禽的眼珠用红宝石和各种宝石镶嵌。这个数字之大，可以从哈伦·拉希德去世时，国库存款亦不过9亿迪尔汗看出。哈里发穆格台迪尔（908—932年），曾没收了巴格达最富有的珠宝商的财产，将珠宝尽情挥霍。917年，他在皇宫里举行仪式，接见年轻的拜占庭皇帝君士坦丁七世的使节，议定战俘的取赎。哈里发为此动用了骑兵和步兵16万人，黑白太监7 000人，侍从700人。哈里发的宫殿挂着帐幔38 000幅，其中12 500幅是绣金的，地上铺的地毯有22 000条，极尽奢华。异树厅里陈列着一棵用金银打造的树，共重50万打兰（合885.5千克），一按机关，树上的金鸟和银鸟便啾啾地叫了起来。这样的豪华使拜占庭使节十分震惊，甚至将侍从办公厅、宰相办公厅误认作了哈里发的引见厅。鼎盛时期的阿拔斯哈里发宫室，可说是一个天然珠宝和彩色帐帷巧妙地构筑的世界。

波斯地毯（伊朗国家博物馆藏）

法里斯的城市是地毯和刺绣、锦缎业的中心，库泽斯坦的突斯塔尔和苏斯生产的驼羊毛混纺的呢绒和纺绸斗篷，作为名牌货，和设拉子的条花羊毛斗篷，都曾远销世界各地。

伊斯兰教中的苏菲派，每人必穿粗毛布衣，叫ṣuf，ṣuf原意是羊毛。平民百姓都用毡帽、毡靴，因此毛织品市场极大。到12世纪蒙古西征，欧亚交通空前繁忙，毛织业无论在西亚还是在东亚都更加发达。中国西部所产毛毯也输入阿富汗、印度等地。

《大元毡罽工物记》列举毛织材料有多种，仅羊毛一项就有白羊毛、青羊毛、黑羊毛等种。毛织的品种有地毡、察赤儿铺设毛毯、剪绒花毯、毡帽、毡衫、胎毡、帐毡、毡鞍笼、内羊毛毡、内红毡、青毡、绿毡、柿黄毡、银褐毡、蒙鞍花毡、回回剪绒毡、花掠绒染毡等多达六七十种。大致可分毡和罽两大类。毡是踩毛梳理而成，厚五六分，多没有花纹，按颜色分，有白、黑、青蓝、粉青、明绿、柿黄、肉红、深红、银褐等色，用作帽、案席、鞍毡。元代将国外运进的这类毛织物，按阿拉伯语译作

博韦壁毯：中国式婚礼

17世纪英国伦敦苏霍壁毯的中国题材：乘轿和船菜

速夫（ṣuffah），《元史·舆服志》卷七十八以为"速夫，回回毛布之精者也"。明代译作梭幅、梭服。南印度产的叫花毡。来自阿拉伯世界的梭服，多有花纹，"纹如纨绮"是这类舶来品的特点。氍是用羊毛、毡褐等织成，毛厚需剪绒，称剪彩绒毯，可用作地毯或挂毯。无花纹的称剪绒毯或绒裁毯，分白、黑、青、绿、黄、红、褐等色。有花纹的称剪绒花毯，色彩多到五色、七色甚至十色，花纹有山水、楼阁、人物、鸟兽、云彩。阿拉伯语称撒哈剌（Saqalāt），是"以毛织之蒙茸加毡褐，有红、绿二色"。（《殊域周咨录》卷八琐里、古里条）阿富汗哈烈（Herat）的花毯，撒马尔罕的氍芯思檀（挂毯），霍尔木兹的绒毯，泰国（暹罗）的毛丝混纺剪绒丝杂色红花被面，是14世纪以后大量运到中国的著名毛织物。

17世纪以后，在中国形成的地毯工艺，按地方特色，可以分成北京地毯、宁夏地毯、新疆地毯、西藏地毯四大系列。北京地毯在19世纪大量行销西欧，是种名品；新疆在毛毯外，还出精致的毛毡，和阗、洛浦所织氍毡行销欧洲；西藏在裁绒毯外，又产氆氇，是高级的毛料服装，织出条纹或用绞缬法制成十字纹、菱形纹等花纹，色泽十分鲜艳，运销印度、英国、尼泊尔等地。

飞剪船和羊毛运输

羊毛纺织业在17世纪以后，已不再是西亚地区最著名的一项产业，它在欧洲有了许多竞争的对手。12世纪以后，当毛纺织业最初在弗兰德斯地区兴起时，中国创制的脚踏纺织机经过中东进入欧洲，为欧洲纺织业的繁荣指明了出路。英国靠了圈地牧羊，为大规模建立毛纺织业取得了原料的充足供应。1730年但尼尔·狄福在《英国商业计划》中，以相当的笔墨去歌颂羊毛"是上帝给予英国的特别恩典。它是英国特有的，世界上再没有别的国家拥有和它足以相提并论的了。同时英国由于拥有羊毛，贸易便如磐石，再也难以给它以致命的、最终的、毁灭性的打击"。他又说："毛纺业是英国专有的，世界上别无他国能赶上我们的产品，拥有这样的原料。"他以为世界上如果有别的国家拥有这么强大的羊毛加工业，那么这个国家一定也会有大的发展，可是除了英国，就不可能有这么充足的羊毛来维护这一项产业。当时狄福还完全不知道英国在一个世纪后会成为世界的铁制机械工场。而英国虽有充足的短毛的原料，但制造高级毛料所需要的长绒绵羊毛却必须从西班牙运进。西班牙的羊毛出口也制约着法国的毛织市场。

1760年前后，曼彻斯特的商人开始向意大利、德意志和北美殖民地输出大批粗绒织物，英国的丝、麻、棉织业由于采用木制的机械而提高了产量。但直到法国大革命爆发,只有900万人口的英国却要维持3 200万英镑的海外贸易,与人口达到2 600万的法国,只需对付4 000万英镑的对外贸易相比,劳动力的不足凸显得十分明显。许多新发明依靠取得专利而推进了工艺的革新,降低了产品的成本,使市场更加拓展。羊毛纺织业到19世纪初已采用了机械化的提花机(Jacquard loom)而突飞猛进。这项发明的起点却是法国人布契尔和法孔在1728年就已进行的,经过改进,最后在1805年由法国人约瑟夫·马利·雅戈尔(Joseph-Marie Jacquard)发明了只需一个人就能织出复杂图样的手工织机,给英国这个缺少劳动力的羊毛纺织巨头增添了新的活力。而英国毛织业需要的大量羊毛,可以从美洲和澳洲获得补充。

澳洲的羊毛生产是在1830年后才逐渐得到发展。1851年在东部发现金矿,引起移民淘金热浪以后,人口迅速增长,到1880年,短短30年中,由48万增加到226万。到达澳洲的移民船,运去大批白人和生活用品,返程从那里运回大量黄金和羊毛。1851年7月专为这条航线开通的阿伯丁黑球线,自利物浦启航的马可·波罗号取道好望角抵达悉尼后,一反往例,返程取合恩角北上,一次便完成环球航行。此后这条航线上便有成百艘千吨以上的船只通航。飞剪船开创了日航430海里的纪录,比30年前的航速提高了近一倍,由于运输羊毛往英国,而去程又以外销毛织物为强项产品,因此有了羊毛飞剪船的称号。

1854年英国取消航海法,殖民地贸易完全开放,英国领导世界进入自由贸易时期。在澳大利亚航线上的羊毛船,必须赶在伦敦羊毛市场开拍以前返回英国,和茶叶贸易不同,跑得最快的船必须最后装货离开澳洲港口,赶上伦敦羊毛市场,才能被公认是交易场上的赢家。在19世纪80年代,当时茶叶贸易已全靠轮船运输时,羊毛贸易在悉尼的领军者是飞剪船肯迪·萨克(Cutty Sark)号,其他船只,不管是木制的还是铁壳的,在羊毛贸易的去程和返程中,都不是它的对手。伦敦羊毛市场第一场拍卖在当年1月、2月和3月开盘,列入名单的货物一旦达到定额,市场便立即宣告关闭。迟到的羊毛船必须等待两三个月,到第二场拍卖会开盘,而其间积压的货物因此引起的损失就无法估算了。因此羊毛飞剪船一旦进入海湾,便得想方设法挤进最近的一场拍卖会,才能免遭噩运降临。

在澳洲贸易中处于前列的阿伯丁白星线,从1825年使用116吨的双桅船柴尔德·哈洛尔德号起家。金矿发现后,白星线从悉尼转向墨尔本。1854年开航的奥玛·帕夏(Omar Pasha)号是1 124吨(1869年返航时在布里斯班焚毁),此后许多船只多在千吨上下,1867年后也使用了铁木混合船。跑得最快的是1855年启用的1 113吨的和平之星(Star of Peace)号。在南澳洲往返的东方航线,从19世纪60年代起,建造了6艘美观的小型混合飞剪船,而为世所瞩目。雅塔拉(Yatala)号是速度最快的客运飞剪船，1867年创造了从伦敦到达阿德莱德65天的纪录。后来埃尔特（Elder & Co.）航线又有新船开航阿德莱德，杜伦斯（Torrens）号是1875年由塞得兰打造的一条1 276吨的混合结构客运船，使用了20多年，是和但维·莫尔公司的索勃朗（Sobraon）号一样，用于客运的飞剪船。2 131吨的索勃朗号是最大的铁壳木帆船，在1866年到1871年间，开航悉尼；1872年到1891年开航墨尔本。索勃朗号最好的纪录是73天到达悉尼，68天抵达墨尔本。

飞剪船使伦敦和墨尔本的距离缩短到了一个极限，要突破这一点，只能等待蒸汽推动的铁甲船了。

此后一个世纪，澳大利亚已是公认的羊毛大国，生产的羊毛有口皆碑，平均直径已细到20微米。1微米是1毫米的千分之一，直径14—16微米的羊毛通常都用来纺织羊绒织物。21世纪在澳大利亚人古德里兄弟的牧场豪华羊圈中长大的羊群，产出了每根直径仅11微米的羊毛，只相当于人类头发直径的1/5。这捆重90千克的超优质羊毛被澳大利亚布里斯班国民银行所收管，在2006年4月的悉尼拍卖会中拍卖，价格竟比黄金还贵。

第十六章
瓷器的制造与欧洲的新工艺运动

中国浙江：世界瓷业源头

　　人类发现黏土可以制作盛物的器皿，是向制造陶器迈开的一大步。陶器需要烧炼，好处是可以较长久地保存采集到的野生种子和浆果，不渗水的性能，使陶器比之篮子的发明高明了许多。篮子上覆盖黏土可以达到不渗水的目的，而用黏土条盘旋起来便可搭成烹煮食物的凹坑，进一步促成了陶器的制作，这已被杰里科和库尔德斯坦遗址中的发现所证实。尽管12 000年前中石器时代的人类已会使用未经烧制的黏土模具，但一定要到人类基本上展开定居生活时，陶器给生活带来的好处才被充分地展示出来。

　　中国迄今发现最早的陶器，经C_{14}测定，是公元前13000年至12000年在江西万年的蛤蟆洞和仙人洞两处遗址中的陶器。从此贴塑法作为制陶技术被传承下去。长江和黄河流域的泥条盘筑技术，形成在公元前6000年。公元前5000年陶轮发明后，半坡文化居民在陶轮上用泥条盘筑制作陶器，再行加工成型。在亚洲西部的古文明中心，人们开始焙烧硬质黏土器皿是在种植农业显得越来越重要以后，从公元前6000年左右，由两河流域的伊拉克开始，向地中海延伸。公元前4000年后半期陶轮的发明，使陶器的形状规范化了，产量也因此迅速提高，于是有了专门制作陶器的作坊。埃及萨卡拉出土第六王朝的陶工作坊的木制彩绘墓葬模型，是在公元前2341—前2180年间制作，现在由开罗博物馆收藏。随后出现在亚洲各地的彩绘陶器，使用了古埃及人知道的碱性硅酸盐釉料，并在伊朗高原得到了发扬。

黄河流域的中国人在公元前4000年以后建立了本土的彩陶文化，河南的仰韶文化是个传播中心。公元前二千纪初期前后，吴越和百粤地区出现了用高岭土制作的印纹硬陶。到商代前期，吴越地区首先探索到原始瓷器制作的技术秘密。这时相当于公元前1500年以后。这种原始青瓷，或者说是硬质的陶器，陶坯的含硅量（ SiO_2 ）明显提高，助熔剂也随之增强，产生了硬度大、光泽好、透明度高的石灰釉。郑州二里冈、湖北盘龙城、河北藁城、江西吴城等都可见到含硅量比釉陶更大的原始瓷，长江下游地区尤其集中。原始瓷的含硅量通常在71%以上，最大值达到82.84%。在北方，各地制陶业烧制原始瓷的份额从商代中期以后，均出现直线上升的趋势。商周时期大量使用陶范制造青铜器，陶范含硅量在64%—78%之间，其中铁（ Fe_2O_3 ）的含量常在3%左右。陶范不作烧结，仅在850—920℃间焙烧。这里使用的陶范成分与中国南方使用的印纹硬陶比较接近，与易熔黏土型的灰陶和建筑用陶不同，是属于瓷石、高岭土型的高铝白陶、印纹硬陶，具有原始瓷器的性质。陶器含硅（或 Al_2O_3 ）量的提高、 Fe_2O_3 含量的降低，使陶瓷坯可以在较高温度下烧成，并且生成较多的莫来石晶体，提高坯件的高温机械性能、减少高温变形。

中国北方的河南、河北、山西、山东和陕西都出产高质量的陶瓷原料，有的含 Al_2O_3 高，因此北方烧制的原始瓷不少是具有铝质含量的。中国南方浙江、江西、江苏、福建和安徽南部具备丰富的瓷石矿，为烧制原始瓷提供了优质的原料。原始瓷使用半倒焰窑和平焰窑烧炼，烧结温度通常达到1 200℃，甚至高达1 250—1 280℃。在浙江绍兴、萧山的窑址中，都发现过印纹硬陶与原始瓷同窑共烧的遗迹。

从公元前一万年开始，世界各地的文明中心，先后都制作了陶器，但是由陶器烧炼成质地更加良好的瓷器，却只有一个中国。

中国人从制作陶器到研制成功瓷器，大约花去了1 600年。最先发现烧炼瓷器的秘方的，是在浙江北部的德清和它东边一些蕴藏瓷土的窑址。经考古界多年的探索，在浙西东苕溪流域中部以德清为中心的地区内，找到了绵延达千年之久的商周窑址。这里有西天目山丰富的瓷土和燃料，窑址出现时间早、持续时间长，从商代起，历经西周、春秋战国时期，连续不断，目前已知的窑址近50处，许多窑址分布面积大，堆积层厚，产量达到了相当规模。2007—2008年在德清发掘了西周晚期至春秋末期的火烧山窑址和战国时期的亭子桥窑址，发现了中国目前最早的纯烧造原始瓷的龙窑遗址和大量形式多样的窑具，窑具的胎泥和制作有精粗之

文
明
志

——

万
年
来
，
人
类
科
学
与
艺
术
的
演
进

分,精的用瓷土制作,规整光洁,粗的用黏土制成,不同的器物使用不同的窑具,成功解决了甬钟、句镗类乐器的装烧方法,装烧工艺相当成熟。产品种类十分丰富,除生产日用的碗、盘、碟类器物外,更大量烧造象征身份和地位的青铜礼器和乐器的仿制品,礼器有鼎、卣、簋、壶、提梁壶、镂孔瓶等20种,以及乐器中的甬钟、悬铃、悬鼓座等,是目前所见唯一生产这些大型礼乐器的窑区。在德清发掘的火烧山遗址,列出了西周晚期到春秋末年的年代序列;亭子桥遗址属于战国时代,也是从公元前5世纪起,越国贵族专门烧造以瓷代铜的大型礼乐器的窑址。这些大型的瓷质礼乐器,全部都可以由无锡鸿山邱承墩越国大墓的出土物中见到,(南京博物院等:《鸿山越墓》,文物出版社,2007年)在浙江的绍兴、杭州、余杭、长兴、安吉、海盐等地的越国贵族墓中也有出土。

现在已经清楚,德清窑像浙江境内的其他窑址一样,在公元前306年楚灭越后,停止了生产。但是到了汉代,许多窑口重新恢复了生产,唯有德清窑迟到东汉时代才烧出了青釉瓷和黑釉瓷,黑釉瓷是德清窑创烧,并且发明了化装土,不久,这项技术被南方和北方的瓷窑所采用。浙江的上虞、绍兴、萧山等钱塘江流域的陶窑,烧成了世界上最早的一批瓷器。

汉代这类瓷窑在浙江、江苏地区分布较广。

浙江上虞有许多古窑的遗址,曾有助于使人们了解那里的陶窑怎样最后变成了最早烧造瓷器的瓷窑。要达到真正的瓷器,标准有三,(1)瓷胎的原料必须是含硅和含铝较高的瓷石和高岭土。(2)烧结温度必须在1200℃以上。(3)吸水率低于1%或不吸水,胎色洁白,呈透明、半透明状,叩之能发出清脆的金属声。在浙江的德清和上虞都发现了由原始瓷过渡到造出瓷器演变过程的遗址。

在1世纪上半叶,上虞主要烧造印纹硬陶和釉陶,制作原始瓷的窑址很少。后来原始瓷的制品有了显著的增加,到2世纪初,原始瓷无论品种、产量和质量都有了长足的进步,终于一跃进入了瓷器时期。

差不多经过1900年之后,人们在这里找到了一些青釉瓷片,其中1件上虞小仙坛出土的越窑青釉印纹罍瓷片,在1978年拿到上海硅酸盐研究所作了化学鉴定,得知含硅(SiO$_2$)超过75%,含铝(Al$_2$O$_3$)17%以上,含铁(Fe$_2$O$_3$)已降低到1.64%,助熔剂偏低。从釉层分析,含硅量59.66%,含铝13.7%,含氧化钙高达18.2%,属于石灰釉。这件青瓷的烧成温度达到1310±20℃,比之釉陶、原始青瓷都高出许多,确实是一件瓷器。人类历史上一项影响巨大的工艺发明——瓷器,便在这里正式宣告诞生。

汉代瓷器的主要产地是浙江,许多年来,已在上虞、宁波、慈溪、永嘉等地发现过汉代瓷窑址,主要有半倒焰式的馒头窑和平焰式的龙窑两大类型。烧造的瓷器分青釉以及褐釉两种。在河南洛阳中州路、烧沟、河北安平逯家庄、安徽亳县、湖南益阳、湖北当阳刘家冢子、江苏高邮邵家沟等东汉晚期遗址中,也都出土了瓷器,其中有的墓葬还有延熹七年(164)、熹平四年(175)的纪年铭文。2世纪时,中原地区和长江中下游的一些窑口也烧成了瓷器。

随后,瓷器深受公众欢迎,3世纪到5世纪相继出现了青釉、黑褐色彩斑瓷和黄釉绿彩瓷器,改变了早期瓷器单一的青色。6世纪的隋代,更烧制出了白瓷,形成南青北白的瓷业格局。唐代南方北方都生产瓷器,巩县窑的唐三彩、长沙窑釉下彩以及郏县窑的黑釉蓝斑等许多品种都行销国外,占有国际市场。宋、辽、金三代更是名瓷荟萃,人才辈出,装饰风格丰富多彩,金代釉上彩绘更独树一帜,别开生面。

瓷器的制成是中国人长期探寻瓷石、瓷土,在烧制坯体过程中,认识到提高硅和铝的含量,并且降低铁的含量才达到的一项重大发明。它开创了直到今天在日常生活中仍占有重要地位的瓷业,继陶器、铜器、铁器、玻璃器、漆器等制造业之后,给人类社会带来了不可估量的变革与进步。

在中国物质文明进步最近的3 500年中,最早兴起的是无比辉煌的青铜器,从公元前1400年持续到公元前400年;随后逐步由漆器取而代之,兴旺发达同样有千年之久;最后是从公元6世纪一直延续到现在,瓷器始终是最为人称道而极富实用价值的器皿。

华瓷外销掀起的商业浪潮

瓷器要胜过陶器占有广大的市场,不但要在价格上适应市场的需求,而且必须要在器物的釉彩、纹饰以及性能、品种等方面都具备超越陶器的魅力。就国际市场而论,当时亚洲西部和南部、欧洲南部和非洲沿海都各自拥有制作精美的釉陶,中国瓷器要在这些市场上立足,既要在性能和外形上充分展现产品的优越性,而且还要为此提供方便、实惠的运输条件。这些条件要到瓷器发明以后700年才有了实现的可能。

瓷器轻脆易碎,陆上运输经不住车马跋涉,唯有水运,平稳安全,运费低廉。要有发达的海运,特别是贯穿整个亚洲甚至远抵旧大陆沿海地区的远洋航行兴起,才能承担华瓷的长途运输。

8世纪中叶,繁荣富强的唐代找到了在亚洲西部和地中海南部立国的阿拉伯帝国,结为实力对等的贸易伙伴。751年阿拔斯哈里发建立后,努力改善和中国的和平友好关系,哈里发曼苏尔一眼看上了底格里斯河左岸的巴格达,在这里营建他的新都，预见到这里可以从海上通往中国，将分踞亚洲东、西两大帝国的距离大加压缩，联系到一起。自从巴格达成为一座富丽堂皇的都城，波斯湾和广州以及其他属于中国的沿海港口，便可利用季风定期通航船只了。846年，阿拉伯地理学家伊本·郭大贝首次提到中国海港向阿拉伯世界输出瓷器。靠了这条长达6 000千米以上的海上运输线，从9世纪起，无数帆船将华瓷推向世界，一直维持到15世纪郑和七下西洋的时代，在中国和地中海世界之间，掀起了绵亘几个世纪、穿越南海和印度洋广大海域、推动彼此社会经济繁荣的商业浪潮。这是继中国丝绸外销海外之后，又一个在世界上叱咤风云的商贸高涨时期，这就是波及全球的瓷文化的时代。

第一批瓷器从陆路运往巴格达，着实使哈里发大为惊叹，为瓷器的美激动不已。这批瓷器由管辖伊朗东部呼罗珊的总督伊本·伊萨向哈里发哈仑·拉希德（786—809年）进献，共有2 000件日用陶瓷，其中有特别精美、价值昂贵的20件宫廷用瓷，是中国皇帝使用的碗、杯和盏，一度震惊了巴格达宫廷。唐代瓷器生产已形成南青北白，南方以越窑的青瓷为主，北方以邢窑的白瓷著称，还兼烧黑釉瓷和黄釉瓷。献给哈仑·拉希德的20件华贵瓷器一定是北方生产的白瓷、黄釉瓷，北方又最早生产大型的盘口壶、鸡首壶、蟠龙瓶、博山炉，运到哈里发宫中的也必定是些大件，才能显出雍容华贵。

唐代特有的三彩铅釉陶常用来制作大型的雕像，有骑骆驼的乐俑、骑马的宫女，是用白陶作胎，用铜、铁、钴、锰等矿物作釉料的着色剂，烧成深绿、翠绿、黄、蓝、赭、褐等多种色彩，习称唐三彩，曾长期被当作瓷器看待。从西亚地下发掘物中也有唐三彩，它们是在瓷器外销初期便已列入商货名单的产品。阿拉伯学者查希兹（776—868年）在《生财之道》中，特别提到从中国外销到西亚的多彩瓷器。唐代不但生产唐三彩，还烧出了像玻璃釉色彩条的绞胎瓷和长沙窑的各色彩瓷。湖南长沙县铜官镇是一处历代文献上没有记载，但在780—922年间专门烧造外销彩色瓷的瓷窑。长沙窑首创青釉釉下褐彩、绿彩、蓝彩，釉彩先绘在瓷胎上，然后下釉烧制，可以永不褪色。长沙窑又用釉上彩制成不少以杏黄色为底色的彩瓷。1956年长沙窑窑址被发现，这一曾经在中世纪影响世界150年之久的名窑才得大白于天下。长沙窑生产的许多瓷器，在花纹上仿效西亚从9世纪开始用发光彩绘技艺生产的彩陶，烧造深受伊斯兰世界欢迎的彩瓷。长沙窑彩瓷行销国外，有13个国家出土了这种瓷器。2005年由德国公司在爪哇附近打捞的一艘唐代沉船，出土文物6万件，90%以上是瓷器，铜官窑彩瓷尤多。这类彩瓷大多以杏黄色为底色，所以在阿拉伯人心目中，用一名10世纪的阿拉伯学者比鲁尼记录的品评标准来衡量，他们认为，瓷器以杏黄色的最好，特点是胎薄、色净、声脆；其次是奶

白色的白瓷和各种浅色瓷。瓷器的这些特点显然大大胜出当时风行伊斯兰世界的发光彩绘陶器，使华瓷在当时购买力最强的国家找到了它最大的主顾。

大多数中国外销瓷是在20世纪展开田野考古中出土的。在亚洲、非洲的许多古遗址和海港城市中，人们找到的不同年代不同品种的华瓷，多到不可胜数，其中既有完整如新的古瓷，更多的则是碎片或已经残缺不全的瓷器。

宋代钧窑鼓钉洗

在日本、菲律宾、马来西亚、印度尼西亚、泰国、印度、巴基斯坦、斯里兰卡、伊朗、伊拉克、叙利亚、巴林等亚洲国家的遗址中，经过考古发掘，使人们见到了从9世纪一直到17世纪的许多华瓷遗物。

伊朗与中国交往密切，在东北部、中部和南部沿海都出土了许多华瓷。最古的瓷器是9世纪运去的。东部古城内沙布尔毁于1268年的大地震，经过1936年后多次发掘，在9世纪至13世纪遗址中，出土唐代越窑青瓷盘一件、邢窑白瓷壶一件、长沙窑壶上部，以及广东窑白瓷盘、德化窑白瓷盘和青白瓷、青瓷器多件。伊朗中部赖依，在1934—1935年发掘中出土唐代菱花白瓷碗、鱼形白瓷杯、越窑青白瓷盘，以及宋元时期龙泉窑青瓷残片。波斯湾古港西拉夫，经1966—1971年发

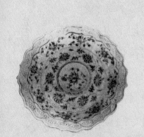

元代葵口青花盏托

元代青花鸳鸯纹盘

明洪武青花缠枝纹玉壶春瓶

明洪武釉里红缠枝花纹碗

明永乐缠枝花纹鱼篓尊

明宣德青花抹红云龙纹合碗

明宣德青花折枝花纹八方烛台　清嘉庆胭脂地花卉碗

掘,出土了8世纪古堡底层地板下的四系绿釉陶坛、青瓷碗、白瓷碗残片、棕绿两色纹饰陶碗残片,年代在8、9世纪之际,是从中国运到西亚最早的陶瓷。

埃及古都福斯塔特是一处蕴藏极富的地下陶瓷宝库,出土华瓷之多居非洲之首。在20世纪经多次发掘,到1966年已出土8—17世纪的陶瓷残片60万片,是个有千年历史的地下博物馆。仅中国陶瓷就有10 106片,属于唐代的有三彩、邢窑白瓷、越窑青瓷和长沙铜官窑瓷。这里出土的越窑青瓷特多,有一种玉璧底碗是10世纪鄞县和慈溪古窑出品。宋代以后直到明代,各种华瓷窑口产品在这里群英荟萃,最多的是福建建窑、广东阳江广窑烧造的青瓷、景德镇青白瓷、福建德化等南方窑场生产的白瓷,还有元代以后的青花、彩瓷。很明显,一批批瓷器多半靠走水路,从海上直接运去。

东南亚的菲律宾,自10世纪后就和中国通航。过去的民俗对大件华瓷尊如供品,逢年过节才拿来上供,过后装箱入土掩埋。因此现在发掘出来的都是完整如新的成套器物,到20世纪70年代,出土总数已达4万件,自宋元到明清都有。这使菲律宾成了东南亚各国保存华瓷数量最多的国家。

华瓷展示的神奇魅力

华瓷的祖宗本出自浙江越窑系统窑口的青瓷,出口数量大、运费低,在阿拉伯世界售价相对低廉,因此在国际市场上,排名不如长沙彩瓷和北方白瓷,归入浅色瓷中,名列第三。然而经过几个世纪之后,从14世纪起,一种以江西景德镇为中心大量烧造的青花瓷便悄悄地替代青瓷和白瓷,成为独树一帜的瓷业名牌,行销到了五大洲。

青花瓷从唐代开始试制,但未见成功。到元代,江西景德镇、吉州,浙江江山,云南玉溪,在细洁的白胎上使用含有铁、锰的钴料着色剂,绘制釉下青花彩,白底青花瓷器便成批问世。这种青花瓷发色明艳,花纹繁富,永不褪色,白底蓝花使人感到明净素雅,最受伊斯兰世界欢迎。从元代开始,历明、清两代,青花瓷替代早先的青瓷、白瓷,一跃而成外销瓷的主流,在亚洲、非洲之外,更行销到欧洲、美洲和澳洲,是一个真正在五大洲享有世界声誉的瓷种。

景德镇在烧造青花瓷过程中,在原料配方上创制了瓷石加高岭土的二元配方法,使用了低锰高铁的钴料作着色剂,造出了细腻、鲜艳、美洁的青花瓷。明代的青花瓷进一步加重了着色氧化铝(Al_2O_3)的含量,提高产品的质量,造出了薄如纸张的脱胎瓷器。青花瓷的走俏,使它在国内外获得大量的订单,南方各省相继开窑烧造,景德镇名列榜首,所产青花瓷、青白瓷风行世界,因此被称作瓷都。

自从华瓷外销世界,伊斯兰国家在长达几个世纪中一直是它的重要市场。伊斯兰教规定不准画人物、塑人像,因此素来擅长人物肖像的中国美术,在外销产品的瓷画这一大众艺术领域,多以花卉、鸟虫、山水和几何图案作为主要纹样。华瓷既以纯净洁雅的釉色取胜,又以描花、刻花、划花、印花等多种工艺取得卓越的艺术效果,以致贵族、富豪和社会名流都以华瓷作为华贵典雅的装饰品。这股风气从13世纪起在印度洋东西两岸贸易旺盛之际掀起,影响所及,遍及亚非两大洲主要城市和海港,在大马士革、开罗、亚历山大里亚等大城市中,中国瓷制的盘、碟、碗、盏常被镶嵌在清真寺的门廊、经堂的壁龛中,陈设在富室的厅堂中,或悬挂墙上,作为最佳的美术装饰品,与宏伟的建筑物融成一体。

亚洲伊斯兰国家和印度洋穆斯林聚居地都通行抓饭,将饭菜、调料拌和后,用右手将盘中饭菜撮入口中。进餐时常4个人或8个人合用一盘,因此为适应外销,青花盘的直径通常在50厘米左右,有大到80厘米的。盘中花卉草虫绘制精美,盘外纹饰则很简单。出口青花瓷有专为这些地区制作的大碗、酒海、大盘、水瓶、军持、储水的四系罐、执壶、花浇、僧帽壶、葵口盘、八角烛台、文具盒等,有的器身上还画上阿拉伯文或波斯文的"真主最伟大"等伊斯兰教祈祷文。

进入14世纪,在印度洋西岸,沿着阿拉伯半岛和东非海岸,由于华瓷的大量倾销,使用瓷器已普遍到家家户户,连一般居民都放弃波斯釉陶和阿拉伯彩陶,改用中国瓷器了。非洲东部绵延数千里的许多港口城市,北起苏丹、索马里、肯尼亚,南到坦桑尼亚、莫桑比克,家家户户都用上了瓷器。出土华瓷的遗址,因此沿着海岸线绵亘不绝。在肯尼亚发掘的古城格迪的大清真寺中,华瓷也是不可或缺的装饰瓷。在坦噶尼喀的古都基尔瓦·基西瓦尼,从1958—1965年发掘的宫室、城堡和清真寺可以得知,华瓷同样是这些建筑物最理想的装潢。

瓷器也被镶嵌在墓碑上,作为超度死者进入天国的导引物。在加里曼丹岛沙捞越的达雅人坟墓上,常常可以见到巨大的木柱,上面嵌着陶瓷的碗。这种风俗在13世纪越过大洋,传到了非洲肯尼亚沿海,在那里出现了5米至6米高的墓碑,在顶端经常会安置一只中国瓷瓶或瓷盘。这样,瓷器不但在生前陪伴着主人,端放在居室邸宅,为人祈福,而且也在人们魂归离恨天之后,为墓主守护,继续逗留在坟场,流芳百世,成为一种奇风异俗。

14世纪至15世纪是个海陆运输大发展时期。中国瓷器的外销主要靠中国帆船装运出海,一般最远销售到印度洋各地。瓷器是远洋帆船最合适的压舱物,它可以用极低的损耗将产品运到目的港,因此运价十分便宜。陆上运输本来困难极多,但从那时起,装运瓷器有了新招。蒙古人、伊朗人在北京采购瓷器后,在每件器物中放上沙土和少许豆、麦,然后将几十件瓷器套叠在一起,缚成一片,放在湿地上,不断洒水,时间一久,豆麦生芽,缠绕胶固,直到将一捆捆瓷器摔到不平的地面上,不见有破损的才装上车。到整个商队启程时,又将成捆的瓷器从车上往地上摔几回,没有破损便装车出发。这样,瓷器一经在北京装车,往往就可输送到阿富汗的赫拉特、伊朗的伊斯法罕,甚至远到伊斯坦布尔和伊斯兰教的圣地麦加。

同一个时期,赫拉特、大不里士、伊斯坦布尔的王宫都开辟了珍藏华瓷的专室,经过500年,一直被珍惜保存到今天。在伊朗萨法维王朝的首都大不里士的八乐园宫中,中国明朝的青花瓷和斗彩瓷作为特藏被收藏在宫中,其中不少是大型的礼器,装饰着这座以罕见的奢侈著称的东方宫殿。引得伊斯坦布尔的土耳其苏丹赛利姆一世(1511—1519年)在1514年的战争中,一度占领大不里士,并将其中57件最珍贵的瓷器作为战利品运到了伊斯坦布尔,至今仍是由当年苏丹居住的塞拉里奥宫改建的托普卡皮·萨莱伊博物馆的珍品。托普卡皮·萨莱伊的原意是"胜利门",在胜利门宫库房、地窖中的瓷器,总数有万件,华瓷占了8 000件,藏品从13世纪一直延伸到18世纪。其中元代的青花瓷80件,占了迄今传世的200件元瓷中的主要部分,藏品有盖罐、壶、葫芦瓶等形制奇特、制作精绝、用进口钴料烧造的早期青花器,是全世界所珍重的稀世之宝。2005年伦敦佳士得公司拍卖的一件元代青花鬼谷子下山救孙膑人物瓷罐,竟创下了1 568.8万英镑(合人民币2.67亿元)的天价!这类瓷罐仅有7件见于记录,这是1913年由荷兰范·赫默特男爵在中国购得后,世代收藏的一件绝世精品。

抢占欧美市场的华瓷

威尼斯商人、大旅行家马可·波罗在1292年返国,他曾随身带了几件德化窑的白瓷瓶给他的同乡欣赏。当青花瓷在阿拉伯国家十分走俏时,欧洲人实际上对瓷器还没有实物的体验。14、15世纪处在文艺复兴时期的意大利和法国,最流行的是西班牙—摩尔陶器,一种由西班牙的摩尔人为基督教主顾制作的、有闪光的金属釉彩的精美陶罐和陶盘,在瓦伦西亚的马尼塞斯(Manises)成批烧造后,大量输往意大利,这些陶工甚至为阿威农的教皇宫邸制作瓷砖。欧洲的一些声名显赫的家族都喜欢在马尼塞斯生产的釉陶上刻上自己的纹章,因此产品风行西班牙、法国、意大利和西西里。马尼塞斯的博尔吉家族在这一时期产生了两位主教,他们热衷于使用这类精美的釉陶,好使家族的名声远扬。意大利的陶工模仿西班牙—摩尔人的手艺,烧造出具有更加精美、更多花纹的釉陶,并且可以为庆贺结婚、孩子的出生等喜庆日子而定制特殊的盘子,当然还会加上受礼者家族的纹章。这种被称作马约利卡陶器(Majolca)的装饰陶瓷,因此一度成了马尼塞斯彩陶十分活跃的竞争者。

第一批运到欧洲的青花瓷是在郑和第七次下西洋以后不久,埃及苏丹为了发展地中海和印度之间的贸易,向威尼斯的执政(Dom)赠送了一批中国青花瓷器,不久又向佛罗伦萨的权贵洛伦佐·德·梅迪西赠送更多的青花器。于是欧洲人才开始在青瓷、白瓷、黄瓷之外见到了青花瓷。说郑和宝船队将中国最新、最美的产品——青花瓷的运销范围推广到了欧洲的意大利,不算过于夸张。因为一直到半个多世纪后,在郑和最后一次率领宝船下西洋(1431—1433年)的宣德(1426—1435年)期间制造的青花器,还被当作稀见的珍品,在西欧少数权贵之间辗转流传。不用说,洛伦佐·德·梅迪西当年从埃及苏丹获得的赠礼中,也一定有宣德碗、宣德盘之类价值连城的藏品在内。当年这类从皇帝专用的御窑中,用从索马里进口的苏麻离青钴料作青花呈色剂烧造的优质瓷器,流往国外的本不算多,因此更显名贵。尼德兰的人文主义者伊拉斯谟(Desiderius Erasmus,约1469—1536年)曾被他的朋友德·高斯(D. de Goes)告知,不成套的单个瓷器的价格就等于7个奴隶。1506年,卡斯提王(西班牙)腓利普乘的船被暴风刮到了英国的威茅斯,受到约翰·特里查爵士优礼相待,腓利普为报答救命之恩,以自己珍藏的两件宣德碗相报,都被镶嵌了银托座,至今保藏在牛津大学陈列馆中,其中的一件更是久享盛名,价值连城。开辟东方航路的瓦斯科·达·伽马从印度返国后,为了要求履约,也向葡萄牙国王曼纽埃尔一世(1469—1521年)进赠过青花瓷。里斯本的科德斯陈列馆,迄今以藏有宣德印记的瓷碗著称。

中国瓷器在16世纪到19世纪,主要靠欧洲国家的商船经销海外,最远销售到欧洲西部和美洲、澳洲。华瓷成批运往欧洲是在17世纪和18世纪。有人估计,整个18世纪运到欧洲的瓷器至少有6 000万件之多,差不多西欧的居民每人可以拥有1件华瓷。要知道,清代康熙(1662—1722年)、雍正(1723—1735年)年间制作的瓷罐一经运到英国,便身价百倍了。英国玛丽二世女王生当康熙晚年,她喜爱收藏华瓷,当时储藏茶叶的瓷罐常被英国人当作姜罐或糖罐使用,在玛丽二世的藏品中就有这类瓷器。

18世纪欧洲商人专为本国订货由中国大批烧制的洋彩,在西方著作中称作"中国外销瓷"(Chinese trade porcelain)。这种外销瓷有早期的青花,也有清代雍正、乾隆粉彩,而器形大多按订单采用欧洲款式。

按照欧洲社会的习俗,欧洲人打从成批输入华瓷开始,就给瓷器添上了一种新花样,在进口瓷器上烧上买主的族徽,也就是纹章,于是这件瓷器成了纹章瓷。

自中国运往欧洲的外销瓷,按照图样,可以分成纹章瓷、人物画瓷(包括神话、基督教圣经故事和风俗画)、船舶图瓷、花卉瓷4类,还有一类是瓷塑的人物鸟兽,中国人称作"像生器皿",那品种之多,可就数不胜数了。乾隆(1736—1795年)时代按照西洋式样烧造的瓷狗,是大量烧造的外销瓷中的佼佼者。按西方人口味制作的鹅、鸭、鱼形的碗碟,以及有把柄的咖啡壶、啤酒杯,不用说更是畅销货了。

纹章瓷最早出现在德国。德国卡塞尔的朗德博物馆收藏着1件明代的青瓷碗,上面印着卡泽伦博格伯爵(1435—1455年)的纹章图案,几百年来一直是黑森家族的传家宝。后来葡萄牙人东航,葡王曼纽埃尔一世首先获得了他臣下为他在广东定制的纹章瓷,至今保存在里斯本的一件青花玉壶春瓶上,刻有他的纹章。

为中国瓷器在欧洲打开销路的是荷兰海商,荷兰东印度公司在17世纪是运销华瓷的主角。1604年荷兰人攻袭葡萄牙商船圣·卡特林号,取得华瓷60吨,荷兰人将这批中国专为欧洲市场定制的美丽青花瓷叫"加橹瓷"(Kraacksporcelein),"加橹"就是葡萄牙远洋帆船,加橹瓷相当于中国名词"洋器",是专为外销西洋(欧洲)而制作的精瓷。荷兰人将这批瓷器运到阿姆斯特丹拍卖,使欧洲人大开眼界。尽管这批成套的瓷器售价昂贵,但各国贵胄竞相购置,法王亨利四世买得整桌餐具,轰动一时。英王詹姆斯一世为摆阔气,亦不惜重金购置这批瓷器。当时欧洲君主,除了富庶的意大利城邦,饮食器具尚很简陋,国王也只拥有偶尔在节庆时使用一下的几副金银餐具,平时都用陶质或木质餐具,数量达几百件的整套精瓷餐具在欧洲历史上尚属空前。

此后,青花瓷在欧洲不胫而走。荷兰人进而想出花样,在1635年首次将欧洲市民日常所用的宽边盘、碟子、大碗、杯子、水罐、芥末瓶、盐盒、姜罐的木器图样带到广州,要求按式定制瓷器。1639年首批按欧洲式样制造的日用瓷器运往荷兰,博得了欧洲主顾的欢心,定单于是纷至沓来。有的欧洲贵族、富豪更将他们的族徽、市徽一起入窑烧造。因此纹章瓷从17世纪末到18世纪走俏欧洲,成为一时风气。

纹章瓷的拥有者不限于贵胄、将军或某一家族,也有公司、社团、都市的纹章。瑞典海港哥德堡市有它自己的纹章瓷,在1796年沉没的瑞典商船哥德堡号被打捞上来的华瓷,就有印上该市市徽的纹章瓷,现在依旧保存在哥德堡历史博物馆。

美国的军人组织辛辛那提协会通过它的成员,在广州当商务代理的山茂召,在广州定购了一批标有辛辛那提协会会章的纹章瓷,运到美国后随即抢购一空。担任该会主席的美国首任总统华盛顿,一个人就购进了302件。另一个例子是,1809年美国宾夕法尼亚州定购的瓷器,将州徽印在瓷杯和瓷碟上,上面刻着英语"勇敢、解放、独立"字样。美国独立后第一条开赴广州的美国船"中国皇后"号在1785年返回纽约时，带去一批中国瓷罐，上面就绘上了美国的国徽雄鹰和国旗。1786年以后，美国的纹章在雄鹰头上又添上了云层和透过云层射出的阳光，在销往美国的杯、碟、盘、碗、罐和壶等瓷器中，这种最新版的美国纹章瓷成为流行的纹饰，一再出现。

在巴西，葡萄牙国王玛利亚（1708—1754年）在1742年当上巴西摄政王，她在中国定制成套的餐具发给驻巴西的葡萄牙士兵，上面印着国王的肖像，好让士兵永远感恩戴德。到1822年巴西宣告独立，第一任国王佩德罗一世在该年12月1日正式登基，他是葡萄牙国王若奥六世的儿子，他的部下在他登基后送给他一套中国瓷制餐具，刻在瓷盘上的皇室纹章是烟草和咖啡的枝叶，四周用英文写着"巴西独立万岁"。到1825年葡萄牙承认巴西独立后，这套餐具在拍卖中身价被抬高到了3万美元。

法国枫丹白露宫的中国房洞

欧洲各国君主和富豪都以拥有纹章瓷和专辟的瓷器室为荣。法王路易十四命令法国特许的中国公司，到广州定造标有波旁王朝纹章的瓷器，在凡尔赛宫专门设有一座瓷厅，供饮茶之用。俄国沙皇彼得一世也在中国定造的瓷器上标上双鹰徽记。普鲁士的腓特烈大帝更以嗜瓷闻名，尤其酷爱纹章瓷，提倡就地仿造，在恩斯巴赫、科洛腾堡等宫殿中贮藏许多精瓷。五彩瓷器更是欧洲和美洲藏家追逐的目标，他们最爱彩地夹彩，尤以黑底的最名贵，黄底的算其次，素地五彩居第三。法国人到19世纪仍极喜爱中国五彩瓷器，甚至有裂纹或破损的都不嫌弃。

瓷器的仿制与欧洲工艺革命

华瓷像油漆一样带给人们的是一个全新的艺术世界，但漆器在古代比之瓷器更经不住长途运输，因此在西亚久久不为人知。而华瓷一经外销，便成了最美丽的器皿，声誉超过了地中海世界的釉陶和玻璃器，各国都想仿造瓷器，取得造瓷的秘密。走在前列的是伊朗人和埃及人。

伊朗城市赖伊、埃及古都福斯塔特，都是最早仿制唐三彩釉陶和白瓷的城市。从9世纪起,赖伊和福斯塔特差不多同步开始仿造唐三彩釉陶。在埃及创建突伦王朝的突厥人艾哈曼德·伊本·突伦(868—905年),早先由萨马拉奉派到福斯塔特去统辖埃及,乘机开创突伦王朝,萨马拉的陶工随之到了埃及,从9世纪到11世纪,仿效唐三彩,制成了多彩釉陶器和多彩刻线纹陶器,结束了已有3 000多年历史的本地碱性釉陶。唐三彩这种低温铅釉陶器,在制作技巧上已超过了东地中海具有1 000年历史的铅釉陶器,成为埃及陶工仿造的蓝本,促进了多彩陶器的发展。当地陶工还仿照早期定窑白瓷葵口碗,制作釉色浅青的白釉葵口碗,仿唐代唾壶制成白釉唾壶,又仿越窑青瓷夹耳盖罐制成带盖夹耳罐和青瓷玉璧底碗。13世纪起,埃及大量仿造龙泉窑青瓷,福斯塔特窖藏的60多万陶片中,仿制华瓷的伊斯兰陶片就占了70%以上,北宋龙泉青瓷的刻花篦点纹碗,卷涡纹山西介休窑盘洗器、北宋龙泉窑瓷碗,也都有了埃及仿制品,还仿制过元代龙泉的双鱼小陶盘、贴花碗等瓷器。青花瓷狂销中东的年头,在15世纪的埃及也出现了仿元青花瓷的陶器,图样已非中国式样,而兼具埃及风采。

代尔夫特瓷盘纹样

伊朗中部的赖依和东部的内沙布尔都出土过当地仿唐三彩的陶片,唐三彩釉彩纹饰在里海南岸的马赞德兰省,直到17世纪还是陶工的拿手货。9世纪起,赖依和卡善最先在陶器上施上不透明的白釉,后来烧制白胎成功,又改施透明釉,但质软易碎。12世纪以后,伊朗釉陶不仅釉色仿效中国定窑、南方龙泉窑影青,而且也流行中国莲瓣、波浪云纹等中国纹饰。萨法维王朝成立后,阿巴斯王(1588—1629年)决心将瓷业推上一个新台阶,特地从中国招聘了数百名瓷工,携带家眷移居伊斯法罕,在1591年以前终于造出了真正的青花瓷。阿巴斯王为此每年将青花瓷向他的祖庙阿德比尔神庙上供千件,从此瓷器逐渐普及到伊朗宗教节日和葬礼中供祭祀之用,到20世纪也没有改变。

欧洲最先仿照中国瓷器加以试制的是威尼斯,在16世纪初期,造出来的是染色的

19世纪初普莱沃家族餐桌上的精美瓷器

软质瓷器。1580年佛罗伦萨设厂制造蓝花软瓷,到17世纪初便停办了。1607年比萨瓷工制成一种青花软质瓷碗,最初是阿拉伯蓝图,后来又模仿中国青花。荷兰的德尔夫特在1634年从意大利学到了制造软瓷的方法。接着是法国也相继试制瓷器,1673年在卢昂,1695年在圣克卢,都生产过黄色透明的软瓷,模仿的标本是福建白瓷。塞夫勒瓷厂也仿造过这类软瓷。但直到1709年,欧洲还未正式生产出硬质瓷器,只能制作半陶半瓷的软瓷。

要造出真正的瓷器,必须找到优质的瓷土。法国和荷兰费了许多年没有成功,倒是德国后来居上,在迈森这个不起眼的小地方发现了瓷土,首先在欧洲造出了硬质瓷器。迈森(Meissen)这个小镇,在德国的古宫波茨坦以西,自从1710年包吉尔在这里设立瓷厂烧造硬瓷以后,便出了名,到19世纪,这里已是名副其实的瓷都了。从此中国的瓷都景德镇在西方也有了一个竞争对手。

西方瓷业的兴起,是以迈森作为起点展开的。迈森瓷厂的创办人约翰·腓特烈·包吉尔(1682—1719年)原是个药店伙计,热爱炼金术。当德国的纽伦堡、拜伊罗特等地跟着荷兰德尔夫特试造瓷器时,包吉尔在柏林被普鲁士国王看中,要他点铁成金,为国王效劳。包吉尔点金不成,只好在1701年出逃到萨克逊首府德累斯顿。萨克逊选帝侯奥古斯特特别钟情中国瓷器,花了大笔资金收藏华瓷,甚至用一个骑兵团去换取普鲁士国王的华瓷,他也希望包吉尔帮他炼金。包吉尔在萨克逊贵族齐尔豪斯领导下,埋头钻研烧瓷的秘法,在1708年造出了第一批硬瓷,瓷的色彩是白中显黄,类似宜兴的黄泥陶器。宜兴的紫砂陶壶自1635年由荷兰人引进欧洲后,在英国便成批仿造,仿宜兴茶壶的炻器因此十分流行。包吉尔首先制成的便是仿照白瓷和炻器的瓷器。奥古斯特派人在德累斯顿贴出告示,宣称"我们已握有白瓷和红色炻器的秘密,无论在艺术、品质还是款式的更替,我们都将超过东印度(中国)的瓷器"。1710年包吉尔将瓷厂迁到迈森,努力找到优质的高岭土,在1713年烧成品位甚高的白瓷,公开出售,一时声名鹊起。1717年更制成蓝瓷。模仿华瓷色彩与绘画的瓷器从此风行欧洲。1719年维也纳也建立了瓷厂。不久,来自维也纳的画师哈洛尔特进入迈森,致力于用金粉描绘中国的画题,出现了西方化的中国龙纹。

当时法国也正借助他们派驻景德镇的耶稣会士殷弘绪(Pére dEntrecolles,1664—1741年),在1717年将景德镇高岭土的标本寄往法国,并将制瓷工艺的过程一一报告法国当局。由此推想,很可能德国也是派人在中国取经,才能十分顺利地走出决定性的一步。从德国天主教传教士慕尼黑人庞嘉宾(Kaspar Castner,1655—1709年)当年的活动可以看出,1697年他到达澳门,1700年在广东佛山传教,1702年从广州派往罗马述职,1707年回到中国,到北京任钦天监正,两年后去世。很可能他回到欧洲时已将广东制造外销瓷的工艺流程透露给有关方面。否则那个在1701年和1703年两次因炼金失败而外逃的包吉尔，为什么居然能与造瓷专家齐尔豪斯合作后便有了惊人的成就？当然这只能是个很难揭秘的悬案了。

法国确实是靠了到中国传教的天主教神父殷弘绪捎回制瓷的情报，才造出瓷器。殷弘绪在1698年派到中国厦门，1703年他抵达江西后，在饶州（景德镇辖区）任教区本堂神父，花了不少工夫研究瓷器的制造，并将造瓷的秘密用书信向法国报告。这些讲述造瓷的书信有1712年9月1日发出的，也有1732年1月25日发出的。这些材料在1735年巴黎出版的《中华帝国志》中首次披露。他将高岭土标本寄到法国后，引得法国人加紧在国内各地勘察和开发瓷土，1768年终于在殷弘绪的家乡，法国中部里摩日省发现了丰富的瓷土层，于是塞夫勒瓷厂用这里的瓷土造出了硬质瓷器。迈森瓷厂的洪格尔（Hunger）还到威尼斯、哥本哈根和圣彼得堡去传授制瓷的秘方，于是欧洲各地都逐渐学会了造出真正的硬质瓷器。

在欧洲，英国设厂造瓷起步较晚。1750年设在斯特拉福的瓷厂才生产出第一批软瓷。后来仿造中国彩瓷，不断改进，到1768年普利茅斯瓷厂才首次在英国造出硬瓷。英国著名的瓷厂是1755年在德比郡开办的德比瓷厂，这个厂后来将鲍厂和谢尔锡厂合并到一起，成为英国最佳的瓷厂。英国瓷器采用中国彩色花纹，同时又施展了富有欧洲风物的创意，具有明显的洛可可艺术风格。洛可可风格和崇尚超脱纯朴的自然美的中国美术融合到一起，正是首先在瓷器这一工艺领域中展开，并产生广大影响的。

在洛可可时代，由丝绸装饰设计和瓷器制造带领的新一代时尚，得到了充分的延伸，这使相隔万里之遥的东方和西方的距离迅速缩小。新的工艺革命也因这些东方（中国、日本、印度和伊斯兰世界）工艺产品在欧洲市场上的飞扬跋扈，促使那些既缺少熟练的技工从事新工艺，而风云变幻的市场又紧扣着东方产品制造商脉搏的，一些靠海运起家的西欧国家必须在市场需求和战事频起的隙缝中，求取新的出路。英国丝织业在1699年已因大量进口中国丝绸而有停产失业的危险，以致1701年英国因此封闭了进口丝绸。到18世纪末更下令禁止中国瓷器进入英国。18世纪里昂由于模仿中国风格生产的丝绸走俏欧洲市场而风光无限，法国、德国的瓷器制造和漆木家具的打造，又都赶到了欧洲各国的前列。洛可可风格在艺术领域中成为一种时尚，正是由于它在工艺上已酝酿着一场不可避免的改革，而这场改革的方向便是朝着机械化奋进，才会彻底改变欧洲市场与东方时尚在产品结构与需求之间造成的深度缺陷。这场革命最终又在全世界引发了冲击力一浪比一浪更加高涨的改革浪潮，将世界推进到一个新局面。

第十七章

金属冶炼在3 000年中的巨变

商周青铜文化创造的璀璨明珠

在文明进程中，人类对金属矿的发现、开采和冶炼，导致人类最终走出石器时代的长夜，迎来文明的曙光。

这一发现和农业的繁荣一样，耗去了漫长的岁月。人们最初使用的是自然状态的金属，自然铜大约是其中最早的一种，伊拉克北部与土耳其接壤的扎维·契米（Zawi Chemi）遗址中发现的一件自然铜饰品，经C_{14}测定，属于公元前9217±300年和公元前8935±300年，是人类最早的金属制品。人们继续探索金属矿的存在，加以开采和冶炼，经过铜石并用时代，进入青铜时代。在最早冶炼的金属合金中，可以数到金、银、铜、锡、铅、锑、铋、铝等多种金属，但它们只占到化学元素中数达七八十种之多的金属元素总数的十分之一。

人类最早会用铜，是在公元前6000年小亚细亚的安纳托利亚地区。最初一段时间的铜是红铜和砷铜合金，从公元前4000年左右，小亚细亚和近东的居民从硫砷铜矿中取得铜矿石，之后的一千年中，用锑、砷、铋等元素加入自然铜铸件或矿石中，帮助炼铜。从砷铜进入到锡铜合金时期的地层关系，在里海西部巴库遗址中表现得最清楚。在中亚捷詹河西岸公元前2300—前2000年的阿尔登丘遗址中,出土铜器主要是砷铜或铅铜合金,有短剑、刀、镰、矛头、管饰,而铜锡合金十分稀少。中国内地使用铜,最早相当于仰韶文化早期的陕西临潼姜寨,1973年在遗址中见到一枚半圆形铜片,经C_{14}测定,并经树轮校正,遗址房屋木椽年代是公元前4675 ± 135年,大致是公元前4500年。比阿尔登丘遗址稍早,甘肃马家窑文化中所不见或罕见的环首刀、通鉴斧等铜器,在甘肃西部的四坝文化遗址中,已很常见。在中国内地,大致在公元前2500年以后,开始进入铜器时期,经过一千年以后,迎来了世界青铜艺术史上一枝少见的奇葩,有了商代中期以后极其发达的青铜文化。

中国青铜文化自夏代至商代,经过西周和东周,繁荣了近2 000年,到战国时代后期青铜器艺术才落下帷幕,让位给铁器时代使用的铁器、漆器、釉陶和瓷器。

河南偃师二里头文化,共有四个相互叠压的地层,相当于夏文化到商代初期。青铜器制造已粗具规模,出现了爵、盉等酒器,还有兵器、工具、乐器和饰品。

商代中后期到西周前期(公元前1400—前977年),开创了中国青铜器艺术的第一个高潮。

河南偃师二里头出土夏代铜盉

郑州二里头文化的后期出土杜岭方鼎等青铜器,是商代早期青铜器的代表,具有青铜器造型系列和鲜明的时代风格。商代后期,从盘庚迁殷(河南安阳)至帝辛(纣)亡国,共273年,可由安阳殷墟文化为证。商代青铜重器多数由商代王室陵墓出土,第二十三代商王武丁的配偶妇好墓,是安阳大墓中唯一未遭破坏和盗掘,且年代明确的大墓,共出土青铜器468件。出土商代青铜器的遗址,在安阳之外,遍及北京、山东、山西、江苏、江西、陕西、安徽、湖南、湖北、四川、辽宁等地,以商代中期的湖北黄陂盘龙城、江西新干大洋洲和殷墟晚期的山东益都苏埠屯大墓出土的青铜器群最为重要,湖南、陕西等地更有窖藏青铜器出土。

商代青铜器艺术庄严、华贵,极富宗教的神秘与狞厉,在作为祭祀礼器的炊食器、酒器和乐器上,尤其突出。商代炊食器以鼎、鬲、甗和簋为主。饮酒器有觚、爵、觯、角。温酒器有斝。盛酒器有尊、罍、瓶、卣、盉、壶、鸟兽尊、兕觥、方

商代晚期卫父卣

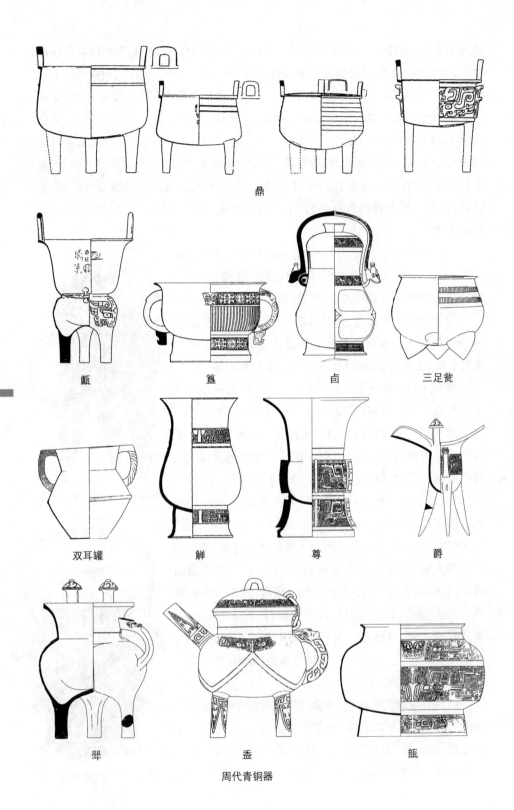

鼎

甗　　　簋　　　卣　　　三足瓮

双耳罐　　　觯　　　尊　　　爵

斝　　　盉　　　瓵

周代青铜器

彝。挹酒器有勺。盛水器有盘、匜、盥、鉴、缶等多种。商代青铜器乐器已有钟、镈、铙和铜鼓。兵器有格斗用的戈、矛、殳、戟、铍、钺、戚、刀、剑等，射远用的箭镞、弩机、甲胄。此外还有青铜农具、工具、车马器、玺印等。商代青铜器纹饰主要有以狞厉的兽面为主的饕餮纹（又称兽面纹）、夔龙纹、凤鸟纹。

商代青铜器突出地体现了中国青铜器的特点，重要代表作有司母戊大鼎、四羊方尊、龙虎尊、兕觥、黄觚、妇好鸮尊、妇好方彝、醴陵象尊等。司母戊鼎，通高133厘米，1939年安阳武官村出土，是商代后期有代表性的造型样式。铜鼎由圆腹进至方形，才完全脱离陶鼎的范式。商代早期都城郑州曾出土过窖藏的青铜大方鼎4件，高度达到1米左右，这类方鼎重心偏低，司母戊鼎已在造型设计上加以改进，商王武丁为祭祀母亲制作了这件重875公斤的大方鼎，为已知体量最大的三代青铜器。大型深腹圆鼎和方鼎是青铜鼎中最主要的造型样式，到商代后期才臻于完美的境地。盛酒器中的四羊方尊（1938年湖南宁乡出土）和龙虎尊（1957年安徽阜南县出土），分别代表了方尊和圆尊的造型设计。四羊方尊高58.3厘米，造型瑰丽、奇特，色泽黝黑，尊腹四隅各有绵羊装饰，羊头突出器表，羊腿只见前蹄，与方尊底部成柱状交叉，融成一体，纹饰的精细增添了器物的华贵。同一时期制作的龙虎尊是件圆尊，龙虎纹突出在器腹，底部圈足，腹部透雕的艺术魄力与颈部光洁的大面形成对比强烈的主题感染效应，显得雍容、祥和。

商代青铜器中较常见的是觚和爵，这类酒器源自陶器，经过长期改进，成为青铜器极有典范意义的造型式样。爵是种三足器，器身长圆形或方形，前有流，后有尾，口沿上有一对立柱，流与尾的倾注角度形成十分优美的线条。由爵的造型更衍化出角、斝、盉等器型。觚是饮酒器中最常见的，具喇叭形口，经过中间偏细的腹部，向下部的圈足展开，器制修长、优美，妇好墓出土的觚数达几十，设计十分得体。颈部的蕉叶纹、腹部和圈足的饕餮纹，四周有突起的扉棱，底边以一道宽沿起到稳定的作用。

西周前期青铜器艺术风格继承商代，基本特征与商代后期青铜器相仿佛，出土在周族发祥地的陕西扶风、岐山等处的周原地区的窖藏，也发现于周都丰京、镐京（今长安县境）和东都洛邑。重要的作品有大盂鼎、利簋、何尊、令彝、鸟纹卣、折觥等。盂鼎造型是西周前期流行的大型圆鼎样式，立耳、圆腹、柱足，通高101.9厘米，在口沿下施加一道饕餮纹或夔龙纹饰带。与盂鼎近似的有德鼎、堇鼎等重器，器身铭文具有重要历史文化价值，大型圆鼎在西周青铜器发展史上，因此具有新的历史价值。

西周后期青铜器艺术风格，经过穆王至夷王，再由厉王至西周末期，进入东周时期的春秋初期（前770—前652年），是西周风格最后走向成熟和衰落的时

期。这时期的器类组合已由早先酒器转为炊食器,鼎、簋、鬲、甗,与盛水器的壶、罍,乐器的钟、镈等成为主要器类。西周青铜礼器逐渐定型,鸟兽形器仍占重要地位,但与商代相比,更富现实性。装饰纹饰由商代的饕餮、夔龙、凤鸟纹转为抽象的窃曲纹、波纹、蛟龙纹。窃曲纹由鸟纹、龙纹衍化而成,与窃曲纹同时流行的还有重环纹、重鳞纹。波纹又称环带纹,是种宽大而流畅的曲线纹饰,常与蛟龙纹连用,蛟龙常作一首双身,龙体盘旋成大波浪,再饰以两两相背的小龙。周代青铜器中有一种周民族特有的蜗身龙纹,身躯弯曲盘旋成圆形,与现实生活中的巨蟒相似。龙纹之由夔龙、蛟龙发展到蜗龙,是周代青铜器艺术所崇奉的宗教信仰逐渐向后世盛行的龙图腾崇拜演化过程中,迈出的十分重要的一步。

西周铜簋(山西曲沃晋侯墓出土)

　　西周后期主要青铜器有虢季子白盘、史墙盘、逨盘、颂壶、毛公鼎、大克鼎等。这类器物都有长篇铭文,但铭文内容已从早先出于铭功祀祖的礼乐制度的需要,转向更为现实的书契性质。青铜器的制作也随着社会的剧变、战祸连绵、经济衰退,而常常趋于粗简,成为西周前期与春秋初期间青铜器艺术制作中一个短暂的低潮时期。

陕西眉县杨家村出土西周铭文逨盘(2003年)

北赵晋侯墓出土猪尊

　　春秋中后期(前651—前476年)到战国时期(前475—前222年)是一个历史大变迁的时期,铁器的使用和推广促使社会生产力进入前所未有的新时代,社会处于礼崩乐坏的交替时期,周王室代表的宗法权力观念空前低落,荡涤旧社会、启蒙新社会的思想和艺术审美观念上升为主宰一切的思潮,出现了歌颂新制度、新思想的艺术手法。在青铜器制作技法上，由于嵌错、焊接、鎏金银、镂刻和失蜡法铸件在春秋时期的兴起，到战国时期进入全盛，纹饰更加繁缛、精细和立体化，最流行的是由夔龙蚊、蛟龙纹、窃曲纹衍化成诡异、繁密的蟠螭纹、蟠虺纹。随县曾侯乙墓出土的尊、盘，用失蜡法技艺将蟠虺纹铸成立体的装饰纹样，形成战国时期青铜技艺特有的风格。同时流行的还有羽纹（或水波纹）、云

战国龙凤方案

纹、勾连雷纹。东周时期，饕餮纹、凤鸟纹或龙凤合体纹饰以新的更加自由的形式再度成为流行纹饰，在青铜器制作上追求品类多、体形大、技艺精细，使审美风尚趋向豪华与富贵，促使这一时期成为青铜器艺术发展的第二个高潮时期。

东周青铜器除了洛阳金村周王室及臣属附葬墓地出土许多精美的艺术品，更多的是列国诸侯、贵族墓葬出土的青铜器群，有山西浑源李峪村赵国墓、河南新郑的郑国墓、三门峡上村岭虢国墓、汲县山彪镇魏国墓、浚县辛村、辉县琉璃阁卫国墓、河北平山县中山国墓、湖北随县曾侯乙墓，以及河北易县燕下都，山东齐、鲁故城遗址。

春秋战国时期的青铜器，无论酒器、食器、乐器、兵器，造型变化更加繁富，装饰效果的追求（错金银、镶嵌宝石）更加突出，制作的数量也明显增多。铜镜与带钩在这一时期得到特殊的发展，青铜工具、农具、车马器、度量衡器、符节、玺印、日用杂器的制作，也常常出现极富艺术价值的创作。

战国鎏金铜壶
（甘肃张家川马家塬2006年出土）

这时酒器中的各类制作日趋华丽，或错金银，或嵌绿松石和各色宝石，用不同色彩的金属细工嵌出宴乐、狩猎、攻战等场景。壶的造型由下部最宽改至中部，出现了有动物形象的提梁壶。浑源出土鸟兽龙纹壶，器身有4条以怪兽与龙蟠绕的装饰带；江苏盱眙出土的重金壶，壶身有花卉的透雕。最杰出的方壶是新郑出土的春秋早期的立鹤方壶，壶盖设计成周边上扬的两列莲瓣，中间是一头振翅欲飞的白鹤，艺术意象之美，实有超脱传统，另创时代新风的气度。

炊食器中的尊、鼎、簋，在造型与装饰效果上都有新的变化，西周中期以后出现的盨和簠，在春秋、战国时期普遍

战国茧形壶（同上出土）

山西长治分水岭出土战国铜牺

得到应用。在一些高级贵族墓葬中，常出现几种不同样式的鼎，而且成列使用，数量众多，从以往的礼器成为日用器皿。鼎的设计为保温加上了隆起的盖，足部减低，立耳改为附耳，有的在腹部加上环耳，以便扛抬。河南洛阳小屯出土的错金银云纹有流鼎，通高11.4厘米，形制已和现代蒸锅相近，金铜色泽鲜明，极富艺术效果。湖北随县曾侯乙墓出土9件升鼎，鼎腹嵌绿松石，并有4条立体的龙形装饰物。鼎内盛放不同动物，取平底浅腹造型，是祭祀时用的正鼎。类似造型的有1978年河南淅川下寺出土王子午鼎。以失蜡法铸造的青铜器，最早实例是淅川下寺出土铜禁、升鼎。铜禁是春秋楚国令尹公子午在公元前552年时的随葬品，禁区身通长131厘米，通宽67.6厘米，身长107厘米，宽47厘米，以五层铜梗互相连接，构成多层透空的蟠虺纹饰。1978年湖北随县曾侯乙墓出土的尊盘，由尊（高33.1厘米）盘（高24厘米，口径47.3厘米）两件器物组成一套冰酒用具，两器都用失蜡法精制，尊的腹部有4条双身的龙盘旋，圈足外部也有4条双身龙，左右各攀附2条小龙。制作技术的精巧，设计意象的高超，使人感到青铜艺术已达到登峰造极的地步。

战国初曾侯乙墓出土的乐器有一套完整的编钟，编钟在公元前9世纪出现，到战国时已大量使用。曾侯乙墓出土编钟，架长748厘米，宽335厘米，高273厘米，呈曲尺形，分3层，共出纽钟19件、甬钟45件、楚王镈1件，计65件，总重2 500公斤。其中最大的钟通高153.4厘米，重203.6公斤，最小的钟通高20.4厘米，重2.4公斤。

这一时期青铜兵器多戈、矛、刀、剑、镞，仪仗用的戈、钺，通常镶玉或绿松石，属于王侯等人物所持的武器，制造尤其精工，常有鎏金嵌宝的花纹与铭文，1965年湖北江陵望山出土越王勾践剑，是春秋时越王佩剑，长55.6厘米，剑身长45.6厘米，满布黑色菱形几何暗花纹，并有错金铭文。剑格镶嵌绿松石，出土时从黑漆木质剑鞘中拔出，寒光闪耀，毫无锈蚀。剑的主要成分是铜、锡以及少量铝、铁、镍、硫组成的青铜合金。剑身黑色菱形花纹经硫化处理，刃部含锡高，硬度大，因而非常锋利；花纹含硫高，硫化铜可防锈蚀。出土时20多层纸被剑一划而破，仍保持当年的锋利，剑刃的精磨工艺可与现代精密磨床的产品媲美。同类越王剑在国内外均有收藏,是古兵器中的极品。

商周时代的青铜器制作,无论铸造技术、造型设计、艺术意象与实用价值等多方面,都展示出极具时代风貌,并与时俱进,在世界青铜艺术领域中处于领先地位。它那极富创造性的成就,是世界上其他地方无法超越的。它是人类文明史上的璀璨明珠,工艺上永不湮灭的光源。如果说,整个铜器和青铜时代所消耗的金属极为微小,据估算,从公元前2800年到前1300年间,古代世界消耗的铜大约总共不过1万吨左右,那么在以后的一千年中,中国为制作青铜器所耗费的铜,可能是这个数字的10倍,甚至更多,所以才能有这样辉煌的成就。

由百炼钢刀到后世的日本刀

在青铜时代,人类社会已经面临着一个巨大的变迁,那就是使用比青铜器更加锋利和轻便的铁器。人们最初使用的铁器是来自陨石的天然铁块,使用这些铁块,成为铜铁合金最早的一种尝试。中国在商代中期和西周时期都有过铜钺铁陨铁刃。大约在公元前1800年之前,人类才开始有极为稀少的人工铸造的铁。铁器正式诞生是在公元前1400年以后。在埃及法老图坦卡蒙的墓葬中发现了小型的铁工具,是些长条形的头部呈弧形的铁器。铁在当时还是一种稀有的贵金属,埃及新王国时期,铁比黄金贵5倍,比银子贵20倍。

小亚细亚的赫梯人在公元前1400年将铁器的制作引进成批生产的时代,200年之后,制作铁器的秘密随着帝国的衰败,传到巴勒斯坦。公元前10世纪,由于铁的大量使用,价格普遍下降,人们开始用铁制作农具,进一步勘查哪些地方有铁矿的资源,可以用较为进步的办法加以开采和冶炼。公元前900年铁的淬火技术发现后,亚述人和埃及人在公元前800年之后,就能用淬过火的铁制作工具和兵器了。

炼铁的知识就像冶铜一样,从小亚细亚传播到世界各地,它的过程,既已有冶铜、冶金的技艺探索在先,当然也能用更快的步伐迅速向前迈去。公元前1000年,这类知识已经在中国西部新疆北部地区传开了。1986年哈密焉不拉克墓地出土铁器7件,有刀1件、剑1件、戒指1件、残铁器4件,其中出土铁刀的墓葬经C_{14}测定,距今3 065 ± 55年,树轮校正距今3 240 ± 135年。新疆的和静察吾乎口、乌鲁木齐的南山矿区等处,也有相当西周早期的铁器发现。到公元前7世纪以后,人类最早使用过的7种单质金属(金、银、铜、锡、铅、铁、汞)在中国都已大量使用和生产了。中原地区的冶铁业迟至西周晚期已经开始,河南三门峡出土西周晚期铜柄铁剑、甘肃灵台春秋早期铁剑、河南淅川下寺春秋中期玉茎铁匕首,都是早期铁器。公元前6世纪,春秋晚期出土的铁器有10多件,锻件有长沙杨家山钢剑、铁削,云南江川李家山铜柄铁剑,山东新泰铁箍;铸件有江苏六合程桥铁丸、长沙识字岭铁锸、一期楚墓铁铲、杨家山鼎形器,都是最早由人工冶炼的铁器。公元前6世纪,中国长沙杨家山的鼎形器是世界上最早炼成的生铁铸件。1992年在宝鸡益门村春秋晚期秦墓出土的金柄铁剑,柄部金质,格部镶有绿松石,华丽异常,也可见出西部的秦国在金属工艺方面,已走在了各国的前面。

冶炼生铁的基本条件,一是要足够高的温度,通常在900℃的地穴炉或矮小的竖炉中炼出的铁渗碳量很少,一般都是熟铁,不能以液态流出,而是含有大量氧化亚铁—硅酸盐夹杂的固体块,叫块炼铁,要反复锻打后才能使用;二是始终保持足够强的还原性气氛;三是有足够大的冶炼空间,竖炉炼铜在中原地区历史很久,所以在同一历史阶段,在炼出块炼铁不久,便炼成了生铁。早期生铁通常是白口铁、麻口铁,灰口铁很少。长沙窑岭战国早期墓在1977年出土一件铁鼎,呈麻口铁组织,是世界上最早的麻口铁。生铁的冶炼、铸造技术在公元前5世纪已有一定水平,遗址在河北易县燕下都,河北兴隆,河南登封、西平、新郑,山东临淄、滕县都有发现。战国前期河北地区已见使用铁范,此后,铁范用在铸造农具和工具上。兴隆战国铁范就有87件,用来铸造锄、镰、镢、斧、凿、车具等工具。

战国早期中国已发明了铸铁可锻化退火处理,洛阳水泥制品厂出土的2件铁锛、1件铁铲,经化验,是全世界最早的可锻化处理件。战国中晚期,这项工艺在全国各地迅速推广,使生铁可以连续生产,生产率提高,又可浇铸成形,使成形率提高,缺点是硬且脆,使用范围有所限制。经可锻化处理的铸件,无论强度、塑性、冲击韧性都有明显提高,使用范围因此大为扩充。欧洲炼铁技术的发明都稍早于中国,但没有像中国在战国时代就已形成一条以"生铁铸造—可锻化退火处理为主",辅以块铁渗碳钢的技术路线,使铁器迅速得到推广,满足了社会的需求,因此欧洲直到中世纪,钢铁产量都远较中国为低。1722年法国人才发明白心可锻铸铁,1826年美国人才发明黑心可锻铸铁,与中国相比,足足晚了2 000年。

西汉时代铸造低硅灰口铁和球墨铸铁技术已经成熟,这些冶铁技术都是欧洲很晚才能掌握。全世界以印度为最早,使用了高温炼钢,加快了渗碳过程,产品在液态下炼成钢,含碳量往往较高,杂质较少。中国也和世界上大多数地区一样,早期制钢是在固态下进行。西汉时发明了作为半液态冶炼的炒钢;东汉时更发明了以铁矿石为原料,以某种含碳物为还原剂,在900—950℃高温下一次冶炼而成的坩埚钢,以及在公元2世纪用生铁和熟铁为原料进行混合冶炼,然后取出加锤、均匀成分的灌钢法。

公元前3世纪的铁兵器都是由块炼铁中渗碳制成的低碳钢,到了西汉中期使用了对低碳钢铸件反复锻打的工艺,加上淬火技术,使兵器的韧度和硬度都有很大的提高。满城汉墓出土刘胜的佩剑,就是以百炼钢工艺制成,再对刃部进行淬火处理,这样制成的刀剑,刃部锋利、坚挺,脊部则富有韧性。但早期百炼钢对块炼低碳钢多层叠打技术费时费工,难以推广。到了公元1世纪,发明了用生铁炒钢的新工艺,解决了制造钢铁兵器的关键,形成铸铁脱碳的百炼钢,促使战国以来的淬火和铸铁可锻化热处理技术达到登峰造极的地步。从此钢铁兵器可以大量铸造,得到推广。这类优质钢刀的实物,有1974年在山东临沂苍山县出土的一把有纪年铭文的错金环首刀,刀身长111.5厘米,刀脊的厚度与刀身的宽度是1:3。刀身有错金火焰纹,并有18个错金隶书铭文:

永初六年五月丙午造卅湅大刀吉羊宜子孙

表明此刀是112年制造。经金相鉴定,在100倍显微镜下观察到的断面层数是31层,是将块炼铁反复加热、多次折叠锻打渗碳而成的精炼钢。坯件折叠锻打后的层数和湅数基本一致,说明刀中硅酸盐夹杂物的分层,就是炒钢锻造后折叠锻打的湅数,卅湅即是三十炼。和三十湅永初刀同类的兵器,还有1978年徐州铜山县发现的五十湅剑,剑身铭文有"建初二年蜀郡西工官王愔造五十湅"字样。这把公元77年制作的建初剑的碳层接近60层,古人以六进十,建初剑已是名副其实的百炼钢剑。这种钢剑能屈能伸,已在1993年陕西兴平县七里镇一处东汉中期位至三公(司徒、司马、司空)墓中一把向下被墓土压弯的铁剑得到见证,当发掘者清理坍土时,铁剑突然反弹,恢复了原来垂直形状,在场者因此为之惊讶不已。这就应验了古诗中"何意百炼钢,化为绕指柔"的真实性。

2世纪的百炼钢技艺已普遍用在制作刀剑和铠甲等兵器上,陈琳《武库赋》中对铠甲也称有"百炼精钢"。从此百炼这个术语已成为炒钢工艺的极品。

百炼钢这种高超的技术在3世纪初已由移居朝鲜半岛和日本的汉人带到移居地。《日本书纪》这本日本最古的历史书中说,日本在205年派军队侵入新罗,攻克草罗城,重新将新罗使者带回去的人质掠往日本,成为桑原、佐糜等地汉人的始祖。这些人中有冶金、制陶的工匠,被新罗和日本当局互相争夺。奈良县天理市东大寺山一座4世纪后期古坟中出土的汉中平纪年的钢刀,就是由汉人移民带去。铭文24字,只见到20字,说刀是"中平(184—189年)五月丙午造作支刀",支刀是一种短柄武器,为护身之用。下面所用词语是当时长江下游吴国铜镜铭文中常见，推测刀的来源也是长江下游的江南。这类错金工艺的百炼钢刀是日本古坟时期王室贵族佩用的利器，世代珍藏，甚至作为明器随葬，千百年后经过发掘，才能重见天日。

制作百炼钢刀的工艺，由汉人移民开创了日本钢铁刀剑的铸造，世代相传，技艺与时俱进，精益求精。11世纪日本钢刀已因它的锋利与弹性、制作的精巧，返销中国沿海。14世纪以后，更是明朝与日本室町幕府（1378—1573年）双方勘合贸易中的主要交易物，日本刀成为日本商人谋取大宗赢利的一项出口货，从最初的一两百把，后来上升到3万多把。日本与欧洲通商后，日本刀又是一项享誉极高的出口产品，这种刀能屈之如钩，纵之复直，伸卷自如，成为一时绝品。而它的源头，实出自2 000年前中国的百炼钢刀。

钢铁与热兵器

火药和枪炮的发明将人类的战争史画上了一道泾渭分明的界线，在先，是冷兵器作战的时期。在后，冷兵器虽未消失，但对战争起制约作用的已是热兵器了。

公元9世纪，用硝石、硫黄和木炭组成的火药，已被中国人发现。1290—1325年阿拉伯人和欧洲基督教徒交战时，火药传到了欧洲，当时欧洲黑火药采用的配方是：硝石67%，硫黄16.5%，木炭16.5%。此后逐渐形成世界上广泛应用的标准药是：硝酸钾75%，硫黄10%，木炭15%。在军事上，火药发明以后随即用来制造燃烧性火器。最初的火箭，是在一支箭的头上绑上火药，点火后，放在弓上将箭射出去，引起燃烧。后来又发明了威力更大的爆炸性火器，像现代的地雷一样，叫霹雳炮，"炮"的名声就是这样诞生的。但所有这些火器都和现代的枪炮联系不上，只有管形的火枪开辟了通向安装弹丸的现代枪炮的道路。试制管形火器，是由1132年奉命驻守德安（湖北安陆）的山东诸城人陈规发明的火枪开创的。当时宋朝在南向侵略的金国进攻下，处于劣势，陈规想出了用火枪来抵御敌方，火枪用很粗的竹子制成，要两个人前后抬着才行，竹管里放火药，到交战时，把火药点着，让它燃烧起来，冲入敌阵，加以破坏。这一年成了世界火器史上值得夸耀的一年，因为它使人类向制造管形火器迈开了第一步。

陈规的火枪使用不便，又不能射远。一个世纪后，宋朝的军事技术专家有了新发明。1259年，驻守安徽寿县的宋军为了对付强大的蒙古骑兵，创制了一种突火枪，用很粗的竹筒当枪身，在竹筒里先装上火药，再安上"子窠"。到作战时，点上火药，发出火焰，火焰完了，发出冲击力，将前面的子窠冲出筒身，发出像炮一样的声音，远到150步的地方都能听到。突火枪的子窠，也许是铁制的，也许是铅制的，已经很像现代使用子弹的枪支了。

　　宋人发明的突火枪，后来变成了金属的火筒。蒙古人利用南方的发明成果，加以改进，制造出了世界上第一批用铜制造筒身的金属管形火器，产生了一个新的字"铳"，铳就是竹筒的筒，火筒成了火铳。这种火铳按大小分两类，一类是单兵手持使用的手铳，一种是安置在木架上发射的碗口铳，也就是管形火炮。现存世界上最早的一支铜铳，是1970年在黑龙江阿城县半拉城子出土，长34厘米，重3.55公斤，是1287年平定乃颜叛乱时使用的火器，可算是世界上最早的一支手枪了。后来元代和明代又造了大型的铜炮、铁炮。1989年在内蒙古锡林郭勒盟元上都遗址东北附近出土的一支铜制碗口铳，重6.21公斤，铭文记下1298年制造，是第一支有纪年的铜铳，制造者已设计了可以调整射角的尾轴，和后来火炮的耳轴相似。在欧洲这种设计要到1490年左右，才由法国人首先提出。

　　金属火铳在战场上发挥了前所未有的威力，足以置尚未近身的敌人于死地，造成巨大的杀伤力，从而在战争中克敌制胜。蒙古人统治下的伊儿汗国有许多穆斯林，和埃及马木鲁克人连年争战，火箭、火瓶、火罐这些火器也成了阿拉伯军队的常用武器，不再能保持它的神秘，马木鲁克人也学会了制造火铳这样的新武器。由于马木鲁克人和钦察汗国联盟，共同对付和欧洲人联盟的伊儿汗国，火器制造技术在14世纪迅速被地中海世界所接受。欧洲战场上在数量上占优势的步兵，早先使用每分钟只能发两支箭的弹弩来抵御骑兵的进攻，13世纪以来开始采用效率更高的弓弩，使用长弓发射快箭，每分钟发10支箭，足以穿透有锁子甲装备的敌方，以此来制约对方骑兵。可自从出现火炮，欧洲战场便有了远程制约敌方的新式火器。

　　意大利是欧洲战场上最先装备火炮的地区，1325年阿拉伯人用抛石机发射火球攻击卡斯提尔的巴沙城，伤及人畜，焚毁房舍。之后，意大利的佛罗伦萨探得了火炮的制造秘诀，在1326年下令制造铁炮和铁弹，在欧洲造出第一批金属管形火器。不久法国、弗莱德斯、英国和德国在1338—1346年间纷纷使用火药、铁火罐，甚至造出了红铜铳和铁炮，跨入了火器时代。1364年意大利贾佩卢军火库的清单上记着"500门炮，1腕尺长，可以手持，十分美观，足以射穿各种盔甲"。这种炮，不用说，它的祖型就是中国北方在13世纪已开始使用的铜制手铳。一直到1450年左右，根据图画，可以知道这种手铳只能依托胸部或肩膀来发射，在战场上使用还十分稀少，士兵们主要仍使用弓、弩、矛、戟。根据1327年沃尔特·德·米拉米特的一篇论文手稿，当时使用的炮，是放在木头发射架上的一只细颈瓶子，瓶口正对着被围攻的城堡，上面有一支火箭，它的形状和阿拉伯兵书上的"契丹火箭"十分相像。同样在1326年英国牛津礼拜堂壁画上，也有一张瓶形火炮的图画，瓶口插一支箭，后面有一位士兵正在点燃瓶子鼓起的腹部上的火药线。这种火炮在1295年前一种由哈桑·拉曼编写的阿拉伯兵书《马术和军械》中已经出现。这本书有关于中国火药、烟火和火器的详细配方和制作说明，其中的"契丹花"正是南宋时代临安城中流行的"花火"，后来叫"烟火"、"礼花"。书中的火药方子，早在11世纪时编集的《武经总要》中就有记述了，在时间上，阿拉伯人拥有这些知识至少要比中国晚了200年。但是经过阿拉伯人的中介，火药和火器制造的知识立即在欧洲，从意大利到伊比利亚半岛传开了。

许多埃及人和摩洛哥人在13世纪的临安城（今杭州）都见到过花火，后来他们将这种"焰硝花"的火戏儿从海上直接传给埃及和北非各地，并且创造了"巴鲁得"（Bārud）这个新名词来称呼焰硝花（asīyūs之花，即硝焰之花）。马木鲁克人用巴鲁得制作火药，装入瓶、罐和铁球中，造出火瓶、火罐和火球，用抛石机发射，展开攻坚战；也可以装在铁管中由单人使用，点火射击。中国火器在中东战场大显威风，由于破坏力大，使用方便，很快替代了早先常用的火油机。马木鲁克人按照来自中国的新式武器，在14世纪时仿造出的火炮有两类，一类叫马达发（midfa' an-naft，简称midfa'），相当于现代阿拉伯语中的"火器"；一类叫马卡拉（mukhulat an naft，简称mukhula或naft），可以译作"火炮"，相当于爆炸性火器。

马达发源于宋人的火筒和突火枪，蒙古人用铜铸筒身，阿拉伯国家加以改进后，形成两种马达发。一种像火筒，用木制短筒装火药，在筒口安上石球，点燃火药就将石球推出；一种筒身较长，装上火药后再安上铁栓，在筒口装一支铁箭，点燃火药后，由铁栓推动铁箭射出，类似宋人的突火枪，又加上了火箭。这两种马达发在14世纪初希姆埃丁·穆罕默德（Schems eddin Mohammed）的兵书上都已有记述。乌玛里提到在1340年前已有了一种用火药作子弹的焰硝炮，可以算是伊斯兰国家早期的管形火器。筒形大炮的马达发至少在14世纪70年代已出现在埃及的亚历山大里亚，百科全书家奎尔盖希迪（al-Kalkashandī）在阿希拉夫·夏本苏丹（1365—1376年）的前任总督伊本·阿拉姆主持的跑马场上，亲眼见到一尊铜炮（马达发）发射一枚大炮弹，落到了遥远的西西拉海（bahr as-silsila）。从那个时候起，纳夫达（naft）这个名词已不再指早先的石油机（naphta），而是火炮了。这种火炮，据伊本·卡尔敦的记述，1366年在开罗附近使用时叫"霹雳火"（sawā 'iq an-naft），类似金国使用过的震天雷。当然已比黄河中游使用这种火器晚了130多年。总之，14世纪时地中海世界使用的火器，比起中国来，要落后近一个世纪。

在布尔杰朝（1382—1517年）马木鲁克时期，纳夫达既是火药，又是爆炸性火器；而使用得更早的巴鲁得则通常当成火枪，是种管形火器，但效率显然不如火铳。只能说明自16世纪以来，马木鲁克人在最后的10多年中才大量使用手铳。但火铳在伊萨克（1414—1429年）在位期间从上埃及传到埃塞俄比亚时，就叫作纳夫达了。当使用新式长程火炮马卡拉的奥斯曼苏丹赛里姆一世（1512—1520年）在1517年征服马木鲁克王朝后，巴鲁得从此销声匿迹，完全被纳夫达所替代，纳夫达成了新式管形火器的通称。

在欧洲，火器制造从意大利、西班牙展开之后，英国也热衷于将火炮投入实战。1342年摩洛哥人用大炮保卫阿耳黑西拉斯，抗拒葡萄牙人的入侵，英国的德比伯爵和索尔兹伯里伯爵参加了这次战役，向摩洛哥学会了使用大炮。1345年英法克莱西之战，英国使用了铁炮24门，

百年战争（1337—1453年）期间的欧洲火炮（1400年手稿）

火药60磅，用铅弹射击，同一年英国又造了100件名叫莱巴杜（ribaldos）的手铳。1357年英国仿照马达发，造出了提拉尔火炮。德国的法兰克福在1348年已拥有可以发射箭镞的红铜铳。和中国在13、14世纪时用铜制炮不同，欧洲管形火器初期大多用容易开裂的铁管铸造，1364年意大利人造的火门手枪，长仅20厘米。1380年造的两件，一件藏波恩博物馆，一件藏弗里尔博物馆，都是铁制。著名的坦奈堡手铳，重1.24公斤，长33厘米，是1390年用红铜制造，重量已减轻到原重的1/3，筒身则加长了近一倍，增加了射远的距离，算是十分先进了，但比1287年阿城县出土的中国铜铳足足晚了一个世纪。直到15世纪中期百年战争结束，西欧的多数战士，仍是全身裹甲、头戴兜鍪、手执利剑的模样，小型火器远未成为士兵的主要武器。

在14世纪末，攻坚战主要由抛石机当主角，火炮在14世纪60年代时，在许多要塞中作为防御工具逐年增加，好封锁或阻隔敌方大炮的射程。勃艮第的第戎在1417年还只有13门大炮，到1445年亦即英法百年战争（1337—1453年）的后期，已增加到了92门。15世纪末，野战炮在欧洲战场上已占据重要地位，许多城镇在16世纪被改造成"大炮要塞"，这种要塞修建了形成一个完整的相互支援火力的

百年战争期间英军围攻法国城镇

防御体系，从1515年在意大利中部奇雅塔韦基亚的帕潘港用四边形棱堡团团围成一圈之后，立即在欧洲各地引起连锁反应，随即遍布了全欧洲。到1610年时，法国从加来到土伦的960千米陆地边境线上，修建了50座大炮要塞，德国、英国、丹麦、波兰和俄国的战略地带也都构筑了棱堡加以防卫。棱堡工程更因殖民扩张，出现在加勒比地区和美洲的哈瓦那和卡塔赫纳、印度洋上的蒙巴萨、第乌和马六甲，连太平洋上的马尼拉和卡亚俄也都出现了这类要塞。

在欧洲，大炮一开始就被搬进了战舰的座舱，14世纪60年代以来，西班牙战船已有了铁炮和加农炮。16世纪的西班牙战舰甲板上，通常有5门4米长的重炮，每门都能发射石弹，主炮是能发射50磅炮弹的大炮。由一门中弦主炮、两侧由2—4门其他重炮和轻炮作为护翼的装备，成为当时单甲板平底战船的常规火力装备。1500年后，全索具帆船已成为大西洋海运的主力船型。各国都在建造千吨以上有防卫和攻击火力的大帆船。葡萄牙制造的4桅战舰，在侧弦有24个炮孔，还有两门船尾炮。1588年与西班牙无敌舰队同行的原阿波利斯战舰圣洛伦佐号，就装了15门大炮。战舰的规模和炮火的威力都在不断地扩展。1637年英国建造的1 500吨的"海上霸王号"，装备了总重153吨的104门大炮，在舰载火炮史上开创了一个新的纪录。1588年由130艘战舰和3万人组成的西班牙无敌舰队在英格兰受到毁灭性的打击，1688年扩展到463艘战舰和4万人的荷兰舰队，却征服了英格兰，占领了伦敦。相比之下，中国的海上力量从15世纪中叶以后，已经失去昔日的光华，海军装备的火炮尤其威力不足，无法给敌方致命的打击。1637年，英国航海家彼得·芒迪率领英国船只，在坎顿城外遇上了一艘中国战舰，具有双层载炮甲板和炮孔，但使用的只是些小铁炮，只能发射重约1磅的炮弹，无法对敌船造成损伤。芒迪认为平底帆船难以承载更重的大炮。这时中国的火炮制造与欧洲相比，已相形见绌，至于海军的火力配备更是落后了不止一个世纪。

　　凭借欧洲海军在15世纪末已经具有的火力优势和战阵的得法，葡萄牙首先成为欧洲的第一个海上帝国，接着是西班牙独霸了美洲，和英、荷、法三国在全球范围内展开的争霸，到19世纪由于英国成为头号海上帝国，最终落下帆船时代海上争霸的帷幕。

　　在16世纪整个前50年里，火药武器在欧洲战场上还处于初级阶段，使用火绳枪的步兵到1650年以后，由于阿尔瓦公爵的改革，从意大利开始，每个连队都增添了一些配有滑膛枪的士兵，这种枪很重，要用支架来发射，比之只能在80码以内

1607年使用滑膛枪的法国士兵

射程生效的火器子弹的威力，要大许多，可以在200码处射穿护胸甲。1571年尼德兰的西班牙军团中，使用长矛的士兵与装备火绳枪和滑膛枪的比例是5:2，1601年，这一比例已改变成1:3。火绳枪易受风雨阻挠，1515年纽伦堡的约翰·吉夫斯改用钢轮和燧石点火，造出了第一支轮式燧发枪。这种枪装备了德国的骑兵和步兵，1544年德军首次使用轮式燧发枪和法军在伦特展开战斗，法军的火绳枪受风雨干扰，几乎丧失战斗力，德国骑兵用燧发枪压倒了法军，因此获胜。这种军械上的突变使得战术上也必须改变以往的方阵作战，使之成为滑膛枪手的线形编队，军队因此必须训练开火、反向行进、装弹和统一行动。为了进行训练，奥朗日亲王的儿子莫里斯委托他的表兄拿骚的约翰伯爵，在1616年于德国西部的锡根开办了欧洲第一所军事院校，颁发了操练手册。这种拿骚式训练在欧洲新教国家迅速得到了推广。到三十年战争（1618—1648年）后期，由于瑞典皇帝古斯塔夫·阿道尔弗提高了滑膛枪手装弹的速度、增加了野战炮的配备，而在实战中得到了充分的体现。

　　在法王路易十四执政期间，长矛手占步兵编队的比例，从1660年的1/3，到1700年降为1/5，占主导地位的用火绳引发枪击的滑膛枪手，到1699年已完全被用昂贵的燧石来引发枪击的枪手替代。1703年法国军队最终放弃了长矛，而在燧发枪端装上刺刀就可当作长矛使用了。这种双刃枪刺最早是1640年法国人乌

拉谢·代·皮塞居发明，刃长30厘米。炮兵的队伍进一步标准化，野战军的战斗阵形和1660年相差不多，通常排成两行或三行，步兵居中，骑兵在两翼，炮兵散列在前。在这种改革中获得大利的是奥地利哈布斯堡家族，他们在反击土耳其的战斗中不断增强实力，最后在1683年9月击退了土耳其人对维也纳的围攻，到1687年又将他们驱逐到多瑙河以东。此后欧洲形成了两大对抗的实体：西边是法国、英国、西班牙和荷属尼德兰；东边是奥地利、勃兰登堡——普鲁士、瑞典和俄国。地位适中的奥地利，无疑在外交和军事上，都是欧洲国际关系中最活跃的因素。

靠了威力强大的大炮，奥斯曼土耳其人结束了苟延残喘的拜占庭帝国和阿尤布马木鲁克王朝在地中海东部的统治。拿破仑则运用他高超的战术指挥他的军队，在骑兵和火炮的夹击下，赢得了在军事艺术史上十分辉煌的奥斯得利茨战役的胜利，在1806年最终结束了存在已有千年之久的神圣罗马帝国，使它仅仅剩下一个哈布斯堡王朝。

新式的枪支弹药由于技术上的先进而将战争的技术手段向前大踏步推进的例子，是克里米亚战争中英法联军战败沙皇俄国的军队。1854年俄国乘着奥斯曼帝国的衰朽，派出军队越过多瑙河，侵入奥斯曼领土，期望俄国拥有通向地中海的直接入海口。这是英国和法国所不能容忍的。英法军队使用了配有来复线的滑膛枪，在枪膛里装上了螺旋形槽沟的来复线，可以使子弹来回旋转，这种来复枪自从1747年从理论上被验证可以有效提高射程以后，逐渐得到军方的认可，加以推广。从这种滑膛枪中射出的铅弹底部是中空的，在爆炸冲力将子弹按来复线给予的速度和方向推出后，使有效射程提高了3倍。英国和法国更利用刚刚发明的蒸汽轮船，将士兵迅速运到君士坦丁堡和克里米亚，电报也使英法政府能与派往远方的军队指挥官取得联系。克里米亚半岛成为英法联军攻袭俄军的主战场。1854年9月，联军企图赶在冬季之前，夺取俄国黑海舰队的塞瓦斯托波尔。围攻却持续了一年之久。联军在半岛登陆向南挺进塞瓦斯托波尔时，排成横队前进的英军在进入敌方滑膛枪射程之前，用来复枪密集的火力，杀死了大批排成纵队的俄国军队，在阿利马河高地首先取胜。后来在英克曼战斗中，使用来复枪的联军完全控制了战场，俄军伤亡1.2万人，联军的伤亡数仅仅是3 000人，火力杀伤在交战双方之间造成1:4的差距。

英军对1854年过冬准备不足，致使补给体系出现严重的缺陷，士兵生活陷入困境，社会舆论的指责，促使英国军队通过改革，展开了现代化进程。进攻的任务多半落到了法国人和彼蒙特人的肩上，8月份的战斗，俄军的伤亡与联军仍保持着4:1的比例。9月8日，法军冲进马拉科夫要塞，占领了港口。

与克里米亚战争几乎同时，1854年7月到10月，英法又组织联军开赴香港，借口平息广西西林传教士被杀事件,扬言攻占广州。到克里米亚战争结束,联军便放手对付中国当局,在1857年12月攻占广州城,将两广总督叶名琛押往印度加尔各答。1858年联军北上大沽口,迫使清政府缔结《天津条约》,规定全面开放中国,继而因为用军舰护送公使到北京,侵入中国内河,于是战端再开。联军凭借火器的优势,1860年9月攻进北京郊外,抢劫并焚烧圆明园、畅春园、清漪园,迫使清政府签订《北京条约》。腐朽落后的清军在英、法新式武器攻击下,几无还手之力。于是中国深感必须学习西方的坚船利炮,发起自强运动。在西方,英法联军用先进的武器挽救了一个衰败的土耳其政权;在东方,英法联军却迫使腐朽的清政府在受到列强宰割之余,勉力去改革落后的社会机制与生产力,刺激着这个老大的帝国要走船坚炮利之路。

在欧洲,普鲁士从1864年到1871年,通过三次对邻国的战争,统一了德国的北部和西部。1864年以普鲁士和奥地利为首的德意志联邦从丹麦手中夺取了石勒苏益格—荷尔施坦因领地。1866年使用撞针枪的普鲁士军队运用灵活的战术,压倒了奥地利的炮兵和骑兵,使奥地利军队蒙受巨大的损失。在1870年的普法战争中,面对使用蔡斯波特步枪的法军,使用撞针枪的普军并无优势可言,而且法国人还拥有一种早期的机关炮(mitrailleuse),是法国作战部的秘密武器,连许多指挥官都还一无所知。而普鲁士靠着拥有一个有效的预备役系统,改善了使用的大炮,使他们后膛装弹的铁炮在速度和炮火的命中率方面具有法军所没有的优势,最后在色当一战,普军用大炮轰击被包围的法军,打败了法军。毛奇指挥普军包围巴黎,用炮轰促使法国投降,取得了胜利。

海军的装备也起了根本性的变化。在美国南北战争期间,只有900万人的南方拥有的土地面积却大得惊人,其中许多地方都还是荒原,若无铁路和汽船,有2 500万人口的北方联邦政府也难以运用经济实力去赢得战争。北方军队在西线的一个优势,是配备了大型的汽船舰队,这些铁甲船有的装备了大炮,并充分利用这些船只运输军队和军需,控制了从田纳西、肯塔基、阿拉巴马到密西西比州各州密西西比河的广大水上运输网,支持了联邦政府从1862年展开的西线战事,尤利塞斯 · S.格兰特将军就是这样登上历史舞台的。他率领联邦军队和炮舰控制了田纳西河,在阿拉巴马州的马瑟尔浅滩切断了南方邦联仅有的一条东西走向的铁路。1863年格兰特由于他的赫赫战功取得了整个西线的指挥权,他指挥增援的25 000名士兵和大炮,在不足两周时间内奔走了1 200英里,到达查塔努加,挽救了这座孤城行将陷落的形势。一系列攻击,使联邦政府控制了密西西比河,格兰特以中将军衔,荣任联邦军队的总司令。联邦政府通过封锁海岸,开启密西西比河,占领里士满,最后迫使南方军队彻底崩溃。

尽管在1880年许多汽船和铁甲战舰还带着风帆,但英、法、德、美等国的海军都已广泛采用时速可达20—30海里的铁甲战舰。日本在19世纪下半叶靠着德国给它训练陆军、英国为它培训海军,在1895年打败了中国的北洋舰队,在1905年摧毁了俄国开赴日本海的波罗的海舰队,成为远东的一个海军强国。英国凭着它的工业优势,为海军制造了使用石油推进的无畏战舰,时速超过20海里,舰载的火炮,足以在20英里以外击中目标。英国的海军装备了无线电,足以遥控在世界各地巡弋和部署的战舰。巡洋舰和驱逐舰在20世纪初都能以时速30海里的高效、迅速出没在世界各地。

　　陆军的火力装备也在迅速改进。1883年美国工程师马克沁发明了自动枪,利用火药发火时的力量使后膛完成开锁、退壳、送弹、重新闭锁,将步枪的理论射速提高到每分钟600发。到第一次世界大战结束,世界已进入到机关枪、自动步枪、冲锋枪、榴弹炮和坦克的时代,无烟火药使步兵可以隐蔽行动、远距离击中目标,硝酸根炸药的诞生更使炮弹的破坏力空前增强。到第一次世界大战结束时,潜水艇、飞机和航空母舰的进入战场,更将传统的战术观念一扫而光,凸显出技术力量的巨大进步已将战争推向比以前更加宽广的时空世界。

铁路:社会进步的动脉

　　继蒸汽机被纺织机和汽船使用之后,作为一种新的高效动力,发明家开始注意到发展轨道交通,去代替低效和繁重的畜力运输。

　　运输货物和材料,人类最初靠的是人力,后来利用畜力和风力,打通环球航路,世界于是扩张到了一个极限,人类要在其中遨游,必须依靠机械的力量,才能迅速而不知疲劳地持久工作下去,蒸汽机的利用只是进入机械时代的初级阶段。

　　英国在17世纪开始在煤田和河流间铺设木轨,目的是运输煤炭。1767年开始改用铁轨运输,最早的铁轨是用马运作,1814年使用有滑轮的机车在铁轨上运转,但速度慢、铁轨受损现象严重。第一条正式营业的铁道,是将达林顿煤矿的煤运到梯斯河的斯托克顿的斯托克顿—达林顿铁路,这条铁路在1825年开业,用机车运输货物,运送旅客仍用马车。乔治·史蒂文森(George Stevenson,1781—1848年)制造的旅行号拉着34节总重90吨的车厢出场,时速仅24千米,还比不上马车。同时获准建造的还有其他两条小铁路,1826年利物浦—曼彻斯特铁路获准修建,1830年正式营业,同样使用机车和马匹分运货物与旅客,充分显示出比早先利用运河运输货物具有更高的效率和利益。因此在1832年决定将原先分属私人所有的马车轨道运输，一并交由铁路统一经营。从此客货运输都统一使用铁路轨道。1837年曼彻斯特的铁路通到了伦敦，接着是伦敦到布里斯托尔的铁路，自1835年开始建造，到1838年正式通车。乔治·史蒂文森在1829年制造的蒸汽机车火箭号（Rocket），经多次试验，作为一种优秀的机车得到各方的承认，在10月机车大赛的轨道上，无故障地跑了20趟，时速达到46千米，获奖后，史蒂文森将火箭号开足马力，达到时速56千米，超过了时速47千米的奔马。

1838年邮件已使用铁路运送，这一年英格兰和威尔士拥有的铁路是490英里，建设费达到1 300万英镑。20年以后，这一数字增加了20倍，英国的铁路已接近1万英里，其中支线就有637条之多。用铁路运送旅客，较之通过河流进行客运所具有的优势，在当时已经得到凸显。

史蒂文森发明的火车头

1830年曼彻斯特至利物浦的第一列定期旅客列车开通

继英国之后，法国、比利时和德意志国家也先后掀起了建造铁路的热潮，运用工业化技术开发储藏量可观的煤铁矿。比利时由于煤铁供应充足，成为纺织业制造中心，许多项目的生产跑到了前面。法国也在现成的基础上建立了大型铁厂和圣埃泰林军火制造中心，里昂成为纺织业的中心。1815年以后，比利时和法国工业的进展十分神速，圣埃塔林逐渐发展成一个将矿山、铁厂和制造厂联合为一体的工业综合企业。法国北部的加莱以煤矿的开发为主，发展成同时可以就近从英国进口原材料的工业区。1830年，法国建成了巴黎到奥尔良的铁路，从此以后，法国北部的货物可以通过卢瓦尔河进入大西洋，进一步拉近了法国和美洲、非洲的距离。

欧洲各国在看到英国建造铁路带来的经济繁荣之后，纷纷引进英国技术建设铁路，发展铁路网络。1848年法国革命时，法国拥有铁路320千米，到1870年，法国完成了和欧洲主要城市及港口之间的铁路网络。这就基本实现了欧洲和世界各大洲之间的海陆联运网，为进入轮船时代的环球联运，提供了一份足以令人兴奋的蓝图。

1856年伯塞麦发明了价格便宜的钢铁，促使冶金业有了新的发展。铁路建设也随之有了新的转机，铁轨一旦磨损变形，便用钢轨取而代之，可以使铁轨的寿命大为延长，维修费用迅速下降。同时机车和车厢逐渐改用耐久而质轻的钢板，使火车的牵引力大大提高，车身更加扩大，商业成本随之下降。斯蒂文森当年铺设铁轨，轨幅仅4英尺8英寸半（1.434米），是仿照过去的木轨和马车道，后来勃卢涅尔（Brunel）将它改成7英尺（2.134米）的宽轨，两者要逐步统一，才能充分运作。这是1844年的新法令实施以后，大致从1850年以后才着手进行的一项工作。

英国本是个狭长的岛国，依靠发达的沿海和内河航运，已足使货流通畅，所以当初修建的铁路，只起辅助作用，长度均在140千米以下。自从1844年铁道开始合并，到1860年进展顺利，到1873年各条铁路已合并成一大网络，内河航运的优势于是丧失殆尽，铁路的运输成本已低于内河航运，铁路的唯一竞争者是沿岸运输。旅客列车因此越发安全、迅速和舒适，铁路运输无论在客、货两方面，都已崛起成为陆上运输的主力。

铁路的建设与发展，加快了工业化的进程。20世纪初，英国只有10%的劳动力在维持着农业生产，所需粮食，大多仰赖从海外进口。一百年中，英国人口翻了一番，到1911年达到了4 500万人，其中80%集中在城市中。城市已成制造业的中心。1850年以后，英国已经注意到在它的殖民地和自治领中修筑铁路，好进一步掠夺当地的资源，加紧实施商品化经济的运作。铁路在加拿大和西非洲的修筑，促使加拿大草原地带开发为小麦的生产区，西非的粮食、可可和油类作物成为出口的货物，经英国转往各地。铁路使埃及的棉花生产大幅度增加，流入欧洲市场。印度的各种货物，从棉布、茶叶、麻类、香料、矿石，通过海运，大量外运，到1880年，已成为英国制成品的最大主顾。英国在缅甸、马来亚修筑的铁路，加快了当地石油、宝石、锡矿和橡胶等经济作物的开发。自布尔战争以后，英国加快了在南非的铁道建设，黄金、钻石和其他稀有金属的开采，使英国的资本家大发其财。澳洲的金矿、羊毛也成为英国开发海外资源的一大来源，冷冻船的建造，使澳洲羊肉可以直销英伦三岛，丰富了欧洲人的菜单。

中国辽阔的国土需要铁路支撑交通运输，然而起步维艰。第一条铁路是

1876年由上海的英美商人投资建造,从上海公共租界北缘通向吴淞口的淞沪铁路,长仅13千米,但是未经清政府准许,通车后,由清政府以28.5万两白银赎买加以拆毁。中国自办的铁路,以开平矿务局在1880年修建唐山—胥各庄的唐胥铁路(9千米)为最早,1888年延伸到了天津,共长130千米。1887年7月台湾修建了从台北到基隆贯通南北的铁路,1891年竣工通车。西方列强早已将修筑铁路,作为从中国周边伸向内地的触须,藉此扩大它们的势力范围。1898年英国派谭维斯(H. R. Davies)从缅甸进入云南,勘测滇缅铁路,拟将铁路经昆明延伸到四川叙府(内江),将四川、云南纳入英国在印度、缅甸的势力范围。可是法国已抢先一步,在越南红河上游向昆明修筑滇越铁路,云南境内河口至昆明段自1901年兴建,到1910年4月通车,全长464千米,南段通过老街直通海防,由此成为中国沿海进入云南的一条通途。在这同时,俄国修筑了中亚铁路,在1903年将西伯利亚铁路延伸到了日本海北部的符拉迪沃斯托克,并在中国东北境内兴筑了东清铁路(中东铁路),作为支线,联通大连和沈阳。清政府在同一时期兴建了津浦(天津—浦口)、沪宁(上海—南京)、京广(北京—广州)等铁路,到1911年清政府被革命党人推翻的一年,中国铁路共有9 292千米,但被西方列强直接或间接控制的铁路就达8 342千米,占了90%。

欧洲大陆国家,以普鲁士和德国各联邦为主的工业国家,早已注意到铁路对工业化和现代战争的重要,从1840年后,以高于法国两倍以上的速度修筑的铁路,到1860年,仅普鲁士境内便已拥有5 600千米长的铁路,整个德国联邦的铁路已超过1万千米以上。在1870年普法战争中,普鲁士靠了由国家经营的铁路系

第一次世界大战中法军使用轨道运载的巨炮(520型)

统，迅速调运物资、军火和军队，战胜了法国。此后，德国的铁路向东和俄国相连，向西通过弗兰德斯和法国连接，成为欧洲大陆铁路网络的中枢。通过阿尔卑斯山的圣哥达铁路隧道的凿通，更使德国成为一个地中海国家，由此而有建立柏林—贝尔格莱德—巴格达的三B铁路的铁路计划，试图和英国争夺在中东的战略地位。英国也因此有推进它的三C铁路计划的设想，试图将起自南非开普敦的铁路通过津巴布韦、赞比亚延伸到坦噶尼喀湖，向北与乌干达、苏丹、埃及的铁路连接，到达开罗后，再向东延伸到印度的加尔各答。这是以英、德为主的西方列强在第一次世界大战前后，通过修筑铁路将欧、亚、非三大洲加以联通，扩张各自势力的一种设想，由此凸显了铁路在三大洲交通上的重要地位。

20世纪30年代美国制造的内燃机车（时速120千米）

铁路建设的后起之秀是美国。美国在1846—1848年从英国和墨西哥取得太平洋沿岸的大批土地，使美国成为一个跨大西洋和太平洋的大国。还在内战期间，就已修建了横贯东西的中央太平洋铁路，1865年5月通车的这条铁路，使美国东海岸的各大城市直到加利福尼亚的萨克拉门托有了快捷通途，参加这条铁路西部地区建设的5万名华工，创造了铺轨日进度10英里56英尺的历史纪录，成为机械化铺轨技术出现以前的最高纪录。此后北太平洋铁路等四条横贯大陆的铁路也相继建成。到1900年，美国的铁路总长已接近32万千米，超过了当时欧洲铁路的总和。这是一个世界各国的铁路始终难以望其项背的数字。

国土面积比美国还大的中国，理应拥有较多的铁路，然而却事与愿违，直到2000年，中国才以65 000千米的微弱多数胜过它的邻国印度，位居亚洲第一。所可庆幸的是，中国建成了与哈萨克斯坦连接的欧亚第二陆桥；在2006年7月1日，正式开通了总长1 956千米，跨越平均海拔在4 500米以上青藏高原的青藏铁路，将铁路从西宁经格尔木通过唐古拉山口，修到了拉萨。这条铁路针对冻土地带，采用片石气冷路基，成为世界最长的高原铁路，同时也是世界上海拔最高的铁路，穿越海拔4 000米以上地段达960千米，最高点海拔5 072米。它开辟了世界上最高的高原冻土隧道，全长1 338米，海拔4 905米的风火山隧道。建成了世界上最长的高原冻土隧道，全长1 686米的昆仑山隧道，隧道洞口海拔达到4 648米，最低气温达到零下30多℃。建筑在海拔5 068米的唐古拉山垭口多年冻土区的车站，占地面积约7.7万平方米，超过了大吉岭车站，是世界上海拔最高的火车站。清水河特大桥飞架在平均海拔4 600米以上的可可西里国家级自然保护区核心地带，全长11.7千米，是这条铁路线上最长的"以桥代路"的桥梁工程。

21世纪的中国还面临着构建亚欧大陆第三陆桥的宏伟工程，这条铁路可以从北京通过帕米尔高原和伊斯坦布尔海峡，经由伊斯坦布尔联通巴黎，不妨称作三P（Peiking-Pamir-Paris）铁路。铁路通过的地方大多已有现成的基础，只需在个别路段增筑连接线路和改进技术设施，只需铁路通过的国家达成共识，便可促成这一目标的实现，使之成为世界上最长的铁路，并使中国、亚洲和欧洲的联系出现新纪元。

具体说来，三P铁路可从中国新疆西部乌鲁克恰提以西的捷列克山口出境，通过吉尔吉斯斯坦、乌兹别克斯坦、土库曼斯坦、伊朗、土耳其，取道伊斯坦布尔进入欧洲，经过保加利亚、罗马尼亚、匈牙利、奥地利、德国，由法国斯特拉斯堡抵达巴黎。首尾共历12国，亚洲、欧洲各有6国参与其间。三P铁路一旦开通，便可将北京与巴黎之间的远程联系纳入同一网络之中，实现渤海湾与英吉利海峡之间陆上大动脉的联动。此举无论对于亚洲还是欧洲双方经贸与文化联系的加强，都将是极具诱惑力的壮举。

与现有采取北线的亚欧大陆桥相比，三P铁路可以称作亚欧大陆桥的中线。此线的建设，不仅将进一步缩短中国与西欧的距离，推动中国西部地区的开发，而且将使沿途所经四季分明的各个国家丰富的物产，获得充分的流通，并且进一步糅化世界三大宗教文明核心地区的民族关系，促使世界上经济最活跃的地区在文明进程中获取提升自身力量的新进展，从而推进全球文明的提高与发展。

2007年由中国政府提出的一项动议，是将自中国南方的海港深圳修建的铁路经过昆明向周边国家延伸，直通欧洲大陆西端荷兰的鹿特丹，在两地之间构筑一条无须经过海路，却能将亚、欧两地海港连成一体的陆上大动脉。这条铁路不但将沟通深圳到中国云南西部的交通，而且首先将修筑从滇西经缅甸、孟加拉和印度连接的铁路线，然后进一步连接印度、巴基斯坦、伊朗和土耳其的铁路网，使亚洲大陆的路网和欧洲的路网接轨，最后经巴黎通达鹿特丹。一旦这一计划得到实现，那么作为世界第一海港的上海和世界第二大港的鹿特丹之间，也会出现一个铁路联网的新格局，使太平洋和大西洋通过亚洲南部构筑的陆上大动脉互相联通，完成人类历史上迄今尚未有过的规模最大的铁路联网计划。

三P铁路与之相比，可以算是21世纪建设亚欧铁路联网的北线，后者则可以作为它的南线，将东亚、南亚和西亚联结起来。完成这样超长的跨国铁路线，将是

21世纪铁路史上最值得赞赏的篇章。

钢结构建筑与现代派建筑理念的实践

巴黎埃菲尔铁塔夜景

1889年为纪念法国大革命100周年,在巴黎召开世界博览会,由法国工程师埃菲尔设计了一座钢架结构的高塔,从1887年开始施工,历时两年,到1889年正式落成。用钢7 000吨、高300米的铁塔,一举打破了古埃及第四王朝法老胡夫修筑的高146.5米的金字塔创下的高层纪录。这是人类第一次运用钢铁架构技术修筑的一座四层高塔,高塔的一、二层配有绚丽的拱门,三、四层呈瓶颈向蓝天伸去,耸入云霄。这时人们利用钢铁修路、造桥、建房已经积累了一定的经验,在美丽的巴黎首先升起了一座在当时堪称极限的高层建筑,标志着人类已决心向钢铁世纪大踏步地迈进。

现代都市不但要有便捷的交通、快速的运输工具,与多维视界下构建的道路、航行网络与空中走廊,而且从埃菲尔铁塔的落成开始,还必须与高层建筑的摩天楼相约为伴,这已成为20世纪城市发展趋势中不可或缺的一环。

铁路、轮船、汽车、摩托车、电车和飞机的发明,使城市的面积迅速扩大,同时也加快了各个城市之间联系的节奏,空前地缩短了环球交通的日程。现代城市是人类在工业革命时代走向电气时代的产物。1879年托马斯·爱迪生和约瑟夫·斯旺发明电灯泡,从此人类有了以电为动力的光源,伦敦、上海、纽约相继在街头出现了以电灯为照明设备的路灯,这些路灯代替了过去以人工在黄昏点燃街灯的照明设备,展现了以电力为能源的无限光明的前景。摩天楼不过是使用电灯、电梯以后,将钢架结构建筑推向极峰的一个成果。

钢架结构的建筑在工业革命后期还是一个十分新鲜的工程项目。1841年法国人布伦纳尔(Brunel,1769—1849年)将伦敦泰晤士河底下的隧道凿通时,钢架结构的实用价值尚未被公众所了解。1851年英国伦敦海德公园为举办世界博览会修建的展览馆水晶宫,是钢结构建筑的一个起点。博览会的举办者向各方征集一个"面积巨大、高大敞亮,必须在一年中建成并且在会后能迅速拆除"的建筑方案,应征者设计的方案纷至沓来,总共达到了245个之多,但是拘泥于传统的建筑理念和审美要求，无一能够达到筹备处提出的要求。擅长建筑玻璃花房的园艺师派克斯顿为应急，提出了一个以铁具为框架，外盖玻璃的花房式建筑，既大又亮，得到同意后，花了4个月就建成了一个长563米、宽124.4米、总面积为74 000平方米的长方形阶梯状升高的玻璃房，中央是十字形连拱玻璃顶。整个巨大的展览厅由铁、木和玻璃三种建材构成，室内形成纵横连续的透明空间，摒除了多余的装饰和雕琢，体现了工业化生产的单纯和节奏感。开馆之后，轰动欧洲和世界，5个月中参观者达到了600万人。水晶宫的美名从此响彻世界。

尽管当时欧洲的著名建筑师都拒绝承认水晶宫是一件建筑艺术，然而这种以钢铁为主要构件施工的建筑，却正在悄悄地以无可争辩的优势，引领工业化时代的建筑风气。法国和比利时的新艺术风格直接受到自然主义的感染，将它引入建筑和室内装饰领域。在巴黎更有突出的表现，先是1876年建成的巴黎廉价商场，成为世界上第一座用钢铁和玻璃为构架、全部利用自然采光的百货商店；1889年巴黎世界博览会建造的埃菲尔铁塔和机械馆，更是这种钢铁架构建筑步入完美境地的成功之作。

现代化的钢铁架构建筑首先是在一些已有光荣传统的老城中，在不和谐的建筑群体中诞生的。早在1886年，后来建造了巴黎铁塔的埃菲尔，为葡萄牙已有千年历史的海港城市波尔图（Porto）设计了一座钢结构的路易斯大桥，这座又高又大的双层拱桥，架在流向大西洋的杜罗河上，与地中海以芥末黄为主调不同，使城市更加显出它独有的灰蓝色调。早期的现代派建筑师常常是既不能平地建成一座钢铁构架的新城，而只能在砖墙瓦顶的旧城中，去别出心裁地将他们心目中几乎与当时的现实毫无协调可言的建筑理念再现在人间。西班牙的加泰罗尼亚在19世纪末诞生了一位建筑界的怪杰、现代主义建筑大师安东尼·高迪（Antonio Gaudi），他为装点巴塞罗那这座伊比利亚半岛上的千年古城，作出了一个绝妙的开端，后来由多明尼

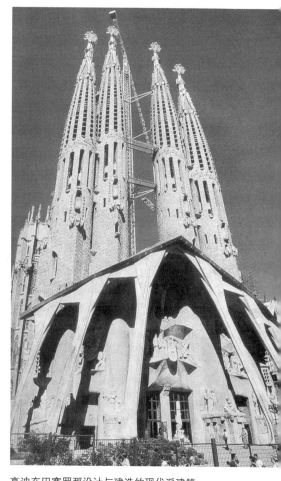

高迪在巴塞罗那设计与建造的现代派建筑

克·蒙达涅（Domenec Montaner）、布乔·卡达法（Puigi Cadafatch）接续，以全新的创作、最奇特新颖的材料，构筑出现代主义的各种别具匠心的建筑物。

高迪奉行的曲线设计原则，为树立现代派建筑艺术开创了门径，推动现代主义在19世纪末20世纪初成为风行欧洲的文艺运动。巴塞罗那在1936年西班牙内战爆发前涌现的无数现代主义风格建筑，以不规则的线条、模仿自然生态的写意手法、明亮鲜艳的色泽、手工制作的自然原料和精工雕琢的木、石、瓷、铁和彩绘玻璃，创造出具有童话世界中才有的建筑奇构，50栋这种房子现已成为巴塞罗那现代主义建筑的典范，其中的10处成为世人叹为观止的现代主义传奇建筑，多数已被确立为世界文化遗产。10栋建筑中，有半数是高迪的力作，包括圣家堂（Sagrada Familia）、米拉之宅（Casa Mila）、巴耶之宅（Casa Batllo）、瑰尔宫（Palau Guell）和瑰尔公园（Parc Guell）；还有格拉西亚大道上的耶欧莫莱拉之宅，阿玛耶之宅，以及奇丽怪诞的加泰罗尼亚音乐宫。

1926年被电车撞死的高迪，出身贫寒，从小得了风湿病，且终身未婚，毕生的精力全花在将巴塞罗那这座古老城市营建成一座现代主义的艺术之都上了。

高迪不仅是一名现代主义的建筑师，也是绘画家和雕塑家，他的设计图精细得毫厘入画，他使用的材料是钢铁铸件、彩色玻璃马赛克拼镶画和细工打磨的饰件，用来打造出跨越时空的自然界的恐龙、蜥蜴、鳄鱼、蛇和花鸟，模拟人体器官和动物躯体的住宅，表现四季转移、时光流逝的教堂大门。

高迪设计的米拉之宅，当年被人谑称"采石场"（La Pedrera），意思是一堆零乱的石料。这座宅邸位于格拉西亚大街上，从里到外全用曲线打造，屋顶像一具帐篷，门窗全像不规则的岩洞。入夜，灯光一照，就似横波浮动，最适合这个以海滩闻名的港岸城市了。在同一条街上，离米拉之宅对面不远，有高迪设计的另一所住宅巴耶之宅，构筑的是一条龙，门柱像大腿骨，起伏的屋顶如同鳄鱼皮或龙的脊骨，凉台像龙的眼珠或肋骨，内部楼梯扶手做成恐龙的脊柱。巴塞罗那城西南山坡上的瑰尔公园，是瑰尔公爵拨地指定要高迪设计的，高迪匠心独具地设计了一个最接近童话的建筑群，入门之后使人顿觉进入虚构的世界，有美妙如巧克力捏成的姜饼屋，还有彩色镶嵌的巨蜥把守的阶梯和流水。高迪在山坡上建造了一个气宇轩昂的古希腊剧场式的百柱大厅，围绕空地的一圈座椅，被高迪亲自描绘的花瓷砖装饰成各种巧妙的图案，在绿荫衬托下，犹如两条匍匐的彩蛇。通往后山的步道修造了高迪博物馆，展示他设计的现代派家具。高迪设计的文生之宅（Casa Vincens）在卡洛琳大街上，用赭色、蓝色彩色瓷砖贴面，三四层墙体砌成门柱式，蓝白相间的彩砖和顶角倒挂的建筑手法，透出西班牙摩尔式建筑的遗风。

高迪的后半生是与圣家堂的工程连到了一起。圣家大教堂从1883年开始建造，到现在已经造了一个多世纪，然而竣工之日尚遥遥无期。从1914年起，高迪拒绝了其他工作，全力倾注到圣家堂的设计和建筑中，最后几年，他的办公室和家都迁到了工地上。高迪预言，要花200年工夫才能完成这座世界上最宏伟的教堂，教堂里的圣诗台，足以接纳1 500人的合唱团的演出。这座教堂以8根玉米笋的尖塔指向高空，尖塔的顶端是由联珠镶边的花瓣。灵感似乎全来自当地一座高50米的哥伦布手指新大陆的纪念柱。教堂的大门是雕琢繁富的耶稣圣诞门，另一头则是展示石头阳刚线条的基督受难像的情欲和死亡之门；教堂的立面还表现了一年四季的转换，体现出生命与时光的转移。高迪设计了圣家堂的各个细部，但他无法看到这座作品完成，在1926年6月的一天，工余之后，心不在焉的大师竟被有轨电车撞得血流满地，以致路人都无法辨认这位衣衫破损的流浪汉竟是毕生为美化这座城市而献身的现代主义建筑大师！

　　与高迪为巴塞罗那打造现代派建筑的同时，维克多·渥泰（Victor Horta）也在布鲁塞尔为先锋派艺术设计了各种新颖的住宅，毫无顾忌地使用钢铁和玻璃——这些工业化的材料，同时设计外形简洁生动与环境十分协调的家具。欧洲一些愿意为新思潮构筑前卫建筑的设计师，也对新的建筑形式进行着大胆的探索，形成了表现派、未来派、风格派和结构派等多种建筑流派。而装饰艺术已崛起成为美术的一个有力的分支，激发着现代派建筑师的艺术灵感。

　　比利时的亨利·范·德·费尔德（Herry Van De Velde，1863—1957年），与维克多·渥泰同是比利时新艺术运动的创始人，他曾在巴黎学绘画，从装饰艺术开始成为一名建筑师。他为巴黎的一家商店"新艺术之屋"设计装潢了4个房间，他那种追求"没有装饰的形式"的设计思想，后来便有了新艺术风格运动的名声。德国的手工艺设计者根据他的理念，开始离开法国的新艺术风格，1897年在慕尼黑和德累斯顿设立的手工艺工场中探索统一不久的德意志民族的风格。1900年他成为德国萨克森—魏玛大公的顾问，1906年创建了魏玛工艺美术学校，倡导了一种完全新颖的却能适应工业化社会的工艺美术风格，得到了德国工业界的认可和采用。1907年，主张工业化建筑奉行"实事求是"原理的德国建筑师霍尔曼·莫特修斯（Hermann Muthesius）和彼得·贝伦斯（Peter Behrens，1868—1940年）发起成立德国制造同盟（Werkbund），和德国工业康采恩合作，从事工业产品的设计和广告业，将机器当作手工工具的新延续，从他们的手中，标准化产品的权威终于得到了社会的确认。1919年建筑师沃尔特·格罗佩斯在魏玛建立的包豪斯（Bauhaus）学院，是在第一次世界大战以后为完善德国制造同盟所提倡的新派设计而创建，教授学生印刷、纺织、金属制造、陶瓷等多种技艺。这批人将艺术家比作被抬高的手工艺人，目的在"建立一个新的手工艺者行会"，"建造一幢融建筑、雕刻和绘画于一体的未来新大厦"。格罗佩斯设计的包豪斯大楼经济实用、混凝土、玻璃构筑了线条修长、体积变化丰富的建筑风格，包豪斯学派的建筑理念和装饰艺术风格，经过实践，顺应了工业社会标准化产品和成批生产的需求，在20世纪20年代末，在欧洲和北美洲得到了广泛的认同。纳粹上台后，包豪斯一些主要设计家移居英国。此时，胶合板家具由此在工厂中成批推出。20世纪30年代，包豪斯建筑风格风靡了全世界。

对现代主义建筑产生根本影响的是钢筋混凝土结构的应用，这类建筑萌芽于1824年英国生产的新型胶性水泥，混凝土因此可以普遍被各种建筑采用，从外观上开始改变传统石构建筑的厚重粗笨和刻板。法国和美国的建筑师在1890年首先采用钢筋强化混凝土建造房子，法国建筑师包杜用钢筋混凝土框架结构设计建造了巴黎的蒙玛特教堂，第一次将新材料、新方法引进了极富艺术韵味的基督教教堂中，将具有5座穹顶尖塔的大教堂塑造得十分美妙，完满地宣告了新材料对传统理念支配下建筑艺术的胜利。进入20世纪后，无论在美国还是在欧洲，用钢筋混凝土建造的高层办公楼、酒店、住宅相继出现，更拓展到用这类材料构筑火车站、桥梁、库房和展览馆等大型公共建筑。例如，1883年竣工的纽约布鲁克林大桥，作为世界首座能承载机动车辆的长跨度（465米）悬索桥，曾被列入了人类现存最著名的100座建筑之中。

现代化的全新都市，是由巴西在20世纪60年代建立的新首都巴西利亚树立标本的。建筑师奥斯卡·尼迈耶尔自1940年在巴西米纳吉拉斯州州府贝洛奥里尚特市设计的一批建筑，特别是那座由一组抛物曲线奇妙组合的圣弗朗西斯科教堂，被公认为巴西现代建筑艺术的第一件杰作之后，巴西式样的现代建筑便以一支生力军扬名于世。1956年巴西政府提出全面启动巴西利亚这座新城的建设，巴西城市设计师卢西奥科斯塔将整个城市规划成一架超大型的喷气式飞机。在这里，尼迈耶尔更设计了令世界建筑设计界叫绝的一系列作品：国会大厦、总统府高原宫、最高法院大楼、总统官邸黎明宫、外交部大楼伊塔马拉达水晶宫、由抛物曲线组成的锥体建筑巴西利亚大教堂。这座新首都在1960年4月正式宣布落成。1987年，巴西利亚这座未满30岁的城市，被联合国教科文组织列为世界文化遗产，表明了有关方面对巴西现代建筑设计给予的最高评价。从此地球上有了一座完全出自现代派建筑理念规划和设计的全新城市。

作为现代都市标志的是，那些由钢架支撑、拔地而起的摩天楼。在美国的许多大城市中耸立的摩天楼，以詹尼在19世纪70年代创立的芝加哥学派为代表，将高层建筑设计理论和实际运用推向高峰，成为美国现代建筑的先驱。美国在1890年首先采用钢筋强化混凝土造房，这一年落成的世界大厦已超过300英尺，有309

引领世界的巴西利亚的现代派建筑

英尺高。摩天楼自20世纪起，已作为现代钢架结构城市不可逆转的基本要素，被公认为都市生活中不可或缺的景观，1905年50层的纽约大都会大厦落成，由此展开了打造摩天楼的热潮。摩天楼建筑群将中世纪以来欧洲城市中以教堂为中心的建筑标志一扫而光。摩天楼之所以能在远离基督教文明中心的欧洲之外的美国兴起，成为新一代城市的样板绝非偶然。对美国人来说，纽约一直就是最高的大都市。自1890年以后的110年中，超过300英尺的摩天楼在纽约已出现过14座，高至1 300英尺（419.2米）以上的世界贸易中心大楼双子塔，一度成为公认的纽约最重要的地理坐标。摩天楼的建筑高度也一再被新的纪录打破，纽约曼哈顿的帝国大厦以381.3米（1 252英尺）的高度在1931年雄踞高楼的榜首，创造了实用建筑的最高纪录。自此以后直到1974年，芝加哥的西尔斯大厦才以443.5米的高度超过了这一纪录。第二次世界大战后，摩天楼的建造逐渐在亚洲经济快速增长地区摊开。1978年日本东京阳光大厦以60层高226米落成后，中国香港、马来西亚、新加坡和韩国等地纷纷建造起摩天高楼。摩天楼的高度也一再被刷新。马来西亚的吉隆坡在1997年建成88层的佩特罗纳斯双峰大厦（452米），用钢7 500吨。继台湾的台北建成破纪录的高楼之后，波斯湾畔阿拉伯联合酋长国的海滨城市迪拜，开始营造704.9米的摩天楼迪拜塔，自2003年2月动工后，原本预计到2008年年底竣工，将以绝对优势雄踞世界各国高楼之首。据2007年7月21日公

纽约的摩天楼

布，迪拜塔已建成512.1米，超过508米高的台北101大楼，成为世界最高摩天楼，大楼开发商艾马尔地产公司表示，将建至700米以上时停止，届时将超越558米高的加拿大多伦多市电视台。2008年4月，这家公司宣称，迪拜塔以629米的高度超过了628.9米高的美国北达科他州KVLY-TV电视发射塔，成为世界最高建筑。有人甚至建议将高度拔高到810米，因为美国建筑师勒梅热勒早在20世纪80年代已制造出了高800米以上的埃厄沃恩中心模型，在工艺上实施已无问题，然而在经济效益和对生态环境所造成的后果上，这种具有钻天高度的建筑究竟有何意义可言，却不可不谓莫衷一是。这座迪拜塔在尚未竣工时，就遭到了纳赫勒集团将在卡塔尔中部建造高1 100米的另一座大楼的挑战，因此艾马尔公司又宣称，他们将在2009年9月，把该塔造到1 000米以上时才算完工。然而实际上，当2009年11月，迪拜塔造到818米时，据英国媒体首次曝光，这家公司已为此亏损了800亿美元！

摩天楼有无必要越造越高，成为真正在大风吹动下飘摇不定的空中楼阁，似乎已不是人们要考虑的问题所在，今天人们由迪拜塔的建造所宣泄出来的摩天楼热，似已远远超越了当年埃及的法老修筑金字塔的狂热，已使一大批头脑清醒的人看到了，大规模举债以大兴土木发展经济的模式，必然遭到破灭的危险！诚然，这并非是摩天楼自身所致。摩天楼毕竟使有限的地块获得了无限的空间，成为创造出比之自身更多的价值与社会财富的一个独特的标记。尽管像西尔斯大厦那样，20多年后大楼还仅值其贷款金额的一半，每年都要赔上几千万美元；其他许多有名的高楼，也多半是使用价值极低，徒有虚名，但摩天楼作为现代建筑的峰巅、人类技术成就的制高点，便足以成为人们共同关注的焦点了。古代的悬空花园已成传说，现代化的空中楼阁则是世界各国将作为自我矜夸的工程项目，作为技术与工艺的最高成就，而为之奋斗不已。

与摩天楼的狂热相比略显滞后的是，20世纪50年代在美国各大城市陆续兴起的庭院式购物中心。来自欧洲的维克多·格伦，在1938年移居美国前，早年曾考察过奥地利、瑞士一些古老的城镇市场、意大利米兰的风雨街坊，从而构思了修建综合性商业区的蓝图。1956年他设计的索思戴尔购物市场在明尼苏达州的首府建成，建筑费比之修建百货大楼要降低许多。此后，格伦的设计方案成为新一代房地产开发商规划商业区时，糅合中世纪欧洲圆顶市场式样的依据，修建了波士顿昆西市场、巴尔的摩港口购物区、纽约南港商业街。购物中心的规划模式，随着居民区和高层建筑的推广，遍布全世界各地的城市。

凭借航空与航天技术拓展太空世界

航空事业虽是20世纪才创立，但一经创立，便立即成了飞速发展的一项高科技工程，而它的起点是在19世纪末兰格莱（Samuel Langleg，1834—1906年）对空气动力原理的探索。兰格莱对于实用飞机的试验开始于1887年他出任华盛顿史密森研究所秘书之后，1896年5月6日，他用钢铁作骨架的一架重24磅的模型飞机，在波托马克河上试飞了80秒钟，高度达到100英尺。这可以算作人类准备征服天空所发出的一个信号。

人类历史上第一次成功地驾机升空的历史，是从1903年12月17日开始的，这一天奥佛·莱特和韦伯·莱特两兄弟制造的"飞行者1号"飞机，由奥佛驾驶，在北卡罗来纳州的基蒂霍克海滩起飞，在12秒中飞行了37米，完成了人类首次持续的可操纵的动力飞行，时速约为11.1千米/小时。随后莱特兄弟在1904年造出了"飞行者2号"。1905年10月5日哥哥韦伯驾驶"飞行者3号"持续飞行了38分钟，航程39千米。飞机已真正具备了实用效能。从此20世纪便成了人类进入空间的世纪。法国人路易·布罗里欧（Louis Blériot）用他制造的第5号飞机，在机身下装上轮子，加上可以转向的操纵杆，在1909年7月25日驾着这架单翼飞机，从英国的多佛尔横渡英吉利海峡飞到了法国的利贝尔克，全程13千米，历时37分钟。于是全世界都知道了飞机的神奇性能。

作为实现第一次载人飞机的国家，1910年8月，美国在旧金山举办了国际飞机比赛大会，英、法等国都派人作了精彩的飞行表演，其中居然也有一个曾在纽约打过工的中国广东籍青年冯如，驾着他自制的飞机作了表演，并获得了国际飞行协会颁发的优等证书。不久他回国报效，可惜英年早逝，大志未成。

早期的飞机使用的是活塞式发动机。第一次世界大战结束后，商业飞机开始运作。1919年6月约翰·埃尔杰克和亚德·勃朗驾机第一次在大西洋上空作不着陆飞行，从纽芬兰抵达爱尔兰，航程达到945千米。能够横渡大洋的飞行，给人们找到了新的交通工具。英国有人利用战后闲置的轰炸机，改装后运送旅客，成立了第一家民用航空公司，开通了伦敦、巴黎航线。在1919年8月25日，用一架改装的DH4A单引擎轰炸机，由比尔·雷福德驾驶，载客2名，从英国波斯罗经伦敦飞抵巴黎,共费时2.5小时,票价贵到25英镑,航速不快。英国皇家航空公司成立后,在1928年6月1日,安排了一场飞机与铁路特快列车的比赛,从伦敦到爱丁堡,飞机仅早了15分钟。这家公司早在1927年5月用超级银翼号开通了伦敦和巴黎的航线,票价降到4英镑4先令。德国、荷兰相继成立了航空公司,美国的波音公司在1930年就开始用8名女护士随机服务,开创了"空中小姐"的先例。

1933年往返大西洋的四引擎客机

自从飞机诞生,通过不断的改进,飞机的性能持续提高,新的纪录接踵而至。1919年11月到12月,史姆斯兄弟驾机从英国抵达澳大利亚,用120小时飞行了5 648千米。1924年美国陆军航空队以沿途停靠的方式,完成了环球航行,共费时336小时,航程13 500千米。最初飞机的飞行速度、升空能力和续航距离都还十分有限。1927年5月20日至21日,林碧以33.5小时连续飞行1 820千米的纪录,实现了从纽约到巴黎第一次从西向东横渡大西洋的飞行。直到1933年,天头号飞机创造的续航距离还只是4 800千米;在大西洋上空往返飞行的民航机,靠了有4个涡轮发动机配置的动力,还只能载客50人。要提高飞机的潜能,首先必须要解决飞得快、飞得远的问题,设计师发明了喷气发动机,改进了设计原理。德国人亨克尔设计的单翼机装上了欧海因设计的涡轮喷气发动机,在1939年8月27日进行试飞,将飞机的飞行速度提高到每小时700千米。这种喷气式飞机开创了一个通向超音速(1 000千米)飞行的时代,但这个时代的真正到来已在第二次世界大战结束之后。1944年,"二战"末期,德国制造的Me-262新型战斗机将飞行速度提高到870千米/小时,成为世界上第一种实战喷气战斗机。

飞机在第一次世界大战时首先被军事部门用来从事空中侦察、空中支援、空中阻击,当时各国已经认识到取得制空权和实施战略轰炸的重要,但因飞机的航程有限而缺乏实战能力。最早实施舰载飞机的是英国,在1914年已用运煤船改建航空母舰,可搭3架水上飞机,1918年英国更使用一艘航空母舰参加对德作战,但舰载飞机起飞后无法回到舰上。20世纪30年代前后,世界列强已注意挖掘空军的潜能。1922年签署的九国公约和四强海军军备控制条约,要求美国拆除开始建造的战列巡洋舰,美国就此将两舰改装成航空母舰萨拉托加号和莱克星顿号,实施发展舰载飞机和组建海军航空兵的方案,将海军舰队在太平洋上的作战区域加以扩大,出现了现代航空母舰。到1940年,美国在建的航空母舰就有13艘之多，排水量达1万吨以上。日本也从1922年开始建造航空母舰。1941年12月7日，日本以4艘航空母舰上起飞的飞机对美国夏威夷群岛的海军基地珍珠港发动偷袭，使美国海军23艘军舰被击沉或击伤，300多架战机被击毁。作为报复，1942年4月18日，美国海军航空兵在杜立特率领下，从航空母舰黄蜂号上起飞，由25架轰炸机对日本首都东京第一次进行了轰炸。当时东京方面毫无防备，一时陷于混乱。1942年6月3—6日的中途岛大海战，日本出动了有5艘航空母舰在内的80艘战舰与美决战，结果日方损失了4艘航空母舰，舰载375架飞机也尽行丧失。1943年2月，盟军在西南太平洋展开反攻，日本空军在所罗门群岛上空遭到惨败，损失66架作战飞机。不久，美军破译了日军密电码，获悉发动珍珠港突袭的罪魁日本联合舰队司令官山本五十六将由前线返回日本本土。4月18日，美军339战斗机中队奉命从瓜达尔卡纳尔岛起飞，18架机头装有机关炮的P-38战斗机（航程1 800千米）以低飞800千米的办法，躲过了日军的防空雷达，袭击了山本五十六的座机，山本五十六乘坐的轰炸机被击中后，在布干维尔岛机毁人亡。美军终于为两年前蒙受的珍珠港耻辱报了一箭之仇！

以云南为基地的美国空军志愿队，为配合盟军在太平洋地区的作战，保卫中国的大后方，支援中国远征军入缅作战，建立中国和印度的通道，一开始就对入侵缅甸继而进入滇西的日军给予反击，并取得辉煌的战果。这支在陈纳德将军率领下的"飞虎队"，在1942年7月4日得到美国政府的承认，改称驻华美国空军。1943年3月10日，正式成为第十四航空队，在滇西缅北战场和中国其他战区经常配合地面部队，给日军以重创，维护着从印度东北部列多等地盟军空军机场起飞，通过喜马拉雅山驼峰这一空中走廊的安全，将来自美国的物资送往中国大西南，每月运量从起初的1 500吨，到1945年初，使用30架C-46式巨型运输机后，月运量增加到了4.4万吨，对支援中国战区抗击日军和缅甸战局的最后获胜关系重大，开创了世界空运史上的一项纪录。

在欧洲战场上，德国制造的Bf-109战斗机，自1937年投产后，经过不断改进，成为世界上最优秀的战斗机，被纳粹空军用作战斗机的主战飞机。英国从1938年开始生产飓风式和喷火式两种性能与德机相类似的战斗机，到1940年夏季英德进行不列颠空战，在雷达指引下，起到了保卫英伦三岛的作用。从1940年12月4日起，到1941年夏季，英国空军对德进行战略轰炸，使用夜间飞行的斯特林式（Stirling）、哈里法克斯式（Halifax）、兰开斯特式（Lancaster）重轰炸机，每机携带8吨炸弹，不用护航，对德国进行划区轰炸，将攻击的地区划成块块，称作网格轰炸（或地毯式轰炸），对划入攻击目标的城市进行毁灭性的狂炸。德国城市大多被划入1 000千米以内的攻击目标，到1942年7月，这种战略轰炸（Strategic

Bombing）有了美国第八航空队的加入，后来改成第八轰炸机大队。他们使用的机种是在白天飞行，可以攻击战斗机，并在高空投掷炸弹以精确击中目标的B-29型空中堡垒和解放式轰炸机。中距离较小目标的轰炸归入战术轰炸（Tactical Bombing），由英国的蚊式机（Mosquitors）、飓风式机（Huricanes）进行，美国有霹雳式机（Thunderbolts）、闪电式机（Lightnings）、野马式机（Mustangs）投入，专炸码头、车站、火车、船舰、机场。1942年夏季，英美对德国进行千机轰炸，科隆火烧三日未熄。汉堡、不来梅、埃森全都遭殃。1943年冬，英机对柏林轰炸多次，使用了重达6吨的炸弹。1944年2月，第八航空队的战略空军已能完成2 000架飞机的编队飞行，各类具有战略价值的轴心国工厂都被列入了轰炸目标。

德国为对付英美的轰炸，由海维涅（H. Havene）和格利达（K. Gregday）研制了两种利用喷气推进原理制造的秘密武器：V-1无人飞机和V-2飞弹。从1943年起，从欧洲沿海的基地对英发射，发射的V-1有23 000枚。这种无人飞机的氧气取自空中，平均高度是1 150米，最高时速400英里，与飞机相等，航程达到200英里。V-2飞弹装有氧气，可以升高到70英里，时速达到1 000—2 500英里，超过音速，使高射炮和防御气球均无可奈何，而航程达到了300英里。

以成都为基地的空中堡垒B-29型轰炸机

英美空军对德国占领区实施的地毯式轰炸，对摧毁轴心国的军心和民心起到了直接的效果，既制约了德国在大西洋西岸的飞弹基地，也加速了盟军在诺曼底登陆，最后导致德国同时受到来自西线和东线的盟军反攻，促使强悍的德军放下武器，在1945年5月8日向盟国正式无条件投降。接着是美国空军将当时仅有的两颗原子弹投到了日本本土。1945年8月6日，铁伯特斯上校指挥美国陆军航空队"超级堡垒"安诺拉基号，在35万人口的广岛投下了第一颗原子弹，爆炸

1945年美国航空母舰战列

力超过2万吨TNT炸药,死伤的广岛人超过了80%。8月9日,第二颗原子弹在日本海军基地长崎投掷,使80千米半径内化成一片焦土。原子弹的威力大于2万吨TNT炸药,比英国制造的11吨地震式炸弹的爆炸力大2 000倍。苏联在8月9日对日宣战,出兵中国东北。日本被迫在8月15日宣布向盟国无条件投降。第一批占领日本本土的美军在8月28日由运输机空降在东京30千米外的厚木机场,盟军太平洋司令部总部人员在8月30日乘飞机飞抵东京,随后完成了占领日本的任务。

第二次世界大战将制空权提高到空前重要的地位,使海军进入了航空母舰时代。航空母舰作为可以移动的空中打击力量的基地,将整个地球列入了它的巡视范围。"二战"期间,美国参战的航母有110艘,战争中损失了11艘。日本共有25艘航母参战,损失21艘。"二战"结束时,英国拥有15艘正规的航空母舰,美国拥有13艘航空母舰。在20世纪剩下的半个世纪中,美国将航空母舰的动力由液体燃料改成核动力,将这些漂浮的航空基地转化成一座座可以将它的威力衔接起来的海上长城。现在美国拥有的航空母舰有12艘,全部是1960年以后建造的满载排水量8万吨以上的超大型、核动力航空母舰。11艘中除了企业号,10艘都是较新颖的尼米兹级航母,还有一艘福特号是新近服役的第三代核动力航空母舰,福特号是该级核动力航母的第一艘,堪称是世界上最先进的航母。从开始建造的第一艘以"二战"时太平洋海军司令官杰斯特·威廉·尼米兹元帅命名的尼米兹号起,迄今已造了10艘。舰载人员可以达到五六千人,大部分航母的满载排水量都已超过了10万吨,成为10万吨以上的超级巨舰。自20世纪80年代中期以来,航母的重要部分加装了钢板和复合装甲(聚酰胺纤维)等防御工具。出航时预警范围达到200千米以上。除了美国,法国在战后也建造了核动力航母戴高乐号,到2001年才正式服役,这使法国成为美国以外,仅有的一个拥有核动力航母的国家。其他一些国家,都是拥有一艘航空母舰的国家,有英国、俄国、西班牙、意大利、巴西、印度和泰国。

飞机的飞行速度受到音障的阻挠,飞机速度一旦接近音速,空气阻力就急剧增大,构成实现超音速飞行的障碍。1947年10月14日查尔斯·雅戈尔驾驶X-1飞机升高到12 800米,使飞行速度超过音障,达到1 078千米/小时。1954年人类正

美国航空母舰萨拉杜加号

美国制造的F-35 JSF联合战斗攻击机　　　　美国F/A-18超级大黄蜂飞行编队

式进入了超音速飞行的时代。美国的F-100超佩刀战机和前苏联的米格-19战机问世,依靠自身的喷气发动机在平飞中就可超过音速(约1 200千米)。

　　由于飞行速度增快引起飞机表面变热,致使飞机机身强度与刚度降低,造成热障。克服热障的办法是采用耐高温的钛合金和隔热装置,并应用冷却系统加以温控,美国制造的SR-71黑鸟和前苏联的米格-25战机由此实现了3倍音速的高速飞行。超音速飞行的实现使民用航空事业突飞猛进,可以进行长距离不着陆的飞行,载客人数也突破了百名以上。1969年超音速客机"协和号"成功地完成了它的首次飞航,从此民航业也有了超音速客机。美国生产的波音747-400ER和欧洲合资航空公司的子公司欧洲航空防务与航天公司制造的空中客车A-380巨型民航飞机,是目前世界上最大的民航客机。波音747业已营运,A380这两类商用飞机相比,各有千秋。波音747机长71米,翼展64米,总高19米,座位416座,最大航程1.43万千米,最大载重量113吨;A380机长73米,翼展79.5米,总高24.19米,座位555座,最大航程1.5万千米,最大载重量150吨。号称空中客车的A320与它相比,载客仅120人,大小还不到它的一半。A380的最大起飞重量达到560吨,如此庞然大物居然能腾空而起作万里之行,确是人类利用空间所取得的惊人成就。

　　3倍音速的飞行已接近喷气式发动机的极限,但科学家还在追求更高速度的飞行,他们用高超音速代表飞行马赫数大于5的飞行。20世纪50年代末,美国X-15飞机搭载的火箭发动机首次实现了高超音速飞行。使用冲压喷气发动机能在稀薄大气层中获取并压缩空气,并使它和携带的氢燃料充分混合燃烧,取得动力。X-43A无人驾驶极速喷气机在2005年的试验,获得了超过7 000英里(约11 265千米)接近10倍音速的结果。

　　高超音速飞行使人类征服太空有了希望。1957年10月4日,第一颗人造地球卫星射入太空,人类踏上了太空时代的征途。1961年4月12日苏联成功发射世界上第一艘载人飞船"东方1号",航天员加加林作为进入太空的第一人正式开拓了人类新的生存空间。东方1号环绕地球飞了108分钟,轨道的近地点是

169千米,远地点是315千米,轨道周期是89.3分钟。1966年3月16日美国载人飞船双子星8号上天,航天员尼尔·阿姆斯特朗和戴维·斯利特第一次在空间与预先发射的目标飞行器进行对接,共飞6.5圈,费时10小时18分钟。人类第一次将目光转向飞离地球、遨游太空,是在1968年12月21日,美国的土星5号火箭将阿波罗8号飞船的3名航天员送上月球轨道。1969年7月16日,美国阿波罗11号飞船飞往月球,7月20日,美国东部时间22点56分,在着陆6小时后,航天员阿姆斯特朗钻出登月舱,下到月球表面,实现了人类第一次登上月球的梦想,成为踏上月球的第一个地球人。从此人类才迈出了踏上地球以外星球的第一步。美国在太空探险的步伐从此赶到了苏联的前头。

载人太空飞行开创了人类飞行的最快纪录,这一纪录是1989年5月26日阿波罗10号飞船从月球返地时创下的时速达11.1千米/秒。苏联从1959年发射无人太空船首先成功登陆月球后,利用空间站继续进行太空考察,在1971年4月19日发射了世界上第一座空间站礼炮1号,运转了近半年。1986年2月苏联发射了和平号空间站的核心舱,一直运行到2001年3月23日坠毁在南太平洋预定海域,成为历史上运行时间最长的空间站。

从飞船到研制可以多次往返使用的航天飞机,代表了另一种发展航天技术的方向,使人类前往外太空的成功率大为提高。1981年4月12日美国发射了第一架航天飞机哥伦比亚号,1984年又发射了挑战者号和发现号,1985年有阿特兰蒂斯号的首航成功,1992年有奋进号的飞行。航天飞机是用运载火箭发射的可以重复使用的飞行器,可以在地球和轨道航天器之间运送人员和物资,返航时使用降落伞滑翔降落在地面。航天飞机在大气层外飞行使用火箭发动机,要自带氧化剂,返回时要再入大气层,因此防热技术十分复杂。航天飞机有较大的座舱和货舱,可以运送7个人外加近30吨的货物,到近地轨道上去,它的轨道器可作太空实验室,货舱可装载卫星和探测器,在太空中施放。航天飞机所需费用高昂,上天费用每千米达上万美元,飞行一次要花上亿美元。挑战者号在1986年起飞时,壮志未成,凌空爆炸;2003年1月16日,哥伦比亚号在其22年来、第113次飞行的返航途中解体;航天飞机前后两次失事,共有14名宇航员在太空牺牲。现在美国剩下3架航天飞机,继续执行各项任务。发现号在2011年2月25日进行第39次飞行,服役27年后退役。奋进号在2011年5月16日发射,作最后一次飞行,7月21日美国东部时间5:58分降落在肯尼迪航天中心,完成30年航天飞行计划。航天飞机到2011年7月已全部退役。到时建成的空间站总重423吨,长108米,宽88米,可载6至7人,拥有6个实验室,规模是空前的。美国宇航局为了代替航天飞机,开发了新一代载人火箭"战神I"的实验火箭"战神I-X"火箭,又称作"战神I"火箭"太空版",在2009年

10月28日升空。美国空军正在研发各种攻击型太空武器,其中的太空轰炸机,能在大气层外飞行,在96千米的高空中发射导弹,打击敌方卫星。

太空航行面临着许多待探索的科学命题。而航空与航天技术也需要高科技的支持。有色金属特别是稀有金属及其合金,常用来制造特种钢、超硬合金、耐高温合金,是原子能工业、航空工业、半导体必需的原材料,在电子电气工业、化学工业等领域也被广泛应用。高熔点、重量轻、耐腐蚀、韧性好的钛、铍是航空、造船的重要结构材料。钍、铀是原子能工业中核燃料的来源。锂作为最轻而比热最大的金属,是原子能工业的重要原材料。铱是比钛更坚固,比黄金更硬的抗腐蚀的金属。铼,价比白金要贵,是制造航空发动机叶片和陀螺仪的重要金属。2006年在俄国南千岛群岛中的伊图卢普岛(日本称择捉岛)火山岩中发现丰富的纯铼。锏,价值昂贵,全世界的产量还不足100克,1克锏的售价就高达1 000万美元,而只要绿豆大的一点锏便能制造一颗原子弹。钽、铌、钨的碳化物配合后,可以制造超级硬质合金。有色金属和稀有金属作为战略储备物资,通常是各国争夺的重要矿产资源,这些物资对战争胜负起着重要的作用。"第二次世界大战"前,德国向中国出售轻武器,从中国换取钨砂,用来制造火炮穿甲弹。"第二次世界大战"中,日本在北进和南进的决策过程中,为了夺取东南亚的天然橡胶和石油,以及十分急需的铜、锡、铝、铅等有色金属,最终决定南进,与英美开战。现代化的军事装备中,对有色金属的需求更有增无减,例如制造导弹弹头和红外夜视装置要用锑,潜艇与鱼雷需有锂电池等装备。到2005年年底为止,在地球上空运转的人造卫星达到了795颗,美国拥有其中的413颗,已经过半,居第二位的俄国拥有的卫星是87颗,居第三的中国只有34颗,中俄两国相加的卫星总数,甚至还不及美国军用卫星的数量。制造这些卫星的高科技,全靠有充足的有色金属和稀有金属的资源在背后支撑。

然而这些珍贵的金属资源却多半蕴含在俄罗斯、哈萨克斯坦、乌兹别克斯坦、塔吉克斯坦以及非洲和中国的土地上,因此设法控制和取得这些资源,受到了以美国为首的西方国家的特别关注。中国的钨、钼、锑、钛和稀土元素储量均居世界第一,镍、锌排名第二。20世纪末,从西藏北部的超大型锂硼盐湖扎布耶盐湖找到了超过百万吨的锂资源和居世界第一的铯含量,还发现了新矿物天然碳酸锂,盐湖中存在着固体和液体的锂。人们还在红海水深2 000米的深渊中,找到了含有大量黄金的泥土。后来,1998年在墨西哥的太平洋沿海,也找到了这种泥土,除了含有黄金,还含有大量的白银、铝、铜、锌、铁、锡、钛、钼、锰等金属,发现者把它叫作金属软泥。这种软泥属于海底热液矿藏,目前虽因技术原因,开采还有待时日,但它已和海底石油、深海锰结核、滨海砂矿一起,成为海底四大矿种。这使人们可以看到,金属资源不仅藏于陆地,还存在于海中,在不远的将来开采是可以期盼的。

第十八章

能源主宰下工业社会的持续发展

三大能源之首的煤

煤在19世纪被称作黑色的金子,因为它成了蒸汽时代和电气时代产生机械能的源泉。即使在电气时代,煤仍然是一种大众化的低廉的能源,因此世界每年仍然在消耗着数以几十亿吨计的黑金。

中国是最早知道利用煤炭作燃料的国家。至少有3 000年以上采煤的历史,证据是陕西一个省有4处出土西周煤玉,仅宝鸡茹家庄出土的就有200多件。最古的煤玉雕作饰品,是1973年辽宁沈阳市新乐遗址发现,树轮校正年代是距今6 800 ± 145年,可见煤在中国北方,早被用作生火取暖、煮饭烧水的材料。至迟到东汉时已知用煤来冶炼金属,可以迅速达到升温的效果。10世纪时,中国开始用煤作为炼铁的燃料,欧洲要到17世纪才将煤用来炼铁。1345年伊斯兰世界最伟大的旅行家伊本·白图泰造访中国沿海地区时,发现中国人无论南方还是北方,都是用煤块作燃料,他将南中国人称作中国(Sin),将北中国人称作契丹(Cathay),他说:

> 中国和契丹居民,他们不用木炭,用一种像我国陶土的泥块作燃料。用

象驮运来，斩成碎块，大小和我国的木炭相仿，点燃后像木炭，但火力胜过木炭。烧后成灰，和水晒干，还可再烧，直到全成灰烬为止。用这种土块另外加上一些矿石，就可烧制瓷器。

14世纪时木炭在中国是种很合适的炼铁燃料，当时炼铁的燃料在硬柴（木柴）、木炭以外，还有煤炭。煤炭的缺点是稳定性较差，含有害杂质硫和磷比较多。明人赵士桢《神器谱》（第三十一）记述，炼铁的燃料，上等的用料是木炭，但北方炭贵，于是改用煤火，以致进炸常多，进炸现象正是改用煤炭中含有较多的杂质，如果直接用煤炭投入高炉，必然影响到料柱的透气性。因此15世纪以来中国人发明了焦炭，将含挥发成分较多的煤先加以烧熔，入炉炼成焦炭，可以五日不绝火。这种煤炭在华北各地都称石炭，俗称"水和炭"，可以加上水搅拌供燃料，更可炼焦炭，供冶铸钢铁，明人李诩《戒庵老人漫笔》最早记叙了这种用煤炼焦、用焦冶炼的办法。欧洲人懂得炼焦，已是18世纪的事了。

英国新堡出产的煤，大约在13世纪开始输送到伦敦，供家庭消费。与英国棉、毛、丝织等纺织业在18世纪上半叶逐渐向工场制度过渡相比，军械和船舶业中钢铁制品需求的大幅度增长，却受到进展迟缓的炼铁、机械制造和煤业的制约，而难以迈开大步。木材短缺的英国，要到18世纪初才知道使用煤炭、炼制焦炭，来代替木炭的消费。原先在布里斯托尔靠冶铸锅罐为生的亚伯拉罕·达比（Abraham Darby）在1709年移居科尔波洛达（Coalbrookdale）后才炼出焦炭，用来冶铁。但这种方法在1760年前始终未在别的地方获得推广。18世纪上半叶，英国铸铁业的生产能力大致只有2万吨左右，日常所需三分之二的铁是从瑞典和俄国输入的铁条为半成品，然后在纽卡斯尔、荷尔、伦敦和伯明翰制成各种钢铁制品。煤矿的开采在18世纪的英国，远远落在工业需求之后。煤矿内的抽水机，是1712年纽康门使用蒸汽机后才得到解决，所以蒸汽机的发明一开始便与煤矿的开采结了缘。1776年蒸汽机经瓦特改进，1782年能用来运转机器，给新型的炼铁炉送风，之后，便在英国普遍使用，1815年

曼彻斯特附近横跨埃尔威尔河的桥水公爵运河，使运煤船多奥斯利可以直通曼彻斯特

起更在欧洲推广。煤的运输在17世纪是用木制的轨道,将煤从矿井口运到河边,1767年改用铁制的轨道后,效率便大大提高了。由于水上运输费用比陆上运输相对便宜,18世纪中期以来,加快了运河的建设,1757年建成的桥水公爵运河,使运煤船可以从多奥斯利一直驶进曼彻斯特,运价因此大为下降。各地相继仿效,19世纪初期,英格兰的运河网络初步形成,英国进入了运河时期。1812年布兰金苏(Blenkinsop)发明用蒸汽机将煤从密特尔顿柯里(Middleton Colliery)运到利兹,于是煤铁联运出现了全新的格局。煤的产量从1700年的214万吨,到1795年运河时期的巅峰,最高达到1 008万吨,而进入铁路时期以后,在1854年就达到了6 470万吨,到1913年更增加到28 741万吨。其中,很多煤都喂给了火车头。

使用煤炭的蒸汽机不断改进,特别是瓦特在1782年发明回旋式或牵引式蒸汽机后,蒸汽机便不仅用来抽水,而可用到一切机械运转上去。于是各种工场,如面粉、造纸、棉纱、酿造、陶瓷和制铁工场都用上了蒸汽机,到1800年煤矿和铜矿也都使用了蒸汽机,并为运河与城市供水服务。当时全英国拥有289部蒸汽机,有84部是在棉纺织工场中使用。1641年,英国的棉纺织业才由曼彻斯特公司用地中海东部进口的棉花作原料建立起来,可是以后一个半世纪中,英国仍然是印度精棉布的重要销售市场,英国的棉织品在本国敌不过印度和中国棉布的竞争,英国的棉织工人由于工资微薄,从事这项工作的人很少,这对于使用机械运作提供了条件。棉纱纺织早先是由妇女在家里用单锭纺车操作,效率很低,1767年哈格里夫斯发明了高效率的珍妮机,可以同时纺100支纱,但仍是一种手纺机,1790年后,就被新发明的水力纺纱机和精纺机替代了。1785年诺丁汉郡的鲁滨孙工厂安装了第一台专为这棉纺厂制造的蒸汽机,从此,棉纺厂获得了新的动力。接着,在19世纪发明了使用蒸汽机发动的强力织布机,英国的纺织业才有了飞速的发展,到1833年,英格兰和苏格兰拥有的这类织布机达到了10万台之多,于是英国的棉纺业才成了举世无匹的一项产业。

是开采煤矿促进了蒸汽机的发明,还是蒸汽机的使用使煤的开采量急剧上升,已经无关紧要,但作为燃料的煤,经过蒸汽机的提升,确在19世纪成了朝阳般冉冉上升的工业社会所必需的动力。

机械的发明在1840年以前,好处并不明显,原因多半要归结到1815—1830年因战争而产生的经济不景气年代,由于工具的缺乏,一切都用手工制作,所以进展迟缓。1825年刨床的诞生、1828年旋压机的问世、1836年加工金属车轮用的磨床的制造、1839年发明的蒸汽锤、1848年使用的铁板穿孔机,推动了大型钢铁铸件如桥梁、机车和轮船的制造,促使利兹、德尔比、曼彻斯特的机械制造走到了前头,引领工业革命进入机械化时期。其中起决定作用的是煤铁业,它在英国工业社会中取得了举足轻重的地位。1829年英国煤的产量达到了3 000万吨。在1840年以前，英国完成了棉纺、羊毛、亚麻和丝织业的技术改造，使工场制度成为压倒家庭手工业的生产方式。这就促使英国和世界的商业联系完全改观，它从海外运进棉花和羊毛、亚麻等原料，规模之大，绝非往昔可比。19世纪下半叶，这种对国外市场的依赖，更因1846年以后大批食物的进口，改以煤炭、制造品和提供海运以及金融领域的服务作为支付与回报的手段，而表现得十分明显了。英格兰北部工业的兴起，靠的是棉毛纺织业，苏格兰和兰那克是因煤铁的开采而成为新兴经济区。由于煤炭和钢铁业的兴旺，到1800年，斯坦福和瓦威克已经可以和兰卡塞尔、约克和米德塞克斯一起，并称为英格兰人口最多的5个郡了。毛织业的中心也从英格兰西部转到了北部的利兹。许多都市因人口集中在煤铁产地而兴起，城市的粮食和燃料供应，靠了运河和后来兴筑的铁路，即使是缺少食物的北部也能得到充足的供应。但是这些新兴的工业城市居住条件恶劣，缺少清洁的水源，毫无卫生设施，因此疾病和瘟疫时起，18世纪伦敦的死亡率还高达5%。而工业革命的结果，最终导致家庭手工业的终止，代之而起的是使用机械的新式工业。而英国的工业革命也随着1825年废止移民和机器出口的禁令，传播到了欧洲大陆和美国各地。

海轮、运河与加煤站

将蒸汽机用作船舶的动力，是19世纪一开始就已有了。内河运输不但时间短，而且货物不易损坏，至于运费更要比陆上运输降低六七倍。煤炭和建筑材料这类体积大、运输难的货物，依靠水运比陆运更要方便得多。英国从1760年以后显得十分兴旺的运河运输，直到1830年逐渐才被铁路和汽船的运输所替代。

新式的汽船最早是蒸汽机装在木船上的木壳汽船。1802年夏洛蒂·邓达（Charlotte Dundas）号成功地装上了蒸汽机，在福尔斯和克莱特运河上通航。1812年英国第一艘载客的汽船柯曼（Comet）号问世。但美国人富尔顿设计的汽船，早在1807年8月起就在纽约和阿尔巴尼间开通了定期航班，用32个钟头走完了130里的路程；2个钟头后又开了回去。这类汽船不久越造越多。英国在1822年开航克莱特运河的木壳汽船已经有48艘。但初期的汽船只是作为帆船的辅助机器使用，1819年美国船萨瓦那（Savannah）号，也是一条装有蒸汽机的帆船，曾在那年横渡大西洋到达英国。1825年，企业号也是这样一条船，成功地到达了印度。直到1838年，这一年有4艘汽船，全程使用机器，用14—17天完成了横渡大工业西洋的航行，这才证明了蒸汽机在海运上是完全可以信赖的一种有效动力。它们可以不费力气地跑得更远，将整个地球跑个遍。1843年造成的大不列颠号，是专为横渡大西洋而设计的一条轮船，1845年7月，该船第一次从利物浦开航纽约，仅费时14天又21小时，但成本很高，每天要烧煤35—50吨。当它行驶澳洲线时，光在墨尔本和开普敦之间就要烧掉1 200吨煤。因此必须降低煤耗，并且沿线有供应燃料的设备，在船只停靠时有足够的煤炭可以供应。为此，1850年起英国开始着手建设港口的煤栈，这样汽船可以不必自身装运太多的煤作为燃料，腾出舱位运货。在澳洲航线上，挂帆的铁壳汽船从1852年通航的澳大利亚人号开始，逐渐改进，陆续又添造了许多艘定期航班船。1863年建造的前进号，是第一条采用钢桅和钢索的快船，专门开驶加尔各答。1860年前后，汽船采用复合式汽缸后，燃料大为节省，因此效益大为增加，在商业上保证了汽船可以逐渐替代帆船，参加长途运输。汽船的好处是吨位越大，效益越高。当时英国的制造业和德国的制造业都已超过了法国，但法国在1860年造出了铁甲战舰"光荣号"，对三桅木帆船

1893年访问法国土伦港的俄国军舰

1886年的汉堡港

1936年的汉堡港

用铁甲包裹以后，对船体能起到很好的保护作用，这艘铁甲舰有着帆船的外貌，但在船体的正中多了一个大烟囱，保证了船在无风或遭受逆风时也能运作。英国立即在1863年建造了一艘全部采用钢桅和钢索的快船"前进号"，引导木帆船由铁壳向钢甲发展。接下来的问题是如何降低煤耗，提高效益。1880年和1890年蒸汽机汽缸经过改良，使消耗的煤由每小时一匹马力需煤6磅，降低到每小时一匹马力需煤1¼磅就可以了。

1870年以后，钢壳的轮船开始代替铁壳船，成为轮船的重要建造材料，比铁要轻的钢，吃水线较浅，排水量低，可以装载更多的货物，而且寿命长于铁壳船，因此成本反而降低。为保证海运的运费，英国陆续组织了遍布在世界各地的海运协会，从1875年开始成立加尔各答协会开始，继而有中国（1879）、澳洲（1884）、南非（1886）、西非和北巴西（1895）、内河和南巴西（1896）、南美洲西海岸（1904）等地的海运协会的成立。这些协会保证了英国在国际贸易领域，特别是向世界各地的出口贸易中，占有特殊的利益。

苏伊士运河的开通，对于海轮业的迅速发展，起到了推动作用。尼罗河下游三角洲和红海北端克里斯马之间，是从红海通往地中海的捷径，但沿途港汊湖泊绵延，既无可以顺利通航的河道，又无畅通的陆路连接，从公元前托勒密王朝就有开凿运河的举动，在公元2世纪初，罗马皇帝图拉真曾由巴比伦（今开罗）北尼罗河流向东北方的比特尔湖（大苦湖）开凿运河。在阿拉伯统治初期，运河因淤塞而一度关闭。这里是印度洋和地中海之间，亚、欧、非三大洲的门户。1802—1804年间，拿破仑远征埃及，一度加以占领。法国为与英国争夺海上霸权，计划在这里开凿运河，加以控制。这项工程由法国工程师斐迪南·莱赛普（Ferdinand de Lesseps, 1805—1894年）主持，从1856年开工，到1869年全部竣工。运河利用地峡最低部位的湖泊、洼地加以疏通，起自地中海南岸的塞得港，经过一系列咸水湖，进入比特尔湖，再继续向南到苏伊士湾北端的陶菲克，全长169千米。后来经过加宽浚深，连同两端入港引航道，全长193.5千米，河面宽度自190—365米不等，水深达12—19.5米，每日可通行15万吨级满载船只，日通航船只能力提高到80艘。运河区内常年刮西北风，由于航道复杂，帆船无法通航，于是轮运业迅速发展起来。埃及国王伊斯曼尔帕夏因国库空虚，求援于英国，英国将运河每股500法郎的股份17万股，用1亿法郎买下。自1879年以来，英国便和法国共同监督埃及的财政，到1882年，英国更出兵占领亚历山大里亚和开罗，1884年完全控制了埃及，变埃及为它的附属国。苏伊士运河一通，从英国开航的船经过地中海和红海，通向孟买和哥伦坡的航程，便只相当于从英国到开普敦的距离，缩短的航程足有3 000海里之多。从伦敦经亚丁到达澳洲南部阿德莱德的航线，不过相当于早先从伦敦经开普敦到达印度的航程而已！

在这条航线上，许多岛屿与海港都是英国的领地。地中海门户的直布罗陀，在1713年由乌特勒支和约定为英国领土。马耳他岛在1814年归了英国。塞浦路斯岛在1878年后也由英国占领。红海南端的亚丁，早在1839年已被英国占领。苏伊士运河开通后，红海口的丕林岛，也由英国在岛上修建要塞，设置煤栈，由一个渔村发展成5万多人的城市。英国在沿途均有加煤站，可以使轮船通航无阻。在大西洋和加勒比海，也遍布英国的加煤站。特别是巴拿马运河一开通，从大西洋到太平洋有了捷径，轮船运输便更加便捷和重要了。苏伊士运河的开凿者莱赛普在1879年将目光转向南北美洲之间的巴拿马地峡，计划在那里开建另一条运河。1882年施工后，因费用超过预算过多，于是中途停工。美国在1902年以800万美元，从法国的国际大洋运河公司手里收购了运河开凿权，投入4亿美元继续修建，1913年运河竣工。运河起自太平洋沿岸巴拿马湾的巴尔博亚港，呈东南—西北走向，中间穿过加通湖，止于加勒比海利蒙湾的克里斯托瓦尔港，连同两端入港引港道，全长81.6千米，宽152—304米，水深13.5—26.5米。因地峡与海面存在落差，加通湖平均水位高出大西洋26米，所以运河建成6座船闸，可供6万吨级以下舰船出入对驶。每日通航48艘。通航一次需9小时，连同在港口编队等待，要花24小时。但巴拿马运河使绕道合恩角的航程缩短了1万千米上下，成为环球航行的第二条捷径。越洋轮船可以从英伦经巴拿马，直航日本的横滨或大阪，和远东航线接通。无论太平洋的东岸还是西岸，因此都有了英国轮船公司的加煤站。自加尔各答、仰光以东，有亚齐、槟榔屿、新加坡、巴达维亚（今雅加达）、西贡、香港、厦门、宁波、上海、长崎、大阪、横滨和北海道的稚内。

英国轮船公司通过这些遍布全球的加煤站，将它的国际贸易网伸展到了世界的每一个角落。在1914年7月，全世界轮船4 250万吨中，英国以2 030万吨的总吨位，遥遥领先。居第二位的德国，是510万吨，第三位美国是200万吨，同居第四位的法国与挪威是190万吨，日本以160万吨居第五位。这些数字，有力地凸显了世界各国在国际贸易中所处的地位。

受石油制约的工业生产与现代战争

煤是19世纪产业革命时代最重要的能源，进入20世纪后，煤炭不但是火力发电的燃料，而且在全世界许多地方，煤已走进家庭生活，成为日常生活与取暖的主要燃料，以致无论在发达国家还是发展中国家，煤作为一种重要的能源，仍然维持着非常庞大的开采量。尽管如此，20世纪的主要能源却已悄悄地让位给了石油，石油使工业社会平添了一种更方便、更清洁、更加低廉的能源，它使越来越奔向机械化、自动化的工业社会增添了新的活力，成为人类在陆地或海洋，甚至在太空活动的不可或缺的动力。

　　人类关于石油的知识积累至少已有三四千年的历史，但是直到最近的一个世纪，人类才完全明白石油这种液体燃料真正的魅力所在。

　　古埃及人为逝世的君王制作了十分辉煌的木乃伊，使他千年不朽。但是古埃及人没有给后人留下有关木乃伊制作方法的材料。现代科学家曾努力搜求木乃伊的制作秘密。2005年美国得克萨斯州一所大学地球科学院的研究人员马龙·肯尼卡特、蒙哥·基姆等人和亚历山大大学的专家合作研究，发现3 000年前埃及人用从中东地区运来的石油提取焦油，将尸体制成木乃伊，以防腐烂，永久保存。在得克萨斯州的海湾也曾见到过当地印第安人用焦油涂抹独木舟和船只，来防止船只渗水，但这比起古埃及人来已晚了近3 000年。

拜占庭人在海战中使用"希腊火"攻击敌船（7世纪）

中东的美索不达米亚和波斯湾地区蕴藏着世界上最丰富的石油，人们很早就接触到了这些从地下自然喷发出来的黑色泥浆，可供燃料之用。在中世纪，拜占庭帝国为抵御海上敌人，保卫它的首都君士坦丁堡，组织了快速的舰队，船头上装着的虹吸管，对着敌船，可以喷射一种叫希腊火的石油燃烧剂，而防止自身遭到回火的伤害。两河流域出产的石油因质地纯净呈现白色，这种白色石脑油可以治疗眼疾，但最重要的是在军事行动中，用石脑油引发火焰，进攻敌人，加上油脂、硫黄之后，石脑油的火力就会愈发旺盛。这种希腊火，在阿拉伯语中最初叫纳夫达。958年一名阿拉伯裔的占婆（今越南中部）使者曾向五代的后周进贡84瓶"猛火油"，猛火油就是装在瓶中的纳夫达，是瓶装的石油，因为它能发火，所以又称火油，猛火油是优质的火油。

　　石油首先是在军事上用作内燃机动力而受到了重视。19世纪80年代以后，海军首先开始制造最新式样的无畏战舰，运用新技术，使它不断更新换代。1906年英国海军部为了对付德国在海上的军备竞赛，开始制造一种规模空前、技术崭新的无畏战舰。这种新舰不再用蒸汽机，而是装备了内燃机，时速超过20海里，大炮射程远达30千米以外,配备了无线电以后,可以在全球范围内指挥海军舰船。1914年第一次世界大战爆发后,德国海军调动潜水艇给英国商船造成巨大的损失,1917年4月,被德国潜艇击沉的协约国船舶达到84.1万吨。德国的无限制潜水艇进攻战,最终导致了美国在1917年4月对德宣战。引进护航舰队以后,协约国船舶的损失逐月下降,1918年夏,投入欧洲战场的美军,每月达到25万名,他们靠了护航舰队涌入欧洲,德国潜艇对之束手无策。1918年,协约国飞机、潜艇和航空母舰的投入战争,最终使影响海战结果的技术发生了重大的革命性变化。

在陆地上,凡尔登战役结束后,英国开始作为西线的重要角色初次登场。1916年7月,英军用1 437门大炮向索姆河德军阵地发射了150万发炮弹,轰击了足足一个星期,然后在28千米长的战线上,投入了14个师,然而德军却凭着掩蔽壕防御和铁丝网保存了他们的实力,待英军进攻时,起而与之激战,使12万英军伤亡数达到了一半。但是由于协约国在人力和物资上的优势,战争初期同盟国的胜利随着高水平资源消耗战的开展,而使它在战争中由凡尔登和索姆河战役胜利的巅峰逐渐开始走下坡路。索姆河战役证实了强大的炮火不足以摧毁敌方的铁丝网,要做到这一点,只有靠新发明的坦克。1917年英国开始用坦克开路,将敌方设置的铁丝网碾成一条通道,在没有延伸炮火支援下,正是坦克率领步兵冲进敌阵与之搏击。但坦克初期只是对炮兵和步兵起到协同作战的配合作用,尚未被大量使用。直到1918年8月8日,英联邦军队调动大批坦克在亚眠对德军发起反攻,坦克掩护步兵穿过死亡地带,一举歼灭德军6个师,装甲车更冲入德军后方,破坏了德军后续部队进行反击的准备。德军统帅鲁登道夫事后承认,这是开战以来德军最倒霉的日子。到了9月,英军终于突破了德军在西线设置的齐格弗里德防线。

德国的精锐部队强击部队在俄德签订了布列斯特—立托夫斯克和约后,放弃了波罗的海和乌克兰的大部分地区,但是鲁登道夫为了实现他将日耳曼帝国的疆界延伸到乌拉尔山脉,夺取顿巴斯煤矿、库尔斯克铁矿和里海地区石油资源的战略目的,继续将强击部队留驻在东线。以致在美国参战以后,德国终于在国内发生革命,盟友比利时和土耳其先后向协约国求和的情况下,不得不在1918年11月11日在西线停战。

石油作为一种重要的战略资源,在第一次世界大战的欧洲战场上,已初步显出它的重要性。在日益机械化的工业社会中,石油已成为各类机床和机器的主要动力和润滑剂,显得无比重要。然而消耗汽油最多的,是注定要在20世纪各类交通工具中独占鳌头的汽车。汽车是由1844年出生的德国机械工程师卡尔·本茨(奔驰)最早设计成功的。他早就有意造出不用马拉的车,经过多次试验,他将德国人奥托发明的四冲程燃气发动机改装成汽油发动机，1885年在德国曼德海姆造出了第一辆单缸相当于0.85匹马力的三轮汽油发动机汽车，1886年1月29日获得专利，注册了"奔驰"商标。1886年德国工程师戈得利布·戴姆勒在他助手帮助下，在一架四轮马车上装上了一个1.5匹马力的汽油发动机，使时速达到了16千米。因此内燃机汽车是在1885年发明。奔驰的三角星商标，在1902年已经采用。1895年巴黎举办了世界上第一次汽车展览会，从此汽车就逐渐替代马车成为城市中首选的交通工具。1900年欧洲还只有1万辆汽车，但美国的亨利·福

早期马车式汽车的发明

特（1863—1947年）决心要推广这种不用马拉的车，使它的用户普及到千家万户，他采用了世界上第一条汽车流水生产线，用他创办的福特公司，从1908年开始制造坚固耐用、经济实惠的T型汽车，决心以每辆850美元的价格向农民推广。用福特的装配线每24秒便能生产一辆T型汽车，由此展开了"平民的汽车"时代，于是汽车开始成批生产，

底特律福特公司的海兰帕克工厂投入T型车生产线，1920年福特公司生产了200万辆汽车，占到世界汽车产量的一半

使用福特车的美国家庭正在享受假期郊游的乐趣

逐渐改用金属车身。从1912年起，汽车装备了蓄电池启动马达，用电池点火系统取代磁电点火系统，保证汽车有充分的电源，可供照明和信号系统。1940年汽车开始采用液力自动变速器，汽车进向舒适、方便、美观、高速的方向发展下去。到

1928年，美国的家庭平均每三户就有两辆汽车，美国也从此在好几十年里，一直是生产汽车和拥有汽车最多的国家。

汽车的大量生产，最终改变了陆地运输和陆路交通的面貌，推动了高速公路的建造，1921年，德国开通了世界上第一条汽车高速公路。此后，美国在高速公路的建设中，一直遥遥领先，引领陆上交通建设的时代风气。

中国迟至1902年从德国杜尔依汽车公司进口一辆轿车，才开始有了汽车，当时是北洋大臣袁世凯从香港买了这辆车，献给慈禧太后。慈禧太后不顾大臣的反对，要坐汽车，但认为司机坐在她前头，有损中国的礼仪，要司机跪着开车。司机无法跪着开车，于是慈禧太后只好仍然坐她的16人抬大轿。1913年北京有法国人开设的出租汽车行。上海、天津这些通商大埠自然是最早通行汽车的城市。跨入21世纪后，中国的汽车制造业方始迈开大步，高速公路的建设也蒸蒸日上，成为继美国之后又一个拥有高速公路的大国。

汽车消耗的汽油随着汽车生产消费的飞速发展直线上升，催发了石油开采和炼油业的壮大，美国从一个石油开采的大国迅速成为石油的最大消费国。在城市里，汽车、摩托车是汽油的最大消费者，在海上和内河里行驶的轮船，也逐渐采用汽油或柴油，作为它们新的能源。航空事业兴起以后，飞机更是非用汽油不可。跟着军队的机械化程度的提高，德、法、英、美和苏联等国在第二次世界大战前，便已有了机械化部队，后来更发展成装甲师、坦克师。1935年，德国在重新武装计划的鼓舞下，开始装备了3个装甲师，1939年有了6个师，到1940年更扩大到10个装甲师。这时法国的最高统帅部才在1939年组建了3个装甲师。1939年德国入侵波兰和法国，装甲师已经是以军为单位发挥战斗力，到了1941年，最终组建了坦克集团军。在欧洲战场上，无论同盟国还是轴心国的军队，随着战争规模的不断扩大，战略行动的不断提升，装备机械化的程度已经成为决定战争胜负的一个愈来愈重要的因素，应用在战争实践上。于是石油的供应无疑成了战略物资中重中之重的项目。

第二次世界大战将现代战争与石油资源的关系展现得淋漓尽致。1939年4月，德军以装甲部队为先锋，分三路突袭波兰，加上空军配合，使波兰的处境极度困难。一个月之内，德军便粉碎了波兰军队的抵抗，完成了合围任务，死伤和被俘的波军数达90万之多。到9月29日，波兰被德、苏两国瓜分，随即，英、法两国对德宣战，并加强了对德国的经济封锁，使德国的石油供应十分紧张，从罗马尼亚向德国运输石油的通道被堵塞，致使德国石油储备迅速减少。德国为了获取铁矿，在1940年攻占了丹麦和挪威。在进攻荷兰、比利时和法国北部的战役中，德军装甲部队推进到阿布维尔的峡岸地带，逼使英法联军背海一战。德军同时使用空降兵和地面部队扑向荷兰,空降兵的首要目标是占领桥梁和机场,为装甲部队的长驱直入开道,显示了擅长诸兵种协同作战这一德军战胜对手的重要优势。从5月10日开始的这一行动,到6月22日马赛尔·贝当代表法国政府在德法停战协定上签字,总共才6个星期。

德军占领法国后,希特勒随即实施向东入侵苏联的巴巴罗萨计划。1941年6月22日,300多万轴心国军队在炮兵和空中攻击之后,在长达2 000千米的战线上对苏军发动攻势。苏军在最初4天内就损失了3 000多架飞机,在斯摩棱斯克,被击毁的苏军坦克多达3 000辆。到7月底,德军装甲师和机械化步兵师因向前推进过远,得不到弹药、油料和步兵的支援,只得放慢了前进速度。9月末的"台风行动计划",使德军继续在中部战线围歼苏军。在德军展开的闪电战中吃了大亏的苏联红军却在前线崩溃之后,慢慢苏醒过来,重整旗鼓。到12月初,已经进入苏联首都莫斯科视域范围的德军,由于准备不足,补给困难,坦克和机械化装备在严冬无法投入作战。12月6日,苏联红军开始利用冬季对入侵者进行反击,闪电战在东线的这场战争赌博中遭遇。南部战线的德军一直未能占领高加索产油区,也未能掐住石油向北运输的道口斯大林格勒。但是在以后的战役中,交战双方动员的坦克通常已达到千辆以上,投入的飞机也多到三、五千架。

在石油产区进行坦克大会战,无疑在能源补给上具有许多得天独厚的地方。北非战场上,数量超过德、意队的英军,却屡次遭到埃尔温·隆美尔指挥下德军机动、快速和灵活战术的反击。1941年以后,德军在一系列防御性的攻战中不断消耗英军的实力,到1942年7月,隆美尔的部队推进到亚历山大附近,英军失利。英国撤换了指挥官,命令贝纳德·蒙哥马利担任第8集团军指挥,实施代号为"火炬"的战役,在10月23日,率领23万英军和1 030辆坦克,对持有500辆坦克的隆美尔麾下10万德军发动进攻,美英军队同时在摩洛哥和阿尔及利亚登陆,接管法国维琪政府管区,迫使德国非洲军团退到突尼斯。在欧洲的东线战场上,当库尔斯克以北德国莫德尔的第9集团军发动"城堡计划"向苏军进攻时,1943年7月5日,遭到了苏军炮火的反击,接着在普罗霍罗夫卡,数以千计的苏联坦克大举南进,在长达400千米的前线集结了装备有5.1万门火炮、2 400辆坦克,还有2 850架战机的260万苏军,与德国人展开了第聂伯河的争夺战,夺回了乌克兰的农业和工业地区,一直进发到黑海,包围了德国第17集团军。接着在冬季,苏军装备了美国援助的六轮卡车,投入了4 000多辆坦克和400万兵力,向喀尔巴阡山脉和罗马尼亚进发,击溃了100多万敌军,迫使罗马尼亚在1944年8月23日退出轴心国。这使德国的石油供给大受影响。

1944年6月6日黎明,英美军队在法国西海岸发动诺曼底登陆,海陆空三军协同作战,在1.2万架飞机掩护下,动用了有6 500艘军舰和运输舰组成的队伍,使用了3个伞兵师和5个步兵师,一天内派出17.7万人登陆。进行如此规模空前的登陆战,只有动员了后方工业和其具有充足资源的国家才有可能。从1943年春季英国空军实施对德国地毯式轰炸,6月,美国空军参加进来,与英军协同轮番日夜轰炸德国的城市和工业区,已使德国民心瓦解;到1944年年底,更因石油供应断绝,致使德国的军舰无法出港、飞机难以升空、坦克不能启动。德国虽于12月中旬在法国和卢森堡边境的阿登高地调集23个军,由伦斯德特指挥向盟军发动反攻,在巴斯托涅一度包围美军,企图夺回巴黎,但是最终归于失败。在盟军东西夹击下,走投无路的希特勒被迫自杀,德国只得在1945年5月7日向联合国无条件投降。

在亚洲,纳粹德国的同盟者日本,凭着它拥有的仅次于英美的海军和比之中国军队要强的机械化陆军,早在1931年就侵占了中国的东北三省,并于1937年7月7日不宣而战对中国发动全面侵略。日本不顾自身有限的资源,靠着占领中国,肆意在沦陷区掠夺各种资源。1940年7月,当日军从印度支那北部向南进迫时,美国开始对日本实行全面贸易禁运,这使80%石油仰赖从美国进口的日本,更加肆意执行它的南进政策。1940年9月,日本通过和德国、意大利签订十年军事、经济协作条约,正式成为轴心国成员。从此日本便以法属印度支那为跳板,挥师南下,攻占印度尼西亚的石油产区,夺取英属殖民地的铅锡矿和橡胶产区。1941年12月7日(星期日)凌晨,日军以4艘航空母舰和200架飞机组成的庞大舰队,偷袭珍珠港美国海军基地,致使拥有86艘大小舰艇的美国太平洋舰队损失惨重,战列舰5艘被击沉,6艘受伤,3艘巡洋舰和200架飞机被毁。但是日军没有来得及破坏围绕港口的油库和发电厂。随后,日军向威克岛、关岛、菲律宾、新加坡、香港以及上海和天津的英美军队发起进攻。英、美和中国等许多盟国都正式对日宣战。不到半年,东南亚便落入了日军之手。

美日两国在太平洋上展开了激烈的争夺战。美国空军首先在1942年4月18日从航空母舰黄蜂号上起飞,由25架轰炸机对日本首都东京进行了轰炸,但这些飞机无法回到航母,多数降落到中国沿海。不久,美国海军在珊瑚海和中途岛向日本海空军进行反击,日本5艘航空母舰均被美国飞机炸中,美国航空母舰1艘被毁,1艘受伤。随后在所罗门群岛展开的大海战中,双方为争夺瓜达康纳尔岛的战斗,虽然直到1943年2月10日才结束,但在1942年11月14日至15日的海战以后,日本太平洋舰队再也无力抵御美国海军的反攻了。

1942年中国沿海重要港口全被日军占领后,中国的大后方云南亦面临日军从缅甸发起的攻击,中印交通随时有被切断的危险。美国志愿空军人员在陈纳德组织下成立飞虎队(Flying Group,1943年3月10日后改称美国第14航空队)参战,击落日机2 600架,炸毁桥梁573座;自己牺牲465架飞机,1 700多人。对遏制日军的进攻取得辉煌的战果。中美两国决定,由美国增拨运输机100架,在印度阿萨姆省的汀江赶筑机场,实现中印空运,支持中国的抗日战争。1942年4月,正式开辟昆明至汀江的航线,美方由美国陆军空运总队负责,中方由中国航空公司经办,器材由美方供应,从此开创了三年半之久的飞越15 000英尺喜马拉雅山的驼峰运输,将总数达70万吨的战略物资通过加尔各答转送到汀江和其他空港,再飞越驼峰送到昆明,使中国后期的抗日战争能够坚持到胜利之日的来临。1945年这些美制运输机采取穿梭飞行,一架飞机每日经驼峰三次,月运量最高达到4.4万吨。峰峦叠起的喜马拉雅山,经中美飞行员高度缺氧和严寒的飞行,总共损失468架飞机和1 500名美国健儿之后,才被完全征服。战时中国石油的供应几乎全由美国运输机自印度阿萨姆各处的机场运进,1943年后,反攻缅甸战役开始,石油供应远远跟不上需求。盟军中印缅战区将领在提出通过林莽地区开辟中印公路的同时,着手敷设石油管道,油管先期工程在1943年12月开始,到1944年3月全面展开。油管从加尔各答开始,向东北到列多,选取比公路更捷近的路线,通向密支那,由于中国远征军进展神速,美国工程当局以极高的效率将油管铺到了畹町附近,再由畹町进入中国云南境内,直达昆明。油管从加尔各答到昆明,全长约3 000千米,比美国得克萨斯州到新泽西的油管2 207千米(1 388英里)要长出三分之一,是当时世界最长的油管。这条油管保证了中国后方得到战时最重要的战略物资——石油,为中国远征军的坦克部队、陆军和美国空军的油料供应及时输油。油管在中印缅边境的高山林莽中输送现代战争的血液——原油,起过十分重要的作用,证实了石油对现代战争来说即使在这样蛮荒之境中,也是完全不可或缺的战略物资。

美国陈纳德将军组织的飞虎队

作为石油生产大国和消费大国的美国，引领了世界石油勘探技术、开采技术以及石油产品的研制、开发和应用，促使石油工业和石油化工业成为20世纪最重要的工业领域之一。使用石油作为新一代能源，以替代效益低、污染重的煤炭，是20世纪能源更新换代的一大成就。美国不但在汽车制造业中长期居于前列，消费了大量的石油，而且也在海运和内河运输中，首先凭借它丰富的石油资源，使用油料作为燃料。美国人马尔科姆·麦克莱恩在1955年收购了一家石油运输公司，将油轮改装成储运货物的金属集装箱货船，在1956年开始从纽瓦克港运作集装箱运输，这使美国货运到欧洲的时间遽然减少了4周，

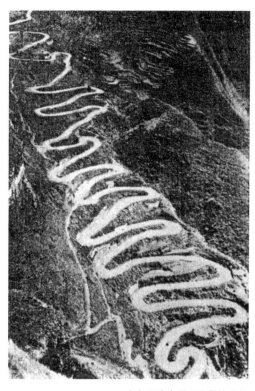

中印公路中国云南段的险峻

一船的货运量反而比早先多5倍。从此以后，集装箱运输便推行到了全世界。运油的船只也愈造愈大，由10万吨级上升到了30万吨级。美国也是最先在铁路系统采用油料为动力的国家。1933年美国制造的新式内燃机火车，时速达到120千米，车厢采用全封闭，重量比普通列车要轻；到20世纪50年代，在铁路系统已全面推广了这种不断改进的新颖机车，使煤炭和蒸汽机首先从铁路系统引退。作为最先发明飞机的国家，美国又是将飞机率先用作长途高速旅行工具的少数几个国家之一。飞机成为国际间旅行必备的交通工具，是在1949年才开始。这一年一架由军用运输机改造而成的商用客机，载着36名乘客飞翔在欧洲上空，由此展开了民航世纪的新篇章，美国无疑是世界上民航事业最发达的国家了。

第二次世界大战期间，由德国布劳恩在1942年主持设计的液体军用火箭技术，引发了航空事业在战后向更高更尖端的领域突飞猛进。科学家运用1946年诞生的电子数字积分（ENIAC）计算机和美国贝尔实验室在1947年研制的晶体管，将人类文明推进到电子时代，在1957年实现了发射人造地球卫星、将载人航天器送入地球轨道的飞行和以后人类登上月球的飞行。航天飞机发明后，更使人类进入太空的成功率大为提高。1981年4月12日美国用运载火箭发射了垂直升空的

第一架航天飞机哥伦比亚号,开创了这种可以在地球和太空间往返75—100次的飞机的太空飞行,可以定期在太空中巡视和考察,为人类出入太空开启了一种全新的交通工具。而所有这一切高精尖技术成就的起点,就是1926年第一次发射了以液氧和汽油为燃料的液体燃料火箭,全靠了那平凡而又平凡的石油。

像美国这样巨大的石油消费国,经过一个世纪,早已耗尽了它的石油储藏资源,如今只剩下阿拉斯加这块冰天雪地下的油矿处女地了。美国在第二次世界大战后,从一个石油输出国转化为一个石油进口国,将它的石油供给寄托到了油矿资源丰富的中东地区。通向地中海东部巴勒斯坦地区和波斯湾的石油管道,成为西方发达国家经济运转的命脉。国际资本为争夺石油资源展开了激烈的角逐,三次中东战争就是在这样的背景下爆发的。1973年10月第三次中东战争爆发,美国扶持下的以色列和阿拉伯的埃及、叙利亚展开军事冲突。而阿拉伯国家在经济上,由最大的石油输出国沙特阿拉伯牵头,其他阿拉伯产油国和伊朗随后,以1960年成立的石油输出国组织(OPEC)的名义,对西方国家和以色列实行石油禁运、减产、提高石油标价等措施,将油价由每桶3.2美元哄抬到每桶11.65美元。虽然石油输出国组织的禁运实施了不到半年,到1974年3月,石油输出国组织便宣告结束禁运,但世界经济因此一度陷入了“二战”后最严重的衰退,美国更是首当其冲。美国为应对国际上石油供需的变数,不得不提出设立战略石油储备,以避免风潮所及,造成全球性经济衰退。美国利用得克萨斯州和路易斯安那州沿海一带一种“盐丘圈闭”的特殊地质构造,通过几年工夫,在那些天然地下岩洞里,灌入5.78亿桶原油。1991年年初海湾战争期间,伊拉克入侵科威特,点燃了那里的油井,油价再度狂涨,美国动用石油储备,向市场抛售了3 375万桶原油,平抑了油价的上涨。2001年“9·11”恐怖袭击事件在纽约发生后,美国深恐有朝一日中东石油供应的通道被掐断,因此增加了石油储备。2003年4月美国发动伊拉克战争后,石油价格一路飙升,由每桶22.5美元,到2008年1月首度突破100美元大关。美国从2005年起已将战略原油储备增加到7亿桶,并从墨西哥购进原油,补充战略石油储备。2008年一年之中,石油价格经历了从每桶147.27美元的高价回落至年终时35美元的巨大跌幅。自2008年9月开始的世界金融危机,首先由美国逐渐波及欧洲、日本和世界各地,对世界经济起着指针作用的石油,必将使全球经济为之跌宕起伏、风云突变,面临年关的美国三大汽车工业集团巨头,紧急呼吁政府调拨巨款相助,就是一个信号。

2006年世界年产原油39.14亿吨,进入国际石油贸易的有25.90亿多吨,其中美国年进口就达6.71亿吨。当前的美国,作为全球最大的石油消费国和进口国,2007年每天消耗的石油和石油产品多达2 059万桶,其中一半以上要依赖进口。

石油一涨价，高度依赖中东石油的国家如美国、日本、英国、法国等许多发达国家的经济难免捉襟见肘，大受影响。中国的石油消费也因工业发展的加快而迅速增长，进入21世纪后，中国正向石油进口大国方向迈进。2005年中国的石油消费量为3.2亿吨，有1.4亿吨的缺口靠进口。在这同时，俄罗斯却挟持它丰富的天然气和石油资源，从2005年起，已成为世界第二大石油出口国，俄罗斯也正在以能源为手段，要美国同意让俄加入有149个成员国的世界贸易组织（WTO），声称，若不如此，俄国将停止执行已签署的全球贸易规则。2013年俄国实现了它的这个愿望，被批准加入了世界贸易组织。可见，在未来的大国外交中，能源，特别是石油政治，不失为是俄国对西方国家的经济强权进行挑战的一项资本。

迈向核动力时代

1931年美国化学家尤莱（H. C. Ureg）因发现"重水"，获得了诺贝尔化学奖。不久，人们又发现了"重氢"，用重氢的原子核撞击别的原子，造成原子的裂变。1938年科学家哈恩领导的一个小组用中子轰击铀原子，发现了铀原子核分裂现象，这一现象被命名为核裂变，成了当时科学界一个重大的发现。美国科学家着重研究铀235号的原子裂变，明白了原子分裂时需要一种缓和剂，这种缓和剂最合适的便是重水。但是制造重水很不容易，通常只好用石墨来替代。

第二次世界大战爆发后，美国和德国的科学家都在致力于研究原子能，希望造出一种威力巨大的炸弹，好以较小的代价打败对手。1940年4月，德国的威廉研究所正在实验原子裂变的消息，传到了美国。1942年英国经济作战部获得的情报，得知当时世界上最大的电气化学工厂挪威的海德罗厂，能够制造重水。德国占领挪威后，这工厂就为德国人制造重水，希特勒下令要将它的产量从3 000磅增加到1万磅。英国派了伊诺等11名挪威人，回到挪威去破坏德国人生产重水的计划，将1 000磅重水炸掉了。5名挪威人回到了英国，伊诺和其他5个人继续潜伏在挪威。一年以后，德国人修复了工厂，又要开始生产重水，伊诺将情报通知了英国，美国航空队准备派飞机轰炸工厂，德国人觉得把生产设备搬回德国比较安全，将生产重水的机器装上海德罗号轮船。伊诺装作装卸工混入船中，船还未离境，就被伊诺放置的炸弹炸沉了。德国失去了制造重水的工厂，只好放弃了制造原子弹的设想。

与此同时，美国投入大量人力、财力去研究原子能，抢在德国人前头打赢了这场科学战，而这是由一批著名的科学家促成的。早在1939年夏天，匈牙利血统的美国物理学家利奥·西拉德,得知德国在柏林调集一批科学家,利用从捷克铀矿区找到的铀,从事原子核裂变,西拉德感到事态严重,认为一定不能让纳粹制造出原子弹。于是他和维格纳联手向爱因斯坦求援,希望这位鼎鼎大名的科学家能够领衔向美国总统呼吁,一定要赶在德国人之前制造出关系人类前途的原子弹。在致罗斯福的信件写好后,8月2日,爱因斯坦在信件上签了名。他们几个委托罗斯福十分信赖的经济学家萨克斯直接面见总统,转递这封信。1939年10月3日,萨克斯将信递给了总统,第二天,罗斯福请他在白宫共进早餐。总统问萨克斯要讲多久?萨克斯说,我只向你讲述一段历史。于是萨克斯接着讲了一百多年前的一则轶事——英法战争期间,拿破仑在海上屡战屡败。这时美国发明家富尔顿向他建议把战舰的桅杆砍去,撤下风帆,装上蒸汽机,把木板换成钢板。可是这位伟大的科西嘉人面对这个至关重要的陌生问题,却以为:船没了帆还能走吗?木板换成钢板会不会沉没?拿破仑眉头一皱,把富尔顿轰了出去。历史学家后来这样评论:如果拿破仑采纳了富尔顿的建议,英国就不会那么走运,19世纪的历史很可能将会重写。萨克斯的一席话,用意再明白不过了,现在美国已面临一个空前重大的抉择,这是一个需要超前意识的决定。3分钟过去后,罗斯福亲自为萨克斯倒上一杯白兰地,对他说:"让美国人民一起记住拿破仑的教训吧。"于是美国成立了代号S–11的原子能委员会,负责全面筹划原子能的开发和研究工作。

当初爱因斯坦预料人类能利用原子能,至少还得50年。但是美国科学界在十分周密的组织之下努力工作,一切按战时体制运作,大大缩短了原子能的开发进程。美国原子能委员会实施的主攻浓缩铀制造的曼哈顿工程,是在1941年10月间才由罗斯福下令,全面展开的。1943年作为曼哈顿工程的一部分,在新墨西哥州首府圣塔菲西北56千米,成立了洛斯阿拉莫斯国家实验室。实验室在高能物理学家奥本海默领导下,装置了世界上第一个可控的核裂变反应堆。这个装置最初是用石墨块和金属铀块一层层交替堆叠而成,用来降低中子的速度,后来才改用重水作减速剂。科学家在实验中发现,用一个中子去轰击一个铀原子核,这个原子核就会分裂,同时释放出巨大的能量和2—3个中子。这些新产生的中子继续轰击别的铀235原子核,就会导致新的核裂变,产生链式反应。反应堆的燃料是铀,天然铀主要含0.72%的铀235和含99.27%的铀238两种同位素,铀238很不容易裂变,只有含量极少的铀235是唯一的天然核裂变材料。天然铀中的铀235含量太少,不足以维持链式反应,只有把铀238分离出去,才能不断提高铀235的浓度,使铀浓缩。铀浓缩只能用物理学方法,无法进行化学分离,铀235的重量浓度在20%以上的,就称为高浓缩铀。核电站所用的铀235重量浓度比较低,通常只是3%—5%。铀238可以变成钚239,用钚239制作核武器,威力相同,但重量更轻、体积更小。钚239也是容易裂变的材料,但多半只能从反应堆里提取,当铀238原子吸收了中子而没有裂开时,它便嬗变为钚239。反应堆运转后,铀235会越来越少,但取出的核废料中,仍有许多铀238转变成了钚239。通常是将核废料放在浓硝酸中溶解后,再加入催化剂,就可分离出钚239。铀核裂变过程中会损失一些质量,变成能量,每次一个铀核裂变大约释放200兆电子伏的能量,也就是1克铀235完全裂变所释放的能量,相当于2吨优质煤完全燃烧时所释放的能量。原子弹起爆时将核燃料放在金属容器中,并填入高爆炸药,引爆炸药后,压缩核燃料达到临界状态并发生链式反应,产生核爆炸。

在美国参与原子弹制造的有好几个城市的实验室和专业工厂,动员的人员至少有125 000人,投入的资金达到22亿美元,最后由洛斯阿拉莫斯实验室完成了第一颗原子弹的研制工作。原子弹本来是为对付纳粹德国才制造,但还没等到造出来,纳粹便崩溃了。结果制造出来的两枚原子弹,用到了拥有500万兵力和5 000架自杀飞机的日本。

1945年8月6日美国空军上校铁伯特斯驾驶超级空中堡垒安诺拉基号,飞到25万人口的工业城市广岛上空,投下了第一枚原子弹,一时蘑菇云起,闪光大作,具有2万吨TNT烈性炸药威力的原子弹对敌方造成巨大的损害。8月9日,第二枚原子弹投到了日本海军基地长崎。日本举国震动,接着苏联出兵中国东北,日本政府在8月14日向联合国正式无条件投降。

1945年7月制成的第一枚原子弹

原子弹结束了长达7年的第二次世界大战,同盟国赢得了历史上最大的科学赌博!

战争虽然结束,战后重建工作艰辛地上了马。在美苏对峙的冷战时期,核军备竞赛又开始展开。继美国之后,苏、英、法、中四个联合国安全理事会常任理事国先后进行了核试验,成为核大国。1945—1958年间,美国在马绍尔群岛进行过66次原子弹、氢弹爆炸试验,比基尼因此成为一个无人岛,当年实在难以设想,50年后这里又会显出一片生机。美国在制造了世界最早的核动力导弹巡洋舰长滩号以后,在1960年后陆续制造了核动力的航空母舰11艘,其中9艘都是尼米兹级航母,满载排水量8万吨以上的超大型航母;并且装备了有能力从海上活动基地发射核武器的核动力潜水艇。这些核动力舰艇可以在无给油不入港状态下,以2个月时间巡游世界一周。

与核军备扩张同时,核能在战后也是可供和平利用的最有前途的能源。足以替代火力和水力发电的核能,不失为是一种清洁和适合环境保护的新能源。到2007年年底,世界上核电站已有400多座,核电站最多的是美国,已先后建成104座核电站,核电在美国总发电量中占了19%。日本也建成了55座核电站,核电所占比例达到30%,比美国还高。俄罗斯有核电站31座,欧盟有16国拥有核电站,建成了158座核电站。英国、法国等许多发达国家都以发展核电站为21世纪能源开发的重要工程项目。亚洲也有40多座核电站正在建设和筹划之中,中国和印度都在为提高本地区的核电比例而积极努力。2006年7月八国集团圣彼得堡峰会已注意到全球能源安全的重要,声明指出,"发展核能可以提升全球能源安全,同时降低有害的空气污染和应对气候变化的挑战",并要求进一步减小安全使用核能有关的风险。但开发核能,必须投放巨大的人力、财力,最好的办法是各国携手合作。2006年11月21日,在巴黎参加国际热核聚变实验反应堆(ITER)项目的欧盟、美国、中国、日本、韩国、俄罗斯和印度的7方代表,在巴黎共同签署了ITER计划联合实施协定及相关文件的正式协议,决定将国际热核聚变实验反应堆建在法国的卡达拉舍。该项目预计持续30年,前10年为建设期,预期到2018年能使实验堆投入运行;后20年为具体的操作实验时间。项目总投资为100亿欧元。在费用分担上,欧盟承担50%。协定规定,参与这一国际合作项目的各方,都将完全平等地享有项目的所有科研成果和知识产权。这为合理开发核能,指明了途径。当前出现的能源危机,使石油和天然气价格居高不下,加之供应渠道又时刻会受到干扰,而且资源消耗日益严重,核能无疑是能源供应安全的关键。举例来说,已是全球第三大核能国家的日本,每年平均需要消耗8 000—8 500吨铀燃料,其中大部分需仰赖澳洲铀矿市场。因此铀矿的供求,已是世界各个经济大国十分关注的议题。非洲、中亚和澳洲的产铀国因此必定会像石油生产和出口国一样,成为新一轮国际关系中,各大国出于能源供需考虑而将视线注入的地区。

应对气候变化,开发洁净能源

核能的开发对人类利用能源促进文明进步,指出了一个充满阳光的方向。然而由于全球化经济引发的环境污染呈现出日益严重的趋势,人们不得不为遏止不断增加的温室气体排放量、处理二氧化碳废气,费尽心计。20世纪末开始受到气象学界关注的全球变暖,即地球表面的平均温度增加,是由于大气中二氧化碳及 CH_4、N_2O 等一些气体的增加所造成。由此产生的"温室效应",导致降水变化,水资源供需矛盾愈加明显;由两极冰雪融化导致的海平面上升,将使众多岛屿被淹没,一些岛国消失;人类将受到更多疾病的威胁;更多的动植物会遭到灭顶之灾。地球的温室效应,首先是气候内部系统的自然变化引起;其次是太阳入射角变化或火山爆发所产生的悬浮微粒影响,造成辐射作用力的自然变化;而最值得注意的是,人为排放温室气体浓度增加,促使气候因为辐射作用力的变化而产生的变化。自从20世纪80年代全球经济开始走上新的热潮,大气中人为排放的温室气体浓度便不断增加,致使地表平均温度自1980年到1995年上升了0.3—0.6℃,据此作出的预测,未来大气中二氧化碳的浓度如果增加两倍,全球温度将上升1.5℃,甚至高到4.5℃。

全球变暖产生的暖冬气温,使得各种病菌、病毒活跃,很多有害动物(如蚊子、跳蚤、老鼠)被冻死的几率大为下降,这类传染病载体的数量大增,便会对人类健康构成严重威胁。现在禽流感在世界各地频发,甚至侵入人体;疟疾已扩散到非洲和拉丁美洲的高海拔地区;温暖海洋地带的霍乱病人数量持续增加;一些热带疾病开始向高纬度地区蔓延。温室效应还将造成更多动物植物灭绝,一项研究主要调查了全球变暖与1 103种植物、哺乳动物、鸟类、爬行动物、青蛙和昆虫的关系,推断到2050年,将会有不下百万种地球陆地植物和动物走向灭绝。近年来全球气候变暖引起的海水温度上升,已导致印度洋中塞舌尔海域的浮游生物大量死亡,大量死亡的浮游生物不断腐烂,迅速消耗着海水中的氧气,使这一海域的其他海洋生物面临窒息的危险;另一方面,这些浮游生物的尸体形成的沉积物却给海藻类生物提供了良好的生长环境,致使原本清澈碧蓝的海水变成了暗绿色的海洋,挤压了其他海洋生物的生存空间。世界各地高山上的冰川已开始消融,有人预言,到2100年,冰川最终将从地球上消失。最令人担心的是,全球变暖最终将使经济发展蒙上阴影,20世纪90年代,重大气象灾害造成的年均经济损失已从60年代的40亿美元飙升到290亿美元。这已明显预示,灾情有愈演愈烈之势。

联合国政府间气候变化专门委员会2007年2月2日在巴黎发布的全球气候变化2007年评估报告认为,在过去50年中,"很可能是人类活动导致了全球气候变暖"。"很可能"一词表示的可能性至少在90%以上。对比专门委员会上次在2001年发表的全球气候变化评估报告使用的词语是"可能"(66%),已经严重得多。该专门委员会在2月1日预测,从现在开始到2100年,全球平均气温的"最可能升高幅度"是1.8—4℃,海平面升高幅度是18—59厘米。这一情况已经向全世界敲起了警钟,敦促人们必须采取相应措施,以放缓或减弱全球变暖的进程。

在伊拉克战争引发能源危机之后，发展核能的重要比以前更加突出了，开发核能既可以提升全球能源安全，同时又能降低有害的空气污染和应对气候变化的挑战。目前世界各国利用核能发电，还只占到发电量的5%，利用核能发电的前景十分广阔。但是安全使用核能仍然存在一定的风险，尤其是一次严重的核爆炸，往往会使当局陷于束手无策的境地，招致全球震惊，深为抱憾的沉创剧痛。当人类正在豪迈地向广泛使用核能的道路上前进时，1986年4月26日在乌克兰北部的前苏联切尔诺贝利核电站发生爆炸，引起核泄漏事件，就向人们敲起了安全使用这种清洁能源的警钟。

切尔诺贝利核电站事件使8吨多的强辐射物泄漏，其中一部分放射物已沉积在几百英里以内的地方。这次历史上最严重的核泄漏事故，造成直接死亡20万人，损失2 300亿美元，其威力为广岛原子弹威力的100倍，使得500万人遭受核辐射，将主要的受灾地区从乌克兰扩散到了白俄罗斯和俄罗斯的西部地区。据估算，核泄漏事故产生的放射污染，相当于日本广岛原子弹爆炸产生的放射污染的100倍。放射污染尘埃飘扬在周围几千千米的大气中，甚至在喜马拉雅山地区也检测到了这种尘埃污染。事故发生后，离核电站30千米以内的地区被辟作隔离区，人们将这个地区称作死亡区。20年过去后，人们仍然无法驱散心头的这一阴霾，切尔诺贝利从此成了核殇事件的同义语。当年发生爆炸的4号机组随后虽被钢筋混凝土封闭，但在这座"石棺"下，至今仍封存有约200吨核原料。后来，石棺上更出现了一道道的裂缝。在靠近"石棺"处进行的辐射测量显示，辐射强度达到每小时744毫伦琴，而规定的安全值仅仅是20毫伦琴。20年后，乌克兰政府不得不耗资11亿美元，准备修建一个高108米、宽250米、长150米的巨大钢棚，好将整个4号反应堆包裹。切尔诺贝利事件造成了一次核恐怖事件，对核能开发给予当头棒喝。直至今天，人类尚不具备可靠的核废料储藏技术，核污染仍是一柄达摩克利士之剑，靠了一根纤丝，悬挂在人的头顶上，随时威胁着人的生命。而且，在"基地组织"等恐怖分子策划和煽动下，核电站受到恐怖袭击的危险性和增加核武器（恐怖分子所持有的手提式核武器）扩散的可能性，也正在与日俱增，使人类面临生死存亡的威胁。

切尔诺贝利事件无疑给人类利用核裂变能发电的道路打开了红灯，尽管2008年有报道称，在核泄漏中心30千米内受污染区，现在野生动植物成群，然而人们对此的危惧仍难淡然处之；再加上裂变堆的核燃料蕴藏极为有限，而且会产生强大的辐射，危害人体，放射性核废料的处理也始终是个难以解决的问题。2011年3月11日日本北部福岛核电站在受到9级地震和引起海啸之后，由于操作不当，致使四台机组相继停止运转，200万人被转移，核泄漏随波逐流注入大洋，引起太平洋地区居民的恐慌。好几个国家的人民因此上街游行,要求停止核电站的运转和建设。因此,世界各国不得不将核能开发的视线转向辐射极小的核聚变能,核聚变燃料取之不竭的长处,更吸引人们不惜工本,花大力气去探求开发之道。

核聚变反应堆的燃料,来自海水中提炼的氢的同位素氘。对每1升海水中所蕴含的氘加以提取,使之发生完全的聚变反应,便能释放相当于300升汽油燃烧时释放的能量。由此,人们可以十分乐观地得出一个结论,开发核聚变能,将是一项可供人类使用长达数亿年之久的能源。由国际原子能机构举办的国际核聚变能大会,到2006年已举办到第21届,中国已成功地进行了最新一代磁约束核聚变实验装置EAST工程的首次放电,获得了电流超过200千安、时间近3秒的高温等离子体放电,是世界上第一个建成并真正运行的全超导非圆截面核聚变实验装置,这个装置将在未来10年内处于世界先进水平。将在法国的卡拉达舍建设的ITER核聚变实验反应堆,更将从2007起,启动今后30年内引领世界洁净新能源开发的工程。这项工程通过欧盟、美国、中国、日本、韩国、俄罗斯和印度七方合作,规模之大,是目前仅次于国际空间站的又一项国际科学工程。工程预定将集成当今国际上受控制约束核聚变的主要科学和技术成果,首次建造足以实现大规模聚变反应的聚变实验反应堆,使人类受控核聚变由研究走向实用迈开步伐。

人类不但要有可以持续发展的能源,而且一定得拥有风电、水电、沼气、太阳能、受约束的核聚变能等可再生的干净能源,才能使能源的供应非但与人类文明的迈进同步,而且进一步引领人类社会不断向更高的境界提升。

洁净的能源将会有助于遏止当今地球面临的生态环境的日益恶化。除了改良煤炭的使用,将煤炭燃烧时释放的二氧化碳、二氧化硫等有害气体量降到低而又低,将这些有害气体加以转换,进一步开发对煤矿废弃物的利用,人们还可从高空气流、生物能、海洋热能、氢能源和反物质的开发中,取得无穷无尽的洁净能源。

高空气流的利用,现已进入一个新阶段。科学家正在研制漂浮在4 500米以上高空的风力发电机。这种发电机不占地面空间,可以利用高层大气风力,更强劲更持久地满足发电的条件,发电机用4个推进器在空中漂浮,通过电缆将电能输向地面。

利用生物能的新途径,将是种植快速生长的树木和草类作为生物能的原料,使用细菌将原料转变成氢气来燃烧,因为氢气在氧气中燃烧,能释放大量无污染的能量。但是氧元素通常和其他分子化合成水和其他物质,因此要用电击等方式才能获得,而电能目前多取自石油;加之,氢气不易被压缩,必须用很大的容器储存。因此,目前致力于研发耗能低、污染少的新方法取得氢气已成关键。

海洋热能是一项取之不尽的能源。占了地表面积70%的海洋,本身是一个天然的太阳能聚集场。可燃冰的开发是一项可以付诸实施的有开采价值的举措。人类将利用温暖的海水使低沸点的液体（例如氨水）加热转成蒸汽，进而推动电机涡轮产生电能，随后用底层冰冷的海水将蒸汽冷却成液态，再加以利用。

还有一种办法，是科学家已开始研究的利用反物质来产生能源的方法。反物质是由反粒子组成的物质，物质和反物质相遇后会释放出大量能量。但反物质，按照目前物理技术尚很难捕捉，只有两三个国家掌握制造反物质的技术。尽管如此，科学界已公认，反物质技术将可以为人类提供永久性的高效能源。

2009年11月，作为欧洲最大的绿色能源企业的挪威国家电力能源公司，在奥斯陆以南60千米的奥斯陆峡湾，利用淡水和海水之间因盐的浓度不同而形成的压力有高有低，从而产生渗透能，用来推动涡轮机发电，进行了试验性的运作。由于淡水的压力高于海水，和海水混合以后，用一种渗透膜隔离，水会从浓度低的溶液流向浓度高的溶液，会产生渗透能。在海水和淡水交汇处安装半透膜后，由于淡水的水分子密集程度高于含盐海水，淡水的水分子会自动渗入海水一侧，进而对半透膜产生压力，将这种压力推动涡轮转动产生电能，形成渗透能电站，排放的只是海水和淡水混合后的盐水，是一种取之不尽的清洁能源。这家公司设想在2015年建成第一家商用渗透能电站，发电量为25兆瓦，可以给1万户家庭提供所需电力。这种渗透能电站从理论上讲，可以在任何淡水入海的地方建造，按海水和淡水之间的总渗透能粗略地计算，这些发电厂每年的发电量可以达到1 700太瓦时，相当于欧盟地区每年约一半的用电需求。

可以预言，21世纪将是一个人类全面使用洁净能源的时代，永久性的高效能源已经呼之欲出，它的诞生和推广将会对人类文明的进步和社会的可持续发展，产生极为深远的影响。

追寻文明的印迹
写在最后的几句话
（代后记）

　　人类文明至今已有上万年历史，对于这个宇宙之中小小的地球来说，可只能算是它不息地绕着太阳运转过程中，极其微小的尾数。在生物界，人类，也只能算是最晚出生的一个小兄弟，可就是这个小兄弟，通过劳动改变了自身，改造了地球，创造了文明，造就了今天的繁荣和进步。

　　这一切并非上帝的赐予。人们应该崇拜的是他自身，应该赞赏的是他自身具有的才智，而才智是在劳动中才逐步得到开发与被认知的。文明就像是座伸向天空的金字塔，构筑它的无数石块是知识堆叠而成。我们甚至可以扬言：知识的开发，本身是个不断创新的过程，它引导人类去平整地球，随后又上天入地，去开发新天地。知识的积累与地球的开发，几乎是同步进行的。知识是什么？几百年前有许多思想家向给我们提供了答案，用"科学与艺术"来表述这一命题。科学对人类探索自然的秘密，赋予了追根究底的才干，艺术则给人类对生存意识开启了审美的视野。人们通过对环境的开发，对大自然、同时也对人体自身机制进行探索，不断更新自己的认知，推动文明的进步勇往直前。

　　对知识的追求，使我从十来岁起养成了一个习惯：不断地去寻找我身边见得到的书，作为上学之余自由阅读的需要，从古典小说、书画古玩到科学知识与哲学，我都会不厌其烦地去念，而且常常由于从中发现了一个又一个的新世界，而觉得津津有味。渐渐地我懂得了这个层出不穷的新世界就是知识的海洋、文明的宝库。但读书也并非一帆风顺，记得我在十几岁时读柏拉图的《巴曼尼德斯篇》，面临的是几乎全然不懂的窘境，后来念了斐希特的《知识学基础》，才稍为觉得有所长进。可是知识的海洋究竟太玄妙，太广博，不是伸手便可得到，对每个个人来说，也需逐步积累和提升，方可有成。

到我进入70岁的年龄段时，忽然觉得文明的创造，不就是人类对环境的认识、对资源的开发而引起的一种冲动吗？而这类创造的冲动，却实实在在是出于谋求生存的需要而萌发。如果人类在刚开始能够直立时，便被大自然所征服，那么就没有这段文明的历史了。人类，也是经过自然的浩劫幸存下来的一个品种，不然他所面临的命运也不会比恐龙好多少。因此，将文明当作劳动的创造物，将文明的印迹一笔一笔地加以记述下来，不是足以鼓舞人的意志与毅力，并且饶有兴味的事吗？空气、土地和水是地球运转之初就已存在，除此之外的生活资源，从森林、草原和田野到各种动物和矿物，以及给人类提供交通工具的车马和船只，直到现代建造铁路、飞机、汽车、轮船、摩天楼和兵器的金工技能的发明，以及能源的提供，全都靠人类向大自然去破解谜团来觅取了，这本书的题材便是从这里展开的。

文明是全人类共同创造的宝贵财富，生活在不同地域的人群各自为开发环境而逐渐扩大地盘，曾经形成过一个又一个文明的中心，并且最终会因碰撞而相互消长。任何文明中心都在成长过程中有过兴衰和变化，而尚未有过永久不变的中心。文明的中心会随着时代的变迁而不断扩大，但是不曾有过在千百年中永久的中心。在各大文明中心之间涌动的文明潮中，只有东亚文明，曾经称得上是历经了数千年而延续下来的一大文明圈，然而随着16世纪环球航行的实现，这一文明中心照样由于它固守原有的阵地而日趋衰败。文明是不断创新的潮流，唯有与潮流同进，才有光辉的前程。唯有积极创新，才能免于滞后、甚至陷入困境。这一点，对于有过辉煌文明而又遭受到百年耻辱的中国人，应该是最有深切体验的了。我们再不能一错再错，坐失良机了；我们应该更多地去除这样或那样的疑虑，更快地迈向前去，迎接又一个辉煌的明天。这就是这本小书最后想说的几句话。

图书在版编目（CIP）数据

文明志:万年来,人类科学与艺术的演进/沈福伟
著.—上海：上海人民出版社,2013
ISBN 978 - 7 - 208 - 11336 - 7

Ⅰ.①文… Ⅱ.①沈… Ⅲ.①自然科学史–世界–普
及读物 Ⅳ.①N091 - 49

中国版本图书馆 CIP 数据核字(2013)第 062486 号

责任编辑　顾　雷
封面设计　陈　酌

文　明　志

——万年来,人类科学与艺术的演进

沈福伟　著

世 纪 出 版 集 团
上海人民出版社出版
(200001　上海福建中路 193 号　www.ewen.cc)

世纪出版集团发行中心发行
常熟市新骅印刷有限公司印刷
开本 720×1000　1/16　印张 32.5　插页 2　字数 569,000
2013 年 12 月第 1 版　2013 年 12 月第 1 次印刷
ISBN 978 - 7 - 208 - 11336 - 7/K・1978

定价 68.00 元